Paris
1861-1870

Beron, Pierre

Panépistème, ou ensemble des sciences physiques et naturelles et des sciences métaphysiques et morales, devenu possible

Tome 2

DEUXIÈME ANNÉE

RÉFORME FONDAMENTALE
DES
SCIENCES PHYSIQUES

PROUVÉE

PAR LA DÉCOUVERTE DE L'ORIGINE DES FAITS COSMIQUES.

VII

RÉFORME DE LA PHYSIQUE

PAR LA DÉCOUVERTE

DE LA PHOTOCHIMIE, DE LA CHROMATOCHIMIE ET DE LA CHROMATOGRAPHIE,

PAR

PIERRE BÉRON.

Cet ouvrage paraît chaque mois par livraison de 3 à 5 feuilles.

Prix de l'abonnement par an pour la France : 15 fr.

Cette livraison et les suivantes ne se vendent pas séparément.

NOVEMBRE ET DÉCEMBRE 1861.

PARIS.
MALLET-BACHELIER, GENDRE ET SUCCESSEUR DE BACHELIER,

IMPRIMEUR-LIBRAIRE DU BUREAU DES LONGITUDES ET DE L'ÉCOLE IMPÉRIALE POLYTECHNIQUE,

Quai des Augustins, 55.

PANÉPISTÈME

OU ENSEMBLE

DES SCIENCES PHYSIQUES ET NATURELLES

ET

DES SCIENCES MÉTAPHYSIQUES ET MORALES,

DEVENU POSSIBLE

PAR LA DÉCOUVERTE DE L'ORIGINE DU MOUVEMENT ET DE L'AFFINITÉ.

II

Paris. — Imprimé par E. Thunot et Cᵉ, rue Racine, 26.

PHYSIQUE SIMPLIFIÉE

PAR LA DÉCOUVERTE

DE L'ORIGINE DU MOUVEMENT ET DE L'AFFINITÉ.

PHOTOSTATIQUE

CONTENANT

L'EXPLICATION DE LA NATURE DE LA LUMIÈRE, DE SES PROPRIÉTÉS
OPTIQUES ET CHIMIQUES
PAR L'APPLICATION DE LA STOECHIOMÉTRIE ÉLECTRIQUE,

PAR

PIERRE BÉRON.

TOME II.

PARIS.
MALLET-BACHELIER, GENDRE ET SUCCESSEUR DE BACHELIER,
IMPRIMEUR-LIBRAIRE DU BUREAU DES LONGITUDES ET DE L'ÉCOLE IMPÉRIALE POLYTECHNIQUE,
55, quai des Augustins, 55.

1864

PANÉPISTÈME

ou

SCIENCES PHYSIQUES ET NATURELLES

SCIENCES MÉTAPHYSIQUES ET MORALES.

II

PARIS. — IMPRIMÉ PAR E. THUNOT et Cᵉ,
rue Racine, 28, près de l'Odéon.

LE

FLUIDE DE LUMIÈRE

RAMENÉ

COMME LES GAZ, AUX CALCULS STŒCHIOMÉTRIQUES
ET AUX LOIS AÉROSTATIQUES.

PHOTOSTATIQUE,

OPTIQUE, PHOTOCHIMIE,

CHROMATOCHIMIE, PHOTOGRAPHIE, CHROMATOGRAPHIE,

PAR

PIERRE BÉRON.

PARIS.

MALLET-BACHELIER, GENDRE ET SUCCESSEUR DE BACHELIER,
IMPRIMEUR-LIBRAIRE DU BUREAU DES LONGITUDES ET DE L'ÉCOLE IMPÉRIALE POLYTECHNIQUE,
55, quai des Augustins, 55.

1862

PROTESTANTE

PRÉFACE.

Atomes. Les anciens ne connaissaient pas les gaz, et ils admettaient les corps liquides et solides comme composés d'atomes d'un volume constant comme celui des grains de sable. Après la découverte des gaz il a été constaté qu'un volume très-petit d'air augmente spontanément dans un espace vide pour en occuper tous les points ; il en est de même pour la chaleur et la lumière.

Lumière. Newton, par nous ne savons quel oubli, n'a pas admis la lumière comme un composé d'atomes pareils à ceux des gaz qui augmentent spontanément en volume, mais il les a considérés comme analogues à des grains de sable dont le volume serait limité. Cette hypothèse ne se prête point à l'explication des faits produits par leur expansion comme le sont les interférences, les diffractions, etc.

Les physiciens français n'auraient pas entièrement abandonné le *système de l'émission*, s'ils s'étaient rappelé ce que Newton a oublié, et s'ils avaient fait cette remarque qu'il ne faut qu'admettre les atomes expansifs comme le sont ceux des gaz ; ils seraient ainsi parvenus à y appliquer la loi statique, comme l'a fait Mariotte pour les gaz, et comme nous l'avons fait dans cet ouvrage très-étendu pour toutes les espèces des fluides impondérables. Ces mêmes physiciens ont cru que la lumière est un résultat analogue aux sons ; pour parvenir à faire admettre cette hypothèse, ils ont admis un fluide nommé *éther* répandu en équilibre dans tout l'espace, et mis en ondulations par les éléments des corps lumineux, comme l'est l'air des corps sonores ; c'est ainsi qu'a pris naissance le *système des ondulations*, système qui réduit tout simplement la *lumière* à néant.

Photographie. Depuis la découverte de la photographie il s'est produit une foule de faits photochimiques qui ne trouvent aucune explication ni dans le système de l'émission ni dans celui des ondulations ; aussi les photographes françois, anglais et de toutes les autres nations se trouvent-ils tous d'accord pour n'obéir à aucun système reposant sur un enchaînement d'hypothèses qui ont été mises au jour alors que la photographie était encore inconnue. Les physiciens, pour conserver au moins une apparence de supériorité, ont tenté d'associer à l'éther un nouveau fluide qui répand des *rayons chimiques* ; mais alors ils se sont trouvés en opposition avec les chimistes qui leur ont prouvé que les faits chimiques ne sont pas produits des rayons chimiques, mais de la lumière colorée. De là grand désarroi pour les physiciens français surtout, parce qu'ils ne trouvent dans les ondes sonores aucune production des faits chimiques.

Atomes libres, stationnaires, spécifiques. Les atomes des gaz se trouvent : 1° à l'état libre qui se manifeste dans l'augmentation de leur volume ; 2° à l'état stationnaire quand ils sont imbibés des corps solides ou liquides ; 3° à l'état spécifique quand ils font partie intégrante des atomes matériels des corps. De même pour les atomes de lumière et de chaleur ; car les corps terrestres ne sont que des combinés des éléments de l'eau et d'atomes de lumière et d'atomes de chaleur. Ainsi, pour la production de ces corps, la Terre fournit les éléments de l'eau, et le Soleil les atomes de lumière et de chaleur ; cette production des corps fait diminuer l'eau dans la Terre et augmenter par contre la masse solide sans que son poids éprouve aucun changement. Ce fait se trouve démontré mathématiquement.

Mouvement. L'augmentation de volume des atomes

des gaz et des fluides impondérables n'est ni engendrée
ni produite par une répulsion externe; le mouvement qui
se manifeste en cette augmentation de volume y a été introduit de la même manière que le serait celui d'un ressort :
cet objet, de la plus haute importance, se trouve exposé
dans tous ses détails.

Forces. Les anciens admettaient, pour chaque espèce
de production de faits observés, une espèce de *force*. Mariotte a fait justice des forces dont sont produits les faits
mécaniques observés dans les déplacements des corps liquides et solides, parce qu'il a prouvé que l'air en écoulement produit chez ces corps les mêmes déplacements que
produit sur les corps solides l'eau en écoulement. Après
avoir ainsi fait naître l'*aérostatique* et disparaître un certain
nombre de ces forces, Mariotte n'est pas allé plus loin, ce
qui lui eût permis de prouver que les fluides impondérables
en écoulement produisent des déplacements non-seulement
chez les corps, mais aussi chez leurs éléments : il eût ainsi
mis en lumière l'*électrostatique*, la *photostatique*, la *thermostatique*, l'*équostatique* et le *barostatique*, et fait disparaître
toutes les autres forces sans exception. Dans le présent ouvrage, nous n'avons traité que de la statique appliquée aux
fluides impondérables, comme Mariotte en avait fait l'application à l'air et aux gaz.

**Espèces des fluides impondérables et organes de
sensations.** Chacun de ces organes est le résultat d'une
espèce particulière de fluides impondérables. I. Les ondes
émises des points odorants, lumineux ou sonores produisent les trois organes doubles et symétriques; dans cet ouvrage, nous prouvons que les vibrations des atomes de
l'électricité négative des corps odorants se propagent au
moyen des atomes de chaleur, précisément comme les sons
au moyen de l'air. II. Voyons maintenant les trois autres
organes : 1° celui du goût est le résultat du contact des
aliments avec l'ouverture de l'appareil de la digestion :

2° l'organe affecté à la pression de chaleur est répandu dans toute la surface du corps qui est en contact avec l'air ou avec l'eau, et 3° l'organe du tact est composé des filaments constituant les muscles, et il est le résultat du fluide nommé *barogène* qui donne naissance à la pondérabilité des corps.

Réforme des sciences. Comme dans l'hydrostatique et l'aréostatique les déplacements des corps trouvent leur explication dans les écoulements de l'eau et de l'air ; il en est de même pour les déplacements des éléments des corps qui se présentent comme faits chimiques, physiques et physiologiques, et qui ont leur cause dans l'écoulement des fluides impondérables. Ainsi il n'existe plus de forces d'aucune espèce, et au lieu d'atomes morts et inertes, ceux de chaque fluide sont animés d'une tendance à augmenter de volume, et cela à cause d'un dépôt indéfini de mouvement comparable à celui déposé dans un ressort.

Tous les faits résultent donc : 1° de cette expansion qui se manifeste dans les atomes de toutes les espèces des fluides impondérables et dans ceux des gaz, et 2° des rencontres des atomes pondérables ou impondérables. Connaissant ainsi la loi statique de l'expansion ou de l'écoulement des fluides, 1° il faut connaître les faits pour déterminer les actions qui ont eu lieu dans leur production, ou 2° il faut connaître les actions qui sont les écoulements des fluides pour déterminer le fait qui va en résulter. C'est pourquoi les sciences physiques ont été, dans cet ouvrage, présentées sous une forme qui n'a aucune ressemblance à celle qu'on leur avait donnée jusqu'à présent.

INTRODUCTION

À LA

PANÉPISTÈME.

ORIGINE DES FAITS COSMIQUES, DES QUATRE SYSTÈMES DES PHYSICIENS, DES QUATRE RELIGIONS FONDAMENTALES ET DE LA PESANTEUR.

———

Dans le précédent ouvrage les faits ont été expliqués en admettant l'existence des deux fluides composés, 1° l'un des équivalents positifs $\bar{E}$ contenant les molécules μ, et 2° l'autre des équivalents négatifs $\bar{E}$ contenant les molécules μ' sous le même volume, quoique dans chacune de ces molécules μ' se trouve la quantité e du fluide primitif, et dans chacune des molécules μ se trouve une quantité supérieure $e + e'$ du même fluide.

Dans l'explication des faits : 1° on a considéré la lumière comme un fluide composé des atomes $\bar{E}\bar{E}\bar{E}$ dont chacun consiste en deux équivalents $\bar{E}^2$ positifs et en un équivalent $\bar{E}$ négatif; et 2° la chaleur a été considérée comme un fluide composé des atomes $\bar{E}\bar{E}\bar{E}$ dans lesquels chacun consiste en deux équivalents $\bar{E}^2$ négatifs et en un équivalent $\bar{E}$ positif.

Au lieu de suivre le mode d'explication des faits produits de la lumière et de la chaleur en admettant l'existence de ces deux fluides, nous exposerons ici l'origine et le mode de leur production; car c'est alors que le lecteur parvient à bien connaître la nature des fluides et les lois auxquelles ils obéissent dans leurs écoulements et dans leurs combinaisons.

Les physiciens anciens, guidés par le petit nombre de faits cosmiques qu'ils connaissaient et surtout par l'ordre qui règne entre eux, ont admis une origine commune de ces faits. De même les physiciens actuels, guidés par les ondulations opérées dans les fluides suivant les lois mécaniques, ont reconnu l'existence d'un fluide répandu dans l'espace indéfini, qui y est supposé en équilibre et en repos; en effet, pour être mis en mouvement il faut qu'il éprouve un ébranlement quelconque de la part des éléments des corps.

Par suite d'un nombre insuffisant de faits pour démontrer leur origine commune, les anciens soutenaient cette opinion par des raisonnements logiques puisés dans l'intelligence qui n'est pas la même dans chaque individu; ainsi de tels raisonnements pouvaient-ils se multiplier sans qu'il se produisît en même temps aucun avancement dans la connaissance des faits. On voit clairement que par cette méthode la science ne fait aucun progrès, tant qu'elle ne s'appuie que sur des théories, dont l'excès même conduit plutôt à un résultat opposé.

On vit en effet bientôt surgir l'école des sceptiques qui faisaient profession de mettre en doute tout fait cosmique, car ils les considéraient comme de purs rêveries dont il ne reste pas trace dès qu'on est éveillé. Ils comparaient les théories différentes sur les mêmes faits cosmiques aux rêves où ces mêmes faits se présentent sous mille aspects différents; c'est ainsi que cette secte a maintenu la science dans un inertie, un état stationnaire, qui ne conduisent pas vers la vérité; et qui n'en éloignent pas non plus : sous ce dernier rapport les sceptiques sont allés plus loin que les philosophes.

De ces deux extrêmes sont sortis les empiriques dont Aristote est le premier, homme d'une immense activité, d'une vaste intelligence, et heureusement en possession de grands moyens qui lui étaient fournis par son élève Alexandre le Grand. Les théories de Platon et des autres philosophes rencontraient une foule d'adversaires, mais tout le monde était forcé de rester d'accord avec Aristote sur la connaissance empirique des faits découverts, quoiqu'on restât dans l'ignorance relativement à leur nature et à leur origine.

Aristote ne visait pas à une accumulation amorphe de faits observés et décrits; son but était de parvenir, par l'arrangement de ces faits, à découvrir les lois physiques suivant lesquelles ils sont produits. Le nombre de faits nécessaires pour atteindre ce but ne pouvait pas être rassemblé pendant la durée de la vie d'un homme; il a fallu pour cela plus de vingt siècles. Après des travaux gigantesques, les physiciens actuels sont parvenus enfin à découvrir l'existence des ondulations dans toutes espèces de fluides, d'où ils ont conclu que ces fluides ont une origine commune; ils ont admis que les vibrations différentes des corps donnent naissance aux oscillations propres d'un fluide qui paraît être d'espèce différente; ce fluide unique est nommé *éther*.

Ce résultat obtenu par les observations diffère de celui auquel la théorie pure avait conduit les anciens, et cela, non-seulement parce qu'il est appuyé par des preuves directes, mais encore parce que les faits découverts, 4° peuvent être aussi employés comme preuve des actions qui ont eu lieu à certaines époques précédentes, et qui ont disparu ensuite; et 2° un nombre n des faits découverts a été utilisé, par leur application aux différentes branches de l'industrie; application peu connue chez les anciens, et qui devint chez les physiciens actuels le seul mobile de leurs actives recherches.

Toutefois, quoique tous les physiciens constatent les faits

découverts de la même manière, il leur a été impossible de découvrir les lois suivant lesquelles s'opère la production de ces faits. Les faits optiques sont produits, 1° par les mouvements ou les écoulements des molécules de lumière suivant *le système de l'émission*, où 2° ces faits sont le produit des oscillations des molécules d'éther suivant *le système des ondulations*.

Dans l'un et l'autre de ces systèmes on admet que les molécules sont mises en mouvement par les éléments des corps, sans que l'on indique d'où les corps obtiennent ce mouvement; encore moins peut-on se rendre compte de la vitesse invariable de la propagation des molécules des fluides impondérables.

Les discussions entre les physiciens actuels, comme celles entre les anciens, sont limitées aux hypothèses ou aux systèmes admis par les uns et combattus par les autres; et des deux côtés, on semble, par une espèce d'accord, éviter de porter la question sur des faits ou sur des causes inconnus des uns et des autres, parce que les faits mal expliqués sont tolérés suivant l'un et l'autre système.

Les anciens ont reconnu que l'explication de la production des faits cosmiques dépend directement du mouvement, parce qu'une production quelconque est absolument impossible dans un repos ou dans une inertie parfaite. Quand, dans un colloque entre les philosophes *Zénon* vint mettre en question l'existence du mouvement lui-même, Diogène, pour tout argument, se leva et se mit à marcher devant lui, et cela non pas qu'il n'eût parfaitement compris de quoi il s'agissait, mais parce qu'il pensa que c'était la seule manière de résoudre le problème quoique contre le sens de Zénon.

Les physiciens actuels ne pourraient pas aujourd'hui résoudre le problème autrement que ne l'a fait Diogène; pour cette raison on a depuis longtemps cessé d'agiter des questions pareilles : ainsi on est limité aux descriptions des faits observés, parce que chaque production de ces faits s'opère par une action ou mouvement dont l'origine est inconnue; c'est pourquoi les descriptions ont pris la place des explications.

Dans la production de faits cosmiques il ne faut pas seulement des molécules d'éther comme l'admettait Orphée et comme l'admettent les physiciens actuels, mais il faut en même temps un mouvement inépuisable, comme disait Parménide (ϸòη τò πᾶν): *l'univers consiste en actions perpétuelles entretenues par des écoulements.*

Arago avait l'habitude de dire qu'une question est déjà à moitié résolue quand elle est bien posée; il s'agit ici de constater comment les molécules inertes de l'éther ont été imbibées jusqu'à saturation de mouvement, pour acquérir cette tendance, qui se manifeste chez tous les fluides, de vouloir augmenter en volume et occuper un espace indéfini, tendance très-connue qu'on nomme *élasticité* et qu'admettent même dans l'éther les physiciens qui suivent le système des ondulations.

Il y a donc à distinguer si les molécules d'éther sont, 1° en état d'équilibre ou de repos, et 2° en état d'équilibre détruit où le repos ne peut exister, mais où se manifeste un écoulement perpétuel, ainsi qu'il a lieu, comme élasticité, dans toutes les espèces de fluides.

1.—ÉLECTRE PRODUIT PAR L'ÉTHER, OU *UNITÉ TRANSFORMÉE EN TRINITÉ.*

Orphée, et après lui plusieurs philosophes admettaient l'*éther* comme élément primitif du monde; les physiciens actuels sont parvenus à découvrir des ondes dans la propagation de la lumière et de la chaleur, et comme les ondes existent dans la propagation des sons par l'intermédiaire de l'air, ils ont été amenés à admettre dans l'espace céleste des molécules homoïdes en un état d'équilibre et de repos;

le fluide composé de ces molécules *a* prit le nom d'*éther* qu'avait déjà proposé Orphée.

4° Les faits qui se passent dans l'éther, agité par les corps lumineux, s'opèrent suivant les mêmes lois mécaniques que ceux qui se passent dans l'air agité par les corps sonores; cette identité des résultats a paru suffisante pour constater l'existence d'un fluide répandu dans l'espace céleste qui sert, comme l'air, à la propagation des ondes produites des corps rayonnants. Ainsi il n'existe pas de fluides propres pour la chaleur et la lumière ni pour leurs couleurs, mais les sentiments attribués à ces fluides différents ne sont qu'un effet des nombres de vibrations exercées dans les molécules d'éther en une unité de temps, précisément comme cela a lieu pour les sept sons et leurs octaves : telle est la base du *système des ondulations*.

2° Dans le *système d'émission*, on admet qu'en chaque unité *t* de temps, sont émises les molécules *μ* de lumière qui parcourent dans cette même unité *t* de temps, la distance λ égale à celle qui sépare les surfaces sphériques homocentrales des ondes d'éther, et ainsi dans aucun des deux systèmes n'est touchée la question sur l'origine du mouvement ni celle de la vitesse invariable.

Dans les deux systèmes, on admet la même quantité *μ* de molécules dans chaque surface sphérique des ondes approchées ou éloignées. Tous les physiciens ont été amenés ainsi à ce résultat : *que les densités de la lumière sont en raison inverse avec les carrés des distances;* toutefois, ce résultat ainsi obtenu paraît ne pas être d'accord avec les résultats obtenus par les observations directes.

Suivant les calculs les clartés des planètes eussent dû être entièrement différentes de celles qui sont observées ; et cela a lieu également: 1° pour les clartés de mêmes planètes quand elles sont en opposition ou en conjonction, et 2° pour les clartés des planètes différentes quand elles présentent, à des distances différentes, des surfaces inégales.

Ce qui est le plus frappant dans ces comparaisons entre les résultats calculés et les résultats observés, est que les clartés ne diminuent, en aucun cas, au degré qu'indiquent les calculs. La clarté des satellites et des planètes éloignées, surtout celle des satellites d'Uranus et de Neptune, est parfaitement inexplicable suivant les résultats obtenus par les calculs de l'un et de l'autre système.

Dans le système d'émission les molécules μ parcourent l'espace en lignes droites suivant la direction des rayons qui aboutissent à chaque point de la surface des sphères décrites par les rayons dans toutes les distances, et qui plus est encore, ces molécules μ, en traversant l'atmosphère, arrivent en ligne droite des étoiles à l'œil sans rencontrer nulle part un atome d'air qui empêche leur progression, et cela malgré les résultats empiriques qui prouvent qu'il n'existe dans l'atmosphère aucun espace qui ne soit occupé par des millions de molécules ou d'atomes d'air.

Dans le système des ondulations les molécules μ d'éther affectent, par suite du va-et-vient des éléments des corps lumineux, les mouvements suivants : 1° un mouvement progressif comme celui des atomes de lumière émis des corps lumineux; 2° un mouvement rétrograde dans la direction des rayons; 3° un mouvement transversal où les molécules μ partent des points ppp d'un rayon en directions verticales suivant la surface sphérique décrite de ces rayons, et 4° un mouvement rétrograde transversal opéré vers les rayons en directions perpendiculaires.

En admettant le point lumineux comme centre, il faut s'imaginer une infinité des surfaces sphériques p', p'', p'''... p^{n} (fig. 1), homocentres séparés par l'intervalle égal $\lambda : L$. Les molécules μ ébranlées se trouvent, à la fin de la première unité de temps, dans la surface p', pour y mettre en mouvement une égale quantité μ' de molécules. II. A la fin de la deuxième unité de temps, les molécules μ reviennent à leur place ; les molécules μ', en avançant, arrivent à la surface p' (fig. b), alors la surface p' est vide.

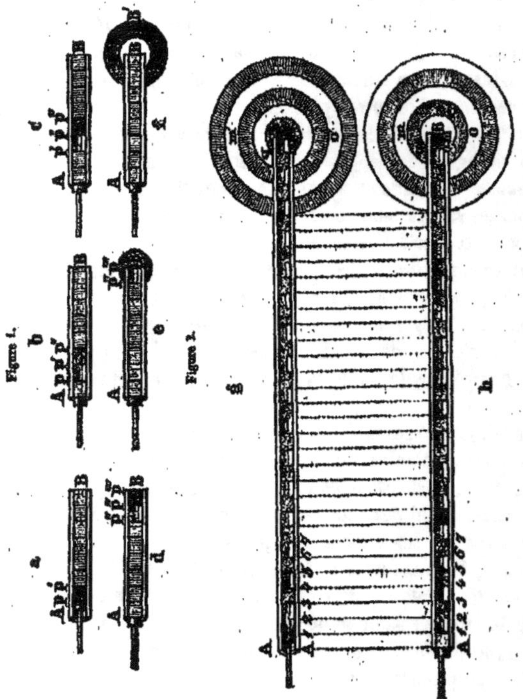

Si le corps s'éteint à la fin de la première unité de temps les molécules μ restent en repos, mais celles μ', arrivées en p'', en repoussent une quantité égale μ'' pour les faire avancer en p''', quand en même temps elles reculent pour occuper l'espace p' qui reste vide.

De cette manière s'opère la propagation de la même quanlité des molécules μ qui se trouvent successivement dans des surfaces de rayons λ, 2λ, 3λ; les densités des molécules μ en mouvement sont en raison inverse avec les surfaces ou avec les carrés des rayons; le même effet a lieu pour la propagation des sons.

I. Si le corps continue de répandre les vibrations comme le font les corps sonores, les molécules μ repoussées au commencement de la première unité de A (fig. 2) arrivent en 2 à la fin de cette unité de temps où ils repoussent une quantité égale μ' de molécules.

II. Pendant la deuxième unité de temps les molécules μ reculent et les autres μ' avancent; ainsi à la fin de la deuxième unité de temps : 1° les molécules μ sont à leur place; 2° celles μ' se trouvent dans la surface 3 et la surface 2 est vide.

III. Pendant la troisième unité de temps, de nouveau les molécules μ s'éloignent de 1 à 2, et les molécules μ' reculent dans la surface 2 qui est vide.

Si le point lumineux est en B, les molécules μ ébranlées se trouveront sur la surface sphérique m du rayon λ à la fin de chaque unité impaire de temps; le même effet a lieu pour chacune des surfaces qui ont 3λ, 5λ... $(2n \pm 1)\lambda$ pour rayon.

A la fin de chaque unité paire de temps, les molécules μ sont au centre (fig. g) et dans les surfaces sphériques qui ont pour rayon la longueur 2λ, 4λ, 6λ... $2n\lambda$. Alors sont vides les surfaces qui ont pour rayon la longueur λ, 3λ, 5λ... $(2n \pm 1)\lambda$.

L'existence de ces va-et-vient des molécules μ est constatée par les observations; on a aussi constaté l'existence des va-et-vient transversaux et perpendiculaires aux rayons. Le système des ondulations est basé sur ces mouvements; mais en gagnant sous ce rapport une supériorité sur le système d'émission, il lui reste inférieur sous le rapport de l'explication des couleurs et surtout des faits chimiques et

physiologiques, car le système d'émission a été formé
quand cette espèce de faits étaient connus, et quand on
ignorait encore les différentes directions qui se manifestent
dans l'écoulement de la lumière.

· Les atomes de lumière ou les molécules d'éther sont admis par tous les physiciens en un état d'équilibre et d'inertie, et on attribue aux éléments des corps lumineux la faculté de communiquer un mouvement indéfini, sans que
personne puisse dire où se trouve ce mouvement quand les
atomes de lumière ou les molécules d'éther sont en repos ;
ou, s'il n'existe quelque part, de quelle manière il apparaît.

En résolvant ici la question de Zénon sur le mouvement, il
est nécessaire de distinguer les deux états de l'éther admis
par les physiciens en deux périodes différentes, 1° un état
de repos et d'inertie ne peut exister qu'entre les molécules
qui sont en un équilibre parfait, et un état d'équilibre n'est
possible que dans le seul cas où le fluide occupe *tout* l'espace dans lequel il se trouve.

· 2° Les fluides de toutes espèces se manifestent comme
pourvues d'un dépôt indéfini et inépuisable de mouvement
qui sollicite leurs molécules à s'éloigner indéfiniment l'une
de l'autre. Et comme l'éther primitif en état d'équilibre n'est
pas constitué par des molécules de nature différente que
les molécules des autres espèces de fluides, il ne reste plus
qu'à connaître comment le mouvement qui manquait dans
les molécules de l'éther équilibré y a été déposé.

Pour qu'une somme indéfinie de mouvements soit déposée
dans les molécules d'éther, il n'y aurait qu'un seul moyen,
ce serait qu'elle parcourût des distances indéfinies en directions convergentes de manière à se rétrécir en quelque sorte,
et que cessant d'occuper un espace indéfiniment grand,
elle vînt se contracter en deux points *z* et *z'* indéfiniment
petits et pour cela égaux (fig. 3).

· Cela a été opéré par une division de la masse totale M′
d'éther en deux parties inégales M + *m* et M, qui ayant été

comprimées en deux points égaux, se trouvèrent différer entre elles par leur densité qui est $\delta + \delta'$ pour la masse $M + m$ et δ pour la masse M d'éther.

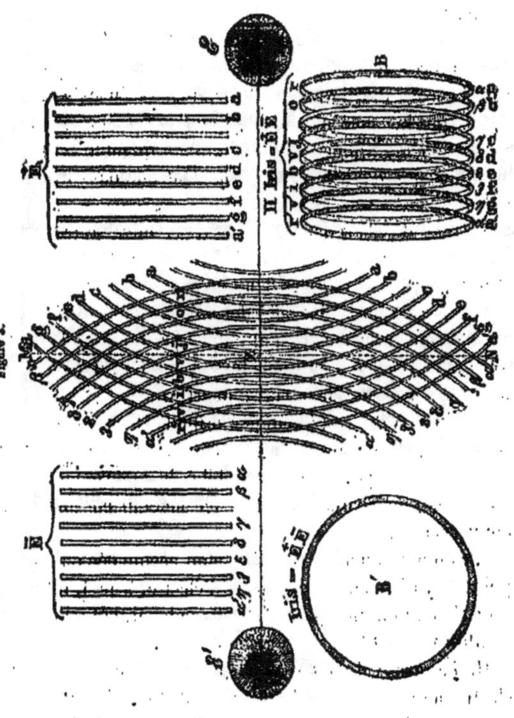

A. TRINITÉ PRODUITE PAR L'UNITÉ.

Ce fait mystérieux se présente ici spontanément à notre intelligence sans que nous l'ayons cherché. En effet les molécules M' d'éther se trouvant en équilibre offraient la notion naturelle de la perpétuité, puisqu'elles n'avaient pas eu de commencement et ne devaient pas avoir de fin; entre ces molécules équilibrées il ne pouvait avoir lieu ni à changement, ni à déplacement.

Les masses de molécules d'éther $M + m$ et M, après avoir été imbibées jusqu'à saturation du mouvement V en parcourant l'espace indéfini, se trouvèrent différer l'une de l'autre, parce que les molécules μ de la masse $M + m$ contiennent sous le même volume une plus grande quantité $(q + q')\,e$ de molécules d'éther que celle qe contenue dans les molécules μ'.

L'éther M', dans deux périodes différentes, se trouva en deux états dont un diffère de l'autre, 1° par le mouvement V indéfini déposé dans les deux masses $M + m$ et M de molécules, et 2° par les inégales densités des molécules d'éther qui se trouvèrent dans les molécules μ produites de la masse $M + m$ en densité $\delta + \delta'$ plus forte que celle δ dans les molécules μ' produite de la masse inférieure M.

Le nom d'*éther* sert à indiquer le fluide M' en un équilibre parfait répandu dans l'espace indéfini. Le même fluide M' devint *électre* après avoir été imbibé du mouvement V inépuisable, en parcourant l'espace indéfini en directions convergentes.

I. Si toute la masse M' d'éther était accumulée en un seul point, il y eût eu une seule espèce d'électre, lequel, rebroussant chemin en un espace de temps indéfini, eût repris son équilibre primitif sans avoir rien produit.

II. La masse M d'éther n'eût pu se présenter comme un électre moins dense, si la masse M' d'éther n'avait pas été divisée en deux parties $M + m$ et M inégales, 1° les molécules μ de la masse $M + m$ accumulées en e ont été nommées *électre dense, pycnoélectre* (πυκνός, dense); 2° les molécules μ' de la masse M accumulée en e' ont été nommées *électre moins dense, aréoélectre* (ἀραιός, raréfié); 3° la tendance à rebrousser chemin produite du mouvement V inépuisable déposé dans les molécules μ et μ' est connue sous le nom d'*élasticité*; mais, à cause de son activité, il est plus convenable de lui donner le nom d'*orgasme* (ὀργασμός).

Le mouvement actuel n'est pas communiqué aux fluides de quelque part que ce soit; il y est déposé, et il ne cesse de se manifester que quand il est supprimé par une résistance. Il y a trois cas à distinguer dans la masse M' d'éther primitif: 1° si toute la masse M' était comprimée en un seul point; 2° si cette masse M' était divisée en deux moitiés $\frac{1}{2}$ M' et $\frac{1}{2}$ M' et comprimées chacune en un point séparé, et 3° si la masse M' était divisée en deux parties inégales M + m et M et comprimées chacune en un point séparé.

Nous avons déjà indiqué le résultat du premier cas; aussi dans le second cas même, un mélange entre l'électre des molécules μ et μ' serait impossible parce que cet électre se serait trouvé en égale densité. Le seul moyen de la production d'une tendance des mélanges exprimée par le mot *affinité* est l'*anisopycnie* (ἄνισος, inégale; πυκνός, dense) ou l'inégale densité $\delta + \delta'$ et δ de l'électre dans les molécules μ accumulées en ϵ et dans celle μ' accumulées en ϵ'.

En ce dernier cas le mouvement V est indispensable, parce que les molécules μ et μ' seraient toujours séparées, si elles n'étaient pas imbibées du mouvement indéfini V pour pouvoir venir en rencontre, quand elles sont séparées par des distances qui doivent être parcourues en des millions de siècles.

1° Origine commune des religions et des sciences.

Dans les siècles précédents, les philosophes se gardaient avant tout de rien avancer qui fût en contradiction avec l'Écriture, et quand il leur échappait quelque proposition malsonnante, les persécutions et les anathèmes de l'Église ne se faisaient pas attendre. Nous vivons en une époque bien différente; de nos jours un ouvrage de physique perdrait assurément quelque chose de sa valeur, surtout quand il contient quelque chose de nouveau, si l'auteur s'avisait d'appuyer ses propositions sur les textes de l'Écriture, que les savants ne considèrent pas comme précisément compétente dans tout ce qui est du domaine des faits basés sur les lois physiques.

Or, s'il n'est pas permis à un auteur de physique de chercher dans l'Écriture et encore moins dans les dogmes ecclésiastiques, un appui et des preuves pour les explications des faits cosmiques, il lui est moins permis encore de passer ces explications sous silence et de s'abstenir d'annoncer l'identité flagrante de l'origine des religions et des sciences.

Maintenant que nous avons indiqué l'état primitif de l'*éther* en équilibre et son changement en *électre*, il est devenu clair que ce changement n'a pas été opéré spontanément, mais que c'est un ÊTRE suprême qui déposa le mouvement V indéfini dans les parties inégales M + m et M de la masse M' indéfinie d'éther. Ainsi se manifeste la TRINITÉ composée de *pycnoélectre*, d'*aréoélectre* et de *mouvement*.

Le mouvement U indéfini déposé dans les deux électres commença à se manifester en directions divergentes, dès que cessa la compression vers les deux centres *e* et *e*. Ce mouvement divergeant s'opéra séparément dans chacun des centres *e* et *e'* pendant un laps de temps; alors les ondes superficielles A et A' en s'éloignant des centres *e* et *e'* se rapprochaient l'une de l'autre. L'électre dans chacune des deux *électrosphères* avant que les ondes A et A' superficielles vinssent en rencontre, n'était pas l'éther inactif; il n'était pas non plus de point Z dans l'espace où fussent réunis ensemble le pycnoélectre et l'aréoélectre; la TRINITÉ, quoique déjà au monde, n'apparaissait cependant pas encore; le moment de son apparition a été déjà prédestiné et elle était inévitable; durant cette période, le monde était dans l'expectative de ce grand événement. C'est par la rencontre des deux ondes superficielles A et A' que devait s'opérer l'ap-

parition de la TRINITÉ qui existait cependant avant les
siècles.

Ainsi, en outre de la TRINITÉ, l'éther a eu trois autres
états en trois périodes différentes : 1° celui de l'équilibre
présenté comme une perpétuité sans commencement et sans
fin, où était absolument impossible un changement quelconque; cet état est l'origine *du monothéisme absolu.*

2° L'état de l'électre au centre *e* ou *e'* séparément l'un de
l'autre est l'origine du *monothéisme pantodyname* ou *tout-
puissant;* il est représenté dans l'expansion de l'électré de
l'un ou de l'autre centre *e* ou *e'*. Cet état diffère du précédent, car il représente une activité précaire, une expectative, et non pas un état éternel.

3° Après la rencontre des ondes des deux électres et l'apparition de la TRINITÉ, 1° ont été produites au monde premièrement les plantes : cette production a été représentée par
le mot φύσις; 2° ensuite ont été produits les animaux, et
cette production a été représentée par le mot *natura.*

a. Quatre religions fondamentales.

Parmi toutes les sociétés humaines où la civilisation et
l'industrie ont acquis un certain degré, il s'est développé
une religion; elle est habituellement : 1° le *polythéisme* ayant
pour origine l'état d'électre dans la production des plantes
et des animaux; 2° le *monothéisme pantodyname* a été reconnu
comme supérieur au *polythéisme,* il a été une expectative; pour
cela son état était précaire. 3° Ainsi apparut le *monothéisme
triadique* qui était attendu depuis des siècles, et il s'est propagé sur les débris du polythéisme; 4° Ceux qui embrassè-
rent ce monothéisme triadique par la croyance n'ont jamais
pu prouver à leurs adversaires comment la TRINITÉ est en
même temps UNITÉ et pourquoi l'UNITÉ n'est pas TRI-
NITÉ. De cette manière, le monothéisme triadique a conduit au *monothéisme absolu,* qui s'est répandu avec une ra-

pidité étonnante parmi les nations d'Asie et d'Afrique sur
les débris du polythéisme qui existait et qui n'était plus
toléré.

5. Quatre systèmes ou sectes de physiciens.

Comme la religion, de même l'industrie et les sciences
apparurent partout où la civilisation faisait des progrès.
Toutefois l'homme ne resta pas borné à la connaissance des
faits cosmiques en leur état brut et tels qu'ils apparaissent.

1° Guidés par le petit nombre des faits connus, les anciens formèrent des théories sur l'origine du monde, et
comme ces théories ont pour cause les combinaisons logiques opérées dans l'intelligence d'un individu, l'apparition
d'une théorie n'exclut pas celle d'une autre produite dans
l'intelligence d'un autre penseur qui, combinant les mêmes
faits toujours logiquement, mais d'une manière différente,
obtient un résultat différent; ainsi la physique a été rap-
portée par mille théories différentes aux origines qui différaient, parce qu'aucune d'elles n'était obtenue par les faits
cosmiques et les lois physiques suivant lesquelles ils ont été
produits.

2° La multitude des théories a conduit au *scepticisme* qui
se présenta, mais avec un discrédit absolu, non-seulement
contre les combinaisons logiques et contre les théories basées sur les faits cosmiques, mais il a étendu ce discrédit
jusqu'à ces faits mêmes, qui étaient considérés comme des
apparences comparables à celles des rêves. Ainsi la science
se trouva chez les sceptiques à un état stationnaire.

3° De ces deux extrémités, les théories trop actives d'une
part, et de l'autre le scepticisme inerte, naquit l'*empirisme*;
celui-ci n'est pas la science, mais il prépare la voie pour y
arriver. L'état de l'empirisme est donc expectatif et non pas
permanent; car il vise à l'origine commune des faits cosmiques et aux lois physiques qui servent à la production de
ces faits, lesquels constituent la *science unique* embrassant

tout ce que l'intelligence de l'homme peut contenir de faits cosmiques.

4° Cette science unique à laquelle ont visé les empiriques depuis Aristote jusqu'à ceux qui vivent actuellement, n'avait pas reçu de nom parce qu'elle n'était pas connue; PANÉPISTÈME est celui qu'elle portera à l'avenir; car elle embrasse tout ce qui se produit au monde physique et au monde intellectuel, au *cosme* et au *microcosme*. En même temps que la PANÉPISTÈME la VÉRITÉ apparut à l'horizon; personne ne peut plus la méconnaître aujourd'hui.

2° Parallélisme entre les religions et les systèmes philosophiques.

I. La civilisation se présenta partout accompagnée d'une religion qui est le polythéisme, et d'une industrie qui a conduit à des théories nombreuses sur l'origine du monde et des faits cosmiques. Ainsi donc à une philosophie basée sur les théories correspond une religion de polythéisme. La production de plantes exprimée par le mot φύσις, et la production des animaux exprimée par le mot *natura*, sont l'origine commune de la philosophie spéculative et de la religion du polythéisme.

II. Le scepticisme inerte et immobile n'est pas une source de mal comme la philosophie spéculative qui s'égare; mais il ne produit pas non plus de bien. Au scepticisme correspond le monothéisme absolu, inerte et inactif. L'éther M' indéfini, équilibré et répandu dans l'espace indéfini sans commencement et sans fin est l'origine commune du scepticisme et de la religion de monothéisme absolu.

III. L'empirisme n'est pas l'état d'une philosophie permanente, car il vise à un but dont il ignore la nature. De même le *monothéisme* pantodyname ou tout-puissant est une religion précaire expectante qui vise à une autre dont l'apparition est inévitable, mais dont l'époque est encore inconnue. Cette religion du monothéisme pantodyname et la philoso-

2

phie des empiriques ont pour origine commune l'état de l'électre du centre c, ou du centre c' depuis le moment de son apparition jusqu'au moment de la rencontre des ondes superficielles A et A'. Cet état n'était pas celui du monde actuel ; il était précaire et expectatif comme l'est l'état de la religion du monothéisme pantodyname et de la philosophie empirique.

IV. La religion du monothéisme triadique diffère des trois précédentes : 1° elle est monothéiste et diffère ainsi du polythéisme ; 2° elle présente une activité permanente et diffère du monothéisme absolu et inactif ; 3° son activité se manifeste par la production de faits cosmiques permanents, et diffère ainsi du monothéisme tout-puissant, lequel est fatalement expectatif et précaire.

La Panépistémie embrasse la production des faits cosmiques et intellectuels produits par les mélanges des molécules μ contenant la quantité $(g + y)$ e d'électre, avec les molécules μ' contenant la quantité y e d'électre sous le même volume et pour cela en densité inférieure. Cette Panépistémie n'est pas engendrée dans l'intelligence de l'auteur : elle est au monde ; pour cela : 1° elle diffère de la philosophie spéculative, produite dans l'intelligence de tout auteur quelconque par les mêmes faits cosmiques arrangés, non pas suivant les lois physiques qui étaient inconnues, mais suivant les raisonnements logiques provenant de l'intelligence propre à chaque auteur et indépendante de celle des autres individus.

2° La Panépistémie diffère aussi du scepticisme inerte, et cette différence consiste seulement en cela que le scepticisme demeurant inerte ne s'approche pas de la vérité, mais possède en même temps le seul avantage de ne pas s'en écarter, comme cela est arrivé à la philosophie spéculative. La Panépistémie, suivant pas à pas les lois physiques dans la production des faits cosmiques, reste préservée de toutes les erreurs que redoute le scepticisme.

3° L'empirisme aspirant depuis son commencement à la découverte de l'origine des faits cosmiques et des lois physiques suivant lesquelles ces faits se produisent, se trouva en accord parfait avec la *Panépistème* à laquelle il visait depuis tant de siècles. L'apparition de la Panépistème n'a pas été surprenante, parce qu'elle était attendue ; certains vieux empiriques et quelques sceptiques au même temps ont persisté dans leur méfiance et prétendu que notre découverte n'était qu'une *pseudo-panépistème*. Quant à ceux qui ont étudié l'*électrostatique* que nous venons de faire paraître, ils n'ont pas tardé à être convaincus que l'empirisme a atteint son but, et que c'est la *Panépistème* (πᾶν, tout ; ἐπίστασθαι, savoir) attendue qui est venue au monde.

La religion du *monothéisme triadique* et la *Panépistème* ont pour origine commune le *pycnoélectre* et l'*aréoélectre* imbibés tous les deux du *mouvement* V indéfini. Cet électre n'a pas été engendré, il a été toujours répandu dans l'espace indéfini où il se trouvait en équilibre et en état inerte. La masse totale M' a été divisée en deux parties M + m et M inégales qui parcoururent les distances indéfinies en directions convergentes pour se trouver accumulées en deux points *ε* et *ε'* indéfiniment petits.

Ainsi la masse M' primitive se trouva imbibée du mouvement indéfini V et accumulée en deux points *ε* et *ε'*, en deux densités $\delta + \delta'$ et δ différentes ; par suite de ces deux densités, l'électre se montra sous deux états, car les molécules *µ* éloignées du point *ε* contiennent dans le même volume v les quantités inégales $(q + q')e$ et qe d'électre.

L'électre *e* est éther, mais l'éther M' n'est pas *électre*, car il a fallu que la masse M' d'éther fût imbibée d'une quantité indéfinie de mouvement V pour devenir *électre*. Il a été prouvé que la production du Monde serait impossible si toute la masse M' d'*éther* était accumulée en un seul point, ou si étaient égales les masses $\frac{1}{2}$ M' et $\frac{1}{2}$ M' réduites aux points *ε* et *ε'*, car dans un cas il n'y aurait pas eu de rencontre, et dans l'autre il y aurait eu des rencontres, mais les mélanges seraient restés impossibles entre les molécules μ et μ qui eussent dû, en ce cas, contenir sous le même volume la même quantité $(q + \frac{1}{2}q')e$ d'électre.

Il a donc été d'une nécessité absolue que la masse M' d'éther fût divisée en deux parties $M + m$ et M' inégales pour en être produites de deux espèces d'électres qui ne diffèrent que par rapport à leurs densités; et cette inégalité devint la cause des mélanges entre la quantité $(q + q')e$ et qe d'électre, parce que ces quantités se trouvant dans le même espace ne peuvent pas rester isolées et séparées, mais que, nécessairement, de l'électre $(q + q')e$ une partie $\frac{1}{2}q'$ pénètre dans l'espace occupé par la quantité inférieure qe d'électre.

La pénétration d'un fluide dans l'espace occupé par un autre durant la production de faits chimiques et de faits physiques était connue, mais on ignorait que cette pénétration n'est que l'effet des densités inégales. Les chimistes nommèrent *affinité* la tendance d'un fluide à se répandre dans l'espace occupé par un autre; le nom n'exprime que les faits comme ils se présentent et non pas la cause qui produit ces faits.

Le *monothéisme triadique* est en parfait accord avec la *Panépistéme*, car il est TRINITÉ sans cesser d'être unité. Comme les théologiens ne pouvaient pas concevoir comment la TRINITÉ est UNITÉ et pourquoi l'UNITÉ n'est pas TRINITÉ, de même les physiciens empiriques ne pouvaient pas se rendre compte comment l'*électre* est *éther*, et pourquoi l'*éther* n'est pas *électre*. Et cela parce qu'ils n'admettaient au monde qu'un état permanent; et ainsi 1° ils ne distinguaient pas une période durant laquelle l'éther M' occupait l'espace indéfini ou s'y trouvait en état d'équilibre, et 2° un autre état durant une autre période où la même masse M' d'éther se trouve accumulée en deux points après avoir été divisée en deux parties inégales.

Il a été jusqu'à présent impossible d'unir la religion avec la philosophie, qui se présentent ici inséparables l'une de l'autre. Le monothéisme triadique s'est soutenu par la croyance; mais un pareil cas devenait impossible pour la Panépistème; celle-ci n'apparut qu'avec la découverte du mode de la transformation de l'éther M' en deux espèces d'électro.

S'il n'existait pas une religion de monothéisme triadique, il serait absolument impossible à l'auteur de se figurer l'introduction d'une religion pareille; mais il lui a été également impossible de méconnaître l'identité de l'origine de cette religion déjà bien connue et de la Panépistème qui apparaît à présent.

B. RELATION ENTRE L'ESPACE VIDE ET LES DEUX ÉLECTROSPHÈRES.

La *Panépistème* contient les faits cosmiques arrangés en séries où chaque fait se trouve à la place qu'il occupe ou qu'il occupa dans le Monde, alors qu'il était effet des faits précédents et cause de faits suivants. Ainsi après l'accumulation des masses $M + m$ et M' d'éther aux points ε et ε', l'espace illimité resta vide; il n'y avait de limité que la distance $\varepsilon\varepsilon'$ (fig. 4) entre les deux centres électriques.

Figure 4.

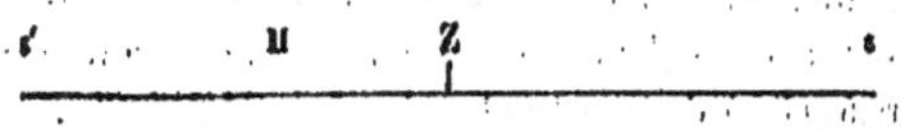

$$\varepsilon \qquad \Pi \qquad Z \qquad\qquad\qquad \varepsilon'$$

Or, deux points sont à distinguer dans la ligne $\varepsilon\varepsilon'$ (fig. 4) : 1° le point Z où la distance est divisée en deux moitiés $\varepsilon Z = \varepsilon'Z$, et 2° le point Π où les molécules μ et μ' des deux centres contiennent, sous le même volume, la même quantité $(q + \frac{1}{2}q)e$ d'électro, 1° pour que les molécules μ' obtiennent une quantité $(q + \frac{1}{2}q')e$ supérieure d'électro, il faut diminuer la surface sphérique s des ondes du centre ε'; et

2° pour que ces mêmes molécules μ obtiennent une quantité inférieure $(q + \frac{1}{2}q')e$ d'électre, il faut augmenter la surface ε sphérique des ondes du centre ε, le point Π est donc entre celui Z du milieu et le centre ε.

I. Au point Z vinrent en rencontre les ondes superficielles A et A' des deux centres ε et ε', après que chacune d'elles eût parcouru la distance $\varepsilon Z = \varepsilon'Z = n\lambda$ en nt unités de temps avec la même vitesse, car le mouvement V d'un électre ne diffère pas de celui V de l'autre.

A ce point Z les molécules μ de l'onde A contiennent une quantité $(q + q')e$ d'électre supérieure à celle qe contenue dans le même espace occupé par les molécules μ'. Il se trouva donc la densité $\delta + \delta'$ de l'électre $(q + q')e$ dans les molécules μ avec la densité δ de l'électre qe dans les molécules μ' dans un rapport identique à celui où sont les masses $M + m$ et M d'éther accumulées aux deux centres électriques ε et ε'.

II. Pour arriver au point Π, les ondes A, B, C... du centre ε emploient l'espace de temps $(n + n')t$ plus long que celui $(n - n')t$, qui a été employé par les ondes a, b, c,... du centre ε'. Dans la distance $\varepsilon\Pi$ les surfaces des ondes $A\,B\,C$ du centre ε sont grandes, et si les molécules μ ont la même quantité $(q + q')e$ d'électre que dans la distance $Z\varepsilon$, leur densité n'est plus la même $\delta + \delta'$, mais elle est inférieure $\delta + \frac{1}{2}\delta'$. Les surfaces des ondes a, b, c,... du centre ε' sont moins grandes dans la distance $\varepsilon'\Pi$, et si les molécules μ' ont la même quantité qe d'électre que celle des ondes A', B', C'... de la distance $\varepsilon'Z$, leur densité est $\delta + \frac{1}{2}\delta'$, c'est-à-dire supérieure à celle δ de l'électre dans les ondes A', B', C'...

On voit donc disparaître dans l'espace Π, la différence entre les molécules μ et μ' qui constituent les grandes surfaces sphériques des ondes A, B, C,... du centre ε, et les moins grandes surfaces des ondes a, b, c... du centre ε'. Dans l'espace Π les molécules μ sont composées d'électre *isopycna* ou d'égale densité $\delta + \frac{1}{2}\delta$. Cette troisième espèce d'électre n'existe qu'au seul point Π, partout ailleurs dans l'espace indéfini, les densités de l'électra sont inégales dans les molécules μ et μ'.

Dans le *texte de l'Atlas cosmethographique* nous avons prouvé que l'espace Π, qui paraît un point de la distance $\epsilon\epsilon'$, est celui dans lequel circulent *tous* les corps célestes visibles et invisibles. L'électra isopyone des molécules μ'' qui affluent de la part des deux centres ϵ et ϵ' est la cause qui empêche les corps célestes de s'éloigner de cet espace Π; et cela, parce que ces mêmes molécules μ'' se trouvent dans les corps.

Ceux-ci sont pondérables à cause de ces molécules μ'' qui manquent dans la lumière, la chaleur, l'électricité positive et l'électricité négative; ainsi ces fluides ne trouvent aucune résistance dans les molécules μ'' qui affluent vers l'espace Π; aussi s'en éloignent-ils et se répandent-ils dans l'espace céleste illimité.

Une partie des fluides impondérables se combine avec les molécules μ'', et ainsi les combinés produits acquièrent la propriété de ne plus pouvoir s'éloigner de l'espace Π; à cause de cette propriété ces combinés sont nommés *corps*; et le nom de matière a été donné à la quantité $q\mu''$ de molécules qui est la cause du poids de chaque corps; car la *pesanteur* est l'affluence des molécules μ'' vers l'espace Π de la part des deux centres ϵ et ϵ'.

Ces molécules μ'' affluentes et celles contenues dans les corps ont été nommées *barogène* ($\beta\acute{a}\rho\varrho\varsigma$, poids; $\gamma\epsilon\nu\tilde{a}\nu$, produire), parce qu'elles sont la cause du *poids* des corps et de la *pesanteur* ou la *gravitation* à laquelle obéissent tous les corps célestes.

Cet aperçu général facilite beaucoup l'explication des faits qui ont été produits au point Z où s'opèrent les rencontres primitives entre les molécules μ et μ' des surfaces sphériques des ondes A, B, C... du centre ϵ et des ondes A', B', C' du centre ϵ'.

Après la production des combinés au point Z, les ondes

des deux centres ι et ι' ont continué à s'en éloigner, et les masses de combinés produits en Z, ne pouvant se maintenir en cet espace, ont été entraînées par les molécules μ denses et transportées dans l'espace Π dans lequel elles se sont trouvées sous une pression égale de la part des molécules μ'' d'électre isopycne qui est le *barogène*.

<h3>C. Propagation de l'électre par émission et ondulation.</h3>

Les physiciens qui suivent le système des ondulations ignorent l'origine du mouvement de l'éther, comme ceux qui suivent le système d'émission ignorent l'origine du mouvement des atomes de lumière. Les uns et les autres disent que ce sont les éléments des corps lumineux qui communiquent ce mouvement ; il leur est cependant impossible de prouver en quel état il est contenu dans ces éléments, et encore bien moins de constater une communication de mouvement des corps aux fluides impondérables.

Une question pareille sur la production du mouvement disparaît ici, car cette prétendue production est tout aussi absurde que le serait une production de matière. Le mouvement V indéfini a été déposé dans les molécules μ d'éther, quand ces molécules parcoururent l'espace indéfini pour s'accumuler aux deux points ι et ι', et devenir *électre*. Ce mouvement déposé se manifeste comme une tendance qui sollicite les molécules d'électre μ et μ' à rebrousser chemin pour occuper de nouveau l'espace indéfini en y rétablissant l'équilibre primitif.

Les molécules μ et μ' d'électre imbibées jusqu'à saturation du mouvement V indéfini n'ont plus besoin d'être repoussées, car elles se repoussent mutuellement, et l'écoulement en directions divergentes en est l'effet ; or un tel écoulement est absolument impossible d'une répulsion quelconque communiquée à l'éther de la part des corps lumineux : il y a été supposé parce que son existence a été constatée par mille observations différentes.

Dans le système d'émission les atomes de lumière sont également supposés avoir reçu une répulsion de la part des corps lumineux, comme l'est l'éther dans le système des ondulations, et le mouvement rétrograde est admis comme existant sans qu'on soit forcé de le déduire du mouvement répulsif; pour cette raison ce système paraît plus simple que celui des ondulations.

Cymatose. Les masses $M + m$ et M d'électre ε et ε' se trouvèrent en état amorphe à l'instant de l'interruption de leurs accumulations, quand apparut l'expansion des molécules μ et μ' d'électre produite par leur contre-répulsion mutuelle. Une explosion instantanée était impossible, parce que chaque couche G interne reçoit les répulsions égales r de la part de la couche inférieure H et de la couche supérieure F, et pour cette raison les couches de toute la masse se trouvèrent en équilibre, excepté pourtant la couche superficielle A qui était repoussée de la couche inférieure B et n'éprouvait du dehors aucune contre-répulsion.

La masse amorphe des molécules μ et μ' des deux sphères ε et ε' a été distribuée aux couches des surfaces sphériques homocentres, sans que les quantités des molécules fussent les mêmes dans chacune de ces surfaces sphériques, comme cela est un résultat commun dans le système d'émission et dans celui des ondulations; au centre ε ou ε' des ondes est un maximum d'électre qui diminue quand les surfaces croissent comme les carrés des distances, par exemple, $q\mu$, $(q - q')\mu$, $(q - q' - q'')\mu$... sont les quantités d'électre contenues dans les surfaces de rayons $q\lambda$, $(q + q')\lambda$, $(q + q' + q'')\lambda$... L'augmentation donc des surfaces sphériques, unie avec la diminution des molécules font, ensemble diminuer rapidement la densité des molécules μ et en même temps celle de l'électre e dont elles consistent.

Comme la dimension de la masse des molécules accumulées en s et s' était indéfiniment petite, elles ne peuvent pas être subdivisées en couches; pour cette raison la contre-répulsion s'opéra entre la masse m totale des molécules qui s'éloignèrent toutes du centre s ou s' pour occuper une surface sphérique S' dont le rayon est la longueur λ parcourue par les molécules m en une unité t de temps. La gymnase ou ondulation s'opéra et s'opère toujours dans les masses m des molécules des deux électrosphères de la manière suivante :

I. Au commencement de la première unité de temps, la masse totale des molécules se trouva au centre s ou s'.

1° État de l'électre au commencement.

$$m \qquad\qquad m'$$

A l'instant où il s'exerça une contre-répulsion générale entre ces molécules, celles-ci exercent un mouvement divergent et parcoururent toutes la distance λ pendant la durée de la première unité de temps t, et ainsi elles se trouvèrent occupant une surface sphérique dont le centre s resta vide.

2° État de l'électre à la fin de la première unité de temps.

$$\begin{array}{ccc}
 & m & \\
 & S' \quad S' & \\
m & s & m \\
 & S' \quad S' & \\
 & m &
\end{array}$$

La masse m ne pouvait pas continuer son éloignement divergent, parce que les molécules ne cessaient pas d'exercer une contre-répulsion pareille à celle qui a été exercée en s au commencement de la première unité de temps.

II. On nomme *systole* l'accumulation des molécules au centre s ou à la surface S' sphérique, et *diastole* la contre-répulsion exercée entre l'électre de la masse m des molécules au commencement de chaque unité de temps. Cette diastole a eu lieu au centre ; au commencement de la première unité de temps et dans la surface sphérique S' au commencement de la deuxième unité de temps.

La masse m a été divisée en deux moitiés qui, repoussées mutuellement, s'éloignèrent en directions divergentes de la surface S' et parcoururent la distance égale λ pendant la durée de la deuxième unité de temps. A la fin de cette unité la masse $\frac{1}{2}m$ se trouva en systole au centre, et l'autre masse $\frac{1}{2}m$ se trouva également en systole sur la surface sphérique S'' dont le rayon est 2λ.

3ᵉ État de l'électre à la fin de la deuxième unité de temps.

$$
\begin{array}{ccccc}
 & & \frac{m}{2} & & \\
S'' & & S' & & S'' \\
\frac{m}{2} & S' & \frac{m}{2} & S' & \frac{m}{2} \\
 & & S' & & \\
 & S'' & & S'' & \\
 & & \frac{m}{2} & &
\end{array}
$$

Au commencement de la troisième unité de temps il s'opéra deux diastoles : 1° l'une au centre, comme celle de la première unité de temps, mais entre la masse $\frac{m}{2}$ de molécules, et 2° l'autre sur la surface sphérique S''. Ces molécules se divisèrent en moitiés égales, et, en s'éloignant les unes des autres en directions divergentes, parcoururent la distance λ et arrivèrent à la fin de la troisième unité de temps 1° celles $\frac{m}{2}$ du centre, à la surface S' au même moment où y arrivèrent de la surface S'' les molécules $\frac{m}{4}$ dont la somme $\frac{3m}{4}$ occupa la surface S'; et 2° les molécules $\frac{m}{4}$ qui partirent de la surface S'' arrivèrent à la surface S''' dont le rayon est 3λ.

4° *État de l'électre à la fin de la troisième unité de temps.*

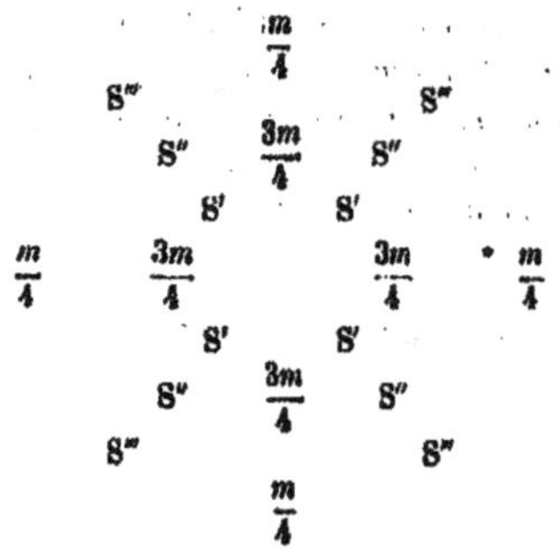

$$
\begin{array}{ccccc}
 & & \frac{m}{4} & & \\
S'' & & & & S'' \\
 & S'' & \frac{3m}{4} & S'' & \\
 & & S' \quad S' & & \\
\frac{m}{4} & \frac{3m}{4} & & \frac{3m}{4} & \frac{m}{4} \\
 & & S' \quad S' & & \\
 & S'' & \frac{3m}{4} & S'' & \\
S'' & & & & S'' \\
 & & \frac{m}{4} & &
\end{array}
$$

IV. Au commencement de la quatrième unité de temps il s'opéra deux diastoles : 1° une entre les molécules $\frac{3m}{4}$ de la surface S' et l'autre entre les molécules $\frac{m}{4}$ de la surface S'''. Ces molécules se divisèrent en moitiés égales après avoir exercé entre elles une contre-répulsion dont ont été produits les mouvements des directions divergentes. 1° les molécules $\frac{3m}{8}$, en reculant de la surface S', arrivèrent au centre ; 2° quand l'autre moitié $\frac{3m}{8}$, en avançant, arriva à la surface S'' à l'instant où y arrivèrent les molécules $\frac{m}{8}$ de la surface S'''; 3° l'autre moitié $\frac{m}{8}$ des molécules, en s'éloignant du centre, arriva à la surface S^{iv}. Il a donc eu trois systoles : 1° des molécules $\frac{3m}{8}$ au centre ; 2° $\frac{4m}{8}$ à la surface S'', et 3° $\frac{m}{8}$ à la surface S^{iv}.

5° État de l'électre à la fin de la quatrième unité de temps.

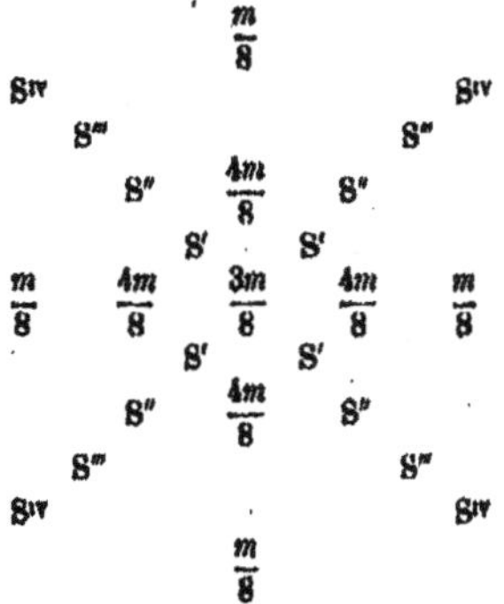

V. Au commencement de la cinquième unité de temps s'opérèrent trois diastoles: 1° au centre entre les molécules $\frac{3m}{8}$; 2° à la surface S″ entre les molécules $\frac{4m}{8}$; et 3° à la surface S′ᵛ entre les molécules $\frac{m}{8}$. Ces diastoles ou contre-répulsions exercées entre les molécules, les ont fait se diviser en moitiés égales qui prirent des directions divergentes; et, après avoir parcouru la distance λ, arrivèrent: 1° celles $\frac{3m}{8} = \frac{6m}{16}$ à la surface S′ au moment où y arrivèrent les molécules $\frac{4m}{16}$ de la surface S″; il se forma ainsi une systole de la somme $\frac{6m}{16} + \frac{4m}{16} = \frac{10m}{16}$; 2° à la surface S″ arrivèrent au même instant les molécules $\frac{4m}{16}$ de la surface S″ et des molécules $\frac{m}{16}$ de la surface S′ᵛ; et la systole a été formée de la somme $\frac{4m}{16} + \frac{m}{16} = \frac{5m}{16}$ de molécules; et 3° arrivèrent en même temps les molécules $\frac{m}{16}$ à la surface S′ où elles produisirent, comme les précédentes, une systole.

6° État de l'électre à la fin de la cinquième unité de temps.

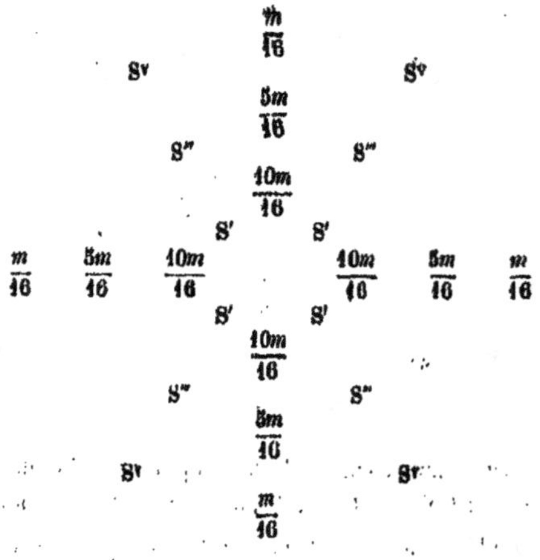

$$\frac{m}{16}$$

$$S^{v} \qquad S^{v}$$

$$\frac{5m}{16}$$

$$S'' \qquad S''$$

$$\frac{10m}{16}$$

$$S' \qquad S'$$

$$\frac{m}{16} \quad \frac{5m}{16} \quad \frac{10m}{16} \qquad \frac{10m}{16} \quad \frac{5m}{16} \quad \frac{m}{16}$$

$$S' \qquad S'$$

$$\frac{10m}{16}$$

$$S'' \qquad S''$$

$$\frac{5m}{16}$$

$$S^{v} \qquad S^{v}$$

$$\frac{m}{16}$$

7° État de l'électre à la fin de la sixième unité de temps.

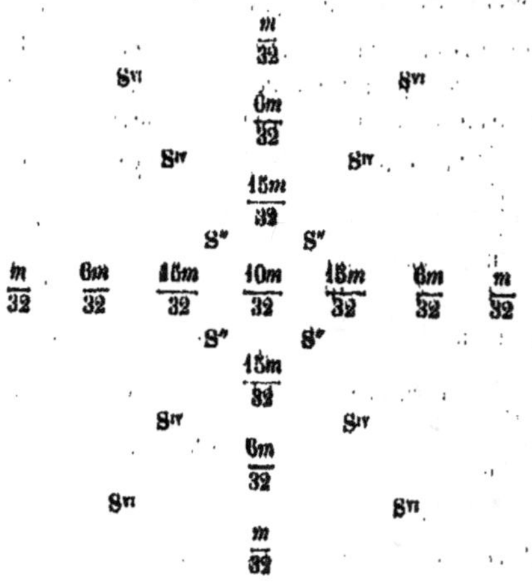

$$\frac{m}{32}$$

$$S^{vi} \qquad S^{vi}$$

$$\frac{6m}{32}$$

$$S^{iv} \qquad S^{iv}$$

$$\frac{15m}{32}$$

$$S'' \qquad S''$$

$$\frac{m}{32} \quad \frac{6m}{32} \quad \frac{15m}{32} \quad \frac{10m}{32} \quad \frac{15m}{32} \quad \frac{6m}{32} \quad \frac{m}{32}$$

$$S'' \qquad S''$$

$$\frac{15m}{32}$$

$$S^{iv} \qquad S^{iv}$$

$$\frac{6m}{32}$$

$$S^{vi} \qquad S^{vi}$$

$$\frac{m}{32}$$

La propagation de l'électro, comme de toutes espèces de fluides, s'opère par le mouvement inhérent V dans les molécules composées d'électre qui entrent comme éléments dans toutes les espèces de fluides, sans perdre pour cela leur mouvement V inépuisable.

Soit $e'h'$ (fig. 5), la coupe des surfaces sphériques des ondes A, B, C, D... de l'une des deux électrosphères : 1° Dans chacune des surfaces impaires a', c', e'... les systoles sont à la fin de chaque unité impaire de temps; et 2° dans chacune des surfaces paires b', d', f'... les systoles sont à la fois de chaque unité paire de temps; alors les surfaces impaires a', c', e'... sont vides.

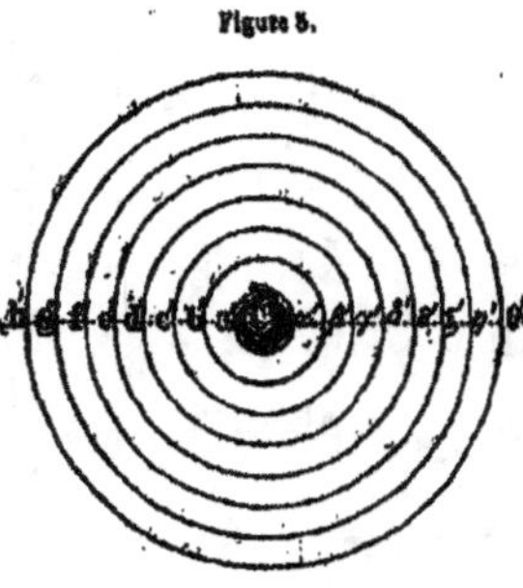

Figure 5.

Après chaque systole les molécules exercent entre elles une contre-répulsion, se divisent en deux moitiés égales et s'éloignent dans toutes les directions divergentes déjà constatées et reconnues par tous les physiciens, qui n'ignoraient que l'origine de ce mouvement singulier attribué à l'élasticité de l'éther ; pendant que cet éther a été supposé en repos et en équilibre répandu dans l'espace indéfini.

Le tableau suivant sert à prouver la loi de la propagation des molécules m concentrées au commencement dans un point t, propagation produite par des systoles et des diastoles, où s'opèrent les subdivisions des sommes de molécules $(q + 2q')$ m venant de la surface S^{a-1}, du côté du centre, et de celles qm venant de la part de la surface plus grande S^{a+1}. Les termes de ces séries peuvent être représentés en formules algébriques pour exprimer les quantités de molécules contenues dans les surfaces S^a, S^o, S^p, dont le rayon est $^n\lambda$, $^o\lambda$, $^p\lambda$...., et où ces molécules arrivent après l'écoulement de nt, ot, pt... unités de temps.

Tableau de la propagation des fluides.

Quantités de molécules ou d'électre contenues dans chaque surface sphérique des ondes dans les distances λ, 2λ, 3λ,... nλ du centre.

DISTANCES DES ONDES.																		TEMPS.
Centre c	λ	2λ	3λ	4λ	5λ	6λ	7λ	8λ	9λ	10λ	11λ	12λ	13λ	14λ	15λ	16λ	17λ	
m																		
0	m	»	»	»	»	»	»	»	»	»	»	»	»	»	»	»	»	
$\frac{m}{2}$	0	$\frac{m}{2}$	»	»	»	»	»	»	»	»	»	»	»	»	»	»	»	$1t$
0	$\frac{3m}{2^2}$	0	$\frac{m}{2^2}$	»	»	»	»	»	»	»	»	»	»	»	»	»	»	$2t$
$\frac{3m}{2^3}$	0	$\frac{4m}{2^4}$	0	$\frac{m}{2^3}$	»	»	»	»	»	»	»	»	»	»	»	»	»	$3t$
0	$\frac{10m}{2^4}$	0	$\frac{5m}{2^4}$	0	$\frac{m}{2^4}$	»	»	»	»	»	»	»	»	»	»	»	»	$4t$
$\frac{10m}{2^5}$	0	$\frac{15m}{2^5}$	0	$\frac{6m}{2^5}$	0	$\frac{m}{2^5}$	»	»	»	»	»	»	»	»	»	»	»	$5t$
0	$\frac{35m}{2^6}$	0	$\frac{21m}{2^6}$	0	$\frac{7m}{2^6}$	0	$\frac{m}{2^6}$	»	»	»	»	»	»	»	»	»	»	$6t$
$\frac{35m}{2^7}$	0	$\frac{56m}{2^7}$	0	$\frac{28m}{2^7}$	0	$\frac{8m}{2^7}$	0	$\frac{m}{2^7}$	»	»	»	»	»	»	»	»	»	$7t$
0	$\frac{126m}{2^8}$	0	$\frac{84m}{2^8}$	0	$\frac{36m}{2^8}$	0	$\frac{9m}{2^8}$	0	$\frac{m}{2^8}$	»	»	»	»	»	»	»	»	$8t$
$\frac{126m}{2^9}$	0	$\frac{210m}{2^9}$	0	$\frac{120m}{2^9}$	0	$\frac{45m}{2^9}$	0	$\frac{10m}{2^9}$	0	$\frac{m}{2^9}$	»	»	»	»	»	»	»	$9t$
0	$\frac{462m}{2^{10}}$	0	$\frac{330m}{2^{10}}$	0	$\frac{165m}{2^{10}}$	0	$\frac{55m}{2^{10}}$	0	$\frac{11m}{2^{10}}$	0	$\frac{m}{2^{10}}$	»	»	»	»	»	»	$10t$
$\frac{462m}{2^{11}}$	0	$\frac{792m}{2^{11}}$	0	$\frac{495m}{2^{11}}$	0	$\frac{220m}{2^{11}}$	0	$\frac{66m}{2^{11}}$	0	$\frac{12m}{2^{11}}$	0	$\frac{m}{2^{11}}$	»	»	»	»	»	$11t$
0	$\frac{1716m}{2^{12}}$	0	$\frac{1287m}{2^{12}}$	0	$\frac{715m}{2^{12}}$	0	$\frac{286m}{2^{12}}$	0	$\frac{78m}{2^{12}}$	0	$\frac{13m}{2^{12}}$	0	$\frac{m}{2^{12}}$	»	»	»	»	$12t$
$\frac{1716m}{2^{13}}$	0	$\frac{3003m}{2^{13}}$	0	$\frac{2002m}{2^{13}}$	0	$\frac{1001m}{2^{13}}$	0	$\frac{364m}{2^{13}}$	0	$\frac{91m}{2^{13}}$	0	$\frac{14m}{2^{13}}$	0	$\frac{m}{2^{13}}$	»	»	»	$13t$
0	$\frac{6435m}{2^{14}}$	0	$\frac{5005m}{2^{14}}$	0	$\frac{3003m}{2^{14}}$	0	$\frac{1365m}{2^{14}}$	0	$\frac{455m}{2^{14}}$	0	$\frac{105m}{2^{14}}$	0	$\frac{15m}{2^{14}}$	0	$\frac{m}{2^{14}}$	»	»	$14t$
$\frac{6435m}{2^{15}}$	0	$\frac{11439m}{2^{15}}$	0	$\frac{8008m}{2^{15}}$	0	$\frac{4368m}{2^{15}}$	0	$\frac{1820m}{2^{15}}$	0	$\frac{560m}{2^{15}}$	»	$\frac{120m}{2^{15}}$	0	$\frac{16m}{2^{15}}$	0	$\frac{m}{2^{15}}$	»	$15t$
0	$24310m$ [illegible]	0	$19447m$ [illegible]	0	$12376m$ [illegible]	0	$6186m$ [illegible]	0	$2380m$ [illegible]	0	$680m$ [illegible]	0	$130m$ [illegible]	0	$17m$ [illegible]	0	m [illegible]	$16t$

Loi de la propagation des fluides. Ce qui a été dit sur le mode de propagation des molécules m des deux espèces d'électres trouve son application à la propagation de chaque espèce de fluides, d'après les règles suivantes :

I. A la fin de chaque unité impaire de temps $(2n \pm 1)t$ depuis l'apparition de l'électre, les systoles sont dans les surfaces sphériques S', S''', S^v... S^{2n+1} des ondes dont les rayons sont en nombre impair de la longueur λ, 3λ, 5λ... $(2n \pm 1)\lambda$.

A la fin de chaque unité paire de temps $2nt$, en partant du commencement du Monde, les systoles se trouvent dans les surfaces sphériques S'', S^{iv}, S^{vi}..., S^{2n} des ondes dont les rayons sont de nombre pair de la longueur λ, 2λ, 4λ, 6λ... $2n\lambda$.

II. Au moment où les molécules sont en systole dans les surfaces impaires S', S'''... $S^{2n\pm1}$, les surfaces paires S'', S^{iv}, S^{vi}... S^{2n} sont vides, et au moment où les systoles sont dans ces surfaces paires, ce sont alors les surfaces impaires qui sont vides. Les surfaces pleines, comme les surfaces vides, sont donc toujours séparées par l'intervalle 2λ.

III. La distance λ est parcourue en chaque unité de temps par les molécules qui produisent entre elles une diastole par la contre-répulsion mutuelle au moment de la systole, et cela parce que le mouvement V déposé dans ces molécules n'éprouve aucune diminution. Ainsi la vitesse de la propagation des molécules reste la même aussi bien lorsque ces molécules sont tout près du centre que lorsqu'elles en sont très-éloignées et que leur densité est en même temps très-inférieure.

Pendant la formation de la systole sur une surface S^n arrive en direction centrifuge la quantité $\mu + 2\mu'$ supérieure de molécules de la surface S^{n-1} et la quantité μ inférieure en direction centripète de la surface S^{n+1} la plus éloignée.

Après le diastole la somme $2\mu + 2\mu'$ des molécules se divise dans la surface S^n en deux moitiés; dont l'une $\mu + \mu'$ recule vers la surface inférieure S^{n-1} et l'autre $\mu + \mu'$ avance vers la surface S^{n+1}. 1° Il y a donc une translation de la quantité μ' de molécules de la surface S^{n-1} inférieure dans la surface S^{n+1} supérieure. 2° Il y a en même temps un va-et-vient de la quantité μ de molécules qui oscille entre les surfaces S^{n-1}, S^n et S^{n+1}.

Union du système d'émission et du système des ondulations. 1° Dans le système d'émission sont repoussés les atomes de lumière de la part des corps lumineux, et ces atomes suivent un mouvement centrifuge; ce même mouvement centrifuge est suivi par les molécules μ' sans qu'elles aient reçu une répulsion de la part du corps lumineux.

2° Dans le système des ondulations, on admet que les molécules d'une quantité constante m éprouvent du corps lumineux une répulsion R et qu'elles s'en éloignent, pour parcourir la longueur λ en une unité t de temps; alors elles communiquent la répulsion R à une quantité égale m' de molécules qui doivent prendre une direction centrifuge, et les molécules précédentes m prennent en même temps une direction centripète. Une pareille oscillation s'opère en effet entre les surfaces S^{n-1}, S^n, S^{n+1}, où les molécules μ suivent un va-et-vient.

En outre de ce va-et-vient où l'oscillation est longitudinale, on en admet une deuxième transversale dont l'existence n'est pas contestée; les molécules m arrivées sur la surface S', après avoir communiqué aux molécules m' la répulsion R, exercent entre elles une contre-répulsion mutuelle dont est produite l'expansion latérale. Cette contre-répulsion est attribuée à l'élasticité de l'éther qui est reconnue dans cette expansion latérale, et en ce cas l'éther est admis exactement comme l'est l'électre, en un état imbibé de mouvement, qui se manifeste comme élasticité ou comme tendance à augmenter de volume.

Il y a donc: 1° une propagation des molécules μ' en direction centrifuge, comme cela est admis dans le système d'émission; 2° il y a en même temps une oscillation des molé-

cules μ, comme cela est admis dans le système des ondulations. Au contraire, 1° le mouvement n'est pas communiqué
des corps lumineux aux molécules de l'éther ou aux atomes
de lumière, mais ce mouvement est inhérent à ces molécules; 2° il n'y a pas la même quantité $q\mu$ de molécules dans
toutes les surfaces S', S'', S'''... S^a des ondes, mais les surfaces les plus grandes S^a, S^{a}, S^{a}... contiennent les quantités
des molécules les plus petites $(q - q')\mu$, $(q - q' - q'')\mu$,
$(q - q' - q'' - q''')\mu$...

Il n'y a donc de vrai que ce en quoi les deux systèmes ne
sont pas d'accord, et il n'y a de faux, au contraire, que ce en
quoi les deux systèmes sont d'accord. Cela suffira au lecteur
pour se faire une idée des explications contenues dans de
volumineux ouvrages, explications qu'on donne comme le
résultat de démonstrations mathématiques!

II. — PRODUCTION DES FLUIDES IMPONDÉRABLES.

Avant que les ondes A, B, C, D... arrivent de la pycho-
sphère et les ondes égales A', B', C', D'... de l'aréosphère
au point Z du milieu de la distance, ces ondes s'approchaient
continuellement de ce point, et dans ce rapprochement
l'expansion des molécules μ était limitée dans les ondes
A, B, C... et celle des molécules μ' les moins denses dans
les ondes A', B', C'...

La rencontre inévitable arriva au moment prédestiné,
car la distance $tZ = t'Z$ resta la même et la vitesse des ondes
était limitée à la longueur λ par unité t de temps.

Une rencontre entre les surfaces sphériques n'est qu'une
périphérie, comme la rencontre entre deux plans est une
ligne. Ici les surfaces sphériques A, B, C... consistent en
couches minces de molécules μ denses et les surfaces sphériques A', B', C'... consistent en couches égales aux précédentes, composées de molécules μ' moins denses.

Les périphéries π produites dans les rencontres de surfaces consistent en un mélange de molécules μ et μ', dont les unes μ dans la même périphérie π contiennent la quantité $(q + q')e$ d'électre et les autres μ' en contiennent la quantité qe. Par suite, une partie $\frac{1}{2}q'e$ d'électre des molécules μ se répand dans l'espace qu'occupe la quantité qe d'électre dans la même périphérie; c'est donc en ce mélange que consiste la combinaison des molécules μ et μ' de la coupe ou la rencontre périphérique π.

Il a été démontré que la quantité $\rho\mu$ de molécules d'une surface superficielle se divise toujours en deux moitiés dont l'une recule et l'autre avance; ainsi les ondes superficielles A et A' se rencontrèrent au point Z (fig. 3) ou sur le plan MN élevé en Z, perpendiculairement sur la ligne u'; et la coupe périphérique avec le combiné primitif se trouva sur ce plan.

Quand les sommets dvd et $\partial v \partial$ des ondes A et A' avancèrent, ils vinrent en rencontre, 1° l'onde A du centre e avec l'onde B' du centre e', et 2° du côté droit du plan l'onde A' du centre e' vint en rencontre avec l'onde B du centre e.

Ces ondes n'avaient pas les mêmes quantités de molécules μ et μ' que les ondes A et A' qui s'étaient rencontrées sur le plan MN; pour cette raison, les nouveaux combinés produits à la gauche et à la droite du plan MN différaient entre eux, et c'est ainsi qu'augmenta le nombre de leurs espèces.

C'est de la manière que nous venons d'indiquer que devint connu le mode de production des combinés par les mélanges des molécules μ avec les molécules μ'; et nous avons prouvé comment de tels mélanges se sont opérés sur le plan MN à sa gauche et à sa droite.

D'après ces seules données il serait impossible de reconnaître quels ont été les combinés produits, si l'on ne connaissait pas plusieurs espèces de ces combinés, parmi lesquels doivent être distingués comme primitifs ceux qui servent comme éléments aux autres.

1° Sept espèces d'éléments entrent dans la lumière pour produire sept couleurs photochromatiques; 2° ces éléments entrent aussi dans la chaleur pour produire sept couleurs thermochromatiques, et 3° les mêmes éléments entrent encore dans les ondes sonores pour produire les sept sons harmoniques.

De l'autre part ce sont les deux électricités dont l'écoulement se manifeste partout, et tous les faits sont produits de leurs rencontres entre elles ou avec les corps. Ainsi donc, comme cela a eu lieu pour les sept éléments chromatiques, de même les éléments des deux électricités ont été parmi les premiers combinés qui ont été de sept espèces, et leurs composants consistent en deux espèces de molécules μ et μ'; les unes μ ont été séparées des ondes A, B, C... du centre ϵ ou de la pycnosphère, et les autres μ ont été séparés des ondes A', B', D'... de l'aréosphère ϵ'.

A. Production des éléments de combinés chromatiques.

Les ondes lumineuses de sept espèces de lumière chromatique, et les ondes sonores de sept espèces de sons harmoniques, sont séparées par sept intervalles de longueur λ', λ'', λ'''... λ^{vii} et $q\lambda'$, $q\lambda''$, $q\lambda'''$... $q\lambda^{vii}$ proportionnelles entre elles. En admettant deux pour l'intervalle le plus long, les six autres seront $\frac{2}{1}$, $\frac{11}{6}$, $\frac{5}{3}$, $\frac{3}{2}$, $\frac{4}{3}$, $\frac{5}{4}$, $\frac{9}{8}$ qui, réduits au même dénominateur, deviennent :

$$\frac{48}{24},\ \frac{44}{24},\ \frac{40}{24},\ \frac{36}{24},\ \frac{32}{24},\ \frac{30}{24},\ \frac{27}{24}.$$

Nous allons prouver que cet accord entre les intervalles des ondes lumineuses et des ondes sonores a lieu, parce que les ondes lumineuses ont pour causes les sept couleurs photochromatiques, et les sept espèces d'ondes sonores ont pour cause les sept couleurs thermochromatiques.

Ces sept espèces d'intervalles sont l'effet de sept quantités différentes d'électres $q'e$, $q''e$, $q'''e$... $q^{vii}e$, dans les sept combinés ou les sept coupes périphériques π', π'', $\pi'''\ldots\pi^{vii}$, produites dans les rencontres des ondes des deux électro-sphères.

Le combiné ou la coupe périphérique primitive a été celle du milieu produite sur le plan MN; ce combiné correspond au vert qui est au milieu du spectre. Le jaune, orangé et rouge dont les ondes ont les intervalles supérieures, $\frac{40}{24}$, $\frac{45}{24}$ et $\frac{48}{24}$, contiennent les quantités supérieures $q'''a$, $q''e$, qa d'électre: pour cette raison ces trois espèces de combinés ont été produit à la droite du plan MN et se trouvent dans la même moitié du spectre.

Le bleu, l'indigo et le violet, dont les ondes ont des intervalles inférieurs $\frac{32}{24}$, $\frac{30}{24}$ et $\frac{27}{24}$, à celui $\frac{36}{24}$ du vert, contiennent les quantités inférieures $q'e$, $q''e$, $q'''e$ d'électre; aussi ces trois espèces de combinés ont été produites à la gauche du plan MN, et se trouvent dans l'autre moitié du spectre.

Il y a même une certaine symétrie entre les différences des intervalles croissants λ''', λ'', λ' ou $\frac{40}{24}$, $\frac{45}{24}$, $\frac{48}{24}$, et les différences des intervalles décroissants λ^v, λ^{vi}, λ^m ou $\frac{32}{24}$, $\frac{30}{24}$, $\frac{27}{24}$. 1° Entre l'intervalle $\frac{36}{24}$ du vert la différence est de 4 pour remonter au jaune ou pour descendre au bleu; 2° la différence est 9 pour remonter du vert à l'orangé ou pour descendre au violet; 3° la différence est 6 pour descendre du vert à l'indigo, mais en remontant il n'existe pas un intervalle $\frac{44}{24}$ entre le jaune et l'orangé; 4° la différence est 12 pour remonter du vert au rouge, mais en descendant il n'existe par un intervalle $\frac{24}{24}$ inférieur à celui $\frac{27}{24}$ du violet.

Il a donc fallu que fût impossible le combiné d'un intervalle $\frac{24}{24}$; et celui d'un intervalle $\frac{44}{24}$ doit avoir différé peu du combiné jaune avec lequel il reste mêlé. Telles sont les données obtenues par l'observation; la loi de la propagation des fluides est également connue, il ne reste qu'à indiquer quelles doivent avoir été les actions qui produisirent les faits donnés, quand même ces actions ont eu lieu avant l'apparition du Monde.

1° Production de combinés des rencontres des ondes sur le plan des milieux.

Si la distance d' qui sépare les centres des deux électrosphères était exactement $2n\lambda$, les extrémités des surfaces superficielles A et A' seraient arrivées simultanément au point Z à la fin de la $n^{ième}$ unité de temps. Ce cas singulier n'ayant pas eu lieu, ces deux surfaces A et A' arrivèrent au point Z après avoir parcouru la distance $n\lambda + \frac{\lambda}{e}$ en $\left(n + \frac{1}{e}\right)t$ unités de temps, et leurs sommets dvd, $\delta v\delta$ (fig. 3), passèrèrent au delà du plan MN en parcourant le reste $\lambda - \frac{\lambda}{e}$ d'espace en $\left(1 - \frac{1}{e}\right)t$ de temps. Ainsi la systole s'opéra quand les sommets des deux ondes avaient les positions dvd et $\delta v\delta$ dont la coupe périphérique π^{v} ou $vd\delta$ (fig. B) se trouva sur le plan MN.

A la fin de la première unité de temps depuis le commencement des rencontres, les ondes superficielles A et A' produisirent, par leur surface sphérique, une coupe périphérique π^{v} sur le plan MN. Dans la surface A se trouva en ce moment la quantité $\frac{\mu}{2^n}$ de molécules denses contenant la masse qe d'électre; dans la surface égale A' de l'autre onde se trouva la quantité $\frac{\mu'}{2^n}$ de molécules moins denses contenant la masse inférieure $q'e$ d'électre.

Le mélange s'opéra dans la coupe périphérique π^{v} commune aux deux surfaces sphériques A et A', et pour cela occupées par les molécules μ et μ' lesquelles contenaient les masses qe et $q'e$ d'électre en un rapport $q : q'$ égal à celui entre les masses $(M + m) : M$ d'éther qui ont été comprimées l'une en ε et l'autre en ε'.

Les physiciens admettaient pour éléments primitifs les atomes occupant un espace limité et en état inerte; les éléments primitifs se présentent ici animés d'une tendance à augmenter indéfiniment de volume pour occuper un espace indéfiniment grand; par suite le combiné primitif v produit du mélange des masses d'électre qe et $q'e$ contenues dans un volume égal de molécules $\frac{\mu}{2^n}$ et $\frac{\mu'}{2^n}$ se présenta immédiatement en chaque point de la périphérie π^{iv} comme un centre rayonnant simultanément les deux espèces de molécules μ et μ'; tandis que du point s proviennent seulement les molécules μ denses et du point s' seulement les molécules μ' moins denses.

Nous allons prouver que les ondes O″, O″, O″ produites du nouveau combiné v venant à la droite du plan MN en rencontre avec les ondes O, O, O des molécules μ ont produit des coupes périphériques π^{iv}, et à la gauche du même plan ces ondes O″, O″, O″ vinrent en rencontre avec les ondes O′, O′, O′ des molécules μ' et produisirent les coupes périphériques π^{iv} et de nouveaux mélanges différents des précédents. De ces nouveaux combinés ceux qui contiennent $\mu\mu' + \mu$ molécules sont *la couleur verte photochromatique*, et ceux qui contiennent les molécules $\mu\mu' + \mu'$ sont *la couleur verte thermochromatique*.

2° Production des combinés d'espèces différentes des deux côtés du plan.

C'est sur ce plan MN que s'opéra la rencontre primitive entre les ondes superficielles A et A′; celles-ci se trouvèrent, après une unité de temps, avancées par l'intervalle λ : 1° l'onde A, en s'éloignant à la gauche du plan, se rencontra avec l'onde B′, et 2° l'onde A′ se rencontra à la droite du plan avec l'onde B qui s'approchait de ce plan.

1. La première espèce de combinés a été produite dans la coupe périphérique π^v en b, entre 1° l'onde A′ contenant les molécules $\frac{\mu}{2^{n+1}}$, moitié de celles $\frac{\mu}{2^n}$ qu'elle contenait dans le plan MN, et 2° l'onde B′ contenant les molécules

$\frac{\mu'}{2^{n-1}} = \frac{2\mu'}{2^n}$. Cette espèce de combinés a servi comme élément e_ϵ du bleu b.

II. L'autre espèce de combinés a été produite dans la coupe périphérique π''' en j, entre, 1° l'onde A' contenant les molécules $\frac{\mu'}{2^{n+1}}$, moitié de celles $\frac{\mu'}{2^n}$ qu'elle contenait dans le plan, et 2° l'onde B contenant les molécules $\frac{2\mu}{2^n}$; cette espèce de combinés a servi comme élément $c\gamma$ du jaune j. Ainsi a fini la deuxième unité de temps après le commencement des rencontres.

Au commencement de la troisième unité de temps s'opérèrent les diastoles des ondes A et B' en b et des ondes A' et B en j. 1° B et B' vinrent en rencontre sur le plan et produisirent la même espèce de combinés que celle qui y avait été produite par les ondes A et A'. 2° L'onde A se rencontra avec l'onde C' dans la coupe périphérique π^{m}, et produisit une nouvelle espèce de combinés g_n par le mélange des molécules $\frac{\mu}{2^{n+1}}$ et des molécules $\frac{4\mu'}{2^n}$ moins denses; ce combiné g_n est l'élément du *violet* v'. 3° L'onde A' se rencontra avec l'onde C dans la coupe périphérique π'' en o, et produisit une cinquième espèce de combinés par le mélange de molécules $\frac{\mu'}{2^{n+2}}$ et $\frac{4\mu}{2^n}$, qui est l'élément $b\beta$ de l'orangé o.

A la fin de la quatrième unité de temps après le commencement des rencontres ont eu lieu quatre coupes périphériques π' en r et π^{m} en i, où ont été produites deux espèces de combinés. Dans les deux coupes opérées, l'une en r' et l'autre entre o et j, il n'y a pas eu production de nouvelles espèces de combinés.

1° En r se rencontra l'onde A' contenant les molécules $\frac{\mu'}{2^{n+3}}$ avec l'onde D contenant les molécules $\frac{8\mu}{2^n}$, et il s'y est produit l'espèce $a\alpha$ des combinés qui entre comme élément dans le rouge r. 2° En r' se rencontra l'onde A contenant les molécules $\frac{\mu}{2^{n+3}}$ avec l'onde D' contenant les molécules $\frac{8\mu'}{2^n}$

qui sont plus abondants que $\frac{\mu}{2^{n+3}}$; mais elles contiennent une quantité qe d'électre moindre que celle $(q+q')e$ conte-nue dans les molécules μ. Il n'y a donc pas eu produc-tion des combinés en r', parce qu'il y a eu une quantité égale d'électre dans les molécules $\frac{\mu}{2^{n+3}}$ et $\frac{8\mu'}{2^n}$.

1° Les ondes A et B', en reculant, vinrent en rencontre et produisirent une coupe périphérique π^{vi} en i, où a été pro-duite une espèce des combinés produits des molécules $\frac{\mu}{2^{n+3}}$ reculant de l'onde A, et des molécules $\frac{\mu'}{2^{n+3}}$ reculant de l'onde B', 2° De même les ondes A' et B, en reculant, vin-rent en rencontre entre e et j et produisirent une espèce de combinés des molécules $\frac{\mu'}{2^{n+3}}$ reculant de l'onde A, et des mo-lécules $\frac{\mu}{2^{n+1}}$ reculant de l'onde B.

Les relations $\frac{\mu}{2^{n+3}} : \frac{\mu'}{2^{n+1}}$ et $\frac{\mu'}{2^{n+3}} : \frac{\mu}{2^{n-1}}$ ne diffèrent pas de celles $\frac{\mu}{2^{n+1}} : \frac{\mu'}{2^{n-1}}$ et $\frac{\mu'}{2^{n+1}} : \frac{\mu}{2^{n-1}}$; c'est dans ces dernières relations que se trouvent les molécules des deux espèces qui produisirent les combinés c_j qui entrent comme élément dans le jaune j, et les combinés e_e qui entrent comme élément dans le bleu. Il reste ensuite à décider si l'indigo est un mélange du bleu et du violet, ou si, entre le jaune et l'orangé, se trouve une espèce de combinés imperceptible. Cet objet sera discuté dans l'Acoustique.

B. Production de la lumière et de la chaleur.

Les sept espèces de combinés précédents étaient toutes composées de paires de périphéries égales contenant les molécules μ et μ' dans le même espace; mais dans les molé-cules μ se trouve une quantité supérieure d'électre $(q+q')e$, et dans les molécules μ' il s'en trouve une quantité infé-rieure qe.

Les sept espèces de mélanges entre les molécules μ et μ' produisirent sept espèces de combinés ayant tous, comme les molécules μ et μ', l'électre e pour élément primitif, lequel étant imbibé du mouvement indéfini, commença à se répandre de l'espace Z en produisant des ondes O'', O'', O''..., dont les surfaces sphériques S étaient composées de sept couches s', s''...s''';

Ces ondes O'', O'', O''..., en s'éloignant du point Z, venaient à la droite du plan MN (fig. 3) en rencontre avec les ondes O, O, O..., du centre s, et à la gauche du même plan elles venaient en rencontre avec les ondes O', O', O'... du centre s'. Les coupes périphériques entre les ondes O'', O'', O'' du centre Z et les ondes O, O, O... ou O', O', O' des centres s et s', produisirent, avec chaque des couches s, s''...s^{vii} une espèce propre de combinés où l'un des facteurs μ, séparé des molécules μ des ondes O, O, O..., est commun dans ces sept combinés qui ne diffèrent entre eux que par les facteurs $a\alpha$, $b\beta$, $c\gamma$, $d\delta$, $e\epsilon$, $f\zeta$, $g\eta$. Du côté gauche du plan entrèrent dans les mêmes sept espèces de facteurs les molécules μ' des ondes O', O', O'...

Les combinés primitifs entre les molécules denses μ et les molécules moins denses μ' ont une face f en contact qui paraît comme un pli ($\pi\tau\nu\chi\eta$); pour cette raison ils ont été nommés combinés à un pli ou monoptyques. Mais ces monoptyques ont encore ici une autre face f' de contact avec les molécules μ des ondes O, O, O..., ou avec les molécules μ' des ondes O', O', O'...; pour cette raison cette espèce de combinés est nommée à deux plis ou diptyque.

Ces sept espèces de diptyques sont les sept couleurs du spectre solaire qui, toutes ensemble, sont nommées iris; ce même nom a été employé pour exprimer l'ensemble de sept espèces de combinés monoptyques $a\alpha + b\beta + c\gamma + d\delta + e\epsilon + f\zeta + g\eta =$ iris. Le fluide répandu de l'espace Z composé de ces iris a été nommé iridoélectre.

Les sept couches s', s''...s''' des ondes O'', O'', O''... de

l'iridoélectre produisirent sept coupes périphériques π', π''...
π^{vii} en se rencontrant avec les ondes $O, O, O...$; ou avec
les ondes O', O', O'... Dans chacune de ces coupes π',
$\pi''... \pi^{vii}$ entrent deux facteurs dont l'un simple, formé de
molécules μ ou μ', et l'autre composé de molécules denses
$q\mu$ et de molécules moins denses $q'\mu'$.

I. Dans la coupe périphérique π produite de la surface
sphérique de l'onde O'' qui s'est rencontrée avec la surface
sphérique de l'onde O du centre ι, se trouvent sept périphéries $\pi', \pi''... \pi^{vii}$ éloignées l'une de l'autre par les diffé-
rences $\lambda' - \lambda'' - \lambda'''...- \lambda^n - \lambda^m$ des longueurs $\lambda', \lambda''... \lambda'''$ qui
sont les intervalles qui séparent les surfaces sphériques des
couleurs. 1° La périphérie π' du plus grand rayon $R + \lambda'$ a
pour composantes trois périphéries des molécules coïncidentes : 1° celle des molécules μ de l'onde O du centre ι, et
2° celle de l'ensemble des molécules $a\alpha$ ou $q\mu q'\mu'$. Les molécules raréfiées α de ce combiné $a\alpha$ sont celles qui ont reçu
du côté du centre ι la quantité $q\mu$ de molécules qui est égale
à celle $a\mu$ qui se trouve en contact avec les molécules $\alpha\mu$;
ainsi est produite l'espèce $a\alpha a$ de combinés *diptyques* qui est
la lumière rouge $r = a\alpha a$.

2° La deuxième périphérie π'' du rayon $R + \lambda''$ est également composée de trois autres qui coïncident, dont les deux
premières sont composées du facteur $b\beta$, et la troisième est
b, parce qu'elle est produite par le mélange avec le facteur
β qui consiste en molécules μ' raréfiées; cette espèce de combinés constitue *la lumière orangée* $o = b\beta b$.

3° La troisième coupe périphérique π''' a un rayon
$R + \lambda'''$, et elle est composée des facteurs $c\gamma$ et c dont c et c
consistent en molécules μ denses, et γ consiste en molécules
moins denses. Cette espèce de combinés constitue *la lumière
jaune* $j = c\gamma c$.

4° La coupe périphérique du milieu π^{iv} a pour rayon
$R + \lambda^{iv}$; ses facteurs sont $d\delta$ et d; c'est de cette espèce de
combinés qu'est composée la *lumière verte* $v = d\delta d$.

5° La cinquième coupe périphérique π^v a pour rayon $R + \lambda^v$ et pour composants les facteurs $e\iota$ et e ; cette espèce de combinés forme la *lumière bleue* $b = e\iota e$.

6° La sixième coupe périphérique π^{vi} a pour rayon $R + \lambda^{vi}$; ses composants sont $f\zeta$ et f ; cette espèce de combinés forme la lumière *indigo* $i = f\zeta f$.

7° La septième coupe périphérique π^{vii} a le plus petit rayon $R + \lambda^{vii}$; elle est triple comme les six précédentes, car elle est aussi composée des facteurs $g\eta$ et g. Cette espèce de combinés compose la lumière violette.

II. De même dans la coupe périphérique π, produite de la surface sphérique de la même onde O'' qui s'est rencontrée avec la surface sphérique de l'onde O' du centre ε', se trouvent les sept mêmes périphéries $\pi', \pi'' \ldots \pi^{vii}$ éloignées l'une de l'autre de la distance $\lambda' - \lambda''$, $\lambda'' - \lambda''' \ldots - \lambda^{vi} - \lambda^{vii}$.

Chacune de ces sept coupes périphériques a trois composants dont deux sont les mêmes que ceux qui entrent dans les sept coupes périphériques précédentes, et ces sept espèces de combinés ne diffèrent des précédentes que par les facteurs composés des molécules μ' moins denses séparées de l'onde O'. Ainsi les sept espèces de combinés ont pour facteurs ou pour éléments :

$$a\alpha a, \ \beta b\beta, \ \gamma c\gamma, \ \delta d\delta, \ \varepsilon e\varepsilon, \ \zeta f\zeta, \ \eta g\eta.$$

Comme les sept espèces précédentes de combinés forment sept espèces de lumière colorée, $a\alpha a$, $b\beta b$, $c\gamma c$, $d\delta d$, $e\varepsilon e$, $f\zeta f$, $g\eta g$, de même les sept dernières espèces de combinés $a\alpha a$, $\beta b\beta$, $\gamma c\gamma$, $\delta d\delta$, $\varepsilon e\varepsilon$, $\zeta f\zeta$, $\eta g\eta$ forment des espèces de chaleur colorée.

Les couleurs de la chaleur portent habituellement les mêmes noms que les couleurs de la lumière ; leurs éléments sont les suivants :

NOMS des couleurs.	ÉLÉMENTS de couleur, de lumière.	ÉLÉMENTS de couleur, de chaleur.	ÉLÉMENTS des sept espèces de monotyques en électres.	INTERVALLES.
Rouge r	$a\alpha + a = a\alpha a = a^2\alpha$	$\alpha a + \alpha = \alpha a\alpha = \alpha^2 a$	$a\alpha = \dfrac{3\mu}{2^n} + \dfrac{\mu'}{2^{n+3}}$	$\lambda' = \dfrac{9}{1}$
Orangé o	$b\beta + b = b\beta b = b^2\beta$	$\beta b + \beta = \beta b\beta = \beta^2 b$	$b\beta = \dfrac{4\mu}{2^n} + \dfrac{\mu'}{2^{n+2}}$	$\lambda'' = \dfrac{15}{8}$
Jaune j	$c\gamma + c = c\gamma c = c^2\gamma$	$\gamma c + \gamma = \gamma c\gamma = \gamma^2 c$	$c\gamma = \dfrac{3\mu}{2^n} + \dfrac{\mu'}{2^{n+1}}$	$\lambda''' = \dfrac{5}{8}$
Vert v	$d\delta + d = d\delta d = d^2\delta$	$\delta d + \delta = \delta d\delta = \delta^2 d$	$d\delta = \dfrac{\mu}{2^n} + \dfrac{\mu'}{2^n}$	$\lambda^{IV} = \dfrac{4}{3}$
Bleu b	$e\epsilon + e = e\epsilon e = e^2\epsilon$	$\epsilon e + \epsilon = \epsilon e\epsilon = \epsilon^2 e$	$e\epsilon = \dfrac{\mu}{2^{n+1}} + \dfrac{3\mu'}{2^n}$	$\lambda^{V} = \dfrac{4}{3}$
Indigo i	$f\zeta + f = f\zeta f = f^2\zeta$	$\zeta f + \zeta = \zeta f\zeta = \zeta^2 f$	$f\zeta = \dfrac{\mu}{2^{n+3}} + \dfrac{\mu'}{2^{n+1}}$	$\lambda^{VI} = \dfrac{4}{3}$
Violet v'	$g\eta + g = g\eta g = g^2\eta$	$\eta g + \eta = \eta g\eta = \eta^2 g$	$g\eta = \dfrac{\mu}{2^{n+1}} + \dfrac{4\mu'}{2^n}$	$\lambda^{VII} = \dfrac{9}{8}$

Il y a une relation intime entre les quantités $(q + q')e$ et qe d'électre qui sont contenues dans les molécules μ et μ' des sept combinés monoptyques $a\alpha = r$, $b\beta = o$, $c\gamma = j$, $d\delta = v$, $e\epsilon = b$, $f\zeta = i$, $g\eta = v'$ et les longueurs λ' λ''... λ^{VII} qui séparent les ondes sphériques de la lumière rouge, orangée, jaune, verte, bleue, indigo et violet. Ces longueurs obtenues par l'observation, sont dans les mêmes proportions, dans les intervalles qui séparent les surfaces sphériques des ondes de sept espèces de lumière, que celles qui séparent les ondes de sept espèces de sons; nous établirons d'une manière certaine, dans l'Acoustique, que les sept espèces de chaleur colorée produisent les sept espèces de sons.

Les longueurs λ', λ''... λ^{VII} des intervalles entre des surfaces sphériques des ondes des sept espèces de lumière et de chaleur colorées ou des sept espèces de sons sont produites des quantités $q'e$, $q''e$, $q'''e$... $q^{VII}e$ d'électre contenues dans les coupes périphériques π', π'', π'''... π^{VII}. Ces longueurs sont déterminées : 1° dans l'œil par l'épaisseur de la rétine; cette épaisseur est plus grande que l'intervalle λ' des

ondes de la lumière du rouge, et plus petite que deux intervalles $2\lambda'''$ des ondes de la lumière violette. 2° Certains individus aveugles parviennent à distinguer par le tact les
sept espèces de chaleur colorée; et cela grâce au riche
réseau de nerfs qui forment, aux extrémités des doigts,
comme une espèce de *rétine*. 3° Le nerf de l'organe de l'ouïe
ne forme pas un réseau comme la rétine; mais il est placé
dans un os en forme de limaçon dont le conduit est plus
long que l'intervalle λ qui sépare les ondes sonores des
sons les plus graves, et plus petite que $\dfrac{\lambda}{2^n}$ qui est l'intervalle
double qui sépare les ondes sonores des sons les plus aigus
perceptibles.

La lumière, la chaleur et les sons deviennent différents à
cause des trois organes de sensations, qui ont une construction différente. 1° Les sept espèces de chaleur colorée
ne peuvent pas être senties de loin comme les sept espèces
de lumière colorée, parce que, pour celle-ci, il existe un
appareil optique qui réunit les molécules et les fait traverser
la rétine en y formant une ligne extrêmement mince.

La rétine étant mince ne peut mesurer que les intervalles
λ', λ''… λ''' d'une seule octave des ondes de sept espèces de
lumière colorée, tandis que le conduit du limaçon contient
des filets de nerfs qui constituent autant de rétines qu'il y a
d'octaves perceptibles.

Les petites intervalles λ''' des ondes de la lumière violette produisent une petite clarté comme les grands intervalles λ' des ondes de la lumière rouge; le blanc est produit
par la moyenne $\dfrac{\lambda'+\lambda'''}{2}$ entre ces deux intervalles ou par celle
$$\dfrac{\lambda+\lambda''+\lambda''+\lambda''+\lambda'+\lambda''+\lambda'''}{7}$$ entre les sept intervalles; pour
cette raison ce blanc peut être produit par les couleurs du
spectre toutes ensemble ou mêlées deux à deux.

L'intervalle λ des ondes du blanc est plus aisément mesuré dans la rétine que l'intervalle de chaque espèce des

ondes colorées ; cet intervalle λ du blanc est mathématiquement déterminé ; il est plus grand que celui λ^{iv} du *vert* et moins grand que celui $\lambda^{\prime\prime\prime}$ du *jaune*.

Dans les ondes sonores la voix humaine produit les sons des octaves également éloignés du grave et de l'aigu ; pour cette raison les intervalles de ces octaves peuvent être mieux mesurés par les filets du nerf acoustique qui constituent les rétines du milieu entre les deux extrémités.

La somme $\lambda^{\text{vn}} + \lambda^{\text{vm}} = 54 = \frac{15}{9}$ des deux intervalles des ondes de la lumière violette diffère peu de l'intervalle $\lambda' = 48 = \frac{16}{8}$ des ondes de la lumière rouge ; pour cette raison ces deux espèces de lumière produisent des sensations peu différentes, précisément à cause de la plus grande différence entre leurs éléments électriques et entre les intervalles λ^{vn} et λ' qui séparent les surfaces sphériques de leurs ondes.

C. Origine des deux électricités.

Les sept espèces de monoptyques αa, βb, $c\gamma$, $d\delta$, $e\iota$, ζf, $g\eta$ se combinèrent d'un côté avec les molécules μ en quantités proportionnelles α, β, γ, δ, ι, ζ, $\varkappa$, et elles se combinèrent avec les molécules μ' en quantités proportionnelles a, b, c, d, e, f, g.

L'ensemble des parties $a + b + c + d + e + f + g$ des molécules μ, séparées des ondes A, B, C, D, est appelé *équivalent électrique positif* et représenté par le signe $\overset{+}{\text{E}}$.

L'ensemble des parties $\alpha + \beta + \gamma + \delta + \iota + \zeta + \eta$ de molécules μ' séparées des ondes A', B', C', D', est nommé *équivalent électrique négatif* et représenté par le signe $\overset{-}{\text{E}}$. Par suite on a :

$$\overset{+-}{\text{EE}} = \text{I} = \text{iris} = a\alpha + b\beta + c\gamma + d\delta + e\iota + f\zeta + g\eta.$$

$$\overset{-+-}{\text{EEE}} = \varphi = \text{atome de lumière} = a\alpha a + b\beta b + c\gamma c + d\delta d + e\iota e + f\zeta f + g\eta g.$$

$$\overset{-+-}{\text{EEE}} = 0 = \text{atome de chaleur} = \alpha a\alpha + \beta b\beta + \gamma c\gamma + \delta d\delta + \iota e\iota + \zeta f\zeta + \eta g\eta.$$

$$\overset{+}{\text{E}} = \text{équivalent positif électrique} = a + b + c + d + e + f + g.$$

$$\overset{-}{\text{E}} = \text{équivalent négatif électrique} = \alpha + \beta + \gamma + \delta + \iota + \zeta + \eta.$$

I. Le fluide composé de sept espèces de monoptyques ou des iris $\bar{\bar{E}}$ est nommé *iridoélectre.*

II. Le fluide composé d'équivalents positifs $\dot{\bar{E}}$ est l'*électricité positive ou vitrée*; il faut lui donner un nom, et celui qui lui convient le mieux est celui de *pycnoélectricité*, parce que ce sont les molécules μ de pycnoélectre qui entrent dans les éléments $a+b+c+d+e+f+g$ de ses équivalents $\bar{E}$ nommés *pycnosyzygues.*

III. Le fluide composé d'équivalents électriques négatifs $\bar{E}$ est l'*électricité négative ou résineuse*; nous la nommerons *aréoélectricité*, parce que ce sont les molécules μ' d'aréoélectre qui entrent dans les éléments $\alpha, \mathfrak{6}, \gamma, \delta, \epsilon, \zeta, \eta$ de ses équivalents $\bar{E}$ nommés *aréosyzygues.*

VI. Le fluide composé d'atomes de lumière $\breve{\bar{E}}\breve{\bar{E}}\breve{\bar{E}}$ nommés ici *photozeugmes* ($\varphi\tilde{\omega}\varsigma$, lumière; $\zeta\epsilon\tilde{\upsilon}\gamma\mu\alpha$, combiné) est la *lumière* en écoulement, parce que le même fluide en état stationnaire n'est pas sensible.

V. Le fluide composé d'atomes de chaleur $\tilde{\bar{E}}\dot{\bar{E}}\bar{E}$ nommés ici *thermozeugmes* ($\theta\epsilon\rho\mu\eta$, chaleur) est la chaleur en écoulement, non pas rayonnant comme la lumière, mais en écoulement rampant ou par destruction d'équilibre, parce que le même fluide en état stationnaire est insensible à nos organes.

Les éléments $a+b+c+d+e+f+g=\bar{E}$ qui constituent les équivalents $\bar{E}$ électriques positifs, et ceux $\alpha+\beta+\gamma+\delta+\epsilon+\zeta+\eta=\bar{E}$ qui constituent les équivalents $\bar{E}$ électriques négatifs, sont ceux des *photozeugmes* $\bar{E}\bar{E}\bar{E}$ et des *thermozeugmes* $\bar{E}\bar{E}\bar{E}$, et non pas des combinés d'une espèce différente des iris $q\bar{E}\bar{E}$ comme le sont, par exemple, les combinés de la lumière $q\bar{E}\bar{E}\bar{E}$ et de la chaleur $q\bar{E}\bar{E}\bar{E}$.

Des éléments des deux électricités peuvent être produites ensemble la chaleur et la lumière, comme $3q\dot{\bar{E}}+3p\bar{E}=q\bar{E}\bar{E}\bar{E}+q\bar{E}\bar{E}\bar{E}$; il peut être produit la lumière seule $2q\dot{\bar{E}}+q\bar{E}=q\bar{E}\bar{E}\bar{E}$, ou la chaleur seule $q\dot{\bar{E}}+2q\bar{E}=q\bar{E}\bar{E}\bar{E}$. Le plus souvent la lumière et la chaleur sont produites en quantités inégales; alors c'est la lumière qui domine si les équivalents positifs $3q\bar{E}$ sont plus abondants que les équivalents négatifs $2q\bar{E}$; au contraire c'est la chaleur qui domine si les équivalents négatifs $3q\bar{E}$ l'emportent sur les positifs $2q\bar{E}$, comme cela a lieu pour l'excédant de lumière au pôle positif et pour l'excédant de chaleur au pôle négatif.

D. Exode.

On a nommé ainsi le déplacement des masses M de lumière et des masses M' de chaleur produites les unes M du côté droit du plan MN, et les autres M' du côté gauche du même plan.

I. Les ondes O″, O″, O″..., de l'iridoélectre $q\bar{E}\bar{E} = q(a\alpha + \beta b + c\gamma + d\delta + a\epsilon + f\zeta + g\eta)$ vinrent en rencontre à la droite du plan avec les ondes O, O, O... du centre ϵ, et produisirent les combinés $q\bar{E}\bar{E}\bar{E} = q(a\alpha a + b\beta b + c\gamma c + d\delta d + e\epsilon e + f\zeta f + g\eta g)$ qui ont constitué la masse M de lumière.

II. Les mêmes ondes O″, O″, O″... de l'iridoélectre $q\bar{E}\bar{E}$ vinrent en rencontre à la gauche du plan avec les ondes O', O', O'... du centre ϵ', et produisirent les combinés $q\bar{E}\bar{E}\bar{E} = q(a\alpha a + \beta b\beta + \gamma c\gamma + \delta d\delta + \epsilon e\epsilon + \zeta f\zeta + g\eta g)$ qui ont constitué la masse M' de chaleur.

L'électre a une densité supérieure $\delta + \delta'$ dans les molécules μ des ondes O, O, O... du centre ϵ, et une densité inférieure δ dans les molécules μ' des ondes O', O', O'...; pour cette raison les masses M et M' de lumière et chaleur éprouvaient $p + p'$ de la part du centre ϵ une pression supérieure à celle p qu'elles éprouvaient de la part du centre ϵ'.

Les masses M et M' ne pouvaient donc pas rester dans l'espace Z qu'elles ont été forcées d'abandonner et de fuir en cédant à l'excédant p' de pression de la part du centre ϵ; ainsi l'exode a été un fait inévitable, et c'est en ces masses M et M' qu'apparut pour la première fois un mouvement secondaire, où les masses M' de la chaleur ouvraient la marche et étaient suivies de celles M de la lumière, parce que le déplacement s'opérait de l'espace Z vers le centre ϵ' de l'électre le moins dense.

Pendant l'exode, les masses de lumière et de chaleur se répandaient dans toutes les directions ; il se perdait une certaine quantité de lumière φ, répandue vers l'espace abandonné ; tandis que la chaleur θ répandue dans cette direction se mêlait avec la lumière. Ce mélange des éléments $a\alpha a + b\beta b + c\gamma c + d\delta d + e\varepsilon e + f\zeta f + g\eta g$ des atomes $\bar{E}\bar{E}\bar{E} = \varphi'$ de lumière, non pas avec les éléments, mais avec les atomes $\bar{E}\bar{E}\bar{E} = \theta$ de chaleur, a donné naissance à un fluide composé de $\varphi\theta' = a\alpha\theta + b\beta\theta + c\gamma\theta + d\delta\theta + e\varepsilon\theta + f\zeta\theta + g\eta\theta$. Ce nouveau mélange a été nommé *phototherme* ; dans l'exode, il occupait ce que nous pourrions appeler l'arrière-garde, l'avant-garde étant occupée par la chaleur.

Cet exode, s'opérant par pression décroissante, pouvait durer un espace de temps illimité, mais prédestiné, parce que l'excédant p' de pression de la part du centre, diminuait quand les masses M et M' s'éloignaient de l'espace Z ; et cela parce que, 1° les molécules μ des ondes O recevaient une quantité d'électre décroissante quand augmentaient les distances du centre ϵ, en même temps qu'augmentaient aussi les surfaces sphériques des ondes O, O, O..., et 2° les molécules μ' des ondes O', O', O' recevaient une quantité d'électre croissante, quand diminuaient les distances du centre ϵ' en même temps que diminuaient aussi les surfaces sphériques des ondes O', O', O'.

Il était ainsi inévitable d'arriver à un espace Π dans lequel les molécules μ des grandes surfaces S, S, S des ondes O, O, O contiennent l'électre e en une densité $\delta + \frac{1}{2}\delta'$ égale à celle $\delta + \frac{1}{2}\delta'$ des molécules μ' de surfaces inférieures s, s, s des ondes O', O', O'. L'espace Π est le seul point dans tout l'espace indéfini où est égale la densité $\delta + \frac{1}{2}\delta'$ de l'électre contenu dans les molécules μ et μ' des surfaces S, S, S... et s, s, s inégales des ondes O, O, O et O', O', O'... des deux électrosphères ϵ et ϵ'.

III. — PRODUCTION DES ÉLÉMENTS DE L'EAU.

Pycnoélectre, aréoélectre et *mouvement*; TRINITÉ créatrice, objet de croyance, méconnue dans tous les siècles, tu ne permettras plus à l'homme de s'égarer à la recherche d'un objet dont il ne connaissait que l'existence !

Sans s'écarter en rien des lois physiques et guidé par les faits, l'homme se trouve amené ici à reconnaître spontanément les actions qui ont eu lieu il y a des millions de siècles astronomiques dans la production des faits cosmiques conservés.

I. La production de sept espèces de combinés primitifs a eu sa cause dans les densités $\delta + \delta'$ et δ inégales d'électre qui constituaient les molécules μ et μ' des ondes A, B, C... A', B', C'... des deux centres ε et ε'.

II. La production des masses M de lumière et des masses M' de chaleur a eu également sa cause dans les densités inégales d'électre $d + \frac{1}{2}d'$, $d + d'$ et d qui constituaient 1° les molécules μ''' des surfaces sphériques $s, s, s...$ des ondes O'', O'', O'' de l'iridoélectre; 2° les molécules μ des surfaces sphériques S, S, S des ondes O, O, O... du pycno-électre, et 3° les molécules μ' des surfaces égales S, S, S des ondes O', O', O' de l'aréoélectre.

III. Dans l'espace Π a eu lieu la production des masses m d'*oxygène* et des masses m' d'*hydrogène* dont l'ensemble est la masse mm' d'*eau*. Cette troisième production ne différa pas des deux précédentes; elle consista également en mélange des molécules d'électre plus dense avec d'autres d'électre moins dense.

L'électre e est en densité égale $\delta + \frac{1}{2}\delta'$ dans les molécules μ et μ' des grandes surfaces S, S, S... sphériques des ondes O, O, O du centre ε et de surfaces moins grandes s, s, s des ondes O', O', O' du centre ε'. Mais cet électre e était en densité inférieure δ dans la masse Θ de chaleur et en densité supérieure $\delta + \delta'$ dans la masse $\Theta'\varphi$ du mélange de chaleur et de lumière.

Les molécules μ'' des ondes O, O, O... et O', O, O', dans l'espace Π seulement, contiennent l'électre en densité égale $\delta + \frac{1}{2}\delta'$, et elles ont été pour cela nommées *molécules d'électre isopycne* (Ĩσος, égal; πυκνός, dense). Elles prirent encore le nom de *barogène* $=\beta$ (βάρος, poids; γενᾷν, produire), parce que 1° ces molécules μ'' constituent le poids des corps où elles sont contenues, et 2° leur affluence continuelle vers l'espace Π est la cause de la gravitation universelle dans l'espace Π occupé par les corps célestes visibles et invisibles; c'est pour cela que cet espace Π est nommé *espace énastre* (ἐν, ἀστήρ) peuplé d'étoiles.

I. Dans les coupes périphériques, entre les ondes O, O, O... du centre ϵ' et les ondes O', O', O'... de la masse Θ de chaleur, se trouvèrent les molécules μ ou le barogène β et les molécules θ de chaleur $\bar{\text{E}}\bar{\text{E}}\bar{\text{E}}$. L'électre e a une densité $\delta + \frac{1}{2}\delta$ dans le barogène β et une densité inférieure δ dans la chaleur ou dans les thermozeugmes $\bar{\text{E}}\bar{\text{E}}\bar{\text{E}} = \theta$. Cette nouvelle espèce de combinés prit la forme $\theta\beta = \bar{\text{E}}\bar{\text{E}}\bar{\text{E}}\beta = (\alpha a\alpha + \beta b\beta + \gamma c\gamma + \delta d\delta + \epsilon e\epsilon + \zeta f\zeta + \eta g\eta)\beta$; ce combiné est l'élément *positif* de l'eau, parce que c'est le barogène β qui contient l'électre e en densité supérieure; cet élément matériel primitif est **l'hydrogène.**

II. Dans les coupes périphériques entre les ondes O, O, O... du centre ϵ et les ondes O'', O'', O''... de la masse $\Theta'\varphi$ de photothermie se trouvèrent les molécules μ'' ou le barogène β, et les molécules $\varphi\theta'$ du photothermie $\bar{\text{E}}\bar{\text{E}}\bar{\text{E}}'\bar{\text{E}}\bar{\text{E}}\bar{\text{E}}$. L'espèce de combinés produite dans ces coupes a la forme $\theta'\beta'\varphi\beta = \theta'\varphi\beta^\theta = (a\alpha a\theta + b\beta b\theta + c\gamma c\theta + d\delta d\theta + e\epsilon e\theta + f\zeta f\beta + g\eta g\theta)\beta^\theta$; ce combiné est l'autre élément matériel de l'eau; il est négatif parce que l'électre e contenu dans le barogène β a une densité $\delta + \frac{1}{2}\delta'$ inférieure à celle $\delta + \delta'$ de l'électre contenu dans le photothermie $\theta'\varphi$; cet élément est **l'oxygène.**

Il y a trois faces F, F', F'' de contact entre les éléments de l'hydrogène $= \theta\beta = (\alpha a\alpha + \beta b\beta + \gamma c\gamma + \delta d\delta + \epsilon e\epsilon + \zeta f\zeta + \eta g\eta)\beta$, et entre ceux de l'oxygène $(\alpha a\alpha\theta + b\beta b\theta + c\gamma c\theta + d\delta d\theta + e\epsilon e\theta + f\zeta f\theta + g\eta g\theta)\beta^8$; ces faces F, F', F'' paraissent comme trois plis; pour cette raison les deux nouvelles espèces de combinés sont nommées *triptyques*, c'est-à-dire à trois plis.

La relation $1:8$ entre les poids de l'hydrogène et de l'oxygène a conduit à connaître celle $\beta : \beta^8$ entre le barogène β contenu dans un équivalent $\bar{H}$ d'hydrogène et celui β^8 contenu dans un équivalent $\bar{O}$ d'oxygène. On a admis une unité de barogène dans l'hydrogène pour rester d'accord avec les chimistes, quoiqu'il soit évident ici que l'atome de chaleur $\bar{E}\bar{E}\bar{E} = \alpha a\alpha + \beta b\beta + \gamma c\gamma + \delta d\delta + \epsilon e\epsilon + \zeta f\zeta + \eta g\eta$ s'est combiné avec sept unités de barogène; mais alors il fallait admettre pour l'hydrogène le poids 7 ou β^7 et pour l'oxygène le poids 7.8 ou β^{56}. Ce cas singulier s'est déjà présenté à quelques chimistes qui ont été portés à admettre même l'hydrogène comme composé d'autres éléments plus simples.

Le barogène β^8 dans un équivalent d'oxygène et le barogène β dans un équivalent d'hydrogène exercent, dans les trois directions de l'espace Π, la résistance 2ν et ν contre les molécules μ'' qui affluent vers cet espace, et ils en éprouvent la pression $2p$ et p, parce que ces molécules μ'' sont le même barogène β. Ainsi donc la double pression $2p$ réduit le volume de l'équivalent de l'oxygène à la moitié de celui de l'équivalent de l'hydrogène.

L'eau est l'ensemble d'un équivalent positif d'hydrogène $\overset{+}{H} = \theta\beta$ et d'un équivalent négatif d'oxygène $\bar{O} = \varphi\beta\theta^7\beta^7$. 1° Le barogène β, qui est commun dans les deux éléments de l'eau, entre dans l'hydrogène $= \theta\beta$ comme facteur contenant l'électre e en densité $\partial + \frac{1}{2}\partial'$, c'est-à-dire supérieure à celle ∂ de la chaleur; 2° le même barogène β entre dans l'oxygène $= \varphi\beta\theta^7\beta^7$ comme facteur contenant l'électre e en densité $\partial + \frac{1}{2}\partial'$ inférieure à celle $\partial + \partial'$ du phototherme $\varphi\theta^7$.

Dans ce cas, l'électre e se trouve dans le barogène β en une densité $\delta + \frac{1}{2}\delta'$ entre celle δ de la chaleur et celle $\delta + \delta'$ du photothcrme $\varphi\vartheta^7$, de même que, dans l'espace Z, l'électre e se trouve dans l'iridoélectre en densité $d + \frac{1}{2}d'$, entre celle d qui est la densité du même électre dans les molécules μ des ondes O', O', O', du centre ϵ', et celle $d + d'$ qui est la densité de l'électre dans les molécules μ des ondes O, O, O... du centre ϵ.

Les deux espèces de combinés triptyques, l'hydrogène $\bar{H}$ et l'oxygène $\bar{O}$, ont été produites dans les coupes périphériques provenues des rencontres des ondes O, O, O.., O', O', O'... des deux centres ϵ et ϵ' et des ondes O''', O''', O'''... qui se sont répandues des masses M' et M'' de chaleur θ, et de photothcrme $\theta^7\varphi$. Tout le reste de la lumière et de la chaleur s'est mêlé avec la masse M'' d'eau, qui e'ou est chargée jusqu'à saturation complète.

L'espace II resta occupé par cette masse M'' d'eau en état de vapeurs brûlantes à cause de la chaleur et de la lumière qui s'y trouvaient en très-grande densité. Les éléments de l'eau $\theta\beta$ et $\varphi\beta\vartheta^7\beta^7$ éprouvaient 1° une pression p par leur barogène β de la part du barogène B ou des molécules μ'' affluant des deux centres ϵ et ϵ' vers l'espace II; 2° ils éprouvaient en même temps une répulsion R par leurs thermozeugmes $\theta \rightleftharpoons \bar{E}\bar{E}\bar{E}$ et photozeugmes $\bar{E}\bar{E}\bar{E}$ de la part des rayons $\varphi + \vartheta$ de lumière et chaleur qui s'écoulaient du centre vers la surface des vapeurs, dont elles se séparaient en se répandant vers l'espace.

La volume V de la masse M'' de vapeurs produites ne pouvait donc ni diminuer indéfiniment en cédant à la pression P de la part du barogène B ou des molécules μ'' affluant des deux centres ϵ et ϵ', ni augmenter pour remplir l'espace indéfini en cédant à la répulsion R exercée contre les vapeurs en sens centrifuge.

Ainsi a été produit un équilibre entre : 1° la pression P exercée de la part du barogène B affluant sur le barogène β' contenu dans les atomes d'eau $_7\bar{H}O = \varphi\beta\varphi\beta\theta^7\beta^7$, et 2° la répulsion R exercée sur la lumière Φ et la chaleur 8Θ contenues dans les mêmes atomes d'eau $n\mathrm{HO} = n\theta\beta\varphi\beta\vartheta^7\beta^7$.

A cause de l'excédant de chaleur 8Θ sur la lumière Φ contenue dans la masse M'' de vapeur, il s'est produit, de la part de l'écoulement de la chaleur, une répulsion $8r$ ou huit fois supérieure à celle r produite de la part de l'écoulement de la lumière.

La masse M'' de vapeurs consiste en la quantité B' de barogène combiné avec les quantités $8_n\Theta + _n\Phi$ de chaleur et de lumière. Ces combinés une fois produits restèrent pour toujours dans l'espace II, d'où ils ne peuvent jamais s'éloigner à cause de l'affluence du barogène B de la part des centres ϵ et ϵ'.

Tel n'est plus le cas pour les masses $M\Phi$ de lumière et $M\Theta$ de chaleur en état libre et accumulées dans les masses M'' de vapeurs, car la chaleur $\Theta = {}_n\bar{\bar{E}}\bar{\bar{E}}\bar{\bar{E}}$ et la lumière $\Phi = {}_n\bar{E}\bar{E}\bar{E}$ n'éprouvent aucune résistance de la part du barogène B ou des molécules μ'' qui y affluent. La chaleur éloignée de la couche superficielle A des vapeurs est remplacée par une autre qui y arrive des régions centrales.

La quantité $\Theta + \vartheta$ de chaleur éloignée est plus grande quand la surface est plus chaude, tandis que la quantité Θ de chaleur qui arrive des régions centrales n'éprouve pas de variations pareilles : il y a donc un abaissement de température des vapeurs de la couche A superficielle ; et quand cette température descend au-dessous de zéro, les vapeurs de la couche A deviennent une couche solide de glace, une *pagosphère* ($\pi\dot{\alpha}\gamma o\varsigma$, glace).

La couche B de vapeurs devient ainsi superficielle sans être en contact avec le froid de l'espace, comme cela avait lieu pour la couche A qui a été réduite en une couche de glace. La quantité de chaleur $\Theta + \vartheta$ s'éloignait de la couche A de vapeurs vers le froid de l'espace, et il n'y arrivait de la région centrale que la quantité Θ. Cette quantité-ci resta la même quand la couche A se fut solidifiée, et séparant ainsi le froid de l'espace et les vapeurs de la couche B, elle a fait diminuer l'éloignement de chaleur ; car il commença à ne plus se séparer, en chaque unité de temps, que la quantité $\Theta - \theta$ qui est inférieure à celle Θ qui arrive.

L'excédant θ de chaleur produit une élévation de température dans la couche B de vapeur, qui en obtiennent une répulsion r exercée aussi bien vers les vapeurs de la couche inférieure C que vers la couche glaciale A, qui se brise quand sa solidité n'est pas suffisante pour résister ; les fragments produits sont renversés en directions divergentes, repoussés qu'ils sont par les vapeurs qui se soulèvent comme d'un vaste cratère.

Les vapeurs expulsées se trouvant ainsi en contact avec le froid de l'espace, répandent la chaleur $\Theta + \theta$ supérieure, se refroidissent, et produisent bientôt une couche de glace qui renferme le cratère. Mais dans les cas où s'opère une éruption très-vive, la masse M′ de vapeurs expulsées avec une violence très-grande s'éloigne tellement du cratère qu'elle n'y peut plus revenir, et cela à cause d'un choc que ces masses M′ éprouvent de la part des bords postérieurs du cratère. Les vapeurs M′ expulsées forment dans l'espace, en ce moment, une bande volumineuse nommée *atmozone*.

IV. — PRODUCTION DES CORPS CÉLESTES.

Les actions opérées il y a des milliers de siècles ont laissé après elles un nombre de faits qui servent ici, avec les lois physiques, à constater le mode de ces actions. Jusqu'à présent les auteurs ne se sont pas fait faute d'avoir recours à des hypothèses plus ou moins plausibles chaque fois qu'il s'agissait de remonter des faits aux actions, et cela parce que les lois physiques leur étaient inconnues.

Tout est bien différent ici : il nous suffira d'une quantité de faits constatés dans un nombre de corps célestes pour servir à constater, suivant les lois physiques, les actions qui ont eu lieu et celles qui auront lieu dans la production des nouveaux corps. La même méthode est suivie généralement par les physiologistes qui font leurs observations sur plusieurs individus homoïdes de chaque âge, et ils en déduisent la biographie générale de l'espèce ; ils parviennent ainsi à connaître la biographie particulière des individus qui ont vécu et celles des individus qui vivront dans l'avenir.

Les observations directes conduisent à constater quatre générations dans les corps célestes qui, tous, descendent du seul corps central nommé *Archégète* (ἀρχηγέτης, ἀρχός, chef ; ἄγω, conduire) : 1° De l'Archégète ont été produits les *Astres* ; 2° des Astres ont été produites les *Étoiles* ou *Soleils* ; 3° des soleils ont été produites les *planètes* et *cosmoplanètes* ; et 4° des planètes ont été produits les *satellites*.

Le même ordre sera suivi dans l'avenir : 1° l'Archégète produira d'autres astres ; 2° ceux-ci produiront d'autres soleils ; 3° ceux-ci produiront d'autres planètes ; et 4° celles-ci produiront des satellites. Jamais la matière ou le barogène ne disparaîtra des astres, des étoiles, des planètes et des satellites actuels ; mais tous ces corps finiront par rester sans chaleur et sans lumière, comme le sont des millions d'autres qui ont été produits avant les corps qui possèdent actuellement et la lumière et la chaleur.

Cet aperçu général met le lecteur en état de concevoir comment s'opéra et comment s'opère la généalogie des corps célestes, toujours suivant les lois physiques, sans qu'il se montre nulle part aucune anomalie.

Comme exemples et non pas comme preuves de cette production généalogique des corps célestes, nous indiquerons : 1° la production des planètes par les neufs portions de vapeurs de l'*atmozone* expulsée du Soleil ; et 2° la production de la Lune et des satellites par les portions de vapeurs des atmozones expulsées de la Terre et des autres planètes.

Les vapeurs V qui étaient restées dans le Soleil reçurent

une contre-répulsion centripète dirigée du cratère vers le centre de la part des vapeurs de l'atmozone expulsée ; du mouvement précédent orbiculaire O et de ce mouvement C′ centripète, les vapeurs V obtinrent un mouvement de rotation.

Mais en même temps les vapeurs V′ expulsées, en passant par le cratère, reçurent un choc C tangentiel de la part des bords occidentaux du cratère ; ainsi ce choc fut cause que les vapeurs V′ de l'*atmozone* expulsées n'obéirent plus : 1° à la pesanteur seule dont provient la pression P centripète qui est en raison inverse du carré des distances ou $P = \frac{1}{D^2}$, mais 2° qu'elles obéirent en même temps au choc tangentiel C, qui est en raison inverse du carré des distances D ou $C = \frac{1}{D}$; et cela parce que la vitesse de rotation était petite quand sortaient du cratère les premières portions de vapeurs qui éprouvaient la répulsion la plus grande pour parcourir en s'éloignant la plus grande distance ; à cause de cette petite vitesse de rotation, le choc C tangentiel y était aussi médiocre.

Cette même cause physique régit les éléments du mouvement orbiculaire : 1° la pression $P = \frac{1}{D^2}$ centripède de la pesanteur, et 2° la direction tangentielle $C = \frac{1}{D}$. Le produit $PC = \frac{1}{D^3}$ est l'aire d'un rectangle qui a pour côtés 1° la distance d que parcourt un corps obéissant à la pression P seule, et 2° la distance c que parcourt le même corps, obéissant au seul choc tangentiel C.

La moitié $\frac{1}{2}$ PC de ce rectangle est l'aire = A décrite par le rayon vecteur, qui est en raison directe du temps t que met le corps pour parcourir la distance d′, et du temps c′ que met le même corps pour parcourir la distance c ; ainsi l'aire $A = PC = tt' = \frac{1}{D^2} \times \frac{t'}{D} = t^2$, car $t = t'$.

La partie o de l'orbite ou l'orbite entière O est parcourue

en un espace de temps d'autant plus court que les facteurs
d et c du rectangle PC sont plus grands; ainsi le produit tt'
des temps est en raison inverse de l'aire A $=$ PC, $tt' =$
$t^2 = \dfrac{1}{A} = \dfrac{1}{PC} = D^3$. « Les carrés des temps t^2, T^2 des révo-
« lutions des corps célestes C', C'' sont dans la même relation
« que les cubes des distances entre ces corps C' et C'' et leur
« corps central C'''. »

Une expulsion de vapeurs d'un corps céleste n'est possible que quand la couche superficielle A de vapeurs est
assez gelée pour former une couche glaciale ou une pagosphère; l'expulsion des vapeurs est donc un effet secondaire; pour cette raison il faudrait premièrement constater
sur le soleil qu'on peut aisément observer, l'existence d'une
pareille couche glaciale, et l'existence de vapeurs brûlantes
dans son intérieur. Ensuite il faudrait constater comment se
solodifie cette couche en acquérant une épaisseur supérieure
pour résister aux répulsions de la part de vapeurs, et ne
pouvoir être brisée que quand cette répulsion acquiert un
degré assez élevé pour forcer les vapeurs expulsées à s'é-
loigner dn corps pour n'y plus retourner.

Une telle expulsion de vapeurs a eu lieu sur le Soleil il y
a des millions de siècles, alors qu'en ont été émises les vapeurs de l'atmozone qui, après avoir été subdivisées par
la pesanteur en neuf portions principales ont servi à la formation des planètes et des microplanètes.

Il n'y a plus aujourd'hui sur le Soleil de ces expulsions
violentes de vapeurs, ou du moins elles sont très-rares;
mais nous pouvons bien y voir les éruptions fréquentes de
vapeurs qui s'élèvent des cratères ouverts par elles sur la
couche glaciale; ces faits sont connus sous le nom de *taches
solaires*; ce phénomène trouve donc ici, pour la première
fois, une explication conforme dans tous ses détails aux
véritables lois physiques.

A. Taches solaires.

Au lieu de trouver ici d'abord la description des taches telles qu'elles sont observées, et ensuite leur explication, le lecteur n'y trouvera que leur production où est contenue leur apparition suivant les lois physiques; c'est là toute leur explication.

La couche superficielle des masses A de vapeurs V dont a été formé le Soleil est congelée depuis longtemps; pour cette raison la couche B de vapeurs se trouve séparée du froid de l'espace par ladite couche glaciale A ou par la *pagosphère*. La quantité $\Theta - \theta$ de chaleur éloignée de la couche B est inférieure à celle Θ qui y arrive de la part des régions centrales; il y a donc une élévation continuelle de température dans les vapeurs de cette couche B.

Avec cette élévation de température croît la répulsion r dirigée vers la couche inférieure C et vers la couche glaciale A. Celle-ci se brise aux points où la résistance est la moins forte. Les fragments de glace repoussés sont renversés en directions divergentes autour du cratère par les vapeurs qui en sortent.

Les vapeurs ont, en ce moment, une température au-dessus de 100°; elles sont transparentes, ce qui fait qu'en ce moment on peut observer les renversements des fragments. Mais peu après la couche superficielle des vapeurs descend à une température au-dessous de 100°; elles deviennent alors opaques, et dispersent la lumière dans toutes les directions, elles diminuent d'autant la quantité de celle qui en arrive en lignes droites à l'œil de l'observateur.

I. La quantité $\Theta + \theta$ de chaleur répandue de la surface s des vapeurs expulsées est supérieure à celle Θ qui y arrive des régions centrales; il a été même prouvé directement que la chaleur $\theta + \theta'$ qui arrive à la Terre d'une tache solaire est supérieure à celle θ qui arrive des parties environnantes.

II. Les vapeurs expulsées ne s'élèvent pas comme une pyramide sur la surface du cratère, mais, par leur élasticité, elles se répandent en forme de champignon. Ainsi le niveau superficiel étant égal, il y a trois profondeurs différentes pour les vapeurs expulsées : 1° Au-dessus de la surface c du cratère la profondeur des vapeurs opaques est la plus grande; elles dispersent la plus grande quantité de lumière et produisent ainsi la plus grande obscurité qui forme le *noyau* de la tache, ayant pour contour les bords du cratère. 2° Autour de ce noyau les limites des vapeurs s'étendent parallèlement aux bords irréguliers du cratère et du noyau. Cette partie externe de vapeurs opaques moins obscures est nommée *pénombre*. Dans les cas où est très-élevé le *périphragma* glacial des fragments renversés, la profondeur des vapeurs opaques y est petite, et alors la partie interne de la pénombre paraît moins obscure que sa partie externe.

III. La disparition des taches provient de la congélation des vapeurs; on voit aussi disparaître premièrement la *pénombre*, et ensuite le *noyau*. La nouvelle couche glaciale c sur le cratère est moins solide que le périphragme glacial; elle paraît plus lucide, mais elle ne répand pas, comme la tache, une chaleur supérieure.

IV. Quand ensuite la température s'élève de nouveau dans la couche de vapeurs B, la nouvelle couche c se brise, et il se montre ainsi une tache à la même place où il y en avait une autre; cependant leur dimension diminue à cause de l'avancement des bords internes du périphragme vers le milieu du cratère; enfin l'apparition des taches y cesse quand le périphragme en avançant arrive au centre du cratère.

V. L'état actuel de la surface de la Lune prouve qu'il s'y est produit des éruptions pareilles, qui ont eu lieu à une époque où son état physique différait peu de l'état actuel du Soleil. Dans les siècles à venir, quand les vapeurs brûlantes contenues dans la pagosphère solaire auront été refroidies et congelées, alors l'état du Soleil et de sa surface ne sera pas différent de l'état actuel de la Lune.

VI. La Lune est une pagosphère de forme ovoïde assez allongée ; car elle est vide au milieu, et ainsi son poids spécifique est inférieur à celui de l'eau ; on sait par là que son axe dirigé vers la Terre est 6 à 9 fois aussi grand que le diamètre de son disque. Cette forme allongée est due : 1° à la prossion de la pesanteur sur les vapeurs dont la Lune a été produite, et 2° prouvée par la hauteur des montagnes obtennes en admettant une surfacce ovoïde allongée et non pas une surface sphérique ; de là provient cette élévation énorme de montagnes obtenue par les mesures des astronomes actuels, élévation 9 fois plus grande que celle trouvée par Herschell.

VII. Les périphragmes ou les amas des fragments glacials du Soleil sont de la même nature que les montagnes de la Lune. Les *rainures* n'existent pas tant qu'il y a encore des vapeurs au milieu de la pagosphère ; car elles ne sont autre chose que des crevasses de la pagosphère produites par l'abaissement ultérieur de la température.

B. Étoiles temporaires.

Les éruptions actuelles opérées dans la pagosphère solaire par l'expulsion des vapeurs sont trop faibles pour que ces vapeurs s'éloignent définitivement et ne retournent plus au cratère ; car elles éprouvent un choc tangentiel de la part des bords occidentaux du cratère ; et il ne leur manque qu'une répulsion R très-grande, qui se forme dans le seul cas où la couche glaciale est très-épaisse ; celle-ci devient telle par l'accumulation des fragments glacials renversés autour des cratères et soudés entre eux et avec la pagosphère par les vapeurs des pénombres condensées et gelées sur ces fragments.

La Place, traitant de la solidification des vapeurs par le refroidissement superficiel, a reconnu que les parties solides ont apparu les premières sur la couche superficielle et ont formé une surface solide, parce que les vapeurs d'une partie ne différaient pas de celle d'une autre partie, et que le froid de l'espace ambiant n'était pas à des degrés différents de l'un ou de l'autre côté.

Ensuite ce grand astronome émet une série d'hypothèses qui ne sont pas d'accord avec les lois physiques ; la croûte ainsi produite par le froid : 1° obtient une pesanteur qui la fait arriver au centre ; 2° elle se brise et ses fragments traversent la masse des vapeurs centrales mille fois plus chaudes que celles des couches superficielles, et cependant lesdits fragments les traversent et arrivent au centre comme les gouttes de pluie fendent l'air pour arriver à la Terre !

Ces hypothèses furent simplement répétées par les astronomes qui suivirent, sans qu'ils aient rien dit pour les approuver ou pour les réfuter, parce qu'il leur était impossible de grouper les faits observés en une série où ils fussent liés par les lois physiques comme causes et effets.

On nomme *partielles* les éruptions de vapeurs dont sont produites les taches solaires, pour les distinguer de l'éruption violente nommée *finale* qui ne s'y montre qu'à des intervalles de millions de siècles. Les vapeurs expulsées dans ces doux espèces d'éruption ne diffèrent que par les quantités et les distances parcourues.

Lorsque le Soleil expulsa les vapeurs brûlantes de l'*atmozone* qui a été subdivisée pour produire les planètes, les habitants des cosmoplanètes virent apparaître subitement une lumière qui était répandue de la portion des vapeurs dont a été produit Neptune ; ces vapeurs se couvrirent d'une couche opaque quand se montrèrent à leur tour les vapeurs qui produisirent Uranus et les autres planètes ; de sorte que la clarté n'augmentait pas proportionnellement avec les vapeurs expulsées.

Ce qu'ont pu observer les habitants des cosmoplanètes il y a des millions de siècles dans un point de l'espace autour du Soleil, se manifeste aux habitants de la Terre dans des intervalles irréguliers de quelques siècles. Le soir du 11 novembre 1572, Tycho-Brahé, sortant de son observatoire d'Oranienbourg pour rentrer chez lui, rencontra un groupe de personnes occupées à regarder dans le ciel une étoile d'un éclat très-vif. Cette étoile se trouvait dans la constellation de Cassiopée, à une place où il n'en avait pas existé jusque-là ; et il est évident que si elle eût été visible une demi-heure auparavant, Tycho-Brahé l'eût aperçue de son observatoire. Son apparition avait donc été tout à fait brusque, et elle avait acquise en quelques minutes un éclat comparable à celui de Sirius.

A partir de là son éclat alla en augmentant jusqu'à surpasser celui de Jupiter en opposition, et elle devint même visible en plein jour. Au bout d'un mois, en décembre 1572, elle commença à décroître progressivement et au mois de mars 1574, elle avait complétement disparue. Pendant tout cet espace d'environ 16 mois qu'on put la voir, elle conserva une position invariable par rapport aux étoiles voisines.

La place vide où cette clarté a apparu indique que le Soleil dont les vapeurs ont été expulsées est trop loin pour être visible, car dans un cas où une éruption pareille aurait eu lieu dans une étoile, même microscopique, la clarté eût dû être comparable à celle de la Lune.

Les observateurs de la clarté répandue des vapeurs expulsées du Soleil la virent diminuer quand furent émics les vapeurs d'Uranus, et augmenter davantage quand sortit du Soleil la grande masse dont Jupiter a été produit ; la clarté diminua de nouveau quand sortirent du Soleil les vapeurs dont fut produit Mars ; mais elle augmenta pendant l'émission des vapeurs qui donnèrent naissance à la Terre et à Vénus ; ensuite la clarté diminua, et disparut pour toujours.

4° Faits de l'éruption finale conservés dans les vapeurs expulsées.

Une autre série de faits a été conservée 1° dans le sens du mouvement orbiculaire des planètes, 2° dans les plans de leurs orbites, 3° dans les distances entre les planètes et le Soleil, et 4° dans les vitesses des mouvements orbiculaires.

I. Les planètes circulent autour du Soleil dans le sens où s'opère sa rotation et non pas dans celui de son mouvement orbiculaire ; comme les satellites d'Uranus circulent autour de cette planète dans le sens de sa rotation et non pas dans celui de son mouvement orbiculaire.

II. Les plans des orbites des planètes ont été déterminés par le choc tangentiel des bords occidentaux du cratère de la pagosphère solaire. S'il arrive que celui-ci soit sur le plan orbiculaire, comme cela a lieu pour la Terre, Jupiter et Saturne, le plan de rotation de la planète coïncide avec celui de l'orbite ; mais si le cratère est éloigné du plan de l'orbite, celui de son équateur l'est aussi, comme cela a lieu pour Uranus.

III. Les vapeurs de la bande nommée *atmozone* ont été divisées par la pression P de la pesanteur dirigée vers le Soleil en portions dont les distances formaient une progression géométrique $= 2\Delta : 2^2\Delta : 2^4\Delta : 2^5\Delta : 2^6\Delta : 2^7\Delta : 2^8\Delta : 2^9\Delta$. Les portions π', π'', π'''....π^{ix} de vapeurs éprouvèrent en même temps une pression P' de pesanteur dirigée vers la portion π^{vi} composée de la plus grande masse de vapeurs.

Ce déplacement a fait diminuer les distances entre le Soleil et les portions π^{ix}, π^{viii}, π^{vii}, et augmenter celles entre le Soleil et les portions π', π'', π''', π^{iv}, π^{v}.

IV. Les vitesses orbiculaires ont pour élément la pression $P = \frac{1}{D^2}$ centripète et le choc $C = \frac{1}{D}$ tangentiel. 1° La pression P est faible pour les planètes éloignées tandis qu'elle est grande pour les planètes voisines du Soleil, 2° de même les vapeurs des planètes éloignées ont reçu un choc C tangentiel médiocre de la part des bords du cratère à cause de la médiore vitesse de rotation en ce moment; cette vitesse augmenta successivement et ainsi augmentait le choc C que recevaient les vapeurs dont ont été formées les planètes inférieures.

2° Faits de l'éruption finale conservés dans le Soleil.

Par cette éruption, le Soleil obtint un mouvement rotatoire; car précédemment il était, comme la Lune, avec la face prolongée dirigée vers l'astre *Alcyon*, qui occupe le centre de toutes les étoiles visibles, ainsi que de celles qui seront produites par le reste de vapeurs expulsées de cet astre. Ce reste forme actuellement la *voie lactée* ou *galaxias*, qui ne paraît pas aussi lumineuse, à cause de la grande distance et surtout à cause de la couche de vapeurs opaques superficielles qui fait se disperser la lumière et diminuer la quantité de celle qui arrive à la Terre en lignes droites; ces galaxias sont les *nébuleuses* des autres astres analogues à Alcyon; elles paraissent petites à cause de leur grande distance.

I. Nous savons que la rotation est le résultat 1° du mouvement orbiculaire, et 2° de celui produit de la contre-répulsion dirigée de la part du cratère d'où s'échappent les vapeurs v' et les vapeurs v qui restent : 1° sans un mouvement orbiculaire il ne se produirait pas de mouvement de rotation produit par la contre-répulsion seule, 2° sans un mouvement de rotation les vapeurs v' expulsées ne peuvent pas obtenir un choc tangentiel, et 3° par suite elles ne peuvent pas obtenir un mouvement orbiculaire.

Il a donc fallu que l'Archégète conservât un reste de mouvement de l'*exode* lorsqu'il expulsa les vapeurs dont ont été produits les astres; car ces vapeurs en reçurent un choc tangentiel assez fort pour n'y plus retomber et pour circuler autour du corps central qui prit alors un mouvement de rotation.

Le mouvement de l'exode ne pouvait jamais se terminer pour faire place à un repos parfait, parce qu'il a été produit par une vitesse qui diminuait indéfiniment. Le mouvement de rotation produit par une éruption finale a une vitesse d'autant plus grande que les vapeurs expulsées v' sont plus abondantes relativement à celles v qui restent.

II. Pendant la durée de l'éruption, les vapeurs brûlantes v' se séparaient de celles v qui restèrent dans le Soleil, ces vapeurs v' éprouvaient un choc tangentiel de la part des bords occidentaux du cratère; ces bords de glace exposés ainsi à une chaleur excessive, en se fondant reculèrent vers l'occident, et la surface du cratère devint une zone qui s'étendit sur toute la surface appelée *zone royale*. La pagosphère forma comme deux calottes de glace séparées par une zone de vapeurs. Ces vapeurs gelèrent ensuite et produisirent une couche de glace, comme cela arrive après chaque éruption partielle.

III. La nouvelle couche glaciale forma la zone royale, où apparaissent les éruptions actuelles, parce que cette partie de la pagosphère est encore moins solide que les deux calottes restées de la pagosphère primitive.

IV. La quantité de chaleur qui arrive du Soleil à la Terre correspond exactement : 1° à cette épaisseur inégale de la pagosphère dans la zone royale et dans les deux calottes, et 2° à la profondeur des vapeurs brûlantes.

1° Du centre du disque arrive à la Terre le maximum de chaleur; en partant du centre et suivant l'équateur qui divise la zone royale en deux moitiés, la chaleur diminue jusqu'aux deux bords; 2° une diminution a également lieu quand on s'éloigne du centre suivant les méridiens vers les deux pôles; la chaleur qui part de ces pôles vers la Terre est cependant inférieure à celle qui part des bords de l'est ou de l'ouest du même disque.

Ces deux quantités de chaleur correspondent exactement : 1° à la quantité de vapeurs dont la chaleur arrive du centre du disque; 2° à l'épaisseur de la glace aux extrémités de la

zone royale, et 3° à celle de la glace des deux calottes polaires.

V. Les deux calottes ne sont pas deux parties égales
d'une sphère, car la forme primitive du Soleil était ovoïde;
après l'éruption et l'éloignement des vapeurs v', les calottes,
obéissant à la pesanteur et à la rotation, s'approchèrent de
l'équateur, et ainsi s'effaça la forme ovoïde, sans que cependant il lui succédât une forme exactement sphérique,
comme cela se manifeste dans les éclipses totales du Soleil
dont le disque ne coïncide pas mathématiquement avec celui
de la Lune, qui est un cercle parfait. Il reste en dehors les
bords des deux calottes qui présentent en ce cas des pro-
tubérances lumineuses en dehors du disque de la Lune.

Celle-ci étant un corps ovoïde de glace, laisse une partie
de lumière pénétrer par ses bords qui forment un prisme
circulaire. De cette lumière réfractée est produit une couronne colorée qui paraît agitée à cause des déplacements
de l'air et de la Lune.

V. — DE LA PESANTEUR AGISSANT PAR PRESSION ET NON PAR ATTRACTION.

Nous venons de prouver l'origine de la pondérabilité des
corps et celle de la gravitation universelle ou de la pesanteur; Varignon, Fatio de Duissier, Newton et plusieurs autres
physiciens ont admis une pression comme cause de la gravitation; Lesage a combattu par des raisonnements logiques
le système de l'attraction, et cependant ce système a fait
fortune et est encore suivi de nos jours par le plus grand
nombre des physiciens.

Lesage, pour expliquer la pression qui fait apparaître une
pesanteur, admettait des corpuscules ultramondains qui correspondent ici au barogène B; il lui manquait cependant
des faits qui, étant produits par une pression, seraient absolument incapables de l'être par une attraction, ou si la

gravitation est une attraction, les mêmes faits seraient inexplicables par une hypothèse de pression.

Ces séries de faits ont été trouvées dans les déplacements des portions π', π''… des vapeurs des atmozones expulsées vers la portion π^{vi} qui contient la plus grande masse de vapeurs. L'atmozone ou la bande de vapeurs expulsée du Soleil a été subdivisée par la posanteur centripète P en neuf portions qui occupaient des espaces placés à des distances formant la progression géométrique

$$\dagger\!\dagger\; 2D : 2^2D \;;\; 2^3D : 2^4D \;;\; 2^5D \;;\; 2^6D \;;\; 2^7D : 2^8D : 2^9D.$$

Une autre posanteur P' a été produite par la grande masse de vapeurs de la portion π^{vi}, et elle a forcé à se rapprocher les trois portions π^{ix}, π^{vii}, π^{vi} plus éloignées, et encore les cinq autres les moins éloignées du Soleil. Ces déplacements convergents opérés dans les planètes ont eu lieu, pour les satellites de Jupiter, de Saturne et d'Uranus, exactement de la même manière et suivant les mêmes lois.

Dans les cas où la gravitation se manifeste entre deux corps, il est impossible de démontrer si leur rapprochement est un effet d'attraction ou de pression; mais il n'en est plus ainsi dans les déplacements convergents de plusieurs corps vers un autre placé au milieu, comme cela a eu lieu pour les planètes qu'un déplacement a rapprochées de Jupiter.

4° Si le rapprochement se fût opéré par une attraction émise de la part de cette planète, elle aurait dû atteindre pour la première fois Saturne et Mars avec les microplanètes; ensuite, sans que ces planètes limitrophes cessassent d'être attirées, cette même attraction aurait dû se propager aux autres planètes les plus éloignées, parmi lesquelles Uranus d'abord et puis Neptune, auraient dû se rapprocher en parcourant : 1° Saturne la somme $\chi + \chi' + \chi'''$; 2° Uranus la somme $\chi' + \chi''$, et Neptune la distance simple χ''. La même chose aurait dû avoir lieu pour les microplanètes, pour Mars, la Terre, Vénus et Mercure.

2° Si, au contraire, les rapprochements convergents se sont opérés par une pression P' dirigée de l'espace vers Jupiter, alors qu'une autre pression P était dirigée vers le Soleil, cette pression s'est exercée premièrement sur Neptune, et après avoir parcouru la distance χ'', la même pression P', sans s'interrompre dans la masse de Neptune, a été communiquée à la masse d'Uranus : les deux planètes parcoururent alors la distance χ'. Enfin la pression arriva jusqu'à Saturne qui parcourut avec les deux planètes précédentes la distance χ.

Les déplacements des planètes et des satellites sont présentés dans les tableaux suivants, où l'on considère dans chaque série comme distance primitive celle du corps le plus gros vers lequel s'opérèrent les déplacements des autres en directions convergentes ; ainsi ladite distance primitive conservée est un terme de la progression géométrique indiquée.

Planètes.

NOMS DES PLANÈTES.	DISTANCES primitives.	DISTANCES actuelles.	DÉPLACEMENTS CONVERGENTS vers Jupiter.
Neptune.	41,00	50,04	0,80 + 0,76 + 10,94
Uranus.	20,80	19,18	0,86 + 0,70
Saturne.	10,10	9,54	0,80
Jupiter.	5,20	5,20	
Microplanètes. . . .	2,00	2,70	0,10
Mars.	1,50	1,52	0,10 + 0,12
La Terre.	0,65	1,00	0,10 + 0,12 + 0,12
Vénus.	0,325	0,72	0,10 + 0,12 + 0,12 + 0,10
Mercure.	0,1625	0,59	0,10 + 0,10 + 0,12 + 0,10 — 0,17

Satellites de Jupiter.

ORDRE des satellites.	DISTANCES primitives.	DISTANCES du centre de Jupiter.	DÉPLACEMENTS CONVERGENTS vers le troisième satellite.
Quatrième.	50,70	20,00	4,70
Troisième. . . .	15,55	15,55	
Deuxième.	7,08	9,62	1,04
Premier.	3,84	6,05	1,04 + 1,27

Satellites de Saturne.

ORDRE des satellites.	DISTANCES primitives.	DISTANCES du centre de la Terre.	DÉPLACEMENTS CONVERGENTS vers le septième satellite.
Neuvième.	88,56	84,36	11,14 + 8,00
Huitième.	44,28	28,00	16,14
Septième.	22,14	22,14	
Sixième.	11,07	»	
Cinquième.	5,54	9,55	4,01
Quatrième.	2,76	6,84	4,01 + 0,01
Troisième.	1,58	5,34	4,08 — 0,12
Deuxième.	0,09	4,31	4,08 — 0,46
Premier.	0,55	3,56	4,08 — 1,07

Satellites d'Uranus.

ORDRE des satellites.	DISTANCES primitives.	DISTANCES du centre d'Uranus.	DÉPLACEMENTS NON CONVERGENTS vers le sixième satellite.
Huitième.	91,00	91,01	0
Septième.	45,50	45,50	0
Sixième.	22,75	22,75	0
Cinquième.	11,38	19,85	8,47
Quatrième.	5,09	17,01	8,47 + 7,85
Troisième.	2,84	15,17	8,47 + 7,85 — 6,01
Deuxième.	1,62	10,57	8,47 + 7,85 — 6,01 — 1,55
Premier.	0,71	7,44	8,47 + 7,85 — 6,01 — 1,55 — 5,24

I. Déplacements convergents des trois planètes éloignées. La pression de la pesanteur P′ commença des deux extrémités de la bande de vapeurs expulsées du Soleil, sans que cependant cessât la pression de la pesanteur P dirigée vers le Soleil. Par suite : 1° les déplacements de Neptune, d'Uranus et de Saturne s'opérèrent par la somme P + P′ de la pression P vers le Soleil et de la pression P′ vers Jupiter; 2° les déplacements des autres planètes ont été produits par la différence P′ — P entre les deux pressions. Cette différence n'est pas égale pour toutes les planètes; car la pression P′ est petite dans Mercure où est grande la pression P; dans les autres planètes la pression P′ est plus grande que celle P, surtout quand se sont approchées de Jupiter les masses des trois planètes supérieures. La masse de Neptune a parcouru la distance énorme 10,94 avant que la pression $P + P'$ se propageât jusqu'à Uranus; celui-ci ou sa masse de vapeur parcourut la distance 0,76 ensemble avec Neptune, quand la pression $P + P'$ arriva à Saturne qui a dû parcourir la distance 0,84 ensemble avec les deux planètes précédentes.

II. **Origine des microplanètes, étoiles filantes, bolides et aérolithes.** La masse de vapeurs la moins éloignée de Jupiter était celle qui formait le noyau de la portion π^v; cette masse se mêla avec le noyau dont a été produit Jupiter, et il ne resta de la portion π^v que la masse nm de vapeurs de la couche épaisse qui enveloppait le noyau. Cette masse nm de vapeur a été subdivisée par la pression de la différence $P' - P$ de pesanteur en n portions p', p'', p'''... p^n dont chacune a servi à la formation d'une *Microplanète*.

Le diamètre de l'enveloppe sphérique du noyau éloigné a été conservé 1° dans la différence $3,18 - 2,20 = 0,98$ entre la distance 3,18 de Hygie et celle 2,20 de Flore; et 2° dans la somme $34° 37' + 26° 53'$ des déclinaisons d'Euphrosyne et de Pallas.

Les astronomes, ignorant ce fait que nous venons d'indiquer, c'est-à-dire l'éloignement du noyau, attribuèrent la disposition sphérique primitive des microplanètes à une explosion et une dispersion des fragments dans toutes les directions divergentes en distances égales. Par suite d'une explosion pareille, les fragments p', p'' de la ligne SJ qui unit le Soleil et Jupiter auraient dû s'éloigner du centre beaucoup plus que les fragments latéraux; cela n'existe pas, car l'ensemble des microplanètes forme les limites d'une sphère; et elles servent à connaître l'origine des étoiles filantes et des bolides.

A. La Terre a été produite d'un noyau de vapeurs sans

que s'y accumulassent toutes les vapeurs de l'enveloppe
sphérique, qui ayant été subdivisées séparément par la pesanteur, produisirent des millions de microplanètes ou *microgées* (μικρός, petit, γῆ, terre). Ces microgées circulent avec
la Terre autour du Soleil ; elles sont toutes des pagosphères
vides au milieu et deviennent visibles quand elles arrivent à
une petite distance de la Terre; elles sont connues sous le
nom d'*étoiles filantes*.

B. Les *bolides* sont des *microsélènes* (μικρός, petit, σελήνη,
lune); ils ont été produits par les vapeurs de l'enveloppe
du noyau dont a été produite la Lune ; avec celle-ci les microsélènes circulent autour de la Terre; elles sont, comme
les microgées, des pagosphères vides, mais de dimensions
inférieures; réduites par le frottement de l'air en vapeurs,
ces pagosphères crèvent, répandent des vapeurs opaques,
et le bruit est entendu quand il éclate à une petite distance.

C. Les *aérolithes* sont des masses minérales expulsées
des cratères au moment de l'éloignement des *aérogènes*,
comme cela a été prouvé dans le *Traité du Déluge* et dans
le texte de l'*Atlas cosmobiographique*. Ces masses, en sortant des cratères, reçurent un choc de leurs bords occidentaux, et prirent autour de la Terre un mouvement orbiculaire pareil à celui des microsélènes ; elles ont pu alors s'é-
loigner beaucoup de la Terre parce que l'atmosphère s'en
était éloignée.

D. Il ne peut tomber sur la terre que les aérolithes et les
microsélènes qui entrent dans son atmosphère en circulant
autour de notre planète, tandis que des microgées, dont le
nombre s'élève à plusieurs myriades de millions, s'approchent
seulement de la Terre en quantités différentes sans s'y précipiter. De même que les microplanètes, les étoiles filantes
parcourent des orbites dont les plans ont toutes les inclinaisons.

III. **Déplacements convergents des planètes moins
éloignées que Jupiter.** En partant de Vénus, la diffé-

rence P'— P entre les deux pressions est positive; elle l'est également pour la masse de Mercure, sauf tout à fait à l'origine, alors que ces vapeurs étaient encore dans le cratère de la surface solaire; la masse de Mercure se trouva ainsi en retard de 0,17, quand la pression P'—P a fait parcourir à Mercure et à Vénus la distance 0,10. La pression P—P' arriva à la masse de la Terre qui a dû parcourir la distance 0,12 ensemble avec Mercure et Vénus. Ensuite la pression P'— P arriva à la masse de Mars qui a dû parcourir la distance 0,12 ensemble avec les trois planètes précédentes. Enfin la pression P'—P arriva aux microplanètes, qui éprouvèrent un déplacement de 0,10 ensemble avec les quatre planètes précédentes.

IV. **Déplacements convergents des satellites de Jupiter.** Le plus gros satellite est le troisième, qui conserva sa distance primitive, tandis que les trois autres furent déplacés en directions convergentes pour se rapprocher de lui. 1° Le quatrième, sollicité par la somme P + P' de pression, a parcouru la distance 1,20; 2° le premier a parcouru seul la distance 1,27 par la différence P'— P de pression; 3° le deuxième a parcouru la distance, 1,94 ensemble avec le premier.

Comme les trois planètes Neptune, Uranus et Saturne éprouvèrent les plus grands déplacements à cause de la somme P + P' de pression, le même effet eut lieu pour le quatrième satellite de Jupiter. Les déplacements des microplanètes, Mars, la Terre et Vénus, sont produits par la différence P'—P, comme le sont ceux du premier et du deuxième satellite de Jupiter : c'est pourquoi ces déplacements sont inférieurs à ceux produits par la somme P + P' de pression.

V. **Déplacements convergents des satellites de Saturne.** Dans ces satellites on voit le système planétaire représenté dans tous ses détails : 1° le nombre apparent de satellites est de huit, comme l'était celui des planètes avant la découverte des microplanètes; en admettant celle de Neptune comme plus ancienne; 2° la loi de Bode, basée sur la progression géométrique des distances, l'a conduit à connaître la place d'une planète entre Mars et Jupiter ; la même loi conduit à connaître la place d'un satellite entre le septième qui est le plus gros et le cinquième qui est petit ; 3° le noyau de vapeurs de ce satellite se méla avec celui du septième ; des vapeurs de son enveloppe ont été produits de petits satellites *microdoryphores* (δορυφόρος, satellite) invisibles, et ainsi sa place paraît vide ; 4° les déplacements sont convergents vers le septième satellite ; 5° ces déplacements avaient commencé aux vapeurs des quatrième et cinquième satellites, avant que les vapeurs des trois autres fussent encore expulsées ; celles du premier satellite se trouvèrent en un plus grand retard exprimé par 1,07 parce qu'elles ont été expulsées les dernières.

VI. Déplacements non convergents des satellites d'Uranus. Ici les vapeurs n'ont pas été expulsées du sommet de l'ovoïde dirigé vers le Soleil, comme cela a lieu pour celles expulsées de la Terre, de Jupiter, de Saturne et de Neptune ; le cratère d'Uranus se trouva tout près de la périphérie de la base de l'ovoïde. Les vapeurs V' expulsées éprouvaient deux pressions, P' dirigées vers le centre d'Uranus, et P en direction perpendiculaire vers le Soleil, comme cela avait lieu quand ces vapeurs *v'* n'étaient pas encore expulsées.

Les vapeurs *v''* des trois satellites éloignés n'éprouvèrent aucun déplacement par la pression P', mais les masses de vapeurs des cinq satellites inférieurs éprouvèrent la pression P' dirigée vers Uranus, et encore celle P'' dirigée vers la masse supérieure du sixième satellite.

Faisant la comparaison entre les déplacements opérés dans les cinq satellites inférieurs d'Uranus et ceux opérés dans les cinq satellites correspondants de Saturne, nous y trouvons un accord parfait, parce que la cause qui y a produit ces déplacements ne diffère pas.

Résumé. Tous ces faits différents ne doivent pas être

considérés ici comme preuves de l'action de la pesanteur
exercée par pression et non par attraction, parce que la
seule preuve en est celle qui a été obtenue directement par
les lois physiques et les affluences des molécules μ'' du barogène B vers l'espace Π *énastre*. Ainsi les faits rapportés
comme une foule d'autres d'espèces différentes ne sont que
des exemples des lois découvertes; pour cette raison ils
doivent être comparés aux opérations arithmétiques employées comme exemples et non pas comme preuves des
quatre règles.

VI. — CAUSE DE L'INÉGALITÉ ENTRE LES MASSES DES PLANÈTES ET DES SATELLITES.

Il ne peut se présenter ici aucun fait qui n'obtienne sa
place dans une série où il sera à la fois un effet des faits
précédents et une cause des faits suivants; car toutes les
théories édifiées avec tant de peine sur de vaines hypothèses et sur des raisonnements spécieux ont fait leur
temps.

Dans chaque bande de vapeurs expulsées ou dans chaque
atmozone existe une portion de vapeurs entre les deux extrémités dont la masse surpasse de beaucoup celle de chaque autre portion; les masses de chaque portion sont toutes
différentes entre elles. Une telle anomalie entre les portions
de masses de vapeurs est impossible dans le cas où le corps
central qui expulse les vapeurs affecte une forme sphérique. De même toute égalité ou symétrie est impossible
entre les masses de vapeurs de portions différentes, dans le
cas où la forme ovoïde est celle du corps central qui expulse
les vapeurs brûlantes tournant autour d'un axe.

Ces vapeurs, en s'échappant du cratère, éprouvent un
choc de ses bords postérieurs; ceux-ci, en se fondant,
reculent, et la surface du cratère devient comme une zone

autour de la face *f* antérieure prolongée et la face *f'* postérieure aplatie de l'ovoïde. Cette zone coupe en deux parties la *périphérie limitrophe* qui sépare les deux faces *f* et *f'* de l'ovoïde.

Le reculement des bords postérieurs du cratère a donc un rapport direct avec la forme ovoïde du corps : 1° sa vitesse est supérieure quand le cratère est dans la face *f* antérieure ou dans la face *f'* postérieure de l'ovoïde, et 2° elle est inférieure quand le cratère se trouve dans la périphérie limitrophe, qui sépare les deux faces *f* et *f'*.

La vitesse de la rotation détermine les chocs communiqués aux masses de vapeurs expulsées du cratère : cette vitesse est médiocre au commencement de l'éruption, elle croît en raison directe de la masse expulsée. Avec cette vitesse de rotation croît celle qui produit le recul des bords postérieurs du cratère, lesquels fondent rapidement, quand est grande la pression qui agit entre eux et les vapeurs brûlantes qui y passent.

Dans chaque éruption finale, quand elle résulte de l'expulsion d'une bande de vapeurs ou d'une atmozone, la surface du cratère prend la forme d'une zone étendue dans les deux faces *f* et *f'* de l'ovoïde qui coupe la périphérie des limites en deux points : 1° en *p*, quand les bords postérieurs du cratère en reculant passent de la face *f* antérieure soulevee dans la face *f'* postérieure aplatie; et 2° en *p'*, quand les bords passent de cette face *f'* dans la face *f* antérieure.

1° La vitesse *v* de rotation, quand les bords sont en *p*, est inférieure à celle $v + v'$, quand ils sont en *p'*. 2° Quand le point *p* décrit autour de l'axe ou autour du centre de l'équateur, l'arc *y* avec la petite vitesse *v*, il s'écoule du cratère une masse $M + M'$ de vapeurs plus grande que la masse M qui s'en écoule quand les bords postérieurs de ce cratère décrivent le même arc *y* avec la vitesse supérieure $v' + v$ dans le point *p'*.

Ainsi, dans chaque bande de vapeurs expulsées, se trouvent deux renflements ou *nœuds* de masses de vapeurs séparés par une masse de vapeurs médiocres. Dans l'atmozone planétaire ont été expulsées dès l'origine les portions π^{ix}, π^{viii}, π^{vii} de vapeurs de Neptune, d'Uranus et de Saturne, quand les bords postérieurs du cratère arrivèrent au point p de la périphérie des limites avec la petite vitesse; alors ont été expulsées les vapeurs de la grande portion π^{vi} de Jupiter et cette grande portion de vapeurs a fait augmenter beaucoup la vitesse $v + v'$ de rotation.

Les bords du cratère, en reculant, parcoururent la face f' aplatie quand ont été expulsées les vapeurs des microplanètes et de Mars. Ces bords se trouvèrent pour la seconde fois sur la périphérie des limites en p', quand ont été expulsées les vapeurs des portions π''' et π'' de la Terre et de Vénus qui sont inférieures à celles de Saturne et de Jupiter, et cela 1° à cause de la vitesse $v + v'$ de rotation devenue supérieure, et 2° à cause de la force expulsive qui, étant $q + q'$ en p, diminua et devint η en p'.

Les bords du cratère se trouvèrent de nouveau sur la face f antérieure de l'ovoïde, et ils vinrent se joindre avec les bords antérieurs du cratère, quand ont été expulsées les vapeurs de la dernière portion π' dont a été produit Mercure.

L'apparition de cette atmozone planétaire, observée par les habitants de cosmoplanètes, produisit des effets qui ne pouvaient pas être différents de ceux qu'a produits l'apparition d'une atmozone pareille qui se manifesta comme une étoile de troisième grandeur en 1670 dans la tête du Cygne; cette étoile disparut bientôt; se montra de nouveau, puis disparut encore; après s'être montrée pour la troisième fois, elle éprouva un accroissement, ensuite elle diminua et a disparu pour toujours.

L'étoile observée par Tycho-Brahé apparut avec une grande clarté, qui augmenta et atteignit son maximum dans l'espace d'un mois; puis elle commença à décroître. Ces changements de clarté correspondent exactement aux changements dans l'espace occupé par les vapeurs dans les différentes parties de la bande ou de l'atmozone.

Ces inégalités des dimensions ou l'existence de nœuds dans les bandes ou dans les atmozones expulsées est un effet direct de la forme ovoïde du corps qui expalse ces vapeurs; les apparitions de clartés inégales des étoiles temporaires font connaître que cette forme est la forme fondamentale de tous les corps célestes.

Jupiter et Saturne ont la forme ovoïde qui est exactement déterminée par les observations qu'ont faites tous les astronomes. En admettant 1 pour le diamètre de la périphérie des limites entre les deux faces f et f'; le diamètre de l'équateur est également 1 quand l'axe de l'ovoïde passe par la Terre; ce diamètre équatoriale est $1 + a$ quand passe par la Terre le plan de la périphérie des limites.

Nous nous bornerons donc à dire que Jupiter ou Saturne ont un équateur dont 1° l'un des diamètres est égal ou même inférieur (pour Saturne) à l'axe qui passe par les pôles, tandis que 2° l'autre est supérieur. Il n'y a que les astronomes pour se permettre ainsi de patronner des erreurs aussi énormes, quand ils viennent affirmer que les mesures micrométriques, notamment $1 + a$, sont fautives pour le diamètre de l'équateur, tandis que celles de l'axe seraient exactes. Voilà pourtant tout ce qui s'est fait, et pourquoi? pour obtenir un aplatissement pareil à celui de la Terre qui n'y existe pas; seulement une fois lancé dans cette voie, on n'a plus osé revenir sur ses pas et se dédire : on peut constater tout cela par des mesures faites en différentes parties de la Terre.

J'ai démontré, dans le *Texte de l'Atlas cosmobiographique*, que la forme de la Terre est ovoïde : son sommet est entre la Nubie et l'Abyssinie, et sa face f' postérieure aplatie occupe l'océan Pacifique : 1° l'Amérique du Sud, l'Amérique du Nord, l'Asie et l'Australie sont dans la périphérie qui

sépare la face soulevée *f* de la face aplatie *f'*. 2° L'Afrique
avec l'Europe sont dans la partie la plus éloignée du centre
de gravitation de l'ovoïde. Cette partie de l'ovoïde est séparée de la périphérie des limites occupée par ces quatre
continents, par l'océan Atlantique, l'océan Indien et la dé-
pression Caspienne.

VII. — ÉTOILES PÉRIODIQUES.

On nomme ainsi les étoiles dont la clarté est soumise à
des changements continuels, qui consistent en accroissements et décroissements périodiques sans être réguliers; car
la clarté passe non pas graduellement du maximum au minimum, mais les changements sont subtils ; ces changements
de clarté résultent de la forme ovoïde très-prolongée dans
les étoiles qui, en circulant, présentent à la Terre leur face
soulevée *f* alternativement et leur face *f'* aplatie.

La clarté $\varphi + \varphi'$ est grande quand arrive à la Terre la
lumière de la face *f* soulevée de l'ovoïde, et elle devient petite, φ, quand est exposée vers la Terre la face *f'* aplatie
dont se répand une quantité φ inférieure de lumière.

Les changements d'une clarté à l'autre sont subits à cause
de l'apparition ou de la disparition subite d'une grande
partie de la surface soulevée de l'ovoïde.

VIII. — COULEURS DES ÉTOILES.

La lumière n'éprouve aucune réfraction quand elle provient de la part du centre solaire et pénètre perpendiculairement sa couche glaciale sphérique ou sa pagosphère.
Mais, dans les pagosphères ovoïdes, la lumière éprouve des
réfractions et ainsi apparaissent les couleurs observées dans
les étoiles. Ces couleurs diffèrent parce que la Terre se

trouve dans des parties différentes du spectre que ces
ovoïdes produisent.

IX. — SCINTILLATION DES ÉTOILES.

La clarté des étoiles diminue et leur couleur change des
milliers de fois par minutes; dans le champ obscur des lu-
nètes, ces étoiles laissent apercevoir quelques clartés à des
intervalles irréguliers. Ces faits ont leurs causes dans les
millions de systèmes de microplanètes et de *microhélies*
(μικρός, petit, ἥλιος, soleil) qui sont tous des pagosphères
ovoïdes. Ces corps ovoïdes, passant entre les étoiles et la
Terre, produisent par leur forme l'effet de prismes, et par
leur masse l'effet d'écrans, et celui de surfaces réfléchissantes.

RÉSUMÉ.

L'ensemble des sciences, auquel nous donnons le nom de
Panépistème, embrasse tout ce qui se produit suivant les
lois physiques dans le Monde, et dans l'intelligence, qui est
l'âme. Pour parvenir à la découverte de ces lois, il a fallu
de toute nécessité se livrer à une étude générale de toutes
les sciences, ce qui n'est possible qu'en évitant de s'absorber
dans les spécialités.

Au temps d'Aristote cette espèce d'étude universelle était
fort répandue, mais alors le nombre de faits découverts
était insuffisant pour parvenir au but auquel visait ce grand
physicien. Dans le siècle actuel, les faits découverts sont
devenus suffisants pour conduire à l'origine commune des
sciences et des religions, mais aussi leur nombre est devenu
trop grand pour être embrassé en son entier par l'intelligence humaine.

Il a donc fallu chercher dans chaque science des séries

de faits homoïdes qui devaient servir comme de guides à la
découverte des lois suivant lesquelles ils ont été produits.
Les combinaisons multipliées entre toutes ces séries étaient
possibles quoique difficiles : elles ont conduit à la découverte de l'origine du *mouvement* et de la cause de l'*affinité*,
qui sont deux principes nécessaires à la production des
faits.

Le grand nombre de faits découverts a rendu indispensable de les subdiviser ; on a mis à part ceux qui ont rapport
à la religion ; puis ceux qui regardent l'état social, l'état
sanitaire, etc., de l'homme ; c'est ainsi qu'un mode de spé-
cialisation a été adopté dans toutes les instructions où il
était même indispensable, surtout par les individus qui vi-
sent à obtenir quelque place, soit parmi les membres d'un
institut, d'une faculté, ou qui veulent parvenir à un emploi
public. Ainsi chaque individu borne aujourd'hui le champ
de ses études à une seule science, souvent même à une seule
branche de science ; chacun travaille à la découverte de faits
nouveaux qui trouvent fréquemment leur application à l'industrie. Au lieu donc d'élever l'industrie jusqu'à elles, les
sciences se sont abaissées au niveau de l'industrie ; elles
sont devenues l'industrie même ; chez les nations que l'on reconnaît comme les plus éclairées.

Quand apparut la Panépistème, les membres des instituts,
des facultés, ainsi que ceux qui remplissent dans l'instruction des fonctions publiques, ont trouvé dans cette science
nouvelle et unique des faits nouveaux et en nombre considérable ; mais tels sont pour eux tous les faits des sciences
qu'ils ne professent pas ; quant aux faits qui ont un rapport
à la science professée, ils se trouvent dans la Panépistème
liés avec des faits analogues des autres sciences, sans être
isolés comme ils le sont dans les ouvrages publiés et comme
les désirent les lecteurs.

Ce nouvel arrangement de faits obtenus des séries homoïdes de ces mêmes faits produits suivant les lois physi-

ques dérive de ces lois, et l'auteur n'étant que leur interprète, n'est pas libre de s'en écarter, même pour se conformer au goût de ses lecteurs qui ignorent ce qui leur manque. Quant à la jeunesse, elle ne connaît pas les faits auxquels sont appliquées les lois physiques, et au lieu de se donner la peine d'étudier la Panépistème, elle aime mieux en aller demander la connaissance à ses professeurs, qui se bornent à lui indiquer le programme qu'elle a à suivre pour terminer les cours et obtenir le diplôme, but de tous les efforts.

La Panépistème se trouva ainsi repoussée par les diverses classes de lecteurs parmi les nations industrielles; elle n'a pu se répandre que parmi les nations où l'étude n'est pas encore devenue une branche de l'industrie. Cette voie qu'a suivie la propagation de la Panépistème diffère peu de celle qu'a suivie la propagation de la religion triadique, à laquelle il a fallu plus de trois siècles pour se faire des partisans parmi les têtes couronnées.

Le symbole de ces deux sœurs est VÉRITÉ, source de la félicité véritable qui est le partage de l'homme aussi bien dans ce Monde que dans l'autre; l'homme se crée en ce Monde une *âme* qui reste éternelle. La différence entre ce Monde et l'autre ne consiste donc que 1° en cette production de l'*âme* qui a lieu en ce monde, et 2° en sa conservation éternelle qui a lieu après la mort.

LIVRE DEUXIÈME.

LA CHALEUR ET LA LUMIÈRE

RAMENÉES

COMME LES GAZ, AUX CALCULS STOECHIOMÉTRIQUES
ET AUX LOIS AÉROSTATIQUES.

PHOTOSTATIQUE ET THERMOSTATIQUE.

Tant qu'est restée inconnue l'origine du mouvement
ainsi que les éléments primitifs de la lumière, de la chaleur
et des corps, les ouvrages des physiciens n'ont pu contenir
que les descriptions des faits découverts, faits dont le nombre augmente en raison de celui des observateurs.

En admettant donc que l'homme instruit se distingue
par la connaissance d'un nombre n de faits, ce nombre
n'étant qu'infinitésimal comparé au total N de faits cosmiques : on voit par là que l'instruction de l'homme, quelque
étendue qu'on la suppose, se réduit à rien relativement à
la quantité totale des faits dont on peut noter l'existence
dans le Monde.

Par la découverte 1° du dépôt du mouvement V dans les
molécules de l'éther, et 2° de l'inégale densité de ces molécules, il devint possible de connaître le mode de la produc-

6

tion des faits. Le nombre N des faits cessant ainsi d'être l'objet de l'instruction humaine, ces faits ne servent plus que d'exemples aux règles et aux lois physiques suivant lesquelles ces faits ont été, sont ou seront produits.

Ce traité de la lumière et de chaleur se divise en trois parties : 1° la première traite des lois suivant lesquelles s'opère l'écoulement de ces deux fluides dans le vide ou dans les corps; 2° la deuxième partie traite du mode de la production des sentiments par la lumière et la chaleur, et 3° la troisième traite des combinaisons entre les corps et les éléments de lumière ou de chaleur.

I. — DE L'ÉCOULEMENT DE LA LUMIÈRE ET DE LA CHALEUR DANS LE VIDE
ET LES CORPS.

Les combinés primitifs sont de sept espèces $a\alpha$, $b\beta$, $c\gamma$, $d\delta$, $e\varepsilon$, $f\zeta$, $g\eta$; les éléments a, b, c, d, e, f, g consistent en molécules μ, et les éléments α, β, γ, δ, ε, ζ, η consistent en molécules μ'. Les volumes des éléments sont égaux dans chaque combiné, mais dans les molécules μ est contenue une quantité $(q + q')\,e$ d'électre supérieure à celle qe contenue dans les molécules μ'.

La chaleur Θ et la lumière Φ ont pour éléments les sept espèces de combinés indiqués qui, tous ensemble, forment une iris $= a\alpha + b\beta + c\gamma + d\delta + e\varepsilon + f\zeta + g\eta = (a + b + c + d + e + f + g) + (\alpha + \beta + \gamma + \delta + \varepsilon + \zeta + \eta) = \bar{E}\bar{E}$.

I. **Lumière** $= \Phi$. Ce fluide consiste dans les atomes $\varphi = \bar{E}\bar{E}\bar{E}$ de lumière nommés *photozeugmes* qui sont composés des deux espèces de facteurs $\bar{E}\bar{E} = aa + bb + cc + dd + ee + ff + gg$ et $\bar{E} = \alpha + \beta + \gamma + \delta + \iota + \zeta + \eta$.

II. **Chaleur** $= \Theta$. Ce fluide consiste dans les atomes $\theta = \bar{E}\bar{E}\bar{E}$ de chaleur surnommés *thermozeugmes* ; ceux-ci sont composés des deux espèces de facteurs $\bar{E}\bar{E} = \alpha\alpha + \beta\beta + \gamma\gamma + \delta\delta + \varepsilon\varepsilon + \zeta\zeta + \eta\eta$ et $\bar{E} = a + b + c + d + e + f + g$.

III. Hydrogène $= \ddot{H}$. Cet élément électropositif de l'eau consiste dans les combinés $\theta\beta$ de thermozeugmes θ et de barogène β; il est électropositif, parce que l'électre e a une densité $\partial + \frac{1}{4}\partial'$ dans le barogène β et une densité ∂ inférieure dans le thermozeugme θ.

IV. Oxygène $= \ddot{O}$. Cet élément électronégatif de l'eau consiste dans les combinés $\varphi\beta\overline{\theta}\overline{\beta}^7$ de sept atomes $\theta\overline{\beta}^7$ d'hydrogène avec un atome $\varphi\beta$, où le thermozeugme θ est remplacé par un photozeugme φ; nous avons indiqué que premièrement se forma le *phototherme* $\theta^7\varphi$ qui a été ensuite combiné avec le barogène β^8; celui-ci a une densité d'électre $\partial + \frac{1}{4}\partial'$ inférieure à celle $\partial + \partial'$ de l'électre contenu dans le phototherme; c'est pour cette raison que, dans les deux éléments $\ddot{H}$ et $\ddot{O}$, le barogène est un facteur positif de l'hydrogène et un facteur négatif de l'oxygène.

L'écoulement de l'électre est contenu toujours par le mouvement V qui y est déposé et qui se manifeste comme une répulsion mutuelle entre les molécules; celles-ci deviennent ainsi sollicitées en directions divergentes dont l'existence a été constatée par Fresnel sous le nom d'*élasticité*. Les molécules μ repoussées entre elles au point p de l'espace, après un éloignement divergent de la longueur λ, viennent en rencontre avec les molécules homonymes μ' repoussées au point p' qui viennent également de parcourir la même longueur λ. La propagation s'opère donc par répulsions et contre-répulsions; celles-ci sont nommées *diastoles* parce qu'elles apparaissent au moment de l'accumulation des molécules μ et μ' venant des deux points p et p' au point p'' du milieu, où a lieu une affluence nommée *systole*.

Il y a une résistance r entre les molécules μ, μ', μ''... composées d'électre, quand leur écoulement s'opère dans le vide. Selon que cet électre e est d'une grande ou d'une faible densité, la quantité du mouvement V qui y est déposée n'éprouve pour cela aucune modification; ainsi tout ce qui a été dit sur le mode de la propagation des molécules μ et μ' des deux centres r et r' peut également s'appliquer au mode de la propagation de la lumière et de la chaleur.

Ce mode de propagation éprouve 1° une modification dans la direction, quand les rayons passent du vide dans un espace occupé par un corps, et 2° la vitesse de la propagation change : elle est inférieure dans l'espace qu'occupent les corps, tandis que dans le vide elle est supérieure.

Pour que les atomes φ de lumière pénètrent dans un espace ι occupé par un corps C, il est absolument nécessaire qu'ait lieu l'écoulement des atomes homonymes φ' qui s'y trouvent en état stationnaire ; comme dans un étang, l'eau de l'embouchure inférieure s'écoule pour céder sa place à celle qui pénètre par l'embouchure supérieure, de façon que persiste l'état hydrostatique de l'étang ; c'est ainsi que l'état photostatique se soutient dans les corps transparents pendant l'écoulement des photozeugmes stationnaires φ' de la face f' postérieure qui cèdent leur place aux photozeugmes φ homonymes affluents sur la face f antérieure ; dans le système des ondulations, cet écoulement des atomes φ' stationnaires est attribué à une propagation de vibrations d'éther contenu dans les corps.

I. L'écoulement des photozeugmes φ et des thermozeugmes θ des rayons est possible par le milieu de l'espace ι qu'occupe un corps C, quand la pression P exercée sur les atomes $\varphi'\theta'$ stationnaires est supérieure à la résistance R de la part de ces atomes. Dans les cas où la résistance R est supérieure à la pression P, les rayons affluents ne pénètrent pas ; mais, repoussés de la face f du corps, ils sont alors réfléchis.

II. Dans le cas où les rayons pénètrent dans l'espace qu'occupe le corps C par sa face f, ils en sont repoussés : leur direction ne peut alors se contenir que dans le seul cas où ils arrivent verticalement sur cette face f du corps ; car ils éprouvent de tous les côtés le même degré de répulsion.

En partant de cette direction verticale vers la face f, il se manifeste une inégalité dans la répulsion qui est 1° $r + r'$ de la part de la normale où l'obliquité atteint $90° + \gamma$, 2° et $r - r'$ de l'autre côté où l'obliquité est inférieure, c'est-à-dire $90° - \gamma$.

Dans les cas où les rayons affluents ne pénètrent pas dans l'espace occupé par le corps C, ils ne s'en éloignent que par une contre-répulsion verticale, qui détruit le mouvement v vertical des rayons, lequel devient opposé, sans que le mouvement horizontal h éprouve à cause de cela aucun changement. Des composantes v et h du mouvement précédent, l'une v change de signe et devient négatif, et l'autre h se soutient.

III. Les atomes φ' et θ' stationnaires font 1° par leur contre-répulsion $r + r'$, dévier la direction des rayons incidents, et 2° par leur résistance R, ils font diminuer la vitesse V qui devient V — V'; dans les cas où R est plus petite que v, le corps C est transparent, et dans les cas où R est plus grande que la pression v, ce même corps est opaque.

II. — DIFFÉRENCES ENTRE LES SENTIMENTS DE CHALEUR ET DE LUMIÈRE PRODUITS PAR LES ORGANES DES SENSATIONS.

Les filets des nerfs forment un réseau qui se répand sur le corps et au fond de l'œil ; ces filets affluent pour produire des tiges de nerfs qui vont au cerveau. Ainsi il n'existe pas de différence entre les réseaux nommés ici *neuroplegmes* (νεῦρον, nerf, πλέγμα, réseau), si ce n'est que le névroplegme optique a une densité supérieure.

I. Les ondes de chaleur en se répandant suivant la loi thermostatique de l'air vers le corps ou de celui-ci vers l'air, pénètrent par ledit réseau de filets de nerfs ou par le névroplegme ; 1° il se produit un sentiment de chaleur quand l'écoulement s'opère de l'air vers la surface du corps, et 2° un sentiment de froid quand l'écoulement de la chaleur a lieu du corps vers l'air. Ce névroplegme sert à connaître si l'écoulement de chaleur a une direction *centripète* qui est un sentiment de chaleur, ou une direction centrifuge qui est un sentiment de froid.

II. Les ondes de lumière se propagent également suivant les lois photostatiques, mais seulement en direction centripète; pour cette raison l'affluence de lumière correspond à celle de chaleur, mais il n'existe pas pour la lumière une espèce de sentiments analogue à celle des sentiments du froid.

Les ondes de lumière n'arrivent pas immédiatement au névroplegme comme celles de chaleur, mais elles y sont conduites par un appareil optique dont la fonction est de réunir tous les atomes φ de lumière, et de les faire pénétrer, sous la forme d'une ligne presque mathématique, dans le névroplegme ou dans la *rétine*.

La propagation de la lumière s'opère, comme celle de la chaleur, par les contre-répulsions ou diastoles entre les atomes φ ou θ qui parcourent la longueur λ en chaque unité t de temps. Si l'épaisseur du névroplegme est plus grande que la longueur λ et plus petite que deux longueurs 2λ, il est impossible qu'il se produise simultanément deux diastoles; il y en a donc toujours une qui s'opère alternativement tout près de la face f antérieure ou tout près de la face f' postérieure de ce névroplegme.

Certains individus aveugles en touchant les corps pour faire pénétrer les ondes de chaleur par le névroplegme qui a une épaisseur supérieure aux extrémités internes des doigts, parviennent à distinguer les couleurs par les longueurs λ', λ'', λ'''... λ^{vn} qui séparent les ondes des atomes θ de chaleur. De la même manière les longueurs λ', λ'', λ'''... λ^{vn} entre les ondes des atomes φ de lumière produisent dans le névroplegme optique les sentiments des couleurs.

L'appareil optique fait que les atomes φ de lumière émis d'un point o s'unissent pour former une ligne dans la rétine, de sorte que tous les atomes φ pénètrent cette rétine dans la direction vers le point o, de la même manière que si ce point o se trouvait en contact immédiat avec la face f antérieure de la rétine. Quand les directions des atomes φ et φ' sont dirigées vers deux points o et o', l'angle γ qu'elles forment dans la rétine est déterminé.

Cette espèce de sentiment des directions et de leurs inclinaisons est devenue possible pour les atomes φ de lumière grâce à l'appareil optique qui fait pénétrer dans la rétine ces atomes unis tous en une ligne ou en un courant très-mince qui a sa source dans le point o qui émet les atomes en lignes divergentes dans toutes les directions.

III. — COMBINAISON ENTRE LES CORPS ET LES ATOMES DE LUMIÈRE ET DE CHALEUR.

Comme la chaleur latente reste à l'état stationnaire dans les liquides et les vapeurs, il existe également des atomes θ' de chaleur et des atomes φ' de lumière à l'état stationnaire dans tous les corps, mais en quantités différentes, parce que ces quantités $q\theta'$, $q\varphi'$ dépendent de celles $q'\theta''$, $q'\varphi''$ des mêmes atomes ou de leurs éléments, qui se trouvent combinés avec les éléments primitifs $\breve{H}$ et $\bar{O}$ de l'eau pour produire les différentes espèces des corps.

Les atomes $\breve{E}\breve{E}\breve{E} = \varphi$ de lumière se trouvent combinés avec l'hydrogène $\breve{H}\bar{E}^a$ ozoné qui est produit de l'eau $HO\theta = HO\breve{E}\bar{E}^a$ exposée au Soleil à la surface de la mer où sur celle des plantes par la séparation de l'équivalent $O\breve{E}$ d'oxygène. C'est alors que l'hydrogène ozoné $\breve{H}\bar{E}^a$ se combine avec un atome φ de lumière et devient $\breve{H}\bar{E}^a\varphi$: ce combiné se mêle avec trois atomes $3HO\theta$ d'eau dans la mer et produit un atome double Az^a d'azote $= \overline{HO\theta^a\breve{H}\bar{E}^a}\varphi$.

Il y a, dans les plantes, trois atomes d'hydrogène ozoné $3H\bar{E}^a$ qui se combinent avec trois atomes φ^a de lumière et avec un atome HOθ d'eau pour produire l'atome double C³ de carbone $= HOθH^3\ddot{E}^0φ^3 = HOθ\tilde{H}^3\ddot{E}^0\ddot{E}^0$. 1° Les atomes θ de chaleur, en pénétrant l'eau, éprouvent une résistance plus grande R + R′ que celle R qu'y éprouvent les atomes φ de lumière, et cela parce que l'eau contient une grande quantité d'atomes θ′ de chaleur à l'état stationnaire. Au contraire 2° les atomes φ de lumière, en pénétrant le diamant, éprouvent une résistance R + R′ plus grande que celle R qu'y éprouvent les atomes θ de chaleur ; et cela parce qu'ils consistent en carbone composé d'hydrogène et d'atomes φ″ de lumière. Pour la même raison l'hydrogène exerce la plus petite résistance contre la lumière, et l'azote en exerce une supérieure à celle de la part de l'oxygène.

Par l'introduction d'une quantité φθ d'atomes de chaleur ou φφ d'atomes de lumière, leur densité augmente dans les corps et ils se répandent ensuite quand cesse l'affluence de ces atomes ; les corps chauffés répandent les atomes θ de chaleur s'ils sont placés dans un espace moins chaud ; et les corps imbibés de lumière par une insolation répandent la lumière dans l'obscurité.

L'eau qui contient une grande quantité φθ′ d'atomes de chaleur à l'état stationnaire arrête une grande quantité d'atomes θ affluents qui est sa chaleur spécifique ; le carbone du diamant, qui a une grande quantité φφ′ atomes de lumière stationnaires, arrête une grande quantité d'atomes φ de lumière affluente et une petite quantité de chaleur ; au contraire, l'eau n'arrête presque point la lumière par l'insolation.

Les faits photographiques sont produits par les combinaisons des atomes φ de lumière avec les oxydes, et plusieurs décompositions ou combinaisons chimiques sont produites entre les équivalents positifs $\ddot{E}$ des corps et les atomes $\ddot{E}\ddot{E}\ddot{E}$ de chaleur ; les faits chimiques de la chaleur $\ddot{E}\ddot{E}\ddot{E}$ correspondent à son équivalent négatif $\ddot{E}$ et les faits chimiques de la lumière $\ddot{E}\ddot{E}\ddot{E}$ correspondent à son équivalent positif $\ddot{E}$.

PREMIÈRE PARTIE.

MODIFICATION DE LA LUMIÈRE ET DE LA CHALEUR PROPAGÉES DANS LE VIDE ET DANS LES CORPS.

Dans le système de l'émission, on admet que des atomes φ de lumière et atomes θ de chaleur sont émis des corps rayonnants et éloignés en directions centrifuges rectilignes suivant les rayons ; ainsi il y a une propagation réelle d'atomes. Dans le système des ondulations les corps rayonnants n'émettent pas un fluide ; car un tel fluide est supposé répandu dans tout l'espace et les corps rayonnants n'émettent que du mouvement !

En effet c'est une chose parfaitement inconcevable que des éléments des corps rayonnants puisse être engendré un mouvement, et encore moins peut-on concevoir comment un mouvement peut être communiqué à l'éther qu'on admet comme étant d'une nature tout à fait différente de celle des corps composés comme lui d'atomes inertes.

L'éther, quoique en repos, est supposé posséder une élasticité parfaite qui se manifeste par une tendance à augmenter toujours en volume pour occuper un espace plus grand, non-seulement dans la direction centrifuge suivant l'ébranlement qu'il vient de recevoir de la part du corps rayonnant, mais encore en direction verticale.

Mais ce n'est pas tout : chaque corps rayonnant doit

communiquer une multitude d'espèces d'ébranlements dont
les va-et-vient n'éprouvent aucune modification dans leur
rapport mutuel, quand les oscillations prennent des amplitudes λ différentes par les corps dans lesquels elles s'ac-
complissent.

Ces amplitudes λ sont les longueurs parcourues par les
molécules en une unité de temps; elles sont ainsi entre
elles comme les vitesses v et v'; $\lambda : \lambda :: v : v'$. Si les milieux
restent les mêmes, comme l'air et l'eau, par exemple, la
relation $\lambda : \lambda'$ ou $v : v'$ est constante et représentée par

$$n = \frac{v}{v'} = \frac{\lambda}{\lambda'}.$$

Après avoir obtenu par les observations directes le rap-
port n entre les longueurs λ et λ' parcourues en une unité
de temps dans deux milieux différents, les physiciens di-
sent : « Si un mobile suivait la même route que la lumière
« en éprouvant les mêmes variations de vitesse, sa *force*
« *vive* varierait, en passant d'un milieu dans l'autre, de
« $v^2 - v'^2$ et de $\frac{v^2 - v'^2}{v'^2} = n^2 - 1$, par rapport à sa *force*
« *vive* primitive. La quantité $n^2 - 1$ indique donc l'effet que
« le milieu réfringent dans lequel pénètre le rayon lumineux
« exerce sur sa vitesse ; on la nomme *puissance réfractive*. »

I. — DEUX SIGNIFICATIONS DU MOT *VITESSE*.

Les longueurs λ et λ' parcourues par les mêmes molécules dans l'air et dans l'eau sont les termes du rapport
des vitesses v et v', où le mot *vitesse* n'est employé que pour
indiquer la longueur $\lambda = v$ parcourue dans l'air et la longueur $\lambda' = v'$ parcourue dans l'eau en même temps.

Après avoir ainsi constaté la signification du mot *vitesse*, il s'agit de connaître la signification des mots *force
vive*, qui étant v dans l'air et v' dans l'eau, devient v^2 dans

l'air et $v^2 - v'^2$ dans l'eau, pour faire apparaître la relation $\frac{v^2 - v'^2}{v'^2} = n^2 - 1$ sans faire cesser celle $\frac{v}{v'} = n$ ou $\frac{v^2}{v'^2} = n^2$,

$$n^2 - 1 = \frac{v^2}{v'^2} - 1 = \frac{v^2 - v'^2}{v'^2}.$$

Dans la relation $\lambda : \lambda' = v : v' = n$, la longueur λ diminue dans l'eau et devient λ', parce qu'il se trouve, dans une telle longueur λ, φ atomes de lumière dans l'air et $n\varphi$ dans l'eau, et que la résistance r dans l'air devient nr' dans l'eau; ainsi la longueur λ parcourue dans l'air à cause de la résistance des $n\varphi'$ d'atomes, devient $\frac{\lambda}{n} = \lambda'$ dans l'eau.

Au lieu d'un atome φ de lumière qui, en s'écoulant, ne rencontre que ceux qui sont sur une ligne, si l'on prend les atomes $\lambda^2\varphi$ qui se trouvent sur une surface carrée λ^2 qui a pour côté la longueur λ, la résistance r dans l'air étant λ^2, elle deviendra dans l'eau $n^2\lambda^2$, parce que, dans le rectangle de base λ^2, il y a $n^2\lambda^2$ d'atomes φ de lumière stationnaire; la résistance $r + r'$ est donc exprimée non plus par $n\varphi$, mais par $n^2\varphi$; en admettant la résistance $r = 1$ on obtient $1 + r' = n^2$, parce que celle-ci est produite des atomes $n^2\varphi$ de lumière dans l'eau, et que la résistance r est produite des atomes φ contenus sur la même surface λ^2 dans l'air.

Les distances parcourues sont en raison inverse des résistances φ et $n^2\varphi$, et ces distances ne sont plus des lignes, mais des prismes de base λ^2; ainsi est obtenue la relation $\lambda^2 : \lambda'^2 = n^2\varphi : \varphi = n^2 : 1$; sans que cesse d'exister la relation précédente $\lambda : \lambda' = n : 1$.

II. — SUPPRESSION MUTUELLE DU MOUVEMENT DES ATOMES.

La dispersion des atomes φ de lumière ne cesse de se manifester que dans le seul cas où ces atomes viennent en rencontre ayant des directions convergentes; comme cela a lieu quand ils éprouvent des contre-répulsions de la part de leurs homonymes φ' contenus dans les corps.

1° Les atomes φ affluant sur la face antérieure f d'un corps ne peuvent passer outre, pour en sortir par la face postérieure f', que dans le seul cas où s'en sont d'abord écoulés les atomes homonymes φ' stationnaires, pour céder leur place aux atomes affluents φ qui les suivent.

2° Si l'écoulement des atomes φ' stationnaires s'opère suivant deux plans, la même loi préside à l'écoulement des atomes φ affluant. Cette division des atomes φ' stationnaires, ne s'opère pas spontanément, mais elle a sa cause dans les répulsions exercées de la part des éléments matériels en directions latérales convergentes.

Il y a donc une suppression qui empêche l'expansion latérale des atomes φ de lumière et il ne reste libres que celles dans la direction des plans suivant lesquels sont arrangés les éléments matériels des cristaux. Cette suppression d'expansion des atomes φ de lumière est produite en un seul plan quand ils pénètrent l'eau ou le verre obliquement, parce que 1° en entrant dans la face f antérieure, ils sont repoussés de la part de la normale d'avant en arrière ; et 2° en sortant de la face f' postérieure, ils sont également repoussés de la part de la normale d'arrière en avant.

Il se produit également une suppression d'expansion des atomes φ de lumière quand les atomes φ' stationnaires ne cèdent pas leur place à ceux qui affluent, mais suppriment leur pression verticale en y produisant une contre-répulsion égale. Les atomes φ sont alors réfléchis et ils éprouvent une suppression de mouvement par les répulsions latérales convergentes dirigées vers le plan d'incidence.

III. — APPARITION DES COULEURS.

La lumière disparaît quand ses atomes φ exercent entre eux une suppression mutuelle de mouvement ; les espèces

φ', φ''... φ^{vii} d'atomes apparaissent quand sont supprimés leurs complémentaires; pour que l'espèce φ' d'atomes apparaisse, il faut que les six autres espèces φ'', φ'''... φ^{vii} soient supprimées. Le spectre du prisme est produit de $7n\varphi$ atomes de lumière solaire, car pour obtenir $n\varphi$ atomes rouges, il faut supprimer les six autres espèces contenues dans les atomes $n\varphi$; ainsi dans le spectre chaque couleur est produite directement par la suppression des six éléments de la lumière solaire et non pas par la décomposition des atomes φ de la lumière solaire.

SECTION I.

SOURCES DES RAYONS DE LA LUMIÈRE DES CORPS PHOSPHORESCENTS ET DE SES COULEURS.

Il y a deux espèces de sources des rayons : 1° ceux-ci se répandent des masses de vapeurs brûlantes imbibées, dès le commencement, d'atomes $\varphi = \bar{E}\bar{E}\bar{E}$ de lumière et d'atomes $\theta = \bar{E}\bar{E}\bar{E}$ de chaleur ; ou 2° ces atomes n'existent pas, mais ce sont leurs éléments $3q\bar{E}$ qui sont accumulés dans les corps combustibles et $3q\bar{E}$ dans l'oxygène ; et la dispersion des rayons apparaît au moment de la production des atomes par les rencontres des équivalents négatifs $3q\bar{E}$ accumulés sur un conducteur C′ isolé ou dans une masse de combustible, avec les équivalents $3q\bar{E}$ positifs accumulés sur un autre conducteur C isolé, ou contenus dans l'oxygène.

La lumière est composée des atomes $\varphi = \bar{E}\bar{E}\bar{E}$ et la chaleur est également composée des atomes $\theta = \bar{E}\bar{E}\bar{E}$; ces deux espèces d'atomes sont produits d'égales quantités $3q\bar{E}$ d'équivalents positifs et $3q\bar{E}$ d'équivalents négatifs : $3q\bar{E} + 3q\bar{E} = q\bar{E}\bar{E}\bar{E} + q\bar{E}\bar{E}\bar{E}$.

1. Les corps célestes répandent les atomes φ et θ de lumière et de chaleur produits dès la rencontre des ondes O, O, O... et O′, O′, O′... des deux centres ε et ε' avec les O″, O″, O″... répandues de l'espace Z du milieu entre ces deux centres. De ces atomes $M\theta + M\varphi$ transférés dans l'espace II une partie $7Q\theta$ et $Q\varphi$ se combina avec les $8Q\beta$ molé-

cules de barogène et produisit une masse V de vapeur dont ont été produits tous les corps célestes visibles et invisibles.

Ces vapeurs V restèrent mêlées avec le reste $(M - Q)\ \varphi$ de lumière et $(M - 7Q)\ \theta$ de chaleur; celles-ci sont continuellement dispersées depuis le moment de leur apparition, et cela durera encore plusieurs millions de siècles.

II. Parmi les corps terrestres 1° les uns rayonnent les atomes φ de lumière et les atomes θ ensemble, 2° les autres rayonnent la chaleur seule, et 3° il y en a d'autres qui ne rayonnent que les atomes φ de lumière.

Dans les décharges des quantités égales d'équivalents électriques $3q\bar{E}$ positifs avec les équivalents $3q\bar{E}$ négatifs, et dans les combustions où s'opèrent les rencontres de ces équivalents, il se produit toujours simultanément des atomes $q\overset{+}{E}\bar{E}\overset{+}{E}$ de lumière et des atomes $q\bar{E}\overset{+}{E}\bar{E}$ de chaleur qui se répandent en forme de rayons.

1° Les atomes θ de chaleur seuls, sans atomes φ de lumière, se répandent dans un espace qui est parcouru par les atomes θ de chaleur en densité $\delta - \delta'$ inférieure à celle $\delta + \delta'$ des atomes accumulés dans un corps C. Le même effet a lieu pour les atomes θ de chaleur qui se produisent sans atomes φ de lumière par un excédant d'atomes négatifs $2nq\bar{E}$ sur une petite quantité $nq\bar{E}$ d'équivalents positifs.

2° Les atomes φ de lumière se répandent seuls, sans atomes de chaleur; dans un espace obscur après avoir été précédemment exposés au Soleil. Le même effet a lieu pour les atomes φ de lumière produits seuls, sans atomes θ de chaleur, par un excédant d'atomes positifs $2nq\bar{E}$ relativement à une petite quantité $nq\bar{E}$ d'équivalents négatifs.

III. La propagation des atomes φ et θ des rayons n'éprouve dans l'espace d'autre résistance que celle r qui est produite par la contre-répulsion entre les masses d'électre e qui a toujours la tendance à augmenter en volume, et cela par suite des contre-répulsions exercées entre les molécules composées de cet électre.

Les corps consistent en barogène β combiné avec les atomes φ'' et θ'' de lumière et de chaleur, lesquels constituent les rayons. Outre ces atomes φ'' et θ'' combinés avec le barogène β, il y a dans les corps les atomes φ' et θ' de chaleur et de lumière, à l'état stationnaire. Ceux-ci se maintiennent dans les corps à cause d'une résistance médiocre qu'ils éprouvent dans leurs homonymes φ'' θ'' contenus dans les éléments des corps.

Les atomes φ affluant sur la face f antérieure d'un corps viennent en rencontre avec la couche superficielle composée d'atomes φ' homonymes à l'état stationnaire; cette couche d'atomes φ' de lumière nommés *photostrome* ($\varphi\tilde{\omega}\varsigma$, lumière, $\sigma\tau\rho\tilde{\omega}\mu\alpha$, couche), existe autour de la surface de tous les corps. La densité des atomes φ', dans chaque couche pareille, est différente pour chaque corps.

Les atomes φ de lumière n'éprouvent aucune déviation dans leur propagation quand ils arrivent verticalement sur la face f antérieure d'un corps, et cela parce qu'ils éprouvent de tous les côtés la même répulsion R' de la part de leurs homonymes φ' de la *photostrome*.

Outre cette direction verticale, les atomes φ affluents éprouvent toujours une répulsion $R + R'$ de la part de l'angle obtus $(90° + \gamma)$ plus grande que celle $R - R'$ qu'ils éprouvent de la part de l'angle aigu $(90° - \gamma)$ d'obliquité ; γ est l'angle formé au point i d'incidence de la direction Si du rayon et de la normale in élevée en ce point sur la face f du corps.

La longueur λ que parcourent les atomes φ de lumière dans l'air, en une unité de temps, devient moins grande, c'est-à-dire $\lambda - l$, quand ces atomes φ parcourent l'espace ε occupé par les molécules du corps, et cela à cause de la résistance dans les contre-répulsions ou les diastoles, qui est r dans l'air, tandis qu'elle est supérieure $r + r'$, dans l'eau et dans les autres corps solides ou liquides.

Or, 1° par suite de la répulsion $R + R'$ opérée dans le

photostrome, les atomes φ de lumière affluente éprouvent une déviation dans leur propagation, et 2° par suite de la résistance $r + r'$, la longueur λ éprouve un raccourcissement et devient $\lambda - l$. La longueur λ que parcourent les atomes φ en une unité de temps représente leur vitesse v dans l'air, qui devient $v' = \lambda - l$ quand les mêmes atomes φ parcourent l'espace ε qu'occupent les molécules des corps.

Les molécules ou les atomes d'eau $HO\theta$ contiennent des atomes stationnaires θ' de chaleur, mais non des atomes φ' de lumière; pour cette raison la résistance $r + r' + r''$ y est grande pour les atomes θ de chaleur quand ils s'écoulent par l'eau; au contraire la résistance $r + r'$ y est petite pour les atomes φ de lumière : cette résistance $r + r'$ est produite par les atomes φ'' de lumière combinés avec le barogène pour produire les éléments de l'eau.

L'atome double C^2 de carbone contient trois atomes φ^3 de lumière; le diamant, composé de pareils atomes, exerce la plus grande résistance $r + r' + r''$ contre l'écoulement des atomes φ de lumière par le milieu de l'espace, de ces atomes C^2 de carbone.

Après avoir ainsi constaté la cause de la résistance qui a lieu contre les atomes θ de chaleur et contre les atomes φ de lumière de la part de leurs homonymes θ', φ' et θ'', φ'' contenus dans les atomes des corps, il devient possible de connaître en quelle quantité se trouvent ces atomes dans les corps qui produisent des résistances observées directement. On peut ainsi contrôler les explications que nous avons données, dans notre précédent ouvrage, sur la production des corps.

CHAPITRE PREMIER

DE L'ORIGINE DE LA LUMIÈRE DES CORPS LUMINEUX.

La masse M de lumière et la masse M′ de chaleur ont été produites dans l'espace Z également éloigné des deux centres électriques ε et ε'. De cet espace ces masses M et M′ ont été transférées dans l'espace énastre Π, où 1° une petite partie de chaleur se combina avec les molécules μ'' d'électre isopycne nommé *barogène*, et produisit toute la masse H′ d'hydrogène $H = \theta\beta$; 2° sept atomes θ de chaleur unis avec les sept espèces d'éléments qui constituent l'atome φ de lumière $\varphi = a\alpha a + b\zeta b + c\gamma c + d\delta d + e\varepsilon e + f\zeta f + g\eta g$ ont été combinés avec huit équivalents de barogène et ont produit la masse O′ d'oxygène $O = \theta^7 \varphi \beta^8$.

Cette quantité d'hydrogène H′ et d'oxygène O′, ensemble H′O′, est la masse totale d'eau qui se trouva imbibée jusqu'à saturation avec la masse Φ de lumière et la masse Θ de chaleur. Ainsi la création a fini par la production de l'eau qui se trouva à l'état des vapeurs brûlantes V qui, accumulées en un espace, formaient le seul corps dans l'univers nommé *Archégète*.

Ce corps central était composé 1° des rayons $\Phi\Theta$ impondérables, et 2° de l'eau H′O′ qui consiste en $H' = \Theta'B'$ et en $O' = \Theta'^7\Phi'B'^8$; la différence entre l'eau et les rayons provient donc du barogène B′ qui manque dans les rayons $\Phi\Theta$. Cette quantité $q\mathrm{B}'$ de barogène, combinée avec les atomes 8Θ de chaleur et les atomes Φ' de lumière, resta dans l'espace *énastre* dont le barogène $q\mathrm{B}'$ ne peut pas s'éloigner à cause de la résistance qu'il éprouve de la part des molécules μ'' isopyches qui sont également le barogène B et qui affluent des deux centres s et s'; ces molécules μ'' sont les seules qui, sous le même volume, contiennent la même quantité d'électre.

I. Les masses Φ, Θ de rayons et H', O' de l'eau éprouvèrent et éprouvent deux changements qui dépendent des lois physiques : 1° les rayons se dispersent de la surface des corps et se répandent vers l'espace *céleste* sans jamais en atteindre les limites; 2° des vapeurs V d'Archégète a été expulsée une partie V'; de celle-ci une quantité V'' a été subdivisée par la pesanteur pour produire les astres $n\mathrm{A}$. Le reste de vapeur V'—V'' se trouve encore dans les limites de l'espace *énastre*; ce reste sera dans l'avenir subdivisé par la pesanteur pour produire un autre nombre $n'\mathrm{A}$ d'astres plus grand que celui $n\mathrm{A}$ des astres déjà existants.

De ces astres $n\mathrm{A}$, une quantité $n''\mathrm{A}$ ont déjà consumé leur lumière et circulent éteints dans l'espace en recevant une petite quantité de lumière et de chaleur de l'Archégète, comme en reçoivent du Soleil les planètes et la Terre.

II. Parmi les astres $n\mathrm{A}$, dont le nombre est de plusieurs millions, on remarque *Alcyon*; cet astre composé au commencement de la portion v de vapeurs, en expulsa la partie v'; de celle-ci la quantité v'' a été subdivisée par la pesanteur, et de m portions qui en ont été produites a été formé le nombre $m\mathrm{S}$ d'étoiles ou de soleils dont le nôtre fait partie.

Le reste $v'-v''$ de vapeurs alcyoniques se trouve encore à l'état élastique et forme autour d'Alcyon un grand anneau nommé voie lactée ou *Galaxias*. Entre la Terre et Alcyon sont les étoiles de l'astérisme nommé *Pléiades*. La distance de la Terre aux Pléiades étant D, celle des Pléiades à Alcyon est $f\mathrm{D}$, et celle d'Alcyon A au Galaxias G est

$AG = fD + D + f'D$. La distance entre la Terre et le Galaxias est donc du côté d'Alcyon $2(fD + D) + f'D$, tandis que de l'autre côté elle n'est que $f'D$. Pour cette raison, les vapeurs du Galaxias sont mieux visibles à la distance inférieure $f'D$ qu'à la distance supérieure $2(D + fD) + f'D$. Ces vapeurs sont déjà morcelées par la pesanteur en grandes portions, dont chacune sera encore subdivisée en millions d'autres pour faire apparaître dans l'avenir de nouvelles étoiles, quand celles qui brillent actuellement comme le Soleil auront consumé leurs rayons et se seront éteintes comme le sont des millions d'autres qui circulent autour d'Alcyon dans l'espace fD qui sépare les Pléiades d'Alcyon. Ces étoiles éteintes reçoivent les rayons répandus d'Alcyon vers l'espace céleste.

III. Des m portions qui ont été produites par la subdivision de la quantité v'' des vapeurs v' alcyoniques expulsées, il en est une, la portion ω, dont a été formé le Soleil. Celui-ci en a expulsé la partie ω' qui, ayant été subdivisée en l portions, a servi à la production de lP planètes et microplanètes. Parmi les l portions produites des vapeurs ω', il s'en trouva une ω'' dont a été formée la Terre.

IV. De ces vapeurs ω'' la Terre expulsa une quantité ω''' qui a été subdivisée par la pesanteur en une masse supérieure ω^{iv} pour former un noyau dont a été produite la Lune; et le reste $\omega''' - \omega^{iv}$ des vapeurs qui se trouva autour du noyau a été subdivisé en millions de portions dont ont été produits les *bolides*.

I. — DIMINUTION DE LA LUMIÈRE ET DE LA CHALEUR.

La subdivision indiquée des vapeurs V' expulsées d'Archégète est une cause directe de l'augmentation de la consommation de leur chaleur et de leur lumière; c'est ainsi qu'il devint possible qu'actuellement un grand nombre de corps n'en possèdent plus et reçoivent cependant les rayons de leur corps central, comme la Terre et les planètes reçoivent les rayons solaires et ceux d'Alcyon. Dans l'avenir le Soleil s'éteindra et commencera à absorber une partie des rayons d'Alcyon qui lui arrivent même actuellement, mais qu'il repousse.

Après avoir indiqué la *généalogie* des corps célestes, on a pu, par approximation, obtenir le nombre N des corps déjà produits et le nombre supérieur qN des corps qui seront produits dans l'avenir des vapeurs qui sont 1° dans les ΓG *Galaxias* dont le nôtre est celui d'Alcyon, et les nébuleuses visibles sont des *Galaxias* des astres les moins éloignés ; 2° dans le grand Galaxias d'Archégète dont les vapeurs sont répandues dans les extrémités de l'espace énastre, et 3° des masses de vapeurs d'Archégète, d'Alcyon et des autres astres, du Soleil et des autres étoiles, et encore des cosmoplanètes qui brillent actuellement en circulant autour de leur Soleil.

En exprimant par n le nombre d'astres et par m le nombre de soleils produits de chaque astre, mn est le nombre total des soleils. Si l est le nombre de planètes et microplanètes produites d'un seul soleil, le nombre total de cette espèce de corps sera lmn. Enfin, de chaque planète est produit le nombre k de satellites et de bolides, le nombre total de ces derniers descendants d'Archégète est exprimé par $klmn$.

Il y a donc dans l'univers 1° un Archégète, 2° n astres, 3° mn soleils, 4° lmn planètes et microplanètes, et 5° $klmn$ satellites et bolides. Outre ces corps déjà produits, on trouve, dans les extrémités de l'espace énastre : 1° le galaxias d'Archégète composé de la masse $V' - V''$ de vapeurs, et 2° les Γ galaxias des astres dont le nôtre est celui d'Alcyon, et ceux des astres les moins éloignés qui sont les nébuleuses visibles. Dans ces galaxias Γ sont contenues les masses $\Gamma(v' - v'')$ de vapeurs. La consommation des rayons s'opère donc de ces vapeurs en même temps et des corps qui contiennent ces vapeurs dans des *pagosphères* ou enveloppes de glace.

II. — TRANSMISSION DES RAYONS AUX CORPS ÉTEINTS.

Après la consommation des rayons, les vapeurs éteintes et refroidies se trouvent sous forme d'une masse de glace toujours vide au milieu ; c'est pour cela que le poids spécifique des corps en cet état est inférieur à celui de l'eau. Les masses pareilles de glace ou les pagosphères ont la forme ovale ; aussi leur diamètre qui passe par les deux sommets est $D + D'$, tandis qu'il est D pour celui qui passe par l'horizon ou par la périphérie qui sépare la face f soulevée de la face f' aplatie.

On peut voir de semblables pagosphères dans Neptune, Uranus et Saturne qui ont, pour cela, un poids spécifique inférieur à celui de l'eau. La Terre a été telle que sont actuellement ces trois planètes après avoir consommé ses rayons. Elle a été réduite à l'état actuel par les combinaisons opérées entre les éléments θ et φ des rayons solaires et les éléments H et O de l'eau.

Il s'est produit au commencement une couche d'air par la séparation d'un équivalent $O\ddot{E}$ d'oxygène de quatre atomes d'eau, où cet équivalent $O\ddot{E}$ d'oxygène est remplacé par un atome φ de lumière. $4HO\theta + \varphi = H\bar{O}\theta^3 H\bar{E}^2 \varphi + O\ddot{E} = Az^2 + O = air.$

Des rayons $R = \varphi\theta$ qui arrivent en une unité de temps du Soleil à la Terre une partie $\varphi''\theta'' = R'$ reste, et il ne se répand vers l'espace que la quantité $\varphi\theta - \varphi''\theta'' = R - R'$, et cela à cause de l'enveloppe d'air ou de l'atmosphère ; car sans celle-ci il ne peut rien rester des rayons $\varphi\theta$ sur la surface glaciale, comme cela a lieu pour la Lune et pour les satellites, qui n'ont pas produit d'atmosphère et qui n'en produiront jamais, parce qu'ils ne sont pas pourvus d'un mouvement de rotation, qui est d'une nécessité absolue pour la production de l'air par les courants thermoélectriques.

De l'eau $HO\theta$ et des atômes φ de lumière sont produites les substances organiques végétales et animales, et de celles-ci sont produites les substances minérales. Ce n'est pas tout : les sentiments mêmes qui constituent l'intelligence de l'homme sont également des combinés dont les éléments sont fournis par les rayons solaires. Ces intelligences sont les *âmes* qui ont eu un commencement et qui ne peuvent plus périr, parce que les combinés d'éléments hétéronymes électriques ne peuvent, par aucun moyen, subir de décomposition.

Les atômes $\varphi''\theta''$ qui restent dans la Terre sont combinés avec une quantité $H'O'$ d'équivalents d'eau, et ainsi celle-ci cesse d'être à l'état liquide, car les combinés $H'O'\varphi''\theta''$ sont des substances solides. La partie solide de la Terre est composée de ces substances, et la masse $\varphi HO\theta''$ d'eau qui est actuellement dans la Terre se combinera dans l'avenir avec de nouveaux atômes $\varphi'\varphi$ de lumière solaire pour produire de nouveaux combinés $\varphi' H'O'\varphi''\theta''$ solides.

Dans un million d'années environ, il ne se trouvera plus d'eau dans la Terre et celle-ci se trouvera, à cette époque, dans un état peu différent de celui où se trouve actuellement Vénus : cette dernière planète se trouvera alors dans un état analogue à celui où se trouve aujourd'hui Mercure.

Depuis le commencement de la production de l'air à la surface de la Terre, celle-ci se trouva successivement comme est actuellement Saturne, ensuite comme est actuellement Jupiter, et dans sa période diluvienne la moins éloignée, la Terre se préparait pour le Déluge, comme cela a lieu actuellement pour Mars.

I. Quand la Terre était dans l'âge où se trouve aujourd'hui Saturne, elle était composée d'une pugosphère ovale vide au milieu ayant un poids spécifique inférieur à celui de l'eau. L'air produit se formait des masses de glace de la zone torride qui reçoit les rayons solaires en densité supérieure.

Les masses $2m$ d'air produites d'abord ont été repoussées de celles qui étaient produites ensuite : elles se divisaient ainsi en deux moitiés m et m' dont l'une était repoussée vers le nord et vers le prolongement de l'extrémité N de l'axe terrestre, et l'autre moitié m' était repoussée vers le sud et vers le prolongement de l'extrémité S du même axe NS.

A cette époque reculée il se trouvait dans les deux hémisphères de la Terre des masses d'air accumulées vers les pôles; et comme ces masses d'air ont été produites par les éléments de la glace de la zone torride, la surface de celle-ci se trouva ravinée et l'équateur terrestre passait par le fond d'une vallée des deux versants glaciaux; c'est précisément ce qui existe actuellement sur Saturne.

Les anneaux de cette planète n'existent que par une illusion d'optique qui trouve son explication dans la dite forme qu'autrefois possédait la Terre, quand les habitants de Mercure y voyaient des anneaux pareils à ceux que les habitants terrestres observent autour de Saturne. J'ai fait fabriquer un Saturne artificiel d'une surface anomale et de forme ovale ayant l'équateur au fond d'une vallée à versants polis. Après avoir imprimé à ce globe une rotation très-rapide, il a été éclairé d'un seul côté 1° suivant le plan de l'équateur; 2° du nord, ou 3° du sud de ce plan; les spectateurs ont vu se produire l'illusion d'optique de l'apparition des deux anneaux, dont l'intérieur le plus petit correspond au versant court du sommet aplati de l'ovoïde, et le grand anneau correspond au versant étendu du sommet élevé.

II. Quelques millions de siècles après que la Terre eut passé par cette phase que nous pourrions nommer *saturnale*, notre planète se trouva dans un état pareil à celui de Jupiter. Préservées contre le froid de l'espace par les masses m et m' d'air, les régions polaires acquirent une température au-dessus de zéro ; la glace de la couche superficielle fondit et forma une mer, où ont été produites les plantes primitives.

Les habitants de Mercure, s'il y en avait à cette époque, voyaient sur la terre les bandes de flores parallèles à l'équateur et passant d'un hémisphère à l'autre parallèlement avec le Soleil. C'est précisément ce qui a lieu actuellement pour Jupiter où les masses m et m' d'air accumulées dans les deux hémisphères les préservent contre le froid de l'espace. Les flores qui dépendent des saisons en éprouvent des changements qui peuvent être bien observés.

Il y a environ un million d'années que la Terre parcourait sa période diluvienne ; deux grandes masses d'air formaient deux *aérocônes* ayant chacun sa base sur l'un des hémisphères, et le sommet à plusieurs mille lieues sur les prolongements de l'axe terrestre. C'est en un tel état qu'est actuellement Mars ; ses deux aérocônes produisent deux effets optiques qui se correspondent exactement.

Les atomes φ de lumière en pénétrant obliquement les aérocônes en éprouvent des réfractions prismatiques, et c'est pour cela qu'ils arrivent à la Terre à l'état de lumière colorée ; cette lumière vient à la Terre de Jupiter et de Saturne qui ont des aérocônes comme Mars. Les parties de Mars renvoient vers la Terre une lumière non colorée dans les positions où les rayons solaires arrivent perpendiculairement sur la face de l'un ou l'autre aérocône ; ces parties de Mars apparaissent alors blanches ou non colorées ; on attribue cela aux couches de neige.

Les deux aérocônes de Mars s'en sépareront au moment où leur sommet aura pris un éloignement suffisant pour vaincre la pression P de la part de la pesanteur par la répulsion R exercée entre les deux masses d'air aux régions équatoriales. De ces deux aérocônes seront produites deux comètes pareilles à celles qui ont été produites des aérocônes séparés de la Terre.

Les comètes furent produites à une époque beaucoup postérieure à celle où prennent naissance les planètes; elles circulent comme celles-ci autour du Soleil, mais dans des orbites très-prolongées; leur origine est restée jusqu'à présent inconnue aux astronomes qui ignorent la généalogie des corps célestes.

CHAPITRE II.

DES ESPÈCES DE CORPS LUMINEUX.

Les corps lumineux répandent 1° les atomes φ de lumière achromatique composés des sept espèces de lumière colorée, 2° ils répandent une ou plusieurs espèces de lumière colorée; sous ce rapport on distingue les corps lucides en corps achromatiques et en corps colorés.

Dans le spectre prismatique solaire il y a un grand nombre de lignes sombres, qui se manifestent claires dans le spectre prismatique de la lumière électrique; elles prennent des couleurs différentes quand la lumière électrique est colorée. Les mêmes lignes diffèrent dans les spectres obtenus par le prisme de la lumière des étoiles.

Les résultats chimiques obtenus des différentes espèces de lumière colorée sont d'une autre nature. Ces résultats ont conduit à connaître l'existence d'éléments différents dans les couleurs; mais pour les lignes sombres et les lignes claires du spectre, les physiciens se voyaient privés de leur ressource ordinaire et ne pouvaient mettre en avant aucune hypothèse, ignorants qu'ils étaient du mode de production de ces lignes.

Comme les atomes φ de lumière, ceux θ de chaleur sont également : 1° achromates ou composés des sept espèces de chaleur colorée, ou 2° ils sont colorés et en ce cas ils consistent en une seule ou en plusieurs espèces de chaleur colorée, dont sont produites des nuances en nombre indéfini, mais celles-ci sont imperceptibles à l'organe du tact. Il a été cependant suffisamment constaté que tout ce qui se passe pour la lumière a également lieu pour la chaleur.

Les origines des atomes φ de lumière répandus des corps sont aussi de deux espèces : 1° ces atomes φ existaient déjà comme tels avant d'être répandus, ou 2° leurs éléments $\ddot{E}\ddot{E}$ et $\ddot{E}$ se trouvaient séparément accumulés et, en venant en rencontre, se combinent et produisent les atomes $\varphi = \ddot{E}\ddot{E}\ddot{E}$ qui se répandent.

Outre la masse Φ de lumière contenue dans les vapeurs brûlantes, on trouve encore répandue dans l'espace la masse Φ' qui y est dans un état d'ondulation continuelle parce que la propagation des atomes $\varphi\varphi$ de lumière est entretenue par l'ondulation de toute la masse Φ'. Les physiciens ont admis l'éther à la place de cette masse oscillante Φ' de lumière ; mais ils ne pouvaient pas concevoir la production des faits chimiques et encore moins pouvaient-ils se rendre compte des mouvements prodigieux dirigés spontanément dans tous les sens de chaque atome d'éther, qui cependant est admis en un état inerte.

I. — CORPS RÉPANDANT LA LUMIÈRE DÉJA EXISTANTE.

Des atomes Φ de lumière produite Φ—Φ' se trouvent encore dans les masses V de vapeurs brûlantes, Φ' sont répandus dans l'espace céleste où ils sont en oscillation continuelle en sollicitant la propagation des atomes $\varphi\varphi$ qui s'éloignent des corps lumineux.

Une autre quantité $q'\varphi'$ d'atomes de lumière arrivés aux surfaces des autres corps en est repoussée, et ces atomes s'en répandent tout à fait comme s'ils provenaient d'une masse de vapeurs brûlantes contenue dans ces corps. D'autres atomes $q''\varphi$ de lumière se trouvent combinés avec les éléments de l'eau dans les substances organiques, et par leur présence empêchent une autre quantité d'atomes $q''\varphi$ affluents.

Toutes ces masses d'atomes de lumière déjà existants se répandent dans les directions où ils éprouvent la plus faible résistance. Ces atomes ne paraissaient pas d'abord parce qu'ils n'étaient pas encore émis ou parce qu'ils ne pouvaient pas s'éloigner des éléments matériels où ils éprouvaient une résistance inférieure à celle qu'ils éprouvent du dehors.

A. Corps répandant la lumière des vapeurs brûlantes.

I. Cette lumière arrive à la Terre du Soleil et des étoiles dont les vapeurs brûlantes sont contenues dans une enveloppe de glace ou dans une *pagosphère*. Ainsi les atomes $\varphi\vartheta$ de lumière et de chaleur de ces vapeurs repoussés entre eux produisent une répulsion centrifuge aux atomes homonymes de la couche superficielle. Ces atomes $\varphi\vartheta$, sans éprouver la moindre déviation, pénètrent la couche glaciale et se répandent dans toutes les directions divergentes centrifuges.

Une grande masse de vapeurs brûlantes occupe un espace beaucoup plus grand que celui occupé par les vapeurs renfermées dans les pagosphères. Ces vapeurs brûlantes ont pour enveloppe une couche de vapeurs opaques, et les atomes $\varphi\vartheta$ de lumière et de chaleur sont également repoussés en directions divergentes centrifuges ; mais ces atomes $\varphi\vartheta$, en pénétrant la couche de vapeurs opaques, en éprouvent de nouvelles répulsions dans tous les sens, et chaque molécule des atomes opaques devient ainsi un centre qui répand les atomes $\varphi\vartheta$ dans tous les sens divergents ; pour cette raison, on voit diminuer beaucoup la clarté des corps célestes qui ont pour enveloppe une couche de vapeurs opaques.

La voie lactée nommée *Galaxias* est un grand anneau de masses de vapeurs brûlantes enveloppées dans une couche de vapeurs opaques. Il a été dit que des vapeurs v' expulsées de l'astre Alcyon une partie v'' a été subdivisée pour produire les millions d'étoiles ou soleils, et que le reste $v' - v''$ de vapeurs, qui n'est pas encore subdivisé, est ce qui constitue le Galaxias.

Il y a un grand nombre de portions de vapeurs qui sont enveloppées dans une couche de vapeurs opaques. Ces corps, quand ils sont en cet état, disporsent les atomes φ de lumière en tous les sens; mais cela cesse d'avoir lieu quand la couche des vapeurs opaque gèle pour produire une croûte glaciale qui laisse s'écouler les atomes φ de lumière en directions centrifuges. Ainsi apparaissent les nouvelles étoiles qui existaient déjà, mais qui étaient invisibles.

Les nébuleuses sont les Galaxias des astres les moins éloignés, car ces Galaxias, quoique d'un diamètre pareil à celui du nôtre, apparaissent comme de petits points télescopiques à cause de leur grand éloignement.

Dans les extrémités de l'espace énastre se trouve le reste des vapeurs $V' - V''$ qui n'a pas été encore subdivisé pour produire de nouveaux astres; ces vapeurs constituent le Galaxias d'Archégète.

Telles sont toutes les sources qui sont produites, par le moyen d'atomes φ de lumière et de chaleur, des vapeurs brûlantes. La dispersion de ces atomes s'opère à partir de leur production. La quantité totale Φ de lumière et Θ de chaleur est grande, mais cependant limitée; pour cette raison, il arrivera une époque où l'espace énastre restera sans lumière et sans chaleur; mais les corps célestes contenus dans cet espace ne disparaîtront pas pour cela, et ne s'en éloigneront pas davantage.

B. Corps répandant la lumière affluente.

Cette lumière est celle que répandent la Lune, les planètes, leurs satellites, les microplanètes, les *microgées* ou étoiles filantes, les *microsélènes* ou les bolides, les nuages et tous les corps terrestres. Les planètes, la Lune et la Terre, reçoivent la lumière solaire, et elles la répandent ensuite absolument comme si elle provenait des vapeurs brûlantes contenues dans leur intérieur.

Les atomes φ de lumière solaire sont repoussés de la Lune et des planètes vers l'espace; une partie d'entre eux arrive à la Terre dont ils sont repoussés vers l'espace. Le même effet a lieu également pour les atomes φ produits dans la Terre; ils se dispersent dans toutes les directions, et quand ils viennent en rencontre avec les corps, ils en sont repoussés et dispersés comme s'ils provenaient de ces corps.

Nous allons démontrer plus loin pourquoi les atomes φ de lumière sont repoussés des corps où ils arrivent et pourquoi ils en sont dispersés de la même manière que s'ils en porvenaient.

C. Corps phosphorescents répandant la lumière contenue dans leurs éléments.

La lumière répandue des corps phosphorescents n'est inaffluente des autres corps ni contenue dans des vapeurs brûlantes, les atomes φ de cette lumière se trouvent combinés avec l'hydrogène ozoné $\overset{+}{\mathrm{H}}\overline{\mathrm{E}}^2$ qui devient *photogéné* $\overset{+}{\mathrm{H}}\overline{\mathrm{E}}^2\varphi''$. De celui-ci est 1° produit l'atome double d'azote qui se combine avec trois atomes d'eau $3\mathrm{HO9} + \overset{+}{\mathrm{H}}\overline{\mathrm{E}}^2\varphi'' = \mathrm{Az}^2 = \overline{\mathrm{HO9}}^3\mathrm{H}\overline{\mathrm{E}}^2\varphi''$; 2° Il est produit l'atome double de carbone où un atome d'eau HO9 se combine avec trois équivalents d'hydrogène photogéné $\mathrm{C}^2 = \mathrm{HO9H}^3\overline{\overline{\mathrm{E}}}^6\varphi''^3$. 3° Il est aussi produit dans les plantes un atome double d'azote et un atome double de carbone de quatre atomes d'eau et de quatre équivalents d'hydrogène photogéné

$$4HO\theta + 4H\bar{E}^2\varphi'' = \overline{HO\theta}^3H\bar{E}^2\varphi'' + HO\theta''H^3\bar{E}^6\varphi''^3 = Az^2 + C^2.$$

Ces atomes φ'' et θ'' de lumière et de chaleur combinés de la manière indiquée avec les équivalents H et O de l'eau sont la cause de l'accumulation des atomes φ homonymes affluents; les quantités différentes des atomes φ' et θ' arrêtés correspondent à celles φ'' et θ'' contenues dans les corps. Les quantités différentes de chaleur absorbées des corps C. C', C''... pour obtenir la même élévation de température, sont connues sous le nom de *chaleur spécifique*. Pour ne pas introduire de nouveaux termes, nous avons nommé *lumière spécifique* la quantité $q\varphi$, $q'\varphi$, $q''\varphi$ d'atomes de lumière qui est arrêtée dans les corps C, C', C'' exposés au Soleil ou à une autre lumière quelconque.

En plongeant les corps C, C', C''... dans l'eau ou dans ses vapeurs, les uns, tels que les métaux, deviennent humides sur la surface; les autres, comme les bois, s'enflent, et il y en a d'autres, tels que les vessies, qui laissent l'eau passer outre. Ce sont les corps organiques contenant l'eau dans leurs éléments qui s'enflent en arrêtant dans leur intérieur une quantité $q\overline{HO}'$ d'eau qui est différente pour chaque corps. Le même poids p des corps C, C', C''..., exposé aux vapeurs d'eau, absorbe des quantités différentes d'atomes d'eau $q\overline{OH}'$; leur poids devient $p+p'$, $p+p'+p''$, $p+p'+p''+p'''$...., et cet excédant p', $p'+p''$, $p'+p''+p'''$ sert à déterminer l'*eau spécifique* des corps C, C', C''...

Il faut donc distinguer la quantité $q\overline{HO}'$, $q\varphi'$ et $q\theta'$ d'eau, de lumière et de chaleur qui est à l'état stationnaire, de la quantité $q\overline{HO}''$, $q\varphi''$, $q\theta''$ d'eau, de lumière et de chaleur qui est à l'état spécifique.

Les fluides $q\varphi'$, $q\theta'$ ou $\overline{HO}'$ à l'*état stationnaire* s'éloignent spontanément quand ils n'éprouvent plus de résistance du dehors; mais les fluides $q\varphi''$, $q\theta''$ ou $q\overline{HO}''$ à l'*état spécifique* ne peuvent s'éloigner que par suite d'une décomposition ou d'un changement chimique des corps.

Il y a donc deux espèces de phosphorescence : 1° dans l'une se répandent les atomes φ' stationnaires, et dans l'autre se répandent les atomes φ'' spécifiques.

1° Phosphorescence de lumière spécifique.

Cette lumière est contenue dans les substances organiques et dans les minerais constitués par les mêmes éléments matériels. Des substances organiques phosphorescentes, les unes sont produites comme une espèce d'excréments des animaux et des plantes, et les autres sont des substances mêmes des animaux et des plantes qui passent en décomposition comme les précédentes.

I. Lumière répandue par les insectes et les zoophytes. La substance phosphorescente est toujours le carbone et l'azote qui contiennent l'*hydrogène photogéné* $= \bar{\mathrm{H}}\mathrm{E}^2\varphi''$; on ignore si cet hydrogène existe même à l'état libre sans être combiné avec les atomes de l'eau, comme cela paraît être dans la substance répandue des zoophytes. MM. Quoy et Gaymard ayant mis deux zoophytes extrêmement petits dans l'eau, ont vu cette eau devenir lumineuse. On a ainsi reconnu que la lueur de la mer est l'effet d'une substance répandue de ces zoophytes. Cela devient évident d'après le mode de production de cette lueur. Il faut qu'il vienne en contact avec l'air des masses nouvelles d'eau agitée, c'est alors que la lueur apparaît au sommet des vagues ; elle apparaît également sous le choc des rames ou de la proue des navires, dans le sillage qu'ils laissent après eux, etc. ; en un mot, il faut toujours que de nouvelles masses d'eau arrivent en contact avec l'air pour que la lueur apparaisse. C'est une chose désormais prouvée que cette lueur n'est pas un effet d'insolation, car les lignes tirées sur la poudre phosphorescente sont obscures.

Parmi les insectes phosphorescents le *lampyris italique* est celui qui manifeste ce phénomène à un très-haut degré, et qui est le plus connu; car il se montre partout dans les mois de juillet et d'août. La substance phosphorescente est une espèce d'excrément carbonique dont les atomes φ'' de lumière s'éloignent par la combinaison du carbone avec l'oxygène. En effet, M. Matteucci a constaté la production d'acide carbonique et la consommation de l'oxygène; il a aussi reconnu que la matière jaune phosphorescente de l'abdomen aussi bien que l'insecte vivant cessent de briller à —8°; la lumière paraît quand on élève la température, et disparaît à +50°.

Pour démontrer que cette lueur n'est pas l'effet d'une insolation préalable, M. Matteucci a pu conserver de ces insectes pendant 9 jours dans des boîtes fermées contenant de l'herbe, sans qu'ils aient cessé de luire à quelque heure que ce fût.

II. Lumière répandue par les plantes. Certains végétaux répandent la nuit une lumière assez vive après les journées chaudes; cette lumière est produite par la substance végétale contenant l'hydrogène photogéné $\overline{HE}^{2}\varphi''$, précisément comme l'est la lumière produite de la substance pareille répandue des zoophytes et des insectes; comme ceux-ci cessent de vivre dans les gaz où manque l'oxygène et qu'en même temps cesse la production de la substance phosphorescente, de même les plantes ne végètent pas dans le froid et l'obscurité, et en cas pareils elles cessent de briller. Cette nécessité de lumière, au lieu d'être attribuée à la végétation qui produit la substance brillante, a été considérée comme une insolation, et pour preuve on a rapporté que les fleurs cessent de briller si elles sont maintenues pendant le jour dans l'obscurité. Les exemples suivants serviront à éclaircir ces faits.

1° Les *champignons* de l'espèce nommée agaric de l'olivier répandent une lueur qui provient non pas de leur face supérieure exposée à la lumière, mais des feuillets qui sont au-dessous du chapeau ; preuve suffisante que celle-ci n'est pas obtenue par une insolation.

2° Les *rhizomorphes* végètent dans les mines ; elles répandent une lueur lorsqu'elles sont dans l'air ou dans l'oxygène. Cette lueur augmente avec la température jusqu'à 40° ; il se produit en même temps de l'acide carbonique. Dans le vide la lueur s'interrompt et reparaît de nouveau quand arrive l'air et que l'acide carbonique commence à se former. La plante cesse pour toujours de luire quand elle est introduite préalablement dans l'hydrogène, l'oxyde de carbone ou chlore ; alors est également interrompue la production de l'acide carbonique.

III. **Lumière répandue par la substance animale en décomposition.** Ici, comme dans les cas précédents, ce sont les atomes φ'' qui se répandent en s'éloignant de l'atome double de carbone $C^2 = HO\varphi H^3 \bar{E}^\circ \varphi''^3$; toutefois il faut observer qu'ici la substance diminue à cause de sa décomposition, tandis que, dans les animaux vivants, elle est consommée d'une part et en même temps produite de l'autre. Les exemples suivants serviront à faire connaître cette différence.

1° Les poissons de la mer deviennent phosphorescents après leur mort, quand ils sont arrivés à un certain état de décomposition, à celui qui précède immédiatement la putréfaction. Ici la présence de l'oxygène n'est pas nécessaire, car M. Matteucci a vu que la lumière dégagée ne diminue pas dans l'azote, l'hydrogène et l'acide carbonique. Le même physicien ayant agité les poissons dans l'eau, celle-ci devint laiteuse et très-lumineuse ; abandonnée dans l'obscurité, elle devient moins lumineuse et elle finit par s'éteindre. Mais agitée dans l'air, dans tout autre espèce de gaz ou dans le vide, elle redevient lumineuse.

La matière qui répand cette lumière se sépare de l'eau et reste sur le filtre en continuant de répandre les atomes φ'', dont l'éloignement s'interrompt pour toujours quand la température est élevée à 38° ou 40°, ou quand elle est abaissée à + 3° ou + 4°.

La lumière de la mer, qui provient d'une substance produite et répandue des zoophytes, devient plus vive dans les températures inférieures, dans l'alcool, dans l'éther et les acides, tandis que la substance des poissons perd dans ces cas sa lumière propre.

2° Souvent les cadavres humains répandent une lumière pareille à celle que répandent les poissons après leur mort. Cet état se propage même d'un cadavre aux autres quand ils restent quelque temps en contact, sans que cette communication soit produite par aucune espèce d'animalcules. La matière lumineuse s'attache même aux doigts; sous le microscope, elle apparaît pure. Cette lumière, comme celle des poissons, ne dépend pas de l'oxygène, mais seulement de l'humidité qui soutient la décomposition et en même temps l'éloignement des atomes φ''.

3° Vers le mois d'octobre, par une température de 12° à 18°, de la viande de veau de trois jours commence à répandre les atomes φ'', si elle a été préalablement mortifiée avec un battoir, et cela quand elle se trouve en un certain état de décomposition, sans que pourtant la putréfaction ait commencé.

IV. **Lumière répandue des substances végétales en décomposition.** Certaines espèces de bois humides, en se décomposant pour faire combiner le carbone avec l'oxygène, répandent leurs atomes φ'' de lumière, précisément comme cette lumière se répand pendant la combustion des bois. Toutefois le bois perd la propriété de répandre ses atomes φ'', si l'humidité augmente trop ou s'il se trouve trop exposé à l'air; ces deux causes en apparence dissemblables font également augmenter la décomposition, et ainsi les atomes φ'' de lumière deviennent décomposés en leurs équivalents $\bar{E}^s$ et $\bar{E}$ pour former de nouveaux combinés.

V. Lumière répandue du phosphore. Les éléments du phosphore sont le carbone et l'hydrogène $P^2 = C^8H^{15}$; dans la production de l'oxygène ozoné par le contact avec le phosphore, nous avons indiqué (*Électrostatique*, p. 387) comment les équivalents négatifs $\bar{E}$ du phosphore s'éloignent pour se combiner avec l'oxygène $O\bar{E}$ et le rendre ozoné $\bar{O}\bar{E}\bar{E}$. Ces équivalents négatifs $\bar{E}$ se séparent du carbone $C^2 = HO\theta H^3\bar{E}^6\varphi''^2$ et occasionnent en même temps l'éloignement des atomes φ'' qui produisent la lueur.

Le phosphore, exposé dans le vide au Soleil, se vaporise et se dépose sur les parois de la cloche sous forme d'oxyde $P^2O = C^8H^{15}O$; ainsi de neuf atomes doubles $9P^2$ de phosphore et de quatre atomes $4\bar{E}\bar{E}\bar{E}$ de lumière sont produits huit atomes d'oxyde $8P^2O$. Il y a donc disparition d'un atome double de phosphore et apparition de huit équivalents d'oxygène O^8.

L'atome double de phosphore est $P^2 = C^8H^{15} = \overline{HO\theta}^4H^{12}H^{15}$; des vingt-sept équivalents d'hydrogène $H^{27} = 270\beta$ et des trois atomes de lumière $3\bar{E}\bar{E}\bar{E}$ sont produits trois atomes d'eau $3HO = 3\overline{\theta\beta}^7\varphi\beta9\beta = 3OH$. Ainsi l'atome double P^2 de phosphore devient sept atomes d'eau; dont les sept équivalents H^7 d'hydrogène avec un atome de lumière $\bar{E}\bar{E}\bar{E}$ et un équivalent d'hydrogène séparé de l'autre partie de phosphore produisent le huitième équivalent d'oxygène, qui se trouve dans les huit atomes d'oxyde de phosphore $8P^2O$.

On a déjà vu que les éléments de l'hydrogène $\bar{H}$ sont $\theta\beta$, et que les éléments de l'oxygène $\bar{O}$ sont $\bar{\theta}\bar{\beta}^7\varphi\beta$; dans la production de l'oxygène par les éléments de l'hydrogène, il faut huit atomes d'hydrogène dont doit être éloigné un atome θ de chaleur qui sera remplacé par un atome φ de lumière $\theta^8\beta^8 + \varphi = \theta + \bar{\theta}\bar{\beta}^7\varphi\beta$.

2° Phosphorescence de lumière stationnaire.

Nous avons fait voir la relation qui existe entre les atomes de lumière, de chaleur et d'eau à l'état stationnaire et leurs homonymes contenus dans les éléments matériels. Tous les corps étant composés des équivalents d'eau $H = \theta''\beta$ et $O = \theta''^{7}\varphi''\beta^8$ contiennent la chaleur θ'' spécifique en quantité supérieure à la lumière φ''; pour cette raison, les corps arrêtent à l'état stationnaire une quantité d'atomes θ' de chaleur plus grande que d'atomes φ' de lumière. On a vu en même temps que le même effet a lieu pour les atomes d'eau dont ceux $\overline{HO}''$, qui sont comme éléments des corps, déterminent la quantité de ceux $\overline{HO}'$ qui s'y arrêtent à l'état stationnaire.

Pour obtenir les atomes φ', θ' ou $\overline{HO}'$ dans les corps C, C', C''... à l'état stationnaire, il faut exposer ces corps à l'affluence des atomes φ, θ ou $\overline{HO}$. 1° Les quantités $q\varphi'$, $q\theta'$, $q\overline{HO}'$ d'atomes arrêtés dans le même corps dépendent de la densité d des atomes φ, θ, $\overline{HO}$ affluant. 2° Si cette densité d reste la même et que les corps C, C', C''... soient différents, les quantités $q'\varphi'$, $q'\theta'$, $q'\overline{HO}'$ d'atomes arrêtés dépendent de celles $q''\varphi''$, $q''\theta''$, $q''\overline{HO}''$ d'atomes contenus dans les éléments de ces corps.

Les coquilles d'huître calcinées et pulvérisées consistent en éléments matériels composés de baryte $= C^9H^9O$, où se trouvent les atomes θ'' de chaleur et les atomes φ'' de lumière; ces coquilles, pulvérisées et exposées aux atomes θ de chaleur affluente, en arrêtent une quantité $q\theta'$; les mêmes coquilles, exposées aux atomes φ de lumière affluente, en arrêtent la quantité $q\varphi'$.

Dans un espace moins chaud s'éloignent les atomes $q\theta'$ de chaleur stationnaire, et dans un espace obscur s'éloignent les atomes $q\varphi'$ de lumière. Les mêmes coquilles, exposées aux vapeurs d'eau, en arrêtent une quantité $q\overline{HO}'$, qui s'en éloigne quand elles sont placées dans un espace parcouru par de l'air sec.

Espèces de phosphores. Pour obtenir une plus grande quantité d'atomes φ' à l'état stationnaire, les corps

les plus convenables sont ceux dont les éléments contiennent une grande quantité d'atomes φ'' de lumière nommée
spécifique. Ainsi le meilleur phosphore est celui de Canton,
qui n'est autre chose que du sulfure de baryum, que
l'on obtient en chauffant avec du soufre de la poudre de
coquilles d'huîtres calcinées. Les éléments matériels du
baryum $= 3C^3H^2$ ne diffèrent pas de ceux du calcium
$= C^3H^2$; ce sont donc les atomes $q\varphi''$ de lumière spécifique
du baryum et ceux $3\varphi''$ du soufre $= C^3H^4$ qui arrêtent une
quantité proportionnelle $q\varphi'$ d'atomes et les ramènent à
l'état stationnaire. Le phosphore de Baudouin est l'azotate
de chaux fondu ; ici le soufre est remplacé par l'acide azotique où n'entre qu'un atome φ'' de lumière spécifique ;
pour cette raison ce phosphore absorbe ou arrête une
quantité $q\varphi'$ d'atomes inférieure à celle $(q+q')\,\varphi'$ arrêtée par
le phosphore de Canton.

Couleurs des phosphores. Les mêmes couleurs qu'obtiennent les atomes φ' de lumière stationnaire correspondent
à celles des atomes matériels ; le diamant composé de carbone répand une lumière mêlée de rouge et de jaune ; le
phosphore de Canton composé de sulfure de baryum répand
une lumière jaune assez vive pour qu'on puisse voir l'heure
à une montre ; quant à la lumière du phosphore de Baudouin,
elle est blanche, car elle est produite du mélange de la lumière φ'' de l'azote et de celle $3\varphi''$ de l'atome double de carbone contenu dans la chaux.

Insolation. On nomme ainsi l'affluence des atomes φ
de lumière sur les phosphores ; il est indifférent que cette
lumière tire sa source du Soleil ou d'un corps lumineux terrestre ou encore d'étincelles électriques. Les atomes φ' produisent un équilibre avec les atomes φ'' spécifiques, et ainsi
apparaît un état de saturation parfaite ; car avant d'atteindre
ce point la quantité d'atomes arrêtés est $q\varphi'$, et une fois ce
point atteint la quantité devient $(q+q')\,\varphi'$ sans augmenter
davantage, comme cela a lieu pour les atomes $q\varphi'$ de cha-

leur arrêtés avant que se soit établi l'équilibre entre la température t du corps et celle $t + t'$ de l'espace ambiant; mais si cette température est communiquée au corps, celui-ci ne peut plus en prendre une supérieure en restant plus longtemps dans le même espace. De même pour qu'un corps soit bien mouillé dans un espace rempli de vapeurs, il faut un certain espace de temps.

L'eau est d'une seule espèce et pour cela les atomes $\overline{HO}'$ spécifiques ne diffèrent pas des atomes HO affluents ou des atomes $\overline{HO}'$ ramenés à l'état stationnaire. La chaleur et la lumière sont de sept espèces chromatiques et celles-ci ne peuvent être observées que dans les atomes φ de lumière. C'est donc sous ce rapport chromatique que se présente une série de faits qui sont propres à la lumière seule.

Insolation par lumière colorée. Un phosphore exposé aux sept espèces de lumière du spectre repousse l'espèce homonyme à celle qui est contenue dans ce phosphore à l'état spécifique. Les diamants et le phosphore de Canton repoussent d'eux la lumière rouge du spectre et arrêtent une quantité médiocre de l'orangé, une quantité plus grande du jaune, et ainsi de suite jusqu'au violet extrême dont ils arrêtent la plus grande quantité.

Ces six espèces de lumière arrêtées en quantités croissantes vers l'extrême violet, en s'éloignant des phosphores dans l'obscurité, conservent bien ces quantités croissantes dans les parties r, o, j, v, b, i, v' du phosphore; mais les espèces ont disparu. Ces sept parties égales étant de diamant, répandent toutes une lumière rouge, excepté r qui n'en répand presque point : c'est la partie v' du diamant qui répand la plus grande quantité de lumière.

Les mêmes résultats sont obtenus quand les sept diamants sont exposés au Soleil couverts de lames de verre colorées chacune d'une des couleurs du spectre solaire prismatique. Mais si les sept diamants sont remplacés par sept phosphores $r', o', j', v', b', i', v'$ de Canton, celui r' couvert d'une lame rouge n'est pas parfaitement éteint; encore moins, en ce cas, est éteint le phosphore r'' de Baudouin; et cela parce que les phosphores r', o'... v' de Canton repoussent le jaune et les phosphores r'', o''... v'' de Baudouin repoussent le blanc ou d'égales portions de sept espèces de lumière.

Ce n'est pas tout : les atomes $a\alpha a = r$ du rouge font disparaître les atomes φ' stationnaires accumulés dans les phosphores quand ils y sont surtout conduits en état concentré par une lentille; ainsi ces phosphores s'éteignent instantanément. Cela prouve que les atomes φ' stationnaires se trouvent en un état d'équilibre avec les atomes spécifiques φ'' qui sont $a\alpha a = r$ rouges. Ces atomes stationnaires ne pénètrent pas dans les phosphores; ils sont répandus seulement sur leur couche superficielle; comme cela se manifeste dans les phosphores pulvérisés qui répandent une lumière de toute leur surface et où les lignes tracées sur la surface de la poudre paraissent noires. De même que le phosphore, on peut employer la poudre de coquilles d'huîtres calcinées; cette poudre est lucide après une insolation, et si l'on tire des lignes sur sa surface, elles ne sont pas lucides.

Dans la lueur de la mer, c'est précisément le contraire qui a lieu; la lueur y apparaît sous les chocs des rames et dans le sillage que les navires laissent après eux. Cette différence suffit à prouver que la lueur de la mer n'est pas l'effet d'une insolation, car l'eau est le seul corps qui ne contient ni éléments de carbone ni éléments d'azote, et dans ces deux corps sont les atomes φ'' de lumière spécifique.

Mode de la dispersion de la lumière des phosphores. Il y a deux séries de faits à distinguer : 1° la diminution de la lueur, et 2° les couleurs; ces deux séries de faits ont lieu également pour la dispersion de la chaleur, mais dans celle-ci les couleurs sont insensibles et sa dispersion ne s'opère pas seulement de la face exposée aux atomes θ affluents, mais de toutes les faces du corps, parce les atomes

θ de chaleur possèdent une propagation rayonnante comme les atomes φ de lumière, et quand ces atomes θ arrivent aux corps, ils y obtiennent une propagation rampante que la lumière ne possède pas.

1° *Diminution de clarté.* Tous les corps ont dans leur surface une certaine quantité d'atomes φ de lumière stationnaire; mais dans l'obscurité il n'y a de visible que ceux qui en contiennent dans leur surface une quantité supérieure, et cela non pas pour toujours, mais seulement pour un court espace de temps; car la quantité totale est au commencement $Q\varphi'$ et elle diminue par la dispersion des atomes φ. Parmi les observateurs qui regardent dans l'obscurité le même phosphore, les uns cessent de l'apercevoir quand il est encore visible pour les autres. Ces faits constants servent à prouver qu'il ne faut pas admettre un manque total de lumière là où elle est imperceptible. Pour ne laisser aucun doute sur cette existence de la lumière invisible, je veux rapporter comme exemples les faits suivants.

Non-seulement les phosphores devenus invisibles, mais aussi les substances organiques bien desséchées qui sont invisibles dans l'obscurité commencent à répandre de la lumière, si la chaleur s'y introduit en quantités croissantes $q\theta$, $(q+q')\theta, (q+2q')\theta\dots, (q+nq')\theta$. Cet éloignement des atomes φ' de lumière stationnaire, sollicité par la chaleur, ne diffère point de celui des atomes d'eau $\overline{HO}'$ stationnaires des corps humides exposés à la chaleur. Les corps humides ainsi desséchés ne reprennent pas leur humidité quand la chaleur $q\theta$ les abandonne; de même les phosphores et les substances organiques qui ont perdu les atomes $q\varphi'$ de lumière par l'introduction des atomes $q\theta'$ de chaleur, ne recouvrent pas ces atomes $q\varphi'$ dispersés quand sont éloignés les atomes $q\theta'$ de chaleur; car les mêmes corps chauffés de nouveau ne redeviennent plus lumineux, excepté dans le seul cas où la quantité de chaleur introduite est $(q+q')\Theta'$ supérieure à celle $q\Theta'$ introduite précédemment.

Comme les corps desséchés par la chaleur ne redeviennent humides que par une introduction de nouvelles masses d'atomes $q\overline{HO}$ d'eau, de même les phosphores, le papier, la farine, etc., qui ont laissé s'éloigner leurs atomes $q\varphi'$ de lumière en recevant les atomes $q\vartheta$ de chaleur, ne peuvent recouvrer la propriété de répandre des atomes de lumière que par l'introduction de nouvelles masses $q\varphi$ de lumière, et pour cela il faut exposer ces corps à une affluence de lumière de la part du Soleil ou de la part d'un corps terrestre lumineux.

L'éloignement des atomes φ de lumière par l'introduction des atomes ϑ de chaleur ne diffère pas 1° de l'écoulement des équivalents négatifs $q\overline{E}$ électriques dans le sens de la propagation de la chaleur, et 2° de l'écoulement des équivalents positifs $q\overset{+}{E}$ dans le sens opposé. C'est une diminution de résistance R contre la lumière qui est produite par l'introduction des atomes $q\vartheta$ de chaleur.

Comme cette résistance R, diminuant par l'introduction des atomes ϑ de chaleur, favorise l'écoulement des atomes φ' stationnaires, l'effet contraire est produit quand la résistance R augmente et devient $R + R'$, si les atomes qr de lumière rouge sont alors introduits; ainsi, dans ce cas, s'interrompt l'écoulement des atomes $q\varphi$ de lumière et s'éteignent les phosphores lucides.

II. — CORPS LUCIDES PRODUISANT LA LUMIÈRE.

Nous avons jusqu'ici exposé les dispersions des atomes φ de lumière qui ont été produits dès le commencement et qui se trouvent encore dans les vapeurs brûlantes où ils ont été dispersés de ces vapeurs et ont été combinés avec l'hydrogène ozoné $\overline{H}\overline{E}^2$, tandis que celui-ci a été combiné avec les atomes d'eau pour produire les corps terrestres. Dans ces corps sont contenus les atomes φ de lumière et les éléments

$\overset{\approx}{E}{}^{2}$ et $\bar{E}$ de ces atomes; pour cette raison, parmi les corps lumineux, les uns répandent simplement les atomes φ de lumière contenue, tandis que les autres, avec ces atomes, répandent en même temps des atomes φ composés à la fois des éléments $\overset{\approx}{E}$ et $\bar{E}$ électriques contenus, les positifs $\overset{\approx}{E}$ dans l'oxygène $O\overset{\approx}{E}$, et les négatifs $\bar{E}$ dans les combustibles $H\bar{E}$, $C^{3}\bar{E}^{6}\varphi^{3}$.

Les éléments électriques $\overset{\approx}{E}$ et $\bar{E}$ des atomes $\overset{\approx}{E}\bar{E}\overset{\approx}{E} = \varphi$ de lumière et des atomes $\bar{E}\overset{\approx}{E}\bar{E} = \theta$ de chaleur se trouvent dans les corps toujours par la décomposition de ces atomes φ et θ qui arrivent du Soleil à la Terre, ils se combinent avec les éléments H et O de l'eau, et font ainsi diminuer continuellement l'eau et augmenter les corps solides, comme cela a été démontré dans l'*Électrostatique*, page 595.

I. Si les équivalents $3q\bar{E}$ et $3q\overset{\approx}{E}$ viennent en rencontre, ils se combinent spontanément et produisent les atomes de lumière $q\varphi = q\overset{\approx}{E}\bar{E}\overset{\approx}{E}$ et les atomes de chaleur $q\theta = q\bar{E}\overset{\approx}{E}\bar{E}$; le même effet se produit quand ces équivalents se trouvent, non pas seuls, mais les uns $3q\bar{E}$ combinés avec $3q$H équivalents d'hydrogène et les autres $3q\overset{\approx}{E}$ combinés avec $3q$O équivalents d'oxygène.

II. Au lieu que la lumière soit produite directement des équivalents $\overset{\approx}{E}\bar{E}$ et $\bar{E}$, elle est produite des iris $\overset{\approx}{E}\bar{E}$ et d'équivalents $\overset{\approx}{E}$ positifs, comme cela a lieu dans les corps incandescents.

III. Les couleurs sont produites par le manque de couleurs complémentaires; ces manques sont possibles seulement par suite de la suppression de l'écoulement des éléments qui constituent les atomes φ de lumière

$$\varphi = \overset{\approx}{E}\bar{E}\overset{\approx}{E} = a\varkappa a + b\beta b + c\gamma c + d\delta d + e\varepsilon e + f\zeta f + g\eta g.$$

Pour que le rouge *a$\varkappa$a* apparaisse, il ne faut pas que les six autres couleurs existent, et pour que le mélange de ces six couleurs se montre, il ne faut pas qu'existe le rouge.

A. Production de lumière achromatique.

I. Pour obtenir les atomes $q\varphi$ de lumière, il faut les équivalents $3q\bar{E}$ positifs et $3q\bar{E}$ négatifs, de sorte qu'avec les atomes $q\varphi$ de lumière sont en même temps produits $q\vartheta$ atomes de chaleur. Dans les décharges électriques 1° il se produit un excédant de lumière dans le pôle d'où s'écoulent les équivalents $\bar{E}$ positifs et où arrivent de l'autre pôle les équivalents $\bar{E}$ négatifs, et 2° pour la même raison il se produit un excédant de chaleur dans le pôle d'où s'écoulent les équivalents $\bar{E}$ négatifs et où arrivent les positifs $\bar{E}$ de l'autre pôle.

II. Il n'est pas nécessaire d'avoir accumulé séparément les deux espèces de ces équivalents électriques, une seule suffit ; car l'autre espèce se présente spontanément par la décomposition des atomes stationnaires φ ou ϑ. 1° Si les équivalents $3q\bar{E}$ sont accumulés dans un conducteur, ils repoussent leurs homonymes et laissent affluer les équivalents négatifs $q\bar{E}$ de $q\vartheta$ atomes de chaleur ; en même temps s'éloignent $q\bar{E}$ équivalents positifs.

Ainsi sont produits 1° $q\varphi$ atomes de lumière du côté du conducteur par les $2q\bar{E} + q\bar{E}$ équivalents ; et 2° des $q\bar{E}\bar{E}$ iris qui sont restés de $q\vartheta$ atomes de chaleur sont produits $q\varphi$ atomes de lumière par la combinaison de ces iris avec les atomes $q\bar{E}$ d'équivalents positifs. Il y a donc production de grandes masses de lumière en pareils cas dans lesquels on tire des étincelles très-longues ; on n'observe pourtant alors aucune élévation de température.

Si au contraire l'électricité négative $3q\bar{E}$ est accumulée sur le conducteur, les décharges produisent des étincelles insignifiantes et une grande quantité d'atomes ϑ de chaleur. En ce cas ce sont les équivalents $q\bar{E}$ positifs, qui se séparent des atomes $q\bar{E}\bar{E}$ de lumière stationnaire, pour aller se combiner avec les atomes négatifs $2q\bar{E}$ du conducteur pour produire $q\theta$ atomes de chaleur, et les $q\bar{E}$ atomes éloignés du conducteur vont se combiner avec les $q\bar{E}\bar{E}$ iris pour produire encore $q\theta$ atomes de chaleur.

III. Au lieu d'accumuler les uns ou les autres équivalents électriques sur le conducteur, on peut y accumuler les atomes θ de chaleur qui peuvent, par la propagation rampante, pénétrer et acquérir une grande densité, tandis que cela est impossible pour les atomes de lumière qui sont repoussés de la surface des corps, et qui, dans le cas où ils pénètrent, ne font que les traverser et s'écoulent de l'autre côté.

Ainsi donc les atomes θ de chaleur accumulés dans le platine pour produire la température la plus haute possible, soit 1500°, font apparaître une lumière éblouissante de la manière suivante.

Les atomes $q\theta$ de chaleur sont repoussés du platine en directions divergentes et ils éprouvent une résistance dans leurs homonymes contenus dans les éléments Az^2 et O de l'air ; pour cette raison les atomes $\bar{E}\bar{E}\bar{E}$ de chaleur se décomposent en iris $\bar{E}\bar{E}$ qui restent, et en équivalents $\bar{E}$ négatifs qui avancent, et qui sollicitent la décomposition des atomes $\bar{E}\bar{E}\bar{E}$ de lumière stationnaire, dont les iris $\bar{E}\;\bar{E}$ restent et les équivalents positifs $\bar{E}$ s'écoulent contre les équivalents négatifs $\bar{E}$ et produisent un courant thermoélectrique bien constaté.

Les iris $\bar{E}\bar{E}$ abandonnés dans le platine se combinent avec les équivalents positifs $\bar{E}$ affluents et produisent, dans un espace restreint, une quantité abondante d'atomes $\bar{E}\bar{E}\bar{E}$ de lumière qui se répandent dans toutes les directions par une propagation rayonnante parallèle à la propagation rampante des atomes $\bar{E}\bar{E}\bar{E}$ de chaleur.

. Les iris $\bar{E}\;\bar{E}$ des atomes $\bar{E}\bar{E}\bar{E}$ de lumière, abandonnés de leurs équivalents $\bar{E}$ dans l'espace ambiant, se combinent avec les équivalents négatifs $\bar{E}$ et produisent les atomes $\bar{E}\bar{E}\bar{E}$ de chaleur. Cette élévation de température est habituellement attribuée à une dispersion directe de la chaleur accumulée, et c'est pour cela qu'on ne pouvait concevoir comment se soutient le courant thermoélectrique formé d'électricité négative centrifuge et d'électricité positive centripète; encore moins pouvait-on concevoir la production de la lumière dans les corps incandescents.

B. Production de la lumière colorée.

Cette lumière est toujours complémentaire des espèces de couleurs supprimées, et ces suppressions s'opèrent seulement dans les cas où les équivalents homonymes viennent en rencontres opposées. Il a été prouvé déjà que les phosphores n'arrêtent qu'une quantité insignifiante des atomes $a\varkappa a$ de la lumière rouge, tandis qu'ils arrêtent la plus grande quantité des atomes $q\varkappa q$ de la lumière violette.

I. Ensuite ces phosphores ne répandent pas les atomes $q\varkappa q$ de cette lumière violette, mais les diamants répandent les atomes $a\varkappa a$ du rouge; le phosphore de Canton répand la lumière $c\gamma c$ du jaune, et le phosphore de Boudoin répand la lumière blanche qui est l'ensemble $a\varkappa a + b\beta b + c\gamma c + d\delta d + e\varepsilon e + f\zeta f + g\eta g$ des sept espèces de lumière.

II. Ces phosphores, en apparence éteints, commencent à luire par l'élévation de température ou en recevant les atomes θ de chaleur. Alors ceux-ci commencent à répandre des couleurs qui se succèdent dans l'ordre du spectre, en avançant quelquefois vers le violet, et d'autres fois vers le rouge, et laissant toujours inaperçue une ou deux des couleurs du spectre.

III. Cette relation entre la chaleur et les couleurs se présente aussi dans les faits suivants : A. Des plaques égales de cuivre colorées r, o, j, v, b, i, v', exposées au Soleil, obtiennent les températures $t, t', t'', t'''\ldots t^m$ qui sont en raison inverse de la clarté des couleurs. 1° La plaque B blanche qui répand les atomes φ de lumière de toutes les couleurs obtient la plus petite quantité d'atomes θ de chaleur. 2° La plaque N noire qui ne répand pas d'atomes φ de lumière d'aucune espèce obtient la plus grande quantité Θ d'atomes de chaleur. 3° Après le blanc les atomes θ' et θ'' de chaleur sont en quantités supérieures dans le jaune, puis dans le vert. 4° Après le noir les atomes θ' et θ'' de chaleur sont en quantités inférieures dans le violet, puis dans le rouge. 5° Ensuite viennent dans l'ordre les quantités θ' et θ'' de chaleur de l'indigo, du bleu et de l'orangé.

B. Des sphères égales de bismuth colorées r, o, j, v, b, i, v', sont exposées au Soleil; quand le thermomètre à mercure est 38°, le bismuth métallique se trouve à 50°, la sphère noire à 59° et la sphère blanche à 43°. Cette température s'élève pour les sphères j et v, et celle de 59° s'abaisse pour les sphères v' et r, précisément comme dans le cas précédent.

C. Franklin coupa neuf morceaux égaux du même drap blanc, et en colora huit r, o, j, v, b, i, v', et n qu'il étendit sur la neige exposée au Soleil; ces morceaux s'enfoncèrent dans la neige à des profondeurs différentes : ce fut le noir qui pénétra le plus profondément, puis le violet, le rouge, l'indigo, l'orangé, le bleu, le vert, le jaune, et enfin le blanc qui fut celui qui s'enfonça le moins.

IV. Tous les corps deviennent lucides à une température au-dessus de 400° : au commencement le rouge naissant apparaît dans les métaux; ensuite, avec l'élévation de température, paraissent les couleurs cerise, orangé et le blanc, sans aller jusqu'au jaune ou au vert. En élevant la température du platine, qui est le seul métal qui résiste sans se fondre et se vaporiser, M. Pouillet trouva les relations suivantes entre les températures et les couleurs :

Couleurs du platine.	Températures.
Rouge naissant......................	525
Rouge sombre.......................	700
Cerise naissant.....................	800
Cerise.............................	900
Cerise clair.......................	1,000
Orangé foncé......................	1,100
Orangé clair......................	1,200
Blanc.............................	1,300
Blanc coulant.....................	1,400
Blanc éblouissant.................	1,500

Explication. 1° Il y a des couleurs qui dépendent des éléments des phosphores; 2° il y en a d'autres qui dépendent des atomes θ de chaleur introduits dans les phosphores, et 3° il y a des couleurs produites directement par l'accumulation des atomes θ de chaleur. Ainsi donc, comme les couleurs changent par l'introduction de la chaleur, de même cette introduction de chaleur éprouve des changements analogues de la part des couleurs répandues sur les corps, comme cela est constaté de plusieurs manières : nous en rapporterons ici trois comme exemples.

Les effets produits des atomes θ de chaleur sur les atomes φ de lumière achromatique et sur les atomes de lumière colorée ne peuvent pas être obtenus en introduisant les atomes φ de lumière aux atomes θ de chaleur et à ses couleurs, cela a sa cause dans la propagation rampante des atomes θ de chaleur, qui n'existe pas pour les atomes φ de lumière.

I. En introduisant les atomes φ achromatiques ou les atomes $a\alpha a$, $b\beta b$... $g\eta g$ colorés dans les phosphores, ceux-ci ne laissent s'accumuler que les espèces qui éprouvent la résistance inférieure; pour cette raison les diamants qui ont l'espèce rouge $a\alpha a$ en repoussent cette espèce des atomes φ affluents; le phosphore de Canton contient l'espèce jaune $c\gamma c$ d'atome et il laisse s'accumuler les autres espèces.

Dans l'obscurité s'opère la dispersion dans le diamant par la répulsion exercée de la part des atomes d'espèce $a\alpha a$, et c'est ainsi qu'il s'opère dans la lumière stationnaire une restitution d'équilibre par l'éloignement d'éléments homoïdes à ceux contenus dans ce diamant. Le même effet a lieu pour la restitution d'équilibre obtenue par la dispersion de la lumière accumulée dans le phosphore de Canton, où ce sont les atomes $c\gamma c$ du jaune qui exercent une répulsion à leurs homonymes contenus dans les atomes φ stationnaires.

Dans ces cas sont produites les accumulations des atomes colorés d'espèces hétéronymes dans les diamants et les phosphores de Canton, et la restitution de l'équilibre photostatique est l'effet de la répulsion exercée de la part des atomes colorés des phosphores, quoique ceux-ci ne présentent pas cette couleur par la lumière affluente qu'ils repoussent immédiatement.

II. Après que les phosphores sont devenus invisibles dans l'obscurité, ils commencent à luire comme plusieurs substances organiques, si l'on y introduit les atomes $\theta = \bar{\bar{E}}\bar{\bar{E}}\bar{\bar{E}}$ de chaleur qui ne font que diminuer la résistance R exercée de la part des atomes φ de lumière stationnaire contre leurs homonymes contenus dans les phosphores ou les substances organiques.

Les espèces $a\varkappa a$, $b\zeta b$... $g\varkappa g$ de lumière colorée, en éprouvant chacune une résistance différente dans les degrés des densités différentes des atomes θ de chaleur introduite, se répandent contre ces atomes θ, celles des espèces $a\varkappa a$, $b\zeta b$... $g\varkappa g$ qui en éprouvent la résistance inférieure. Ainsi les couleurs répandues des phosphores deviennent indépendantes de ceux-ci et dépendent seulement des atomes θ introduits.

III. Les atomes $\bar{E}\bar{E}\bar{E} + \bar{\bar{E}}\bar{\bar{E}}\bar{\bar{E}} = 3\bar{E}\bar{E}$ de lumière et de chaleur sont soutenus mutuellement dans les rayons solaires. Ainsi avec les atomes $q\varphi$ de lumière repoussés des corps est repoussée une partie $(q - q')\,\theta$ d'atomes de chaleur, car il en pénètre une quantité $q'\theta$ dans les corps.

Cette quantité $q'\theta$ d'atomes de chaleur n'est pas constante, car elle dépend 1° de la quantité $(q - q' - q'')\theta'$ d'atomes de chaleur contenus à l'état stationnaire; 2° de la quantité $q'''\varphi$ d'atomes de lumière réfléchie ou repoussée de la surface du corps, car avec une quantité supérieure d'atomes $q'''\varphi$ est éloignée une quantité proportionnelle $q'''\theta$ de chaleur. Ainsi sont produites les séries suivantes de faits.

A. La Lune, étant un corps de forme ovale composé de glace et sans atmosphère, laisse pénétrer toute la masse $q\theta$ de chaleur dans sa surface dont sont repoussés les atomes $q\varphi$ de lumière, qui arrivent seuls à la Terre.

B. Les corps noircis avec du noir de fumée ne repoussent de leur surface presque aucun atome de lumière, et des atomes $q\theta$ de chaleur pénètrent une partie d'autant plus grande qu'est moindre la quantité $(Q - Q')\theta'$ d'atomes de chaleur stationnaire. Les corps de couleur blanche repoussent une quantité supérieure des atomes φ achromatiques, parce que la couleur blanche est l'ensemble de sept espèces de couleurs, comme la lumière achromatique est l'ensemble chromatique.

Avec la lumière achromatique repoussée des corps blancs est également repoussée une quantité considérable de chaleur; pour cette raison, on voit pénétrer dans les corps noircis les atomes $q\varphi$ de lumière et les atomes $q\theta$ de chaleur; tandis que des corps blancs sont repoussés les atomes $g\varphi$ de lumière et avec eux s'éloignent les atomes $q'\theta$ de chaleur, et il ne pénètre dans ces corps blancs que la différence $(q - q')\theta$ d'atomes de chaleur.

Dans les autres couleurs il pénètre des atomes θ de chaleur une quantité inférieure à $q\theta$ et supérieure à $(q - q')\theta$, comme cela a été indiqué dans trois exemples rapportés ci-dessus.

IV. Il ne nous reste plus à examiner que le cas où, sur les métaux chauffés, apparaît toujours le rouge, ensuite le cerise, l'orangé, et s'arrête au blanc éblouissant. 1° Le carbone contient dans ses éléments $C^2 = HO\theta H^3 \bar{E}^6 \varphi^3$ les quantités 48pe et 24pe d'électro dans les $n\bar{E}$ équivalents positifs et les $n\bar{E}$ équivalents négatifs. Aussi ce corps repousse-t-il les éléments $a\alpha a$ homonymes contenus dans la lumière achromatique; ces éléments $a\alpha a$, en se répandant, produisent à l'œil le sentiment du rouge.

2° Par l'élévation de température, on voit augmenter dans le corps, avec les atomes θ de chaleur, les masses d'équivalents négatifs $\bar{E}$ qui, mêlés avec ceux $a\alpha a$ du rouge, font diminuer le rapport 48pe : 24pe, qui devient 45pe : 24pe; alors apparaît l'orangé, parce que ce sont les éléments homonymes $b\beta b$ de la lumière achromatique qui sont repoussés.

3° Quand enfin la densité des atomes θ de chaleur augmente jusqu'au point de faire se répandre la lumière achromatique, c'est alors qu'apparaît le blanc éblouissant. La relation qui produit ce blanc B est la moyenne des sept espèces d'éléments chromatiques

$$B = \frac{(48+45+40+36+32+30+27)e}{7.24e} = \frac{258}{108};$$

cette relation est inférieure à celle $c\gamma c = \dfrac{40e}{24} = \dfrac{280}{7.24}$ du jaune, et elle est supérieure à celle $d\partial d = \dfrac{36e}{24e} = \dfrac{252}{7.24}$ du vert. Les nombres 280, 258 et 252 indiquent que le blanc est entre le jaune et le vert, et l'espace entre ces deux couleurs est 280 — 252 = 28, où le blanc se trouvera éloigné du jaune par 280 — 258 = 22 et du vert par 258 — 252 = 0.

Dans le spectre on trouve en effet le maximum de clarté dans la ligne déterminée par les distances 22 et 6 du jaune et du vert. Dans l'élévation des températures qu'éprouvent les métaux, le blanc se montre avant qu'ait d'abord paru le jaune séparé de l'orangé et du vert.

C. LUMIÈRE MAGNÉTIQUE ET LUMIÈRE ZODIACALE.

Comme toutes les sources de lumière doivent trouver ici leur place, nous parlerons de ces deux espèces de lumière, quoiqu'elles aient déjà été mentionnées dans la description de la lumière électrique : un nom particulier a été conservé aux courants thermoélectriques terrestres nommés *magnétiques*, pour indiquer, non pas une différence dans leur nature, mais seulement la direction hélicoïdale de leurs écoulements.

Dans l'*Électrostatique*, page 226, ont été exposées comme exemples plusieurs séries de faits pour faire concevoir au lecteur comment sont produits ces faits par les directions hélicoïdales des écoulements des courants thermoélectriques. Comme cela a lieu pour tout corps chauffé de la même manière, la chaleur de la zone torride s'écoule vers les régions des deux hémisphères les moins éloignées et les plus froides. Cet écoulement divergent d'atomes θ de chaleur produit un écoulement pareil d'équivalents négatifs $\bar{E}$, et en même temps un écoulement d'équivalents positifs $\check{E}$ en directions convergentes vers la zone torride. Comme dans les corps chauffés, de même dans les corps parcourus par les équivalents électriques terrestres s'opèrent des combinaisons entre les équivalents hétéronymes et les iris $\check{\bar{E}}$; de sorte que du côté de la zone torride sont produits les atomes $\check{\bar{E}}\bar{E}$ de lumière 1° des iris $\check{\bar{E}}$, des atomes $\check{\bar{E}}\bar{E}$ de chaleur qui ont perdu leur équivalent $\bar{E}$ éloigné vers les pôles, et 2° des équivalents positifs $\check{E}$ affluant des régions polaires vers la zone torride.

I. La lumière produite de telle manière sur le plan de l'écliptique devient visible pendant les équinoxes dans les latitudes supérieures; elle est nommée *lumière zodiacale*, parce qu'elle se trouve dans le plan de l'écliptique.

II. Une autre lumière, qui n'est pas différente de la précédente, mais qui est trop faible pour être visible, existe aussi aux extrémités des magnètes et des barres de fer placées sur le méridien magnétique. C'est M. le baron *Reichenbach*, à Vienne, qui a fait le premier des observations de ce genre. En répétant, de mon côté, ces observations, j'ai trouvé tous les faits de la plus grande exactitude : c'est un berger de la Thrace, nommé *Tzonco*, qui m'a servi à faire des observations nombreuses ; nous allons en rapporter ici comme exemples les deux suivantes.

1° Tzonco, souffrant d'une affection nerveuse, fut introduit dans un appartement obscur où se trouvait sur la table une barre de fer posée sur le méridien magnétique ; interrogé s'il ne voyait pas quelque part une lumière, il répondit qu'il en voyait deux : l'une du côté de la porte par où il était entré et qui était au nord, apparaissait bleue ; l'autre, du côté de la fenêtre, était jaune.

2° Il s'approcha de ces lueurs, et invité à toucher les parties où elles apparaissaient et à dire si elles étaient chaudes ou froides, il répondit que la lumière bleue était froide et la lumière jaune chaude.

Explication. La lumière, dans les deux extrémités de la barre de fer ou du magnète, est produite par la combinaison des équivalents $\dot{E}$ positifs avec les iris $\ddot{E}\dot{E}$ des atomes $\ddot{E}\ddot{E}\ddot{E}$ de chaleur abandonnée de leur équivalent négatif $\bar{E}$. La chaleur, au contraire, des deux extrémités, est produite par la combinaison des équivalents négatifs $\bar{E}$ avec les iris $\dot{E}\;\bar{E}$ des atomes $\ddot{E}\ddot{E}\ddot{E}$ de lumière abandonnée de leur équivalent positif $\dot{E}$.

La lumière jaune cyc est produite par un excédant d'équivalents positifs $\dot{E}$ provenant de l'extrémité sud, et la lumière bleue ece est produite par un excédant d'équivalents négatifs dans l'extrémité nord de la barre de fer ou du magnète.

La quantité $(q+q')\,\theta$ d'atomes $\bar{E}\bar{E}\bar{E}$ de chaleur produits dans l'extrémité sud est supérieure à celle $q\theta$ d'atomes homonymes dont les iris $\dot{E}\;\bar{E}$ sont restés, et les équivalents négatifs ont avancé pour pénétrer dans la barre ; l'excédant $q\theta$ d'atomes de chaleur produit dans la main de l'observateur est donc la cause du sentiment de chaleur qui n'existe pas pour le thermomètre.

C'est le contraire qui a lieu pour l'extrémité nord où est produit le froid par la quantité supérieure $(q+q')$ θ d'atomes de chaleur décomposés et la quantité inférieure $q\theta$ de ceux qui sont produits dans la main au moment où l'observateur touche la barre.

Faisant la comparaison entre les couleurs de lumière et les températures éprouvées, nous trouvons dans l'extrémité sud des magnètes et dans son extrémité nord des quantités égales d'équivalents électriques hétéronymes; et les faits observés sont produits par l'inégale distribution de ces équivalents à la production d'atomes θ de chaleur et d'atomes q de lumière.

Dans l'extrémité sud du magnète est produite la lumière jaune $c\gamma c$ par l'excédant d'équivalents positifs $\overset{+}{\mathrm{E}}$, et l'excès $q'\theta$ de chaleur par l'excédant d'équivalents négatifs $\overset{-}{\mathrm{E}}$.

Dans l'extrémité nord, au contraire, est produite la lumière bleue $e\iota e$ par l'excédant des atomes négatifs $\overset{-}{\mathrm{E}}$, et le manque $q\theta$ d'atomes de chaleur est produit par l'introduction des équivalents négatifs $\overset{-}{\mathrm{E}}$ dans la lumière bleue.

Les atomes q achromatiques sont obtenus par le mélange des atomes $c\gamma c$ du jaune avec les atomes $e\iota e$ du bleu. De même disparaît la chaleur et le froid par le mélange des atomes $(q+q')$ θ avec les atomes $(q \cdot q')$ θ de chaleur produits dans les deux extrémités des magnètes.

Les faits de ce genre quoique observés seulement par un certain nombre d'individus souvent peu compétents en fait de science ne doivent pas être considérés pour cela comme inférieurs en valeur à ceux qui sont obtenus par des observations directes provenant d'individus compétents. Souvent même le contraire arrive chez certains observateurs. Les astronomes, par exemple, sont parvenus à obtenir les plus exactes observations possibles dans la micrométrie, et cependant ils n'ont pas craint de dire que le diamètre de l'équateur de Jupiter et de Saturne est tantôt $D + d$ et tantôt $D - d$; mais on ne doit pas considérer ces résultats comme exacts, parce qu'ils sont en désaccord avec le système que nous suivons !

RÉSUMÉ.

I. La lumière n'est pas constituée par le mouvement oscillatoire du fluide appelé *éther*, ainsi que l'admettent quelques physiciens.

II. Elle n'est pas composée d'atomes d'un volume limité, comme l'admettent d'autres physiciens.

III. Elle est composée d'atomes ou de molécules dont le volume augmente indéfiniment par l'*élasticité*, qui est le mouvement indéfini déposé dans les éléments de ces molécules.

Ces molécules ont une existence réelle; elles sont de sept espèces aussi bien dans la lumière que dans la chaleur.

Conclusion. Ces deux systèmes ne s'excluent pas l'un l'autre; tous deux ensemble, au contraire, constituent le *système complet* de la *Panépistème*.

SECTION II.

DE LA PROPAGATION DE LA LUMIÈRE PAR L'UNION DES SYSTÈMES DE L'ÉMISSION
ET DES ONDULATIONS.

Nous avons vu éteinte à jamais l'interminable dispute
des physiciens qui admettaient le système de l'émission et
de ceux qui admettaient le système des ondulations. Les uns
et les autres pourront être satisfaits en voyant que le système qu'ils suivaient n'était pas de nature à être infirmé par
celui de leurs adversaires; et ce qui paraîtra plus surpre-
nant encore, c'est que l'un de ces deux systèmes ne peut
pas exister sans l'autre.

Si les physiciens eussent su que le mouvement indéfini V
est déposé dans l'électre e dont consistent les éléments primitifs des fluides impondérables et des corps, ils n'auraient
pas tant disputé, parce que de ce mouvement même il résulte que les atomes ou les molécules d'un fluide accumulés
quelque part ne peuvent se répandre dans l'espace que par
répulsion et contre-répulsion ou par *systoles et diastoles*,
en formant des surfaces sphériques $S', S''... S^{n-1}, S^n, S^{n+1}...$
homocentrales et séparées l'une de l'autre par l'intervalle
ou la longueur égale λ; de sorte que le rayon de ces surfaces
est $\lambda, 2\lambda... (n-1)\lambda, n\lambda, (n+1)\lambda...$

Le mouvement V déposé dans les éléments des fluides et

des corps est connu des physiciens; M. Fresnel l'a même
constaté directement dans le fluide admis dans l'espace et
appelé *éther;* il n'est pas cependant nommé *mouvement*,
mais *élasticité,* c'est-à-dire la tendance que possèdent les
molécules de l'air et de toutes espèces de fluide à se raréfier
en exerçant des mouvements en directions divergentes. Pour
faire cesser toute discussion, il suffira de remplacer le mot
élasticité par les mots *mouvement déposé.*

Il n'y a donc plus besoin ni de ces atomes inertes matériels et immatériels, ni de ces forces qu'on mettait si gra-
tuitement en scène et qui, en réalité, n'existent nulle part.
C'est contre ces deux *fantômes* qu'ont lutté les physiciens de
tous les temps. La Panépistème est venue dissiper tous ces
brouillards qui masquaient la vérité aux yeux de l'homme,
et lui a permis de reconnaître que le *pycnoélectre,* l'*aréoélectre* et le *mouvement* sont la *Trinité* qui a créé le Monde et
qui l'entretiênt.

I. Les *forces,* chose imaginaire, ne sont que le mouvement V déposé dans l'électre.

II. L'*affinité,* admise comme cause de la production des
combinés, est l'*inégalité des densités* $\delta + \delta'$ et δ de l'électre
dans les deux électrosphères.

III. Enfin, la *matière* est ce même électre des deux électrosphères qui a une égale densité dans le seul espace
énastre II. Cet état isopycne de l'électre ou d'égale densité
1° est la cause de la pesanteur quand on le considère dans
les corps, et il correspond au mot *matière;* 2° cet électre,
affluant vers l'espace énastre II et vers les corps, correspond
au mot *pesanteur* ou *gravitation.*

De la masse totale Φ et Θ de lumière et de chaleur dont a
été imbibée la masse U totale d'eau produite, une partie Φ' et
Θ', séparée de ces vapeurs, se propage en directions centrifuges vers les limites de l'espace sans qu'il se produise
nulle part la moindre perte. Les quantités Φ'' et Θ'' de rayons
éloignés en une unité de temps des surfaces des corps lu-

mineux y sont remplacées par d'autres qui proviennent des masses centrales de vapeurs brûlantes.

Chaque surface sphérique S en reçoit à la fin de chaque paire d'unité de temps $2nt$ les molécules ou les atomes $\mu\varphi$ et $(\mu + 2\mu')\varphi$ de lumière en directions convergentes des surfaces voisines S^{2n-1} et S^{2n+1}, et elle reçoit ces molécules toujours en quantités inégales.

De la surface inférieure S^{2n-1} arrive la quantité supérieure $(\mu + 2\mu')\varphi$ et de la surface externe S^{2n+1} arrive la quantité inférieure $\mu\varphi$. Ainsi s'opère la *systole* dans la surface S^{2n} par la somme $2\varphi(\mu+\mu')$ de molécules; dont la contre-répulsion mutuelle, ou la *diastole*, fait se diviser cette masse en deux moitiés $\varphi(\mu+\mu')$ et $\varphi'(\mu+\mu')$, dont l'une *recule en direction centripète pour arriver à la surface S^{2n-1}*, et l'autre avance en direction centrifuge pour arriver à la surface S^{2n+1}.

Ainsi restent vides la surface paire S^{2n} et tous les autres homonymes, tandis que sont pleines, ou en systole, les surfaces impaires S^{2n-1}, S^{2n+1} et tous les autres homonymes. L'intervalle λ qui sépare la surface S^{2n} de celle S^{2n-1} qui est l'inférieure, a été parcouru par les molécules $(\mu+2\mu')\varphi$ en direction centrifuge, et par les molécules $(\mu+\mu')\varphi$ en direction centripète; au contraire l'intervalle égal λ qui sépare cette surface S^{2n} de la surface supérieure S^{2n+1} a été parcouru par les molécules $\mu\varphi$ en direction centripète, et par les molécules $(\mu+\mu')\varphi$ en direction centrifuge.

Il y a donc un excédant de $2\mu'\varphi$ de molécules $(\mu+2\mu')\varphi$ qui arrive à la surface S^{2n} de la part du corps lumineux en directions convergentes avec les molécules $\mu\varphi$ arrivant de la surface S^{2n+1}. Après la diastole les masses égales $(\mu+\mu')\varphi$ s'éloignent de la surface S^{2n} en directions divergentes : l'intervalle λ, du côté du corps lumineux, est ainsi parcouru par une masse $(\mu+\mu')\varphi$ inférieure à la précédente $(\mu+2\mu')\varphi$, et l'intervalle λ externe est parcouru par une masse $(\mu+\mu')\varphi$ supérieure à la précédente $\mu\varphi$.

I. La masse $\mu\varphi$ de molécules égale des deux côtés de la surface S^{in} se trouve en un état d'oscillation ; elle exerce un va-et-vient en deux unités de temps en parcourant l'intervalle λ en deux directions opposées. Ces va-et-vient sont les ondulations admises comme **système des ondulations** par une partie des physiciens.

II. La masse $\mu'\varphi$ de molécules passe en une unité de temps en direction centrifuge d'une surface inférieure S^{in-1} à une autre supérieure S^{in} ou plus éloignée du corps lumineux. Cet éloignement des molécules $\mu'\varphi$ du corps lumineux est admis comme **système d'émission** par une autre partie de physiciens.

III. **Union des deux systèmes de propagation de lumière.** Il y a des *ondulations* ou des va-et-vient opérés par les molécules stationnaires $\mu\varphi$; il y a aussi une *émission* des molécules $\mu'\varphi$ qui s'éloignent continuellement du corps lumineux, et cela non pas à la manière des projectiles dont le volume reste le même, mais comme les molécules de fluides dont le volume est illimité, parce qu'il augmente dans toutes les directions pour rétablir l'équilibre, ainsi que cela a été constaté directement par M. Fresnel.

I. — LUMIÈRE SPÉCIFIQUE, LUMIÈRE STATIONNAIRE, LUMIÈRE PROPAGÉE.

Outre les masses $\mu'\varphi$ de *lumière propagée*, et les masses $\mu\varphi'$ de *lumière stationnaire*, il y a encore les atomes $\mu''\varphi''$ de *lumière spécifique* qui se trouve combinée avec les éléments matériels des corps, et pour cela elle ne peut ni se propager comme la lumière $\mu'\varphi$ ni osciller comme la lumière $\mu\varphi'$.

Cette lumière spécifique $\mu''\varphi''$ se trouve seulement dans les corps et elle est en quantité ou en densité différente dans chaque espèce de corps. Les effets de la lumière spécifique sont d'exercer une résistance contre les deux autres espèces de lumière. Ainsi 1° la lumière stationnaire $\mu\varphi'$ obtient une densité $\delta + \delta'$ supérieure dans les corps, et 2° diminue la vitesse de la propagation des atomes $\mu'\varphi$ de la lumière en propagation.

Dans chaque corps est différente la quantité $\mu''\varphi''$ d'atomes de lumière spécifique; 1° pour cette raison sont également différentes les quantités $\mu\varphi'$ de lumière stationnaire, et 2° sont différentes les longueurs $\lambda - l$ parcourues en chaque unité de temps dans les corps par la lumière $\mu'\varphi$ propagée.

II. — PROPAGATION DE LA LUMIÈRE PAR LE MILIEU DES CORPS.

Il y a des corps qui laissent s'écouler la lumière $\mu'\varphi$ par l'espace qu'ils occupent. 1° Dans le système d'émission on admettait des *pores* ou des espaces vides qui séparent les atomes matériels, et 2° dans le système des ondulations on admettait les mêmes pores, mais occupés par l'éther. Pour ne pas détruire la direction rectiligne des atomes de lumière émis ou du mouvement communiqué à l'éther des éléments des corps lumineux, on a admis que les pores, aussi spacieux que les atomes de l'air, ne doivent arrêter aucun des atomes de lumière qui parcourent l'épaisseur de l'atmosphère.

Mais quand il s'agit de l'air, les mêmes physiciens affirment qu'un vase volumineux en recevant une seule molécule d'air s'en remplit sans laisser vide le moindre espace, et cependant le nombre des atomes reste le même, alors même que le volume de ces atomes est supposé limité et immuable !

Ces controverses doivent disparaître pour toujours, car les corps transparents sont comme les corps humides qui sont les seuls qui laissent s'écouler l'eau qui s'y trouve pour céder sa place à celle qui arrive ; les métaux ne laissent pas s'écouler l'eau, non pas à cause de manque de pores ; mais à cause de manque d'eau à l'état stationnaire. (Voir, dans l'Électrostatique, l'article *Endosmose*, p. 553.)

Les corps transparents sont donc imbibés de lumière stationnaire $\mu\varphi'$, et quand celle-ci éprouve une pression P exercée de la part des atomes $\mu\varphi$ arrivant sur la face antérieure f du corps, les atomes $\mu\varphi$ commencent à s'écouler de la face postérieure f', et l'écoulement s'opère suivant les lois statiques, précisément comme s'opère l'écoulement de l'eau suivant les mêmes lois.

III. — MODIFICATION DE LA PROPAGATION DE LA LUMIÈRE PAR LES CORPS.

De ces modifications les unes se conservent seulement tant que les atomes $\mu'\varphi$ de lumière parcourent les corps, et les autres se conservent dans ces atomes $\mu'\varphi$ après être sorties de ces corps. En comparant la lumière à une masse M d'eau qui entre dans un étang par son embouchure supérieure ε, tandis qu'une masse égale M s'écoule de son embouchure inférieure ε', on peut distinguer : 1° la vitesse inférieure que possède le courant entre les deux embouchures, et 2° les changements de la direction de l'écoulement de l'eau en pénétrant dans l'étang par l'embouchure ε et en sortant par celle ε'.

I. Les atomes $\mu'\varphi$ de lumière s'écoulent de la face antérieure f par le milieu des corps avec une vitesse inférieure, pour arriver à la face postérieure f', car au lieu de parcourir en une unité de temps la longueur λ comme dans le vide, ils y parcourent la longueur inférieure $\lambda - l$.

Ces atomes $\mu'\varphi$ en pénétrant dans la face f éprouvent une résistance $r + r'$ dans les atomes stationnaires $\mu\varphi'$ dont la densité $\partial + \partial'$ est supérieure à celle ∂ des atomes $\mu\varphi'$ dans le vide. Les atomes $\mu'\varphi$ incidents éprouvent une répulsion R des atomes $\mu\varphi'$ stationnaires, et cette répulsion n'est égale de tous les côtés que dans le seul cas où ils arrivent verticalement sur la face f du corps.

En s'éloignant de cette direction la répulsion est toujours supérieure de la part de la direction verticale abandonnée, et cela fait changer la direction des atomes $\mu'\varphi$ affluents.

Avec cette obliquité des atomes $\mu'\varphi$ diminue aussi la pression P^2 exercée de la part de ces atomes $\mu'\varphi$ sur la face f ou sur les atomes stationnaires $\mu\varphi'$, car cette pression P^2 est exercée sur les atomes $\mu\varphi'$ quand arrivent les atomes $\mu'\varphi$ en direction verticale.

Les atomes $\mu'\varphi$ de lumière en sortant verticalement de la face f' postérieure n'éprouvent aucune déviation ; mais, dans toutes les directions obliques, ils éprouvent d'un côté la répulsion $R + R'$ et de l'autre la répulsion inférieure $R - R'$.

II. Pour revenir à l'écoulement de l'eau de l'embouchure ϵ' inférieure, cet écoulement peut former un courant commun composé de mille autres réunis. Mais si l'on admet que l'espace de l'étang soit traversé perpendiculairement par deux systèmes de barrages ou de cloisons en plans parallèles, dans chacun de ces deux systèmes s et s', l'eau s'écoulera de l'embouchure ϵ' en deux directions, l'une perpendiculaire à l'autre, qui sont déterminées par les directions des deux systèmes s et s' de cloisons. Pour faire disparaître l'un des deux systèmes de direction de l'écoulement, il faut que l'un ou l'autre de ces systèmes de cloisons prenne la direction qui unit les deux embouchures ϵ et ϵ'.

Admettons maintenant un troisième système s'' horizontal de cloisons : dans ce cas, il ne se manifeste aucun dérangement dans les directions des deux courants déterminées par les cloisons des deux autres systèmes s et s' verticaux sur la surface de l'eau et sur l'horizon.

III. Les corps ne consistent pas en une masse de molécules accumulées en état amorphe ; mais ces molécules sont arrangées d'après trois systèmes s, s', s'' composés chacun des plans ou des couches c, c, c... c', c', c'... c'', c'', c''... de molécules matérielles. 1° Dans le système s'' horizontal, les couches c'', c'', c''... sont parallèles entre elles et séparées l'une de l'autre par un intervalle l''. 2° Dans les deux systèmes s et s' verticaux, les couches c, c, c... sont parallèles entre elles et les couches c', c', c'... également parallèles entre elles et verticales aux couches c'' c'' c... et aux couches c, c, c... des deux autres systèmes. Ces systèmes des couches verticales peuvent être bien distingués dans les cristaux ; ils n'existent pas dans le verre, dans l'eau ni dans la glace.

Les atomes $\mu'\varphi$ entrent par la face antérieure f d'un cristal comme ils entrent par la face f d'un verre ou d'une glace qui a la même forme et les mêmes dimensions que le cristal. Les atomes $\mu'\varphi$ qui s'écoulent en même temps de la face postérieure f' forment, dans le verre ou dans la glace, un courant simple comme l'est celui qui entre, mais les atomes $\mu'\varphi$ qui sortent de la face du cristal, s'écoulent séparés suivant les directions des couches c, c, c... et des couches c', c', c'...

1° Si les atomes $\mu'\varphi$ arrivent dans la direction des couches c', c', c'..., ils s'écoulent tous suivant les intervalles l qui séparent ces couches l'une de l'autre, et en ce cas il ne s'écoule aucun atome φ par les intervalles l' qui séparent les couches c', c', c'... l'une de l'autre. 2° Si, après avoir tourné de 90°, le cristal laissant la direction de la lumière la même, ou si, le cristal restant dans sa position, la direction de la lumière décrit l'arc 90°, les atomes $\mu'\varphi$ de lumière s'écoulent alors par les intervalles l qui séparent les couches c, c, c..., et en ce cas il ne s'écoule aucun atome φ par les intervalles l' entre les couches c', c', c'...

3° Entre ces deux positions une quantité $q'\varphi$ de la lumière s'écoule par les intervalles l, et le reste $(\mu' - q')$ s'écoule par les intervalles l des couches c, c, c... du système s. La somme $q'\varphi + (\mu' - q')\,\varphi'$ de lumière écoulée est toujours $\mu'\varphi$

et elle est égale à celle $\mu'\varphi$ qui pénètre par la face antérieure f.

La quantité q' est nulle quand la lumière $\mu'\varphi$ arrive en directions parallèles aux couches $c, c, c\ldots$; alors est nul aussi l'angle γ; si le cristal commence à tourner, l'angle γ croît; en même temps croît la quantité $q'\varphi$ de lumière et diminue la quantité $(\mu' - q')\varphi$; quand l'angle est $\gamma = 90°$, la quantité $q'\varphi$ est égale à $\mu'\varphi$ ou $q' = \mu'$, et alors toute la lumière s'écoule par les intervalles f'.

IV. — RÉFLEXIONS DE LA LUMIÈRE.

Les atomes de lumière $\mu'\varphi$ exercent le maximum P de pression sur leurs homonymes contenus dans les corps, quand ils arrivent verticalement sur la face antérieure mm' (fig. 6). Les atomes stationnaires $\mu\varphi'$ transmettent cette pression totale dans la face postérieure f' quand elle est parallèle à la face f, pour pouvoir recevoir ladite pression P en direction verticale pt.

Figure 6.

En s'éloignant de cette direction, si les atomes $\mu\varphi'$ arrivent obliquement sous l'angle $90° - \Gamma$ avec la face mm', la pression diminuera et elle sera alors exprimée par le $\sin^2(90° - \Gamma)$. Quand cette pression est égale à la répulsion R exercée de la part des atomes $\mu'\varphi$ stationnaires, les atomes $\mu'\varphi$ n'obéissent plus qu'à la pression horizontale exprimée par $\cos^2(90° - \Gamma)$, parce que la pression totale est $P^2 = \sin^2(90° - \Gamma) + \cos^2(90° - \Gamma)$.

En ce cas l'angle $\Gamma = tip$ est limité, parce que s'il augmentait davantage, la pression $\sin^2(90° - \Gamma)$ deviendrait inférieure à la répulsion R, et alors les atomes $\mu'\varphi$ de lumière obéiraient à la répulsion R et à la pression horizontale $\cos^2 (90° — \Gamma)$; ces atomes avancent au delà de la normale, mais au lieu de s'éloigner de la face f de son côté inférieur, ils s'en éloignent de son côté supérieur.

La résistance R exercée de la part des atomes $\mu\varphi'$ stationnaires est proportionnelle à la densité $\delta + \delta'$ de ces atomes, et cette densité $\delta + \delta'$ est proportionnelle à celle $d + d'$ des atomes $\mu''\varphi''$ spécifiques. La résistance R est également proportionnelle aux couches matérielles c'', c'', c''... du corps par lesquelles doit être transmise la pression P^2 de la couche superficielle f jusqu'à la couche f' de la face postérieure.

Si les atomes $\mu'\varphi$, après avoir pénétré dans un corps, arrivent obliquement dans sa face postérieure f, ils ne le pénètrent pas, mais ils en sont repoussés pour s'en éloigner, et traversant de nouveau le corps, ils en sortent par la même face f par où ils sont entrés.

En admettant que l'épaisseur du corps est presque nulle, dans ce dernier cas les atomes $\mu'\varphi$ doivent pénétrer dans la couche c superficielle des atomes stationnaires $\mu\varphi'$, et éprouver une répulsion R de la part des atomes $\mu''\varphi''$ stationnaires pour s'en éloigner, et traversant de nouveau cette couche c, ils en sortent par la face f, par où ils sont entrés, en obéissant à la répulsion verticale R et à la pression horizontale $\cos^2 (90° — \Gamma)$.

V. — CORPS OPAQUES.

Les corps transparents laissent s'écouler par leur face postérieure f' la lumière stationnaire $\mu\varphi'$ repoussée par la lumière $\mu'\varphi$ qui arrive à la face antérieure f; mais cet écoulement cesse d'avoir lieu quand augmente l'épaisseur du corps ou la distance entre les deux faces f et f'. Par exemple, le fond de la mer est visible à une profondeur de 10 mètres et il ne l'est pas dans une profondeur de 100 mètres. Durant la lumière de la pleine Lune, le fond de la mer n'est pas visible à la profondeur de 10 mètres, tandis qu'il l'est à la profondeur de 2 mètres.

Les métaux ne sont pas transparents parce que les atomes stationnaires $\mu\varphi'$ ne s'écoulent pas de l'extrémité postérieure pour céder leur place aux atomes $\mu'\varphi$ qui arrivent. Le carbone $C^2 = HO\theta H^3 \ddot{E}^6 \varphi^3$ est l'élément essentiel des métaux ; il n'y entre qu'une quantité médiocre d'hydrogène. C'est donc cette masse $\mu''\varphi''$ de lumière spécifique qui résiste à la translation des atomes stationnaires $\mu\varphi'$ d'une face f à l'autre f'.

Il se présentera plusieurs séries de faits qui permettront de constater l'existence des grandes densités d'atomes $\mu''\varphi''$ de lumière spécifique dans les métaux, pour prouver qu'ils consistent en effet dans les mêmes éléments matériels que le diamant, et que leurs différences proviennent de leurs éléments impondérables.

CHAPITRE PREMIER.

DE LA RÉFRACTION DES RAYONS ET DE LEUR RÉFLEXION.

La propagation des atomes $\mu'\varphi$ de lumière s'opère dans le vide par une destruction continuelle d'équilibre entre 1° les quantités $(\mu + 2\mu)\varphi$ d'atomes qui arrivent à chaque systole de la part du corps lumineux en direction centrifuge et 2° les atomes $\mu\varphi$ qui y arrivent en direction centripète. Le même mode de propagation a lieu quand les atomes $\mu'\varphi$ parcourent un espace vide et un espace occupé par les molécules matérielles d'un corps.

Dans ces deux cas, la différence ne consiste que dans les atomes $\mu\varphi'$ de lumière stationnaire qui ont, dans le vide, une densité δ inférieure à celle $\delta + \delta'$ des atomes stationnaires dan les corps, et cette densité $\delta + \delta$ est d'autant plus grande dans chaque corps, qu'est plus grande aussi la lumière spécifique $\mu''\varphi''$ contenue en quantités différentes dans les molécules matérielles.

La quantité $q\varphi$ d'atomes φ de lumière occupe dans le vide une longueur λ, et dans les corps elle occupe une longueur $\lambda - l$ qui est d'autant plus courte que la densité $\delta + \delta'$ des atomes stationnaires $\mu\varphi'$ est plus grande. La quantité $q\varphi$ d'atomes ne peut avancer sans qu'une place leur ait été cédée d'abord par les atomes $q\varphi$ *isarithmes*. Mais dans le vide ces atomes occupent la longueur λ, et dans les corps ils occupent la longueur $\lambda - l$. Il s'ensuit qu'une longueur $\alpha\lambda$ et une autre inférieure $\alpha(\lambda - l)$ sont parcourues en αt unités de temps, si la grande longueur $\alpha\lambda$ est dans le vide et la petite $\alpha(\lambda - l$ dans l'intérieur du corps.

Mais si la même longueur $\alpha\lambda$ est dans le corps et dans le vide, le temps $T = \frac{\alpha\lambda}{\lambda}t$ est nécessaire dans le vide, et le temps $T' = \frac{\alpha\lambda}{\lambda - l}t$ dans le corps. Ces durées de temps T et T' sont en raison inverse des longueurs λ et $\lambda - l$ parcourues en une unité t de temps quand la distance à parcourir est la même.

Un changement de direction dans la propagation des atomes $\mu'\varphi$ de lumière est donc aussi impossible dans le vide où la densité des équivalents $\mu\varphi$ stationnaires est δ, que dans les corps où la densité est supérieure, c'est-à-dire $\delta + \delta'$; mais la propagation ne peut pas rester rectiligne dans les cas où les atomes $\mu'\varphi$ passent d'un milieu d'une densité δ dans une autre d'une densité supérieure $\delta + \delta'$. Le même effet a lieu quand les mêmes atomes $\mu'\varphi$ sortent d'un milieu où les atomes $\mu\varphi'$ stationnaires ont une densité $\delta + \delta'$ pour passer dans un autre où les atomes stationnaires ont une densité inférieure δ.

Figure 7.

Avant d'exposer les faits, il faut fixer les points de discussion suivants :

1° *Point d'incidence ou point d'immersion*, c'est-à-dire le point i (fig. 7) de la surface lm du corps où arrivent les atomes $\mu\varphi$ de lumière qui constituent le rayon si.

2° Ce rayon si, composé des atomes $\mu\varphi$, est nommé *incident*; le *rayon émergent* est ir qui est composé des atomes $\mu\varphi$ qui s'écoulent de la surface $l'm'$ postérieure du corps.

3° *Point d'émergence ou d'émersion :* c'est le point i' de la surface postérieure l'm' du corps dont s'écoulent les atomes $\mu\varphi$ de lumière.

4° *L'angle d'incidence* $\sin = \gamma$ est formé du rayon si incident et de la normale in au point i d'incidence.

5° *Le plan d'incidence* passe par les deux côtés is et in de l'angle γ d'incidence.

6° *Le rayon incident* si éprouve en i une déviation de sa direction et donne naissance au *rayon réfracté* li'.

7° *L'angle de réfraction* est formé du rayon réfracté li' et de la normale in' : il est i'in' $= \gamma'$.

8° *Déviation,* c'est-à-dire l'angle $\gamma'' = $ sil' formé du rayon incident si et du rayon réfracté i'l.

9° *L'angle de réflexion* s''in est formé de la normale in et du rayon is de réflexion.

10° *Le plan de réflexion* passe par les deux côtés is et li'' de l'angle de réflexion, et il coïncide avec le plan d'incidence.

11° *Indice de réfraction,* c'est le rapport $n = \dfrac{\lambda}{\lambda - l} = \dfrac{\delta + \delta'}{\delta}$ entre les densités $\delta + \delta'$ et δ des atomes $\mu\varphi$ de lumière stationnaire dans les corps et dans le vide; de ces densités dépendent les longueurs λ et $\lambda - l$ parcourues par les atomes $\mu\varphi$ en une unité de temps dans le vide ou dans les corps; ainsi, pour chaque corps est différente la valeur du n, parce qu'elle augmente avec la densité $\delta + \delta$ des atomes stationnaires $\overset{\dots}{\mu}\varphi$.

I. — CAUSE DE LA RÉFRACTION.

La propagation des atomes $\mu'\varphi$ de lumière est toujours entretenue par une pression p exercée de la part des atomes Φ émis en une unité de temps de la part du corps lumineux; elle ne s'interrompt que dans le seul cas où s'interrompt cette pression p, et cela est possible, quand cessent de s'écouler les atomes Φ ou quand est interrompue leur propagation. Cette interruption de propagation des atomes $\mu\varphi$ se manifeste comme une extinction du corps lumineux.

Un rayon ne peut jamais être considéré comme une ligne mathématique, car il a toujours une expansion et une épaisseur; pour cette raison c'est un cylindre ou un prisme à base λ^2 composé d'atomes φ de lumière, comme un filet d'eau est composé d'atomes d'eau HO.

Les atomes stationnaires $\mu\varphi'$ en densité $d+\partial$ forment dans la surface des corps une couche e très-mince que doivent pénétrer les atomes incidents $\mu'\varphi$; pour que l'espace de cette couche soit occupé par ces atomes $\mu'\varphi$, il faut que les atomes stationnaires s'en soient éloignés. Ici se présentent deux cas : les atomes incidents $\mu'\varphi$ peuvent arriver en direction verticale sur la surface du corps, ou ils peuvent y arriver obliquement.

Quant au rayon émergent, le même effet a lieu : les atomes $\mu'\varphi$ peuvent s'écouler en direction verticale sur la surface postérieure $m'l'$ du corps, où ils peuvent s'écouler obliquement. Un écoulement des atomes $\mu'\varphi$ de la face f' postérieure a lieu seulement dans les corps transparents, et sans un écoulement pareil des atomes $\mu'\varphi'$ de cette face, la pénétration des atomes $\mu'\varphi$ par la face f antérieure du corps est impossible de même que l'eau ne peut pénétrer dans un vase plein par l'orifice supérieur que quand il y a un écoulement par l'orifice inférieur.

I. **Direction verticale du rayon incident.** Une telle direction peut avoir lieu sur les deux faces f et f' du corps si elles sont parallèles, et si les atomes $\mu'\varphi$ s'écoulent par le point i d'émergence pour céder la place aux atomes $\mu'\varphi$ homonymes qui pénètrent par le point i d'incidence; il se forme ainsi entre ces deux points i et i' un courant de lumière nommé *photorrheume* ($\varphi\tilde\omega\varsigma$, lumière; $\rho\varepsilon\tilde\upsilon\mu\alpha$, courant). La quantité $q\varphi$ d'atomes pénètre par le point i d'incidence, et la même quantité $q\varphi$ s'écoule du point i', de sorte que l'é-

tat physique du corps n'éprouve en réalité aucun changement; il reste, après l'interruption du courant, dans le même
état où il était antérieurement; il y a en outre une petite
quantité $q'\varphi$ d'atomes de lumière qui reste accumulée sur la
face f pour se disperser dans l'obscurité et produire les faits
d'insolation déjà expliqués.

Le rayon d'une longueur in' égale à l'épaisseur du corps
contient dans le corps la quantité $\alpha\varphi(\lambda - l)$ d'atomes de
lumière qui est contenue dans le rayon de la longueur
$in = \alpha\varphi\lambda$ supérieure dans le vide, où la densité des atomes
φ' stationnaires est inférieure, c'est-à-dire δ. La quantité $q\varphi$
de lumière du rayon ni ne peut pénétrer dans le corps qu'a-
près l'écoulement de la quantité égale du rayon in' moins
long. Ainsi il s'écoule la même quantité d'atomes φ de lumière en distances différentes, et telle est la cause qui produit un retard dans l'écoulement des atomes φ de lumière
par le milieu des corps. La propagation n'éprouve aucune
déviation, parce que les atomes $\mu'\varphi$ de lumière incidente
éprouvent de la part de leurs homonymes stationnaires de
la couche superficielle c une répulsion R égale de tous les
côtés.

Cette répulsion R doit toujours être inférieure à la pression P pour que les atomes φ puissent s'écouler du point n'
d'émergence, et céder leur place à leurs homonymes incidents φ, parce que, sans un éloignement pareil des atomes
stationnaires φ', la pénétration des autres devient impossible.

Si le corps reste le même, la répulsion R ou la résistance
de sa part augmente avec son épaisseur, et ainsi elle peut
toujours devenir suffisante pour résister à la pression P de
la part des atomes incidents $\mu'\varphi$: en pareil cas, le corps
qui était transparent avec une épaisseur ε, ne l'est plus
avec une épaisseur supérieure $\varepsilon + \varepsilon'$; ce qui prouve que les
corps transparents sont tels seulement pour une certaine
épaisseur ε limitée.

Les corps cessent d'être transparents, 1° quand augmente la résistance R par l'augmentation de l'épaisseur $\epsilon + \epsilon'$, et 2° quand diminue la pression P; celle-ci est grande pour les atomes $M\varphi$ de la lumière du Soleil, et petite $P - p$ pour les atomes $\mu\varphi$ de la lumière de la Lune.

II. **Direction oblique du rayon incident.** Ce cas diffère du précédent en ce que les atomes $\mu'\varphi$ de la base λ^2 du prisme dont le volume composé d'atomes φ de lumière constitue le rayon incident si (fig. 6), n'atteint pas immédiatement la surface lm du corps, mais que ce sont les atomes φ du côté inférieur qui éprouvent les premiers la répulsion R, et pour cela un retard dans leur avancement, tandis que les atomes φ''' du côté supérieur de la base λ^2, en parcourant la longueur λ, doivent décrire un arc de l'angle $sis' = \gamma''$ pour venir en contact avec les atomes stationnaires φ' de la couche superficielle c.

1° *Réfraction dans la face d'incidence.* Il s'opère ici sur les atomes incidents $\mu'\varphi$, 1° une pression P qui les sollicite vers le point li' d'émergence, et 2° une répulsion R qui repousse ces mêmes atomes $\mu'\varphi$ dans la direction de la verticale qui est en sens contraire à celui de la pression P. La différence $P - R$ de ces deux pressions détermine une déviation $i'ii' = \gamma''$ des atomes $\mu'\varphi$ vers la normale. Ainsi le rayon réfracté ii' produit avec la normale in' un angle de réfraction $\gamma' = n'ii'$ $= n'ii - i'ii' = \gamma - \gamma''$.

2° *Réfraction dans la face d'émergence.* Le rayon réfracté ii' est ici rayon incident sur la face $l'm'$ postérieure; ses atomes $\mu'\varphi$ de lumière éprouvent la pression P qui les sollicite vers le point r qui est dans le prolongement de ce rayon ii', mais les atomes φ du côté inférieur de la base λ^2 arrivés les premiers sur la couche superficielle c des atomes stationnaires φ', en éprouvent une répulsion R dans le sens de la pression P, et ils décrivent un arc de l'angle rir' en s'éloignant de la normale, pour prendre la direction ir. Pour décrire cet arc, les atomes parcourent la longueur λ, tandis que les atomes φ''' de l'extrémité supérieure de la base λ^s parcourent la longueur $\lambda - l$ dans la couche c.

Si les deux surfaces lm et $l'm'$ du corps sont parallèles, l'angle $\gamma'' = sis$ de déviation de l'incidence est égal à celui $r'i'r$ d'émergence, parce que ces deux déviations sont produites de la même quantité d'atomes $(q + q')\varphi'$ contenus dans l'angle obtus $90 + \gamma$, ou l'une et l'autre de ces déviations sont produites par l'excédant $2q'\varphi'$ d'atomes d'un côté.

Dans la surface d'incidence la déviation a lieu vers la normale, parce qu'elle est le résultat de la différence $a\lambda - a(\lambda - l)$ du chemin qu'ont parcouru les atomes φ''' et φ des deux extrémités de la face de la coupe λ^s du rayon.

Dans la surface $l'm'$ d'émergence, la déviation s'opère en sens contraire par un éloignement de la normale in, et cela parce qu'elle est le résultat de la même différence $a\lambda - a(\lambda - l)$ du chemin qu'ont parcouru les atomes φ et φ'''. 1° Dans la face ml les atomes φ de l'extrémité inférieure de la coupe λ^s arrivent avant les atomes φ''' de l'extrémité supérieure. 2° Dans la face $l'm'$ les atomes φ arrivent aussi les premiers, mais ce sont ceux-ci qui parcourent la plus grande longueur $a\lambda$.

III. Relations constantes entre l'angle d'incidence et les longueurs parcourues. Dans le cas où la direction du rayon incident est verticale, les atomes $\mu'\varphi$ n'éprouvent aucune déviation, et la vitesse est en raison inverse de la densité $\delta + \delta'$, ou $\dfrac{\delta}{\delta + \delta'} = \dfrac{\lambda - l}{\lambda}$.

Dans les cas où le rayon incident est oblique, les atomes $\mu'\varphi$ ne parcourent pas dans le corps le chemin ii' qu'ils auraient dû parcourir si l'espace eût été vide, mais par suite de la déviation que nous avons indiquée, ils s'approchent de la normale pour parcourir le chemin le plus court ii', et ainsi l'écoulement des atomes émergents $\mu'\varphi$ s'opère par le point i' le moins éloigné de la verticale nn' que le point l'.

Les deux longueurs is et ii' sont liées entre elles par

le même rapport $a(\lambda - l):a\lambda$ de la déviation qui exprime l'éloignement des atomes $\mu'\varphi$ de la verticale dans les deux densités $\delta + \delta'$ et δ; ainsi $\frac{ei}{ii'} = \frac{\delta}{\delta + \delta'} = \frac{\lambda - l}{\lambda} = \frac{1}{n}$. Les triangles iec et $ii'c$ ont commun le côté $ic = ie$ $\sin \gamma = ii \sin \gamma'$, et $\frac{\sin \gamma}{\sin \gamma'} = \frac{ii'}{ie} = \frac{\lambda}{\lambda - l} = n$. Ce résultat, conforme à celui obtenu par l'observation directe, est bien décrit dans tous les ouvrages, mais la cause en était inconnue; aussi est demeurée inexplicable une série de faits qui vont être rapportés dans la suite.

IV. **Prismes.** Si les deux surfaces lm et $l'm'$ (fig. 6) du corps sont parallèles, l'angle de réfraction $\gamma' = si'n$ de la surface $l'm'$ est égal à l'angle $n''iv' = cii$ qui est l'angle γ d'incidence dans la surface postérieure $l'm'$. Cet angle de réfraction γ' est produit par l'angle γ'' de déviation $= a\lambda - a(\lambda - l)$ qui a lieu vers la normale contre le sens de la propagation; c'est ce que produit la différence $\gamma - \gamma'' = \gamma'$ entre l'angle γ d'incidence et l'angle γ'' de la déviation.

Dans le rayon ir, la propagation et la déviation obtenue par $a\lambda - a(\lambda - l)$ ont lieu dans le même sens; c'est pour cette raison que les atomes $\mu'\varphi$ éprouvent, en s'éloignant de la normale, une déviation $r'i'r = sii'$ égale à celle qu'ils ont éprouvée en s'en approchant.

Dans le cas où les deux surfaces lm et $l'm'$ (fig. 8) sont

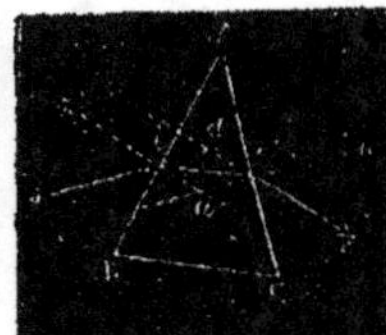

Figure 8.

inclinées l'une vers l'autre pour se rencontrer et former une arête ou un angle a, les normales in et $i'n$ élevées aux points i et i' d'incidence et d'émergence se rencontrent en n et forment l'angle a. En pareil cas, il reste le rayon ii', et la normale ai s'en approche en décrivant l'arc de l'angle a. L'angle iia d'incidence diminue donc dans la surface postérieure; aussi voit-on diminuer l'angle γ'' de la déviation qui devient $\gamma'' - \beta$. Le rayon émergent *ie* s'éloigne donc moins de la normale *i'n*; aussi n'est-il pas parallèle au rayon incident *si*. Ces deux rayons *si* et *ei'* se rencontrent en d et forment un angle *x* qui est en rapport constant avec l'angle *a* où l'arête produit dans la rencontre des faces AC et AB; cet objet sera développé plus loin.

II. — ANGLE-LIMITE.

On nomme ainsi le plus grand angle *iip* (fig. 6) d'incidence, qui est formé de la normale et du rayon incident dont les atomes $\mu'\varphi$ de lumière peuvent pénétrer dans un corps transparent. L'existence d'un angle-limite différent pour chaque corps est, pour les physiciens, un fait constaté par l'expérience, tandis qu'ici l'angle-limite est déduit directement de la transparence des corps et de la cause de la réfraction des rayons.

Si les atomes $\mu\varphi'$ de lumière stationnaire avaient partout une densité égale, il ne serait pas possible aux atomes $\mu'\varphi$ en écoulement de parcourir des longueurs inégales en une unité de temps; au contraire, les longueurs parcourues étant inégales, conduisent à connaître l'existence des densités inégales des atomes stationnaires. Il est vrai que ce même résultat a été atteint par M. Fresnel, qui admet l'éther dans les corps en une densité plus grande que dans le vide. Mais ce n'est pas tout, et ce physicien a constaté que, dans chaque corps, l'éther a une densité différente, sans que cette densité ait quelque rapport avec le poids spécifique ou avec toute autre propriété des corps.

Au lieu de dire que la longueur λ parcourue dans le vide est plus grande que celle $\lambda - l$ parcourue dans les corps en une unité de temps, M. Fresnel dit que la vitesse v dans le vide est plus grande que celle $v - v'$ dans les corps; ou, pour abréger, la vitesse dans le vide est représentée par v et celle dans les corps par v'.

Après avoir exprimé par le mot *vitesse* et par les signes v et v' les longueurs λ et $\lambda - l$ parcourues en une unité de temps dans le vide et les corps, on a obtenu le rapport $n = \dfrac{v}{v'} = \dfrac{\lambda}{\lambda - l}$ sans se rendre exactement compte pourquoi ce même rapport est exprimé par la relation $\dfrac{\sin\gamma}{\sin\gamma'} = n = \dfrac{v}{v'} = \dfrac{\lambda}{\lambda - l}$.

Bien plus, pour obtenir la quantité $n^2 - 1$ nommée *puissance réfractive*, « M. Fresnel et les physiciens qui suivent « son système admettent un mobile qui a certaines dimen- « sions, et quand ce mobile passe d'un milieu dans l'autre, « du vide dans le corps, sa force varierait de $v^2 - v'^2$ et de « $\dfrac{v^2 - v'^2}{v'^2} = n^2 - 1$ par rapport à sa *force vive* primitive. »

Le terme de *force* et celui de *force vive*, ainsi que l'intro- duction des carrés des longueurs $v = \lambda$ et $v' = \lambda - l$, sont employés pour déduire la quantité $n^2 - 1$ qui est un résultat véritable : cependant ce résultat n'est pas obtenu par la voie de la loi statique bien connue de M. Fresnel ; mais pour cela au lieu d'un *éther* inerte, il fallait savoir que la lumière est un fluide composé d'atomes ou de molécules dont le vo- lume n'est pas limité, comme celui admis par Newton et ses successeurs, mais à cause de son élasticité ou du mou- vement déposé dans leurs éléments, les volumes augmentent dans toutes les directions, ainsi qu'on l'admet pour les mo- lécules *élastiques* de l'éther et de ses ondes.

Ainsi donc, pour éviter tout malentendu, nous employons ici 1° les longueurs $\lambda - l$ et λ parcourues par les atomes φ de lumière en ligne droite, et 2° quand il s'agit d'exprimer la pro- pagation de la quantité $\mu'\varphi$ d'atomes compris dans la coupe d'un rayon, c'est alors qu'est employé le carré λ^2 ou $(\lambda - l)^2$ pour exprimer que la quantité $\mu'\varphi$ d'atomes contenus dans une coupe pareille parcourt dans le vide la distance λ et dans le corps la distance inférieure $\lambda - l$.

Le mot *force* indique ici l'écoulement des atomes $\mu'\varphi$ de la surface λ^2 ; ces atomes $\mu'\varphi$ parcourent une longueur λ dans le vide et une longueur $\lambda - l$ dans les corps. La différence $\lambda^2 - (\lambda - l)^2 = v^2 - v'^2$ exprime ici que la quantité $\mu'\varphi$ d'atomes s'est écoulée dans une longueur $\lambda - (\lambda - l)$ plus grande dans le vide, donc cet écoulement supérieur opéré dans le vide est ce qui correspond aux mots *forces vives*.

Le rapport $n = \dfrac{v}{v'} = \dfrac{\lambda}{\lambda - l}$ est également exprimé par $n = \dfrac{\sin\gamma}{\sin\gamma'}$; cette identité a été démontrée par le rapport entre les longueurs ii et ie, qui sont les chemins parcourus durant le même nombre at d'unités de temps dans le vide où est la densité δ d'atomes φ' stationnaires, et dans le corps où ces atomes sont en densité supérieure $\delta + \delta'$.

La réfraction est l'effet de la déviation γ'' des atomes $\mu'\varphi$ de la coupe λ^2, car ceux φ de l'extrémité inférieure de cette coupe λ^2 parcourent le chemin court $a(\lambda - l)$, et ceux φ''' de l'extrémité supérieure de la même coupe parcourent dans le vide le chemin $a\lambda$; cette inégalité des chemins né disparaît que dans le seul cas où le rayon incident est vertical; mais quand il est oblique, c'est toujours la partie inférieure de sa coupe qui touche les atomes φ' stationnaires et en éprouve une résistance. Les atomes φ''' de la partie supérieure de la coupe λ^2 décrivent l'arc γ'' de déviation qui est $\gamma - \gamma'$ pour pénétrer dans le corps. La différence $a\lambda - a(\lambda - l)$ entre les deux chemins des atomes φ et φ''' est l'arc de l'angle γ'' de déviation.

Dans le cas où ces atomes φ éprouvent, de la part des atomes φ' stationnaires, une répulsion R égale à la pression P qui sollicite la propagation des atomes $\mu\varphi$, ceux-ci ne peuvent pas pénétrer dans le corps; ils ne peuvent pas non plus s'éloigner, parce que la répulsion R est égale à la pression P; il ne reste que l'écoulement de ces atomes incidents $\mu'\varphi$ suivant la direction de la surface du corps.

Une égalité R $=$ P entre la pression et la répulsion a donc lieu dans le sens de la direction du rayon si incident, et non pas dans celui du rayon de réfraction is, car entre ces deux rayons est la déviation $\gamma''=\gamma-\gamma'$ qui est le résultat de l'arc décrit par les atomes φ''' de la partie supérieure de la coupe λ^2.

Cet écoulement horizontal des atomes $\mu'\varphi$ de lumière ne diffère pas de celui qui est produit d'un rayon incident en direction horizontale formant avec la normale l'angle 90° dont le sin 90° = 1, mis à la place de sin γ d'incidence dans l'équation $\frac{\sin\gamma}{\sin\gamma'}=n$, donne $\frac{1}{\sin\gamma'}=n$; et $\sin\Gamma=\frac{1}{n}$.

L'écoulement horizontal des atomes incidents $\mu'\varphi$ est un fait bien constaté, mais il n'est pas moins bien constaté que les atomes $\mu'\varphi$ écoulés horizontalement arrivent sous une direction où est Γ l'angle d'incidence, et il est absolument impossible d'obtenir un écoulement horizontal des atomes $\pi'\varphi$ qui arrivent sous un angle $\Gamma+\alpha$ d'incidence supérieure.

Pour éviter cette difficulté dans l'explication de la cause de angle-limite Γ, les physiciens ont employé l'équation susdite $\frac{v^2-v'^2}{v'^2}=\frac{v^2}{v'^2}-1=n^2-1$, qui est véritable, mais ils n'en ont pas donné l'explication qui est un fait des lois statiques. Si la coupe λ^2 du rayon contient $\mu\varphi$ atomes de lumière, il y en aura la quantité $\lambda^2(\lambda-l)$ dans la longueur $\lambda-l$ du rayon et la quantité $\lambda^2\lambda$ dans la longueur supérieure λ. La différence $[\lambda-(\lambda-l)]\lambda^2$ est la quantité des atomes $m\varphi$ qui sont transmis en excédant quand le rayon parcourt en même temps les distances différentes λ et $\lambda-l$. En divisant à présent cet excédant $v^2-v'^2=[\lambda-(\lambda-l)]\lambda^2$ par $v'^2=(\lambda-l^2)$, on obtient le rapport $\frac{v^2-v'^2}{v'^2}=\frac{[\lambda-(\lambda-l)]\lambda^2}{(\lambda-l)^2}=n^2-1=\frac{l\lambda^2}{(\lambda-l)^2}$; ainsi l'écoulement dudit excédant correspond aux mots *force vive* des physiciens.

III. — CAUSE DE LA RÉFLEXION.

Si l'angle Γ limite augmente pour devenir $\Gamma+\alpha$, il diminue la pression verticale P'' exprimée par la surface λ^2 de la coupe du rayon projetée sur la surface du corps, car la pression horizontale P' est cette même surface λ^2 oblique projetée sur le plan perpendiculaire 1° à la surface f du corps et 2° au plan d'incidence. Ainsi la somme des deux pressions est $P' + P'' = P = \sin^2 (\Gamma + \alpha) + \cos^2 (\Gamma + \alpha)$. La pression P'' verticale est exprimée par $\cos^2 (\Gamma + \alpha) = \sin^2 (90^\circ - \Gamma - \alpha)$, et la pression P' horizontale dirigée vers la normale est $\sin^2 (\Gamma + \alpha) = \cos^2 (90^\circ - \Gamma - \alpha)$. Les pressions P'' et P' sont exprimées par les carriés, $\cos^2 (\Gamma + \alpha)$ et $\sin^2 (\Gamma + \alpha)$ qui sont les surfaces de la coupe λ^2 du rayon projetée sur la surface du corps et sur sa verticale.

La pression verticale $P'' = \cos^2 (\Gamma + \alpha)$ est devenue inférieure, tandis que la répulsion R reste la même, mais la pression $P' = \sin^2 (\Gamma + \alpha)$ horizontale est devenue supérieure à celle $\sin^2 \Gamma$; par suite, les atomes $\mu' \varphi$ de lumière incidente obéissant, 1° à l'excédant $R - P''$ de répulsion en direction ascendante, et 2° à la pression P' horizontale croissante, prennent une direction déterminée d'après ces deux pressions et s'écoulent dans la direction is'' (fig. 7) en formant avec la normale in un angle de réflexion $s''in$ égale à celui d'incidence sin.

L'égalité de ces angles, constatée par l'expérience, est attribuée aux forces égales F et F', dont l'une F reste la même avant et après la réflexion, tandis que l'autre F', étant positive $+ F'$, devient négative $- F'$. Cette explication ne diffère en rien d'une simple description, parce que le mot *force* n'a aucune signification, sinon celle de l'écoulement d'un fluide, qui n'est pas mentionné par les physiciens.

Dans le système des ondulations, on admet une coupe λ^2 du rayon incident dont l'extrémité inférieure touche la surface i du corps et dans laquelle les atomes φ qui arrivent les premiers s'éloignent avant l'arrivée des atomes φ''' de l'extrémité supérieure de la coupe λ^2 qui s'éloignent également après avoir atteint la surface f du corps. Dans ce cas, les atômes φ''', arrivés les derniers, restent du côté antérieur, comme ils étaient précédemment.

Comme la cause véritable de l'angle-limite Γ était inconnue des physiciens, suivant l'un ou l'autre système, ceux-ci évitèrent toujours de lier par cet angle-limite la réfraction et la réflexion, quoiqu'ils sussent bien que celle-ci a lieu dans les angles d'incidence $\Gamma + \alpha$ et que la réfraction apparaît dans les angles $\Gamma - \alpha$.

Entre la lumière réfléchie et celle qui s'écoule dans les corps, il n'existe d'autre différence que celle de la longueur $\lambda - l$ parcourue en une unité de temps qui est λ quand la lumière se propage dans le vide. Cette diminution de chemin $\lambda - l$ obtenue par les atomes φ arrivés les premiers, tandis que les atomes φ''' parcourent encore les longueurs λ, est la cause de l'angle de déviation γ'' qui est l'arc que décrivent les atomes φ''' de l'extrémité supérieure de la coupe.

La réfraction est donc un effet physique de la résistance ou la répulsion R exercée en un espace de temps t sur une partie φ d'atomes de la coupe λ^2 du rayon, avant qu'arrivent les atomes φ''' de l'extrémité supérieure de la même coupe. Un tel changement de vitesse n'a pas lieu dans les atomes φ et φ''' de la même coupe λ^2 du rayon incident, quand ils éprouvent une répulsion $R - P''$ qui est suffisante par sa moitié, pour amortir la pression $P'' = \cos^2 (\Gamma + \alpha)$ verticale et communiquer par son autre moitié une répulsion en sens opposé.

1° Dans les réfractions les atomes $\mu'\varphi$ sont repoussés par les atomes stationnaires $q'\varphi'$ dans l'angle γ d'incidence. 2° Cette répulsion R produite par les atomes $q'\varphi'$ de l'angle-limite Γ, est égale à la pression $P'' = \cos^2 \Gamma$. 3° Mais au delà de cet angle-limite Γ diminue la pression P'' et augmente celle $P' = \sin^2 (\Gamma + \alpha)$ qui est la pression horizontale; les atomes $\mu'\varphi$ pénètrent dans la couche externe c des atomes stationnaires $\mu q'$ du corps, et ils y éprouvent une déviation; mais grâce à la pression horizontale P', ils avancent au delà du point d'incidence i, et éprouvent alors une répulsion R égale à celle qu'ils ont éprouvée de l'égale quantité $q\varphi'$ d'atomes stationnaires dans l'angle d'incidence $\Gamma + \alpha$; ces répulsions R et R égales servent, l'une R, pour imprimer la pression verticale $P'' = \cos^2(\Gamma + \alpha)$, et l'autre R pour imprimer aux atomes incidents $\mu'\varphi$ une répulsion égale à la pression $P'' = \cos^2(\Gamma + \alpha)$, mais en sens opposé : pour cette raison, l'angle de l'incidence et l'angle de réflexion sont égaux.

Les atomes $\mu'\varphi$ ne s'éloignent pas des corps seulement par un simple contact, et cela à cause de la couche superficielle c composée d'atomes stationnaires φ' qui opposent une résistance r' aux atomes φ de l'extrémité inférieure de la coupe λ^3 du rayon, lesquels arrivent les premières quand les atomes φ''' de l'extrémité supérieure de la coupe avancent en parcourant la longueur λ et produisent ainsi une déviation γ'' égale à celle qui produit la réfraction.

Après la répulsion, ce sont les atomes φ qui sortent les premiers de la couche c et parcourent la longueur supérieure λ en s'éloignant de la normale, quand les atomes φ''' postérieurs parcourent encore les longueurs inférieures $\lambda - l$. Ce cas ne diffère point de celui du rayon émergent qui s'éloigne de la normale, de même que ne diffère pas non plus la flexion précédente qui donne naissance au rayon réfracté.

La réflexion est l'effet d'une propriété commune des corps, car elle est produite de chaque corps, et cela parce que les atomes stationnaires φ' sont dans les corps différentes en densités plus grandes que dans le vide. Les relations différentes entre les corps et les atomes $\mu'\varphi$ des rayons incidents se réduisent donc : 1° aux densités $\delta + \delta'$ des atomes stationnaires $\mu\varphi'$, et 2° aux angles d'incidence $\Gamma + \alpha$.

I. La densité $\delta + \delta'$ des atomes stationnaires $\mu\varphi'$ est le produit celle de $D + D'$ des atomes de lumière spécifique $\mu''\varphi''$ combinés avec les éléments matériels des corps.

II. Les angles d'incidence $\Gamma + \alpha$ dépendent de deux causes : 1° Si la surface f du corps est unie, l'angle d'incidence dépend de la direction du rayon incident qui peut toujours devenir $\Gamma + \alpha$ pour être réfléchi. 2° Si la surface du corps est composée d'une foule d'autres en toute direction, il y a toujours incidence $\Gamma + \alpha$, parce que, même dans les cas où cet angle est $\Gamma - \alpha$, en certains points, les atomes pénètrent la première graine du corps transparent et arrivent en suivant sous un angle d'incidence $\Gamma + \alpha$ qui produit une réflexion.

Tous les corps transparents donnent donc une poussière opaque, et cela a lieu même pour les liquides quand ils sont très-agités. I. Donc il ne suffit pas qu'un corps soit composé de certains éléments matériels pour être transparent, mais il faut en même temps : 1° que l'angle d'incidence soit $\Gamma - \alpha$, et 2° que la surface du corps compacte soit unie. II. Doivent être considérés comme corps opaques : 1° ceux qui contiennent les atomes stationnaires $\mu\varphi$ en densité supérieure D, et qui exercent ainsi sur les atomes incidents $\mu'\varphi$ une répulsion R supérieure à la pression P, et 2° ceux qui sont composés de milliers de cristaux disposés non pas symétriquement, mais à l'état amorphe et pour ainsi dire confusément.

CHAPITRE II.

DE LA LUMIÈRE SPÉCIFIQUE ET DE L'INDICE DE RÉFRACTION.

Dans le système des ondulations, les réfractions différentes des rayons incidents sont attribuées aux densités différentes $\delta + \delta'$, $\delta + \delta' + \delta''$, $\delta + \delta' + \delta'' + \delta'''$...$\delta + \delta^n$, de l'éther qui correspond ici aux atomes $\mu\varphi'$ de lumière stationnaire. M. Fresnel ne pouvait pas aller plus loin, parce qu'il s'appuyait sur une hypothèse qui ne s'accorde qu'avec le mouvement oscillatoire, et cela quand ce mouvement est admis dans l'élasticité de l'éther, car il ne peut pas être communiqué des éléments inertes des corps lumineux, si l'on ne veut pas s'écarter des lois statiques.

Nous avons la prétention de ne laisser dans notre œuvre aucun fait qui ne reçoive son explication, et ne devienne un anneau de la série de causes et effets liés entre eux par les lois physiques. Pour que les atomes de lumière $\mu\varphi'$ soient à l'état stationnaire, il faut qu'il y en ait d'autres homonymes dans les éléments matériels des corps qui en soient inséparables, et qui soient la cause qui force à une quantité $\mu\varphi'$ d'atomes homonymes à s'arrêter.

Ces atomes stationnaires $\mu\varphi'$ en oscillation se trouvent également dans le vide, et ils y correspondent à l'éther qu'y admettent les physiciens. Ainsi la cause pour laquelle ces atomes $\mu\varphi'$ sont en densités supérieures dans les corps différents, cette cause, disons-nous, se trouve dans leurs atomes homonymes spécifiques $\mu''\varphi''$, contenus en densités différentes.

1° Une série de faits de ces atomes $\mu''\varphi''$ de lumière spécifique a été exposée dans la production des atomes doubles d'azote Az^2 et des atomes doubles de carbone C^2 par l'éloignement des équivalents $O\ddot{E}$ d'oxygène de l'eau $HO\theta$, et leur remplacement dans l'équivalent $H\ddot{E}^2$ d'hydrogène par l'atome $\varphi = \ddot{E}\ddot{E}\ddot{E}$ de lumière (*Electrostatique*, p. 675-677).

2° Une autre série de faits produits par les atomes $\mu''\varphi''$ de lumière spécifique vient d'être exposée 1° dans les phosphores qui acquièrent à des degrés différents la faculté de répandre de la lumière par suite de l'insolation, et 2° dans les substances phosphorescentes qui répandent les atomes de leur lumière spécifique $\mu''\varphi''$.

3° Il se présente encore ici une troisième série de faits d'un genre différent, et liés cependant suivant les lois physiques avec les atomes $\mu''\varphi''$ de lumière spécifique qui sont dans les atomes doubles de l'azote et du carbone et dans tous les corps où ces atomes entrent comme éléments matériels.

I. — RAPPORTS ENTRE LES INDICES DE RÉFRACTION ET LES PUISSANCES RÉFRACTIVES.

L'indice de réfraction $n = \dfrac{v}{v'} = \dfrac{\lambda}{\lambda - l} = \dfrac{\delta + \delta'}{\delta}$ est le rapport entre la densité $\delta + \delta'$ de la lumière stationnaire $\mu\varphi'$ des corps et celle δ du vide; ces densités sont entre elles en rapport inverse des longueurs λ et $\lambda - l$ parcourues dans le vide et dans les corps.

La puissance réfractive $n^2 - 1 = \dfrac{v^2}{v'^2} - 1 = \dfrac{\lambda^2}{(\lambda - l)^2} - 1$, est le rapport $\dfrac{v^2 - v'^2}{v'^2}$, entre l'excédant $v^2 - v'^2$, d'atomes

$\mu'\varphi$ écoulés dans le vide, et les atomes $\mu''\varphi$ de la surface v'^2 écoulés en une unité de temps dans les corps, quand la densité des atomes stationnaires est la même dans l'air et les corps, ainsi que l'admettent les physiciens partisans du système d'émission.

Dans le système des ondulations, on admet qu'il s'écoule la même quantité d'éther en chaque unité de temps dans le vide où est λ la longueur et dans les corps ou cette longueur est $\lambda - l$, c'est-à-dire inférieure, mais où est la densité $\partial + \partial'$, c'est-à-dire supérieure. Ainsi, pour obtenir $n^2 - 1 = \dfrac{v^2}{v'^2} - 1 = \dfrac{\lambda^2}{(\lambda - l)^2} - 1$, il ne faut donc pas considérer les longueurs v et v' ou λ et $\lambda - l$ dans le sens de la propagation seulement, mais aussi dans celui de la coupe du rayon, où $v^2, v'^2, \lambda^2 (\lambda - l)^2$ représente la surface qui a dans le vide la quantité $q\varphi$ d'atomes, et la même surface v^2 ou λ^2 contient dans le corps, à cause de la densité supérieure $\partial + \partial'$, la quantité $(q + q')\varphi$ d'atomes.

Si maintenant on admet dans les corps un rayon moins épais dont la coupe est v^2 ou $(\lambda - l)^2$, il y aura une quantité $q'\varphi$ d'atomes inférieure, et cette quantité $q'\varphi$ est exprimée par la différence $v^2 - v'^2 = \lambda^2 - (\lambda - l)^2$ des surfaces des coupes.

En divisant cette différence $v^2 - v'^2 = q'\varphi$ par la quantité $q\varphi$ d'atomes contenus dans la coupe v'^2, on obtient un rapport $\dfrac{q'}{q} = \dfrac{v^2 - v'^2}{v'^2} = \dfrac{\lambda^2 - (\lambda - l)^2}{\lambda^2} = n^2 - 1$, qui indique le quotient $\dfrac{q'}{q}$ entre les atomes $q'\varphi$ de l'excédant et les atomes $q\varphi$ contenus dans la coupe $v'^2 = (\lambda - l)^2$.

En admettant $s\lambda^2$ pour la surface S du corps transparent, le nombre des rayons incidents sera sr ; mais dans la surface s' égale postérieure du même corps, arrivent les rayons émergents dont $v'^2 = (\lambda - l)^2$ est la coupe admise comme unité, le nombre de ces rayons sera $(s+s')r$. Cet excédant $s'r$ correspond à celui $q'\varphi$, parce qu'il s'écoule en chaque unité de temps par la surface postérieure S', une quantité $q\varphi$ d'atomes égale à celle qui pénètre par la surface S antérieure; et cela s'opère par les avancements des longueurs $\lambda - l = v'$ plus courtes, mais contenant les atomes φ en densité $\partial + \delta'$ supérieure à celle ∂ de l'air ou du vide.

Le retard des atomes $\mu\varphi'$ propagés est produit par la résistance de la part des atomes $\mu\varphi'$ stationnaires, et pour cela leur densité $\partial + \delta'$ obtient une augmentation seulement dans le sens de la propagation, et non pas dans le sens latéral. Les coupes v^2 et v'^2 des rayons contiennent donc les atomes $\mu'\varphi$ de propagation en densité ∂ égale, et c'est pour cela que, dans les coupes v^2 ou λ^2 des rayons incidents, il se produit un excédant $q'\varphi$ sur les coupes v'^2 ou $(\lambda - l)^2$ des rayons émergents, si la coupe $(\lambda - l)^2$ de ceux-ci est supposée d'autant moindre que la densité $\partial + \delta'$ est supérieure, comme cela a lieu au moment de l'immersion ou de l'émergence oblique, moment où arrivent en contact avec le corps les atomes φ de l'extrémité inférieure de la coupe λ^2, tandis que ceux φ''' de son extrémité supérieure ne sont pas encore arrivés.

En ce moment s'écoule une partie des atomes φ de la base avec la vitesse v' ou $\lambda - l$ inférieure et une autre partie φ''' s'écoule avec la vitesse supérieure u ou λ en décrivant l'arc γ'' de la déviation; mais les quantités φ et φ''' sont proportionnelles aux surfaces c et $c + c'$ qu'ils occupent dans la coupe, quand elle est moitié dans le corps et moitié dans l'air. De cette manière les indices de réfraction sont liées avec les puissances réfractives.

II. — RAPPORTS ENTRE LES INDICES DE RÉFRACTION DES CORPS
ET LEURS ÉTATS.

L'eau et plusieurs autres corps se présentent sous les trois états dans les circonstances suivantes : 1° Ils sont à l'état solide, quand ils arrêtent la quantité Θ de chaleur; 2° à l'état liquide, quand ils arrêtent la quantité $\Theta + \Theta'$, et 3° à l'état vaporeux, quand ils arrêtent la quantité supérieure $\Theta + \Theta' + \Theta''$. (Voir *Électrostatique*, p. 321.)

Le volume change peu entre les liquides et les solides; la chaleur latente Θ' oppose une médiocre résistance à la propagation des atomes $\mu'\varphi$; pour cette raison l'indice de réfraction varie très-peu entre la glace où elle est 1,31, et l'eau où elle devient 1,336 à cause du poids spécifique.

Le sulfure de carbone a un poids spécifique inférieur à ceux du carbone et du soufre, et son indice diminue à cause de sa densité; ces diminutions sont produites dans plusieurs composés; car il y a des cas où ceux-ci ont un indice de réfraction supérieure à celui qui est obtenu par le calcul, comme cela sera prouvé plus loin.

Dans les vapeurs entre la chaleur $\Theta + \Theta' + \Theta''$, mais la quantité $\mu''\varphi''$ des atomes spécifiques reste la même quand le volume V devient très-grand; leur densité $\delta + \delta'$ diminue ainsi et devient $\dfrac{\delta + \delta'}{V}$; l'indice de réfraction est donc, dans les vapeurs, en rapport directe avec leur densité $\dfrac{\delta + \delta'}{V}$ et en rapport inverse avec le volume V.

Les gaz sont à l'état élastique comme les vapeurs, mais ils en diffèrent en ce que les éléments matériels sont combinés avec les équivalents électriques positifs $\bar{E}$, comme l'oxygène $O\bar{E}$, le chlore $Cl\bar{E}$..., ou avec les équivalents négatifs $\bar{E}$, comme l'hydrogène $H\bar{E}$; tandis que, dans les vapeurs, les éléments matériels sont combinés avec les atomes $\theta = \bar{E}\bar{E}\bar{E}$ de chaleur.

III.—RAPPORTS ENTRE LES INDICES DE RÉFRACTION DES ÉLÉMENTS MATÉRIELS ET CEUX DE LEURS COMBINÉS.

Les indices de réfraction $n = \dfrac{v}{v'} = \dfrac{\lambda}{\lambda - l}$, ou le rapport entre les longueurs λ et $\lambda - l$ parcourus dans le vide et dans les corps restent les mêmes dans les mélanges des liquides ou des vapeurs et des gaz, parce qu'ils ne changent pas les quantités $q\varphi''$ et $q'\varphi''$ d'atomes spécifiques répandus dans l'espace qu'occupaient précédemment les deux gaz ou les deux liquides; c'est pour cela qu'une diminution ou augmentation de résistance n'affecte les rayons qui pénètrent les mêmes éléments matériels séparés ou mêlés.

Les combinaisons chimiques diffèrent des mélanges en ce que les éléments matériels restent les mêmes, comme dans les mélanges; mais tel n'est pas le cas pour les éléments électriques et pour les atomes φ'' de lumière stationnaire. En effet, il y a des combinés qui sont produits par une dispersion d'atomes φ'', comme cela a lieu dans les combustions, et il y en a d'autres qui ne sont produits que par l'introduction d'atomes φ'' de lumière spécifique; le chlore, par exemple, se combine avec l'oxyde de carbone avec les vapeurs du soufre par l'absorption d'atomes de lumière.

Pour connaître la lumière spécifique d'un combiné il ne suffit pas de savoir celle de ses éléments; il faut en même temps savoir si le combiné a été produit par une dispersion d'atomes φ'' de lumière spécifique ou s'il a été produit par une absorption d'atomes semblables.

Ces connaissances préliminaires sont indispensables si l'on veut comprendre en quoi consistent les rapports ou les indices de réfraction des corps indécomposables et ceux des combinés dont les éléments pondérables et impondérables sont connus.

Tableau des indices de réfraction et des puissances réfractives des gaz.

NOMS DES GAZ OU VAPEURS.	PUISSANCES réfractives par rapport à l'air.	PUISSANCES réfractives absolues $n^\circ - 1$.	INDICES de réfraction.	DENSITÉS.
Air.	1,000	0,000589	1,000294	1,000
Oxygène.	0,944	0,000544	1,000272	1,103
Hydrogène.	0,470	0,000277	1,000138	0,068
Azote.	1,020	0,000601	1,000300	0,976
Chlore.	2,625	0,001545	1,000772	2,470
Oxyde d'azote.	1,710	0,001007	1,000503	1,527
Gaz nitreux.	1,050	0,000608	1,000303	1,039
Acide chlorhydrique.	1,527	0,000899	1,000449	1,254
Oxyde de carbone.	1,157	0,000681	1,080310	1,903
Acide carbonique.	1,526	0,000899	1,000449	»
Cyanogène.	2,852	0,001668	1,000834	1,818
Gaz oléfiant.	2,502	0,001356	1,000678	0,990
Gaz des marais.	1,504	0,000886	1,000445	0,550
Éther chlorhydrique.	5,720	0,002191	1,001095	2,234
Acide cyanhydrique.	1,551	0,000903	1,000451	0,944
Ammoniaque.	1,509	0,000771	1,000385	0,501
Gaz oxychlorocarbonique.	3,936	0,002318	1,001139	3,442
Acide sulfhydrique.	2,187	0,001288	1,000644	1,178
Acide sulfureux.	2,260	0,001351	1,000665	2,247
Éther sulfurique.	5,194	0,003061	1,000155	2,580
Sulfure de carbone.	5,110	0,003010	1,000150	2,644
Photophosphure d'hydrogène.	2,682	0,001579	1,000789	1,256
Vapeur d'eau.	»	0,000521	1,000261	»

Tableau des puissances réfractives calculées et observées
des composés gazeux.

NOMS DES GAZ.	PUISSANCES réfractives observées.	PUISSANCES réfractives calculées.	EXCÉDANT de l'observation sur le calcul.
Ammoniaque.	1,309	1,216	+ 0,093
Oxyde d'azote.	1,710	1,482	+ 0,228
Gaz nitreux.	1,030	0,972	+ 0,058
Eau.	1,000	0,933	+ 0,067
Gaz oxychlorocarbonique.	3,936	3,784	+ 0,0152
Éther chlorhydrique.	5,72	5,829	— 0,099
Acide cyanhydrique.	1,521	1,651	— 0,130
Acide carbonique.	1,526	1,629	— 0,093
Acide chlorhydrique.	1,527	1,547	— 0,020

Tableau des indices de réfraction des corps solides.

NOMS DES SUBSTANCES.	INDICES de réfraction.	NOMS DES SUBSTANCES.	INDICES de réfraction.
Chromate de plomb.	2,50 à 2,97	Sucre.	1,535
Diamant.	2,47 à 2,75	Acide phosphorique.	1,544
Phosphore.	2,224	Sulfate de cuivre.	1,531 à 1,552
Verre d'antimoine.	2,218	Baume de Canada.	1,532
Soufre natif.	2,115	Acide citrique.	1,527
Zircone.	1,95	Nitre.	1,514
Borate de plomb.	1,846	Spermaceti.	1,503
Carbonate de plomb.	1,81 à 2,08	Crown-glass.	1,500
Rubis.	1,779	Sulfate de potasse.	1,509
Feldspath.	1,764	Sulfate de fer.	1,494
Tourmaline.	1,668	Suif et cire.	1,492
Topaze incolore.	1,610	Sulfate de magnésie.	1,488
Béril.	1,598	Spath d'Islande.	1,654
Ecaille de tortue.	1,591	Obsidienne.	1,488
Emeraude.	1,585	Gomme.	1,478
Flint-glass.	1,58 à 1,59	Borax.	1,475
Cristal de roche.	1,547	Alun.	1,457
Sel gemme.	1,515	Spathfluor.	1,480
Colophane.	1,543	Glace.	1,510

Tableau des indices de réfraction des corps liquides.

NOMS DES LIQUIDES.	INDICES de réfraction.	NOMS DES LIQUIDES.	INDICES de réfraction.
Sulfure de carbone.	1,678	Acide nitrique (densité 1,48)	1,410
Huile de cassia.	1,651	Dissolution de potasse (densité 1,416).	1,405
Huile essentielle d'amandes amères.	1,603	Acide chlorhydrique concentré.	1,410
Huile de noix.	1,50	Sel marin à saturation.	1,375
— de lin.	1,485	Alcool rectifié.	1,372
— de naphte.	1,475	Ether sulfurique.	1,358
— de navette.	1,475	Alun à saturation.	1,356
— d'olive.	1,470	Sang humain.	1,354
— de térébenthine.	1,470	Blanc d'œuf.	1,351
— d'amandes.	1,509	Vinaigre distillé.	1,372
— de lavande.	1,457	Salive.	1,339
Acide sulfurique (densité 1,7).	1,429	Eau.	1,336

Observations. Les indices de réfraction indiquées sont des faits constatés par plusieurs expérimentateurs. Ces faits isolés ont été successivement répétés dans tous les ouvrages sans que personne songeât à chercher quelque relation entre eux et les corps.

Cela tient à ce que certains chimistes prétendaient que dès le commencement ont été créés plus de soixante espèces d'atomes matériels qui constituent les corps terrestres.

Reconnaissons, à l'honneur de la science et du siècle actuel, que le nombre de ces chimistes a beaucoup diminué, et qu'un grand nombre d'entre eux, abandonnant leurs opinions erronées, sont rentrés dans une meilleure voie et savent maintenant que c'est dans l'hydrogène ou dans ses éléments qu'il faut chercher l'élément primitif matériel dont les combinaisons avec les équivalents électriques ont produit les différents corps terrestres, par cela qu'ils ont fait, dans la Terre, diminuer l'eau et augmenter les corps solides.

Les personnes qui ont lu les les ouvrages déjà publiés par nous ont sans doute considéré comme une pure hypothèse le mode de production que nous avons assigné aux corps terrestres, c'est-à-dire par les éléments de l'eau HO et par ceux des rayons ĒĒĒ ĒĒĒ; il était en effet impossible d'exposer les différentes espèces de faits qui servent à démontrer tout ce qui vient d'être avancé (*Électrostatique*, p. 621).

Les indices de réfraction vont être ici comparés avec les éléments pondérables et les éléments impondérables de chaque corps, pour contrôler l'existence de ces éléments d'après les faits qu'ils produisent suivant les lois physiques : 1° Le retard de la progression des rayons dans les corps a fait connaître aux physiciens que le fluide est dans le corps avec une densité $\partial + \partial$ supérieure à celle ∂ du même fluide dans le vide; ce résultat, basé sur la loi statique, a lieu pour toutes les espèces de fluide, pour l'éther aussi bien que pour la lumière. 2° Par les densités différentes des atomes d'éther ou de lumière dans les corps on est amené à reconnaître l'existence d'une même espèce d'atomes dans les éléments matériels des corps.

Ainsi, pour distinguer les atomes φ de lumière qui peuvent être, 1° en mouvement centrifuge; 2° en oscillations, ce qui est pour eux l'état stationnaire, ou 3° composés avec les éléments matériels, pour les distinguer, disons-nous, on a nommé : 1° *centrifuges*, les atomes $\mu'\varphi$ de lumière qui se propagent en ligne droite en s'éloignant du corps lumineux nommé *photobole* ($\varphi\tilde{\omega}\varsigma$, lumière, $\beta\acute{\alpha}\lambda\lambda\epsilon\iota\nu$, jeter); 2° *atomes stationnaires* $\mu\varphi'$, ceux qui ont leur origine dans les *photoboles* dont ils ne s'éloignent plus, mais là où ils restent ils exercent des va-et-vient d'une amplitude λ dans le vide et $\lambda - l$ dans les corps. 3° Enfin, on a nommé *atomes spécifiques* $\mu''\varphi''$, ceux qui sont composés avec les éléments matériels qui constituent les corps.

1° Les indices de réfraction n sont proportionnels aux densités $\delta + \delta'$ des atomes $\mu\varphi'$ stationnaires. 2° Ces densités $\delta + \delta'$ sont proportionnelles à celles $D + D'$ des atomes $\mu''\varphi''$ de lumière spécifique. 2° Les mêmes atomes $\mu''\varphi''$ spécifiques ont été trouvés par la voie de la production des éléments des corps par la combinaison de l'hydrogène ozoné $H\bar{E}^3$ avec l'atome φ de lumière et avec les atomes HO de l'eau dans la production des atomes doubles d'azote $Az^3 = \overline{HO\theta^3 H\bar{E}^3}_\varphi$ et de carbone $C^2 = HO\theta^3 H\bar{E}^6{}_\varphi{}^2$.

Si donc il existe un accord entre les quantités $q\mu''\varphi''$ d'atomes spécifiques de lumière obtenues par les indices de réfraction, et les quantités $Q\mu''\varphi''$ de mêmes atomes obtenus par leur combinaison dans la production des corps, le lecteur sera conduit à connaître que cet accord peut être attribué, 1° aux observations exactes des réfractions, et 2° aux calculs conformes basés sur les quantités des atomes spécifiques $\mu''\varphi''$. Nous ne pensons pas qu'il se rencontrera un savant qui attribue cet accord, 1° aux erreurs des physiciens expérimentateurs, et 2° à celles de l'auteur de cet ouvrage, et qui affirmera que c'est au hasard que cet accord est dû.

12

IV. — RAPPORTS ENTRE LES INDICES DE RÉFRACTION ET LA LUMIÈRE SPÉCIFIQUE DES CORPS.

La lumière spécifique $\mu''\varphi''$ des corps est combinée avec leurs éléments matériels comme l'est la chaleur spécifique $\mu''\theta''$; celle-ci est la cause de la chaleur proportionnelle $\mu\varphi'$ stationnaire ou arrêtée. Les physiciens observent les quantités $q\theta$, $(q+q')\theta$, ...$(q+q'')\theta$ arrêtées dans les corps différents C, C', C''...C^n qui sont introduits dans le même espace parcouru par les atomes $\mu\theta$ de chaleur d'une même densité. Ils disent que les corps C, C', C''...C^n ont la chaleur spécifique $Q''\theta$, $(Q+Q')\theta''$...$(Q+Q'')\theta''$ sans cependant savoir que cette chaleur a une existence réelle, et se trouve combinée avec les éléments matériels des corps, quoiqu'ils y soient conduits par la loi thermostatique.

La lumière spécifique est parfaitement inconnue aux physiciens partisans du système de l'émission, et elle correspond presque aux densités différentes d'éther qu'admettent dans les corps les physiciens qui ont adopté le système des ondulations, quoiqu'ils n'aillent pas plus loin pour chercher cet état stationnaire des atomes $\mu\varphi'$ dans les atomes $\mu\varphi''$ homonymes combinés avec les éléments matériels des corps.

Le lecteur peut considérer comme exemples tous les résultats obtenus par les observations et indiquées dans les tableaux; nous allons discuter ici quelques nombres de chaque état des corps pour faire voir l'accord parfait entre les quantités $\mu''\theta''$ des atomes de lumière spécifique et celle $\mu\varphi'$ des atomes de lumière stationnaire.

Pour évaluer les densités différentes de chaleur stationnaire dans les corps, on se sert des thermomètres, et pour évaluer les densités différentes des atomes $\mu\varphi''$ de lumière spécifique et des atomes $\mu\varphi'$ de lumière stationnaire, on emploie les indices de réfraction; ceux-ci sont donc en rapport direct avec les atomes stationnaires $\mu\varphi'$ et les atomes $\mu''\varphi''$ de lumière spécifique.

A. De la lumière spécifique des gaz ou vapeurs.

Les atomes φ' de lumière stationnaire ne manquent que dans l'hydrogène $H = \theta\beta$; cependant dans les éléments des atomes $\theta = \overline{H}\overline{E}\overline{E}$ de chaleur se trouve l'iris $\overline{E}\overline{E}$ qui entre aussi dans les éléments des atomes $\overline{E}\overline{E}\overline{E}$ de lumière; pour cette raison l'espace qu'occupe l'hydrogène exerce une résistance par ces iris $\overline{E}\overline{E}$ qui manquent dans le vide.

Les atomes φ'' de lumière spécifique sont contenus en plus grande quantité dans l'atome double de carbone $C^2 = HO\theta H^2\overline{E}^6\varphi''^2$; après le carbone viennent le soufre $S = C^2H^4$, l'atome double de phosphore $P^2 = C^6H^{45}$ et l'atome double d'azote $Az^2 = \overline{HO\theta^2H\overline{E}^2\varphi''}$.

La lumière spécifique ou les indices de réfraction doivent donc correspondre aux quantités des atomes φ'' contenus dans les éléments matériels : 1° Si par la combustion il se disperse une partie des atomes φ'', il en restera dans le produit de la combustion une quantité moindre que la précédente. 2° Si au contraire la combinaison s'opère par une introduction d'atomes φ'' de lumière spécifique, sa densité croît dans les combinés.

1. Corps indécomposables ayant une lumière spécifique médiocre. 1° On a déjà fait voir que l'hydrogène est $H = \theta\beta$; 2° que l'oxygène est $O = \overline{\theta\beta}^7\varphi''\beta$; il y a donc un atome φ'' de lumière spécifique; 3° que les vapeurs d'eau sont composées des éléments matériels $H\overline{E}$ et $O\overline{E}$ de l'hydrogène et de l'oxygène; mais dans les vapeurs sont combinés les atomes $\theta = \overline{E}\overline{E}\overline{E}$ de chaleur, tandis que, dans les gaz, ce sont les équivalents électriques $\overline{E}$ et $\overline{E}$. Cependant cette chaleur θ' latente oppose à la lumière une résistance plus grande que les équivalents électriques $\overline{E}$ et $\overline{E}$ contenus dans les gaz; mais cette vapeur d'eau a un indice de réfraction moindre que l'air; car dans celui-ci entre l'atome double d'azote $Az^2 = \overline{HO\theta^3HE^3}\varphi''$, lequel contient l'atome stationnaire φ'', qui manque dans la chaleur latente θ' de l'eau.

II. **Corps indécomposables de grande quantité de lumière spécifique.** L'azote, comprimé jusqu'à la densité du chlore, a une quantité de lumière spécifique qui est peu différente de celle du chlore $= C^2O^2$; ces éléments du chlore et ceux $\overline{HO\theta^3HE^6}\varphi$ de l'azote correspondent donc par leur lumière spécifique φ''^2 à l'indice de réfraction obtenu par l'expérience.

III. **Lumière spécifique des combinés chimiques.** Ces combinés sont de trois espèces : 1° Ils sont produits sans dispersion de lumière, sans combustion, et alors les atomes spécifiques φ'' des atomes sont contenus dans les combinés. 2° Les atomes spécifiques φ'' se dispersent au moment de la combinaison produite par une combustion; alors une partie $q'\varphi''$ d'atomes spécifiques s'éloigne et le combiné en contient moins que ses éléments. 3° Enfin les deux corps ne peuvent pas se combiner sans l'introduction d'atomes $q'\varphi''$ de lumière; en ce cas le combiné contient un excédant $q\varphi''$ de lumière spécifique qui n'est pas dans ses éléments.

A. *Combinés produits sans combustion.* 1° Gaz oléfiant C^2H^2; 2° gaz des marais; 3° cyanogène C^2Az; 4° sulfure de carbone CS^2; 5° éther sulfurique C^4H^4HO. Dans tous ces combinés la lumière spécifique $\mu''\varphi''$ n'a pas été éloignée de leurs éléments pendant leur production; ces atomes spécifiques $\mu''\varphi''$ sont déterminés par les grandes puissances réfractives de ces combinés indiquées dans le tableau.

B. *Combinés produits par une combustion ou par l'éloignement d'une partie de lumière spécifique.* 1° L'acide carbonique CO^2 et 2° l'oxyde de carbone sont produits par une combustion du carbone à des degrés différents. Dans la combustion de celui-ci, se répandent les atomes spécifiques φ''^3; mais il reste ceux qui sont dans l'oxygène $O = \varphi''\beta\overline{\theta\beta}\beta^7$; l'acide carbonique et l'oxyde de carbone ont aussi un indice

de réfraction moindre que celui obtenu par le calcul ; celle
de l'acide diminue davantage à cause de la combustion parfaite opéré sur l'oxyde.

La valeur de la lumière spécifique du carbone peut être déduite de celle du cyanogène C²Az ou des autres combinés
produits sans combustion. Dans le cyanogène il entre deux
volumes de carbone et un volume d'azote ; ainsi on à

$$\frac{1{,}020 + X}{3} = 2{,}832; \quad X = C^2 = 8{,}456 - 1{,}020 = 7{,}436,$$

$C = 3{,}243.$

L'acide cyanhydrique C²AzH est produit comme l'acide
chlorhydrique par l'éloignement des équivalents négatifs
sollicités par la lumière. De $3Cl\bar{E} + 3H\bar{E} + \bar{E}\bar{E}\bar{E}$ sont produits $3HCl\bar{E} + 3\bar{E}\bar{E}^2$; les atomes de chaleur s'éloignent, et
ainsi diminue l'indice de réfraction dans les combinés,
comme elle a lieu dans les combinés produits par une combustion.

C. *Combinés produits par une absorption de lumière.* Tel est
le gaz oxychlorocarbonique, dont les éléments, oxyde de
carbone $CO\bar{E}$ et chlore ne se combinent pas dans l'obscurité,
mais seulement dans la lumière, en éprouvant une contraction de moitié de leur volume de la manière suivante :
$CO\bar{E} + Cl\bar{E} + \bar{E}\bar{E}\bar{E} = COCl\bar{E}^2 + \bar{E}\bar{E}\bar{E}$. Cette chaleur s'éloigne
en produisant la diminution du volume, et l'équivalent po-
sitif $\bar{E}$ pénètre pour produire un atome de lumière, et il fait
augmenter l'indice de réfraction de ce gaz.

D. *Combinés d'azote avec les éléments de l'eau.* Les oxydations inférieures de l'azote ne sont que le reste des séparations de l'oxygène $O\bar{E}$ des acides, et ceux-ci ne sont pas
produits par une combustion, mais par le remplacement
des éléments électriques et des éléments matériels. De l'azote
de l'air et des éléments de l'eau soumis aux décharges électriques est produit l'ammoniaque AzH³ du côté de l'électricité négative et l'acide azoteux AzO³ du côté de l'électricité
positive. Ces équivalents électriques accumulés sont cause
que les combinés d'azote exercent une résistance à l'écou-

lement des atomes $\mu'\varphi$ de lumière propagée qui est supérieure
à celle obtenue par le calcul.

B. De la lumière spécifique des corps solides et liquides.

Parmi les corps solides c'est la glace, et parmi les liquides c'est l'eau qui ont le plus petit indice de réfraction,
parce qu'il n'y entre que le luminaire spécifique de l'oxy-
gène $\varphi''\beta\overline{\theta\beta}^1$. Au contraire, parmi les corps indécomposables
ce sont : le soufre $S = C^2H^4$; le phosphore $P^2 = C^8H^{10}$, et
surtout le diamant $C^3 = HO^8H^3\overline{E}^6\varphi''^3$ qui ont le plus grand
indice de réfraction ; il en est de même pour le sulfure de
carbone CS^2 et pour les métaux.

Les indices de réfraction dépendent directement de la
densité de l'éther admis par les physiciens, et quoiqu'ils
connussent fort bien que ces densités sont l'effet des éléments électriques composés avec les éléments matériels des
corps, il ne leur en a pas moins été absolument impossible
d'aborder cette question, même d'une manière indirecte.

1° Nulle part la colonne des indices ne présente de changement aussi fort que celui qu'on voit entre la glace et le
spath fluor ; c'est une preuve que le carbone est la cause
qui produit immédiatement ce changement, qui ne se présente plus dans la colonne des indices des liquides entre
celle de l'eau et les autres liquides qui précèdent, car ils
contiennent de l'eau en quantités différentes.

2° Comme l'indice de la glace, à cause de son poids spécifique inférieur, diffère peu de celle de l'eau, de même
l'indice du suif et de la cire diffère peu de ceux des différentes huiles et des sels : cela provient des quantités égales
de carbone qui entrent avec leur lumière spécifique dans les
éléments de ces corps.

3° Les indices de réfraction n'ont aucune relation avec
l'état électrique des corps : les acides nitrique, sulfurique
ou chlorhydrique ont des indices qui diffèrent peu de ceux
des dissolutions de potasse ou de sel marin concentrées.

4° Dans les changements de la densité il y a toujours une élévation d'indice quand la densité croît, et cela parce que les atomes φ′ de lumière spécifique deviennent alors plus denses; au contraire, l'indice diminue quand il y a une dilatation. L'augmentation de la densité peut être produite, 1° par l'abaissement de température; 2° par pression, ou 3° par le mélange avec une quantité déterminée d'eau.

Résumé. Cette longue série d'exemples est suffisante pour faire connaître l'accord parfait entre les quantités d'atomes φ″ de lumière spécifique des corps et les indices de réfraction produits de ces corps. Ce rapport entre la lumière φ″ spécifique des corps et leurs indices ne dépend ni de l'état des corps produit par la chaleur Θ′ ou par celle Θ′ + Θ″, ni de leur état électrique par les équivalents positifs E̅ ou par les équivalents négatifs E̅.

Après avoir constaté l'existence d'une chaleur spécifique, les physiciens, pour être conséquents avec leurs hypothèses, eussent dû être conduits à la recherche d'une lumière spécifique dont les effets ne peuvent être observés que sur la lumière propagée. En effet, on a trouvé que celle-ci éprouvait des résistances différentes dans les corps.

Ces résistances augmentent et diminuent avec les densités des corps et des atomes φ′φ″ spécifiques, ce qui prouve que la cause réfractive est dans les éléments matériels des corps, où la lumière spécifique se trouve en quantités différentes, parce que les atomes de la lumière propagée n'ont éprouvé de déviation que de la part d'atomes homonymes φ′ qui se trouvent dans les corps en état stationnaire; mais pour que ceux-ci soient réduits en un état pareil, l'existence des atomes φ″ spécifiques est nécessaire.

Le même effet a lieu pour les atomes θ′ de chaleur stationnaire et ceux θ″ de chaleur spécifique, que n'ont jamais pu distinguer les physiciens; aussi n'ont-ils jamais pu parvenir à un arrangement naturel des faits suivant les lois physiques.

CHAPITRE III.

DES ESPÈCES DE SURFACES ATMOSPHÉRIQUES DE RÉFLEXION ET DU MIRAGE.

La réflexion est un effet physique produit par une répulsion R des atomes $\mu\varphi'$ de lumière stationnaire en densité supérieure aux limites qui séparent deux milieux. La propagation des atomes $\mu'\varphi$ de lumière incidente s'opère par une pression P exercée en totalité sur les surfaces-limites quand la direction est verticale; mais si celle-ci est oblique, la pression P est représentée par deux composantes : la verticale $P' = \cos^2(\Gamma \pm \alpha)$, l'horizontale $P'' = \sin^2(\Gamma \pm \alpha)$.

La pression $P' = \cos^2(\Gamma \pm \alpha)$ peut avoir trois espèces de valeurs : 1° quand l'angle d'incidence est $\Gamma - \alpha$, la pression P' est supérieure à la répulsion, et il n'y a pas de réflexion; 2° si l'angle d'incidence est angle-limite Γ, la pression P' est égale à la répulsion R; enfin 3° si l'angle d'incidence est $\Gamma + \alpha$, la pression $P' = \cos^2(\Gamma + \alpha)$ est inférieure à la répulsion, et ainsi la réflexion apparaît sur les surfaces qui étaient précédemment traversées par les rayons.

Si l'on connaît cette loi de réflexion, on peut déterminer la position des rayons réfléchis, quand la surface réfléchissante est connue; et quand au contraire on connaît les directions des rayons réfléchis qui conduisent aux images des objets, on détermine la position des surfaces réfléchissantes, comme cela a lieu dans le *mirage* et la *suspension*.

1° Les images sont renversées et au-dessous des objets quand la surface réfléchissante est entre l'objet et son image : tel est le *mirage*.

2° Les images sont droites et au-dessus des objets quand il y a deux surfaces parallèles réfléchissantes entre lesquelles se trouvent les objets : telle est la *suspension ;* un objet peut paraître, 1° renversé, 2° droit, 3° droit et renversé, ou 4° multiple, en nombre impair $2n \pm 1$, ou en nombre pair $2n$. Le nombre des images droites est produit de $2n$ réflexions, celui des images renversées est produit de n ou $n + 1$ réflexions.

I. — DU MIRAGE.

I. Le mirage est un phénomène atmosphérique qui consiste en une apparition de l'image des objets comme s'il y avait un miroir plan ou une masse d'eau interposée entre ces objets et leur image. Ce phénomène ne se produit que dans l'air calme et sur des surfaces sablonneuses échauffées par le soleil, telles que les vastes plaines d'Égypte et d'Arabie, où les apparitions du mirage sont fréquentes. MM. Biot et Mathieu ont souvent observé le phénomène du mirage à Dunkerque, sur une plaine sablonneuse qui avoisine cette ville. M. Grosse, de son côté, a également eu l'occasion d'observer un bel effet de mirage dans la plaine de la Crau, près des Bouches-du-Rhône, où ce phénomène n'est pas rare; dans cette circonstance, il lui a suffi de monter sur la margelle d'un puits pour faire disparaître à l'instant le mirage, et tous les objets qui l'environnaient ont repris leur état naturel.

II. Si l'on échauffe fortement et uniformément une caisse en tôle, soit en l'exposant au soleil, soit en la remplissant de charbons ardents, on peut, en plaçant l'œil très-près de la surface prolongée, voir les images renversées des petits objets placés sur le bord opposé. Les murs mêmes dont la surface est unie et fortement échauffée par le soleil, présentent le même phénomène, qui se montre encore quelquefois sur le soubassement de la Bourse de Paris et sur les murs de fortifications de cette même ville, ainsi que l'a constaté M. Bigourdant.

III. L'exemple suivant ne diffère du précédent qu'en ce que la surface réfléchissante verticale à l'horizon était parfaitement indépendante des corps terrestres.

MM. Soret et Jurine, demeurant sur la côte de Belle-Rive, regardaient au télescope, dans la direction O*b* (fig. 9), une

barque *b* sur le lac de Genève, situé à 8 kilomètres, laquelle s'avançait de leur côté, et venait souvent dans l'ombre de la montagne. La barque prenant successivement les positions *c* et *d*, ils virent des images *c'* et *d'*, parfaitement nettes et même visibles à l'œil nu, quand les voiles sortant de l'ombre étaient éclairées par le Soleil S.

Monge donna du mirage d'Égypte une explication qui est répétée dans tous les ouvrages des physiciens, et accompagnée de phénomènes récents inconnus à Monge, et non susceptibles pour cela d'être expliqués d'après l'hypothèse suivante, admise généralement.

Explication du mirage par Monge. « Le sable s'é-
« chauffe rapidement pendant que l'air traversé par les rayons
« solaires ne leur emprunte pas sensiblement de chaleur à
« cause de son pouvoir diathermane. Mais la couche d'air
« qui touche le sable en reçoit par contact et se dilate. Elle
« tend pour cela à s'élever en vertu de sa légèreté spéci-
« fique; mais un courant ascendant ne doit pas se former,
« et cela parce que la couche dilatée présente la même ten-
« dance dans une grande étendue; aussi l'air chaud et

« dilaté doit rester au-dessous de l'air moins chaud, et plus
« dense qui tend à descendre et à produire de petits cou-
« rants contraires. On peut donner, comme preuve de ces
« courants, l'agitation des objets à travers ces couches.

« Vers le milieu de la journée, la densité de l'air va en
« augmentant à partir du sol jusqu'à une certaine hauteur
« après laquelle doit se trouver la distribution ordinaire des
« couches de l'atmosphère. La réflexion s'opère dans la
« couche-limite entre l'air dense et l'air dilaté inférieur,
« quand l'angle d'incidence est $\Gamma + \alpha$, précisément comme
« cela a lieu sur la surface inférieure d'un vase de verre
« plein d'eau quand l'angle d'incidence y est $\Gamma + \alpha$. »

Observation sur cette explication. Au moyen d'observations directes, on a trouvé la température du sable de 30°
à 40° au-dessus de celle de l'air ambiant, ce qui conduit à
connaître l'écoulement rampant de la chaleur du sol vers
l'air ; mais il n'en résulte, suivant la loi aérostatique, aucun
empêchement à ce que les molécules d'air s'élèvent pour
céder leur place à celles qui sont moins dilatées, comme les
molécules d'eau de la base d'une chaudière s'élèvent pour
céder leur place à celles qui sont moins chaudes ; si même
cette dilatation a lieu, comme l'admet Monge, elle ne suffit
pas pour produire une réflexion, et cela par la raison suivante.

Les rayons éprouvent en pénétrant, l'atmosphère, des
réfractions indiquées dans le tableau suivant.

DISTANCES zénithales apparentes.	RÉFRACTIONS.	DISTANCES zénithales apparentes.	RÉFRACTIONS.	DISTANCES zénithales apparentes.	RÉFRACTIONS.
degrés.		degrés.		degrés.	
1	1″,0	30	33″,6	70	2′ 28″,9
5	5″,1	40	48″,9	80	5′ 19″,8
10	10″,3	50	1′ 9″,3	85	9′ 54″,3
20	22″,9	60	1′ 40″,6	90	33′ 16″,3

Les réfractions des grandes obliquités, produit de toute l'épaisseur de l'atmosphère, nous permettent ici de constater l'angle-limite pour les cas où les rayons doivent éprouver une réflexion dans le cas où aurait existé une couche vide entre le sol et la surface ambiante de l'air, car la valeur de l'angle-limite est $\Gamma = \frac{1}{n}$. Donc pour obtenir une réflexion entre l'air et le vide, l'indice de réfraction ne saurait avoir une valeur plus grande que 33' 46",3 ; et il est absolument impossible d'obtenir un vide par la différence de température de 30° à 20° qui se trouve entre le sable et l'air.

Il est vrai que le phénomène du mirage atteste l'existence d'une surface réfléchissante qui a une relation directe avec les inégales températures du sol et de l'air ; mais de ces données ne résulte pas la production d'une couche d'air suffisamment dilatée pour produire les faits observés.

Explication du mirage par l'auteur. Il y a deux conditions nécessaires pour l'apparition du mirage : 1° l'inégalité des températures, et 2° la grande obliquité des rayons incidents. L'inégalité des températures peut se rencontrer entre des surfaces horizontales, telles que des plaines, ou des surfaces verticales, telles que des murs, des plaques de tôles, de larges soubassements, etc., et l'air ambiant ; cette inégalité des températures peut exister encore entre deux couches d'air dont l'une est dans l'ombre et l'autre exposée au Soleil (fig. 9).

Il se produit en effet une dilatation dans l'air, par suite de l'élévation de la température ; mais il y a en même temps des courants thermo-électriques inconnus au temps de Monge. Ces courants sont aussi un effet de l'écoulement rampant de chaleur des corps chauds vers les corps moins chauds, et cet écoulement, qui a lieu suivant la loi thermostatique, éprouve une résistance dans l'air ambiant qui se détache de la surface chaude pour laisser se former un

vide qui est d'une nécessité absolue dans la production
d'une réflexion. L'écoulement rampant de la chaleur et la
répulsion que celle-ci exerce sur les vapeurs des chaudières
ont été constatés dans l'Électrostatique, page 325. Il a été
aussi prouvé que c'est la résistance de l'air ou des autres
corps contre cette propagation rampante de chaleur qui
fait s'en séparer les équivalents négatifs $\bar{E}$, dont l'écoulement sollicite l'affluence des équivalents positifs $\bar{E}$ vers les
corps échauffés.

Le mirage des plaines, non plus que celui qui a lieu sur
les murs, n'offre de particularité remarquable ; ce qu'il s'a-
git de connaître, c'est la possibilité d'une séparation très-
mince entre les couches de l'atmosphère, où s'opère un
écoulement rampant de chaleur, comme cela était le cas
dans les masses d'air ombragées et celles exposées au Soleil.
Cette espèce de propagation rampante de chaleur et ses
effets ont été exposés en détail dans le texte de l'Atlas
météorologique.

Il y a donc dans l'atmosphère une propagation rampante de chaleur qui est en direction verticale sur les plaines, et en direction oblique de la part de la masse d'air
chaud, vers la surface qui forme la limite de la masse d'air
ombragée. Il faut donc, dans le cas observé sur le lac de
Genève, reconnaître l'existence d'une surface réfléchissante
dans celle de la masse d'air ombragée. Cette surface y est
admise par les physiciens, mais ils l'attribuent à une couche
d'air dilatée.

Une telle surface dans l'atmosphère ne pouvait être affir-
mée par personne ; mais ce qui est impossible, c'est la formation d'une couche d'air dilatée séparant l'air chaud de
l'air moins chaud, et capable de produire une réflexion aux
rayons qui devaient passer obliquement de l'air moins
chaud dans l'air chaud.

Monge ignorait les cas observés sur la position qu'on
vient d'indiquer ; aussi a-t-il borné au mirage terrestre ses

explications qu'il aurait cherché à rendre applicables à tous
les cas, s'ils lui avaient été connus. Quand ces cas ont été
découverts, les physiciens n'en ont pas moins persisté à
conserver l'hypothèse de Monge, même contre les lois de la
réflexion et les lois aérostatiques, déjà mieux connues que
du temps de Monge.

Quant aux *suspensions*, les physiciens modernes n'en
donnent que la description; car ils ignorent complétement
les faits produits dans l'atmosphère par les écoulements de
la chaleur et des équivalents électriques. Ils ont remplacé
les couches d'air dilaté de Monge par des couches de vapeur, sans se rappeler que M. Jamin a prouvé que les vapeurs ont une réfraction très-peu inférieure à celle de l'air;
et les images obtenues par Monge présentent les objets toujours renversés et jamais droits, comme cela a lieu dans les
suspensions.

<h3 style="text-align:center">II. — DU MIRAGE INVERSE OU SUSPENSION.</h3>

On a ainsi nommé les phénomènes produits par des surfaces réfléchissantes placées au-dessus des objets, comme
cela devient évident par l'observation de plusieurs faits
dont nous allons rapporter ici quelques-uns.

I. M. Vince, de sa maison située à Ramsgate, regardant
du côté de Douvres avec un bon télescope, vit un navire
qui se trouvait à l'horizon, reproduit en l'air dans une position renversée, de manière que les extrémités des mâts de
l'image étaient en contact avec les extrémités de ceux du
navire véritable.

II. Scoresby a observé des phénomènes analogues dans
la mer du Groënland. Un jour qu'il avait été séparé par
une tempête du navire commandé par son fils, ce dernier
aperçut dans les airs l'image d'un navire renversée, et assez
nette pour qu'il pût reconnaître *la Fama*, baleinier que

montait son père, et qui était alors très-éloigné et entièrement caché par la convexité de la mer.

III. Scoresby a vu aussi plusieurs fois en l'air deux images du même vaisseau, l'une au-dessus de l'autre et renversées. Une fois l'image la plus élevée était droite.

IV. Biot et Arago étant en Espagne, observaient pendant la nuit de la montagne de Desierto de las Palmas, élevée de 725 mètres au-dessus de la mer, une lumière placée à une distance de 161 kilomètres et à 420 mètres de hauteur sur la montagne de Camperey dans l'île d'Yviza. Ils virent plusieurs fois, indépendamment de la lumière elle-même, une, deux, trois images de cette lumière ou même davantage, placées sur la même verticale, et qui se formaient et disparaissaient dans un ordre quelconque. Le lendemain matin, la mer était couverte de masses de brouillard qui s'étaient produites pendant la nuit en même temps que les apparitions des images.

V. Dans le détroit de Messine, quand le Soleil est à 45° environ de hauteur, en regardant la mer des collines qui dominent Messine, on voit en l'air et à une grande distance des pilastres, des arcades, des châteaux, des navires plus ou moins déformés, droits, renversés, inclinés et changeant de position et d'aspect d'un instant à l'autre. Ce phénomène se voit aussi de Naples, de Reggio et de plusieurs autres points de la côte de Sicile. Brydone, qui observa les mêmes phénomènes en 1700, remarque qu'il se produit après que l'air fortement échauffé est agité par des vents violents qui le laissent ensuite dans un calme plat.

VI. En 1858, M. Parès étant à Aigues-Mortes, aperçut un soir des villages et des arbres, élevés au-dessus des dunes qui les cachent ordinairement.

VII. Le docteur Vince, étant à Ramsgate, à 24 mètres au-dessus du niveau de la mer, vit, le 6 août 1806, à sept heures du soir, le château de Douvres très-distinctement jusqu'à sa base, et comme s'il eût été transporté sur les collines qui le cachent habituellement presque tout entier. Douvres est à 20 kilomètres de Ramsgate, et un tiers de cette distance du côté de Ramsgate est occupé par la mer.

VIII. M. de Bréauté aperçut un jour, de Dieppe, les côtes d'Angleterre, quoiqu'elles fussent dominées par la convexité de la mer. On a vu quelquefois de la rive anglaise les côtes de Calais et de Boulogne singulièrement rapprochées.

IX. Les marins ont été longtemps intrigués par l'apparition d'une île fantastique que l'on voyait parfois entre l'île d'Aland et la côte suédoise, et qui disparaissait quand on voulait en approcher. L'illusion était produite par un écueil situé à une petite profondeur, et qui paraissait alors élevé au-dessus de la mer.

X. M. Andraud vit, en 1852, d'une distance de 40 kilomètres, le clocher de Strasbourg illuminé un jour de fête publique. L'image, d'une grandeur colossale, paraissait n'être qu'à 2 kilomètres, et était assez nette pour qu'on pût distinguer les couleurs diverses de différentes parties de l'illumination.

XI. En septembre 1835, on vit plusieurs jours de suite, en Angleterre, vers cinq heures du soir, des corps de cavalerie défiler dans les airs, au milieu d'un ciel qui semblait couvert de vapeurs assez épaisses. On distinguait parfaitement le cavalier et son cheval, et même l'allure de ce dernier.

XII. M. Vouros, astronome de l'observatoire d'Athènes, voit souvent les étoiles qui sont derrière le mont Hymette.

Ces phénomènes, désignés sous le nom de suspension, ont été observés dans tous les temps ; on a vu ainsi des villes reproduites assez nettement dans les airs pour qu'on pût en reconnaître les premiers édifices ; d'autres fois on a vu même des armées et des batailles au milieu des airs.

Explication. Ces faits optiques prouvent l'existence d'états atmosphériques dont les météorologistes ne font aucune mention, et cela non parce qu'ils ignorent ces faits optiques, mais parce que ceux-ci ne sont pas d'accord avec les hypothèses arbitraires qu'ils ne veulent pas abandonner, tout en voyant bien cependant qu'il n'est plus possible de les conserver en attribuant les vents à un changement de température produit dans l'air par le Soleil; on leur a déjà fait voir assez souvent leur erreur, en leur prouvant que si l'air chaud s'élève en haut, il serait absolument impossible qu'il apparût des vents chauds, dont l'existence ne peut pourtant pas être niée.

Dans les rencontres des atomes $\mu'\varphi$ de lumière avec les corps transparents, on a constaté trois cas qui sont en rapport direct avec l'angle d'incidence $\Gamma-\alpha$, Γ et $\Gamma+\alpha$; il est donc nécessaire de constater la production des faits annoncés sans s'éloigner en rien de la loi optique.

L'explication du mirage donnée par Monge est parfaitement conforme à cette loi; il a été seulement prouvé que la surface réfléchissante a pour cause non pas une couche d'air dilaté, mais par une mince couche vide produite par l'écoulement de la chaleur. Ces couches minces et vides sont également produites par les équivalents positifs $\bar{E}$ électriques qui s'écoulent contre les équivalents $\bar{E}$ négatifs.

Cette explication n'est pas applicable aux vapeurs, qui conduisent facilement l'électricité et la chaleur; leur apparition pendant les suspensions ou après elles, est un effet des courants électriques qui sont en même temps la cause productrice des couches minces vides dans l'atmosphère.

L'image d'un objet produite par une réflexion est toujours renversée, et pour que l'objet apparaisse droit, il faut que son image soit produite par deux réflexions; c'est-à-dire que l'image visible soit produite par une image invisible, qui est inférieure. Cette image-ci renversée et l'image droite supérieure ont été observées par Scoresby; comme elles sont également observées dans le détroit de Messine, où les images des objets apparaissent simultanément droites et

13

renversées, et toujours celles-ci au-dessous de leurs images secondaires qui sont droites.

RÉSUMÉ.

Trois objets ont trouvé leur explication dans cette section :

I. La réfraction, la réflection et leur relation avec l'angle-limite.

II. L'existence de lumière spécifique pareille à la chaleur spécifique et combinée avec les éléments matériels des corps.

III. L'existence des couches de vide : 1° autour de la surface chaude des plaines sablonneuses, 2° autour de la surface des murs exposée au Soleil, 3° autour de la surface d'une masse d'air ombragé, et 4° dans les élévations différentes au-dessus de la surface de plaines et de la mer, sans relation immédiate avec la présence du Soleil.

Faits inconnus aux physiciens. Les uns admettent comme éléments de lumière plusieurs espèces d'atomes d'un volume limité ; les autres admettent un fluide nommé *éther* répandu dans le vide en densité inférieure δ et dans les pores des corps en densité supérieure $\delta + \delta'$. Mais tous sont d'accord pour attribuer le mouvement aux éléments matériels des corps, et ils en déduisent une raréfaction de lumière en raison directe avec les carrés des distances.

Observation. 1° Le volume des atomes φ de lumière n'est pas limité, mais l'électre qui constitue ces atomes contient un dépôt indéfini de mouvement qui se manifeste par l'expansion de ses molécules ; celles-ci acquièrent ce mouvement pendant la compression indéfinie qu'elles éprouvèrent. 2° La lumière n'est pas le résultat des oscillations ou des ondulations d'un fluide nommé *éther*, duquel il ne peut être produit ni faits chimiques, ni communications avec les éléments des corps. 3° Le mouvement de la propagation uniforme de la lumière n'est pas produit par les corps, parce qu'il n'y existe pas ; 4° la densité de la lumière n'est pas en raison inverse avec les carrés des distances.

Réfraction, réflexion, angle-limite. L'éther, admis en densité plus grande dans les corps que dans le vide, sert à expliquer la réfraction conformément avec la loi photostatique. Cependant cette loi n'a pas été suivie dans l'explication de la réflexion, et ainsi sont demeurés inexplicables l'angle-limite Γ et l'angle p de polarisation qui va être expliquée dans la suite.

1° L'angle-limite Γ indique l'équilibre entre la pression P' verticale des atomes $q\varphi$ de lumière réfléchie et la répulsion R de la part des atomes $\mu\varphi'$ de densité supérieure $\delta + \delta'$; le carré du cosinus de cet angle-limite $\cos^2\Gamma$ représente la pression P' verticale et égale à la répulsion R proportionnelle à la densité $\delta + \delta'$ des atomes $\mu'\varphi$ stationnaires. En ce cas, l'écoulement des atomes $\mu'\varphi$ incidents s'opère suivant la surface du corps ; comme cela aurait dû avoir lieu si l'angle d'incidence eût été de 90° ; ainsi en admettant $\sin\gamma = \sin 90° = 1$, on trouve $\sin\Gamma = \frac{1}{n}$ qui est l'angle-limite ; mais il est impossible aux physiciens de se rendre compte de ce fait obtenu par l'expérience.

2° Avec la réflexion il s'opère en sens divergents une réfraction dans le même plan, comme sont celles en sens convergents produites dans les deux faces parallèles des corps transparents. Le changement de direction est un effet de la résistance qu'éprouvent les atomes φ pénétrés dans le corps quand leurs parallèles φ''' sont encore en dehors.

3° Les différentes densités des atomes $\mu\varphi'$ de lumière stationnaire dans les corps sont produites par les densités analogues des atomes $\mu''\varphi''$ de lumière spécifique qui est combinée avec les éléments matériels des corps.

III. *Mirage et suspension.* Les physiciens savent parfaitement que l'explication donnée par Monge ne peut s'appliquer aux faits nommés *suspension*, et comme ils ne sont pas en état d'en donner l'explication véritable, ils se bornent à répéter ce que dit Monge.

Dans l'explication de la polarisation chromatique, de la double réfraction, de la diffraction et de la photographie, nous allons successivement constater les lois photostatiques par leur application exacte. De cette sorte il ne sera plus permis à personne de se rattacher encore aux anciennes hypothèses et à ces vieilles théories qui n'ont dû leur existence éphémère qu'au besoin de frayer la voie à la découverte de la loi physique qui domine le Monde. Quant à ces interminables discussions qui divisaient les savants, elles vont cesser désormais, parce que les ouvrages à venir ne seront plus, comme dans le passé, le produit d'un esprit fantaisiste, ou la répétition monotone des œuvres anciennes; mais qu'ils seront au contraire rigoureusement basés sur une loi physique permanente et immuable constatée dans les faits cosmiques.

SECTION III.

Les phénomènes du mirage et de suspension d'une part et les lois de réflexion de l'autre ont servi à constater dans l'atmosphère l'existence des couches très-minces, vides, produites par l'écoulement des atomes θ de chaleur ou des équivalents électriques $\bar{E}$ positifs.

Au moyen de comparaisons répétées entre la lumière solaire arrivée directement, et celle qui vient de traverser les corps ou d'en être réfléchie, on a pu constater une série de faits, qui ont fait connaître que la lumière $\mu''\varphi''$ spécifique des corps, dont l'existence a été déjà prouvée, s'y trouve distribuée de telle sorte qu'elle offre des couches parallèles arrangées de manière à former trois systèmes : $c, c, c\ldots c'$, $c', c'\ldots c'', c'', c''\ldots$ perpendiculaires l'un sur l'autre. En supposant horizontal le système s'' des couches $c'', c'', c''\ldots$ les deux autres seront verticaux ; et si l'un s est dirigé de l'ouest à l'est, l'autre s', le *méridional*, ira du nord au sud.

Cette construction moléculaire est très-prononcée dans les cristaux à double réfraction ; nous prouverons plus loin qu'elle se rencontre également entre les molécules de tous

13

les corps liquides ou solides; cependant la densité des atomes de lumière spécifique est égale dans les trois systèmes chez les autres corps et elle est différente, c'est-à-dire ∂, $\partial + \partial'$, $\partial + \partial' + \partial''$, dans chacun des trois systèmes de couches matérielles qui constituent les cristaux de double réfraction.

Construction des cristaux. Que le lecteur place un livre sur une table, le sens de la longueur Ee (fig. 10) de l'ouest à l'est, et le sens de la largeur nS, du nord au sud,

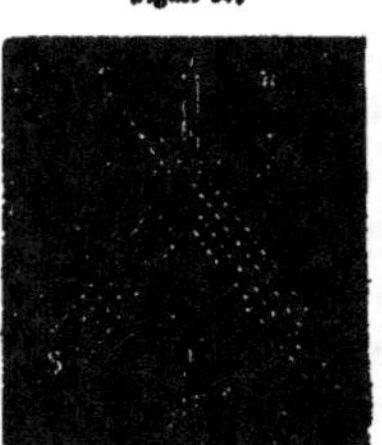

Figure 10.

puis qu'il admette des coupes Ee parallèles d'un système s qui vont de l'ouest à l'est, pour produire des feuillets minces, et 2° un autre système s' de coupes pareilles nS qui vont du nord au sud; 3° les coupes du système s'' horizontal existent déjà entre les feuilles du livre; ainsi celui-ci devient un corps composé des atomes en forme cubique ou parallélipipède, séparés par des intervalles que remplissent les atomes $\mu\varphi'$ de lumière stationnaire, tandis que les atomes $\mu''\varphi''$ de lumière spécifique, sont dans les éléments pondérables des atomes matériels.

Ces éléments sont arrangés de manière à avoir les atomes $\mu''\varphi''$ de lumière spécifique, en trois densités ∂, $\partial + \partial'$, $\partial + \partial' + \partial'$, différentes dans les trois systèmes de couches; une telle différence entre les densités des atomes $\mu''\varphi''$, manque dans les corps qui ne produisent pas la double réfraction.

Les modifications suivantes qu'éprouvent les atomes $\mu'\varphi$ de lumière propagée au travers des cristaux sont de trois espèces : ils se divisent en deux parties, dont 1° l'une $\frac{1}{2}\mu'\varphi + \mu\varphi$ s'écoule, par exemple, par les intervalles $l, l, l...$ du système s, et 2° l'autre $\frac{1}{2}\mu'\varphi - \mu\varphi$ par les intervalles $l', l', l'...$ du système s'.

II. En s'écoulant 1° les atomes $\frac{1}{2}\mu'\varphi + \mu\varphi$ indiquent la direction Ee de l'est à l'ouest, dans laquelle paraît être placé l'objet lumineux ; tandis que les atomes $\frac{1}{2}\mu'\varphi - \mu\varphi$ indiquent la direction Sn de sud au nord, dans laquelle paraît être placé le même objet. Il y a ainsi apparition des deux objets dont ni l'un ni l'autre n'est dans la direction tt où se trouve l'objet véritable.

III. Les atomes $\frac{1}{2}\mu'\varphi + \mu\varphi$ de lumière, en passant par les intervalles entre les couches du système s, éprouvent latéralement les répulsions convergentes de la part des atomes $\mu''\varphi''$ de lumière spécifique des couches matérielles, et ainsi se trouve supprimé dans les atomes $\frac{1}{2}\mu'\varphi + \mu\varphi$, le mouvement latéral vers le sud S et le nord n, et il ne leur reste plus que celui vers l'est et en haut.

Les atomes $\frac{1}{2}\mu'\varphi - \mu\varphi$ de lumière émergente, sont ainsi transformés en une espèce de lame très-mince à deux dimensions, possédant un mouvement qui tend à se développer indéfiniment ; mais seulement suivant ces deux dimensions. Cet état de lames de lumière était encore inconnu que déjà les effets en étaient découverts, aussi ces effets ont-ils été attribués à une cause désignée sous la dénomination vague de **polarisation**.

Après avoir constaté ici en quoi consiste la modification des atomes de lumière émergents, il convient d'introduire des termes qui ont une relation exacte avec les faits. Nous proposons donc de remplacer les mots *polariser* par *aplatir*, *polarisation* par *aplatissement*, *lumière polarisée* par *lumière aplatie* ; les termes grecs sont συστέλλειν, σύσταλσις, σύσταλμα.

I. — DE LA DIVISION DE LA LUMIÈRE INCIDENTE DANS LES CRISTAUX.

Les atomes $\mu'\varphi$ incidents sous la direction tt' exercent la pression P en cette direction sur les atomes $\mu\varphi'$ de lumière stationnaire contenues dans les intervalles du système eE dirigés de l'ouest à l'est et dans les intervalles nS dirigés du nord au sud. La pression se divise donc en deux $\frac{1}{2}$P $+p$ et $\frac{1}{2}$P $-p$, et cela à cause de la distribution des atomes $\mu\varphi$ stationnaires dans les intervalles l, l, l... des couches c, c, c,... et dans les intervalles l', l', l'... des couches c', c', c'...

Les atomes $\mu'\Phi$ émergents sont égaux à ceux $\mu'\varphi$ incidents; mais ceux-ci forment un courant dans la direction $i\,i$ qui conduit au corps lumineux, tandis qu'une partie $\frac{1}{2}\mu'\varphi + \mu\varphi$ des atomes émergents provient de l'embouchure E, et une autre partie $\frac{1}{2}\mu'\varphi - \mu\varphi$ provient d'une autre embouchure s.

Les atomes $\frac{1}{2}\mu'\varphi + \mu\varphi$ émergents de l'embouchure ou du point E d'émergence pénètrent dans l'œil sous une direction Ee (fig. 10), qui y fait paraître l'objet lumineux; les autres atomes $\frac{1}{2}\mu'\varphi - \mu\varphi$ émergents du point S font apparaître l'objet lumineux dans la direction Sn. La division de lumière $\mu'\varphi$, incidente en deux courants par la manière indiquée, fait donc apparaître deux objets illusoires, tandis qu'est cachée la direction $i\,i$ qui conduit à l'objet véritable.

Comme exemple de la transmission de la lumière par le milieu des corps, on peut se servir de celle de l'eau par le milieu d'un étang; il y a équilibre et repos, tant qu'il n'entre pas d'eau par l'embouchure supérieure $i\,i$; mais dès qu'il commence à s'y produire une introduction ou une incidence d'atomes μ'HO d'eau, on voit commencer en même temps l'émergence ou l'écoulement d'une quantité égale d'eau par l'embouchure inférieure i'.

L'étang est en cet état parcouru par un courant qui conduit de l'embouchure inférieure i' à l'embouchure supérieure $i\,i$, précisément comme cela a lieu pour les corps transparents tels que l'eau, le verre, etc., qui sont traversés par les atomes $\mu'\varphi$ de lumière entrant par le point i d'incidence et sortant en ligne droite par le point i d'émergence.

Pour obtenir dans l'étang une division des atomes $\mu\overline{HO}$ d'eau incidente, il faut introduire les cloisons nS et eE parallèles des deux systèmes et verticales sur le niveau de l'étang. L'eau $\mu'\overline{HO}$ incidente dans la direction ii exerce la pression P sur l'eau stationnaire $\mu\overline{HO}^1$ contenue dans les intervalles l, l, l... et l', l', l'... entre les cloisons c, c, c... et c', c', c'.... Ainsi cette pression P se divise en deux : $\frac{1}{2}$P$+ p$ dirigée de e vers E, et $\frac{1}{2}$P$— p$ dirigée de n vers S.

La quantité $(\frac{1}{2}\mu' + \mu)\overline{HO}$ d'atomes d'eau, s'écoule de l'embouchure E dans la direction Ee, et la quantité $(\frac{1}{2}\mu' — \mu)\overline{HO}$, de l'autre embouchure S dans la direction Sn. Comme dans le cas précédent, la quantité $\mu'\overline{HO}$ d'eau écoulée est égale à celle de l'eau qui entre, mais l'eau écoulée forme deux courants dont l'un conduit à la gauche et l'autre à la droite de l'embouchure ii, par laquelle pénètre l'eau dans l'étang.

Si on laisse les cloisons c, c, c... et c', c', c'..., dans l'arrangement indiqué, et si l'on conduit l'eau de manière à ce qu'elle pénètre dans l'étang par une embouchure en e, la pression P sera exercée sur les atomes $\mu\overline{HO}^1$ d'eau stationnaires qui sont contenus dans les intervalles entre les cloisons c, c, c... dirigées de e vers E, et l'écoulement s'opérera de l'embouchure E, comme dans le cas où il n'existe pas de cloisons dans l'étang; tous les atomes $\mu'\overline{HO}$ qui entrent par l'embouchure e s'écoulent par les intervalles l, l, l,... des cloisons c, c, c,... et proviennent de l'embouchure E, sans que rien apparaisse dans l'autre embouchure s.

Si ensuite l'embouchure supérieure est transférée en n, la pression P de l'eau s'exerce tout entière sur les atomes stationnaires $\mu\overline{HO}^1$ dans les intervalles l', l', l'...., des cloisons c', c', c'..., et ainsi il s'écoulera de l'embouchure S la quantité $\mu'\overline{HO}$ d'atomes d'eau égale à celle de ceux qui entrent de l'embouchure n; en ce cas il ne pénètre rien de l'embouchure E.

Entre ces deux extrémités e et n, si l'on éloigne l'embouchure supérieure du point s vers le point n; alors l'eau $\mu'\overline{HO}$ qui pénètre et sa pression P se séparent pour être dirigées : 1° une partie $\frac{1}{2}$ P $+p$ de la pression vers le point E d'émergence, et une autre partie $\frac{1}{2}$ P $-p$ vers l'autre point S; et 2° une partie $(\frac{1}{2}\mu'+\mu)\overline{HO}$ de l'eau vers l'embouchure E, et une autre partie $(\frac{1}{2}\mu'-\mu)\overline{HO}$ vers l'autre embouchure S.

Si l'embouchure supérieure est exactement dans la direction $s'r'$ où sont les arêtes des cloisons c, c, c... et d', d', d'..., la pression P de l'eau introduite se divise en deux parties égales $\frac{1}{2}$ P et $\frac{1}{2}$ P qui s'exercent, une moitié $\frac{1}{2}$ P sur les atomes μ $\overline{HO}$ d'eau stationnaire dans les intervalles t, t, t... de la direction sE, et l'autre moitié $\frac{1}{2}$ P de pression est dirigée dans les intervalles t', t, t... de la direction sS.

Dans ce seul cas il s'écoule d'égales quantités $\frac{1}{2}\mu'\overline{HO}$ d'atomes d'eau de chacune de deux embouchures; car si l'embouchure supérieure avance davantage vers l'extrémité n, la partie de pression $\frac{1}{2}$ P $+p$, dirigée de n vers S, devient supérieure, et pour cette raison augmente la quantité $(\frac{1}{2}\mu'+\mu)\overline{HO}$ d'atomes d'eau écoulée dans la direction nS et par l'embouchure S; alors diminue celle $(\frac{1}{2}\mu'-\mu)\overline{HO}$ de l'eau écoulée dans la direction sE par l'embouchure E.

II. — DE LA PRODUCTION DES ATOMES DE CHALEUR EN TROIS DIRECTIONS DIVERGENTES.

Les atomes $\mu\theta'$ de chaleur stationnaire sont arrêtés dans les corps de la part des atomes $\mu''\theta''$ de chaleur spécifique qui sont combinés en excédant avec les éléments pondérables des corps; pour cette raison les corps obtiennent vers la chaleur stationnaire $\mu\theta'$ une propriété différente de celle qu'ils ont vers la lumière $\mu\varphi'$ stationnaire.

Un corps C, placé dans un espace chaud, laisse pénétrer

par une propagatiom rampante les atomes $\mu'\theta$ de chaleur qui se mettent en équilibre avec ceux de l'espace ambiant. Ce corps exposé au soleil ne laisse pas pénétrer dans son intérieur les atomes $\mu'\varphi$ de lumière pour former un équilibre, mais après qu'il s'est formé une couche superficielle de ces atomes $\mu'\varphi$, ils repoussent leurs homonymes qui arrivent ensuite sans les laisser pénétrer par une propagation rampante.

Le corps C, placé dans l'obscurité, répand, en directions divergentes, les atomes $\mu'\varphi$ de lumière accumulée sur la face éclairée; il répand également dans l'espace froid les atomes $\mu'\theta$ de chaleur : ceux-ci ne sont pas cependant accumulés seulement dans la surface du corps comme la lumière, mais ils le sont également dans l'intérieur du corps.

L'écoulement divergent de chaleur dans l'espace froid, comme celui de lumière obtenue par une insolation, est entretenu par la diminution de la résistance extérieure, car le mouvement se trouve dans les atomes $\mu'\theta$ ou $\mu'\theta$ accumulés, dont la répulsion mutuelle produit leur éloignement et leur dispersion en directions divergentes, et en quantités égales dans chaque direction, si le corps n'est pas un cristal; car les cristaux laissent s'éloigner les quantités $q\theta$, $(q+q')\,\theta$, $(q+q'+q'')\,\theta$ différentes d'atomes θ de chaleur par les intervalles l, l, l... l', l', l'... l'', l'', l''... de chacun des trois systèmes des couches matérielles c, c, c... c', c', c'... et c'', c'', c''.

Il y a à distinguer : 1° les trois directions divergentes suivant lesquelles s'éloignent les atomes θ de chaleur, et 2° les quantités différentes des atomes écoulés suivant chacune des trois directions. Ici l'éloignement des atomes n'est pas produit par une pression P de la part d'atomes $\mu'\theta$ de chaleur incidente; mais c'est le mouvement déposé dans les éléments électriques de chaleur $\theta = \ddot{E}\ddot{E}\ddot{E}$ qui se manifeste comme *élasticité*, ou comme répulsion pour faire produire aux atomes θ de chaleur une expansion dans toutes les directions, et cela par une augmentation de volume des atomes de chaleur et non par un éloignement d'un atome de l'autre en y faisant des vides au milieu.

Les atomes $\mu''\theta''$ de chaleur spécifique ont d'inégales densités dans chaque système s, s', s'' de couches matérielles c, c, c... c', c', c'..., c'', c'', c''..., comme cela devient évident par les différentes quantités $q\theta$, $(q+q')\theta$, $(q+q'+q'')\theta$ de chaleur écoulée suivant les trois directions :

1° La petite quantité d'atomes $q'\theta'$ écoulés, par exemple, des faces f, f, f et f du cristal dirigées vers l'ouest et l'est, en haut et en bas, prouve que l'écoulement est difficile dans les intervalles l, l, l..., et cela à cause de la grande densité $\partial + \partial' + \partial''$ des atomes spécifiques $\mu''\theta''$ contenus dans les couches matérielles c, c, c... du système s dirigées de l'ouest à l'est;

2° La grande quantité $(q+q'+q'')\ \theta$ d'atomes de chaleur écoulés des faces f'', f'', f'' et f'' horizontales du cristal prouve la facilité de l'écoulement dans les intervalles l'', l'', l''... entre les couches matérielles c'', c'', c''.., du système s'', et cela à cause de la petite densité ∂ des atomes $\mu''\theta''$ de chaleur spécifique contenus dans les éléments pondérables de ces couches;

3° La quantité médiocre $(q+q')\ \theta$ d'atomes de chaleur s'écoule des faces f', f', f' et f' du sud au nord, en haut et en bas du cristal; elle sert à prouver combien est médiocre la densité $\partial + \partial'$ des atomes $\mu''\theta''$ de la chaleur spécifique contenue dans les éléments pondérables des couches matérielles c', c', c'... du système s'.

Comme exemple de ces écoulements de chaleur en trois directions divergentes, on peut considérer un corps composé de trois systèmes de couches, produites par les coupes admises sur un livre comme cela vient d'être indiqué. Si un corps ainsi construit contient de l'eau dans les intervalles l, l, l... l', l', l'..., l'', l'', l''... de chacun des trois systèmes s, s', s'' des couches c, c, c... c', c', c'..., c'', c'', c''..., cette eau se transforme en vapeur quand le corps est introduit dans un espace chaud ; et l'écoulement des vapeurs s'opèrera en directions divergentes suivant les prolongements des plans des intervalles des trois systèmes.

Si un cristal est chauffé à l'une de ses extrémités, par exemple sur la face e, les atomes μ' de chaleur incidente ne s'écoulent pas de l'embouchure E, comme les atomes $\mu'\varphi$ de lumière, mais ils se répandent par une proportion rempante dans toutes les directions, non pas cependant avec la même vitesse ou en quantité égale, parce que l'avancement est : 1° supérieur suivant les intervalles l'', l'', l''… des couches horizontales c'', c'', c''…, dont a été observé l'éloignement des atomes $(q + q' + q'')\theta$ en quantité supérieure, et 2° il est inférieur suivant les intervalles l, l, l… des couches c, c, c…, dirigées de l'ouest à l'est, dont est produit l'éloignement de la petite quantité $q\theta$ d'atomes de chaleur.

Sur chaque face du cristal aboutissent les couches et les intervalles des deux systèmes : 1° dans les faces F″, F″ horizontales aboutissent les couches c, c, c… c', c', c'…, et leurs intervalles l, l, l… l', l', l'…; 2° dans les faces F, F, d'ouest et d'est aboutissent les couches c'', c'', c''… c', c', c'… et leurs intervalles l'', l'', l''… l', l', l'…, et 3° dans les faces F′, F′ du nord et du sud aboutissent les couches et les intervalles des deux autres systèmes s et s''.

III. — DE LA TRANSFORMATION DE LA LUMIÈRE NATURELLE
EN LUMIÈRE APLATIE OU POLARISÉE.

Le mot polarisation n'indique rien au lecteur, et ne lui donne aucune idée de l'objet qu'il est censé représenter, tandis que les mots *lumière aplatie* ont une signification analogue avec l'objet qu'ils indiquent.

La lumière est aplatie quand la propagation latérale est supprimée aux atomes $\mu'\Phi$, et qu'il ne leur reste que celles des deux autres dimensions ; cette lumière aplatie Φ peut être représentée par les feuillets d'un livre qui ont deux dimensions en longueur et largeur, et dont le plan peut être indéfiniment prolongé.

Les atomes de lumière peuvent encore être comparés à des reptiles qui glisseraient sur un plan dans toutes les directions en se multipliant pour occuper, avec les mêmes éléments, des surfaces indéfiniment grandes.

Les atomes $\mu'\varphi$ proviennent de corps lumineux contenant le mouvement M déposé dans leurs éléments électriques ; ce mouvement s'exerce dans tous les sens, de sorte que le volume des atomes croît avec les cubes des distances du corps lumineux. Il ne reste ainsi nulle part dans l'espace de point vide qui ne soit occupé par des atomes $\mu'\varphi$.

Les physiciens qui suivent le système de l'émission, en donnant aux atomes d'un volume immuable et limité, se trouvaient incapables quand il fallait donner une réponse aux mille objections que leur faisaient les physiciens partisans du système des ondulations. Ceux-ci, de leur côté, qui admettent l'éther dans l'espace et dans les cristaux, ne sont pas en état de constater, suivant la loi physique, en quoi consiste la lumière polarisée et comment agissent les corps pour transformer la lumière naturelle en lumière polarisée, ce qui a lieu de trois manières différentes.

La lumière peut se propager indéfiniment dans le vide ; elle n'y éprouve aucune modification, tandis que tout contact avec les corps change son état naturel ; d'elle devient aplatie une partie plus ou moins grande. Ces changements, autrement dit l'aplatissement, sont produits 1° en une quantité inférieure par les réfractions opérées sur les rayons qui traversent les corps transparents ; 2° en une quantité supérieure, ou même totalement, par la réflexion des rayons incidents ; 3° l'aplatissement est toujours complet aux rayons émergents des cristaux.

A. DE L'APLATISSEMENT DE LA LUMIÈRE PAR LES CRISTAUX.

La pression P de la propagation des atomes $\mu\varphi$ de lumière incidente sur la face F du cristal se communique toujours aux atomes $\mu\varphi'$ stationnaires contenus dans les intervalles l, l, $l_{...}$ et l', l', $l'_{...}$ des couches c, c; $c_{...}$ dirigées de l'ouest à l'est et des couches c', c', $c_{...}$ dirigées du nord au sud. Les atomes spécifiques $\mu''\varphi''$ exercent en même temps des répulsions convergentes contre les mêmes atomes stationnaires $\mu\varphi'$.

Ceux-ci, obéissant à la pression totale P ou à une de ses deux parties $\frac{1}{2}$ P + p ou $\frac{1}{2}$ P — p, et éprouvant en même temps les répulsions convergentes latérales, proviennent des côtés E et S (fig. 40) d'émergence divisés en deux parties dont l'une $(\frac{1}{2}\mu' + \mu)\Phi$ constitue l'un des rayons r émergents de l'embouchure E; et l'autre $(\frac{1}{2}\mu' - \mu)\Phi$ constitue l'autre rayon r' émergent de l'embouchure S.

Les atomes $(\frac{1}{2}\mu' - \mu)\Phi$ provenant des intervalles l, l, $l_{...}$ se trouvent dans des plans prolongés de ces lames sans pouvoir se répandre latéralement, et cela parce que, par suite des deux répulsions convergentes exercées de la part des atomes $\mu''\varphi''$ stationnaires, le mouvement latéral des atomes $\mu'\Phi$ émergents se trouve transféré aux atomes spécifiques $\mu''\varphi''$.

On peut considérer comme exemple la transformation d'une pâte amorphe en feuilles très-minces des deux dimensions. Pour cela il faut se figurer un espace quelconque rempli par une pâte et traversé par des cloisons verticales et parallèles, les unes du système s de l'ouest à l'est, et les autres du système s' du nord au sud. Si l'on introduit de la part de la face F une nouvelle partie de pâte de l'une des extrémités i, i (fig. 40) en y exerçant une pression P de haut en bas, on verra s'écouler deux systèmes de feuilles de la même pâte : 1° les plans des feuilles provenant des intervalles l, l, l... seront dirigés de l'ouest à l'est, en haut et en bas, et 2° les plans des feuilles provenant des intervalles l', l', l'... seront dirigés du nord au sud, en haut et en bas.

La quantité $\mu' p$ de pâte introduite par l'embouchure u sera égale à la somme $(\frac{1}{2}\mu' + \mu)p + (\frac{1}{2}\mu - \mu)p$ des deux parties de pâte émergentes des deux embouchures S et E; la différence ne consistera qu'en un appatissement des feuilles provenant moulées dans le cristal où la pâte est introduite sous une masse amorphe. Cet aplatissement bien constaté sert ici à prouver l'existence de cloisons l, l, l... et l', l', l'... dans l'espace que doit parcourir la pâte introduite de l'embouchure u.

La division des feuilles de pâte en deux systèmes parallèles sert à connaître que les cloisons c, c, c... d'un système s sont verticales aux cloisons c', c', c'... de l'autre système s'. La pâte transmise par l'espace que traversent les cloisons c, c, c... et c', c', c'... éprouve trois espèces de modifications : 1° elle est divisée en deux parties $(\frac{1}{2}\mu' + \mu)p$ et $(\frac{1}{2}\mu' - \mu)p$, dont la première provient d'une embouchure et la seconde de l'autre; 2° la pâte qui provient de l'embouchure E indique que l'embouchure supérieure est dans la direction Ee, et la pâte qui provient de l'embouchure S indique que l'embouchure supérieure est dans la direction Sn; 3° la masse de pâte émerge des deux embouchures en forme des feuilles très-minces qui peuvent s'étendre indéfiniment suivant leur plan, sans que cependant leur épaisseur puisse changer.

Cet exemple ne laisse rien à désirer pour qui veut se faire une idée exacte de la *lumière aplatie* Φ, car c'est l'absence de cette connaissance préalable qui rend tous les faits inexplicables, et c'est en cela que consiste la difficulté à traiter cette partie de la physique.

Chaque découverte de faits nouveaux, au lieu d'être

considérée comme exemple des lois physiques, devenait la
source de nouveaux embarras qui venaient s'ajouter à ceux
déjà si grands résultant de la foule d'hypothèses qu'on avait
admises précédemment pour donner une explication telle
quelle des faits alors connus.

Nous n'avons pas prouvé seulement ici l'état physique de
la lumière aplatie, mais nous avons en même temps constaté
la construction matérielle des cristaux, et la distribution
inégale des atomes spécifiques $\mu''\varphi''$ et $\mu''\theta''$ de lumière et de
chaleur combinés avec les éléments pondérables des atomes
matériels.

Le traité des cristaux et des rapports de leurs formes avec
leurs éléments pondérables et impondérables sera la continuation naturelle de tout ce qui vient d'être dit sur les
atomes spécifiques $\mu''\theta''$ et $\mu''\varphi''$ de chaleur et lumière; c'est
ce que nous exposerons dans la Chimie, qui n'est qu'une
partie intégrante de la Physique.

B. DE L'APLATISSEMENT DE LA LUMIÈRE PAR LES RÉFRACTIONS.

Les atomes $\mu'\varphi$ de lumière, arrivant obliquement à la
face f d'un corps, éprouvent latéralement une égale répulsion qui les sollicite à continuer leur propagation suivant
le plan d'incidence; mais ils éprouvent du côté de la normale, de la part des atomes $(q+q')\varphi'$ de lumière stationnaire dans l'angle $90° + \gamma$, une répulsion $r+r'$, tandis que
du côté de l'angle $90° - \gamma$ d'obliquité, ils n'éprouvent que
la répulsion $r-r'$ de la part des atomes $(q-q')\varphi'$ de lumière stationnaire dans cet angle. Il y a donc une répulsion R contre le sens de la pression P de propagation.

De cette répulsion R éprouvée dans la face antérieure des
atomes $\mu'\varphi$ de lumière incidente, il s'éloigne le mouvement
M; dans la face f' d'émergence du corps, les mêmes atomes
$\mu'\varphi$, en se séparant, éprouvent de la part des atomes

$(q + q')\varphi'$ de lumière stationnaire une deuxième répulsion R en sens inverse de la précédente, et dans la face opposée à celle qui éprouva la première répulsion, et ainsi ces atomes $q'\varphi$ de lumière perdent le mouvement M de la face postérieure.

De cette manière, les atomes $q'\varphi$ émergents sont d'une quantité égale à ceux $q'\varphi$ immergents; cependant les atomes $\mu'\varphi$ du rayon r incident ont leur mouvement primitif qui se manifeste dans l'expansion des atomes φ dans toutes les directions, tandis que dans le rayon r' émergent, une partie $a\varphi$ de ces atomes $\mu'\varphi$ ont perdu leur mouvement en bas et en haut, et il ne leur reste que le mouvement horizontal, qui peut se propager indéfiniment de l'est à l'ouest et du nord au sud.

Le rayon r incident consiste en atomes $\mu'\varphi$ de lumière naturelle, tandis que le rayon r' émergent contient une partie $(q' - a)\varphi$ d'atomes de lumière naturelle, car le reste $a\varphi$ de ces atomes est devenu aplati. Si ce rayon r, ainsi composé, pénètre obliquement dans un deuxième corps, une nouvelle partie $a''\varphi$ des atomes $(q'-a)\varphi$ de lumière naturelle devient aplatie, et le deuxième rayon r'' émergent se trouvera pour cela composé de la quantité inférieure $(q'-a-a')\varphi$ d'atomes de lumière naturelle et d'une quantité $(a+a')\varphi$ supérieure d'atomes de lumière aplatie.

Après un nombre n de réfractions pareilles, la quantité $(q'-a-a'...-a'')\varphi$ d'atomes de lumière naturelle diminue beaucoup, tandis qu'augmente celle $(a+a'+...+a'')\varphi$ d'atomes de lumière aplatie. Ainsi, par un nombre de réfractions successives, les atomes $q'\varphi$ de lumière naturelle deviennent aplatis en perdant leur mouvement dirigé en haut et en bas.

La quantité $a\varphi$ d'atomes de lumière aplatie n'est pas la même dans le rayon r' émergent, mais elle est grande quand est grand l'angle γ d'incidence, et elle est petite si cet angle est petit, et elle devient nulle quand le rayon r incident est vertical. Ainsi la quantité $q'\varphi$ d'atomes repoussés de haut en bas au moment de l'incidence, et de bas en haut au moment de l'émergence, augmente avec l'angle γ d'incidence.

C. DE L'APLATISSEMENT DE LA LUMIÈRE PAR LA RÉFLEXION.

Les atomes $q\varphi$ sont réfléchis quand ils éprouvent de la part des atomes homonymes $\mu\varphi'$ stationnaires une répulsion R supérieure à la pression P″ verticale. Au moment où l'excédant $R - P''$ de répulsion s'exerce suivant la direction du plan d'incidence, les atomes $\mu'\varphi$ d'incidence perdent leur mouvement latéral par les répulsions convergentes exercées de la part des atomes $\mu\varphi'$ stationnaires.

Les atomes $q\varphi$ de lumière réfléchie deviennent ainsi aplatis précisément comme le sont ceux qui viennent de traverser les intervalles $l, l, l...$ des couches $c, c, c...$ d'un cristal; ces atomes $\mu'\varphi$, réfléchis par une surface horizontale, se propagent en haut et en bas en restant toujours sur le plan de réflexion sans pouvoir s'en éloigner, comme quand ils sont sur le plan d'incidence qui est le même que celui de réflexion, et l'aplatissement n'a pour cause que la disparition du mouvement M latéral des atomes $q\varphi$, car ce mouvement a été transmis dans les atomes $\mu\varphi'$ homonymes stationnaires par les deux répulsions convergentes.

I. La surface réfléchissante peut être la face AC du corps où est le point i d'incidence (fig. 11), ou elle peut être en i' où serait le point d'émergence, si l'angle d'incidence n'était pas $\Gamma + \alpha$ plus grand que l'angle-limite Γ. Si le rayon incident est perpendiculaire sur la face AC, il pénètre dans le corps sans éprouver de modification. Arrivé au point p sous l'angle $\Gamma - \alpha$ d'incidence, il est réfracté et provient du point p' de la face AB.

Figure 11.

II. La surface AB restant la même, si le rayon r venant

de e est réfracté au point p' d'incidence, pour prendre la direction $p'i$, ce rayon is' est composé d'atomes $q\varphi$ aplatis et d'atomes $(\mu'-q)\varphi$ non aplatis, tandis que le rayon $r's$ n'est composé que des atomes $\mu\varphi$ aplatis, si ABD est un cristal.

La quantité $q\varphi$ d'atomes réfléchis est égale à celle $\mu'\varphi$ d'atomes de lumière incidents dans le cas où la réflexion s'opère dans l'intérieur du corps, tandis qu'il y a une quantité $a\varphi$ d'atomes aplatis dans le cas où la réflexion partielle a lieu sur la surface extérieure des corps.

En ce cas comme dans tous les autres, il s'opère deux réfractions en sens divergent : 1° Dans les corps transparents, les atomes $q'\varphi$ de lumière réfractée éprouvent la première répulsion d'avant en arrière sur la face f supérieure du corps, et la seconde répulsion est exercée sur les mêmes atomes d'arrière en avant. 2° Dans les cas où s'opère une réflexion des atomes $q'\varphi$ de lumière réfractée, la deuxième répulsion de la part de la normale est dirigée comme la dite d'arrière en avant.

Pour que s'éloigne le mouvement M des faces opposées antérieure et postérieure des atomes $q\varphi$ de lumière réfléchie, il faut qu'il s'exerce verticalement une contre-répulsion entre le rayon réfracté et celui qui est réfléchi ; cette contre-répulsion sollicite les atomes $q'\varphi$ de lumière pour obtenir une réflexion en telle direction. Cette condition n'est remplie que par un angle P d'incidence déterminé qui est nommé *angle de polarisation*.

IV. — DE L'ÉLOIGNEMENT TOTAL DU MOUVEMENT DES ATOMES
DE LUMIÈRE APLATIE.

Les modifications produites de la part des corps sur les atomes $\mu'\varphi$ de lumière propagée sont celles : 1° des directions et des vitesses, ou 2° de l'éloignement du mouvement M déposé dans les éléments électriques qui constituent les atomes ou les molécules φ de lumière. Ce mouvement déposé se manifeste en une augmentation de volume ou une expansion comparable à celle des molécules de chaleur qui s'éloignent du milieu d'un corps placé dans un espace froid. Le mouvement m des corps n'a qu'une seule direction qui est celle du mouvement communiqué, parce que les corps ne possèdent que le mouvement qui leur a été communiqué.

Le mouvement M des atomes $\mu'\varphi$ de lumière peut en être éloigné pour passer aux autres atomes homonymes stationnaires; mais pour cela les atomes $\mu'\varphi$ de lumière propagée doivent éprouver des compressions convergentes: 1° de l'ouest et de l'est; 2° du nord et du sud, ou 3° de haut et de bas.

D'après cela, on considère : 1° comme horizontales les faces réfléchissantes des corps, et 2° comme venant de l'est ou de l'ouest les atomes $\mu'\varphi$ de lumière, pour que le plan d'incidence soit en cette direction.

Une quantité $q\varphi$ des atomes $\mu'\varphi$ incidents perd son mouvement m' vers le nord et le sud, et une autre quantité $q'\varphi$ perd son mouvement m'' vertical; le rayon r'' réfléchi est ainsi composé de ces deux espèces d'atomes de lumière $\alpha\varphi$ et $\alpha\varphi'$; les atomes $q'\varphi$ sans mouvement vertical disparaissent quand le rayon arrive sous l'angle P de polarisation.

Comme dans la réflexion des atomes $\mu'\varphi$ de l'ouest à l'est sous l'angle P de polarisation, le mouvement m a été éloigné vers le nord et le sud par les répulsions convergentes de la part des atomes $\mu\varphi'$ de lumière stationnaire de la couche C horizontale, le mouvement m' vertical s'éloigne des mêmes atomes $\mu'\varphi$ de lumière réfléchie dans le plan du nord au sud, si ce rayon r' réfléchi tombe sur une surface verticale c', et est dirigé de l'ouest à l'est.

En ce cas, pour que le mouvement linéaire m'' ne reste pas dirigé vers l'est et l'ouest, il faut que le rayon r' arrive à la couche C, verticale sous l'angle P de polarisation. De cette manière restent sans mouvement les éléments électriques de lumière, d'une manière qui a pu être constatée par

Brewster non-seulement suivant la loi statique, mais aussi par les calculs mathématiques.

Toutefois ce physicien ne pouvait pas être conséquent, quand il s'agissait de l'état physique de la lumière polarisée; il était forcé d'admettre dans les molécules d'éther différents degrés de polarisation, tandis qu'Arago, qui n'était pas enchaîné par de fausses thèses, a constaté que dans les rayons réfléchis sous des angles $P \pm \alpha$ inférieurs ou supérieurs à celui P de polarisation, il se trouve une quantité $q\varphi$ d'atomes de lumière privés du mouvement m, vers le nord et le sud, et une quantité égale $q\varphi$ d'atomes de lumière privés du mouvement m'' en haut et en bas.

Les résultats concordants entre les calculs de Fresnel et ceux des observations ont leur source dans l'*élasticité* admise, dans les molécules d'éther, dont proviennent les augmentations des volumes des ondes, qui correspondent à celles des volumes des atomes $\mu'\varphi$ de lumière propagés.

Fresnel ne s'arrête point à examiner la nature de l'éther, il l'admet à l'état d'équilibre et de repos, et ensuite, quand il s'agit de l'explication des modifications différentes des mouvements, il admet impunément dans l'éther l'élasticité, propriété qui est commune aux fluides pondérables et impondérables, et qui devient la source des mouvements en toutes les directions.

Pour représenter les molécules qui constituent la lumière j'ai employé exprès le terme *atome de volume croissant*, et cela pour faire disparaître la signification de ce mot, admise dans le système d'émission, et celle des atomes des physiciens et chimistes atomistes. Le mot *atome* correspond ici plutôt aux *monades* de Leibnitz; mais plusieurs physiciens et chimistes ont employé le mot *atome* pour indiquer les équivalents des combinés; ils disent un atome d'eau HO, un atome de sel gemme NaCl, etc.

Dans les ouvrages déjà publiés par nous, il ne nous a pas été possible de présenter isolément les faits de chaque science; aussi les lecteurs qui faisaient leur étude exclusive de l'une de ces sciences trouvaient-ils quelques difficultés, quand ils rencontraient des faits appartenant à l'une des sciences qui sortaient de leur spécialité. Le cas n'est plus le même dans le traité de la lumière, où de grandes séries de faits peuvent être exposées sans dépendre d'autre chose que de la lumière seule et du mouvement déposé dans ses éléments; mouvement qui est admis dans le système des ondulation sous le nom d'*élasticité*, parce que son existence ne saurait être niée par personne.

Dans l'exposition des faits nombreux qui servent d'exemples et non pas de preuve, nous verrons disparaître à jamais toutes ces hypothèses admises dans les systèmes d'émissions et des ondulations ; ces systèmes n'ont plus désormais de raison d'être, et les auteurs qui traiteront à l'avenir des sciences physiques, aussi bien que les historiographes, ne pourront plus embarrasser la marche de la science par leurs théories et leurs hypothèses.

Les lois physiques, certaines et immuables, telles qu'elles s'offrent d'elles-mêmes au véritable observateur exempt d'idées préconçues, et les faits que révèle une observation attentive, voilà ce que tout auteur sera libre d'exposer dans ses ouvrages. Pour nous, désireux d'arriver le plus tôt possible au terme de ce long travail, nous ne présenterons qu'un nombre d'exemples très-restreint, et nous laisserons aux savants qui nous suivront le soin de reprendre le même ouvrage avec des développements plus étendus.

Quant à l'application des lois physiques à l'industrie, il faut, pour parvenir à ce but aussi désirable qu'utile, se livrer à des études spéciales où l'observation des faits entrera pour une grande part. On y trouvera le précieux avantage de pouvoir utiliser, même pour chaque branche de l'industrie en particulier, toutes les sciences qui ne manquent pas de s'étendre bien au delà des limites que les physiciens ont prétendu leur assigner.

CHAPITRE PREMIER.

DE LA POLARISATION OU APLATISSEMENT DE LA LUMIÈRE PAR LA RÉFRACTION ET LA RÉFLEXION.

Les atomes $\mu'\varphi$ de lumière émis d'un corps lumineux possèdent la propriété d'augmenter de volume et d'éprouver une expansion dans toutes les directions divergentes. Cet état n'est qu'un mode d'apparition du mouvement déposé dans les éléments qui constituent les atomes φ, dont est composé le fluide nommé *lumière* ($\varphi\tilde{\omega}\varsigma$). Dans le système des ondulations, cette expansion des molécules est admise dans toutes les directions, et elle est attribuée à l'*élasticité* des molécules du fluide nommé *éther*.

1° Quand les atomes $\mu'\varphi$ traversent un cristal directement ou obliquement; 2° quand ils traversent obliquement un corps transparent, ou 3° quand ils sont réfléchis, ils changent de nature, car une certaine quantité de ces atomes ont perdu leur expansion latérale ou verticale, et il ne leur reste que celle suivant un seul plan extrêmement mince.

La suppression d'une expansion, qui n'est qu'un mouvement, ne peut avoir lieu autrement que par un éloignement de ce mouvement vers les atomes homonymes stationnaires. Comme pour aplatir une pâte il faut deux compressions convergentes et supérieures à la résistance qu'offre cette même pâte, il faut également deux compressions ou des coups exercés des deux chocs convergents pour produire l'aplatissement des atomes φ de lumière, qui perdent alors le mouvement de l'expansion latérale, parce que ce mouvement s'écoule vers les atomes homonymes, d'où ont été produits les chocs convergents, précisément comme cela a lieu pour les chocs entre les corps.

Cet état des atomes n'était pas encore connu quand Malus, suivant le système de Newton, découvrit le changement de l'intensité des images du Soleil dont les rayons, réfléchis par les vitres du palais du Luxembourg, arrivaient sur un cristal de spath d'Islande pour pénétrer dans l'œil de l'observateur, qui créa le mot *polarisation*, parce qu'on attribuait ce fait aux pôles des atomes de lumière. Maintenant qu'on a constaté que la modification des atomes dont ces faits résultent n'est qu'un effet des deux chocs ou de deux répulsions convergentes exercés latéralement sur les atomes φ de lumière, il convient de lui donner un nom qui exprime son état, et c'est dans ce but que, dans cet ouvrage, les mots *polariser*, *polarisation* et *lumière polarisée* sont remplacés par les mots *aplatir*, *aplatissement* et *lumière aplatie*.

Dans le cas singulier où se trouva Malus, la lumière réfléchie était aplatie, et c'est pour cela que les deux images changeaient d'intensité; l'une s'affaiblissait pendant que l'autre augmentait d'éclat. Nous n'aurons besoin de recourir à aucune hypothèse dans l'explication du grand nombre de faits de cette espèce, ainsi que nous avons fait jusqu'à présent; de même, dans la suite, nous présenterons tous ces faits en une longue série de causes et effets liés entre eux par la loi physique.

Les physiciens, guidés par le nombre de faits connus, crurent fermement qu'il était absolument impossible de les disposer d'après les lois physiques, parce qu'ils admettaient les atomes de la lumière comme ayant un volume limité, ainsi que le croyait Newton; ses adversaires, loin de reconnaître son erreur et d'accorder aux atomes la faculté de pouvoir augmenter de volume, n'hésitèrent pas à rejeter entièrement l'existence d'atomes ou de molécules particulières dont est composé le fluide nommé *lumière*, et ils admirent un fluide nommé *éther*, répandu dans l'espace céleste, parce qu'en suivant la production des sons, ils voulurent, par comparaison, prouver que les sentiments de la vision sont produits d'une manière analogue à ceux de l'ouïe.

Nous allons exposer ici les cas où les atomes de lumière, après avoir éprouvé les coups des deux chocs convergents qu'exercent leurs homonymes contenus dans les corps, perdent leur expansion latérale, et il ne leur reste que celle suivant un seul plan. Ces cas ne sont que de trois espèces : 1° la réfraction, 2° la réflexion et 3° la double réfraction. Pour rendre évidente la correspondance existant entre les directions des coups de chocs reçus et le sens d'aplatissement, nous admettons comme horizontale la surface réfléchissante, et comme méridionale la position du plan d'incidence ou celui de réfraction et de réflexion.

De la quantité $\mu'\varphi$ d'atomes de lumière incidente, une partie $q\varphi$ est réfléchie, et le reste $(\mu' - q)\varphi$ traverse le corps s'il est transparent, pour sortir par sa face postérieure. La quantité $\mu'\varphi$ de lumière se trouve divisée, et en même temps une partie des atomes $q\varphi$ et $(\mu' - q)\varphi$ a éprouvé le coup des chocs convergents ; ainsi, après avoir perdu l'expansion dans le sens des chocs, il leur est seulement resté l'expansion suivant un seul plan extrêmement mince.

Le même effet se produit quand les atomes $\mu'\varphi$ traversent un cristal ; ils se divisent alors dans son intérieur en deux portions dont l'une $q\varphi$ suit une direction, et l'autre $(\mu' - q)\varphi$ une autre direction verticale à la précédente. Ces atomes $q\varphi$ et $(\mu - q)\varphi$, émergeant du corps, ont *tous* perdu leur expansion latérale, parce qu'ils ont éprouvé en ce sens des chocs de la part de leurs homonymes contenus dans les couches matérielles ou dans les lames qui constituent les cristaux. Les atomes émergeant des cristaux sont devenus des feuilles minces ayant l'expansion en un seul plan, et ces directions ou ces plans sont perpendiculaires l'un sur l'autre.

Dans le système des ondulations on considère comme ici l'expansion des ondes dans un seul plan, et au lieu de voir un manque total d'expansion dans le sens vertical, on admet des vibrations extrêmement courtes perpendiculaires au plan. Ces vibrations sont déduites des faits observés dans la lumière polarisée, dont le mouvement est admis comme provenant de la part des molécules ambiantes, sans que l'on en connaisse l'origine; ici ce mouvement est déposé de la manière indiquée dans les molécules mêmes, et les faits trouvent leur explication suivant les lois physiques sans qu'il soit nécessaire de recourir, comme les physiciens, à une foule d'hypothèses toutes également fausses ou insuffisantes.

De ce que des résultats identiques ont été obtenus par les observations et les calculs, il ne faudrait pas conclure qu'il n'y a pas d'erreur : en effet, dans les calculs, on commence par introduire les facteurs nécessaires pour obtenir les résultats déjà connus. Ces formules mathématiques facilitent beaucoup l'exposition des positions de plans, mais les faits ont été découverts par les expériences, par les observations ou par des circonstances accidentelles toutes particulières.

I. — DE L'APLATISSEMENT OU POLARISATION DE LA LUMIÈRE PAR LES RÉFRACTIONS.

Pour comprendre comment s'opère la transformation de la lumière naturelle $\mu'\varphi$, une seule partie $2a\Phi$ en lumière polarisée, tandis que le reste $(\mu' - 2a)\varphi$ s'écoule sans avoir éprouvé aucune modification, il est d'abord nécessaire de connaître comment les réfractions s'opèrent.

Réfractions. Soit *sabs'* (fig. 12) un faisceau ou un rayon *r* composé d'atomes ou de molécules, qu'une pression P du corps lumineux sollicite à suivre leur propagation rectiligne et centrifuge, *bc* est le côté de la coupe du rayon, et si celui-ci est supposé sous forme d'un prisme, le carré $\overline{bc}^2$ est la surface *s* de sa base, et comme le faisceau consiste en μ' filets d'atomes, la quantité $\mu'\varphi$ de ces φ atomes se trouvera occuper la surface *s*.

Figure 12.

Toute la quantité $\mu'\varphi$ de molécules n'arrive à la fois sur la surface *lm* du corps que dans le seul cas où est vertical le rayon *r* sur la surface *lm*; dans tous les autres cas, arrivent d'abord les molécules φ qui occupent l'extrémité *s* inférieure de la base $\overline{bc}^2$; elles avancent dans le corps, et parcourent la distance *bd* pendant que les molécules φ''' de l'extrémité *s'* supérieure de la base $\overline{bc}^2$ parcourent la distance *ca* dans le vide.

Si les distances parcourues *bd* et *ca* sont égales, la direction *sa* continuera sans éprouver de déviation; mais cette direction ne peut pas se soutenir quand la distance *bd* parcourue dans le corps est inférieure à celle *ca* parcourue dans le vide ou dans l'air. Donc, pour rester sur la même surface $\overline{bc}^2$, les molécules $\mu'\varphi$ doivent subir un changement de direction par suite d'une déviation qu'exprime l'angle $\gamma^{\prime}$, dont l'arc est la différence *ca* — *bd* des chemins qu'ont parcourus les atomes φ et φ'''.

Dans l'intérieur du corps les molécules $\mu'\varphi$ de la base se propagent toutes en parcourant en une unité de temps la longueur λ — *l*, inférieure à celle λ qu'elles parcourent hors du corps. Cette différence entre les longueurs est attribuée par les physiciens à une densité $\partial + \partial'$ d'éther dans les corps supérieure à celle ∂ du même éther dans l'air ou *dans* le vide. Cet éther en état stationnaire et de densités différentes est constaté par les faits observés, la seule différence consiste ici qu'au lieu de molécules d'éther ce sont celles φ' de lumière stationnaire.

Dans la face postérieure $l'm'$ du corps arrivent comme dans la face antérieure lm, d'abord les atomes φ qui occupent l'extrémité ε inférieure de la surface s, de la base $\overline{c'b'^2}$ de la coupe du rayon $ab'c'd$ réfracté. Ces atomes φ se propagent hors du corps dans l'air ou dans le vide en parcourant la longueur λ en une unité de temps ; tandis que les atomes φ''' de l'extrémité ε' supérieure de la base parcourent en même temps dans le corps la longueur inférieure $\lambda - l$, pour arriver au point d' de la surface du corps.

En ce moment la base $d'a'$ du rayon r'' émergent se trouve dans une position parallèle à celle de da qui était au point d'incidence, parce que la déviation γ'' produite par la différence $ac - bd$ des chemins ac et bd est égale à celle γ'', produite par l'égale différence de chemins $c'a' - b'd'$; car ces deux chemins $bd + c'a'$ sont faits par les atomes φ de l'extrémité ε inférieure de la base, et ceux $ca + b'd'$ sont faits par les atomes φ''' de l'extrémité ε' supérieure de la même base $\overline{bc^2}$, les chemins $bd + c'a'$ et $ca + b'd'$ ont la même longueur.

Quantité $q\varphi$ de lumière réfractée et $q'\varphi$ de lumière réfléchie. Les calculs basés sur la distance que parcourt la quantité $q\varphi$ de lumière dans le corps, conduisent à connaître l'existence d'une partie $q\varphi$ de lumière qui suit une voie différente que celle parcourue par la lumière $q'\varphi$ du rayon réfracté.

Figure 13.

Les triangles ice et ici' (fig. 13) ont commun le côté $ic = ie\sin\gamma = ii'\sin\gamma'$, les triangles $il'n'$ et $ii'n'$ ont commun le côté $in' = il'\cos\gamma = ii'\cos\gamma'$. Dans ces deux équations entre la longueur

$$il' = \frac{il'\cos\gamma}{\cos\gamma'} = \frac{ie\sin\gamma}{\sin\gamma'} \; ; \text{ par suite } \frac{il'}{ie} = \frac{\sin\gamma\cos\gamma'}{\sin\gamma'\cos\gamma}.$$

Si l'angle $\sin = \gamma$ d'incidence diminue, le rapport $\dfrac{il'}{ie}$ ne change pas, parce que en tirant de e une perpendiculaire ed sur la normale nn', toutes les hypoténuses des triangles se trouvent coupées dans le rapport $il' : l'e = in' : l'd$, ce rapport constant est également obtenu de l'équation supérieure $ie \sin \gamma = il' \sin \gamma'$, $\dfrac{\sin \gamma}{\sin \gamma'} = \dfrac{il'}{ie} = n = \dfrac{\delta + \delta'}{\delta}$.

Les distances il' et ie sont entre elles en raison inverse avec les densités δ des molécules stationnaires dans le vide et $\delta + \delta'$, qui est la densité des molécules homonymes dans le corps. 1° La longueur il' est parcourue par les atomes q qui y ont la densité $\delta + \delta'$ et qui sont conduits par la résultante des deux pressions P' et P'' dont l'une de la direction horizontale est $P' = ic = ie \sin \gamma$, et celle de la direction verticale est $P = in' = ii \cos \gamma'$. 2° La longueur ie n'est pas parcourue dans le corps, mais hors du corps dans le vide, 1° par la même pression horizontale $P' = ic = ie \sin \gamma$, et 2° par la pression verticale $P'' = ie \cos \gamma$, comptée dans le prolongement de in.

Le rapport $\dfrac{il'}{ie} = \dfrac{\delta + \delta'}{\delta}$ entre les longueurs il' et ie parcourues, et les densités expriment en même temps le rapport $q : q'$ entre les quantités d'atomes qui pénètrent dans le corps et qui en sont réfléchies.

La somme $\gamma + \gamma' = \sin + s'in$ est $sis'' - sis' = 2\gamma - \gamma''$ et la différence $\gamma - \gamma' = \gamma''$, l'angle γ'' de déviation est produit par l'arc $ca - bd$ qui est la différence de chemins que parcourent les atomes φ et φ'' des deux extrémités a et d de la base cb (fig. 12); cet arc est décrit par les atomes φ'' de lumière contenue dans l'extrémité d supérieure de la coupe bc du rayon incident.

Aplatissement ou polarisation des atomes de lumière dans le rayon émergent. Les changements produits dans la directions de la propagation des atomes $q\varphi$ ont pour cause la densité $\delta + \delta'$ des atomes φ' stationnaires dans les corps, dont est produit un retard sur les atomes φ au moment d'incidence, tandis qu'un retard égal est produit sur les atomes φ''' au moment d'émergence.

Au moment où les atomes $q'\varphi$ de la surface s ou de la base $\overline{cb}^2$ viennent en contact avec leurs homonymes q' stationnaires, ils en éprouvent un choc exercé en un sens contre leur propagation : 1° les chocs en cette direction d'avant en arrière sont nommés *chocs antérieurs*; 2° les *chocs postérieurs* sont ceux qu'éprouvent les atomes $q'\varphi$ de lumière dans la face postérieure du corps au point d'émergence.

Les atomes q' stationnaires forment une couche mince dans la surface des corps dont les éléments matériels contiennent les atomes spécifiques $\mu''\varphi''$. La quantité $a\varphi$ d'atomes de lumière exposée au choc n'est pas toujours égale, mais elle est petite quand l'angle d'incidence est petit, avec cet angle γ croît la quantité $a\Phi$ d'atomes qui éprouvent le choc antérieur et le choc postérieur qui sont en sens convergents et propres à produire une compression ou un aplatissement suivant un plan perpendiculaire au plan d'incidence et incliné à l'horizon, quand est horizontale la position du corps et de ses faces lm et $l'm'$ parallèles.

Des atomes $q'\varphi$ qui émergent de la face postérieure, la partie $a\Phi$ qui a éprouvé les coups des deux chocs convergents reste aplatie ; elle a perdu l'expansion dans les sens de ces deux chocs, et il ne lui reste que celle dans le plan perpendiculaire à celui d'émergence ; le reste d'atomes $(q'-\alpha)\varphi$ se trouve posséder son expansion dans tous les sens ; ces atomes constituent une lumière naturelle.

De ces $(q'-\alpha)\varphi$ atomes de lumière, une partie $\beta\varphi$ a éprouvé seulement le coup du choc antérieur, une autre $\beta'\varphi$ a éprouvé seulement le coup du choc postérieur ; mais ces chocs n'ont produit qu'une déviation et non pas un aplatissement pour lequel sont toujours nécessaires deux chocs convergents.

Pour augmenter la quantité $a\Phi$ d'atomes aplatis, il y a deux moyens : 1° augmenter l'incidence pour atteindre l'épaisseur de la couche des atomes q' stationnaires avec une plus grande quantité $(\alpha' + \alpha)\varphi$ d'atomes, ou 2° conduire les atomes $\alpha\Phi$ et $(q - \alpha)\varphi$, aplatis et non aplatis dans une seconde lame parallèle à la précédente.

Des atomes $(q - \alpha)\varphi$ non aplatis, une quantité $\alpha'\varphi$ éprouve les chocs convergents, la quantité d'atomes aplatis devient ainsi $(\alpha + \alpha')\Phi$, et le reste $(q - \alpha - \alpha')\varphi$ est les atomes de lumière qui ont leur expansion dans tous les sens. En multipliant le nombre des lames et en même temps celui des chocs convergents, on parvient à aplatir presque tous les atomes $q'\Phi$ qui restent aplatis suivant le plan horizontal, parce que les chocs répétés multiplient en même temps le nombre des atomes $(\alpha + \alpha' + \alpha'' \ldots \alpha^{n})\Phi$ aplatis, et rapprochent le plan d'aplatissement vers celui des lames.

On ne peut pas *obtenir un aplatissement de tous les* atomes $q'\varphi$, en augmentant l'angle γ d'incidence, parce que en ce cas cette quantité $q'\varphi$ diminue, et que celle $q\varphi$ d'atomes réfléchis augmente ; on obtient par les grands angles γ d'incidence des atomes $q'\varphi$ de lumière émergents, où se trouve une quantité $\alpha'\varphi$ d'atomes aplatis en un rapport supérieur avec les atomes $(q - a)\varphi$ non aplatis.

II. — DE L'APLATISSEMENT DE LA LUMIÈRE PAR LA RÉFLEXION.

La réfraction est un effet physique du retard produit sur une partie φ d'atomes $\mu'\varphi$ du rayon incident, tandis qu'une autre partie φ''' continue de parcourir des distances supérieures λ en une unité de temps. La réflexion a également sa cause dans les atomes φ' stationnaires des corps ; elle est produite, comme la réfraction, suivant la loi physique. Nous proposerons séparément la réflexion et l'aplatissement.

Réflexion. Soit $scbs'$ (fig. 14) un rayon incident composé des molécules ou d'atomes $Q\varphi$ dont une quantité $\mu'\varphi$ se trouve sur la surface s qui est la coupe du rayon, cette coupe est $\overline{cb}^2$ (fig. 14) en admettant pour le rayon la forme d'un prisme qui a pour base le carré $\overline{cb}^2$. Comme dans le cas de réfraction déjà expliquée, la quantité $\mu'\varphi$ d'atomes de la base $\overline{cb}^2$, arrive à la fois sur la surface lm du corps, dans

le seul cas où le rayon r incident est vertical; si celui-ci est oblique, ce sont les atomes φ de l'extrémité ε inférieure de la base qui arrivent avant ceux φ''' de l'extrémité supérieure ε'. Les atomes incidents $\mu'\varphi$ se partagent en deux portions, l'une $q'\varphi$ qui pénètre le corps, et l'autre $q\varphi$ qui en est réfléchie. Ce partage ne s'opère qu'après l'arrivée des atomes φ''' dans la couche C mince superficielle d'atomes φ' de lumière stationnaire; pour cette raison les atomes φ parcourent plus lentement le chemin le plus court bb''.

Le choc antérieur exercé en sens opposé de la propagation, produit le partage des atomes $\mu'\varphi$ en deux parties égales la quantité 2α; la partie $(\alpha+\beta)\varphi$ réfractée pénètre dans le corps, tandis que l'autre quantité $(\alpha+a)\varphi$ en éprouve une répulsion verticale de la part des atomes $\mu'\varphi'$ stationnaires. 1° Les atomes $(\alpha+\beta)\varphi$ qui pénètrent dans le corps sont ceux $\beta\varphi$ de l'extrémité ε inférieure, de la coupe db qui suivent la direction bc' (fig. 12) plus $a\varphi$. 2° Les atomes $(\alpha+a)\varphi$ réfléchis sont ceux φ''' de l'extrémité supérieure ε' de la coupe qui sont presque en direction parallèle à la couche C des atomes φ' stationnaires, plus ceux $a\varphi$ qui reçurent le choc.

Quand l'angle d'incidence augmente pour devenir $t'bl$ (fig. 12), la coupe $\overline{bc}^2$ de la base du rayon prend la position bc'', où les atomes φ''' ont une direction presque horizontale, ces atomes s'éloignent en éprouvant la répulsion R de leurs homonymes $\mu\varphi'$ stationnaires; ainsi la quantité $(\alpha+a)\varphi$ augmente et la partie $a\varphi$ n'éprouve qu'une fléxion. Dans le cas où l'angle γ d'incidence est 90°, la pression

P qui sollicite la propagation des atomes $\mu'\varphi$ est horizontale; ceux-ci ne pénètrent pas dans le corps, mais s'écoulent parallèlement à sa surface *ml*.

Aplatissement de la lumière réfléchie. Pour s'éloigner de la surface réfléchissante, les atomes $q\varphi$ éprouvent deux systèmes de chocs : 1° les chocs venant des deux côtés de la surface réfléchissante en directions convergentes vers le plan de réflexion, et 2° le choc antérieur dirigé contre la propagation des atomes $\mu'\varphi$; ce choc produit le partage des atomes $2\alpha\varphi$, dont $\alpha\varphi$ sont réfléchis et $\alpha\varphi$ réfractés.

1° Les chocs convergents exercés sur les atomes $q\varphi$ réfléchis, leur enlèvent leur expansion latérale, et il ne leur reste que celle suivant le plan de réflexion.

2° *Le choc antérieur* seul ne produit aucun aplatissement des atomes $2\alpha\varphi$ dans le sens perpendiculaire au plan de réflexion. Ce choc est partagé entre les atomes $2\alpha\varphi$ contenus dans $q\varphi$ et $q'\varphi$, dans le cas seul où l'angle p formé entre le rayon r'' réfléchi et le rayon r' réfracté est 90°; l'angle P d'incidence est nommé *angle de polarisation*, quand l'angle p des rayons r' et r'' est 90°.

Angle de polarisation. Quand le rayon if (fig. 15) réfléchi est perpendiculaire à celui ir réfracté, la rencontre des chocs latéraux s'opère sur le rayon if réfléchi; dans tout autre cas cette rencontre n'est que partielle. 1° Si l'angle fir est 90° — α, il aura les atomes $\beta\varphi$ qui, repoussés latéralement vers le plan de réflexion, y arrivent au-dessus des atomes $q\varphi$ du rayon if réfléchi; 2° si au contraire l'angle fir est supérieur à 90° + α, il aura les atomes $\beta'\varphi$ qui arrivent au plan de réflexion au-dessous des atomes $q\varphi$ du rayon réfléchi.

Figure 15.

Dans le cas où l'angle $fir = 90°$, il ne se trouve dans le rayon if réfléchi, que $\alpha\varphi$ atomes aplatis; si cet angle est

$90° \pm \alpha$, il y a dans le rayon réfléchi if la quantité $\alpha'\Phi$ d'atomes aplatis, et le reste $(\eta - \alpha')$ φ consiste en atomes non aplatis. L'angle $90° \pm \alpha$ dépend de l'angle γ d'incidence $2\gamma = sif$; si cet angle produit le rayon réfracté ir perpendiculaire au rayon if réfléchi, il est nommé *angle d'aplatissement ou de polarisation*, parce que le rayon réfléchi ne consiste qu'en atomes aplatis. Cet angle $2\gamma = sif$ sera représenté par 2P.

Les angles γ d'incidence qui sont $= P \pm \alpha$, produisent des rayons réfléchis qui forment avec le rayon réfracté un angle $2p + \gamma'' = 90° \pm \alpha'$; la quantité $\alpha'\Phi$ d'atomes de lumière aplatis correspond aux angles $P \pm \alpha$ d'incidence. Pour déterminer cette quantité $\alpha'\Phi$ d'atomes aplatis, Arago a expérimenté, et Fresnel a calculé. Les résultats suivants obtenus par ces deux savants, ne sont pas suffisamment d'accord, et cela à cause d'une erreur dans les calculs.

Résultat obtenu par Arago. Ce physicien, expérimentant sur le verre de Saint-Gobain, obtint la même proportion de lumière polarisée sous les angles d'obliquité 65° 42' et 7° 12'; 63° 54' et 7° 55'; 60° 18' et 11° 40'. Les moyennes entre ces trois couples d'angles sont 36° 27', 35° 55', 35° 59', qui diffèrent peu de l'angle de polarisation de ce verre, angle qui est d'environ 35°. Les trois moyennes étant supérieures à 35° prouvent que dans les couples supérieurs les angles 7° 12', 7° 55' et 11° 40', sont moins éloignés de l'angle 35° de polarisation, que les angles correspondants 65° 42', 63° 54', 60° 18'.

Résultat obtenu par Fresnel. La formule va être exposée plus bas : ici est indiqué seulement le résultat numérique; il y a un maximum de lumière polarisée à une obliquité de 11°. Sous cette incidence, l'intensité totale de lumière réfléchie est trouvée $0,345\varphi$, et la lumière polarisée y contenue est $0,193\Phi$, de sorte que la proportion de lumière polarisée est 0,44; sous l'angle $P = 35°$ de polarisation, toute la lumière est polarisée, mais son intensité est trouvée

0,074Φ par Fresnel dans égales intensités de lumière $\mu'\phi$.

Nous ferons voir dans la suite sur quoi sont basés les calculs de Fresnel; pour le moment ce sont les résultats obtenus d'Arago, qui correspondent à la cause indiquée, qui fait apparaître les atomes aplatis dans le rayon réfléchi; ou ces atomes sont toujours mêlés avec des atomes non aplatis, excepté le seul cas où le rayon réfléchi est perpendiculaire au rayon réfracté, et ce cas est produit quand l'angle d'obliquité du rayon incident est d'environ 35° pour le verre.

Dans les angles 35°$\pm\alpha$ d'obliquité, il y a des atomes de lumière qui étant repoussés latéralement, ne viennent pas tous en rencontre précisément sur le rayon if réfléchi, qui est sur le plan de réflexion, mais ceux du côté droit passent 1° au-dessous du rayon if, si l'angle $fif' > 35°$, et pénètre par le côté gauche du plan de réflexion, et *vice versâ*. 2° Ils passent au-dessus du rayon if, si l'angle $fif' < 35°$. La quantité $a\phi$ des atomes qui viennent en rencontre sur le plan d'incidence, diminue avec l'éloignement de l'angle 35°, cependant cette diminution est moins rapide dans les obliquités supérieures 35°$-\alpha$, que celle qui a lieu dans les obliquités inférieures 35°$+\alpha$.

Si la quantité $q\phi$ d'atomes de lumière réfléchis augmente quand augmente l'obliquité et devient 35°$-\alpha$, en même temps se multiplient les rencontres des chocs sur le plan d'incidence, et en même temps aussi augmente la quantité $a\Phi$ d'atomes aplatis. Ainsi Fresnel a raison et Arago aussi, quand ils trouvent une quantité $(a+a')\phi$ supérieure d'atomes aplatis du côté de l'obliquité 35°$-\alpha$, dans les cas où il y a la même quantité $q\phi$ de rayons réfléchis, mais quand les atomes réfléchis sont $(q+a)\phi$, les résultats des expériences d'Arago sont différents de ceux obtenus par Fresnel.

L'angle $fir = 2p + \gamma'' = 90°$ dépend, 1° de la déviation γ' ca ou $c''ca$ (fig. 12), qui est le chemin que doivent faire les atomes ϕ''' dans le vide, tandis que les atomes ϕ de l'extrémité ε inférieure de la base *bc* ou *bc''* avancent dans le corps avec une vitesse inférieure; 2° il dépend également de l'angle *p'* d'obliquité, produit du rayon *r* incident avec la surface réfléchissante. Si la déviation γ'' est grande, l'angle P de polarisation est petit; car la déviation a pour cause la densité $\partial + \partial'$ d'atomes $\mu\varphi'$ stationnaires, et celle $D + D'$ d'atomes spécifiques $\mu''\varphi''$.

Si la densité $D + D'$ ou $\partial + \partial'$ est connue, on peut déterminer la déviation γ''; ou, quand celle-ci est connue, alors est déterminée la densité $\partial + \partial'$ ou $D + D'$, des atomes $\mu\varphi'$ stationnaires ou des atomes $\mu''\varphi''$ de lumière spécifique contenus dans les éléments matériels des corps. Dans le tableau suivant sont indiqués les angles de polarisations obtenues par les observations directes.

NOMS des substances.	ANGLE avec la normale.	ANGLE avec la surface.	NOMS des substances.	ANGLE avec la normale.	ANGLE avec la surface.
	degrés.	degrés.		degrés.	degrés.
Eau.	52,45	37,15	Topaze.	58,40	31,20
Verre.	54,35	35,25	Spath d'Islande. . .	58,23	31,57
Spath fluor.	54,50	35,04	Rubis spinelle. . .	60,16	29,44
Obsidienne.	56,05	33,57	Zircon.	63,08	26,52
Sulfate de chaux. .	56,28	33,32	Soufre natif. . . .	64,10	25,50
Ambre.	56,35	33,25	Verre d'antimoine .	64,15	25,15
Cristal de roche. . .	57,22	32,38	Chromate de plomb.	67,42	22,18
Sulfate de baryte. .	58,00	32,00	Diamant.	68,02	21,58

L'eau contient la plus petite quantité d'atomes $\mu''\varphi''$ de lumière spécifique; pour cette raison elle produit la plus faible déviation des atomes φ''' qui sont dans l'extrémité ε' supérieure de la base du rayon *r* incident.

Le diamant, composé de carbone $C^2 = \overline{HO9H^3E^6}\varphi^3$, contient dans un espace médiocre une grande quantité d'atomes φ'' de lumière; ceux-ci font augmenter la densité $\partial + \partial'$ des atomes φ' stationnaires, qui produisent le retard des atomes φ de l'extrémité ε inférieure de la base *bc* du rayon *r* incident (fig. 12).

L'équation $2p + \gamma'' = 90°$, sert à trouver la déviation γ' pour les corps opaques, et en même temps se trouve déterminée la densité $D + D'$ des atomes spécifiques $\mu''\varphi''$; pour le mercure on a $p = 13°30'$ et pour l'acier $p = 19°$: cela prouve que dans le même espace sont contenus $19\mu''\varphi''$ dans le mercure, et $13\frac{1}{2}\mu''\varphi''$ dans l'acier. Ces métaux, comme tous les autres, consistent en carbone avec différentes quantités d'hydrogène; les densités $D + D'$ des atomes spécifiques $\mu''\varphi''$ dépendent de la quantité du carbone contenu dans un espace déterminé.

III. — MANQUE DE LUMIÈRE POLARISÉE DANS LES RÉFLEXIONS TOTALES.

Malus a d'abord constaté qu'un rayon qui tombe verticalement à une surface, ne se polarise ni par réflexion ni par réfraction; il a taillé un prisme ABC (fig. 16) dont les angles A et B sont p', qui donne $p' = \frac{1}{n}$. Le rayon sp' passe verticalement à la surface AC et, réfléchi en p', donne le

rayon $p'r$ perpendiculaire à la surface CB, et formant avec la ligne ip' l'angle $90° = ep'B + rp'B = p + p + \gamma'' = 2p + \gamma'' = 70°50' + 19°10'$. Ce rayon $p'r$ est composé d'atomes $a\Phi$ de lumière aplatis sur le plan de réflexion, précisément comme cela a lieu quand la réflexion en p' a lieu après l'éloignement du prisme, mais alors est $P = 54°35'$.

Cette réflexion dans le prisme sous l'angle d'incidence $NEr = 35°25'$ n'est produite que quand le point E est noirci, et alors c'est la réflexion et la réfraction opérées dans le noir qui sont la cause de l'aplatissement de la lumière de la manière que nous avons indiquée; pour cette raison, l'effet diffère peu avec le prisme ou en son absence.

Dans le cas où l'angle γ d'incidence est égal à l'angle-limite Γ, qui est d'environ 50° pour le verre, toute la lumière incidente s'écoule suivant la surface réfléchissante; en ce cas, les atomes $\mu\varphi'$ stationnaires sont, dans le milieu externe en densité ∂ inférieure à celle $\partial + \partial'$ des atomes $\mu\varphi'$ dans le corps. Si l'angle d'incidence $rp'N$ devient plus grand que l'angle-limite Γ, ou s'il est $\Gamma + \alpha$, une partie $q'\varphi$ des atomes $\mu'\varphi$ incidents, pénètre en p' dans le corps ABe dans l'absence du prisme ABC, et l'autre $(\mu' - q)\varphi$ est réfléchie de la manière indiquée. En ce cas les atomes $\mu'\varphi$ de lumière stationnaire ont, dans le corps ABe, une densité $\partial + \partial$ plus grande que celle ∂ des atomes φ' stationnaires du vide dont vient le rayon r.

Cette division des atomes $\mu\varphi$ incidents n'a pas lieu dans le cas où le rayon doit sortir d'un milieu où la densité des atomes φ' stationnaires est $\partial + \partial'$, pour entrer dans un autre où cette densité ∂ des atomes φ' stationnaires est inférieure.

Si les angles A et B du prisme ABC (fig. 16), sont plus grands pour faire l'angle $rEN = \Gamma + \alpha$ plus grand que l'angle-limite Γ, sans changer la direction verticale du rayon rE sur la surface CA, on voit se réfléchir *toute* la quantité $\mu'\varphi$ d'atomes de lumière incidents, qui constituent le rayon $p'r$; cette quantité est réfléchie en p' sans qu'il soit nécessaire en ce cas de noircir du dehors le point p'; cette réflexion totale s'opère suivant la loi statique de la manière suivante.

Cause de la réflexion totale. La quantité $\mu'\varphi$ d'atomes de lumière contenus dans la coupe $\overline{bc}{}^2$ du faisceau $scbs'$ (fig. 12), est exprimée 1° par $\partial\mu'\varphi$, quand il est ∂ la densité des atomes φ' stationnaires, et 2° par $(\partial + \partial')\mu'\varphi$ quand est $\partial + \partial'$ la densité des atomes du milieu dans lequel ce faisceau $scbs'$ se trouve. Si, dans le vide, la quantité est $\partial\mu'\varphi$ sur la surface $\overline{bc}{}^2$, sur la même surface, dans un corps, sera contenue la quantité supérieure $(\partial + \partial')\mu'\varphi$ d'atomes de lumière en mouvement.

Dans les cas où cette surface $\overline{bc}{}^2$, arrivée à la limite des deux milieux, vient en contact avec une quantité $\partial\mu'\varphi$ d'atomes suffisants pour absorber des atomes $(\partial + \partial')\mu'\varphi$, le mouvement M dont la vitesse est $\lambda - l$ pour le propager par la vitesse supérieure λ; alors s'opère la propagation de l'écoulement des atomes $\mu'\varphi$ du corps dans le vide où il se montre un rayon émergent r''.

Si au contraire les atomes $(\partial + \partial')\mu'\varphi$ communiquent leur mouvement M à une quantité $(\partial\mu' + \alpha)\varphi$ d'atomes contenus dans une surface $s - s'$, produite dans le corps par la projection oblique de la surface $\overline{bc}^2$ sur ce (fig. 12), le mouvement M est en ce cas communiqué aux atomes $(\partial\mu' + \alpha)\varphi$, plus abondants que $\partial\mu'\varphi$, quoiqu'ils soient contenus dans une surface $s - s'$ inférieure à celle $s = \overline{bc}^2$.

Retard des $\mu\varphi$ et absence d'aplatissement dans la réflexion totale. Après avoir démontré la cause physique de l'aplatissement de la lumière et de sa réflexion totale, il a été indiqué *à priori* qu'en ce cas les atomes $\mu'\varphi$ de lumière n'éprouvent aucun choc; car cette espèce de réflexion n'est que la continuation du mouvement précédent. Ici la réflexion n'est pas l'effet d'un choc antérieur, et d'une polarisation des atomes $2\alpha\varphi$ qui fait se diviser les atomes $\mu'\varphi$ de lumière incidents en deux parties $q\varphi$ et $q'\varphi$ dont l'une $q\varphi$ est $a\varphi + \alpha\varphi$, et l'autre $q'\varphi$ est $\beta\varphi + \alpha\varphi$.

Les atomes $\mu'\varphi$ de lumière réfléchis ne sont plus sur la même coupe, leurs systoles deviennent alors *anisochrones*, et cela à cause des chemins différents que font 1° les atomes φ de l'extrémité inférieure e de la base $\overline{bc}^2$ en décrivant un arc de rayon $\rho + \alpha$, et 2° les atomes φ''' de l'extrémité supérieure e' de la même base en décrivant l'arc d'un rayon inférieur $\rho - \alpha$.

IV. — APLATISSEMENT DE LA LUMIÈRE DANS L'ATMOSPHÈRE.

1. Arago est le premier qui trouva que la lumière céleste, pendant les jours sereins, était composée : 1° d'une quantité

$q\varphi$ d'atomes de lumière polarisée ou aplatis, et 2° d'une quantité $(\mu'-q)\varphi$ d'atomes non aplatis : le plan d'aplatissement passe par l'œil de l'observateur à son zénith, et par le Soleil ; la quantité des atomes $q\varphi$ aplatis croît jusqu'à la distance de 90° où elle atteint son maximum $(q+q')\varphi$, et pour cela la quantité d'atomes de lumière naturelle y est $(\mu'-q-q')\varphi$. En continuant de s'éloigner du Soleil, la quantité de la lumière aplatie diminue, et elle devient nulle dans la distance avant d'arriver à 150°. Au delà de ce point, nommé *point neutre d'Arago*, commencent à paraître les atomes $q\varphi$ aplatis, mais leur plan d'aplatissement est horizontal et, par suite, vertical au plan d'aplatissement des atomes les moins éloignés du Soleil.

II. *Point neutre de Babinet*. Ce physicien trouva qu'en s'éloignant du Soleil vers le zénith, on trouve dans la distance 17°, un point d'où arrive à la Terre toute la lumière $\mu'\varphi$ en son état naturel.

III. *Point neutre de Brewster*. Un troisième point neutre a été découvert par ce physicien, ce point se trouve dans la distance 8°30' du Soleil du côté de l'horizon.

Observation sur les distances des points neutres. Les distances susdites 8°30', 17° et 146'=180°—34°, forment une progression géométrique ÷ 8°30':17°:34°; les termes antécédents de cette progression sont

$$÷ 32':1°4':2°8':4°16':8°32':17°4':34°8'.$$

Le premier terme 32' de cette progression est l'angle moyen sous lequel apparaît le diamètre du Soleil. Le plan de polarisation qui passe par le zénith et le Soleil conduit à connaître la position des couches d'air réfléchissantes. La lumière φ émise du bord B du Soleil du côté de l'horizon, et celle φ''' du bord B' du côté du zénith se croisent dans la ligne *os* qui unit l'œil *o* et le centre *s* du Soleil ; dans la même ligne doivent se croiser les atomes émis du diamètre BB' du Soleil quand, arrivés dans l'atmosphère, ils éprou-

vent des réflexions alternatives entre les deux côtés de
l'angle qui a le sommet o dans la rétine, et les deux côtés
oB et oB' dans les deux extrémités BB' du diamètre du
Soleil.

V. — APLATISSEMENT PAR RÉFLEXION DIFFUSE.

Des atomes de lumière incidente $\mu'\varphi$, une partie $q'\varphi$ réfractée pénètre dans les corps, et l'autre partie $q\varphi$ est réfléchie ; celle-ci ne se trouve pas toute dans le plan de réflexion, mais de la quantité $q\varphi$ d'atomes réfléchis une partie
$\alpha\varphi$ dévie à la gauche de ce plan, tandis qu'une autre partie
$\beta\varphi$ dévie à droite, et il ne reste sur le plan que la différence
$(q-\alpha-\beta)\varphi$ qui est composé, 1° d'atomes $a\Phi$ aplatis suivant
le plan de réflexion, et 2° d'atomes $b\varphi$ à l'état naturel et
non aplatis.

Le même effet a lieu pour les atomes $(\alpha+\beta)\varphi$ de lumière
réfléchie latéralement ou diffuse, qui consiste en atomes $a'\Phi$
aplatis et en atomes $b'\varphi$ à l'état naturel. Les atomes $a\Phi$ aplatis réfléchis dans le plan de réflexion, sont aplatis suivant
la direction de ce plan, mais les atomes $a'\Phi$ de la lumière
$\alpha\varphi$ diffuse ou réfléchie, à gauche et à droite de ce plan, sont
aplatis suivant un plan perpendiculaire au plan de réflexion.

Les atomes $(\alpha+\beta)\varphi$ de lumière peuvent s'être répandus
d'une surface polie ou d'une surface mate; 1° si donc ces
atomes $(\alpha+\beta)\varphi$ sont produits d'une surface polie, leurs
atomes $a'\Phi$ sont aplatis dans un plan perpendiculaire au
plan de réflexion, 2° si au contraire ils sont produits d'une
réflexion sur une surface mate, leurs atomes $a''\Phi$ sont aplatis suivant le plan normal passant par l'œil.

Quand les atomes $\mu'\varphi$ tombent normalement à une plaque
de verre dépoli, de platine platiné ou recouverte de noir de
fumée, une partie des atomes $\alpha\varphi$ et $\beta\varphi$ répandus dans tous
les sens, dont $a'\varphi$, sont aplatis dans le plan normal passant

par l'œil, et ces atomes sont en quantité d'autant plus grande qu'ils sont considérés comme plus écartés de la normale.

La céruse, le cinabre, le soufre lavé ne paraissent produire en ce cas aucune quantité d'atomes $a\Phi$ aplatis; pour que ceux-ci apparaissent, il faut que le faisceau ou le rayon r incident forme un angle de plus de 30° avec la normale. Sous l'incidence de 70°, toutes les substances examinées ont donné, dans la direction de la réflexion spéculaire, des atomes $a\Phi$ aplatis dans le plan d'incidence.

Si l'incidence étant toujours 70°, on explore les rayons diffus dans des directions différentes de celle de la réflexion spéculaire, mais en restant dans le plan d'incidence, on trouve que, pour le soufre, le cinabre et la céruse, les rayons diffus compris dans l'angle droit du côté du faisceau incident ne sont pas aplatis. Si l'on part de la normale dans l'angle droit opposé, l'aplatissement des atomes $a\Phi$ apparaît et semble atteindre un maximum dans la direction de la réflexion spéculaire.

Avec le platine platiné, les atomes $a\Phi$ aplatis existent dans les deux angles droits, mais ils sont en très-médiocre quantité du côté du rayon incident, et, dans les rayons diffus très-rapprochés de la surface, commencent à paraître les atomes $b\Phi$ aplatis suivant un plan qui n'est pas celui d'incidence.

Si les surfaces réfléchissantes sont polies, les atomes $a\Phi$ sont aplatis dans le plan de réflexion, et les atomes $a'\Phi$ diffus sont aplatis dans un plan vertical. Pour passer des atomes $a\Phi$ aplatis dans le plan de réflexion aux atomes $a'\Phi$ aplatis verticalement à ce plan, MM. de la Prevostaye et Desains ont trouvé de chaque côté du plan de réflexion une position où il n'existe pas d'atomes Φ de lumière aplatis. Ces deux positions *neutres* sont d'autant plus éloignées que la surface est moins polie. Certains corps bien réfléchissants se comportent cependant à peu près comme les corps mats.

Explication. L'aplatissement des atomes $a\Phi$ suivant le plan de réflexion, prouve que ces atomes ont éprouvé une réflexion; l'aplatissement des atomes $a'\Phi$ suivant un plan perpendiculaire au plan d'incidence, prouve que ces atomes ont éprouvé deux réfractions; les atomes $(q-a-a')\varphi$ de lumière naturelle sont ceux qui n'ont pas éprouvé les coups des deux chocs convergents, quand ils ont été réfléchis ou réfractés et sont ainsi devenus diffus.

I. Il a été constaté, dans le cas de polarisation de *tous* les atomes $a\Phi$ réfléchis, qu'il y a une quantité $q'\varphi$ d'atomes réfractés même dans les métaux. Donc ces atomes $q'\varphi$, après avoir éprouvé le choc antérieur qui produit la polarisation des atomes $2a\varphi$ contenus dans les atomes $q\varphi$ réfléchis et dans les atomes $q'\varphi$ réfractés, éprouvent ensuite le deuxième choc postérieur, dans la sortie de la profondeur de la couche C superficielle des atomes $\mu\varphi'$ de lumière stationnaire, et c'est ainsi qu'est produite une quantité médiocre $a'\Phi$ d'atomes de lumière aplatis dans le plan perpendiculaire à celui d'incidence.

II. Les surfaces mates sont composées d'une foule d'autres en toute position; elles répandent par réflexion les atomes $\mu'\varphi$ de lumière incidente dans toutes les directions; pour cette raison il ne se trouve parmi ces atomes que ceux $a\Phi$ qui soient aplatis suivant le plan de réflexion.

Le soufre, le cinabre et la céruse repoussent les atomes $\mu'\varphi$ en exerçant sur eux, de tous les côtés, des chocs égaux qui ne produisent pas d'aplatissement; pour faire ressortir la supériorité des chocs latéraux, il faut un angle $30°+a$, quand l'angle γ d'incidence est de $70°$, les atomes $\mu'\varphi$ du rayon r incident se répandent par là réflexion: c'est pourquoi disparaissent les atomes $a'\Phi$ aplatis verticalement au plan d'incidence, et il ne reste plus que les atomes $a\Phi$ aplatis suivant le plan de réflexion.

VI. — DES POINTS NEUTRES OU MANQUE LA LUMIÈRE POLARISÉE.

Ces points existent dans l'atmosphère et dans les deux côtés du plan de réflexion des surfaces polies; nous avons prouvé que, dans ce cas, les points ou les surfaces neutres sont la limite entre les atomes $q\varphi$ où sont compris les atomes $a\Phi$ aplatis suivant le plan de réflexion et les atomes $q'\varphi$ contenant les atomes $a\Phi$ aplatis suivant un plan perpendiculaire à celui de la réflexion.

Les atomes $q''\varphi$ de lumière naturelle qui passent par les deux surfaces neutres, n'ont donc pas éprouvé de chocs convergents dont l'un des systèmes s est dans les rencontres sur le plan de réflexion, et l'autre système s' sur le plan qui lui est vertical.

Il se présente un cas pareil pour les points neutres atmosphériques, quand on considère comme deux plans réfléchissants les deux côtés qui unissent l'œil avec les deux extrémités B et B' du diamètre solaire. Les points neutres de la progression géométrique $\#$ 32' : 1°4' : 2°8' : 4°16' : 8°32' : 17°4' : 34°8'... sont donc des limites pareilles entre les atomes $a\Phi$ aplatis suivant le plan vertical, et les atomes $a'\Phi$ aplatis perpendiculairement à ce plan, comme cela a lieu pour le point neutre d'Arago.

CHAPITRE II.

DE LA DIFFÉRENCE ENTRE LA LUMIÈRE NATURELLE
ET LA LUMIÈRE POLARISÉE.

Les atomes $\mu'\varphi$ de lumière à l'état naturel se répandent, et augmentent de volume dans toutes les directions divergentes, comme cela est admis pour les ondes de l'éther dans le système des ondulations. Les atomes $\mu'\varphi$ ne perdent cet état que quand ils éprouvent le coup des deux chocs convergents de la part de leurs homonymes φ' de densité supérieure contenue dans les corps en état stationnaire.

Ces chocs convergents produisent sur les atomes $\mu'\varphi$ de lumière, des effets analogues à ceux produits entre les corps, ils en absorbent le mouvement latéral qui se manifeste comme sous forme d'expansion, et ne leur laissent que le mouvement ou l'expansion dans le sens du plan d'aplatissement ou de polarisation. On peut prendre pour exemple un atome de pâte qui obéit à un choc quelconque et n'en éprouve dans sa forme aucun changement; tandis qu'il prend la forme d'une feuille plus ou moins mince, s'il éprouve en même temps *deux* chocs en sens opposés ou convergents.

La lumière aplatie n'est autre que les atomes qui ont éprouvé deux chocs convergents, et ont ainsi perdu le mouvement latéral ou l'expansion, en conservant seulement celui qui leur permet de s'étendre suivant un seul plan mince, mais physique et non pas mathématique. Pour ne pas nous éloigner de cette comparaison, les atomes de lumière naturelle, après les chocs convergents, restent les mêmes, seulement au lieu d'avoir une forme quelconque, ils sont devenus des feuilles minces, des *photophylles* (φῶς, lumière; φύλλον, feuille), qui ne possèdent que l'expansion suivant leur surface, et non pas dans le sens de leur épaisseur.

Les physiciens partisans du système des ondulations, admettent la propagation de ces feuilles suivant les dimensions de leur surface, qu'ils considèrent comme des ondes, et verticalement à cette surface ils admettent les molécules de l'éther en oscillations indéfiniment limitées. Ils admettent pour la lumière naturelle deux systèmes de vibration, suivant deux plans verticaux, dont la rencontre est la ligne considérée comme rayon du corps lumineux; ainsi l'éther, ayant de telles oscillations perpendiculaires et un mouvement progressif, est admis ici comme le rayon composé de molécules possédant l'expansion en trois dimensions, qui sont les deux plans perpendiculaires, et en même temps l'oscillation centrifuge. De cette manière est expliquée l'expansion des atomes des molécules ou des atomes de lumière, expansion dont l'existence ne peut être niée de personne. Il ne manque aux physiciens que la connaissance de l'origine du mouvement pour qu'ils arrivent à l'explication véritable de faits observés.

Il serait pour le lecteur beaucoup plus facile de suivre la liaison simple de causes et effets produits suivant les lois physiques, au lieu de s'arrêter à chaque pas pour se débattre parmi les erreurs et les hypothèses des physiciens; ceux-ci ont pu croire cependant que leur système des ondulations pouvait encore se maintenir en l'appuyant sur de nouvelles hypothèses; c'est pourquoi nous ne nous lasserons pas de dévoiler cette tactique, et de mettre à néant toutes leurs théories.

I. — DÉCOUVERTE DE LA LUMIÈRE POLARISÉE PAR MALUS.

Nous avons montré comment ce physicien, tenant un cristal de spath d'Islande, regarda l'image du Soleil réfléchie dans les vitres du palais du Luxembourg ; nous avons également fait voir que les atomes de lumière éprouvent un aplatissement par suite des chocs convergents qu'exercent sur eux leurs homonymes φ' contenus dans les corps en état stationnaire. Il ne nous reste plus qu'à expliquer pourquoi, sur deux images vues au travers d'un cristal, l'éclat de l'une croît et celui de l'autre diminue quand on tourne le cristal comme faisait Malus.

Les propriétés des cristaux à double réfraction seront expliquées dans le chapitre suivant : aussi me suis-je borné ici à indiquer les faits en général. Les atomes $\mu'\varphi$ qui arrivent sur la face antérieure f du cristal ne pénètrent dans son intérieur que quand les atomes $\mu\varphi'$ stationnaires leur cèdent la place en s'écoulant de la face f' postérieure. Cet écoulement des atomes $\mu\varphi'$ de lumière stationnaire, ne s'opère pas dans une direction simple, mais il affecte deux directions, comme cela a lieu pour l'écoulement de l'eau de l'embouchure inférieure d'un étang retenu par un barrage. Ainsi des atomes $\mu'\varphi$, incidents et aplatis, naissent deux courants ou deux rayons émergents, dont l'un contient la quantité $q\varphi$ d'atomes et l'autre la quantité $(\mu'-q)\varphi$.

De plus ces atomes $q\varphi$ et $(\mu'-q)\varphi$ de lumière mêlés arrivaient suivant leur aplatissement sur les atomes $\mu'\varphi'$ stationnaires et aplatis du cristal ; parmi ces atomes du cristal aplatis, les uns ont le plan d'aplatissement perpendiculaire à celui des autres. Dans le cas ci-dessus les atomes $\mu'\varphi$ aplatis arrivaient des vitres sur le cristal, et ces atomes exerçaient une pression P dirigée suivant la ligne de prolongement du plan de l'aplatissement. Cette pression P, communiquée aux atomes $\mu\phi = q\phi + (\mu'-q)\phi$ stationnaires contenus : $q'\phi'$ entre les couches $c, c, c\ldots$ du cristal, et $(\mu-q')\phi'$ entre les couches perpendiculaires $d, d, d\ldots,$ provoqua l'éloignement des atomes $q\phi$, des intervalles des couches $c, c, v\ldots,$ et l'éloignement des atomes $(\mu-q)\phi$ des intervalles des couches $c, c, c\ldots$

Quand la pression P de la part du plan des atomes aplatis s'opérait suivant les intervalles des couches $c, c, c\ldots$ du cristal, il découlait de la face f postérieure les atomes $\mu'\phi'$ contenus dans les intervalles de ces couches. Quand Malus faisait décrire au cristal l'arc 90°, la pression P du plan s'exerçait suivant les intervalles entre les couches $d, c', d\ldots,$ et en ce cas s'écoulaient de la face postérieure f les atomes $\mu'\phi'$ de lumière stationnaire qui arrivaient aux yeux. Entre ces deux positions où l'image était simple, toutes les autres en laissaient apparaître deux, dont l'une était composée d'une partie d'atomes $q'\phi'$ et l'autre d'une partie d'atomes $(\mu'-q')\phi'$.

L'éclat de l'une de ces images augmentait quand celui de l'autre diminuait, et cet éclat n'était égal que dans les positions éloignées de 45° de celles où disparaît l'une des deux images. Pour que les deux images obtinssent un éclat égal, il devait arriver d'égales quantités d'atomes $\frac{1}{2}\mu'\phi$ et $\frac{1}{2}\mu'\phi$ des deux systèmes d'intervalles ; et cela n'est possible que quand la pression P du plan s'exerce également sur les atomes $q'\phi'$ entre les couches $c, c, c\ldots,$ et sur les atomes $(\mu-q')\phi'$ contenus dans les intervalles entre les couches $d, d, d\ldots$

II. — DISPARITION DE LA LUMIÈRE POLARISÉE.

Il a été indiqué que des coups des chocs convergents sont exercés de la part des atomes $\mu\phi'$ stationnaires des corps sur les atomes $\mu'\phi$ de lumière incidente ; et ainsi des atomes réfléchis les uns a_ϕ qui reçurent lesdits chocs devinrent aplatis, et les autres $(q—a)_\phi$ qui ne reçurent pas de semblables coups convergents de ces chocs sont restés dans leur état naturel.

Pour que tous les atomes $q\Phi$ réfléchis reçoivent ces coups de chocs ou pour qu'il ne reste dans le rayon r'' réfléchi que la quantité a_ϕ d'atomes aplatis, et qu'il en soit éloigné la quantité $(q—a)_\phi$ d'atomes de lumière non aplatis, il faut que le rayon tf réfléchi soit perpendiculaire au rayon tr (fig. 13) réfracté.

Cette condition est d'une nécessité absolue parce qu'alors seulement les chocs sont exercés exactement de manière à porter les coups sur le rayon tf réfléchi sans dévier en avant et dessous quand diminue l'angle y de réflexion, ou au-dessus du rayon tf quand augmente l'angle y et que le rayon tf s'approche de la surface.

Pour aplatir les atomes a_ϕ de lumière aplatis par une nouvelle réflexion, Malus a amené le rayon réfléchi tf sur un miroir de manière qu'il y tombe avec sa surface aplatie et reçoive les coups des chocs convergents, de façon qu'il ne reste aucun atome qui ne perde l'expansion latérale qui lui était restée après la réflexion précédente.

Les atomes a_ϕ' restèrent ainsi privés de toute expansion ou mouvement. Cependant ce mouvement ne s'est pas perdu, mais il est passé dans les molécules stationnaires. Si le lecteur veut se rappeler l'exemple que nous avons tiré de feuilles de pâte extrêmement minces, il admettra que des plans perpendiculaires à leur surface les coupent en fils très-fins, et que ces fils reçoivent latéralement des coups de chocs convergents excessivement forts qui les privent de toute leur élasticité.

III. — COMPARAISON ENTRE LES DEUX EXPÉRIENCES PRÉCÉDENTES.

Les atomes $a\varphi$ polarisés par la réflexion deviennent insensibles pour l'œil après avoir été soumis à une seconde polarisation pareille à la précédente. Ces mêmes atomes $a\varphi$ polarisés amenés sur un cristal, changent de position quand ce cristal tourne; mais leur quantité $a\varphi$ est égale à la somme $a\varphi + \beta\varphi$ dont sont composés les deux rayons qui conduisent aux deux images.

Les atomes $a\varphi$, en traversant le cristal par les intervalles entre les couches parallèles des trois systèmes c, c', o...., d, d', d''... et o'', o'', o''...., ne se trouvent pas exposés à recevoir des coups de chocs convergents exercés seulement dans le sens qui doit supprimer leur expansion; mais ces coups sont exercés par des chocs de trois systèmes et de trois directions perpendiculaires l'une sur l'autre.

Donc pour connaître la nature des atomes $\mu'\varphi$ de lumière dont est composé un faisceau ou un rayon, il y a deux moyens à employer. Ce rayon peut être composé de trois manières différentes : 1° des atomes $\mu'\varphi$ de lumière naturelle; 2° des atomes $a\varphi$ de lumière aplatis, et 3° d'un mélange $\mu\varphi + a\varphi$ d'atomes à l'état naturel et d'atomes aplatis. La relation $\mu : a$ entre les quantités μ et a des deux espèces d'atomes peut prendre tous les degrés possibles.

On nomme *polariscopes* les appareils qui rendent sensibles l'existence d'atomes $a\varphi$ de lumière aplatis, et *polarimètres* les appareils qui servent à déterminer la relation $\mu : a$ entre la quantité $\mu\varphi$ d'atomes à l'état naturel et celle $a\varphi$ d'atomes de lumière aplatie.

I. **Polariscope réflecteur.** Cet appareil consiste en deux miroirs m et m' dont m horizontal et m' vertical; 1° les atomes $\mu\varphi$ de lumière naturelle sont amenés sur le miroir m sous une obliquité de 35° 25′; de ces atomes sont réfléchis ceux $a\varphi$ qui ont éprouvé les coups des chocs convergents ; 2° les atomes $a\varphi$ aplatis sont amenés sur le miroir m' sous le même angle 35° 25′, où ils deviennent insensibles ; c'est ainsi qu'on peut constater l'aplatissement total.

Si entre les atomes $\mu\varphi$ incidents se trouve la quantité $a'\varphi$ d'atomes aplatis, ils ne disparaissent tous dans le miroir m que dans le cas où leur aplatissement est perpendiculaire au plan d'incidence. Pour cette raison il est nécessaire de tourner le miroir m autour du rayon sans changer l'obliquité 35° 25′. Si en ce cas l'éclat reste le même, il n'y a pas d'atomes φ de lumière aplatis ; mais si, dans quelque position, l'éclat diminuant atteint un minimum, cela prouve que les atomes $a\varphi$ de lumière aplatis y deviennent insensibles, et alors le plan d'incidence est perpendiculaire au plan d'aplatissement des atomes $a\varphi$. Il devient ainsi évident que les atomes $(\mu - a)\varphi$ réfléchis se trouvaient à l'état naturel dans le plan d'incidence.

II. Polariscope biréfringent. C'est le cristal de spath d'Islande qui a conduit Malus à la découverte de l'existence de la lumière polarisée. Le *prisme biréfringent* et le *prisme de Nicol* sont taillés dans ce spath d'Islande où apparaissent les deux images dont Nicol a supprimé l'une de la

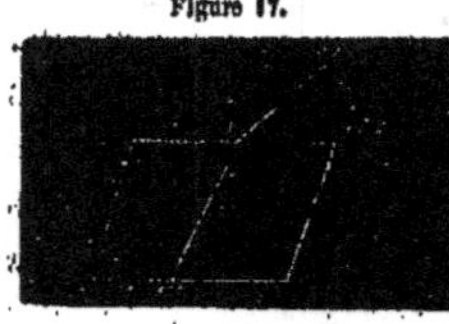

Figure 17.

manière suivante : le rhomboèdre de spath d'Islande est scié en deux suivant le plan qui passe par les angles n (fig. 17) opposés et aigus de la face $anin'$, et les deux moitiés sont replacées dans leur position précédente et collées au moyen de baume de Canada dont l'indice de réfraction 1,545 est compris entre ceux des deux rayons du cristal.

Si l'on fait arriver un rayon dans le sens de la longueur du cristal, les atomes $\mu\varphi$ se divisent en deux portions $q\varphi$ et $(\mu - q)\varphi$, et arrivent en cet état à la couche nn' du baume de Canada sous une obliquité Γ où les atomes $(\mu - q)\varphi$ éprouvent une réflexion totale dans l'intérieur du cristal, et il ne passe outre que les atomes $q\varphi$. Nous expliquerons dans le chapitre suivant comment ce fait conduit à connaître la position du plan d'aplatissement des atomes $a\varphi$ de lumière aplatis.

Propriété de la tourmaline. Ce cristal étant très-mince, fait apparaître deux images; mais si son épaisseur vient à augmenter, l'une des deux images disparaît; on taille une tourmaline en forme de prisme à angle très-aigu et ayant les arêtes parallèles à l'axe. Si l'on regarde ensuite un objet à travers la partie la plus mince on aperçoit deux images; mais si l'on regarde à une certaine distance du sommet, on ne voit plus qu'une seule image, comme cela a lieu pour le prisme de Nicol.

IV. — MULTIPLICATION DES ATOMES DE LUMIÈRE APLATIS.

Tous les atomes émergents ne peuvent jamais devenir aplatis par la réfraction, mais ils forment toujours un mélange de $a'\varphi + (q' - a')\varphi$ d'atomes φ aplatis et d'atomes φ à l'état naturel.

Par la réflexion une quantité $a\varphi$ d'atomes devient également aplatie, et le reste $(q - a)\varphi$ n'est que des atomes de lumière naturelle. Il n'y a qu'un seul cas où ces atomes φ à l'état naturel manquent au rayon r'' réfléchi, c'est quand ce rayon r'' réfléchi est perpendiculaire au rayon r' réfracté.

Pour faire augmenter la quantité $a\varphi$ ou $a'\varphi$ d'atomes de lumière aplatis, dans les rayons r' ou r'', il faut soumettre leurs atomes $a'\varphi + (q' - a')\varphi$ ou $a\varphi + (q - a)\varphi$ aplatis et non aplatis à de nouveaux coups de chocs convergents, parce que les coups postérieurs ne sont pas portés seulement aux atomes $a'\varphi$ ou $a\varphi$ déjà aplatis, mais aussi aux quantités différentes $\alpha'\varphi$ et $\alpha\varphi$ des atomes $(q-a)\varphi$ et $(q'-a')\varphi$ non aplatis.

Ainsi par les réflexions et les réfractions répétées les quantités $(a+\alpha+\beta\ldots)\varphi$ et $(a'+\alpha'+\beta'\ldots)\varphi$ d'atomes de lumière aplatis augmentent, et les quantités $(q-a-a-\beta\ldots)\varphi$ et $(q'-a'-a'-\beta'\ldots)\varphi$ d'atomes de lumière non aplatis diminuent.

Explication. Les atomes de lumière deviennent aplatis par l'éloignement de leur mouvement des directions latérales; en soumettant donc les rayons r' et r'' réfractés et réfléchis à de nouvelles réfractions ou réflexions, leurs atomes $\alpha'\varphi$ ou $\alpha\varphi$ aplatis ne peuvent recouvrer leur mouvement une fois perdu, quand les coups de chocs convergents éloignent le mouvement des atomes φ à l'état naturel pour les rendre aplatis.

Pour embrasser dans un coup de chocs convergents une plus grande quantité d'atomes à l'état naturel, il faut, dans les réflexions, ne pas tenir très-éloigné de 90° l'angle R produit du rayon r' de réfraction, et du rayon r'' de réflexion; ou, s'il y a une différence, elle doit être plutôt 90° + A que 90 — A.

Dans la réflexion de même que dans les réfractions, les coups de chocs convergents sont portés sur une plus grande quantité d'atomes de lumière naturelle, quand ces atomes arrivent sous une obliquité supérieure. Si l'obliquité diminue, on voit diminuer aussi la quantité des atomes φ aplatis contenus dans le rayon r' émergent ou dans le rayon r'' réfléchi.

V. — CHANGEMENT DU PLAN DE POLARISATION.

Il y a deux moyens de rendre aplatis les atomes $\mu'\varphi$ de lumière naturelle, savoir la réfraction et la réflexion; les atomes $\alpha\varphi$ aplatis par une réfraction ne diffèrent point de ceux aplatis par une réflexion, car dans l'un et l'autre cas, ils viennent de recevoir les coups convergents des chocs exercés par les atomes stationnaires: 1° Les coups, venant des atomes $\mu\varphi'$ stationnaires de la gauche et la droite du rayon r'' réfléchi, produisent sur les atomes $a\varphi$ un aplatissement suivant le plan de réflexion; 2° au rayon r' réfracté est porté le coup précédent au point i (fig. 11) d'incidence contre la direction si des atomes $\mu'\varphi$ incidents; le deuxième coup en sens opposé est porté aux mêmes atomes quand ils s'écoulent du point i' d'émergence. Ces coups produits des chocs convergents font prendre aux atomes $a'\varphi$ de lumière du rayon émergent un aplatissement suivant un plan perpendiculaire au plan d'émergence et incliné à la surface postérieure $m't'$ du corps.

Les atomes $a\varphi$ et $a'\varphi$ du lumière, déjà aplatis par une réflexion ou par une réfraction, subissent un déplacement du plan d'aplatissement, 1° si les atomes $a\varphi$ sont réfléchis sur une surface qui forme l'angle Γ' avec le plan de leur aplatissement, ou 2° si les atomes $a'\varphi$ passent par une seconde lame parallèle à celle d'où ils sortent.

1° Par des réflexions répétées le plan d'aplatissement s'approche continuellement du plan d'incidence; et par des réfractions répétées le plan d'aplatissement s'approche du plan de la surface du corps en restant toujours perpendiculaire au plan d'émergence.

Explication. Pour changer la position d'un plan d'aplatissement il ne faut que des coups exercés de la part de deux chocs convergents mais inégaux, comme cela à lieu dans les deux cas que nous avons indiqués et qui sont produits de la manière suivante:

1° Si la surface réfléchissante est supposée horizontale et le rayon r incident dans la méridienne, les atomes $a\varphi$ peuvent avoir leur plan d'aplatissement dans toutes obliquités Γ' avec l'horizon, où il peut être dans toutes les distances du plan d'incidence; ces distances sont appelées *azimut*.

Si le plan d'aplatissement est à l'ouest du plan d'incidence, les atomes $a\varphi$ de lumière aplatis sur ce plan reçoivent
de la part des atomes stationnaires du côté ouest un choc,
sans en éprouver un du côté est, et ainsi le plan d'aplatissement s'éloigne de la surface réfléchissante et s'approche
du plan d'incidence.

2° Si les lames réfringentes sont supposées horizontales,
les atomes $a'\varphi$ sont aplatis de la première lame l suivant
un plan perpendiculaire au plan d'émergence et incliné à
la surface de la lame en formant avec elle l'arête Γ. Dans la
deuxième lame l', les atomes $a'\varphi$ éprouvent deux chocs
convergents, mais le deuxième est dans un sens moins
éloigné de la direction horizontale, et ainsi l'aplatissement,
en cédant au coup du deuxième choc, s'approche de la surface du corps pour devenir horizontal.

CHAPITRE III.

DE LA DOUBLE RÉFRACTION ET POLARISATION DE LA LUMIÈRE PAR LES CRISTAUX.

Les atomes matériels qui constituent les cristaux sont des combinés chimiques à trois éléments; ceux-ci ne sont pas des atomes d'un volume limités comme le sont ceux admis par les physiciens et les chimistes atomistes; mais ils possèdent, comme tous les fluides, une tendance à augmenter en volume; la seule différence provenant du barogène β, contenu dans ces éléments matériels, est produite de la part du barogène B qui est le même fluide, et qui, émis des deux électrosphères cosmiques, afflue vers l'espace énastre et exerce sur les corps une compression extérieure, laquelle produit un équilibre avec l'expansion des atomes matériels; et de cet équilibre résulte pour les corps un état différent de celui des fluides impondérables.

Les éléments chimiques se pénètrent dans les trois directions perpendiculaires, et en cet état ils constituent les atomes matériels dont les faces opposées ff, $f'f'$, $f''f''$ sont homoïdes. Dans ces éléments matériels se trouvent en quantités différentes les atomes φ'' et θ'' de lumière et de chaleur spécifique. Les atomes matériels des sels consistent 1° en métal; 2° en métalloïde, et 3° en une quantité d'équivalents d'eau.

Les faces hétéronymes f, f', f'' de ces atomes exercent entre elles le mininum de résistance, tandis que les faces homonymes ff, $f'f'$, $f''f''$ se repoussent mutuellement; les cristaux sont produits par des atomes qui ont les quatre faces en contact avec les faces hétéronymes; ainsi le corps tout entier ne diffère point de chaque particule qui en est séparée.

La pression extérieure P étant constante, et l'état électrique différant dans chaque couple de faces opposées, cet état produit une diminution de résistance d'où résulte la solidité des corps, et en même temps la contexture des cristaux; car si l'élément métallique est admis dans la direction méridonale, et l'élément du métalloïde dans la direction verticale, l'élément des équivalents aquatiques aura la position horizontale, comme il a été indiqué dans l'exemple d'un étang maintenu par un barrage.

Dans les cristaux il y a à distinguer : I, la contexture et leur composition intérieure, et II, les deux espèces de modifications exercées de la part des atomes spécifiques $\mu''\varphi''$, $\mu'''\varphi''$, $\mu^{IV}\varphi''$ de chaque système de couches ou de chaque espèce d'éléments matériels 1° sur les atomes $\mu\varphi'$ stationnaires pour leur faire acquérir les densités δ, $\delta+\delta'$, $\delta+\delta'+\delta'$ différentes dans les intervalles de chaque système de couches, et 2° sur les atomes $\mu'\varphi$ de lumière propagés par le milieu de ces couches des cristaux.

I. Parmi les cristaux à double réfraction le plus grand nombre possède deux directions suivant lesquelles le rayon incident s'écoule sans éprouver de partage; ces deux directions se croisent au milieu du cristal. Pour diviser un cristal en deux moitiés matérielles, il y a plusieurs coupes; mais si l'on veut obtenir deux moitiés cristallographiques, il n'existe que le *plan des axes* ou la *coupe axiale* $mm'ss'$ (fig. 48). En admettant, d'après les principes exposés dans ce livre, un cristal posé dans la direction méridionale par sa longueur, la coupe axiale $mm'ss'$ sera obtenue par un plan incliné qui a la ligne xmx' sur l'extrémité nord de la base supérieure et la ligne $xm'x'$ sur l'extrémité sud de la base inférieure.

Avec une moitié cristallographique on peut construire un nouveau cristal où il n'existe qu'une seule direction suivant laquelle ne sont pas partagés les rayons incidents. Admettons sur la coupe axiale $msm's'$ deux plans perpendiculaires qui passent par les lignes mm' et ss' pour diviser en deux moitiés l'angle xox' et son complémentaire. Prenant les quatre morceaux $xmos$, $mx'so$, $x'm'os$, $xm'os'$, on en construit un cristal en superposant ces morceaux ou même encore les quatre autres de l'autre moitié pour avoir dans leur milieu une seule des deux directions xx ou $x'x'$.

Figure 18.
Nord.
Ouest. 
Est.
Sud.

D'après ces deux arrangements intérieurs de construction, on distingue les cristaux en *cristaux à deux axes* et en *cristaux à un axe*; cette distinction cependant n'est que l'effet d'une modification secondaire, car le carbonate de chaux est dans le spath d'Islande un cristal à un axe et dans l'arragonite un cristal à deux axes.

Outre cela, les atomes $\mu'\varphi$ de lumière éprouvent les mêmes polarisations perpendiculaires dans les cristaux à deux axes que dans ceux à un axe. Les déviations des rayons r et r' réfractés servent à constater la production des cristaux à un axe des superpositions des parties symétriques des cristaux à deux axes.

II. Les atomes $\mu'\varphi$ de lumière du rayon incident éprouvent dans les cristaux quatre modifications différentes: 1° ils se partagent en deux moitiés $\frac{1}{2}\mu'\varphi$ pour produire deux rayons r et r' qui ne diffèrent que par la direction que suit chacun d'eux; 2° Ces rayons r, r' sont tous les deux sur le plan d'incidence ou ils sont hors de ce plan, ou l'un r est

dans ce plan et l'autre r' en dehors ; 3° l'indice de réfraction n et n' des rayons r, r' varie pour tous les deux ou
pour l'un, ou il est constant pour tous les deux ; 4° les atomes
$\frac{1}{2}\mu'\varphi$ de lumière du rayon r qui reste sur le plan d'incidence
sont aplatis suivant ce plan, et les atomes $\frac{1}{2}\mu'\varphi$ de lumière
du rayon r' sont toujours aplatis dans un plan perpendiculaire au précédent.

Ces quatre espèces de modification de lumière $\mu'\varphi$ et l'arrangement des cristaux sont liées entre elles comme causes
et effets sans qu'il se présente nulle part d'anomalie ; on y
trouve en même temps l'explication de l'existence des atomes
spécifiques φ'' de lumière en quantités différentes dans les
éléments des atomes matériels qui sont dans les sels, le
métal, le métalloïde et les équivalents de l'eau.

En suivant les faits et les lois physiques, on avance lentement, il est vrai, mais d'un pas sûr et sans risquer de s'é-
garer. La difficulté présente ne consiste qu'à faire embrasser
au lecteur l'ensemble de la science, parce que c'est alors
seulement que, parfaitement renseigné sur les vrais principes, il pourra marcher seul, sans guide et sans crainte de
faire fausse route.

I. — PARTAGE DE LA LUMIÈRE PAR LES CRISTAUX.

Il y a deux espèces de lumière : 1° la lumière naturelle
composée d'atomes φ qui se répandent ou qui sont élastiques de tous les côtés, et 2° la lumière polarisée composée
d'atomes φ qui se répandent ou sont élastiques suivant un
seul plan.

Les cristaux consistent en trois systèmes de couches parallèles dont chaque système est perpendiculaire aux deux
autres. Chaque face d'un cristal peut être considérée, à
cause des bords des deux systèmes des couches, comme
produite par deux espèces de grilles entrecroisées perpen-

diculairement comme l'indiquent les lignes de points de la figure 49.

Figure 49.

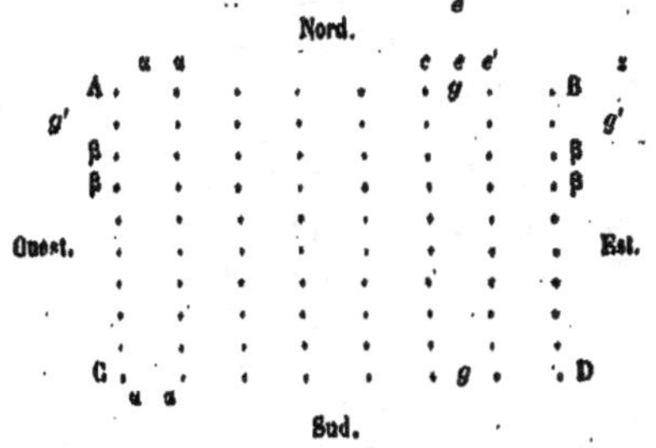

Partage de la lumière naturelle. Les atomes élastiques φ qui constituent cette lumière pénètrent dans le cristal dont les atomes φ' stationnaires ont une densité $\delta + \delta'$ supérieure dans les intervalles de l'ouest à l'est qui sont moins larges, et une densité inférieure δ dans les intervalles méridionaux plus élagués (fig. 49).

Une partie $2q\varphi$ des atomes $\mu'\varphi'$ incidents pénètre dans le cristal par les intervalles des deux systèmes de grilles, quand les atomes parallèles pq''' de l'extrémité supérieure c de la base bc (fig. 12) parcourent dans le vide la longueur supérieure λ en unité de temps. La contre-répulsion entre les atomes pq''' réfléchis et les atomes $2q\varphi$ pénétrés fait que le premier s'éloigne de la face AD (fig. 18) du cristal, et que les atomes $2q\varphi$ éprouvent entre les deux systèmes de grilles deux réfractions analogues aux densités $\delta + \delta'$ et δ' des atomes stationnaires. D'une moitié $q\varphi$ d'atomes est composé l'un des rayons réfractés et de l'autre moitié $q'\varphi$ est composé l'autre rayon r'.

II. **Partage de la lumière polarisée par les cristaux.** Les atomes φ de cette lumière ont leur expansion ou élasticité suivant un seul plan nommé *plan de polarisation* ou *plan d'aplatissement.* Pour que les atomes $2q'\varphi$ venant de la direction ee pénètrent dans les intervalles gg et $g'g'$ de l'un ou de l'autre système de grilles, il faut que ces atomes tournent, les uns à gauche et les autres à droite. En ce cas la quantité $p'\varphi$ qui revient dans la méridienne décrit l'arc $45° - \alpha$ et est supérieure à celle $(q'-p')\varphi$ que doit décrire l'arc $45° + \alpha$ pour pénétrer dans les intervalles des grilles de l'est à l'ouest. Il y a donc, entre les atomes $q\varphi$ aplatis, un partage qui n'est pas égal comme celui entre les atomes $\mu'\varphi$ de lumière naturelle; mais chaque portion $p'\varphi$ et $(q'-p')\varphi$ est en raison inverse avec le sin $(45° - \alpha)$ et le sin $(45° + \alpha)$, 1° pour que les deux portions $p'q'$ et $(q-p')\varphi$ soit égales, il faut que l'angle α soit nul, ou que la direction soit ZB; 2° pour que tous les atomes $q\varphi$ pénètrent par les grilles méridionales, il faut que l'angle soit $\alpha=45°$; 3° il faut que α ait la même valeur pour que les mêmes atomes $q\varphi$ pénètrent dans les grilles dans la direction d'ouest à l'est.

1° Pour exprimer la quantité $p'\varphi$ d'atomes écoulés par les grilles méridionales, il faut prendre la surface des atomes projetés sur le plan de la méridienne, et l'on a pour cela $\sin^2 (45 + \alpha)$; 2° pour exprimer la quantité $(q - p')\varphi$ écoulée par les grilles de l'ouest à l'est, il faut prendre la surface de mêmes atomes $q\varphi$ projetés sur l'horizon; cette surface est $\cos^2 (45° + \alpha)$. La somme des deux surfaces $\sin (45° + \alpha) + \cos^2 (45° + \alpha)$ exprime aussi celle des atomes $p'\varphi + (q - p')\varphi$ qui s'y trouvent; au lieu d'une des quantités $p'\varphi$ et $(q - p')\varphi$ d'atomes qui constituent les rayons réfractés r et r', on peut employer leurs surfaces indiquées par les carrés de sinus et de cosinus, comme l'a fait Malus.

Manque de partage de la lumière par les cristaux. La cause du partage est dans les densités δ, $\delta + \delta'$, $\delta' + \delta''$ d'atomes φ' stationnaires des intervalles des couches de trois systèmes; un manque de partage ne peut avoir lieu que suivant la seule direction des points où se trouvent mêlés les atomes φ' stationnaires des trois densités pour y produire une moyenne $\delta + \dfrac{2\delta' + \delta''}{3}$; tels points sont les sommets s des angles trièdres produits par les trois arêtes dans lesquelles sont les densités moyennes $\delta + \frac{\delta'}{2}$, $\delta + \frac{\delta + \delta'}{2}$, $\delta + \frac{2\delta' + \delta''}{2}$ des couches en contact.

Dans les cristaux à deux axes, il y a deux directions suivant lesquelles manque le partage des atomes $\mu'\varphi$ de lumière incidente, et c'est pour cela qu'on les a nommés *cristaux à deux axes*. Dans les cristaux *secondaires* ou *dérivés*, il n'y a qu'une seule direction suivant laquelle ne se partagent pas les atomes $\mu'\varphi$ de lumière, les cristaux de ce genre sont nommés *cristaux à un axe*.

II. — SECTIONS DES CRISTAUX.

Coupe axiale. Il a été prouvé que le plan des axes ou la coupe axiale partage les cristaux à deux axes en deux moitiés cristallographiques; une telle coupe n'existe pas dans les cristaux à un axe, où il en a un nombre indéfini, parce que, par un axe, peuvent passer une infinité de plans.

Sections principales. Il a été dit que les lignes $xx\,x'x'$ (fig. 15) passent par les sommets trièdres; il s'ensuit que dans les lignes mm' et ss' et leurs parallèles se trouvent les rencontres où les arêtes des couches des deux systèmes ss' ou ss'' ou $s's''$, et les atomes φ' stationnaires y ont pour densité une des trois moyennes $\delta + \frac{\delta'}{2}$, $\delta + \frac{\delta + \delta'}{2}$, $\delta + \frac{2\delta' + \delta''}{2}$; les plans perpendiculaires à la coupe axiale qui passent par les lignes mm' ou ss' et leurs parallèles se trouvent toujours dans les arêtes où les atomes φ' stationnaires ont pour densité une de ces trois densités moyennes.

1° *Sections principales des cristaux à deux axes.* On nomme ainsi les plans parallèles perpendiculaires au plan des axes et parallèles, 1° à celui qui passe par la ligne mm' qui divise en deux l'angle xox, et 2° à celui qui passe par la ligne ss' perpendiculaire à celle mm'. Ces plans se distinguent de tous les autres parce qu'ils passent par les arêtes où les atomes φ' stationnaires ont une densité égale dans toute la surface de la section.

2° *Sections simples des cristaux à un axe.* Dans les cristaux à deux axes les sections qui passent par les arêtes sont limitées; tel n'est plus le cas dans les cristaux à un axe où chaque point peut être considéré comme celui par lequel passe le plan de l'axe, et où chaque plan qui y passe doit se trouver sur des arêtes où les atomes φ' stationnaires ont la même densité moyenne dans la surface obtenue par la section. Ces sections simples des cristaux à un axe ont une certaine ressemblance avec les sections principales des cristaux à deux axes.

3° *Sections principales des cristaux à un axe.* Les plans perpendiculaires à l'axe passent, comme les précédents, par les arêtes où les atomes φ' stationnaires ont la même densité; en ce cas ils passent par les couches opposées à celles qui forment l'arête, mais ils coupent ces couches sous des angles qui varient avec celui d'incidence.

4° *Sections simples des cristaux à deux axes.* Les plans quelconques coupent ces cristaux dans des directions où sont inégales les densités des atomes φ' stationnaires et où celles-ci changent avec les angles d'incidence.

5° *Section normale des cristaux à un axe.* Si l'on taille dans un cristal un prisme dont les arêtes soient parallèles à l'axe et qu'on fasse passer des plans perpendiculaires aux arêtes du prisme, la densité Δ des atomes φ' stationnaires est la même dans la direction des arêtes; aussi la densité Δ' des couches opposées est celle de ces couches, et cela dans tous les angles γ d'incidence.

III. — CONSTRUCTION INTÉRIEURE DES CRISTAUX.

Dans l'exemple tiré d'un étang retenu par un barrage, nous avons exposé sommairement la construction intérieure des cristaux, et le mode de partage de l'eau en deux directions émergentes; cet exemple sert à faire connaître que le partage des atomes $\mu'\varphi$ de lumière dans les cristaux s'opère également suivant les mêmes lois statiques.

Cristaux à deux axes. Il a été prouvé comment la coupe axiale partage ces cristaux en deux moitiés cristallographiques; les deux exemples suivants serviront à mieux exposer la coupe axiale et les sections principales.

1° L'arragonite consiste en atomes matériels dont les éléments chimiques sont le calcium, le carbone et l'oxygène; dans ces trois espèces d'éléments le carbone contient les atomes $q\varphi''$ de lumière spécifique en densité supérieure, la formule du calcium est $C^5 H^3$, et pour cela il contient ces atomes $(q - q')\varphi''$ en densité inférieure, et l'oxygène contient ces atomes $(q - q' - q'')\varphi''$ en densité très-médiocre.

De l'arrangement symétrique des atomes matériels résulte le prisme ad (fig. 20) droit, à base rhomboïde, pouvant se cliver parallèlement à la base. Les clivages semblables ont lieu entre les couches du système où la diminution de résistance n'est pas fort grande.

Figure 20.

La coupe axiale ou le plan des axes est indiqué par les lignes ponctuées représentant les deux axes xx, $x'x'$ dont l'angle o est divisé par les lignes ii et ss' perpendiculaires l'une à l'autre. Les *sections principales* sont tous les plans parallèles à ceux qui passent par les lignes ii et ss' et qui sont verticaux sur la coupe axiale.

2° Les atomes matériels du sulfate de chaux prennent un

arrangement tel qu'ils forment un prisme droit ayant pour
base un parallélogramme dont l'angle aigu est de 66° 52';
ce cristal se clive comme le précédent parallèlement aux
bases. Si l'on prend d'un côté du parallélogramme dans
le rapport de 36 à 13, la grande diagonale ad (fig. 21)
donne la direction de la ligne moyenne qui divise en deux
l'angle aigu des deux axes. Par cette ligne passe le plan
vertical sur la coupe axiale, et ce plan est
la section principale ad; et l'autre section
principale passe par la ligne xx' perpendiculaire à ad.

Figure 21.

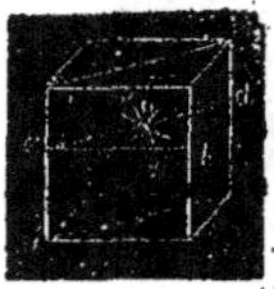

M. Soret a constaté par des observations
directes que le plan des axes nommé *coupe*
ou *section axiale*, partage le cristal en deux
moitiés cristallographiques ou telles que leurs couches suivent des directions symétriques.

Cristaux à un axe. Guidé par les dispositions des
couches autour des axes 1° dans les cristaux à deux axes,
et 2° dans ceux à un axe, on peut aisément se rendre compte
comment des morceaux symétriques en rapport des axes
d'un cristal à deux axes, il peut être produit un cristal à
un axe; et *vice versâ*, comment des morceaux symétriques
d'un cristal à un axe convenablement disposés, il est produit
un cristal à deux axes.

Le spath d'Islande est un cristal à huit sommets qui sont
des angles trièdres composés des rencontres des trois arêtes
ou angles dièdres; entre les huit sommets sont deux *ss* égaux
produits par les angles dièdres obtus de 105° 5', et c'est par
ces sommets que l'axe unique passe.

IV. — DE LA POSITION DES RAYONS RÉFRACTÉS DANS LES CRISTAUX.

Ces rayons r et r' se trouvent tous les deux dans le plan
d'incidence ou hors de ce plan, ou l'un r est dans ce plan

et l'autre r' en dehors. Ces trois cas ont une rolation directe avec la densité des atomes φ' stationnaires dans les directions suivies par les rayons réfractés.

Position des rayons dans les cristaux à deux axes.

1° Dans les directions quelconques du plan d'incidence les deux rayons réfractés r et r' ne sont pas dans ce plan, et cela à cause de la distribution des couches où les atomes φ ont des densités qui changent avec la direction du rayon incident et avec les positions du plan d'incidence.

2° Le plan d'incidence n'obtient une position symétrique que dans le cas où il est dans une section principale; alors 1° il passe par les arêtes des deux systèmes de couches, où les atomes stationnaires ont la même densité moyenne produite du mélange de celles δ et $\delta + \delta'$ des couches $c, c, c...$, $c'\, c'\, c'...$ de l'arête, et 2° le plan d'incidence coupe les couches $c'', c'', c''...$ opposées aux dites arêtes en divisant l'angle d'arête en deux moitiés.

Le rayon r, appelé *rayon ordinaire*, passe par le plan des arêtes où les atomes φ' stationnaires ont la même densité $\delta + \dfrac{\delta}{2}$, et le rayon r' nommé *extraordinaire*, passe par les bords des couches $c'', c'', c''...$ en divisant l'angle γ d'arête en deux moitiés; ainsi donc par suite de cette symétrie, les deux rayons r et r' restent sur le plan d'incidence.

Position des rayons dans les cristaux à un axe. Quelle que soit la position du plan d'incidence, celui-ci passe toujours par des arêtes des deux systèmes des couches, où les atomes stationnaires φ' ont une densité $\delta + \dfrac{\delta}{2}$ qui est la moyenne de celles des couches $c, c, c..., c', c', c'...$ des arêtes. Pour cette raison, r, l'un des deux rayons, reste sur le plan d'incidence, mais l'angle γ n'étant pas divisé en deux moitiés par le plan d'incidence, l'autre rayon r' prend une direction à gauche ou à droite qui dépend de la densité $\delta + \delta' + \delta''$ des atomes φ' de lumière stationnaire dans les couches opposées c'', c'', c''..., et des angles γ' et $\gamma - \gamma'$ formés entre le plan d'incidence et les couches c, c, c..., c', c', c'...

Le plan d'incidence obtient dans le cristal une position symétrique quand il est perpendiculaire sur la face du cristal et sur son axe. En ce cas 1° le rayon r ordinaire passe, comme dans le cas précédent, par les arêtes et reste sur le plan d'incidence, et 2° le rayon r' extraordinaire passe par le milieu des couches c'', c'', c'' en divisant l'angle dièdre γ ou l'arête en deux moitiés. En ce cas et par suite de cette symétrie, le rayon extraordinaire r' reste sur le plan d'incidence.

V. — DES INDICES DES RAYONS RÉFRACTÉS.

Dans les corps transparents, le rapport $\sin \gamma : \sin \gamma' = n$ est constant entre l'angle γ d'incidence et l'angle γ' de réfraction; cela est le résultat de l'égale densité des atomes φ' de lumière stationnaires; ce rapport n'a lieu dans les cristaux, où les atomes φ' stationnaires ont trois densités différentes, que dans les cas où les atomes φ de lumière incidents s'écoulent suivant les sections où la densité des atomes stationnaires ne varie pas, comme cela a lieu pour les sections qui passent par les arêtes.

I. **Indices des deux rayons dans les sections principales.** Le rayon r ordinaire se trouve dans toutes les incidences γ toujours dans la même densité moyenne $\partial + \frac{\delta}{2}$ des arêtes, comme cela a lieu dans les corps transparents. Le rayon r' extraordinaire, en divisant les arêtes en deux moitiés, reste sur le plan d'incidence, mais dans les différentes obliquités du rayon d'incidence change le mélange de la densité $\partial + \delta' + \delta''$ des atomes des couches c'', c'', c''... avec les deux autres, et en même temps change le rapport $\sin \gamma : \sin \gamma'$ dans le rayon r' extraordinaire; et cela a lieu aussi bien pour les rayons r' des sections principales des cristaux à deux axes que pour ceux des sections principales des cristaux à un axe.

II. Indices de réfraction des rayons dans une direction quelconque. Chaque fois qu'un rayon n'est pas sur le plan d'incidence, son indice est inconstant, parce que quand les obliquités du rayon incident changent, les densités des atomes stationnaires se présentent d'une manière différente aux deux rayons réfractés, quoique ces densités restent les mêmes dans le cristal.

Dans les cristaux à un axe l'un des deux rayons reste sur le plan d'incidence et a l'indice constant, parce que les cristaux de ce genre sont produits par la superposition des deux moitiés d'un cristal à deux axes pour en former un à un axe, et c'est pour cela qu'il est nécessaire que l'un des axes soit superposé à l'autre. Le rayon r' hors du plan d'incidence a l'indice inconstant pour la même raison.

III. Indices constants des deux rayons des cristaux à un axe. Si l'on taille dans un cristal à un axe un prisme dont les arêtes soient parallèles à l'axe et qu'on fasse arriver un rayon d'atomes $\mu'\varphi$ perpendiculairement aux arêtes de ces prismes, les deux rayons r et r' sont réfractés dans le plan d'incidence et chez tous les deux les incidences $\sin \gamma : \sin \gamma' = n$ et $\sin \gamma : \sin \gamma'' = n'$ sont constantes.

Il a été prouvé que dans les sommets S où les rencontres des trois arêtes, la densité des atomes φ' stationnaires est la moyenne $\delta + \dfrac{2\delta' + \delta''}{3}$ des densités des trois systèmes s, s' s'' de couches, ainsi le rayon r' extraordinaire pénètre sous toutes les obliquités dans une densité constante d'atomes φ' stationnaires, et cela fait rester constant son indice de réfraction.

Dans les cristaux à deux axes on ne peut tailler de prismes avec les arêtes parallèles à un axe; pour cette raison il n'y a aucun cas où les indices des deux rayons r et r' de réfraction soient constants.

VI. — POLARISATION DE LA LUMIÈRE NATURELLE DANS LES CRISTAUX.

Pour que les atomes $\mu'\varphi$ de lumière naturelle deviennent polarisés, il est d'une nécessité absolue qu'ils reçoivent un coup double de chocs convergents, précisément comme cela a lieu quand l'on veut rendre aplatis les globules d'une pâte. Ces coups de chocs convergents, dirigés vers le plan d'incidence, produisent l'aplatissement des atomes $\mu'\varphi$ de lumière réfléchie; et un autre système de coups, dirigés contre les atomes $\mu'\varphi$ incidents et contre les atomes émergents, produit l'aplatissement des atomes $\mu'\varphi$ suivant un plan perpendiculaire à celui d'émergence et incliné à la face du corps.

Les atomes $\mu'\varphi$ de lumière naturelle réfléchis des cristaux sont polarisés suivant le plan d'incidence ou de réflexion comme dans les autres corps, mais les atomes φ de lumière naturelle qui pénètrent dans les cristaux et qui y éprouvent deux réfractions, l'une dans l'incidence et l'autre dans l'émergence; ces atomes, dis-je, deviennent aplatis dans deux plans perpendiculaires entre eux et perpendiculaires sur la face du cristal. Ces aplatissements étant le prolongement des directions des couches c, c, c..., c', c', c'..., c'', c'', c''... (fig. 18) qui constituent le cristal, sont évidemment produits par des coups de chocs convergents portés sur les atomes de la part de ces couches qui sont dans les mêmes directions que les aplatissements obtenus par les atomes φ qui viennent de passer par les intervalles entre ces couches gg et $g'g'$.

Pourquoi les atomes φ des deux rayons réfractés perdent-ils l'aplatissement vertical au plan d'émergence après avoir reçu deux réfractions en sens divergents comme dans les corps transparents? Cette question très-importante n'échappa pas à Fresnel qui en donna une explication en introduisant de nouvelles hypothèses qui sont la polarisation circulaire et la polarisation elliptique. Nous nous passerons aisément ici de ces hypothèses, parce que les faits trouvent leur explication dans la loi physique suivante :

Dans les corps transparents les atomes ϕ de lumière, après le choc de l'incidence, reçoivent le choc opposé de l'émergence ; mais cela n'a pas lieu dans les cristaux où, après le choc d'incidence, suivent, de la part des couches, deux chocs convergents qui modifient l'effet du choc d'incidence ; alors dans leur émergence le choc postérieur seul ne produit qu'une déviation, mais non pas un aplatissement ; telle est l'origine de la polarisation circulaire et de la polarisation elliptique dont nous donnerons ici une explication générale et dans la suite une autre plus détaillée.

VII. — RETARD DE LA LUMIÈRE POLARISÉE PAR SECONDE POLARISATION.

En conduisant les atomes ϕ de lumière aplatis sous la direction ee' dans la face AD (fig. 18) d'un cristal, ils ne peuvent pénétrer par les intervalles $\alpha\alpha$, $\alpha\alpha$..., $\beta\beta$, $\beta\beta$..., sans décrire un arc $45° \pm \gamma$, de sorte que si l'une des portions $\pi\phi$ décrit l'arc $45° - \gamma$ pour prendre la position des intervalles $\alpha\alpha$, $\alpha\alpha$..., l'autre portion $\pi'\phi$ doit décrire l'arc $45° + \gamma$ pour prendre la position verticale $\beta\beta$, $\beta\beta$... Il y a donc la différence de l'arc 2γ que doit décrire la portion $\pi'\phi$; de cette cause provient 1° pour les atomes $\pi'\phi$ le retard $(45° - \gamma) + 2\gamma$; 2° par les atomes $\pi\phi$ le retard $45° - \gamma$, et un retard pareil manque dans les deux seuls cas où les atomes $q\phi$ arrivent suivant la direction du système des intervalles $\beta\beta$, $\beta\beta$..., ou suivant les intervalles $\alpha\alpha$, $\alpha\alpha$... Les retards sont égaux quand γ est nul, comme cela a lieu dans la direction ZB du rayon incident, de ces retards proviennent les inégales portions $p\phi$ et $(p - q)\phi$ d'atomes de lumière aplatis.

De tout autre nature sont les faits des retards des atomes

φ de lumière qui ont conduit Fresnel à admettre des polarisations elliptique et circulaire qui n'existent pas; car les
faits observés trouvent leur explication toute simple dans
la vitesse constante des atomes de lumière quand le milieu
reste le même; Fresnel a été conduit à recourir aux hypothèses parce que cet état constant de vitesse des molécules
lui échappa.

Quand les atomes $\lambda\varepsilon\varphi$ de lumière contenus dans la longueur λ doivent décrire l'arc de l'angle $45° + \gamma$ ou $45° - \gamma$,
ils ne doivent pas être admis comme attachés à cette lon-
gueur pour rester, après le tour, dans la même phase dans
laquelle ils étaient auparavant, parce qu'en pareil cas,
chaque atome φ de la série $\lambda\varepsilon$ doit avoir une vitesse crois-
sante avec les rayons $\lambda - n\varepsilon$, $\lambda - n\varepsilon - \varepsilon$, $\lambda - 2\varepsilon$, $\lambda - \varepsilon$, et
qu'un accroissement pareil est impossible; il y a donc un
retard qui est inégal pour chacun des $\lambda\varepsilon\varphi$ atomes; le plus
grand retard est subi par l'atome φ''' qui doit décrire l'arc
de l'angle $45° + \gamma$ d'un rayon $\lambda - \varepsilon$ qui est le plus grand; et
le plus petit retard est subi par l'atome φ qui doit décrire
l'arc de l'angle $45° + \gamma$, mais d'un rayon $\lambda - n\varepsilon$ qui est le
plus petit. Ainsi, après avoir décrit l'arc du même angle
$45° + \gamma$ ou $45° - \gamma$, les atomes $\lambda\varepsilon\varphi$, par rayons différents,
cessèrent d'être mis dans la même phase.

CHAPITRE IV.

DE L'APPLICATION DES CALCULS TRIGONOMÉTRIQUES AUX FAITS PHOTOSTATIQUES.

Les calculs ne sont qu'une sorte de langue symbolique servant à établir des comparaisons entre les faits constatés ; nous avons pour but d'exposer ici les propriétés des atomes φ de lumière naturelle et les modifications que produisent sur eux leurs homonymes φ' qui sont en état stationnaire dans les corps. Ces atomes φ' sont également distribués dans les autres corps, tandis que dans les cristaux leur densité est différente dans les trois directions perpendiculaires.

Figure 22.

La quantité $\mu'\varphi$ d'atomes de lumière peut être contenue dans une ligne si (fig. 22), et elle peut l'être dans la surface s de la coupe d'un nombre μ' de lignes pareilles ; dans le premier cas à la place de $\mu'\varphi$ d'atomes, on peut employer la longueur si, et dans le second, c'est la surface $s = V^2$ qui représente la même quantité $\mu'\varphi$ d'atomes.

Le partage des atomes $\mu'\varphi$ en deux portions $q\varphi$ et $q'\varphi$ peut être exposé 1° en deux lignes $il' + is = si$, ou 2° en deux surfaces $\sin^2 \alpha + \cos^2 \alpha = i^2 = V^2$. Cependant les atomes $q'q$ étant dans les corps en densité plus grande que dans le vide, ils y occupent une longueur ii' d'autant moindre que la longueur il' que δ se trouve inférieure à la densité $\delta + \delta'$ des atomes $q'q$ dans la ligne il'; ainsi ces lignes il' et ii' sont dans un rapport inverse avec les densités δ et $\delta + \delta'$ des atomes stationnaires $il' : ii' = \delta + \delta' : \delta$.

Le même effet a lieu pour les surfaces V^2, $\sin^2\alpha$, $\cos^2\alpha$ dont la première V^2 contient la quantité $\mu'q$ d'atomes de lumière qui se trouve partagée en deux portions qq et qq' dont l'une est contenue dans la surface $\sin^2\alpha$ et l'autre $q'q$ dans la surface $\cos^2\alpha$ sans qu'il soit nécessaire que la somme $\sin^2\alpha + \cos^2\alpha$ de ces deux surfaces soit égale à la surface V^2, parce que si la densité dans la surface V^2 est plus grande que dans les deux autres, celles-ci doivent avoir une étendue plus grande et *vice versa*.

En admettant λ pour l'intervalle qui sépare les atomes q de lumière dans le vide et $\lambda - l$ pour celui qui les sépare dans l'intérieur des corps; pour qu'une quantité q d'atomes s'écoule du vide dans le corps, il faut une unité de temps si ces atomes sont dans la surface V^2, car ils n'ont à parcourir que la longueur $\lambda - l$; mais si ces atomes $\mu'q$ se trouvent dans un filet si, il leur faut μ' unité de temps μ' ou leur vitesse doit être telle qu'ils puissent parcourir la distance μ' eu une unité de temps.

Partage des atomes $\mu'q$ de lumière. 1° Ces atomes sont admis dans le filet $si = il' + ie$; mais dans le corps, il ne pénètre que les atomes de la longueur il', tandis que ceux de la longueur ie prennent la direction is'' du rayon réfléchi. Ainsi ces longueurs il et ie indiquent le rapport entre les deux portions $q'q$ et q_{γ} d'atomes réfractés et réfléchis; pour obtenir le rapport $il : ie$ on se sert des triangles

ice, ici'' et $in'i''$, $in'l' : ic = ie \sin\gamma = ii \sin\gamma'$; $in' = ii \cos\gamma' = il' \cos\gamma$,

et

$$ii = \frac{ie \sin\gamma}{\sin\gamma'} = \frac{il' \cos\gamma}{\cos\gamma'} ; \frac{ie}{il'} = \frac{\cos\gamma \sin\gamma'}{\cos\gamma' \sin\gamma} = \frac{\cos\gamma'}{\sin\gamma} : \frac{\cos\gamma}{\sin\gamma'} = qq : q'q.$$

Admettons à présent la même quantité $\mu'\varphi$ d'atomes sur une surface $S = 1^2 = \sin^2\alpha + \cos^2\alpha$; après la séparation des atomes $q\varphi$ contenus dans la surface $\sin^2\alpha$, la différence $(1 - \sin^2\alpha) = \cos^2\alpha$ contient le reste $q'\varphi$ d'atomes qui pénètrent dans le corps. Donc le rapport $(1 - \sin^2\alpha) : \sin^2\alpha = q\varphi : q'\varphi$ ne diffère point de celui $il : ie = \dfrac{\sin\gamma\cos\gamma}{\sin\gamma'\cos\gamma} = (1 - V'^2) : V'^2$, en exprimant par $(1 - V'^2)$ et V'^2 les surfaces contenant les quantités $q\varphi$ et $q\varphi$ d'atomes qui sont contenus dans les filets il et ie.

Les atomes $\mu'\varphi$ ont le mouvement μ' qui se partage entre les atomes $q\varphi + q'\varphi$ dont $q\varphi$ occupent la longueur $ie = \dfrac{il\,\sin\gamma}{\sin\gamma'}$ et $q'\varphi$ occupent la longueur $il' = \dfrac{il\,\cos\gamma'}{\cos\gamma}$. Dans la mécanique ce partage de mouvement entre les masses m et m' est représenté dans les formules $ie = v' = \dfrac{m - m'}{m + m'}$, $il' = v = \dfrac{2m}{m + m'}$; ici on a la masse $m = \dfrac{\cos\gamma}{\sin\gamma'}$ et $m' = \cos\gamma' : \sin\gamma$. On remplace ces valeurs des masses et on obtient

$$q\varphi = ie = v' = -\frac{\sin(\gamma - \gamma')}{\sin(\gamma + \gamma')}, \quad il' = v = \frac{2\cos\gamma\sin\gamma'}{\sin(\gamma + \gamma')} = q'\varphi.$$

Fresnel ne pouvait pas se rendre compte comment les deux portions $q\varphi$ et $q'\varphi$ peuvent avoir la valeur ou le rapport exposé une fois par les longueurs $\dfrac{il}{ie} = \dfrac{\sin\gamma\cos\gamma}{\sin\gamma'\cos\gamma'}$ et une autre fois par $\dfrac{1 - V'^2}{V'^2} = \dfrac{\sin\gamma\cos\gamma'}{\cos\gamma\sin\gamma'}$. Voilà l'explication qu'on rencontre dans les ouvrages des physiciens : « *la force vive du « faisceau incident est égale à la somme des forces vives dans « les faisceaux réfléchis et réfractés !* »

Explication de cette explication. Il n'y a ici qu'un écoulement ou propagation des atomes $\mu'\varphi$ de lumière dont une portion $q'\varphi$ forme un filet il' dans le corps et une autre portion $q\varphi$ forme également un filet ie; la somme $il' + ie$ des deux filets est égale à la longueur sl. Donc les mots *force* et *force vive* n'ont d'autre signification que celle de propagation ou avancement des atomes $\mu'\varphi$ de lumière qui subissent un partage pour se propager dans le corps au-dessous de sa surface *lm* et dans le vide au-dessus d'elle. Si la densité des atomes stationnaires φ' était égale à celle δ des atomes stationnaires φ' dans le vide, la somme serait $il' + ie = si$, mais à cause de la densité $\delta + \delta'$ supérieure des atomes φ' dans le corps, la quantité $q'\varphi$ d'atomes est contenue dans la longueur inférieure il' ainsi les longueurs il' et il' sont entre elles en raison inverse avec les densités $\delta + \delta'$ et δ, $il' : il' = \delta + \delta' : \delta$.

Au lieu de s'opérer suivant deux filets il' et ie, le partage s'opère par la projection de la surface s ou 1^s de la coupe du faisceau sur deux autres $\sin^2\alpha$ et $\cos^2\alpha$; dans les deux cas les valeurs des portions $q'\varphi$ et $q\varphi$ sont identiques

$$\sin\gamma\cos\gamma' : \cos\gamma\sin\gamma' = (l^2 - v^2) : v^2 = (si - ie) : ie.$$

Après avoir obtenu ainsi les valeurs des portions $q\varphi$ et $q'\varphi$ exposés en $\sin\gamma$, $\cos\gamma$, $\sin\gamma'$, $\cos\gamma'$, il ne reste qu'à donner l'angle γ d'incidence et l'indice n de réfraction pour trouver relation entre les atomes $q\varphi$ et $q'\varphi$ qui constituent les deux rayons r' réfracté et r'' réfléchi.

Dans les cas où les atomes $\mu\varphi$ sont aplatis, il faut connaître l'angle α formé du plan d'incidence et du plan de polarisation; cet angle peut très-bien être admis de $45° \pm \alpha$, pour avoir le plan de polarisation d'un côté à une distance de $45° - \alpha$ et de l'autre à une distance de $45° + \alpha$.

Ainsi dans le partage des atomes $\mu'\varphi$ en deux portions $q\varphi$ et $q'\varphi$ dans les cristaux l'une de ces portions doit décrire l'arc $45° - \alpha$, et l'autre l'arc $45° + \alpha$, ou un arc dont l'excédant est 2α sur l'arc $45° - \alpha$ (fig. 23).

I. — PARTAGE DE LA LUMIÈRE NATURELLE DANS LES CORPS.

Nous avons prouvé que la quantité $\mu'\varphi$ d'atomes contenus dans une longueur ou dans un filet si se partage en deux portions : 1° $q\varphi$ qui occupe dans le rayon is'' réfléchi la longueur

$$ie = v' = -\frac{\sin(\gamma - \gamma')}{\sin(\gamma + \gamma')} = q'\varphi.$$

et 2° $q'\varphi$ qui occupe dans le corps une longueur ii' inférieure à il', à cause de leur densité $\partial + \partial'$ supérieure

$$il' = v = \frac{2\cos\gamma\sin\gamma'}{\sin(\gamma + \gamma')} = q'\varphi.$$

Dans ces deux portions se trouve une quantité $q''\varphi$ d'atomes aplatis dont la moitié est contenue dans une portion et l'autre moitié $\frac{1}{2}q''\varphi$ est contenue dans l'autre.

Dans les cristaux, la portion $q'\varphi$ se partage en deux moitiés dont l'une $\frac{1}{2}q'\varphi$ s'écoule suivant les intervalles entre les couches $c, c, c\dots$ et l'autre $\frac{1}{2}q'\varphi$ suivant les intervalles des couches $c', c', c'\dots$ Ces deux moitiés d'atomes deviennent aplatis dans les intervalles des couches et pour cela les deux rayons émergents consistent en atomes aplatis perpendiculairement.

Le partage a ici pour cause la pression P qui est également communiquée aux intervalles de l'un et l'autre système de couches, et cela fait se partager en deux moitiés égales la portion

$$q'\varphi = v = il' = \frac{\cos\gamma\sin\gamma'}{\sin(\gamma + \gamma')}.$$

En ce cas, comme dans toute autre réflexion, la portion $q\varphi$ reste la même et elle a la valeur indiquée ci-dessus.

II. — PARTAGE DE LA LUMIÈRE POLARISÉE DANS LES CRISTAUX.

Cette lumière diffère de la lumière naturelle en ce que la pression P est exercée suivant une ligne NS qui est la coupe du plan d'aplatissement et de la surface du cristal qui est représentée dans la figure suivante :

Figure 23.

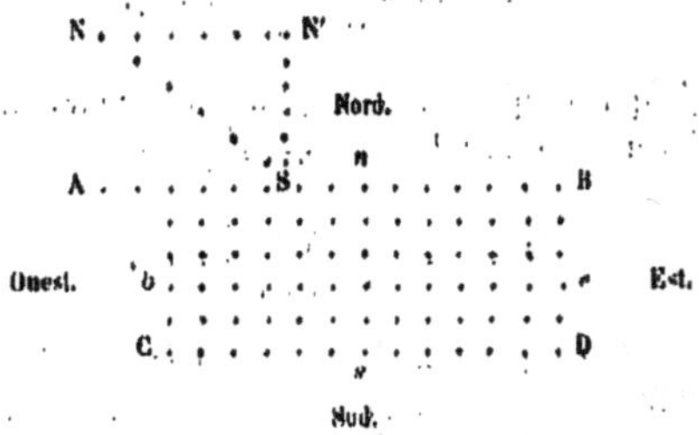

Si le plan d'aplatissement des atomes $\mu'\varphi$ se trouve dans la direction ns méridionale ou dans celle oe de l'ouest à l'est, la pression P est exercée sur les atomes φ' stationnaires dans les intervalles ns ou oe, et ainsi tous les atomes $\mu'\varphi$ s'écoulent sans subir de partage. Dans toutes les autres positions du plan de polarisation la pression P est communiquée aux intervalles des deux ou des trois systèmes des couches, et l'éloignement de leurs atomes φ' stationnaires sollicite la propagation des atomes $\mu'\varphi$ incidents suivant les intervalles : cela n'a lieu cependant qu'après qu'une des portions à décrit l'arc $45°—\alpha$, et l'autre l'arc $45°+\alpha$.

Il y a pour les atomes aplatis deux espèces de modifications dans les cristaux qui n'ont pas lieu pour la lumière naturelle : celle-ci $\varphi'\varphi$ s'y divise en deux moitiés pour produire deux rayons r, r' d'égale intensité, tandis que des atomes $\mu\varphi$ aplatis est produite une portion $(\frac{1}{2}\mu'+q'')\varphi$ grande et une autre $(\frac{1}{2}\mu'-q'')\varphi$ moins grande. 2° Les portions égales $\frac{1}{2}q'\varphi$ de la lumière naturelle s'écoulent par les intervalles sans décrire d'arc, tandis que cela est impossible pour les atomes aplatis dont la grande portion $(\frac{1}{2}\mu'+q'')\varphi$ décrit le petit arc $45°-\alpha$, et la portion inférieure $(\frac{1}{2}\mu'-q'')\varphi$ décrit l'arc supérieur $45°+\alpha$.

Différence entre les atomes de lumière aplatis. Les rayons r, r' composés des deux moitiés $\frac{1}{2}q'\varphi$ d'atomes de lumière naturelle qui ont subi l'aplatissement ont parcouru d'égales distances dans le cristal; le même effet a lieu pour les rayons r, r' contenant les portions $(\frac{1}{2}\mu+q'')\varphi$ et $(\frac{1}{2}\mu'-q'')\varphi$; mais de celles-ci, l'une $(\frac{1}{2}\mu'-q'')\varphi$ a décrit un arc d'une longueur 2α plus grande que celle de l'arc $45°-\alpha$ décrit par les atomes de la portion $(\frac{1}{2}\mu'+q'')\varphi$. Les rayons inégaux des arcs parcourus par les deux portions inégales sont cause que leurs atomes $\mu'\varphi$ ne peuvent plus se trouver sur la même phase; on peut dire pour cela que les atomes des portions égales et les atomes des portions inégales $(\frac{1}{2}\mu'+q'')\varphi$ et $(\frac{1}{2}\mu'-q'')\varphi$ sont *asynchrones*, c'est-à-dire en désaccord, parce qu'ils ne sont plus dans la même phase.

Pour indiquer les portions $(\frac{1}{2}\mu'+q'')\varphi$ et $(\frac{1}{2}\mu'-q'')\varphi$ projetées du plan d'incidence dans les plans ns et oe qui passent par les intervalles des deux systèmes s et s' de couches, Malus a employé le carré de $\sin^2\alpha$ et $\cos^2\alpha$. En admettant pour le plan de polarisation la direction NS, ce plan contient la quantité $\mu'\varphi$; leur partage dépend de celui de la pression P communiquée aux intervalles ns et oe. En prenant les composantes NN' et NA de cette pression P, on a $P^2=\sin^2\beta+\cos^2\beta$, ou $=\sin^2(45°-\alpha)+\cos^2(45°+\alpha)$; ainsi $\sin^2(45°+\alpha)$ indique la petite portion $(\frac{1}{2}\mu'-q'')\varphi$ et $\cos^2(45°-\alpha)$ ou $\sin^2(45°+\alpha)$ indique la grande portion $(\frac{1}{2}\mu'+q'')\varphi$.

III. — RÉFLEXION DES ATOMES APLATIS DE LUMIÈRE.

Ces atomes ne peuvent éprouver de réflexion dans le seul cas où le plan de polarisation forme avec la surface réfléchissante une arête ou un angle p de polarisation ; alors l'expansion des atomes aplatis est supprimée par les coups de chocs convergents portés perpendiculairement sur les bords des atomes φ ; après que ceux-ci ont perdu ainsi leur expansion latérale, ils restent à l'état stationnaire, comme les atomes φ', et deviennent alors incapables d'arriver à l'œil et d'y produire un sentiment de vision ; c'est pourquoi l'expression d'atomes de lumière *éteints* est impropre : c'est atomes *stationnaires* qu'il faut dire ; en ce cas, en restituant de $\gamma + \gamma' = 90°$ ces valeurs $\gamma + \gamma'$ et $\gamma - \gamma' = 90° - 2\gamma'$ dans

$$ie = v' = \frac{-\sin(\gamma - \gamma')}{\sin(\gamma + \gamma')}, \quad il' = v = \frac{2\cos\gamma\sin\gamma'}{\sin(\gamma + \gamma')},$$

on obtient $\sin(\gamma + \gamma') = 1$, et

$$ie = v' = -\sin(\gamma - \gamma') = -\sin(90° - 2\gamma') = -\cos 2\gamma' = \sin^2\gamma' - \cos^2\gamma' = 1 - 2\cos^2\gamma';$$

$$il' = v = 2\cos\gamma\sin\gamma' = 2\sin^2\gamma', \text{ parce que } \sin\gamma' = \sin(90° - \gamma) = \cos\gamma;$$

$$il' - ie = 2\sin^2\gamma' - 1 + 2\cos^2\gamma' = 1 = si, \text{ preuve que } ie = 0.$$

I. *Réflexion dans un plan perpendiculaire au plan de polarisation.* Ce cas ne diffère pas de celui de la réflexion de la lumière naturelle, et ainsi ne changent point les valeurs ci-dessus de ie et il'.

II. *Réflexion dans un plan oblique au plan de polarisation.* Il faut projeter ce plan sur deux plans perpendiculaires ou à celui d'incidence et à celui de réflexion en y introduisant l'équation $1 = \sin^2\alpha + \cos^2\alpha$, où α est l'angle entre le plan de polarisation et le plan d'incidence ; pour cette raison, les valeurs ci-dessus de ie et il' deviennent

$$ie = v' = -\frac{\sin(\gamma - \gamma')}{\sin(\gamma + \gamma')}\cos^2\alpha ; \quad il' = v = \frac{2\cos\gamma\sin\gamma'}{\sin(\gamma + \gamma')}\cos^2\alpha.$$

III. *Changement du plan de polarisation par la réflexion.*
La tang α, multipliée par le rapport $il' : ie$, indique la tang α'
ou l'angle α' que fait le plan de polarisation avec celui d'incidence après la réflexion

$$\text{tang } \alpha' = \frac{\sin \alpha}{\cos \alpha} . \frac{il'}{ie} = \text{tang } \alpha \frac{2 \cos \gamma \sin \gamma'}{\sin (\gamma - \gamma')}.$$

IV. — POLARISATION PAR RÉFRACTION.

Il y a une réflexion totale sans polarisation; mais une réfraction totale n'existe pas; il n'existe pas non plus de polarisation totale des atomes $q'\varphi$ réfractés; comme parmi les
atomes $q\varphi$ réfléchis, une partie $\alpha\phi$ d'atomes est aplatie, de
même, parmi les atomes $q'\varphi$ réfractés se trouve une quantité
égale $\alpha\phi$ d'atomes aplatis.

Cette égalité des atomes aplatis contenus dans les quan-
tités inégales $q\varphi$ et $q'\varphi$ d'atomes réfléchis et d'atomes réfractés
a été découverte par Arago. Nous n'établirons ici que la cause
qui produit l'aplatissement diffère de celle qui produit le partage; car celui-ci est un effet de la pression P communiquée
aux atomes stationnaires φ' du corps et du vide en proportion
de leur densité $\delta + \delta'$ et δ; tandis que l'aplatissement est l'effet
des coups des chocs convergents. Ces coups sont portés par
les atomes φ' stationnaires contre leurs homonymes incidents:
ils sont des deux systèmes. 1° Les atomes $\alpha\phi$ réfléchis reçoivent les coups du système s dirigés vers le plan d'incidence; 2° les atomes $\alpha\phi$ réfractés reçoivent les coups du
système s' dirigés vers un plan perpendiculaire à celui d'incidence. La quantité $\alpha\phi$ d'atomes aplatis suivant ces deux
plans perpendiculaires est la même, parce que c'est le choc
antérieur du système s' qui partage les atomes $2\alpha\varphi$ en imprimant à l'une des deux moitiés $\alpha\phi$ le coup qui arrête leur
propagation, et en faisant subir à l'autre moitié $\alpha\phi$ les coups

du système s de chocs convergents. Les atomes $\varkappa\varphi$ réfractés ne reçoivent le second choc postérieur qu'au point t' d'émergence.

Dans la réflexion totale, si les atomes sont aplatis, la lumière n'est plus, après cette réflexion, la même qu'elle était précédemment; cette différence fut constatée par Fresnel dans l'apparition des couleurs par la lumière obtenue d'une réflexion totale; mais au lieu de s'arrêter à cette découverte, il voulut l'expliquer. L'erreur dans laquelle il est tombé a eu pour cause l'hypothèse d'une polarisation elliptique aussi fausse que celle d'une polarisation rectiligne; de sorte que ces deux erreurs pouvaient se dissimuler l'une l'autre. La production des couleurs observées par Fresnel, est un effet physique de la même cause qui produit la réflexion totale, comme cela va être démontré dans la *Chromatologie*.

Intensité du rayon réfracté fourni par un rayon polarisé. Dans les cristaux, le partage des atomes $\mu'\varphi$ de lumière polarisée s'opère suivant la formule $1^2 = \sin^2\alpha + \cos^2\alpha$ de Malus où la surface $s = 1^2$ est occupée par les atomes $\mu'\varphi$ qui se partagent dans les deux surfaces $\sin^2\alpha$ et $\cos^2\alpha$, dont chacune reçoit une quantité $q\varphi$ ou $q'\varphi$ d'atomes analogue aux $\sin^2\alpha$ et $\cos^2\alpha$. Dans les corps transparents ce partage s'opère également en deux portions $q\varphi$ et $q'\varphi$, mais de celles-ci une seule $q'\varphi$ pénètre dans le corps en éprouvant une réfraction, tandis que l'autre $q\varphi$ est réfléchie.

La valeur de ces portions $q\varphi$ et $q'\varphi$ pour la lumière naturelle est $ie = v' = q\varphi = -\dfrac{(\sin\gamma - \gamma')}{(\sin\gamma + \gamma')}$, $il' = v = q'\varphi = \dfrac{2\cos\gamma\sin\gamma'}{(\sin\gamma + \gamma')}$; il faut donc multiplier ces valeurs l'une par $\sin^2\alpha$ et l'autre par $\cos^2\alpha$, pour obtenir les valeurs des atomes $q\varphi$ $q'\varphi$ des portions réfléchie et réfractée.

V. — POLARISATION PAR ÉMISSION.

Après avoir démontré la cause de la polarisation de la lumière, il nous reste à expliquer pourquoi les corps lumineux solides incandescents répandent *obliquement* la lumière aplatie comme celle qui vient de traverser un corps ? La réponse ne saurait être que celle qui est déjà comprise dans la question, c'est-à-dire que la lumière répandue des corps nommés est aplatie parce qu'elle vient de traverser ces corps, et qu'ainsi elle y a été aplatie comme l'est celle qui traverse les corps transparents : cet aplatissement n'est pas éprouvé par la lumière quand elle traverse verticalement les corps transparents ou les corps incandescents. La lumière n'est pas polarisée quand elle est émise de masses de vapeurs ou de gaz sans pénétrer les corps solides ou liquides.

Ces faits, constatés pour les corps terrestres lumineux, deviennent un guide sûr pour explorer l'état de la source de la lumière solaire qui, n'étant pas polarisée, conduit à connaître les deux états du Soleil dont il nous reste à décider quel est le véritable : nous y parviendrons par l'observation de plusieurs autres faits.

I. Arago déclara que la source de la lumière solaire était dans une masse de vapeurs incandescentes répandues autour de la surface solide du Soleil.

II. Le même physicien constata que la lumière répandue *verticalement* à la surface solide du corps incandescent n'est pas aplatie; et ainsi qu'elle ne diffère point de celle répandue des vapeurs ou des gaz incandescents. La forme sphérique du Soleil ne permet pas d'admettre une obliquité pour les rayons émis en direction centrifuge vers l'espace. Si Arago vivait encore, il aurait certainement reconnu ce cas qui lui échappa alors.

III. **Source de la lumière solaire.** L'intérieur du

Soleil, comme celui des étoiles, est occupé par une masse
de vapeurs incandescentes séparées du froid de l'espace par
une surface sphérique glaciale solide produite de la couche
superficielle de vapeurs refroidies, réduites en flocons de
neige, et puis en une surface sphérique de glace. La lumière
pénètre en directions centrifuges cette *pagosphère*, sans
éprouver de réfraction, et cela à cause du manque d'obliquité.

Cet état physique du Soleil est conforme aux faits qui y
sont observés ; ce sont surtout les taches qui y trouvent leur
explication parfaite, comme cela a été démontré en détail
dans le *Texte de l'Atlas cosmobiographique* ; d'une autre part
on conçoit difficilement l'existence des vapeurs incandescentes en contact avec le froid de l'espace, froid que M. Pouillet a évalué à 144 degrés au-dessous de zéro.

CHAPITRE V.

ROTATION DU PLAN DE POLARISATION.

Il a été démontré comment les atomes aplatis, suivant un plan, obtiennent avec ce plan une autre position quand ils éprouvent quelque répulsion de l'un ou de l'autre côté. Une pareille répulsion est produite également par les atomes homonymes φ' stationnaires et par les équivalents électriques $\bar{E}$ en écoulement; les atomes φ' stationnaires sont dans les corps, et l'écoulement électrique est contenu dans un électromagnète en direction hélicoïdale par une pile.

1. — DÉPLACEMENT MAGNÉTIQUE DU PLAN DE POLARISATION.

Les atomes de lumière aplatis ont été soumis par M. Faraday au courant hélicoïdal d'un électromagnète (fig. 24 et 25), et il observa que le plan d'aplatissement change et dévie dans le sens de l'hélice parcourue par les équivalents $\bar{E}$ électriques. Soit un parallélipipède de verre (fig. 25), placé entre les pôles de l'électromagnète et traversé d'un rayon composé d'atomes φ aplatis, le plan d'aplatissement de ces atomes dévie dans le sens de la direction des tours de l'hélice.

Si l'intervalle entre les pôles est l et la longueur du parallélipipède $l+2l'$, l'excédant $2l'$ étant posé au-dessus des deux pôles, la déviation dans la longueur l est dans le sens des tours de l'hélice, et celle dans les parties l et l' est en sens inverse, et cela parce que c'est en ce sens qu'est exercée la répulsion.

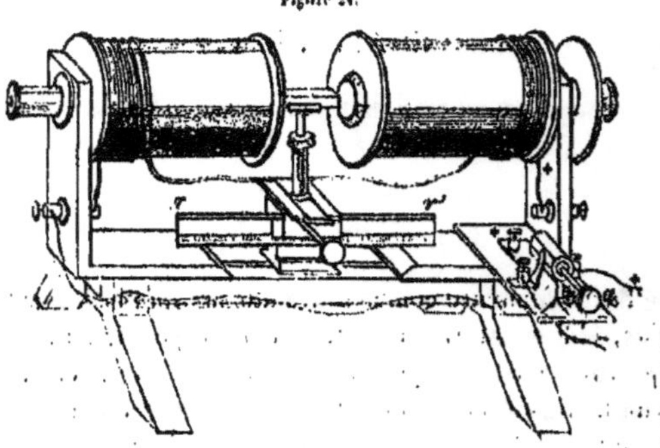

Figure 24.

Si le courant électrique reste et qu'on change la direction de l'écoulement des atomes de lumière aplatis, la déviation obéit toujours à la pression du courant ; elle suit même une proportion ; la déviation est grande quand le courant de l'électromagnète est obtenu d'un plus grand nombre de couples dans la pile : on obtient le même effet d'un courant

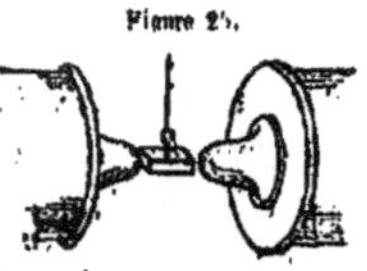

Figure 25.

qui reste le même si les atomes aplatis y passent plusieurs fois, comme cela est obtenu par la réflexion des atomes qui viennent de passer au devant du courant, pour l'être de nouveau à plusieurs reprises et éprouver de sa part plusieurs fois cette répulsion.

Effet des substances magnétiques. Verdet obtint des déviations du plan d'aplatissement des atomes de lumière contre la direction hélicoïdale du courant quand ces atomes devaient traverser une dissolution concentrée de perchlorure de fer placée entre les pôles de l'électromagnète.

Explication. Le sens de la déviation indique la direction de la pression de la part du courant quand il est seul ; cette même déviation indique la différence entre deux pressions produites des deux courants opposés, comme cela a lieu dans le cas observé par Verdet.

Il faut ici se rappeler ce qui a été dit dans l'*Electrostatique* sur les propriétés magnétiques du fer, qui ne sont qu'un effet physique de l'arrangement de ses lames matérielles et cristallines dont la face f' est négative du côté d'où viennent les courants et cela pour exercer le minimum de résistance aux équivalents électriques que constituent ce courant. C'est un arrangement pareil qu'obtiennent les lames du fer dans ladite dissolution ou même dans les corps solides contenus entre les pôles de l'électromagnète dont l'intervalle est parcouru par les équivalents électriques en direction hélicoïdale; par suite, les atomes φ de lumière aplatis, en pénétrant les lames, ont leur face f positive du côté vers lequel est dirigé obliquement le courant hélicoïdal, et ces faces positives des lames sont celles qui exercent la contre-répulsion sur les atomes φ de lumière et font dévier le plan de leur aplatissement par la différence $P — P'$ des deux pressions, dont P' est exercée directement du courant, et P est la résultante des contre-répulsions de la part des équivalents électriques $\bar{E}$ positifs accumulés sur les faces f positives des lames.

Cette nouvelle série de faits observés entre les atomes aplatis φ de lumière et le fer sert à vérifier tout ce qui a été dit sur la nature magnétique du fer et sur les éléments $\bar{E}\bar{E}\bar{E}$ des atomes φ de lumière. M. Verdet obtint le même résultat dans le bichlorure de titane à l'état solide. Ce fait conduit à connaître que les atomes matériels ou les lames cristallines du bichlorure de titane obtiennent un arrangement symétrique avec la direction du courant, comme cela a lieu pour les sels du fer.

Pour faire diminuer la différence $P — P'$ entre la pression P' produite du courant hélicoïdal et la contre-répulsion P produite des équivalents $\bar{E}$ électriques accumulés sur les faces f positives, il y a deux moyens : augmenter la pression P', ou diminuer la contre-répulsion P; le premier ne peut pas avoir lieu parce qu'avec l'augmentation du courant augmente la contre-répulsion; il ne reste donc qu'à faire diminuer l'accumulation des équivalents électriques sur les faces f positives, et l'on y parvient en diminuant la concentration de la dissolution.

Effet des substances cristallines. Les atomes φ dé lumière aplatis n'éprouvent aucune déviation dans leur plan, quand ils sont exposés au courant pendant qu'ils pénètrent les cristaux, et cela à cause des chocs convergents exercés de la part des atomes φ' stationnaires des couches matérielles; le sel gemme n'empêche pas cette déviation, et cela prouve que ses équivalents stationnaires ont des densités moins différentes dans les trois systèmes de couches.

Relation entre les substances et la déviation. La déviation est le résultat commun de la résistance qu'éprouvent dans les corps les équivalents électriques du courant et les atomes φ de lumière qui constituent le rayon aplati; les déviations suivantes ont été trouvées par M. Bertin, en admettant 100 pour la rotation du verre pesant :

Verre pesant.	100	Protochloruro de phosphore.	51
Flint de Guinant.	87	Dissolution de chloruro de zinc.	55
Flint de M. Mathissen.	83	Dissolution de chloruro de calcium.	45
Flint commun.	55	Eau.	25
Bichlorure d'étain.	77	Alcool à 56°.	18
Sulfure de carbone.	74	Éther.	15

L'eau contient la plus petite quantité d'atomes $\mu''\varphi''$ de lumière spécifique; elle exerce le minimum de résistance sur les atomes de lumière propagée, mais elle exerce la plus grande résistance sur les équivalents électriques du courant; c'est pour cela que la déviation est petite, mais celle-ci diminue davantage dans l'alcool et l'éther, parce qu'ils exercent une résistance supérieure en même temps sur les atomes de lumière, comme cela résulte de leur indice de réfraction.

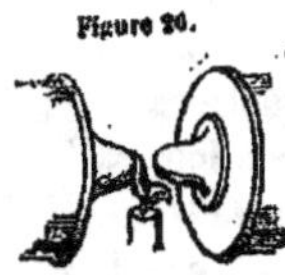

Figure 26.

Le verre et les autres substances qui contiennent en densité supérieure les atomes $\mu''\varphi''$ de lumière spécifique exercent une résistance inférieure sur les équivalents électriques du courant, et c'est ainsi qu'augmente la déviation du plan d'aplatissement.

Dans l'*Électrostatique*, page 853, nous avons prouvé comment la flamme d'une lampe (fig. 26) éprouve une déviation quand elle est exposée au même courant électromagnétique, qui produit ici la déviation du plan d'aplatissement des atomes φ de lumière, lesquels ne diffèrent pas de ceux qui constituent la flamme de la lampe indiquée dans la figure.

II. — DÉPLACEMENT CRISTALLIN DU PLAN DE POLARISATION.

Nous avons déjà prouvé que la cause du retard des atomes de lumière est toujours dans l'inégalité des chemins parcourus, et comme ces chemins diffèrent pour chaque espèce d'atomes φ, les atomes $\mu'\varphi$ qui se trouvaient sur une phase, ne le sont plus après une déviation, parce qu'ils parcourent alors des chemins différents sans changer leur vitesse qui reste invariable. Ces retards des atomes φ de lumière et leur déplacement de la phase ne deviennent sensibles que par l'apparition des couleurs, comme cela va être prouvé dans la suite; pour cette raison l'on n'a indiqué ici que la cause qui fait que les atomes $\mu'\varphi$ de lumière ne se trouvent plus sur la même phase.

Une lame mince taillée dans un cristal à un axe perpendiculairement à l'axe laisse pénétrer les atomes $\mu\varphi$ de lumière sans qu'ils éprouvent de partage, pourvu qu'ils lui soient perpendiculaires. Les atomes $\mu'\varphi$ émergeant de la face f' postérieure dans certaines lames restent sur le même plan d'aplatissement comme ils étaient sur le point d'incidence, et de plus tous les atomes $\mu'\varphi$ se trouvent dans la même phase comme ils l'étaient au point i d'incidence. Il y a cependant des cristaux dont les lames taillées de la manière indiquée produisent sur les atomes $\mu'\varphi$ un déplacement de la phase, et cela à cause de certaines déviations où chaque atome parcourt un chemin différent. Les faits suivants constatés par M. Biot sont en parfait accord avec la cause dont ils proviennent, et cette cause est la *plagiédrie* des cristaux.

1° Une lame de quartz taillée comme nous l'avons indiqué, fait augmenter l'inégalité de chemins que parcourent les différents atomes φ proportionnellement à son épaisseur; les retards restent ainsi les mêmes, mais en sens inverse, quand la lame est renversée de manière que sa face postérieure devienne antérieure.

2° La plagiédrie est, dans certains cristaux *dexiostrophe* et dans certains autres *aristérostrophe*, comme cela est constaté dans la contexture des couches des cristaux. M. Herschel a même pu prévoir le sens de déviation ou des retards, guidé par les facettes des cristaux plagièdres.

3° Si deux lames l et l' sont *homostrophes* ou de déviation homonyme quand elles sont superposées, le retard total R est égal à la somme $r + r'$ des retards des deux lames; si au contraire les retards sont en sens opposé, leur différence $r - r'$ indique le retard produit.

4° Les retards sont petits pour les atomes φ qui décrivent l'arc d'un angle γ quand est petit le rayon $\lambda - na$ et ils sont grands pour les atomes φ''' qui décrivent l'arc du même angle γ quand est grand le rayon $\lambda - a$. Les couleurs produites de ces retards sont en une relation directe avec les retards, et par par suite avec les grandeurs $\lambda - a, \lambda - 2a, \lambda - 3a\ldots$ des rayons des arcs du même angle γ.

Pouvoir rotatoire des liquides. En renfermant les liquides dans un tube fermé à chacune de ses extrémités par un disque de verre, M. Biot le remplissait du liquide qu'il

introduisait entre un polariseur et un analyseur; ce physicien constata une inégalité de chemin parcouru et par
suite des retards différents des atomes φ. Ces retards sont
produits des déviations + *dextrogyres* ou — *lévogyres* appelées ici *dextostrophes* et *aristérostrophes*; le nombre des liquides qui produisent de semblables rotations est considérable, mais les déviations dans les liquides sont très-petites
en comparaison de celle que produit le quartz.

Quartz.	Essence de térébenthine.	Solution alcoolique de camphre.	Essence de citron.	Sirop de sucre concentré.
±18°24′5″	—10′10″	+1′5″	+26′10″	+33′16″

**Explication du retard inégal produit par les cris-
taux sur les atomes de lumière.** Guidé par l'identité
des effets, Fresnel n'hésita point à attribuer ces effets aux
retards produits par les cristaux sur les atomes μ'φ qui se
trouvaient dans l'incidence sur une phase ou sur la surface
sphérique d'une onde et qui ne le sont pas dans l'émergence. Jusqu'ici Fresnel a raison, ce dont tous les autres
physiciens tombent d'accord. Il ne s'agit à présent que de
constater suivant les lois physiques la cause du retard et surtout l'état des atomes μ'φ qui sont admis dans la même phase
incidente et qui ne le sont plus dans la phase émergente.

Quant à la condition du retard, on ne doute pas que c'est
la déviation du plan de polarisation; pour cette raison il
faut que les atomes μ'φ incidents soient à l'état aplati; cette
déviation peut être produite par une réflexion totale, mais
ici les observations sont faites sur des substances composées
de couches arrangées dans un ordre cristallographique, et
où les atomes φ' stationnaires se trouvent en densités différentes dans les intervalles des trois systèmes de couches.

Le plan de polarisation reste dans la position du plan
d'émergence, quand ce plan et celui d'incidence sont dans
la section principale; si la lame décrit un arc de 45° et que
ses sections principales soient également éloignées du plan

de polarisation, les atomes $\mu'\varphi$ éprouvent une égale résistance de gauche et de droite, se divisent en deux moitiés dont l'une $\frac{1}{2}\mu'\varphi$ décrit l'arc 45° à gauche et l'autre à droite, jusqu'à ce qu'elles arrivent aux sections principales. Il ne reste plus à présent qu'à établir de quelle manière s'opère le retard symétrique entre les atomes $\frac{1}{2}\mu'\varphi$ qui constituent les deux rayons r et r' émergents.

Fresnel ignorait que les atomes φ de lumière aplatis sont les mêmes, mais qu'ils ont perdu leur expansion latérale en recevant les coups des chocs convergents. En cet état, ces atomes sont forcés de décrire l'arc 45° pour pénétrer dans la section sans changer la vitesse, quand les uns φ, c'est-à-dire les atomes φ, décrivent un arc de l'angle γ produit du rayon $\lambda.-\alpha$ sur la surface de la lame, et que les autres y décrivent des arcs du même angle γ, mais produits des rayons inférieurs $\lambda - 2\alpha, \lambda - 3\alpha\dots \lambda - n\alpha$. 1° Il est donc naturel que le plan d'aplatissement se déplace et qu'il dévie de 45° dans la direction des rayons r et r' émergents; 2° il est également naturel qu'on ne retrouve plus les atomes $\frac{1}{2}\mu'\varphi$ sur une seule et même phase, et cela à cause de l'arc 45° que chaque atome φ a décrit en un rayon différent, $\lambda, \lambda - \alpha, \lambda - 2\alpha\dots \lambda - n\alpha$.

Grâce à la rigoureuse observance de lois physiques et à la connaissance des faits, nous avons pu nous borner à indiquer l'action opérée suivant ces lois dans la production des faits observés. Dans l'avenir on traitera d'ignorants ceux qui oseront affirmer à leurs lecteurs qu'ils suivent une théorie toute particulière, et qu'ils ont un système infaillible suivant lequel ils prétendront expliquer les faits observés. A cette heureuse époque, on ne rencontrera pas deux auteurs qui donneront du même fait une explication différente : mais alors de véritables savants auront surgi, et ces savants ne conserveront, dans les œuvres de leurs prédécesseurs, que les faits basés sur une exacte observation, et rejetteront tout le reste dont ils auront reconnu la fausseté.

Fresnel a beaucoup contribué pour sa part à faire mieux comprendre l'état indiqué du retard des atomes, parce qu'en projetant l'hélice admise par ce physicien, on obtiendra les longueurs des rayons λ, $\lambda - \alpha$, $\lambda - 2\alpha$... $\lambda - n\alpha$ dont l'arc 45° a été décrit par chaque atome contenu parmi ceux $\mu'\phi$.

Si l'arc est 45° $+ \alpha$ pour les atomes $(\frac{1}{2}\mu' - a)\phi$ et 45° $- \alpha$ pour les atomes $(\frac{1}{2}\mu' + a)\phi$, il y aura parmi les atomes $(\frac{1}{2}\mu' - a)\phi$ des retards plus grands que parmi les atomes $(\frac{1}{2}\mu' + a)\phi$, comme cela est constaté directement par les observations, car si $\alpha = 45°$, tous les atomes $\mu'\phi$ s'écouleront directement (voir fig. 34, page 304).

<h3>III. — ÉVANOUISSEMENT DES POLARISATIONS CIRCULAIRES, ELLIPTIQUES, MAGNÉTIQUES, ROTATOIRES, ETC.</h3>

Si dès l'origine de la découverte de la propriété singulière de la lumière polarisée, Malus eût su que les atomes ϕ réfléchis ont perdu leur expansion latérale et ne conservent plus que celle du plan de propagation, il n'aurait pu faire autrement que de nous en donner, sans modification, une explication basée sur la loi physique; cependant, une telle explication d'un fait tout nouveau était jusqu'à présent restée impossible, parce que les lois physiques qui le régissent étaient inconnues. Il ne pourra en être ainsi pour les découvertes qui auront lieu dans l'avenir, parce que les lois physiques sont plus généralement connues.

Il s'agit ici des polarisations différentes de la lumière, qui ont été admises pour expliquer un nombre de faits observés dans l'apparition des couleurs différentes : 1° par la lumière polarisée incidente dans les substances cristallisées, et 2° par la lumière émergente de ces substances. Il est suffisamment constaté que l'apparition des couleurs est un effet direct des différentes longueurs de chemin fait par les atomes $\mu'\phi$ de lumière qui étaient sur la même phase dans l'incidence et ne le sont plus dans le rayon émergent; tous les physiciens ont reconnu avec Fresnel qu'un retard inégal est subi par les atomes μ'φ incidents sur les cristaux, à cause d'un arc 45°±α qu'ils doivent décrire en se divisant en directions divergentes pour arriver aux sections principales et produit les rayons divergents.

Jusqu'ici tout est vrai et clair, parce que les explications sont conformes aux lois physiques : les erreurs que nous aurons à signaler ne proviennent que de l'ignorance où étaient les savants sur l'état des atomes φ de lumière aplati. Au lieu de relier cet état des atomes φ aplatis avec les coups de chocs convergents exercés de la part de leurs homonymes φ' stationnaires, Fresnel a admis les atomes polarisés limités sur un plan et qui ont une expansion suivant ce plan très-mince. Cette épaisseur extrêmement petite des atomes φ aplatis est attribuée par Fresnel aux vibrations des molécules très-courtes; et cela, parce que ce physicien ignorait l'existence du mouvement déposé dans les atomes φ de lumière. Toutefois, il ne manque pas de constater que l'*élasticité* est déposée dans les molécules d'éther, car cette élasticité se manifeste dans l'augmentation du volume des ondes, augmentation qui est même admise en raison directe avec les carrés des distances; il n'a donc manqué à Fresnel, pour être tout à fait dans le vrai, que de dire *mouvement* au lieu d'*élasticité*.

Même dans l'état où ce physicien admet la lumière polarisée, il ne pouvait pas admettre la production d'un mouvement hélicoïdal dont les pas soient égaux à λ qui est l'intervalle qui sépare les ondes ou la longueur que parcourent les molécules en une unité de temps. En pareil cas, il s'introduit des vitesses croissantes aux atomes ou aux molécules les plus éloignés de l'axe de l'hélice, qui doivent décrire un tour d'hélice quand ceux de l'axe ne parcourent que la longueur λ en direction centrifuge.

Fresnel et les autres physiciens savent aussi bien que les astronomes que la vitesse de la lumière reste invariable quand le milieu ne change pas; au lieu donc d'hélices pareilles, sans s'éloigner de la loi physique, on trouve la cause du retard dans les deux arcs $45° \pm \alpha$ décrits par les rayons de longueurs λ, $\lambda - \alpha$, $\lambda - 2\alpha$... $\lambda - n\alpha$ et parcourus par des atomes différents contenus dans ceux $\mu'\varphi$ de la phase du rayon incident (voir fig. 31, page 304).

Il a été indiqué comment les résultats restent les mêmes : $1°$ quand les atomes $\mu'\varphi$ incidents sont admis dans un filet $ si$ (fig. 22) et partagés en deux autres ie et if, dont ie réfléchi et if réfracté, et $2°$ quand les mêmes atomes $\mu'\varphi$ sont contenus dans la surface $\overline{bd}^2$ (fig. 28) qui est la coupe du rayon incident; Fresnel va plus loin, il considère l'écoulement des molécules comme celui des graines conduites par un prisme; et il en évalue les quantités $\mu'\varphi$ incidentes et $q'\varphi$ réfractées par les espaces dans lesquels elles sont contenues multipliés par leur densité.

Le résultat $(1 - v'^2)\sin\gamma\cos\gamma' = v^2\sin\gamma\cos\gamma'$ est faux;

Figure 27.

maise l'erreur doit être attribuée au calcul et non pas au principe; parce que, en admettant 1 pour la quantité $\mu'\varphi$ totale d'atomes incidents, si l'on en soustrait $q'\varphi$ qui est la quantité réfractée, la différence $\mu'\varphi - q'\varphi$ sera la quantité réfléchie; par suite, $1 - v'^2$ indique une quantité de molécules réfléchies quand v'^2 indique la quantité réfractée.

Soit md (fig. 27) un prisme dont la base est mp, la hauteur λ, et contenant les molécules φ en densité d; cn est un autre prisme dont qn est la base, λ' la hauteur et d' la densité de la même espèce de molécules; la quantité $\mu'\varphi$ de molécules du prisme incident dm est exprimée par $\lambda \times d \times \overline{mp}^2 = \mu'\varphi$, et celle $q'\varphi$ du prisme cn réfracté par $\lambda' \times d' \times \overline{qn}^2 = q'\varphi$.

Pour exprimer les quantités $\mu'\varphi$ et $q'\varphi$ en $\sin\gamma\cos\gamma$ et $\sin\gamma'\cos\gamma'$, on remplace les quantités λ, d, mp, λ', d', qn par leurs valeurs obtenues des triangles mnp mnq et encore des relations $\lambda : \lambda' = d' : d = \sin\gamma : \sin\gamma' = \cos\gamma' : \cos\gamma$, et ainsi on obtient le rapport $\sin \gamma \cos \gamma' : \sin \gamma' \cos \gamma$ qui est celui $(\mu' - q') : q' = q : q'$ entre la quantité $q\varphi$ de molécules réfléchies et $q'\varphi$ la quantité réfractée.

En admettant 1^a la surface dans laquelle se trouve la quantité $\mu'\varphi$ des molécules incidentes, et v'^a la surface dans laquelle se trouve la quantité $q'\varphi$ de molécules réfractées, la différence $1^a — v'^a$ des surfaces indiquera celle v^a dans laquelle se trouvent les molécules $q\varphi$ réfléchies. Au lieu donc de comparer les quantités $q\varphi$, $q'\varphi$, ce sont les surfaces $1^a — v'^a$ et v'^a qui sont dans le même rapport que les produits $\sin \gamma' \cos \gamma : \sin \gamma \cos \gamma'$; on obtient ainsi :

$$\frac{1 — v'^a}{v'^a} = \frac{\sin \gamma' \cos \gamma}{\sin \gamma \cos \gamma'} = \frac{il'}{ie}.$$

Cet exemple sert à prouver que toutes les confusions disparaissent dans les explications des faits, si l'on veut à l'avenir tomber d'accord pour n'entendre : 1° par le mot *force* que l'écoulement des molécules, et 2° par le mot *vitesse* que le mouvement opéré par une quantité d'atomes $\mu'\varphi$: 1° qui peuvent être dans une ligne is (fig. 22) et se partager pour en occuper deux il' et ie; 2° les atomes $\mu'\varphi$ peuvent se trouver sur une surface $\overline{bc}^3$ (fig. 10) et se partager pour en occuper deux v^a et v'^a, ou 3° les molécules $\mu'\varphi$ peuvent être contenues dans un prisme P et se partager pour en occuper deux, dont l'un ayant le volume P', l'autre en aura la différence P — P' (fig. 27).

Pour évaluer le mouvement dans les atomes de lumière, il n'est pas nécessaire d'avoir recours à la distance λ ou λ' parcourue en une unité de temps, parce que ces distances restent invariables quand le milieu ne change pas ; tandis que pour les corps terrestres en mouvement ces distances changent. Par suite, dans les atomes φ de lumière la quantité de mouvement est exprimée par celle des atomes φ déterminés par l'espace qu'ils occupent, et cet espace peut être une ligne, une surface ou même un volume.

CHAPITRE VI.

RECTIFICATION DES ERREURS DE FRESNEL ET DES AUTRES PHYSICIENS.

Les physiciens, guidés par les résultats obtenus d'observations directes, ont tenté de réduire les mêmes résultats en formules trigonométriques dont ils comptaient se servir ensuite comme de points de départ pour remonter à la cause primitive qui a produit les faits physiques. En effet, dans le système des ondulations, on a été naturellement conduit à l'*élasticité*, comme on le voit par Newton qui admettait le système de l'émission; ainsi ce point de départ est commun aux deux systèmes et la formule $v^2 = e : d$ de Newton est également celle qu'emploie Fresnel.

Explication de la formule $v^2 = e : d$. V est la vitesse, e l'élasticité et d la densité; trois objets différents qui ne peuvent être mis en comparaison que dans le seul cas où ils obtiennent une signification homonyme; dans la formule $v^2 = e : d$, où $d \times v^2 = e$ l'unité représente le *mouvement*; c'est donc l'élasticité e qui est un mouvement et la vitesse v^2 qui en est un également : quant à la densité d, ce n'est que le mouvement v^2 répété d fois.

Il y a deux moyens de présenter le mouvement : 1° en admettant un individu qui parcourt un chemin $\lambda\mu'$, lequel chemin sert à indiquer le mouvement produit; ou 2° en admettant μ' individus, comme une ligne de soldats par exemple, qui font un pas λ chacun; dans l'un et dans l'autre cas le mouvement produit que l'on obtient est égal à $\mu'\lambda$.

S'il s'agit d'atomes φ en mouvement, le résultat sera le même, soit qu'un atome φ parcoure la longueur $\alpha = \mu'\lambda$, soit que les atomes $\mu'\varphi$ parcourent la longueur λ. Dans le premier cas, on a un filet simple composé d'une ligne d'atomes φ, et dans l'autre cas, on a μ' filets pareils composant un faisceau, dont la coupe présente une surface v^2 dans laquelle est contenue la quantité $\mu'\varphi$ d'atomes. La même quantité de mouvement est produite par les atomes $\mu'\varphi$ qui parcourent la longueur λ, ou par l'atome seul φ qui parcourt la longueur $\mu'\lambda$; par suite, la valeur de l'élasticité $v^2 \times d$ peut être représentée également par $d \times \mu'\varphi$, car dans les deux cas la quantité du mouvement produit est égale.

Explication des formules $v = \dfrac{2m}{m+m'}$, $v' = \dfrac{m-m'}{m+m'}$. Quand un corps en mouvement vient en choquer un autre en repos, les vitesses qui ont lieu après le choc sont exposées de la manière indiquée par les masses m et m des deux corps C et C'.

Newton, expérimentant sur les gaz, exposa les atomes $\mu'\varphi$ de lumière contenus dans la surface v^2; Mariotte exposa les atomes $\mu'\beta$ de barogène contenus dans une longueur α, parce qu'il expérimenta sur les corps solides C et C' dont l'un C contient $m\beta$ atomes de *barogène* tandis que l'autre en contient la quantité $m'\beta$.

Le corps C, composé de $m\beta$ atomes de barogène, émet le mouvement $m\beta \times \lambda$ qui est exposé par une longueur α; les deux corps C et C' émettent la somme $m\beta \times \lambda' + m'\beta \times \lambda' = \alpha$ qui est exposée dans la même longueur α, parce qu'il n'y a pas perte de mouvement.

La quantité $m\beta$ d'atomes de barogène peut être représentée par un filet d'une longueur $m\lambda = \alpha$, et la somme $m\beta + m'\beta$ d'atomes peut être exposée également par un filet d'égale longueur α; mais alors les intervalles λ' doivent être inférieures pour avoir $(m + m') \lambda' = m\lambda = a$. Le mouvement reste le même après le choc, mais il est communiqué à une quantité $(m + m')\beta$ d'atomes de barogène, dont chacun en obtient une portion inférieure $\lambda' = \lambda - l$.

Explication de la formule $v : v' = n, \frac{v^2}{v'^2} - 1 = n^2 - 1.$ L'indice n de réfraction a la valeur $n = \sin \gamma : \sin \gamma'$ et les vitesses v^2, v'^2 peuvent être remplacées par $\sin^2 \gamma$ et $\sin^2 \gamma'$; c'est ce que nous ferons pour mettre plus clairement, sous les yeux de nos lecteurs, comment les atomes $\mu' \varphi$ se partagent, au point d'incidence i, en deux portions $q\varphi$ et $q'\varphi$.

La quantité $\mu' \varphi$ d'atomes incidents occupe tout entière, avant le partage, la surface $\overline{bc}^2$ (fig. 28) $= \sin^2 \gamma$ dont se sépare la quantité contenue dans $\sin^2 \gamma'$; la différence $\sin^2 \gamma - \sin^2 \gamma'$ indique la quantité $q'\varphi$ d'atomes réfractés, tandis que $\sin^2 \gamma'$ indique la quantité $q\varphi$ d'atomes réfléchis; ces deux quantités sont dans le rapport

$$\frac{\sin^2 \gamma - \sin^2 \gamma'}{\sin^2 \gamma'} = n^2 - 1 = \frac{v^2 - v'^2}{v'^2} = \textit{puissance réfractive.}$$

Comme dans la formule $v^2 = e : d$ de Newton, de même ici le mot vitesse représente la surface v^2 dans laquelle sont contenus les atomes $\mu' \varphi$ en admettant le faisceau composé de μ' filets. Des atomes $\mu' \varphi$ contenus dans la surface $\overline{cb}^2 = \sin^2 \gamma$, ceux φ de l'extrémité i inférieure de cette surface pénètrent dans ab, tandis que ceux φ''' de l'extrémité supérieure c sont encore dans le vide et n'arrivent en a que quand les précédentes ont déjà avancé jusqu'en d.

Le partage s'opère en ce moment par une contre-répulsion entre les atomes φ''' et une partie égale d'atomes voisins; en même temps que le partage entre les atomes $2q\varphi$, se produit la déviation ou le fractionnement en $ad = \overline{d'b'} =$ $\cos^2 \gamma'$. Pendant que les atomes $q'\varphi$ réfractés s'écoulent par la surface $\cos^2 \gamma' = \overline{ad}^2$, les atomes $q\varphi$ réfléchis s'écoulent par la surface $\alpha a^2 = \sin^2 \gamma'$.

Les atomes $\mu'\varphi$ en densité supérieure d occupent la surface $\overline{bc}^2$, et sur la surface mb du corps en densité d' inférieure, ils occupent une surface supérieure $\overline{ab}^2$. En admettant 1 pour la quantité $\mu'\varphi$ d'atomes, il est indifférent que leur partage en $q\varphi$ et $q'\varphi$ s'opère de la surface $\overline{bc}^2$ ou de $\overline{ab}^2$. Dans ce dernier cas, sont projetés dans la surface $\overline{ab}^2 = \overline{d'c'}^2$ où arrivent des atomes $\mu'\varphi$, 1° la portion $q'\varphi$ sur $\overline{da} = \overline{b'd'}^2 = \cos^2 \gamma'$ et 2° la portion $q\varphi$ sur $\alpha a = \overline{d'b'} = \sin^2 \gamma'$; et l'on a $1 = \sin^2 \gamma' + \cos^2 \gamma' = \mu'\varphi = q'\varphi + q\varphi$.

Pour la valeur $\dfrac{v^2 - v'^2}{v'^2} = n^2 - 1$ de la puissance réfractive, on trouve ici $\dfrac{\cos^2 \gamma'}{\sin^2 \gamma'} = n^2 - 1$, $\cos^2 \gamma' = n^2 \sin^2 \gamma' - \sin^2 \gamma'$, $1 = n \sin \gamma'$, $\sin \gamma' = \dfrac{1}{n}$; comme on l'a également trouvé pour l'angle-limite, quand il est $\sin \gamma = 1$, ainsi qu'on l'a dit ici. On a de même $\cos^2 \gamma' = v^2 - v'^2$; $v'^2 = \sin^2 \gamma'$ donne $\cos^2 \gamma' + \sin^2 \gamma' = v^2 = 1$.

Explication de la formule $l^2 = l'^2 \sin^2 \alpha + l^2 \cos^2 \alpha$ de **Malus.** En admettant une quantité $\mu'\varphi$ d'atomes égale à l^2 répandue sur une surface $1^2 = \sin^2 \alpha + \cos^2 \alpha$, les atomes $\mu'\varphi$ se trouvent partagés en deux portions $q\varphi$ et $q'\varphi$ qui sont entre elles dans le même rapport que les surfaces $\sin^2 \alpha$ et $\cos^2 \alpha$.

Figure 29.

Explication de la formule $\sin \gamma \cos \gamma' : \sin \gamma' \cos \gamma$. En admettant $\mu'\varphi$ atomes dans un filet de longueur $si = \mu'\lambda$ (fig. 29) après le partage au point i d'incidence, la portion $q\varphi$ occupe la longueur $i\zeta$ qui doit être prise sur le rayon $i's''$ réfléchi, et la portion $q'\varphi$ occupe la longueur il' : ainsi si $= \mu'\lambda = ie +$ $il' = q\lambda + q'\lambda$; si la longueur λ diminue pour devenir $\lambda' = \lambda - l$, on voit diminuer aussi la longueur il' pour devenir il'.

Pour obtenir les valeurs des longueurs il' et ie exposées par les sinus et les cosinus des angles γ γ' d'incidence et de réfraction, on a recours aux triangles ice, icl', $in'l'$, $in'l'$ qui donnent :

$$ie = ie\sin\gamma = il'\sin\gamma', \quad in' = il'\cos\gamma = il'\cos\gamma \, il' \text{ et} \frac{il'\cos\gamma}{\cos\gamma'} = \frac{ie\sin\gamma}{\sin\gamma'},$$

$$\frac{ie}{il'} = \frac{\cos\gamma\sin\gamma'}{\sin\gamma\cos\gamma'};$$

tel est le rapport entre les deux portions $q\varphi$ et $q'\varphi$ d'atomes dont l'une $q\varphi$ réfléchie occupe la longueur ie dans le rayon is'' réfléchi, et dont l'autre $q'\varphi$ réfractée occupe la longueur il' quand les intervalles sont λ; si au contraire ceux-ci sont $\lambda' = \lambda - l$, les atomes $q'\varphi$ occupent la longueur inférieure il'.

Application des formules de Mariotte à la photo-statique. Le corps C de la masse m contenant $m\beta$ atomes de barogène, mis en mouvement, vient choquer le corps C' de la masse m' contenant $m'\beta$ atomes de barogène. Après le choc les mouvements sont $v' = \dfrac{m - m'}{m + m} v = \dfrac{2m}{m + m'}$. De même, la quantité $\mu'\varphi$ d'atomes de lumière étant en mouvement vient choquer celle contenue dans le point i d'incidence ; les mouvements, après le choc, sont $ie = \dfrac{m - m'}{m + m} = v'$, $il' = \dfrac{2m}{m + m} = v$, $v^2 = \dfrac{m - m'}{m + m'}$, $v^2 = \dfrac{2m}{m + m'}$.

Nous venons de voir que les atomes $\mu'\varphi$ incidents et partagés peuvent également être considérés sous deux aspects : I, d'abord, comme répandus sur une surface 1^2 prise pour unité, et le partage des atomes $\mu'\varphi$ de cette surface s'opère alors par sa projection sur les deux surfaces $\sin^2\gamma' = q\varphi$ et $\cos^2\gamma' = q'\varphi$: ensuite II, ces atomes $\mu'\varphi$ étant contenus dans un filet d'une longueur si, la portion $q\varphi$ obtient, après le partage, la longueur ie ; l'autre portion $q'\varphi$ obtient la longueur il'.

I. Soient $m = ii' = \dfrac{ii'\cos\gamma'}{\cos\gamma}$, $m' = ie = \dfrac{ie\sin\gamma'}{\sin\gamma}$; comme il a été prouvé ci-dessus, la formule $ie = v' = \dfrac{m-m'}{m+m'}$ devient $= -\dfrac{\sin(\gamma-\gamma')}{\sin(\gamma+\gamma')}$ et l'autre $ii' = v = \dfrac{2m}{m+m'} = \dfrac{2\cos\gamma\sin\gamma'}{\sin(\gamma+\gamma')}$.

II. Soient $m = \cos^2\gamma$, $m' = \sin^2\gamma$: en appliquant ces valeurs aux formules, on trouve $v^2 = \dfrac{2\cos^2\gamma'}{\sin^2\gamma'+\cos^2\gamma'}$ et $v'^2 = \dfrac{\cos^2\gamma'-\sin^2\gamma'}{\sin^2\gamma'+\cos^2\gamma'}$, mais $\sin^2\gamma'+\cos^2\gamma'=1$ donne :

$$v^2 = 2\cos^2\gamma', \quad v'^2 = 1 - 2\cos^2\gamma', \quad \text{et} \quad v^2+v'^2=1, \quad 1-v'^2=v^2.$$

Si l'on multiplie $1-v'^2$ par $\cos\gamma\sin\gamma'$ et v^2 par $\sin\gamma\cos\gamma'$, le rapport $\sin\gamma'\cos\gamma : \sin\gamma\cos\gamma'$ ne change pas; mais Daguin, Pouillet et les autres physiciens français qui suivirent Fresnel admirent par erreur l'équation

$$(\alpha) \qquad (1-v'^2)\cos\gamma\sin\gamma' = v^2\cos\gamma'\sin\gamma,$$

équation qui ne peut avoir lieu que quand $\gamma+\gamma'=90°$; car alors on a $\sin\gamma = \sin(90°-\gamma')=\cos\gamma'$ et $\cos\gamma = \cos(90°-\gamma')=\sin\gamma'$. Sauf ce cas,

1° $\cos\gamma'\sin\gamma > \sin\gamma'\cos\gamma$, si $\gamma+\gamma' < 90°$;

2° $\cos\gamma'\sin\gamma < \sin\gamma'\cos\gamma$, si $\gamma+\gamma' > 90°$.

Deux espèces d'erreurs ont été commises par Fresnel, et toutes les deux se sont reproduites dans les ouvrages des physiciens qui l'ont suivi et qui ont accepté ses calculs sans y faire aucune rectification. La première espèce d'erreurs peut comme la précédente être rangée dans les *erreurs des calculs*; quant aux *erreurs secondaires* ou *théoriques*, ce sont celles qui ont dû affecter les résultats imaginaires obtenus d'après des erreurs de calculs.

Il m'eût été impossible de faire ressortir l'erreur de l'équation (α), si, dès le principe, je n'avais pas exposé en détail les formules de Newton, de Mariotte, de Malus, pour faire connaître au lecteur l'application des lois physiques à l'écoulement des atomes de lumière. Les erreurs de calcul, n'exigent aucune preuve; Fresnel lui-même a eu connaissance de celles qu'il avait commises; mais loin de revenir sur ses pas et de reviser ses calculs, ainsi qu'on a coutume de faire, lorsqu'on s'est trompé, il s'est fourvoyé dans un dédale de théories et d'hypothèses imaginaires, et a créé ce qu'il nomme *la polarisation circulaire* et *la polarisation elliptique*; ainsi le radical $\frac{1}{n}\sqrt{1 - n^2 \sin^2 \gamma}$ obtenu dans les valeurs des inconnues qui devient imaginaire quand $n^2 \sin^2 \gamma > 1$, est devenu la cause de la création de polarisations imaginaires.

I.—ERREURS DES CALCULS DE LA PHOTOSTATIQUE EMPLOYÉS PAR FRESNEL.

Ce physicien base ses calculs sous lesdites formules :

$$\frac{1 - v'^2}{v^2} = \frac{\sin \gamma \cos \gamma'}{\sin \gamma' \cos \gamma}, \quad v = fe = -\frac{\sin (\gamma - \gamma')}{\sin (\gamma + \gamma')}, \quad v = v' = \frac{2\cos \gamma \sin \gamma'}{\sin (\gamma + \gamma')}.$$

I. **Intensité réfléchie.** La quantité $q\varphi$ d'atomes est contenue dans la surface $\sin^2 \gamma' = v'^2$; elle a pour valeur le carré

$$(1) \qquad v'^2 = a^2 = \frac{\sin^2 (\gamma - \gamma')}{\sin (\gamma + \gamma')}.$$

Il n'existe ici aucune erreur.

II. **Réflexion dans un plan perpendiculaire au plan de polarisation.** La quantité $q\varphi$ de lumière réfléchie est ici $q\varphi'$ comme dans le cas précédent; on admet cependant par sa valeur l'équation

$$v' = -\frac{\sin (\gamma - \gamma')}{\sin (\gamma + \gamma')} = -\frac{\tan (\gamma - \gamma')}{\tan (\gamma + \gamma')},$$

dans laquelle le premier terme est plus grand que le second; on admet ainsi, dans ce cas, la lumière réfléchie $q\varphi$

$$(2) \qquad b^2 = \frac{\tan (\gamma - \gamma')}{\tan (\gamma + \gamma')} \quad \text{au lieu du} \quad \frac{\sin (\gamma - \gamma')}{\sin (\gamma + \gamma')} \quad \text{qui est plus grand.}$$

III. Réflexion de la lumière dans un plan oblique au plan de polarisation. En imitant la formule $1^2 = \sin^2\alpha + \cos^2\alpha$ de Malus, Fresnel admet les atomes polarisés projetés sur le plan d'incidence et sur celui de la surface du corps ; il obtient, pour la portion réfléchie $a^2\cos^2\alpha$, une valeur juste ; mais la valeur $b^2\sin^2\alpha$ de la lumière réfractée dans la surface du corps est $\dfrac{2\cos\gamma\sin\gamma'}{\sin(\gamma+\gamma')}$ et non pas $\dfrac{\tan g(\gamma-\gamma')}{\tan g(\gamma+\gamma')}$.

$$(3) \qquad a^2\cos^2\alpha = \frac{\sin^2(\gamma-\gamma')}{\sin^2(\gamma+\gamma')}\cos^2\alpha \,;\; b^2\sin^2\alpha = \frac{\tan g^2(\gamma-\gamma')}{\tan g(\gamma+\gamma')}\sin^2\alpha.$$

La somme de ces deux portions donne la quantité totale

$$(4) \qquad R = a^2\cos^2\alpha + b^2\sin^2\alpha = \frac{\sin^2(\gamma-\gamma')}{\sin^2(\gamma+\gamma')}\sin^2\alpha + \frac{\tan g^2(\gamma-\gamma')}{\tan g(\gamma+\gamma')}$$

si $\alpha = 45°$, on a $\sin^2\alpha = \cos^2\alpha = \tfrac{1}{2}$

$$(5) \qquad R = a^2\cos^2\alpha + b^2\sin^2\alpha = \tfrac{1}{2}(a^2 + b^2).$$

IV. Changement du plan de polarisation par la réflexion. D'après la formule de Malus $1 = \sin^2\alpha + \cos^2\alpha$, Fresnel projette les atomes polarisés sur le plan de réflexion et sur la surface réfléchissante, et comme il fait la valeur $\dfrac{\tan g(\gamma-\gamma')}{\tan g(\gamma+\gamma')}$ de b plus petite que celle $\dfrac{\sin(\gamma-\gamma')}{\sin(\gamma+\gamma')}$ qui est sa valeur véritable et identique pour b et a, il obtient :

$$(6) \qquad \tan g\,\alpha' = \tan g\,\alpha \frac{b}{a} = \frac{\tan g\,\alpha \cos(\gamma+\gamma')}{\cos(\gamma-\gamma')}.$$

Fresnel croit avoir trouvé ainsi le moyen de contrôler ses calculs et leurs résultats avec ceux obtenus par l'observation ; car en supposant connues α, α' et γ, il trouve γ' qui diffère peu par sa valeur ainsi obtenue de celle $\sin\gamma' = \dfrac{n}{\sin\gamma}$, sans savoir que cela est le résultat provenant de l'erreur où il est tombé quand il a admis $a > b$.

La valeur véritable de $\tang \alpha'$ est obtenue par le rapport
$le : ll' = \sin \gamma' \cos \gamma : \sin \gamma \cos \gamma'$, multiplié par $\tang \alpha$

$$\tang \alpha' = \tang \alpha \frac{\sin \gamma' \cos \gamma}{\sin \gamma \cos \gamma'}.$$

V. Intensité de la lumière naturelle réfléchie. Après
avoir trouvé la valeur véritable $a^2 = \dfrac{\sin(\gamma - \gamma')}{\sin(\gamma + \gamma')}$ pour cette
lumière, Fresnel a voulu la relier avec la valeur $b^2 = \dfrac{\tang^2(\gamma - \gamma')}{\tang(\gamma + \gamma')}$
qui n'est pas exacte; il trouve cependant des résultats nu-
mériques pour le cas de l'incidence normale où $\gamma = o$ les
atomes de lumière réfléchie des substances suivantes

	Eau.	Sel gemme.	Cristal de roch.	Diamant.
Nombre des atomes. . . .	0,0195	0,045	0,045	0,175

excepté la valeur trouvée pour le diamant, les trois autres
diffèrent très-peu de celles que Melloni avait trouvées pour
la chaleur.

L'observation a fait connaître qu'en admettant la quantité
$\mu'\varphi$ d'atomes incidents, si l'angle γ d'incidence égale 90 la
valeur $a = v' = \dfrac{\sin(\gamma - \gamma')}{\sin(\gamma + \gamma')} = \dfrac{\sin(90° - \gamma')}{\sin(90° + \gamma')} = 1$, tandis que la
valeur $\dfrac{\tang(90° - \gamma')}{\tang(90° + \gamma')}$ admise par Fresnel pour b ne correspond
pas à ce résultat.

**VI. Proportion de lumière polarisée par la
réflexion.** Fresnel admet que la lumière non polarisée est
$\frac{1}{2} b^2$, et que l'excès $\frac{1}{2}(a^2 - b^2)$ indique la lumière polarisée
dans le plan d'incidence; toute la lumière étant $\frac{1}{2}(a^2 + b^2)$,
la proportion de lumière polarisée dans le plan d'incidence
doit être

$$(7) \qquad \frac{a^2 - b^2}{a^2 + b^2} = \frac{\cos^2(\gamma - \gamma') - \cos^2(\gamma + \gamma')}{\cos^2(\gamma - \gamma') + \cos^2(\gamma + \gamma')}.$$

Pour trouver un maximum de la lumière polarisée réfléchie, Fresnel le cherche dans la différence $a^2 - b^2 =$

$$\frac{\sin^2(\gamma - \gamma')}{\sin^2(\gamma + \gamma')} - \frac{\tang^2(\gamma - \gamma')}{\tang^2(\gamma + \gamma')},$$ sans s'apercevoir que, dans ce cas, il ne saurait trouver pour résultat que le maximum auquel doit le conduire son erreur, et il trouve pour cela l'angle 79° d'incidence; aussi ne se trouve-t-il plus d'accord avec les résultats qu'a obtenu Arago pour les incidences P±u également éloignées de l'angle P de polarisation; cet angle P donne 90° pour l'angle $ff'r$ (fig. 30) des rayons $f'f$ réfléchis et $f'r$ réfractés.

En partant de cet angle $ff'r = 90° = \gamma + \gamma'$, on a $\gamma - \gamma' = 90° - 2\gamma'$; si ces valeurs sont restituées dans la formule $a = v' = -\dfrac{\sin(\gamma - \gamma')}{\sin(\gamma + \gamma')}$, on a :

$$a = v' = -\sin(90° - 2\gamma') = \sin 90° \cos 2\gamma' = 2\sin\gamma' \cos\gamma',\ v = 2\cos\gamma \sin\gamma,$$

et, par suite,

$$\frac{2\sin\gamma' \cos\gamma'}{2\sin\gamma' \cos\gamma} = \frac{\cos\gamma'}{\cos\gamma} = \frac{\cos(90° - \gamma)}{\sin\gamma} = \frac{\sin\gamma}{\cos\gamma} = \tang\gamma$$

et

$$\sin^2\gamma + \cos^2\gamma = 1.$$

VII. Polarisation par émission découverte par Arago. Les physiciens furent convaincus par des observations répétées, que la lumière qui émane **obliquement** des solides ou des liquides incandescents est en partie polarisée perpendiculairement au plan d'émission, précisément comme l'est celle qui vient de traverser **obliquement** les corps transparents. Il n'y a donc rien à dire contre ce fait ainsi constaté. Si les corps solides sont couverts de noir de fumée, les rayons émis de ces corps incandescents ne contiennent pas d'atomes de lumière polarisée même dans les directions obliques, de même que ces atomes polarisés n'existent pas non plus dans les rayons émis des gaz et des vapeurs incandescents.

Donc en recevant d'un corps lumineux éloigné des rayons sans atomes de lumière polarisée, on n'est pas amené à reconnaître à ce corps un seul état, mais bien trois états différents : 1° le corps lumineux peut être composé de vapeurs ou de gaz incandescents; 2° il peut être solide mais couvert de noir de fumée, ou 3° ce corps peut être transparent, et les rayons traversent alors sa surface non pas **obliquement** mais **perpendiculairement**.

La lumière des bords du Soleil ne présente aucune trace de polarisation. Arago, par suite d'un oubli, et *tous* les autres physiciens, par manque d'attention, ont cru que la lumière solaire ne pouvait pas être rayonnée par un corps solide ou liquide et qu'elle émane d'un gaz incandescent; ainsi les successeurs d'Arago admettent comme fait démontré que le globe solaire est enveloppé d'une *photosphère gazeuse*.

Cette erreur des physiciens a mis les astronomes de notre siècle dans un grand embarras; en effet, ils s'efforcent d'expliquer le grand nombre de faits physiques observés sur le soleil par une hypothèse contradictoire aux lois physiques. Arago a dit que la lumière doit être émanée obliquement; il savait que la forme du soleil est une sphère et la lumière en est émanée perpendiculairement, et pour cela sans atomes polarisés; par suite, cette lumière prise du centre ou des bords du disque du soleil est toujours sans atomes polarisés; il n'est pas nécessaire d'inventer une photosphère de pure imagination.

État physique du Soleil. L'intérieur du Soleil consiste en masses de vapeurs d'eau imbibées, dès l'origine, jusqu'à saturation, de lumière et de chaleur. Les atomes de ces deux fluides repoussés mutuellement pénètrent *verticalement* et non *obliquement* l'enveloppe solide que forme la couche superficielle de ces mêmes vapeurs qui a perdu sa chaleur par le contact immédiat avec le froid de l'espace, froid évalué à —144° par M. Pouillet.

C'est donc un fait réel et obtenu suivant toutes les lois

physiques que l'existence d'une enveloppe glaciale qui sépare le froid de l'espace des vapeurs incandescentes. Cet
objet a été traité en détail dans le *texte de l'Atlas cosmobiographique*, où ont aussi trouvé leur explication physique les
taches solaires.

II. — ERREURS PROVENANT DE LA RECTIFICATION DES ERREURS PRÉCÉDENTES.

Fresnel, après avoir introduit $\frac{\tan(\gamma + \gamma')}{\tan(\gamma + \gamma')} < \frac{\sin(\gamma + \gamma')}{\sin(\gamma + \gamma')}$
et $\cos \gamma \sin \gamma' < \cos \gamma' \sin \gamma$ comme quantités égales dans ses
calculs, ne pouvait obtenir des résultats conformes à ceux
obtenus par l'observation ; cependant cette double erreur
fait en quelques cas diminuer la différence entre les résultats obtenus par les calculs et ceux obtenus par les observations ; ce cas singulier n'en a que mieux trompé ce savant
physicien, qui, remplaçant dans les calculs n par $\frac{1}{n}$ et $\sin \gamma'$
par $n \sin \gamma'$ pour exprimer la sortie de la lumière des corps,
obtenait le radical $\frac{1}{n} \sqrt{1 - n^2 \sin^2 \gamma}$ qui est imaginaire quand
on a $\sin \gamma > \frac{1}{n}$; ce résultat a été attribué à l'hypothèse que
les phases des ondes incidentes et réfléchies coïncident.

Donc pour corriger la double erreur indiquée, Fresnel a
cru devoir admettre que le rayon polarisé qui tombe sous
une incidence intérieure plus grande que l'angle limite se
décompose en deux autres polarisés l'un dans le plan d'incidence, l'autre dans un plan perpendiculaire, et que ces
deux rayons sont en retard l'un sur l'autre, soit qu'ils se
réfléchissent à des profondeurs différentes, soit qu'ils
éprouvent dans l'acte de la réflexion des modifications différentes dans les périodes de leurs vibrations. Fresnel a cru
qu'une semblable différence de phase doit introduire des
termes imaginaires dans des formules calculées en partant

de la supposition que ces différences n'existaient pas, et cela à cause d'une différence de chemins parcourus par les molécules qui se trouvaient précédemment sur la même phase.

Le radical et le retard sont deux faits de nature différente. I. Le radical $\frac{1}{n}\sqrt{1-n^2\sin^2\gamma}$ devient nul seulement dans le cas où $\sin\gamma=\frac{1}{n}$, et non pas, comme dit encore Fresnel, dans le cas où $\gamma=90°$, parce que $\sin 90°=1$ n'est pas égal à $\frac{1}{n}$; ce radical a sa cause dans l'introduction dans des calculs des deux fausses équations

$$(a) \qquad (1-v'^2)\cos\gamma\sin\gamma' = v^2\sin\gamma\cos\gamma,$$

et

$$(1) \qquad -\frac{\sin(\gamma-\gamma')}{\sin(\gamma+\gamma')} = \frac{\tan g.(\gamma-\gamma')}{\tan g(\gamma+\gamma')}.$$

II. Le retard est un effet des chemins inégaux parcourus par les atomes φ et φ''' des deux extrémités ε et ε' de la surface s de la coupe du faisceau incident au point t ou émergent du point t' (fig. 34).

Dans la lumière naturelle ce retard reste imperceptible parce que son écoulement s'opère dans tous les sens, tandis que les atomes aplatis de lumière doivent décrire un arc pour prendre la direction où ils éprouvent le minimum de résistance. Fresnel fait lui-même cette observation, et reconnaît bien que le retard est l'effet d'un chemin plus long que doivent en certains cas faire les atomes aplatis; il va plus loin, il détermine cet arc pour expliquer les couleurs qui en sont produites; mais il ignore que le retard est un effet des grandeurs des rayons, sans changement dans les degrés de l'arc ou de son angle, parce que la vitesse reste la même quand le milieu ne change pas; la grandeur des rayons est différente pour chaque espèce d'atomes de lumière dont il y a autant qu'il y a d'espèces de couleurs simples dans le spectre du prisme.

III. — PARALLÉLISME ENTRE L'APLATISSEMENT ET LES POLARISATIONS.

I. Newton reconnaissait plusieurs espèces d'atomes, mais il ne leur attribuait qu'un volume limité et un mouvement centrifuge d'une vitesse constante.

II. Fresnel, Brewster et d'autres physiciens, guidés par de nouveaux faits, ont conservé comme invariable le volume des atomes admis dans l'éther sous le nom de molécules; mais ils en ont multiplié le mouvement en attribuant à ces molécules non-seulement deux mouvements perpendiculaires au mouvement centrifuge admis par Newton, mais encore des va-et-vient centrifuges et centripètes que Newton ne pouvait pas attribuer à la répulsion exercée sur ces atomes de la part des atomes des corps lumineux.

III. Dans notre ouvrage, les atomes de lumière, ainsi que ceux de chaleur, ne diffèrent point de ceux des gaz et des vapeurs dans lesquels est déposée l'élasticité qui n'est autre qu'un mouvement, lequel se manifeste par une expansion ou une augmentation de volume produite par la raréfaction qui va jusqu'à l'infini. Il n'est personne qui refuse d'admettre cette expansion indéfinie dans les gaz; il ne se trouvera non plus personne qui méconnaîtra qu'une telle expansion ne soit également un des caractères qui distinguent les atomes φ de lumière et ceux θ de chaleur; les quatre espèces de mouvement admis par Fresnel dans l'explication des faits observés disparaissent, parce que ces faits trouvent leur explication suivant les lois physiques dans l'expansion, tandis que les hypothèses de Fresnel ne sont basées que sur des raisonnements tirés des faits observés.

I. **Polarisations perpendiculaires.** La lumière naturelle, composée d'atomes qui augmentent en volume par expansion, est considérée par Fresnel comme composée d'atomes de volume invariable, mais possédant un mouvement centrifuge et un autre perpendiculaire; deux systèmes

de filets d'atomes pareils remplacent ceux qui possèdent
l'expansion des gaz, et c'est ainsi que Fresnel obtient ce qui
est produit par la lumière naturelle.

II. **Polarisation rectiligne.** Ces deux systèmes d'a-
tomes qui oscillent perpendiculairement en suivant le mouvement centrifuge après avoir pénétré un cristal, se séparent
pour former deux rayons r, r' d'égale intensité; mais quand
ils s'écoulent obliquement par les corps, cette séparation
n'est que partielle; cet état des atomes est nommé *polarisation rectiligne*, qui correspond au cas où *l'aplatissement* est
produit par un éloignement d'élasticité ou de mouvement
latéral, et où il ne reste que celui suivant le plan de propagation; l'épaisseur de ce plan est petite comme le sont
les amplitudes des oscillations des atomes perpendiculairement à ce plan admis par Fresnel. La lumière polarisée ne
diffère donc de la lumière naturelle que par la disparition
de l'expansion latérale qui n'est produite que par l'éloignement du mouvement latéral opéré toujours par des coups
des chocs en sens convergents qui ont lieu également dans
les cristaux et dans les autres corps liquides ou solides.

III. **Polarisations elliptique et circulaire.** Sans
s'appuyer sur les lois physiques, mais seulement sur les
faits observés, Fresnel ne cherchait qu'à arranger ces faits
en séries quelconques, sans se faire faute de recourir à toute
espèce d'hypothèses; ces polarisations donnèrent naissance
à une série de faits chromatiques résultant de la transmission de la lumière polarisée par deux cristaux sous les conditions suivantes : 1° la lumière polarisée doit décrire un
arc a pour pénétrer par une lame très-mince, car le plan
de polarisation ne doit pas être dans la section principale
de cette lame ni dans sa perpendiculaire; 2° en sortant de
la lame, les deux rayons r, r' ne doivent pénétrer directement ni l'un ni l'autre dans la section principale du cristal,
mais ils doivent pour cela décrire l'arc a' de l'angle α formé
de la section de la lame et de celle du cristal.

Il y a donc deux déviations à faire aux atomes de lumière polarisés ou a'patis : 1° celle pour pénétrer dans les deux sections de la lame, et 2° celle pour pénétrer de la lame dans les sections du cristal. Les atomes χ', χ'', χ''', χ'''', χ^v, χ^{vi}, χ^{vii} chromatiques dans chacune de ces déviations décrivent les arcs a, a' des angles α, α', avec des rayons dont les longueurs sont inégales λ', λ'', λ'''... λ^{vii} (fig. 34) sans éprouver aucun changement dans leur vitesse.

Fresnel connaissait ces longueurs différentes λ', λ''... λ^{vii}, et aussi les déviations ou les angles α, α', mais ce qui lui échappa ce fut la cause du retard qui consiste dans les arcs a, a' des angles α, α' décrits avec des rayons de longueurs différentes; les atomes χ^{vii} se trouvent avancés, parce qu'ils décrivent l'arc avec le court rayon λ^{vii}; les atomes χ' retardent, parce qu'ils décrivent l'arc avec le long rayon λ'.

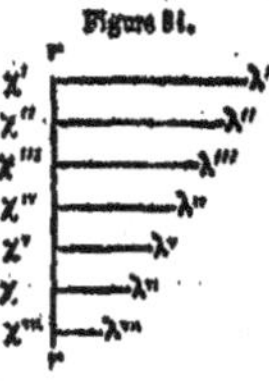

Si $\alpha = \alpha' = 45°$, les déviations sont égales à gauche et à droite; dans tous les autres cas, elles sont inégales; au lieu donc de considérer les atomes χ^{vii}, χ^{vi}... χ^v dans une ligne rr qui est le rayon, mais séparés pour la cause indiquée, Fresnel admet une seule espèce d'atomes parcourant l'hélice λ^{vii}, λ^{vi}... λ' et tournant autour de l'axe rr, qui est le rayon possédant son mouvement centrifuge.

Cet objet sera discuté dans la suite, lorsque nous expliquerons la production des couleurs de la lumière polarisée, car c'est cette production de couleur qui a servi de base aux hypothèses de polarisations elliptique et circulaire; en effet, on ignorait alors la nature de la polarisation nommée *rectiligne*, et l'état de la lumière naturelle n'était pas moins inconnu.

Résumé. Rien dans la Physique n'était jusqu'à présent resté plus obscur que l'explication de la lumière; c'est à elle cependant qu'est réservé dans l'avenir le rôle d'éclairer les différentes parties de la Physique et des autres sciences.

SECTION IV.

CHROMATOLOGIE OU TRAITÉ COMPLET DES COULEURS.

La lumière solaire n'est pas un fluide simple, mais de même que l'air consiste en un mélange d'azote avec l'oxygène ; ainsi la lumière solaire est un mélange de sept espèces d'atomes, et chacune de ces espèces est un fluide qui produit sur l'organe de la vision le sentiment d'une couleur. Ces sept espèces d'atomes sont ici indiquées de la manière suivante :

$$\chi' = \text{rouge} = r.$$
$$\chi'' = \text{orangé} = o.$$
$$\chi''' = \text{jaune} = j.$$
$$\chi^{\text{IV}} = \text{vert} = v.$$
$$\chi^{\text{V}} = \text{bleu} = b.$$
$$\chi^{\text{VI}} = \text{indigo} = i.$$
$$\chi^{\text{VII}} = \text{violet} = v'.$$

$\chi' + \chi'' + \chi''' + \chi^{\text{IV}} + \chi^{\text{V}} + \chi^{\text{VI}} + \chi^{\text{VII}} = $ iris ou spectre prismatique ou solaire, lumière achromate.

$\chi' + \chi'' + \chi''' = $ hémi-iris ou demi-spectre clair.

$\chi^{\text{IV}} + \chi^{\text{V}} + \chi^{\text{VI}} + \chi^{\text{VII}} = $ hémi-iris ou demi-spectre sombre.

Newton composait les sept couleurs du spectre ou celles des corps et produisait le blanc ; il décomposait la lumière solaire et obtenait les sept couleurs comme les chimistes mêlent l'azote et l'oxygène et en obtiennent un mélange pareil à l'air ; ils décomposent l'air et en obtiennent l'azote

20

et l'oxygène. Newton déclara *blanche* la lumière solaire, comme le font à sa suite tous les autres physiciens, sans pouvoir distinguer l'état de l'eau claire et celui de l'eau que trouble une quantité d'argile. Nous allons prouver ici que la lumière solaire n'est pas blanche, mais qu'elle est privée de couleurs spécifiques : elle est *achromate* (*ά*, privatif; χρῶμα, couleur).

Newton eût été en état d'expliquer les faits observés, s'il eût admis les éléments de la lumière en un état pareil à celui où sont les éléments de l'air qui ont la propriété d'augmenter indéfiniment de volume quand ils ne rencontrent aucune résistance. Les savants qui ont patroné le système des ondulations n'ont fait que donner le nom de *molécules* aux éléments de la lumière et attribuer à ces molécules l'*élasticité* qui se manifeste chez elles, comme chez celles des gaz, par une augmentation de volume ou une expansion que produit le mouvement qui y est déposé. Le mot *atome*, admis avec un volume limité, fut le seul obstacle qui empêcha Newton de donner, suivant les lois physiques, l'explication des faits observés.

L'avantage que la science retire des deux systèmes qui dominent et des discussions soulevées entre leurs défenseurs consiste dans leur conciliation, parce que l'un et l'autre système, tout en étant chacun incomplet, concourent cependant tous deux à l'explication des faits suivant les lois physiques. En suivant ces lois, les faits observés s'arrangent spontanément en séries très-longues comme causes et effets, séries parfaitement indépendantes de systèmes, de théories et d'hypothèses qui ont leur source dans l'intelligence où dominent des lois logiques, qui ne sont pas les mêmes chez tous les auteurs, comme cela eût dû avoir lieu, si ceux-ci eussent connu les lois physiques.

Nulle part, plus que dans les couleurs, il ne se présente de faits produits des éléments primitifs : cette espèce de faits ne paraît difficile à expliquer qu'à cause de leur état très-simple, et qui, pour cela, n'admet pas d'hypothèses plus ou moins fausses, telles que celles par lesquelles Fresnel s'est efforcé de faire admettre des vitesses, des mouvements et des directions tellement compliqués que les résultats qu'il a obtenus de ses calculs ne correspondent pas toujours, tant s'en faut, à ceux que donnent les observations, comme cela a été démontré dans les résultats des calculs appliqués à la polarisation.

Avant de traiter en détail de la production des couleurs et de leurs propriétés, nous allons en donner un aperçu général qui mettra le lecteur en état de mieux suivre l'application de la loi dans tous les cas particuliers.

I. — DES COULEURS DES CORPS.

Dans le traité sur l'*Acoustique*, nous prouverons que les ondes sonores ne se propagent qu'à travers des milieux occupés par des molécules matérielles; pour elles le vide est une barrière insurmontable. Cette loi physique sert, sans aucune modification, à l'explication de la propagation des ondes des atomes de lumière, propagation qui ne peut avoir lieu que par les milieux où les atomes homonymes sont à l'état stationnaire et non pas à l'état spécifique.

Les atomes $\mu'\varphi$ de lumière solaire se propagent par l'eau parce que s'y trouvent à l'état stationnaire leurs homonymes qui s'écoulent de la face postérieure pour céder leur place aux atomes $\mu'\varphi$ incidents, et cela à cause de la pression P qu'ils en éprouvent.

Dans le noir de fumée, les atomes $\mu''\varphi''$ de lumière sont à l'état spécifique; ils sont comme une espèce d'écueils pour les ondes des atomes $\mu'\varphi$ incidents; en effet, aucune espèce d'atomes de lumière stationnaire n'existant dans ce noir, il y a un vide qui apparaît comme une barrière pour les ondes de lumière, comme l'est le vide matériel pour les ondes sonores. Le sentiment causé par le noir est analogue à celui du froid, car il n'existe pas un fluide propre pour produire le sentiment du noir, de même qu'il n'en existe pas non plus qui produise le sentiment du froid. Nous prouverons cependant que, dans la production du sentiment du froid, l'écoulement de chaleur θ s'opère en dehors des nerfs, et, dans la production du sentiment du noir, qu'il existe également un écoulement de lumière de la rétine en dehors.

Le protoxyde de cuivre Cu^2O est rouge parce qu'il ne contient à l'état stationnaire que les atomes χ' de l'espèce rouge et que les six autres espèces χ'', χ'''... χ^{vii}, nommées *complémentaires*, sont réduites à l'état inerte après avoir perdu leur mouvement. Dans l'obscurité tous les corps sont invisibles, parce que leurs atomes φ' stationnaires se trouvent en équilibre avec la résistance exercée sur eux de la part des atomes $\mu''\varphi''$ spécifiques; cet équilibre n'est détruit que par la pression P qu'exercent les atomes $\mu'\varphi$ incidents sur leurs homonymes φ' stationnaires.

L'eau claire devient rouge quand on y introduit de la poudre de protoxyde Cu^2O dont les atomes χ' rouges dispersent leurs homonymes des atomes $\mu'\varphi$ achromates incidents, et quand ils s'écoulent de la face postérieure du vase ils ne cèdent leur place qu'à leurs homonymes qui les suivent. De cette manière il n'y a que les atomes χ' chromatiques rouges qui sont dispersés ou qui traversent; ces atomes, arrivés à l'organe de vision, produisent le sentiment du rouge.

Si l'on introduit très-peu de rouge dans une masse d'eau, celle-ci laisse s'écouler la lumière achromate $\mu'\varphi$ et en même temps une quantité $\alpha\chi'$ d'atomes rouges analogue aux atomes χ' contenus dans le filet qui pénètre l'épaisseur du liquide. La quantité $\alpha\chi'$ d'atomes rouges devient double, triple, $2\alpha\chi'$, $3\alpha\chi'$, $4\alpha\chi'$...; quand l'épaisseur e devient $2e$, $3e$, $4e$..., ces quantités $2\alpha\chi'$, $3\alpha\chi'$, $4\alpha\chi'$... commencent ainsi à produire aux yeux des sentiments de rouge dont l'intensité croît avec l'épaisseur e du fluide, comme elle croît quand l'épaisseur e reste la même et qu'augmente la quantité $\alpha\chi'$, $2\alpha\chi'$, $3\alpha\chi'$...

. Le jaune de chrome CrO^3PbO contient les atomes χ''' chromatiques à l'état stationnaire qui font se disperser de la surface du corps leurs homonymes qui y arrivent seuls ou mêlés avec leurs complémentaires. Quand ce corps jaune est mêlé dans l'eau, ses atomes χ''' stationnaires s'écoulent de la surface postérieure du vase pour céder leur place à leurs homonymes incidents qui exercent sur eux la pression P.

Dans le cas où le corps rouge Cu^2O et le corps jaune Cr^2PbO sont mêlés dans l'eau, les atomes dispersés de ceux de la lumière $\mu'\varphi$ achromate sont de deux espèces $q\chi'$ et $q'\chi'''$ dont la proportion $q : q'$ est la même que celle $Q'\chi : Q'\chi'''$ des atomes stationnaires introduits dans l'eau ; le même effet a lieu pour les atomes χ' et χ''' transmis ; cependant, en ce cas, ces atomes ne sont pas dans la même relation $q : q'$ que les atomes $q\chi'$, $q'\chi'''$ dispersés, et cela à cause de la différence $R - R'$ entre les résistances R, R' exercées 1° R de la part de l'eau et du corps rouge contre les atomes χ''' du jaune, et 2° R' de la part de l'eau et du corps jaune contre les atomes χ' du rouge.

II.— DE L'APPARITION DES COULEURS CONTENUES DANS LA LUMIÈRE SOLAIRE.

L'ensemble des sept espèces d'atomes chromatiques est la lumière solaire, comme l'air est l'ensemble ou le mélange de l'azote et de l'oxygène, et cela en mesures déterminées de volume $4Az : O$ et de poids $28Az : 8O$; de même les sept espèces χ', χ'', χ'''... χ^{vn} d'atomes chromatiques se trouvent en rapports invariables dans la lumière solaire qui est en cet état *achromate* ou sans couleur, car pour faire apparaître une espèce d'atomes chromatiques il est nécessaire d'en éloigner les six autres complémentaires.

Le moyen d'éloigner quelques espèces chromatiques ne
diffère pas de celui indiqué dans la suppression totale des
atomes achromates par deux polarisations perpendiculaires; il a été prouvé que les atomes polarisés sont devenus
aplatis en perdant l'expansion ou le mouvement latéral : ils
ne deviennent inertes que quand ils perdent le mouvement
ou l'expansion suivant le plan de polarisation, et ils ne parviennent à cet état que quand ils éprouvent des coups de
chocs contre l'expansion qui leur est restée.

C'est à cet état inerte que sont réduites les espèces chromatiques qui disparaissent pour laisser se répandre leurs
espèces complémentaires qui sont les couleurs provenant
des éléments constituant les atomes $\mu'\varphi$ achromates de la lumière solaire. Il y a plusieurs moyens de réduire à l'état
inerte les atomes chromatiques; mais tous ces moyens se
réduisent en un seul, qui est la rencontre des atomes homonymes 1° sous un angle peu différent de 180° ou sous un
angle de quelques secondes, et 2° ces rencontres doivent
avoir lieu au milieu de la longueur λ qui sépare les surfaces
sphériques S^{m-1}, S^{m}, S^{m+1} d'où partent les atomes dits
chromatiques en directions divergentes.

A. DES INTERFÉRENCES ET DIFFRACTIONS.

Ces deux noms indiquent la même espèce de faits obtenus
par deux moyens différents : il ne s'agit dans les deux cas
que de faire en sorte que les atomes $q\varphi$ et $q'\varphi$ de lumière
d'une source commune f (fig. 32) arrivent en o sous un
angle γ très-petit après avoir parcouru les chemins inégaux
$fo < fz + zo$ et après avoir employé pour parcourir ces
chemins les temps inégaux $\frac{fo}{\lambda} T < \frac{fz + zo}{\lambda} T$; λ est la longueur que parcourent les atomes φ achromates en une unité
T de temps; ainsi la différence $(fz + zo) - fo = \psi\lambda$ entre les

chemins détermine celle $\frac{\psi}{\lambda}T$ entre les temps T et T + T'.

La différence $T' = \frac{\psi}{\lambda}T$ entre les temps T et T + T' serait indifférente si les atomes de lumière φ, χ', χ'' ... χ^{VII} s'écoulaient en direction centrifuge comme s'écoule l'eau en obéissant à la pesanteur. Les fluides élastiques ne suivent pas un éloignement centrifuge continuel comme l'admettait Newton; ces fluides consistent en atomes ou molécules dans lesquels se trouve *l'élasticité* qui se manifeste par une expansion et une augmentation indéfinie de volume opérée par répulsion et contre-répulsion spontanées, connue dans le système des ondulations sous le nom de *vibrations* ou *oscillations*, qui ne sont que les répétitions de répulsions et contre-répulsions, condensations et dilatations nommées ici *systoles* et *diastoles*.

Figure 32.

Pendant les systoles ou les condensations affluent les atomes des surfaces homonymes, par exemple des paires $S^{2n\pm1}$ vers les surfaces impaires $S^{2n\pm1}$, et ainsi à la fin de chaque unité de temps $(2n\pm1)T$ dès le commencement se trouvent pleines toutes les surfaces $S^{2n\pm1}$ qui ont pour rayon la longueur $(2n\pm1)\lambda$; en ce moment sont vides toutes les surfaces paires $S^{2n\pm2}$.

Au commencement de chaque unité paire de temps $(2n\pm2)T$ s'opèrent les contre-répulsions entre les molécules $2(\mu+\mu')\varphi$ des surfaces impaires; ces molécules, divisées en deux moitiés, s'éloignent en directions divergentes des surfaces impaires $S^{2n\pm1}$ pour arriver, à la fin de l'unité paire de temps $(2n\pm2)T$, aux surfaces paires $S^{2n\pm2}$ en directions convergentes ou en condensation.

1° Dans le système d'émission on admet une quantité $q\varphi$ d'atomes émis en chaque unité de temps du corps lumineux, et c'est la même quantité qui occupe une surface S^{2n} d'un rayon $2n\lambda$; 2° dans le système des ondulations il n'est pas émis des corps lumineux un fluide, mais seulement une quantité qm de mouvement en chaque unité de temps qui se trouve en quantité égale dans toutes les surfaces S^{2n} qui ont pour rayon la longueur $2n\lambda$; ce qui est atomes dans un système est mouvement dans l'autre.

Les faits observés prouvent l'existence d'un mouvement centripète contraire au mouvement centrifuge, et cela a conduit à connaître l'existence des oscillations. Dans l'un et dans l'autre système on admet le mouvement centrifuge; celui-ci ne peut être conservé que dans le seul cas où le mouvement centripète est inférieur, et même les faits observés ne peuvent trouver autrement leur explication que sous la seule condition d'un éloignement centrifuge. Il n'y a aucun désaccord entre les deux systèmes relativement à la division de la masse $2(\mu + \mu')\varphi$ de molécules de la systole de la surface S^{2n} en deux moitiés; si chaque surface contient la même quantité $q\varphi$ d'atomes ou qm de mouvement, leurs densités $D \pm d$ ne peuvent pas être égales quand sont inégales les surfaces S^{2n-i}, S^{2n+i} produites des longueurs $(2n \pm 2)\lambda$ de leurs rayons; il s'ensuit que les masses centrifuges doivent toujours être supérieures $(\mu + 2\mu')\varphi$ aux masses $\mu\varphi$ centripètes; ainsi les masses affluentes aux systoles sont inégales $(\mu + 2\mu')\varphi$ et $\mu\varphi$; ces masses forment la systole; et la somme $2(\mu + \mu')\varphi$ est divisée par la diastole en deux moitiés égales $(\mu + \mu')\varphi$ qui s'éloignent en directions divergentes, l'une centripète et l'autre centrifuge.

Dans l'exemple ci-dessus, 1° si la différence des temps $T + T' - T$ est $2t$ ou $2at$, la différence $(fz + zo) - fo$ entre les longueurs sera 2λ ou $2a\lambda$; ainsi les atomes $q\varphi$ coïncideront avec les atomes $q'\varphi$ dans la surface qui a pour rayon fo; 2° si la différence entre les temps est t ou $(2a \pm 1)t$, la différence entre les chemins $(fz + zo) - fo$ sera λ ou $(2a \pm 1)\lambda$; en pareil cas doivent être en systole les atomes $q\varphi$ dans la surface S^o qui a pour rayon la longueur of, et les atomes $q'\varphi$ seront en systole dans une surface $S^{n\pm 1}$ qui a pour rayon une longueur $of \pm \lambda$.

Une demi-unité de temps $\frac{1}{2}T$ après les diastoles *synchrones* en S^o et $S^{o\pm 1}$, les atomes $\frac{1}{2}q\varphi$ et $\frac{1}{2}q'\varphi$, en s'éloignant des surfaces S^o et $S^{\pm o}$, doivent venir en $\frac{1}{2}\lambda$ en rencontre après avoir parcouru la moitié $\frac{1}{2}\lambda$ de la longueur λ. Cette rencontre s'opère sous un angle *foz* très-petit, et pour cela la plus grande partie des atomes $\frac{1}{2}q\varphi$ et $\frac{1}{2}q'\varphi$ perd son mouvement : ces atomes sont ainsi réduits à l'état inerte sans qu'ils puissent désormais se répandre pour venir affecter l'œil.

Pour qu'il se montre en $\frac{1}{2}\lambda$ une couleur χ, il faut qu'y soient supprimées les espèces $\varphi - \chi$ complémentaires; mais si l'on opère avec une seule espèce de lumière qui est supprimée dans le point $\frac{1}{2}\lambda$, ce point ne répand plus d'atomes lumineux; aussi paraît-il obscur. Cette explication, conforme à celle donnée dans le système des ondulations, servira de guide pour les explications des couleurs prismatiques et des couleurs de polarisation.

B. Des couleurs prismatiques.

Pour obtenir les couleurs produites par les atomes d'espèces différentes contenues dans la lumière solaire, on fait

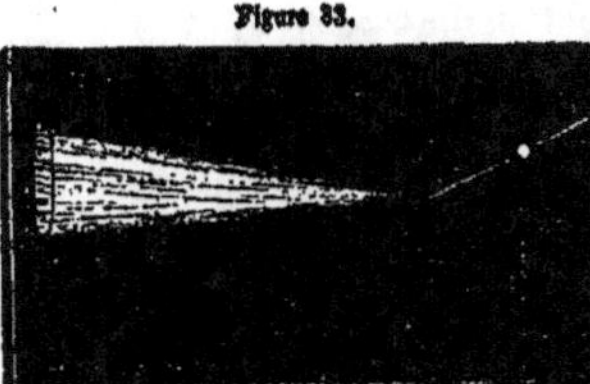

Figure 33.

passer à travers un prisme P (fig. 33) un mince pinceau tP de rayons solaires. Les atomes χ transmis augmentent en volume et occupent un espace qui augmente avec la distance D entre le prisme et l'écran où arrivent ces atomes χ distribués de manière que le jaune soit au milieu : celui-ci a, près de la limite du vert, un éclat qui surpasse celui de toutes les autres parties. Le jaune $= \chi''' = j$, l'orangé $= \chi'' = o$ et le rouge $= \chi'$ ensemble constituent la *moitié claire* du *spectre* nommé *iris*; les quatre autres espèces d'atomes vert $= \chi^{\mathrm{iv}} = v_1$, bleu $= \chi^{\mathrm{v}} = b_1$, indigo $= \chi^{\mathrm{vi}} = i$ et violet $= \chi^{\mathrm{vii}} = v$ ensemble constituent la *moitié sombre* du spectre.

Les bords latéraux du spectre sont nettement terminés, mais ses extrémités ne le sont pas; il y a toujours un allongement qui sert à prouver les déviations différentes des atomes chromatiques, quoiqu'on trouve que chaque espèce d'atomes a un indice de réfraction invariable.

Chaque espèce des sept couleurs prismatiques a pour complémentaires les six autres espèces; en admettant une décomposition des atomes de lumière achromate, on est conduit à considérer les atomes $q\varphi$ incidents comme égaux à la somme $q(\chi' + \chi'' + \chi''' + \dots \chi^{\mathrm{vii}})$ des atomes chromatiques du spectre, et cela parce que, en mêlant ces atomes, on obtient une lumière blanche dont l'intensité inférieure est attribuée à la perte d'une quantité considérable de lumière transmise par le prisme.

Nous établirons ici que pour chaque espèce $q\chi'$, $q\chi''$, $q\chi'''$ d'atomes chromatiques il faut $q\varphi$ atomes achromates, parmi lesquels ceux $q\chi'$ du rouge subsistent, parce que sont supprimées les $q\chi'' + q\chi''' + \dots + q\chi^{\mathrm{vii}}$ de six autres espèces qui sont les complémentaires des atomes de l'espèce qui reste.

Figure 34.

Les atomes chromatiques sont produits dans les prismes de la même manière que dans les interférences, par les rencontres et la suppression des atomes complémentaires; ces rencontres ont lieu dans la surface ea' postérieure du prisme aea' (fig. 34). Le rayon ff' n'émerge pas tout entier de la face ea' du prisme, mais une quantité $\alpha\varphi$ des atomes $q'\varphi$ réfractés éprouve en f' une réflexion qui lui donne une direction formant avec celle des atomes arrivants un angle γ qui est d'autant plus petit qu'est moindre la déviation entre le rayon r incident en i et le rayon r'' émergent de i'; telles sont les déviations qui ont lieu quand l'angle s du prisme est 60° ou peu différent de 60°.

C'est par la rencontre dans le prisme en avant de sa face postérieure sa' que s'opère la suppression des atomes chromatiques complémentaires de ceux qui restent et qui tra-

Figure 35.

versent la face sa' pour arriver à l'écran; donc pour obtenir une exposition exacte de ces rencontres, il faut prendre pour point de départ la modification produite aux atomes $q\varphi$ réfractés au point i d'incidence ou dans la phase ad (fig. 35) de ces atomes incidents (1).

Les atomes chromatiques χ', χ''... χ^{vii} des atomes achromatos $\mu'\varphi$ de la coupe ad du faisceau $s'das$ ne restent pas dans la même phase après la réfraction pour prendre la position $d'cd'a$, et cela parce que chacune de ces sept espèces d'atomes décrit l'arc de l'angle de déviation $\gamma'' = \gamma - \gamma' = bad$ par un rayon dont la longueur est différente pour chaque espèce.

1° Les atomes χ^{vii} du violet v' ont la longueur $\lambda^{\text{vii}} = \lambda - \iota' - \iota'' - \iota''' - \iota^{\text{iv}}$;

2° Les atomes χ^{vi} de l'indigo ι ont la longueur $\lambda^{\text{vi}} = \lambda - \iota' - \iota'' - \iota'''$;

3° Les atomes χ^{v} du bleu b ont la longueur $\lambda^{\text{v}} = \lambda - \iota' - \iota''$;

4° Les atomes χ^{iv} du vert v ont la longueur $\lambda^{\text{iv}} = \lambda - \iota'$;

5° Les atomes χ''' du jaune j ont la longueur $\lambda''' = \lambda + \iota^{\text{v}}$;

6° Les atomes χ'' de l'orangé o ont la longueur $\lambda'' = \lambda + \iota^{\text{v}} - \iota^{\text{vi}}$;

_____

(1) C'est par erreur que les figures 12 et 28, pages 220 et 221, ont été renversées.

7° Les atomes χ' du rouge r ont la longueur $\lambda' = \lambda + \varepsilon^r + \varepsilon^{vi} + \varepsilon^{vii}$.

Cette dernière longueur est la plus grande.

Après avoir décrit les arcs différents du même angle $\gamma^n = \gamma - \gamma'$ avec la même vitesse, les sept espèces χ^{vii}, χ^{vi}, χ^{v}... χ' d'atomes se trouvent dans le rayon réfracté, non plus dans la même phase, mais dans une série ou dans un filet, où avancent les atomes χ^{m} du violet qui décrit l'arc de l'angle γ' avec le rayon $\lambda^{m} = \lambda - \varepsilon' - \varepsilon'' - \varepsilon''' - \varepsilon^{iv}$ le plus petit; ces atomes χ^{m} sont suivis de ceux χ^{vi}, χ^{v}... χ' de six autres espèces, et c'est ainsi qu'est formé le rayon r réfracté des atomes chromatiques qui arrivent à la face postérieure du prisme sa' (fig. 34).

Les atomes $q'\varphi$ réfractés du rayon r' ne pénètrent pas tous la face postérieure du prisme quand ils y arrivent obliquement; mais une partie $q''\varphi$ en est réfléchie vers l'intérieur du prisme, et ces atomes réfléchis viennent en rencontre avec leurs homonymes qui avancent; en ces rencontres les atomes réfléchis perdent leur mouvement, ainsi que leurs homonymes qui avancent; ils y deviennent inertes et il ne reste pour émerger du prisme que la quantité d'atomes qui n'a pas été supprimée.

Du côté sa' du prisme il ne faut qu'une longueur λ qui diffère peu de $0^{mm},000500$ pour laisser pénétrer les sept espèces χ^{vii}, χ^{vi}... χ' d'atomes chromatiques dont chacun a une longueur peu différente. Cette longueur λ est trop petite pour laisser les atomes émergents à l'état visible séparés l'un de l'autre; pour cette raison, il faut mettre l'écran blanc à une distance de plus de 2 mètres, car alors la longueur λ du prisme projetée sur l'écran y obtient un espace visible qui est plus de dix mille fois plus grand, et cela à cause de l'augmentation en volume des atomes chromatiques χ^{m}, χ^{vi}... χ' émergeant du prisme.

Cette augmentation en volume s'opère seulement suivant la longueur du spectre et non pas suivant sa largeur qui ne diffère pas de celle de la fente *i* (fig. 33) par laquelle pénètre la lumière solaire. L'augmentation de la longueur du spectre est un effet direct des deux déviations en *i* et *i'* (fig. 34) dans le même sens, tandis qu'il n'existe pas de déviation pareille latérale. Les deux extrémités du spectre ne sont pas nettement limitées comme le sont les bords latéraux, parce que les limites du rouge et celles du violet sont produites par des décroissements de la densité des atomes chromatiques χ' et χ^{m}.

Pour obtenir un spectre net les conditions suivantes sont nécessaires : 1° la lumière solaire doit pénétrer dans la première chambre obscure par une fente; 2° à 4 ou 5 mètres un écran reçoit la lumière, et dans son milieu se trouve une seconde fente de 1 millimètre de largeur; 3° dans la seconde fente doit être posé le prisme; 4° celui-ci doit produire entre les rayons r, r'' incident et émergent le minimum de déviation; 5° l'écran blanc qui reçoit le spectre doit être à une distance de plus de 2 mètres du prisme.

La disposition des atomes chromatiques dans le spectre est toujours la même : l'espèce χ^{m} du violet est toujours du côté de l'angle aigu formé de la direction de ces atomes et de la face postérieure du prisme; l'espèce χ' du rouge est toujours du côté de l'angle obtus formé de la direction de ces atomes émergents et de la face du prisme. Les cinq autres espèces d'atomes $\chi^{n}, \chi^{v}, \chi^{iv}, \chi^{m}, \chi''$ sont arrangées suivant la longueur des rayons $\lambda^{n}, \lambda^{v}, \lambda^{iv}, \lambda^{m}, \lambda''$ entre les atomes χ^{m} du violet et les atomes χ' du rouge.

Raies du spectre. Le champ du spectre n'est pas composé seulement d'atomes chromatiques, mais il y a plusieurs milliers de lignes sombres parallèles et inégales en épaisseur. Dans ces lignes n'arrivent pas d'atomes de lumière chromatiques ou achromates, parce que ceux qui devaient y arriver sont arrêtés dans le prisme où s'opère la suppression des atomes chromatiques complémentaires de ceux qui arrivent au spectre.

C. Polarisation chromatique.

On nomme ainsi la production des couleurs par la lumière polarisée « achromate; pour obtenir ces couleurs, il faut 1° un polariseur; 2° un analyseur; et 3° une lame cristalline très-mince; la section principale de celle-ci ne doit être ni parallèle ni perpendiculaire au plan de polarisation de la lumière incidente ni à la section de l'analyseur.

Comme dans le cas précédent, de même ici les atomes chromatiques ne peuvent apparaître sans la suppression de leurs complémentaires, et une suppression ne s'opère que dans les rencontres entre les atomes homonymes sous des angles très-petits, et cela après avoir parcouru des chemins inégaux. Connaissant cette loi physique, les faits qui en sont produits ne servent que comme exemples pour exercer le lecteur à l'application de la loi qui est la même quoique les faits paraissent de nature différente, surtout dans l'état où ils se trouvent exposés dans les ouvrages des différents auteurs.

Il a été indiqué déjà comment s'arrangent les atomes chromatiques après une réfraction quelconque; le même arrangement a lieu dans les cas où les atomes polarisés doivent décrire l'arc d'un angle γ'' en sens perpendiculaire à la direction de la propagation, et ici les atomes $\mu'\varphi$

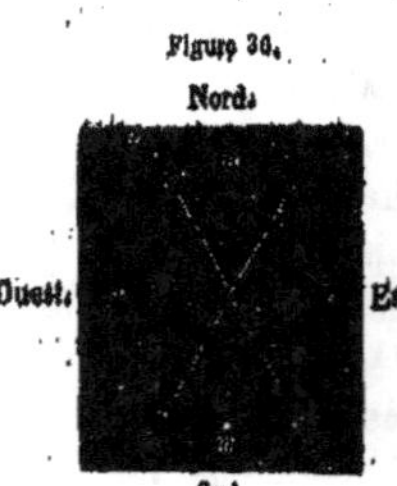

aplatis suivant le plan mm' (fig. 36) doivent se partager pour arriver aux sections $\chi\chi$, $\chi'\chi'$ de la lame, et cela n'est pas possible sans déviations divergentes du plan d'aplatissement des atomes $\mu'\varphi$ dont une moitié $\frac{1}{2}\mu'\varphi$ décrivant l'arc de l'angle mox, arrive à la section $\chi\chi$, et l'autre moitié $\frac{1}{2}\mu'\varphi$

décrivant l'angle égal *mox'* arrive à la section $\chi'\chi'$; car les angles *mox* et *mox'* sont ici admis comme égaux et par suite de 45°.

Les atomes chromatiques χ^{vii} du violet décrivent l'arc de l'angle *mox* avec le rayon de la plus petite longueur λ^{vii}... et arrivent les premiers aux sections $\chi\chi$, $\chi'\chi'$ pour prendre les uns la direction du rayon . *r* et les autres celle de l'autre rayon *r'* dans la lame. Après les atômes χ^{vii} du violet arrivent ceux χ^{vi} de l'indigo, puis ceux χ^{v} du bleu, et ce sont les atomes χ' du rouge qui arrivent les derniers, et cela à cause de la grande longueur $\lambda' = \lambda + \varepsilon^{\text{v}} + \varepsilon^{\text{vi}} + \varepsilon^{\text{vii}}$ du rayon dont est décrit l'arc de l'angle *mox* ou *mox'*.

Ces deux rayons *r*, *r'* dans la lame deviennent de cette manière composés d'atomes chromatiques arrangés précisément comme le sont ceux du rayon réfracté qui parcourt le prisme. Les deux rayons *r*, *r'* de la lame forment un angle γ qui est différent pour chaque espèce de cristal ; il est petit dans le cristal de roche et 18 fois plus grand dans la chaux carbonatée ; les faces de ces lames sont parallèles à l'axe du cristal dans lequel chacune est taillée.

Dans la face postérieure de la lame arrivent les deux rayons *r*, *r'* séparés l'un de l'autre par un intervalle dont la longueur *l* est en relation directe avec les angles γ, γ' des rayons *r*, *r'* quand l'épaisseur des lames α, α' est la même, l'une α est taillée dans un cristal de roche et l'autre α' dans la chaux carbonatée ; la longueur *l'* obtenue entre les rayons *r*, *r'* qui ont pénétré la lame α' est 18 fois plus grande que celle *l* obtenue entre les rayons *r*, *r'* qui ont pénétré la lame α de cristal de roche, et cela parce que l'angle γ' dans la lame α' est 18 fois plus grande que γ.

Les atomes $\frac{1}{2}\mu\varphi + \frac{1}{2}\mu\varphi$ aplatis des rayons *r*, *r'* pénètrent directement dans les sections de l'analyseur qui n'est qu'un cristal à un axe, quand ces sections coïncident avec celles de la lame, et alors il n'existe aucune couleur ; celles-ci n'apparaissent que dans le cas où lesdites sections ne coïncident pas ; l'apparition des couleurs est donc favorisée par l'éloignement des sections de la lame de celles de l'analyseur ; le maximum de cet éloignement existe, quand l'angle $sox = mox$, formé des sections ss', mm et xx, $x'x'$, atteint 45° ; pour cette raison, nous admettrons ici cet angle de 45°.

Pour qu'il se produise deux rayons R, R' de l'analyseur dans les sections mm' et ss', il faut qu'il y arrive les atomes $\frac{1}{4}\mu'\varphi + \frac{1}{4}\mu'\varphi$ d'un rayon r dans les deux sections mm', ss', et les atomes $\frac{1}{4}\mu\varphi + \frac{1}{4}\mu\varphi$ de l'autre rayon r' également dans les deux sections mm', ss'. De ces atomes $\frac{1}{4}\mu'\varphi$, $\frac{1}{4}\mu'\varphi$ égaux : 1° une portion arrive à la section mm' en décrivant l'arc de l'angle 45° avec un rayon d'une longueur p et l'autre portion $\frac{1}{4}\mu'\varphi$ du même rayon r' décrit l'arc de l'angle 45° + l' en direction divergente avec un rayon d'égale longueur p. De l'autre rayon r de la lame partent également deux portions égales $\frac{1}{4}\mu'\varphi$ en directions divergentes dont l'une décrit l'arc de l'angle 45° avec un rayon dont la longueur p est la même, parce que les deux rayons r, r' ne sont pas dans la même section et qu'ils sont séparés par l'intervalle l' dans la face postérieure de la lame ; si les rayons p sont égaux, les arcs sont 45° et 45° + l.

Les rayons R, R' dans l'analyseur sont composés des portions égales $\frac{1}{4}\mu'\varphi$, $\frac{1}{4}\mu'\varphi$ d'atomes qui y arrivent en directions convergentes en décrivant les uns l'arc de l'angle 45° avec un rayon de longueur p et les autres décrivant l'arc du même angle 45°, et encore une longueur l de plus ; ou en décrivant avec le rayon p les arcs 45° et 45° + l inégaux.

L'effet de ces rencontres des atomes homonymes sous une déviation très-petite est la suppression du mouvement de ces atomes, qui deviennent inertes, et il ne se répand que ceux dont le mouvement reste ; de ces espèces d'atomes dont les couleurs apparentes sont produites deviennent connues celles qui ont éprouvé une suppression, parce qu'elles sont les complémentaires des atomes non supprimés.

Les deux rayons R, R' dans la face antérieure de l'analyseur ne partent pas du même point, parce que chacun est dans une section mm' ou ss'; il y a donc un intervalle i qui sépare les points R, R' d'où partent ces rayons; ainsi : 1° les deux portions $\frac{1}{4}\mu'\varphi$, $\frac{1}{4}\mu'\varphi$ affluant au point R' le moins éloigné du centre o ont éprouvé une flexion centripète ; 2° les deux autres portions $\frac{1}{4}\mu'\varphi$, $\frac{1}{4}\mu'\varphi$ convergentes vers le point R le plus éloigné du centre o ont éprouvé une flexion centrifuge pour y arriver.

1° Des portions $\frac{1}{4}\mu'\varphi$, $\frac{1}{4}\mu'\varphi$ qui ont éprouvé la flexion centripète pour arriver au point R, sont supprimés les mouvements des atomes χ^{vii}, χ^{vi}, χ^{v}, χ^{iv} qui décrivent l'arc du même angle avec des rayons de petite longueur λ^{vii}, λ^{vi}, λ^{v}, λ^{iv}. 2° Des portions $\frac{1}{4}\mu'\varphi$, $\frac{1}{4}\mu'\varphi$ qui ont éprouvé la flexion centrifuge sont supprimés les mouvements des atomes χ', χ'', χ''' qui décrivent l'arc du même angle γ avec des rayons des grandes longueurs λ', λ'', λ'''.

Du point R' se répandent les atomes des espèces χ', χ'', χ''' qui sont ceux du demi-spectre clair, et du point R se répandent les atomes des espèces χ^{vii}, χ^{vi}, χ^{v}, χ^{iv} qui sont ceux du demi-spectre sombre. Les couleurs du spectre se trouvent donc ici autrement distribuées que dans le spectre prismatique ; elles sont partagées par un point blanc, car il n'arrive pas d'atomes chromatiques, et non pas, comme l'on croit, à cause d'une coïncidence des atomes chromatiques complémentaires.

Cet aperçu général sur les couleurs des corps et les couleurs produites de la lumière achromate suffit pour faire connaître la loi suivant laquelle la lumière achromate fait apparaître les atomes chromatiques par la suppression de leurs complémentaires.

21

Cette partie de la physique est celle qui est de la plus haute importance dans l'industrie et dans les sciences nonseulement physiques et naturelles, mais aussi dans les sciences métaphysiques et morales dont les *beaux-arts* forment une branche.

CHAPITRE PREMIER.

DU BLANC, NOIR ET ACHROMATE.

Avant de commencer l'explication de la production des couleurs prismatiques, il est nécessaire de faire connaître au lecteur : 1° la nature des deux couleurs qui n'existent pas dans le spectre, et 2° la différence entre la lumière solaire et celle obtenue du mélange des sept espèces d'atomes chromatiques du spectre; pour cela, il faut d'abord exposer les faits tels qu'ils sont obtenus des observations directes et qu'ils se trouvent dans les ouvrages des auteurs, dans leur état brut, parce qu'ils ne sont pas reliés entre eux comme causes et effets par les lois physiques pour former des séries dont les embranchements se trouvent propagés dans toutes les sciences physiques et naturelles ou métaphysiques et morales.

Les faits fondamentaux de l'optique ont été découverts par Newton, qui les exposa de deux manières différentes : 1° après avoir décomposé les atomes φ de lumière achromate, il obtint un spectre dans lequel les couleurs sont séparées par des raies sombres indiquées par les lettres b, c, d, e f, g, h. 2° Ensuite Newton divisa la circonférence en prenant les parties $\frac{1}{9}$, $\frac{1}{10}$, $\frac{1}{10}$, $\frac{1}{8}$, $\frac{1}{10}$, $\frac{1}{10}$, $\frac{1}{9}$ qu'il considéra comme occupées par les sept espèces d'atomes chromatiques, dont il obtint, par le calcul, une série de faits qui correspondent aux faits obtenus par les observations.

Ce grand physicien ayant obtenu un spectre bien pur, marqua et fit marquer par divers observateurs les points où paraissent se faire les séparations des sept couleurs entre elles; il trouva que si la longueur l du spectre est prise dans son prolongement du côté du rouge, et en partant du rouge pour avancer et arriver à chaque point de séparation, la longueur l devient :

$$l+l', l+l'+l'', l+l'+l''+l''', l+l'+l''+l'''+l'''', l+l'+l''+l'''+l''''+l''''',$$
$$l+l'+l''+l'''+l''''+l'''''+l'''''';$$

ces longueurs se trouvèrent entre elles comme celles que devait avoir une corde donnant le son Ut$_2$, avec la longueur l; pour rendre les sons de la gamme il ne faut que prendre pour chaque son plus grave une plus grande longueur déterminée dans les points de séparation des couleurs du spectre

$$\text{Ut}_2 = l, \ \text{si} = l+l', \ \text{la} = l+l'+l'', \ \text{sol} = l+l'+l''+l''',$$
$$\text{fa} = l+l'+l''+l'''+l'''', \ \text{mi}^b = l+l'+l''+l'''+l''''+l''''',$$
$$\text{ré} = l+l'+l''+l'''+l''''+l'''''+l'''''', \ \text{ut} = 2l.$$

Ces longueurs des cordes sont entre elles dans les rapports suivants :

$$\text{Ut}_2 = l, \ \text{si} = \tfrac{9}{8}l, \ \text{la} = \tfrac{5}{4}l, \ \text{sol} = \tfrac{4}{3}l, \ \text{fa} = \tfrac{3}{2}l, \ \text{mi}^b = \tfrac{8}{5}l, \ \text{ré} = \tfrac{16}{9}l, \ \text{ut} = 2l.$$

Ces cordes également tendues donnent des vibrations v', v'', v'''... dont les nombres sont en raison inverse avec les longueurs $l, \tfrac{9}{8}l, \tfrac{5}{4}l$... En admettant v pour le nombre des vibrations que produit la corde l, on obtient :

$$\text{Ut}_2 = v, \ \text{si} = \tfrac{8}{9}v, \ \text{la} = \tfrac{4}{5}v, \ \text{sol} = \tfrac{3}{4}v, \ \text{fa} = \tfrac{2}{3}v, \ \text{mi}^b = \tfrac{5}{8}v, \ \text{ré} = \tfrac{9}{16}v, \ \text{ut} = \tfrac{1}{2}v.$$

Newton avait mesuré les longueurs λ', λ'', λ'''... λ^{vii} qui séparent entre elles les ondes des fluides composés des sept espèces d'atomes χ', χ'', χ'''... chromatiques. Dans le ta-

bleau suivant sont contenues les longueurs λ', λ'', λ''' obtenues par les mesures directes; la valeur 710 de la lon-
gueur λ' des ondes du rouge a été obtenue par M. Babinet;
les longueurs l, $l + l'$... ne sont pas indiquées, mais on a
indiqué les nombres des vibrations multipliées par 704, et
l'on voit que ces mêmes vibrations sont les unités contenues
dans les longueurs λ', λ'', λ'''... des ondes chromatiques.

Lettres des raies.	Longueurs des ondes chromatiques en millionièmes de millimètres,	Nombres des vibrations des sept sons d'une octave.
b	Rouge r . . . . . $\lambda' = 688$ à 710	Ut$_2$ . . . $v' = v \times 704 = 704$
c	Orangé o . . . . . $\lambda'' = 650$	Si . . . $v'' = \frac{6}{7} v \times 704 = 600$
d	Jaune j . . . . . $\lambda''' = 589$	La . . . $v''' = \frac{5}{6} v \times 704 = 585$
e	Vert v . . . . . $\lambda'''' = 521$	Sol . . . $v'''' = \frac{3}{4} v \times 704 = 528$
f	Bleu b . . . . . $\lambda''''' = 484$	Fa . . . $v''''' = \frac{2}{3} v \times 704 = 468$
g	Indigo i . . . . . $\lambda'''''' = 420$	Mi . . . $v'''''' = \frac{5}{8} v \times 704 = 440$
h	Violet v' . . . . . $\lambda''''''' = 395$	Ré . . . $v''''''' = \frac{9}{16} v \times 704 = 396$

Ce tableau ne contient que les nombres déterminés par
Newton; ici l'on ne trouve qu'un arrangement qui rend
évidente l'identité entre les longueurs λ', λ'', λ'''... des ondes
chromatiques et les nombres des oscillations des sons.
Clairaut a démontré que les répartitions des couleurs dans
les spectres formés par différents prismes ne sont pas les
mêmes; ce fait a servi à réfuter la loi établie par Newton
entre les longueurs des cordes sonores et celles des séparations des couleurs du spectre; et cela parce que ni
Newton ni Wollaston, son défenseur, n'ont remarqué l'iden-
tité entre les longueurs λ', λ''... et les vibrations v', v'', v'''...

Ces rapports entre les longueurs λ', λ''... et les vibrations
v', v''... n'ont pas été découverts ici par hasard, mais ils
sont le résultat d'autres causes; ainsi nous allons prouver
que ces deux espèces de faits, quoique en apparence très-
différents, sont cependant produits par une cause commune
à laquelle ne pouvait remonter ni Newton ni aucun autre
physicien.

L'existence des sept espèces de couleurs de chaleur n'est pas moins constatée que celle des sept espèces de couleurs de lumière; et l'on n'a pas moins constaté la répulsion exercée de la part de la chaleur sur les corps; on ne saurait donc mettre en doute que les atomes chromatiques de chaleur produisent sur les corps des répulsions analogues aux éléments qui les constituent, de même que cela est constaté pour les atomes chromatiques de la lumière.

Les sept sons d'une gamme sont une espèce de spectre des sept couleurs de chaleur; l'organe de l'ouïe est beaucoup plus perfectionné et délicat que celui de la vision; car il ne détermine pas seulement les longueurs ou les nombres des oscillations v', v'', v'''... d'une gamme, mais encore ceux qui en sont multiples; ainsi la même gamme est sentie en un grand nombre d'octaves; de telles octaves n'existent pas dans les iris, et cela parce que l'organe de la vision diffère de celui de l'ouïe.

Les observations des couleurs comme celles des sons s'opèrent par des moyens physiques ou chimiques et par des moyens physiologiques; ceux-ci sont moins limités que les précédents, et cela à cause du plus ou moins de délicatesse des organes de sensation dans chaque individu, et à cause des vagues expressions de ces sentiments.

Il s'agit ici de constater en quoi consistent les sentiments du noir, du blanc et de l'achromate; car jusqu'à présent 1° pour le noir on disait qu'il est produit par le manque de lumière, comme cela a lieu pour l'obscur, et cependant le noir et l'obscur ne sont pas la même chose. 2° Pour le blanc on disait qu'il est produit par l'ensemble des sept espèces d'atomes chromatiques; on appela pour cela blanche la lumière solaire; et cependant l'on distingue l'eau incolore aussi bien de l'eau éclairée par le mélange des sept espèces d'atomes chromatiques que de l'eau devenue blanche par les molécules de la chaux ou de la farine en suspension. 3° Quant à la clarté du blanc on n'a rien dit là-dessus depuis que M. Helmholtz a produit ce blanc des mélanges d'atomes chromatiques peu clairs, tels que ceux χ^v du bleu et χ'' de l'orangé.

I. — DU NOIR.

Les physiciens partisans du système des ondulations qui n'admettent qu'une seule espèce de fluide, l'éther, reconnaissent 1° comme cause des sentiments des couleurs les longueurs des amplitudes observées dans les vibrations de l'éther, et 2° comme cause des sentiments des sons les oscillations longitudinales des ondes d'air.

Le noir et ses sentiments sont généralement considérés comme l'effet d'un manque d'ondes et d'écoulement, de même que le froid n'est pas considéré comme l'effet d'une espèce de fluide, mais tout simplement attribué à un manque de chaleur. Dans l'explication du noir, on rapporte comme exemple le froid, et dans l'explication de celui-ci c'est le noir qui, réciproquement, sert d'exemple. De pareilles comparaisons sont souvent considérées comme des explications.

Nous allons faire voir ici la double erreur où sont tombés les physiciens; car le sentiment du froid n'est pas plus l'effet d'un manque de chaleur, que celui du noir n'est l'effet du manque de lumière. Pour s'en convaincre il ne faut que se rappeler 1° que le sentiment du chaud est toujours l'effet d'un écoulement d'atomes θ de chaleur du dehors vers le corps en direction centripète, comme cela a lieu au moment où l'on entre dans un bain d'une température au-dessus de 30°. Si au contraire le bain est glacial, il y aura écoulement de chaleur du corps vers l'eau en direction centrifuge.

Dans l'obscurité les corps sont invisibles et non pas noirs, comme on l'a très-souvent improprement dit; la présence de la lumière est nécessaire pour rendre sensibles tous les autres corps aussi bien que les corps noirs. Pour que les autres corps soient sentis il faut nécessairement la lumière dispersée de leur surface, d'où elle arrive à l'œil ouvert et pénètre la rétine en direction centripète; à cette pénétration correspond le sentiment qui en est produit. Chaque espèce d'atomes chromatiques a une longueur λ', λ''... λ^{m} déterminée dans ses ondes, et l'épaisseur e de la rétine sert à mesurer cette longueur qui détermine l'espèce d'atomes χ', χ''... χ^{m} chromatiques qui pénètrent la rétine en direction centripète. Ainsi la rétine ne détermine pas seulement l'écoulement centripète des atomes de lumière, mais encore les longueurs λ', λ'', λ'''... de leurs ondes.

Les atomes de lumière qui arrivent aux corps noirs s'y arrêtent sans en être repoussés et dispersés; l'œil dirigé vers un point noir se trouve avec lui en un équilibre détruit, car les atomes de lumière arrivés à la rétine en se repoussant s'écoulent en direction centrifuge vers le point noir duquel ils n'éprouvent aucune résistance.

L'écoulement centrifuge de la lumière a été constaté dans les phosphores exposés à l'avance au Soleil pour se charger jusqu'à saturation de la lumière, qu'ils laissent se répandre quand ils ne sont plus exposés au Soleil, et se trouvent dans un espace obscur. Le même effet est directement obtenu par l'insolation de la rétine; pour cela on regarde le Soleil et immédiatement après l'œil est dirigé vers un mur ombragé qui envoie dans la rétine la quantité $q\varphi$ d'atomes de lumière, tandis que la quantité supérieure $(q + q')\varphi$ d'atomes denses s'écoule en direction centrifuge de la rétine, et ces atomes occupent dans la rétine la même surface circulaire qu'ils occupaient quand ils y pénétraient en direction centripète.

Le sentiment d'un cercle noir sur le mur est donc l'effet de l'écoulement des atomes $q'\varphi$ en direction centrifuge de la rétine. Ces atomes $q'\varphi$ de lumière solaire sont achromates; il n'y a donc aucune espèce de longueurs chromatiques; cela fait rester le sentiment du noir limité à celui de l'écoulement centrifuge de la lumière achromate. Dans le cas où un appartement est éclairé par une lumière chromatique, les corps noirs deviennent également visibles, car en cas pareils les atomes écoulés en direction centrifuge produisent dans l'épaisseur de la rétine les longueurs de leurs ondes et font ainsi apparaître les corps non pas tout à fait noirs, mais un peu colorés.

A. Différence entre l'obscur et le noir.

Les corps noirs ne répandent pas les atomes de lumière qui y arrivent, de même que n'en répandent pas non plus les autres corps quand ils ne reçoivent point de lumière; sous ce point de vue il y a une ressemblance entière entre les corps noirs et les corps non éclairés; cependant les corps noirs éclairés ne sont pas des corps obscurs, car ceux-ci ne sont pas visibles, tandis que le sont les corps noirs; cependant la différence ne consiste pas en quelque quantité de lumière dispersée du noir de fumée.

La différence est celle-ci, c'est-à-dire que les corps noirs sont visibles le jour et que dans l'obscurité aucun corps n'est visible; donc il ne faut pas chercher une différence objective qui n'existe pas, mais constater la différence physiologique qui se manifeste dans les sentiments du noir pendant le jour.

Un sentiment n'est pas comparable à une ombre qui s'évanouit avec l'objet, ni aux impressions dans la cire dont les postérieures effacent les précédentes. La production des sentiments s'opère dans la rétine où se rencontrent les filets des atomes de lumière avec les filets d'équivalents électriques conduits du cerveau par les nerfs optiques. Dans ces rencontres il se produit des combinés qui ont pour éléments 1° la tranche f séparée du filet d'atomes φ de lumière, et 2° la tranche e séparée du filet d'équivalents électriques.

Le sentiment est le combiné ef produit au moment de la sensation; celle-ci n'est que l'action de la combinaison des tranches f et e; le combiné ef possède les propriétés de ses éléments e et f dont le volume peut augmenter à l'indéfini sans jamais disparaître. Dans les sentiments des autres corps il s'opère un écoulement de lumière centripète, tandis que le sentiment du noir est produit toujours de l'écoulement de la lumière par la rétine mais en direction centrifuge. De même que les sentiments du chaud sont produits des écoulements de chaleur en direction centripète, les sentiments de froid sont également produits de l'écoulement de chaleur mais en sens centrifuge.

B. Éléments chimiques des corps noirs.

Le noir de fumée comme le diamant consiste en carbone $C^2 = \overline{HO}\theta H^3 \bar{E}^6 \varphi^3$ qui contient le maximum d'atomes φ'' de lumière spécifique. A l'état amorphe le carbone du noir de fumée supprime le mouvement des atomes $\mu'\varphi$ de lumière incidents; ces atomes $\mu'\varphi$ ne se dispersent pas à cause de manque d'atomes de lumière stationnaires dans le noir de fumée.

Ce noir, introduit dans une couche d'eau petite ou grande, mais en quantité capable d'y former une couche très-mince, suffit pour interrompre la transmission totale de la lumière, mais en ce cas il y a une dispersion qui est produite de la part des atomes φ' de lumière stationnaires dans l'eau.

Ces mêmes atomes φ' stationnaires existent dans le diamant composé d'atomes C^3 de carbone arrangés suivant les éléments $\overline{HO}\theta H^3 \bar{E}^6 \varphi^3$ qui constituent le carbone C^3. Cette existence d'atomes φ' stationnaires dans les cristaux rend transparent le diamant qui est un cristal.

II. — DU BLANC, DE SA CLARTÉ ET DE LA LUMIÈRE ACHROMATE.

Le blanc n'existe pas parmi les sept couleurs de l'iris, mais est produit par le mélange de ces sept couleurs, obtenues dans le spectre de la lumière solaire qui vient de traverser un prisme. Newton, partant de ces faits, a mis en avant deux hypothèses : 1° il a admis les $q\chi$ atomes chromatiques de chaque espèce $q\chi'$, $q\chi''$... $q\chi^{vu}$ contenus dans $q\varphi$ atomes de lumière solaire; 2° il a vu que l'ensemble des couleurs de l'iris produit le blanc et il en a déduit le même état pour la lumière solaire incidente dans le prisme et composée des sept couleurs du spectre; celle-ci étant blanche, Newton déclara également blanche la lumière solaire.

Si Newton eût su que pour faire paraître un atome χ' rouge dans le spectre, il ne faut pas faire apparaître les atomes χ'', χ'''... χ^{vu} des six autres espèces, mais qu'il faut les supprimer, et que, pour la production des sept atomes chromatiques, il faut sept atomes 7φ de lumière solaire, il n'aurait pas admis comme semblable l'état de la lumière solaire et celui de la lumière obtenue du mélange des atomes chromatiques de l'iris, surtout quand il voyait que l'eau ou le verre achromate se trouvent en un état qui n'est pas le même selon que ces corps sont achromates ou sont blancs, à cause d'une lumière blanche ou à cause d'une substance de cette couleur mêlée dans l'eau pure ou dans le verre.

On ne peut élever aucun doute sur ce point, savoir que les sept couleurs de l'iris, partagées en mêmes proportions dans une poudre, produisent le blanc dans leur mélange; il s'agit de prouver comment cette masse de poudre obtient un clarté supérieure sans une augmentation de lumière; la réponse à cette question n'était pas à la portée de Newton, ni à celle de ses adversaires, et cela parce qu'ils ignoraient la liaison entre les faits physiques et les faits physiologiques, liaison intime basée sur les lois physiques.

A. DE LA COULEUR ET DES SENTIMENTS DU BLANC.

Le blanc a été obtenu par M. Helmholtz dans le mélange de deux ou de plusieurs espèces d'atomes chromatiques du spectre, et ce blanc ne diffère pas de celui obtenu dans le mélange de toutes les sept espèces d'atomes chromatiques.

Le blanc obtenu dans le mélange d'atomes chromatiques d'espèces différentes ne produit dans sa décomposition que les espèces qu'il contient, ou mieux ce blanc ne se décompose pas, mais les atomes chromatiques stationnaires qui y sont ne dispersent que leurs homonymes.

Le tableau suivant contient les quantités des atomes chromatiques de chaque espèce qui doivent entrer dans le mélange pour qu'il soit blanc.

VOLUMES DES COULEURS ÉLÉMENTAIRES DU BLANC.	RAPPORT DE L'INTENSITÉ ou du volume de la première couleur à la deuxième.	
	Lumière vive.	Lumière faible.
10 ou 5 jaune verdâtre et 1 violet.	10	5
4 ou 3 jaune et 1 indigo.	4	3
1 orange et 1 bleu.	1	1
0,44 rouge et 0,44 bleu verdâtre.	0,44	0,44

Observations. Le blanc peut être obtenu par un nombre indéfini de mélanges d'atomes chromatiques qui doivent cependant remplir les deux conditions suivantes qui ont échappé à M. Helmholtz : 1° les atomes chromatiques ne doivent pas être pris dans la même moitié du spectre, mais une espèce doit être pris dans la première et l'autre

dans la seconde ; 2° ces atomes chromatiques ne doivent
pas être pris dans les corps, parce que de deux corps colorés n'est jamais produit un mélange blanc.

La condition première, c'est-à-dire que les deux espèces
d'atomes chromatiques mêlés doivent être prises dans les
deux moitiés du spectre, conduit au fait suivant : le
point i du maximum de clarté ou d'intensité du spectre se
trouve tout près de l'extrémité du jaune du côté du vert ;
ce point est déterminé de la manière suivante :

Chaque espèce d'atomes chromatiques a dans ses ondes
une longueur différente λ', λ''... λ^{m} ; en admettant que le
mélange de sept espèces d'atomes produit des ondes dont
la longueur λ est la moyenne de celles λ', λ'', λ^{vn} des ondes
des atomes chromatiques χ', χ''...χ^{vn}, on obtient pour λ la
valeur

$$\lambda = \frac{710 + 656 + 589 + 526 + 484 + 429 + 393}{7} = 544.$$

Cette longueur $\lambda = 544$ est moins éloignée de celle 526
du vert que de celle 589 du jaune, et elle correspond ainsi
exactement au maximum de clarté du spectre qui est au
point i. Il y a donc un rapport direct entre la longueur
$\lambda = 544$ des intervalles des ondes et le sentiment que produisent de pareils intervalles.

En s'éloignant du point i, qui est nommé ici *centre du
spectre*, vers l'une ou vers l'autre extrémité du spectre, la
clarté diminue 1° vers le violet parce que les longueurs λ^{iv}, λ^{v},
λ^{vi}, λ^{vii} ou 526, 484, 429, 393 diminuent, et 2° vers le rouge,
parce que les longueurs λ''', λ'', λ' ou 589, 656, 710 augmentent. Quelle est donc la cause des sentiments, auxquels
il faut absolument la longueur 544 des longueurs des ondes
pour qu'ils soient nets et clairs ?

I. C'est l'épaisseur e de la rétine où sont mesurées et
ainsi senties ces longueurs : 1° la longueur $\lambda = 544$ ayant
son milieu au milieu de l'épaisseur e de la rétine se trouve

avec ses extrémités également éloignées des deux faces de
la rétine. Dans cette épaisseur e de la rétine ne peut pas
se trouver la somme $393 + 393 = 786$ des deux longueurs
$2\lambda^{\text{vii}}$ du violet; et il n'existe aucune longueur assez grande
pour ne pas pouvoir y être contenue; par suite on a
$710 < e < 2 + 393$. $2°$ La longueur 786 double du violet
et la longueur double 838 de l'indigo sont peu éloignées
de la longueur simple 710 du rouge, les sentiments sont
analogues aux longueurs λ', $2\lambda^{\text{vi}}$, $2\lambda^{\text{vii}}$ et non pas aux éléments qui constituent ces atomes chromatiques; il y a donc
un rapprochement des sentiments précisément entre les
atomes chromatiques dont les éléments sont les plus différents.

II. Après avoir ainsi constaté que la clarté du blanc est
un effet de la longueur λ de ses ondes, parce qu'elle se
prête mieux à être mesurée dans l'épaisseur e de la rétine,
il se présente spontanément l'explication d'une foule de
faits qui produisaient quelque confusion dans les observations optiques.

Pour obtenir le blanc, les intensités des atomes chromatiques ont été mesurées par M. Helmholtz dans les largeurs
des fentes de la manière suivante; les deux intensités des
couleurs différentes ont été obtenues en un degré égal déterminé par les sentiments et non pas par les densités des
atomes; la seule erreur où il soit tombé n'existe que dans
cette détermination du degré égal de l'intensité des couleurs
différentes. La diminution qu'il eût fallu faire subir à la
fente la plus large permettait de calculer le rapport qui existait entre les intensités des faisceaux au moment où ils produisaient la lumière blanche.

A l'exception du vert pur, toute couleur simple du
spectre de l'une des moitiés produit le blanc en se combinant ou en se mêlant avec une autre de l'autre moitié.
Dans le tableau les portions du jaune varient : quand la
lumière est vive, il en faut plus que quand elle est faible

pour produire le blanc avec le violet ou avec l'indigo.

Ces cas prouvent précisément toute l'exactitude des observations de M. Helmholtz, quoiqu'il ignorât que la clarté observée n'est pas un résultat direct des densités des atomes, mais qu'elle dépend de la longueur des ondes. Pour obtenir donc une égale clarté du jaune qui a la longueur 589 et du violet qui a la longueur 393, il a fallu beaucoup de violet à cause de la grande différence $\lambda - \lambda^{vn} = 541 - 393 = 148$, et peu de jaune à cause de la petite différence $589 - 541 = 48$.

Ainsi donc, quand M. Helmholtz fixait l'égal degré d'intensité, il opérait sur une quantité ou une densité d'atomes de violet trois fois aussi grande que celle des atomes χ^{m} du jaune. Pour obtenir le blanc de ces quantités $\alpha\chi^{m}$ et $3\alpha\chi^{vn}$ d'atomes chromatiques dont sont connues les longueurs 589 et 393, il faut chercher combien on doit prendre de chaque espèce pour obtenir un mélange où 541 soit la longueur moyenne, et l'on y parvient par la méthode des mélanges d'Archimède. Dans le cas observé de M. Helmholtz, il faut prendre 10 portions de jaune ou 589×10, mais au lieu d'une portion de violet il en faut 3 à cause de l'erreur produite de la clarté : le mélange obtenu est

$$\frac{589 \times 10 + 393 \times 3}{13} = 543.$$

L'orangé et le bleu ne peuvent produire le blanc par une égale quantité de leurs atomes : mais il faut une double quantité des atomes χ^{v} du bleu qui donne

$$\frac{656 + 2 \times 484}{3} = 541.$$

Cette erreur a été, comme la précédente, produite dans la détermination du degré de l'intensité égale, où il a fallu double quantité des atomes χ^{v} du bleu pour produire une clarté égale à celle obtenue de la moitié d'atomes de l'espèce de l'orangé; toujours les sentiments produits des longueurs inférieures paraissent être produits d'une lumière d'intensité inférieure, à celle des sentiments produits des longueurs supérieures.

B. DE LA LUMIÈRE BLANCHE ET DE LA CLARTÉ.

Les sentiments des degrés différents de clarté ont été attribués aux degrés des densités des atomes de lumière solaire ou colorée, et cela a lieu quand on fait la comparaison entre les sentiments que produit la même espèce d'atomes chromatiques; mais les sentiments des clartés produits d'atomes chromatiques d'espèces différentes ou les clartés senties ne correspondent pas aux quantités ou aux densités des atomes de lumière observée.

Sept portions de poudre colorées et analogues non pas aux espaces qu'occupent les couleurs dans le spectre mais aux masses de chaque espèce d'atomes chromatiques, produisent le blanc dans leur mélange, et ainsi apparaît, dans toute la masse, une clarté qui est de beaucoup supérieure même à la clarté du mélange du jaune et du vert produite de deux portions de poudre de ces couleurs. Il est impossible de méconnaître ici la liaison entre la longueur $\lambda = 541$ du blanc et le sentiment de clarté qui atteint dans ce blanc son maximum.

Cette clarté existe également dans les sentiments de l'organe de l'ouïe; cet organe est beaucoup plus perfectionné que celui de la vision; celle-ci ne peut mesurer que la longueur λ du blanc et celles λ', λ''... λ^{vn} des atomes chromatiques; tandis que dans l'organe de l'ouïe sont mesurées les oscillations des sept espèces de sons d'une gamme, correspondant aux sentiments qui déterminent les sept longueurs des ondes des atomes chromatiques du spectre; ainsi chaque gamme est pour l'organe de l'ouïe un spectre acoustique, et cet organe sert à déterminer les oscillations multiples d'un grand nombre d'octaves. Parmi ceux-ci se distingue celle de la voix de la femme, dans laquelle les vibrations se trouvent les plus faciles à mesurer et pour cela les plus nettes et les plus claires.

En s'éloignant de cette octave vers celles qui sont plus graves ou vers celles qui sont plus aiguës, les vibrations sont moins faciles à mesurer; les sentiments qui en sont produits ne sont ni aussi nets, ni aussi agréables que ceux produits de la voix de la femme.

C. DE LA LUMIÈRE SOLAIRE ACHROMATE.

Tout corps non coloré n'est pas blanc : l'eau, par exemple, le verre, l'air et une foule d'autres corps ne sont ni colorés ni blancs, mais ils le deviennent quand ils reçoivent des substances blanches, comme ils deviennent colorés quand ils reçoivent des substances colorées. Les corps ci-dessus nommés deviennent également colorés dans les cas où ils sont éclairés par une lumière blanche ou une lumière chromatique, tandis qu'éclairés par la lumière solaire ils restent sans couleur : ils sont donc également sans couleur, comme l'est la lumière qui les éclaire; cette lumière est pour cela sans couleur, *achromate*, de même que les corps pareils.

La série de faits suivants doit servir à prouver en quel état se trouvent les atomes chromatiques dans la lumière solaire. Prenant un tube noirci en dedans, fermé par des glaces et rempli d'eau pure, M. Hassenfratz a fait passer des rayons solaires à travers. La lumière sortait successivement blanche, jaune, orangée ou rouge quand la longueur de la colonne d'eau augmentait.

Des diaphragmes annulaires placés en différents points du tube paraissaient : 1° noirâtres du côté de l'observateur,

au point où la lumière transmise était encore blanche;
2° d'un violet faible là où elle était jaune; 3° bleus là où
elle était orangée; 4° verts là où cette lumière était rouge.

Ces faits tels qu'ils sont décrits prouvent en quelles combinaisons sont contenus, dans la lumière solaire, les atomes chromatiques. L'apparition des paires de couleurs, l'une d'une moitié du spectre et l'autre de son autre moitié est conforme aux résultats qu'a obtenus M. Helmholtz dans la production du blanc par le mélange de deux couleurs dont l'une doit être prise dans une moitié du spectre et l'autre dans son autre moitié. Donc, par la décomposition des atomes achromates de la lumière solaire, on obtient, non pas les sept espèces de couleurs à la fois, mais successivement et deux à deux, une de chaque moitié du spectre.

Explication. Les atomes φ de la lumière solaire pénètrent la colonne d'eau sans en éprouver aucun partage, quand son épaisseur e est médiocre; si cette épaisseur augmente, la résistance R devient plus grande; cette résistance est exercée de la part des atomes $\mu''\varphi''$ spécifiques de l'eau contre les atomes $\mu\varphi'$ stationnaires et contre leurs éléments qui sont les atomes chromatiques. L'apparence de ceux-ci est : 1° jaune avec le violet ou l'indigo; 2° orangé avec le bleu, et 3° rouge avec le vert : cette apparence a une relation avec la production du blanc dans le mélange 1° du jaune avec le violet; 2° du jaune avec l'indigo; 3° de l'orangé avec le bleu, et 4° du rouge avec le bleu verdâtre.

I. Quand tous les éléments chromatiques χ', χ''... χ^{vii} des atomes $\mu\varphi'$ stationnaires obéissent à la pression P pour s'écouler et céder leur place à leurs homonymes incidents, ceux-ci s'écoulent à travers l'eau plus facilement qu'à travers le verre des anneaux. Pour cette raison, la face postérieure de ceux-ci est noirâtre là où sont achromates les atomes φ transmis.

II. Pour qu'ait lieu un avancement des atomes χ''' du jaune et un reculement des atomes χ^{vii} ou χ^{vi} du violet ou

indigo, ces espèces doivent avoir été unies et en même
temps achromates, parce que leur apparition ne provoque
pas celle des autres espèces d'atomes chromatiques; et la
cause de cette apparition des deux couleurs n'est autre que
la résistance qui devient $R + r'$ quand l'épaisseur de la
couche d'eau est devenue $e + e'$.

La longueur 589 des ondes du jaune ou la masse des
atomes χ''' éprouve une pression $\frac{1}{2}P + p$ qui surpasse celle
$\frac{1}{2}P - p$ qu'éprouve la longueur 393 ou 429 des ondes du
violet et de l'indigo; il s'opère ainsi une séparation des
éléments du blanc dont ceux χ''' du jaune avancent et arrivent directement à l'œil, tandis que ceux χ^{vn} ou χ^n du
violet ou indigo reculent et arrivent aux diaphragmes d'où,
réfléchis ou dispersés de la part de leurs homonymes, ils
peuvent ainsi arriver à l'œil.

III. Quand la colonne ou l'épaisseur de la couche d'eau
augmente et devient $e + e' + e''$, la résistance augmente
aussi et devient $R + r' + r''$; la pression $\frac{1}{2}P + p$ qui faisait
avancer les atomes χ'' du jaune est supprimée; alors se décompose le blanc composé de l'orangé et du bleu; la longueur 656 des ondes de l'orangé éprouve une pression
$\frac{1}{2}P' + p'$ supérieure à celle $\frac{1}{2}P' - p'$, les atomes χ^v du bleu
dont les ondes ont la longueur inférieure 484. Comme
dans le cas précédent, les atomes χ'' de l'orangé avancent
et arrivent directement à l'œil, tandis que les atomes χ^v du
bleu reculent et sont ainsi dispersés de leurs homonymes
contenus dans les diaphragmes d'où ils arrivent à l'œil.

IV. Dans l'épaisseur $e + e' + e'' + e'''$ de la couche d'eau,
la résistance est $R + r' + r'' + r'''$. Alors les deux blancs
d'espèces précédentes $\chi'' + \chi^{vi}$ et $\chi' + \chi^v$ dont les longueurs
des ondes sont $\dfrac{589 + 429}{2}$, $\dfrac{656 + 526}{2}$ ne peuvent plus avancer,
non plus que les atomes χ''', χ'' dont les ondes ont les longueurs 589, 656; c'est donc le blanc $\chi' + \chi^{iv}$ produit du
rouge et du vert qui se décompose; les ondes du rouge qui

éprouvent la pression $\frac{1}{2}P'' + p''$ avancent à cause de leur grande longueur 656 à 710, et les ondes du vert qui éprouvent la pression $\frac{1}{2}P'' - p''$ reculent, mais repoussées de la part de leurs homonymes contenus dans les diaphragmes, elles arrivent à l'œil.

V. Si l'on fait augmenter encore la colonne d'eau, la résistance augmente et, devenant $R + R'$, surpasse la pression constante P exercée de la part du Soleil sur les atomes incidents $\mu'\varphi$; cette résistance $R + R''$ interrompt la transmission des atomes incidents; l'œil ne reçoit plus d'atomes de lumière de la base postérieure du tube.

En cet état la base du tube est obscure si la moitié postérieure est dans une chambre obscure, mais dans la lumière du jour on n'y voit que la glace, et cela par la lumière qu'elle disperse; elle ne peut pas apparaître noire à cause de la glace qui renferme le tube.

Il ne faut pas confondre l'apparition des deux couleurs dans la colonne de l'eau pure avec celles des couleurs transmises ou dispersées des corps. L'or, par exemple, en feuilles de $\frac{1}{3000}$ de millimètre d'épaisseur (comparable à celle de la rétine), laisse passer les atomes χ^{IV} du vert, car ils y sont à l'état stationnaire et éprouvent, à cause de leur petite épaisseur, une résistance R inférieure à la pression P. Les atomes dispersés sont χ''' du jaune; car cette espèce d'atomes est également à l'état stationnaire dans l'or, mais ils éprouvent dans les atomes spécifiques $\mu''\varphi''$ une résistance supérieure, et pour cela ils ne peuvent pas être transmis; ces atomes χ''' du jaune stationnaire dispersent leurs homonymes de la lumière achromate $\mu'\varphi$ incidente, tandis que de six autres espèces, ceux χ^{IV} du vert sont transmis, et les cinq autres, perdant leurs mouvements, deviennent inertes; toutefois le mouvement perdu n'est pas anéanti, mais il est transmis aux atomes postérieurs, comme cela a lieu pour les mouvements des corps élastiques.

III. — RÉSUMÉ.

I. Le blanc est produit du mélange des sept couleurs du spectre ou de sept portions de poudre qui ont les couleurs du spectre.

II. Le blanc est également produit du mélange des deux espèces d'atomes chromatiques, quand une espèce est prise dans une moitié du spectre et l'autre espèce dans son autre moitié. En prenant deux portions de poudre contenant l'une la couleur d'une moitié du spectre et l'autre une couleur de l'autre moitié, il est impossible d'obtenir un mélange blanc. Ce cas singulier va trouver son explication dans celle de la circonférence chromatique de Newton et dans celle des mélanges des couleurs des corps.

III. Quand on obtient de la lumière solaire une paire de couleurs, l'une appartient à une moitié du spectre et l'autre à son autre moitié. On ne trouve nulle part les cinq autres couleurs complémentaires, et cela prouve l'état dans lequel les atomes chromatiques sont contenus dans la lumière solaire.

IV. La clarté du blanc n'est pas le seul effet d'une quantité ou d'une densité supérieure de lumière; elle dépend également de la longueur 541 des ondes, longueur qui est la moyenne de celles des ondes des sept espèces d'atomes chromatiques. Cela devient évident dans le mélange blanc des portions des sept espèces de poudres colorées, où chaque poudre à part a une clarté inférieure à celle du blanc; tous les mélanges sont sombres quand ils sont produits des couleurs d'une seule moitié du spectre.

Comme ni Newton ni les autres physiciens ne connaissaient la cause physiologique de la clarté, ils ont évité autant que possible d'établir une comparaison entre les clartés des couleurs différentes; les observations de M. Helmholtz ont servi à rendre plus évidentes les erreurs provenant des égales clartés entre deux couleurs différentes.

CHAPITRE II.

DES INTERFÉRENCES ET DIFFRACTIONS CONSISTANT EN PRODUCTION DE POINTS OBSCURS OU COLORÉS DE LA LUMIÈRE CHROMATIQUE OU ACHROMATE.

Les séries des faits contenus dans ces deux groupes sont produites d'une seule et même cause et ne diffèrent que par leur mode d'apparition et par les appareils qu'on em-

Figure 37.

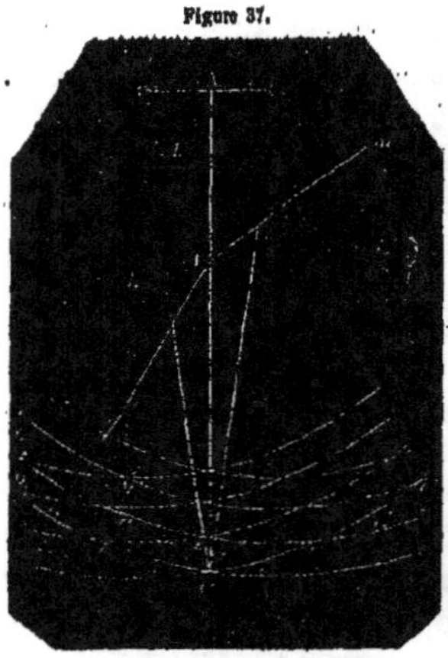

ploie pour leur production et leur observation. Pour obtenir ces faits dans l'un et l'autre cas, les mêmes conditions sont à remplir : 1° Les atomes de lumière $q\varphi$, $q'\varphi$ provenant d'une seule et même source doivent être séparés par l'intervalle λ et se trouver, les uns $q\varphi$ dans les surfaces paires S^{2n}, $S^{2n\pm1}$, et les autres $q'\varphi$ dans les surfaces également paires $s^{2n\pm2}$; ou les uns $q\varphi$ dans les surfaces impaires $S^{2n\pm1}$, les autres $q'\varphi$ dans les surfaces $s^{2n\pm1}$ également impaires. 2° Les directions centrifuges des atomes $q\varphi$ et $q'\varphi$ doivent avoir une légère inclinaison de quelques secondes, ce qui n'est possible que quand les centres s, s' des surfaces S', S"..., s', s''... sont peu éloignés l'un de l'autre.

I. — EXPLICATION DES INTERFÉRENCES DANS LE SYSTÈME DES ONDULATIONS.

La lumière solaire pénètre par une lentille l pour former une ligne focale S très-étroite; lm et lm' sont deux miroirs inclinés de quelques secondes pour faire passer en s, s' les deux images du foyer S. Les atomes $q\varphi$, $q'\varphi$, répandus de s, s', se trouvent : 1° les uns $q\varphi$ dans les surfaces ae' qui ont pour centre l'image s' et pour rayon $s'e = n \times \lambda$, et 2° les autres $q'\varphi$ dans les surfaces ac qui ont le centre en s et un rayon $(n \pm 1)\lambda$. Les rayons $2n \times \lambda$ correspondent aux surfaces paires S^{2n}, et les rayons $(2n \pm 1)\lambda$ correspondent aux surfaces impaires $S^{2n\pm1}$; de sorte qu'en une unité de temps toutes les surfaces sont pleines étant éloignées les unes des autres par l'intervalle égal λ relativement aux centres s, s'.

Cet état de plénitude des surfaces est obtenu par des condensations qui ne sont autre chose que l'affluence des atomes de lumière, dont les uns $(\mu + 2\mu')\varphi$ arrivent en direction centrifuge, et les autres $\mu\varphi$ en direction centripète. Ces atomes affluant ainsi viennent de partir, les uns $(\mu + 2\mu')\varphi$ d'une surface S^{2n-1} inférieure, et les autres $\mu\varphi$ d'une surface S^{2n+1} supérieure appartenant toutes au centre s'; quand donc la surface S^{2n} est pleine, les surfaces impaires $S^{2n\pm1}$ du même centre sont vidés.

Le même effet se produit pour les surfaces s^{2n}, $s^{2n\pm1}$ qui ont pour centre le point s; ces surfaces s^{2n}, $s^{2n\pm1}$ ne coïncident pas avec les précédentes, mais se coupent sous les angles sns' qui sont égaux à ans, et cela parce que le rayon $s'n$ est perpendiculaire à l'arc am, et le rayon sn à l'arc zn.

Les condensations sont simultanées dans les ondes paires S^{2n} et s^{2n} des deux systèmes provenant des centres s, s', mais à la gauche de la ligne centrale Aa les surfaces s des rayons r du centre s sont à une distance de ce centre plus grande que les surfaces S des rayons r' du centre s; c'est le contraire qui a lieu pour les distances entre les surfaces S^{n}, s^{n} qui ont les mêmes centres s, s_{j}, et sont à la droite de la ligne Aa.

Si λ représente la différence $r - r'$ entre les rayons des surfaces S^{n} et s^{n}, ces surfaces seront pleines dans les unités paires $2n\tau$ de temps, car les condensations s'opèrent simultanément, sans que ces surfaces S^{n}, s^{n} soient séparées par l'intervalle double 2λ, comme cela a lieu dans les surfaces S^{n}, $S^{2n\pm2}$ ou s^{n}, $s^{n\pm2}$ homocentres.

Après les condensations viennent les dilatations; celles-ci sont un effet des atomes accumulés par la condensation, car ceux-ci exercent une contre-répulsion mutuelle produite de leur élasticité qui n'est que le mouvement indéfini contenu dans ces mêmes atomes; ceux-ci se divisent spontanément en deux moitiés $(\mu + \mu')\varphi$ et $(\mu + \mu')\varphi$, et, en se repoussant, reçoivent une quantité m de mouvement suffisante pour que ces deux moitiés parcourent précisément la longueur égale λ, l'une $(\mu + \mu')\varphi$ en direction centrifuge et l'autre $(\mu + \mu')\varphi$ en direction centripète.

Ce qui s'opère dans la surface S^{n} du centre s a lieu en même temps pour la surface s^{n} du centre s_{j} et ainsi les atomes $(\mu + \mu')\varphi$ qui suivent la direction centrifuge viennent en rencontre avec ceux qui suivent la direction centripète. La rencontre ne s'opère pas de front, mais sous une certaine obliquité, et précisément au milieu de l'intervalle λ, parce que les atomes égaux $(\mu + \mu')\varphi$ des deux surfaces S^{n}, s^{n} y arrivent une demi-unité de temps $\frac{1}{2}\tau$ après leur départ de ces surfaces.

Ainsi, dans l'espace n également éloigné des surfaces S^{n}, s^{n} se trouve supprimé le mouvement $\frac{1}{2}m$ des atomes $(\mu + \mu')\varphi$ et des atomes égaux $(\mu + \mu')\varphi$ qui se rencontrent au moment où ils possèdent encore l'autre moitié $\frac{1}{2}m$ de mouvement qui aurait été suffisante pour que l'autre moitié parcourût $\frac{1}{2}\lambda$ de l'intervalle λ.

Les atomes $(\mu + \mu')\varphi$, $(\mu + \mu')\varphi$ privés de leur mouvement restent dans l'espace n en état inerte, ils ne subissent plus d'expansion, et ne repoussent plus leurs homonymes ambiants pour les faire se propager jusqu'à l'œil et y produire un sentiment de lumière ou de clarté. Ce défaut de sensation lumineuse de la part de l'espace n est la cause de l'obscurité qui y est observée.

Comme la suppression du mouvement s'opère en n entre les atomes $(\mu + \mu')\varphi$ et $(\mu + \mu')\varphi$ des surfaces S^{2n}, s^{2n}, il s'opère des rencontres d'atomes $\mu\varphi$, $\mu\varphi$ ou $(\mu + 3\mu')\varphi$, $(\mu + 3\mu')\varphi$ en même temps entre les surfaces S^{2n-1}, s^{2n-1} et S^{2n+1}, s^{2n+1}. Si l'on place en an' un carton blanc, les espaces obscurs n y deviennent visibles.

Les deux points s, s' lumineux ou les images de S peuvent être deux traits perpendiculaires au plan de la figure; on aura en an' une série de bandes presque parallèles à ces traits alternativement lumineuses et obscures; elles sont nommées *franges*, et dépendent directement des deux traits s, s' lumineux, car si la lumière de l'un d'eux est supprimée par un écran, les franges disparaissent, pour réapparaître après l'éloignement de cet écran.

Si l'on rapproche le carton des traits s, s', on voit se rapprocher de la ligne centrale Aa les franges du même ordre c, α, v, δ... Et comme la différence $r - r' = \lambda$ est constante, les points obscurs des franges doivent se trouver sur les deux branches d'une hyperbole dont les foyers sont en s, s'.

La longueur λ des ondes est différente pour chaque espèce d'atomes chromatiques χ', χ''... χ^{m}; cela produit le déplacement des points obscurs c, α, v, δ...; quand la lentille l est différemment colorée, en commençant par le rouge pour finir successivement par le violet, les franges se rétrécissent et se rapprochent des centres s, s'.

Si la lentille l est achromate, les espaces obscurs deviennent occupés par les couleurs complémentaires de celles dont les atomes y ont été supprimés. Ainsi à la place des franges se trouve le spectre ayant le violet du côté des traits lumineux s, s'.

La longueur $\lambda = an$ est déterminée du triangle rectangle anc dont les côtés sont curvilignes ayant pour hypoténuse ac qui est la distance entre le milieu c de la première bande brillante et celui de la bande centrale a. Les angles aca' et $cas' = \omega$ sont égaux, comme ayant les côtés perpendiculaires. On a donc $an = \lambda = ac\sin\omega$. Cet angle ω et l'hypoténuse ac sont directement mesurés avec la plus grande exactitude possible, et l'on obtient ainsi la longueur λ.

Celle-ci est proportionnelle à l'hypoténuse ac, et comme il résulte de l'expérience que les franges sont plus serrées avec les atomes χ^{vu} du violet qu'avec ceux χ' du rouge, il s'ensuit que la longueur λ^m du violet est inférieure à celle λ' des ondes des atomes χ' du rouge.

La valeur de la longueur λ des ondes de chaque espèce d'atomes chromatiques peut également être obtenue de l'équation $A^2 y^2 - B^2 x^2 = -A^2 B^2$ de l'hyperbole qui passe par la frange c; car λ n'est autre chose que la différence $s'c - sc$ entre les rayons vecteurs $s'c$, sc de cette hyperbole, différence qui est égale à son demi-grand axe A.

Dans l'équation $A^2 y^2 - B^2 x^2 = -A^2 B^2$ de l'hyperbole, les deux axes A, B sont déterminés au moyen des deux couples de valeurs x', y', x'', y'' obtenus par l'observation. Ainsi l'on a trouvé très-approximativement les valeurs des longueurs λ', λ'', λ'''... λ^{vu} des ondes des sept espèces d'atomes chromatiques, qui sont contenues dans le tableau suivant:

Il a été dit déjà que les bords latéraux du spectre sont bien limités, tandis qu'il n'en est plus de même pour les deux extrémités du spectre: il résulte de là, d'après Fraunhofer, que les valeurs des longueurs λ', λ^m du rouge et du violet extrêmes sont $\lambda' = 0^{mm},000750$, $\lambda^{m} = 0^{mm},000360$; et d'après M. Babinet, $\lambda' = 0^{mm},000740$, $\lambda^{vu} = 0^{mm},000340$. Pour la longueur λ^{m} des ondes des atomes χ^{m} du jaune de la lampe monochromatique, on a trouvé la valeur $\lambda^{m} = 0^{mm},000588$.

En prenant 77,000 lieues pour la distance que la lumière solaire parcourt en une seconde, et en admettant que la même distance est également parcourue en une seconde par chaque espèce d'atomes χ', χ''... χ^{m} chromatiques franchissant les espaces λ', λ''... λ^{vu} en une unité de temps $\frac{\tau}{\lambda'}$, $\frac{\tau}{\lambda''}$... $\frac{\tau}{\lambda^{vu}}$, les nombres n', n''... n^{vu} de ces mêmes unités d'espaces expriment les vibrations v', v''... v^{m} qu'exerce par seconde chaque espèce d'atomes chromatiques. Ces vibrations étant en raison inverse avec les longueurs λ', λ''... λ^{vu}, le sont aussi avec les vibrations des ondes sonores qui sont en raison directe avec ces longueurs λ', λ''... λ^{vu}.

Nous ne pensons pas qu'il se trouve personne qui veuille attribuer l'accord indiqué entre les nombres du tableau qui suit à un hasard tout particulier et non pas à l'origine commune des sept couleurs et des sept sons.

RAIES ET COULEURS.	VALEURS de λ', λ''... λ^{vii} en millionièmes de millimètre.	NOMBRES n', n''... n^{vii} de vibrations par secondes en trillions.	= RAPPORTS entre les longueurs des cordes et des sons.	RAPPORTS entre les intervalles des ondes des sept sons.	RAPPORTS entre les intervalles des ondes des sons de sept couleurs.	DIFFÉRENCES en millionièmes de millimètre.
Raie B.	688 à 710 = λ'	......	$l' = 1:2$ Ut_2	$2 \times 332 = 702$	Rouge 710	+
Raie C.	656	......	$l'' = 8:15$ Si	$\frac{15}{8} \times 332 = 660$	Orangé 650	−
Rouge moyen.	620	495				
Raie D.	589	......	$l''' = 3:5$ La	$\frac{5}{6} \times 332 = 585$	Jaune 589	+
Orangé moyen.	585	528				
Jaune moyen.	551	589				
Raie E.	526	......	$l^{iv} = 2:5$ Sol	$\frac{3}{2} \times 332 = 528$	Vert 528	−
Vert moyen.	512	601				
Raie F.	485	......	$l^{v} = 3:4$ Fa	$\frac{4}{3} \times 332 = 468$	Bleu 469	+
Bleu moyen.	475	648				
Indigo moyen.	449	689				
Raie G.	429	......	$l^{vi} = 4:5$ Mi	$\frac{5}{4} \times 332 = 460$	Indigo 460	+
Violet moyen.	425	723				
Raie H.	393 = λ^{vii}	......	$l^{vii} = 8:9$ Ré	$\frac{9}{8} \times 332 = 396$	Violet 393	− 3

II. — EXPLICATION DES DIFFRACTIONS PAR FRESNEL.

En partant de l'explication des interférences, ce physicien est parvenu à ramener à une même cause les faits attribués à la diffraction, et cela d'une manière très-simple et mathématiquement exacte.

Les atomes de lumière sont émis d'un point f (fig. 38) et arrivent simultanément à la surface sphérique xx', où sont considérés comme le point de départ x' par lequel passe la ligne fo et x qui, étant le sommet d'un écran, disperse les atomes φ de lumière et sert ainsi comme de corps lumineux; de sorte que les atomes φ, φ' de lumière viennent en rencontre en o comme si les uns φ partaient du point x'' en faisant le chemin $x''o$, et les autres φ' du point x en faisant le chemin plus long $xo = x''o + \lambda$; précisément comme cela a lieu pour les atomes φ, φ' de lumière qui partent des images s, s' (fig. 36) pour venir aux points e', $e...$ en rencontre après avoir parcouru des distances inégales.

Si donc λ est la différence $xo - x''o$, le point o sera brillant, et il aura dans la distance $\frac{1}{2}\lambda$ du devant et de l'arrière deux points sombres; si au contraire $\frac{1}{2}\lambda$ est la différence $xo - x''o$, ce point sera obscur et il aura dans la distance $\frac{1}{2}\lambda$ du devant et de l'arrière ou de la gauche et de la droite deux points brillants. Les points obscurs et brillants se trouvent disposés pour former des franges qui constituent les deux branches d'une hyperbole dont les deux foyers sont en x'' et x.

Au lieu d'un écran, on peut prendre deux sv à droite et

$z'x$ à gauche de fo; les franges produites forment en ce cas deux hyperboles dont l'une a ses foyers en z'' et z, et l'autre en z'' et z', de sorte qu'il y a une coïncidence des branches qui sont du côté du foyer commun z''.

Si l'on met autour du centre z'' une périphérie composée d'écrans pareils à zv, $z'x$, les franges produiront une infinité d'hyperboles qui auront toutes pour foyer commun le centre z'', et leur autre foyer sera un point de la circonférence.

La disposition des points brillants et obscurs est en relation mathématique avec les distances entre les deux foyers z'', z, distances qui deviennent différentes quand on change la forme de l'écran en lui donnant celle d'un carré ou d'un parallélogramme.

Les physiciens sont parvenus à ces résultats par des voies beaucoup moins simples que celle qui vient d'être indiquée ici. Au lieu d'une ouverture, on peut en employer deux ou plusieurs; de sorte que chacune d'elles ne sera pas un foyer, comme on croit, mais le centre de chaque ouverture sera le foyer commun d'une infinité d'hyperboles qui auront l'autre foyer sur la périphérie de chaque centre d'ouverture.

En approchant ou en éloignant un écran de carton de l'ouverture $z''z$, la disposition des franges change symétriquement, et cela à cause des atomes φ' dispersés des bords de l'ouverture qui produisent avec la ligne $z''o$ un angle qui croît à mesure qu'on approche de l'ouverture $z''z$. Les effets pareils des ouvertures ont été observés par W. Herschell, de la manière suivante, en employant des diaphragmes.

Effet des diaphragmes. W. Herschell a remarqué que si l'on regarde une étoile à travers une lunette grossissant 200 fois, l'étoile apparaît comme un très-petit disque à contour bien tranché et entouré d'une série d'anneaux très-serrés équidistants et alternativement noirs et lumineux; on y distingue, avec beaucoup d'attention, une légère coloration sur les bords. Le disque central paraît d'autant plus large que l'étoile observée est plus brillante.

Ici c'est la périphérie du tube où est fixé l'objectif qui est l'écran périphérique; le centre de l'objectif est le foyer commun des hyperboles dont l'autre foyer est dans sa périphérie. Les anneaux sombres et ceux de la coloration correspondent donc aux franges qui sont dans les branches des hyperboles dont le foyer commun est placé au centre de l'objectif.

Quand l'ouverture de l'objectif est rétrécie par un diaphragme à ouverture circulaire, l'image de l'étoile s'agrandit, et d'autant plus que l'ouverture est plus petite. Cette image ressemble à celle d'une planète et elle est entourée d'anneaux colorés dans lesquels le violet est en dedans. Si l'ouverture a pour diamètre $12^{mm},5$, les anneaux pâlissent au point de ne plus être distincts, et l'image très-agrandie de l'étoile présente des contours très-diffus.

Arago a remarqué que si l'on enfonce ou qu'on retire peu à peu l'oculaire de la lunette, l'image de l'étoile présente à son centre une tache alternativement noire et lumineuse, précisément comme cela a lieu pour les ouvertures circulaires d'un diamètre de 1 à 2 millimètres.

Dans un écran noir on peut faire une ouverture annulaire de 1 à 2 millimètres de largeur : en ce cas, la périphérie qui passe par le milieu de l'ouverture contient les foyers communs des hyperboles dont l'autre foyer se trouve pour les internes dans la périphérie interne de l'ouverture, et celui des hyperboles externes est dans sa périphérie externe.

Explication des effets des diaphragmes. Dans l'explication du mode de la production des sentiments dans la rétine nous démontrerons que la pénétration des atomes de lumière, par l'épaisseur e de la rétine, donne naissance au sentiment de la direction dans laquelle se trouve le point lumineux α.

Si ces points sont au nombre de deux α α', les directions
$o\alpha$, $o\alpha'$ traverseront l'épaisseur e de rétine en formant un
angle γ dont la grandeur reste la même, tandis que la
distance entre les points α, α augmente avec les distances
de l'œil. Ainsi donc, pour que le disque d'une étoile
augmente, il faut que la rétine soit pénétrée par les atomes
de lumière qui arrivent de ces bords en directions plus
divergentes, et cela est précisément obtenu par les bords
internes des diaphragmes qui produisent l'effet indiqué par
Herschell.

Les faits observés par Arago à la suite des déplacements
de l'oculaire prouvent l'absence de lumière aux points noirs,
et cette absence n'est autre que les intervalles entre les
ondes $S^{2\kappa}$ et $s^{2\kappa}$ dont les unes ont le rayon dans le centre de
l'objectif et les autres l'ont dans sa périphérie. Ces points
noirs ou obscurs sont les mêmes qu'Herschell remarque
comme une série d'anneaux très-serrés équidistants et alternativement noirs et lumineux.

Chaque fois la qualité ou l'espèce d'atomes chromatiques est sentie également de tous les individus et à toute
distance, et cela parce que les sentiments des couleurs sont
l'effet des longueurs λ, λ', λ''... λ^m des ondes. Il n'en est
pas de même pour les grandeurs qui dépendent, 1° de
l'angle γ produit dans la rétine des deux points α, α' lumineux, et 2° de la distance entre ces points et l'individu. Les
étoiles les plus brillantes paraissent avoir un disque plus
grand que celui des étoiles les moins brillantes, et cela à
cause d'une illusion par laquelle la pensée suppose toutes
les étoiles à la même distance et de la même clarté, de sorte
que celles qui envoient le plus de lumière paraissent le faire
à cause de leur plus grande dimension.

III. — OBSERVATIONS RELATIVES À L'EXPLICATION DES INTERFÉRENCES
ET DES DIFFRACTIONS.

III. — OBSERVATIONS RELATIVES À L'EXPLICATION DES INTERFÉRENCES ET DES DIFFRACTIONS.

Fresnel et Arago sont parvenus, au moyen d'observations directes, à constater l'existence de condensations et dilatations successives, aussi bien dans la propagation des ondes sonores que dans celle des ondes de la lumière. Ces faits ainsi acquis ne pouvaient servir qu'à l'explication des interférences et des diffractions où ils ont été constatés. Ces physiciens étaient arrêtés à chaque pas parce qu'ils ignoraient la source du mouvement; ils le supposaient émis des corps lumineux, sans pouvoir rien répondre à leurs adversaires qui leur demandaient d'expliquer l'état de ce mouvement avant qu'il soit émis de ces corps.

Tout ce qui a été dit sur la transformation de l'éther en électre par l'action suprême n'est plus une hypothèse, comme cela pouvait le paraître dès l'abord, car le mouvement déposé dans l'électre de la manière indiquée se manifeste spontanément sans avoir besoin d'être engendré précisément comme cela a lieu pour la matière.

A. MODE DE LA PROPAGATION DE LA LUMIÈRE.

Cette propagation n'est que l'effet du mouvement déposé dans l'électre qui constitue les éléments des atomes de lumière et de chaleur, mouvement admis sous le nom d'*élasticité* dans ses manifestations observées dans les gaz et les fluides impondérables.

Dans le système des ondulations on avait d'abord admis le mouvement comme émis des corps lumineux et propagé par les atomes d'éther considérés à l'état inerte et privés d'un mouvement propre pareil à celui qui se manifeste dans les gaz sous le nom d'*élasticité*. Alors les faits observés restaient, dans ce système, tout aussi inexplicables qu'ils le sont dans le système de l'émission.

Tout changea de face lorsque Fresnel fut parvenu à connaître dans la production des faits observés l'existence d'un mouvement indéfini qui se manifeste dans l'expansion de l'éther dans toutes les directions, précisément comme l'est l'élasticité des gaz. Malheureusement Fresnel, ne pouvant se résoudre à abandonner l'idée du volume inaltérable des atomes, n'a pu saisir la modification des atomes de lumière polarisée qui n'est que la suppression latérale du mouvement ou de l'expansion de ces atomes. Ce physicien, fourvoyé par suite de cette erreur, donna aux faits des explications qui, n'étant pas conformes aux lois physiques, doivent pour cela être considérées comme fausses, et ne peuvent servir que de description simple des faits.

Les corps lumineux émettent les sept espèces d'atomes de lumière, comme cela est admis dans le système de l'émission ; dans ces atomes de lumière est déposé le mouvement indéfini qui est ainsi émis des atomes lumineux comme on l'admet dans le système des ondulations.

Donc ni les atomes sans mouvement, ni celui-ci sans les atomes ne sont possibles ; comme les atomes d'hydrogène et d'oxygène s'écoulent de l'eau, comme ceux d'acide carbonique s'écoulent des sels carbonatés possédant en eux-mêmes un mouvement qui les met en état de se dilater spontanément et d'occuper un espace indéfiniment grand, sans y laisser de point vide, ou ce qu'on dit des *pores*, de même les atomes φ de lumière et ceux θ de chaleur s'écoulent des corps lumineux, où 1° ils se trouvent contenus comme tels φ et θ composés avec le charbon et l'azote $C^2 = \overline{HO}\theta H^3 \bar{E}^6 \varphi^{/3}$, $Az^2 = \overline{HO}\theta^3 H\bar{E}^2 \varphi''$, ou 2° ils ne sont pas contenus les atomes φ, θ comme lumière et chaleur, mais ce sont les équivalents $\bar{E}$ de l'électricité négative contenus dans les combustibles et les équivalents $\bar{E}$ de l'électricité positive contenus dans l'oxygène. Ces équivalents se combinent et produisent les combinés des deux espèces $E'E^3 = \check{E}\check{E}\check{E} + \check{E}\check{E} = \check{E}^2\check{E} + \check{E}E^3 = \varphi' + \theta$ qui sont deux atomes différents produits des mêmes éléments différemment combinés..

Le système de l'émission et des ondulations réunis forment le système complet, car il y a émission d'atomes φ de lumière; et il y a en même temps émission de mouvement avec ces atomes; donc 1° on n'a plus besoin du mouvement communiqué aux projectiles comme dans le système de l'émission; 2° on n'a plus besoin non plus de l'éther admis dans le système des ondulations, parce que ce sont les atomes mêmes de lumière qui se dilatent comme les atomes des gaz et produisent les faits attribués au mouvement de l'éther; ainsi se trouve mise à néant l'hypothèse du volume constant des atomes.

La propagation des atomes des gaz comme celle des masses matérielles des ondes sonores s'opère par des condensations et des dilatations qui ne diffèrent point de celles constatées dans la propagation des atomes de lumière; de la même manière s'opère la propagation de l'électre, comme cela a été obtenu directement des lois physiques et du mouvement indéfini déposé de la part de l'action suprême dans les atomes d'*éther* pour devenir *électre*.

Fresnel et Arago n'ont pas dit que, dans les dilatations, les masses $2(\mu + \mu')\varphi$ d'atomes se divisent en deux moitiés $(\mu + \mu')\varphi$, $(\mu + \mu')\varphi$, mais dans les condensations la portion $(\mu + 2\mu')\varphi$ qui arrive en direction centrifuge est plus grande que celle $\mu\varphi$ qui arrive en direction centripète; ils n'ont pas dit non plus qu'au moment où ces condensations et dilatations s'opèrent dans les surfaces paires S^{2n}, les surfaces impaires $S^{2n\pm1}$ sont vides : les unes ont pour rayon la longueur $2n\lambda$ et les autres celle $(2n\pm1)\lambda$; de même une unité de temps τ après, les condensations et les dilatations, ou les *systoles* et *diastoles*, s'opèrent dans les surfaces impaires $S^{2n\pm1}$, quand sont vides les surfaces paires S^{2n}.

Donc λ est la distance entre les surfaces hétéronymes

pleines et vides ou les surfaces paires et impaires ; cette distance est double 2λ entre les surfaces homonymes S^{2n} et
$S^{2n\pm2}$, S^{2n+1} et S^{2n-1}, dont les unes ont pour rayon la longueur 2λ, $2(n\pm1)\lambda$ et les autres $(2n+1)\lambda$, $(2n-1)\lambda$.

1° A la fin de chaque unité impaire de temps $(2n\pm1)\,\tau$,
on trouve, dans les surfaces impaires S', S''', S^v, $S^{2n\pm1}$, les condensations ou les affluences des atomes $(\mu+2\mu')\varphi$ en direction centrifuge et des atomes intérieurs $\mu\varphi$ en direction
centripète. Ces affluences s'opèrent dans les surfaces paires
S'', S^{iv}... S^{2n} des portions toujours inégales à la fin de chaque
unité paire de temps.

2° Les dilatations s'opèrent au commencement de chaque
unité de temps ; elles sont dans les surfaces impaires, S',
S'''... $S^{2n\pm1}$, si l'unité du temps est paire ; et si celle-ci est
impaire, elles sont dans les surfaces paires. Les masses
$2(\mu+\mu')\varphi$ accumulées se divisent en deux moitiés par la dilatation.

Donc, il y a un continuel va-et-vient des atomes $\mu\varphi$ et
en même temps il y a une propagation centrifuge des
atomes $\mu'\varphi$; celle-ci est un effet 1° de la supériorité des
portions centrifuges dans les condensations et 2° de l'égalité
des portions divergentes de la surface pleine. Ce mode de
propagation des ondes d'électre a été exposé en détail
(page 24).

C. Production des ondes par la lumière solaire.

1° Les sept couleurs sont produites des sept espèces
d'atomes χ', χ''... χ^{vii} comme cela est admis dans le système
de l'émission ; 2° les amplitudes latérales des expansions de
chaque espèce d'atomes sont différentes, comme cela est
admis dans le système des ondulations.

Les sept espèces d'atomes chromatiques diffèrent à cause
de leurs éléments qui sont les combinés produits de la ma-

nière indiquée (page 11), dont chacun contient, sous le même volume, une quantité différente $a\alpha$, $b\beta$, $c\gamma$, $d\delta$, $e\varepsilon$, $f\zeta$, $g\eta$ d'électre. Ces différences de quantité d'électre sont également la cause de sept espèces d'atomes de lumière qui ont, sous un volume égal, différentes quantités d'électre.

Pour produire la lumière solaire d'une densité égale, les volumes changent; car les atomes du violet sont contenus dans l'espace le plus petit de la couche centrale, et les atomes χ' du rouge sont contenus dans le plus grand espace de la couche superficielle.

La propagation s'opère en effet par des condensations et dilatations, mais aucun physicien n'est allé plus loin, et n'a eu l'idée d'examiner pourquoi le violet se manifeste du côté intérieur et dans le spectre du côté où est aigu l'angle formé du côté du prisme et du rayon composé d'atomes de violet. Les faits ne peuvent recevoir une explication complète que quand on a bien exposé non-seulement les éléments des atomes chromatiques de la lumière, mais aussi leur mode d'arrangement pendant la propagation opérée par systoles et diastoles ou par *cymatoses*.

Cymatose. Les rayons R, R, R... (fig. 39) solaires sont les masses des atomes $\mu\varphi$ de lumière séparés du soleil pour se propager vers l'espace céleste par des condensations et dilatations : 1° les lignes continues indiquent les surfaces sphériques homonymes dans lesquelles s'opèrent les condensations à la fin d'une unité impaire $(2n \pm 1)\tau$ de temps; 2° les lignes ponctuées indiquent les surfaces sphériques intermédiaires qui sont vides à la fin des unités impaires de temps; au contraire, à la fin des unités paires de temps, les ondes paires des lignes ponctuées sont pleines, et les ondes impaires des lignes continues sont vides.

Les *condensations* s'opèrent par l'affluence des atomes homonymes en suivant des écoulements contraires animés d'un mouvement qui expire précisément quand ces atomes viennent en contact; c'est pour cela qu'il n'y a pas choc entre ces atomes.

A cause des quantités inégales d'atomes d'électre e', e'', ... e^{vn} contenus dans chaque espèce d'atomes chromatiques pour obtenir une densité égale, les espaces occupés par chaque espèce d'atomes deviennent inégaux. Pour cette raison, les atomes χ^{vn} du violet occupent la couche centrale $v^0.v^0$, et les atomes x' du rouge occupent la couche superficielle $r^1.r^0$.

Figure 39.

SOLEIL.

La *dilatation* est un effet de l'élasticité qui est le mouvement déposé dans les atomes d'électre; elle se manifeste comme une expansion dans toutes les directions, dont les longitudinales sont celles de la propagation des rayons. Dans la surface S', si la masse accumulée est $(2\mu + 2\mu')\varphi$, il

y a dans la surface S''' une masse inférieure $2\mu\varphi$. Ces masses
se divisent : 1° les moitiés $(\mu + 2\mu')\varphi$, $(\mu + 2\mu')\varphi$ s'éloignent
de la surface S', et 2° celles $\mu\varphi$, $\mu\varphi$ s'éloignent de la surface S'''.

A la fin de l'unité paire de temps $2n\tau$, on voit affluer en
condensation la masse supérieure $(\mu + 2\mu')\varphi$ en direction
centrifuge et la masse inférieure $\mu\varphi$ en direction centripète
vers la surface S'' paire, et cela a lieu pour toutes les surfaces
paires S^{2n} qui ont pour rayon la longueur $2n\lambda$. En cette fin
de l'unité paire de temps, sont vides les surfaces impaires
dont le rayon est $(2n \pm 1)\lambda$.

Arrangement des couches des atomes chromatiques. Parmi
les atomes chromatiques ceux χ' du rouge contiennent la
plus grande quantité d'électre $e = 710$, ceux du violet en
contiennent la plus petite quantité $e^{\text{vii}} = 393$; les quantités
e'', e'''... e^{vi} se trouvent entre elles deux. L'égale densité
d'électre dans la lumière solaire fait occuper aux atomes χ^{vii}
du violet un espace analogue, et c'est ainsi que cette espèce
d'atomes se trouve toujours tout près de la direction centrale
des rayons; les atomes χ' du rouge occupent la couche superficielle.

Croisement des atomes dans leur propagation. Les atomes
chromatiques homonymes ne suivent pas un mouvement
parallèle aux rayons, mais ils se croisent dans le milieu $\frac{1}{2}\lambda$
des intervalles qui séparent les surfaces hétéronymes paires
S^{2n} et les impaires $S^{2n \pm 1}$ en formant des *photocônes*.

Pour arriver en condensation dans la surface S'', les
atomes $(\mu + 2\mu')\varphi$ de la surface S' et ceux $\mu\varphi$ de S''' ne suivent une voie parallèle aux rayons $R, R, R...$, mais l'atome
r'' arrive en r'', et l'atome v'' en v''; ceux qui étaient à la
gauche du rayon dans les ondes impaires sont à la droite
du même rayon dans les ondes paires, et *vice versâ*.

Les croisements s'opèrent exactement aux points $\times$; ceux-
ci se trouvent à une distance $(2n \pm \frac{1}{2})\lambda$ du corps lumineux.
Les atomes χ', χ''... χ^{vii}, après avoir parcouru les distances

inégales, arrivent tous au point × de croisement à la moitié $\frac{1}{2}\tau$ d'unité de temps, sans produire mutuellement aucune suppression de mouvement, et cela à cause du même sens de ces mouvements dans les espaces coniques.

D. Production des franges et des couleurs.

En opérant sur la lumière homogène, si l'on fait venir aux points X, X... de croisement les atomes en même temps en directions opposées, ils y suppriment mutuellement leur mouvement et deviennent inertes sans désormais se répandre pour venir affecter l'œil ; le sentiment produit de la part des points pareils correspond à ceux qui sont produits des corps noirs.

Le même effet est produit des atomes de la lumière solaire, mais en ce cas les mouvements de toutes les sept espèces d'atomes ne peuvent être supprimés, et cela à cause de la petite déviation entre les deux rayons, déviation qui est d'une nécessité absolue pour faire venir en rencontre leurs atomes aux points × de croisement.

Franges de la lumière homogène. Les conditions de la production des franges sont : 1° l'identité de l'origine des atomes contenus dans deux rayons r, r'. 2° Les ondes d'un des rayons r ne peuvent pas coïncider quand chaque rayon a son centre en s, s' ou z'', z (fig. 37, 38) : cela suffit pour faire que les ondes homonymes paires S^{2a}, s^{2a} ou impaires $S^{2a\pm1}$, $s^{2a\pm1}$ se trouvent en certains points éloignées entre elles par l'intervalle λ.

En ce cas, les condensations et les dilatations s'opèrent comme quand les atomes se propagent directement de l'origine commune, mais une demi-unité de temps après arrivent en croisement aux points $\times$, $\times$, $\times$... les atomes homonymes ; ils y perdent leur mouvement, et ces points apparaissent obscurs ; une série de tels points est une frange qui occupe la branche d'une hyperbole, comme cela a été prouvé.

Production des couleurs de la lumière solaire. Newton admettait dans le prisme la décomposition d'un atome φ de lumière solaire en ses éléments χ', χ''... χ^{vii} qui sont les atomes des sept couleurs. Dans le système des ondulations on admet simplement les amplitudes des vibrations de l'éther comme cause des couleurs. Dans les deux systèmes on reconnaît que l'éloignement ou la suppression des six couleurs est nécessaire pour l'apparition d'une couleur simple nommée *complémentaire*.

Newton trouva que chaque espèce d'atomes chromatiques a un indice propre de réfraction, et il attribua à cet indice la cause de la décomposition de la lumière solaire en ses éléments. Ce cas ne se présente pas dans la production des couleurs par les rencontres des atomes, et l'apparition des points obscurs quand la lumière est homogène ne permet pas de douter de la suppression du mouvement qui ne peut pas manquer en pareils cas, quand on opère avec la lumière solaire. En effet, ni Newton ni aucun autre physicien n'a admis dans les couleurs des interférences et des diffractions une décomposition pareille à celle qui a été admise dans le prisme.

Tout au contraire, et nous allons le prouver, les couleurs mêmes du spectre ne sont qu'un effet d'interférences et de diffractions. Les atomes chromatiques de six espèces doivent être supprimés pour laisser apparaître leurs complémentaires, comme un fluide homogène. De semblables suppressions n'ont lieu que dans les croisements $\times$, $\times$..., quand les atomes y viennent en rencontre après leur dilatation opérée simultanément dans les ondes séparées par l'intervalle λ.

Vitesse égale des sept espèces d'atomes de la lumière solaire. Les observations faites dans les éclipses du Soleil et des satellites conduisent à connaître qu'il n'existe aucun avancement des atomes χ' du rouge dont les ondes ont une longueur λ' supérieure à celle λ^{m} des atomes χ^{m} du violet, et cela quand les atomes chromatiques forment séparément un fluide homogène.

Ainsi l'on est parvenu à prouver que les sept espèces d'atomes chromatiques, quoique parcourant des longueurs différentes $v'v''$, $r'r''$ en chaque unité de temps, restent inséparables. Cependant l'on n'est pas allé plus loin et l'on n'a pas constaté les croisements des atomes dans leur propagation. Ce croisement se présente ici comme un résultat des observations, et il est d'une nécessité absolue dans la production des franges et couleurs.

CHAPITRE III.

DE LA PRODUCTION DES FRANGES ET DES COULEURS DE LA LUMIÈRE POLARISÉE.

En opérant de la même manière avec la lumière naturelle et avec celle qui est polarisée, les effets obtenus ne sont pas toujours les mêmes ; et cela a lieu pour la lumière solaire et pour celle des couleurs également. Des effets obtenus dans les deux cas, Fresnel a voulu déterminer la différence entre la lumière naturelle et la lumière polarisée. Il a reconnu dans celle-ci une diminution de mouvement ; mais, pour aller plus loin, il fallait savoir que ce mouvement est déposé dans les atomes même de lumière émis des corps lumineux, comme souvent les gaz sont émis des liquides ou même des solides.

Comme les atomes de gaz augmentent indéfiniment en volume après avoir été séparés des liquides ou des solides, de même les atomes φ de lumière et ceux θ de chaleur occupent dans les corps un espace indéfiniment petit, et après leur séparation ils augmentent indéfiniment en volume dans toutes les directions.

On ne connaît pas dans les gaz d'état analogue à celui des atomes polarisés ou aplatis φ de lumière et θ de chaleur. Ces atomes perdent leur mouvement latéral quand ils éprouvent deux coups de chocs en directions convergentes, comme cela a lieu quand ces atomes s'écoulent à travers des cristaux qui sont composés de trois systèmes de couches. Les atomes φ, en pénétrant les intervalles de ces couches, reçoivent des deux côtés des coups de chocs convergents, et perdent ainsi leur expansion en directions latérales pour obtenir l'état aplati des lames qui proviennent des cristaux possédant comme elle la propriété de s'étendre dans les directions d'un seul plan, mais non pas transversalement.

Fresnel ignorait cet aplatissement des atomes φ produit par les chocs convergents, et pour cela il considère la tourmaline comme un grillage qui livre passage à une lame dirigée parallèlement aux barreaux et qui l'arrête quand elle se présente transversalement. Cette comparaison rend assez clair l'état admis de la lumière polarisée et celui de la lumière naturelle, car il suffit de faire passer celle-ci par un cristal pour la rendre polarisée.

La comparaison cependant n'est pas aussi exacte, parce que les lames des autres cristaux, taillées parallèlement à leur axe, livrent passage aux deux systèmes de rayons composés d'atomes dont les plans de polarisation sont perpendiculaires : cela a lieu même pour les lames de tourmaline quand elles sont très-minces ; mais quand leur épaisseur augmente, c'est alors qu'elles ne livrent passage qu'aux atomes qui en proviennent aplatis en un plan perpendiculaire à l'axe de cristal.

Fresnel se trouve arrêté à chaque pas dans les explications des faits produits de la lumière polarisée ; il s'est encore égaré davantage quand il a admis la lumière naturelle comme possédant deux systèmes de vibrations perpendiculaires. Ici les faits s'arrangent spontanément comme causes et effets, et ils ne servent que comme exemples des actions opérées suivant les lois physiques. Ces faits sont : 1° ceux obtenus dans les interférences et les diffractions de la lumière polarisée, 2° ceux obtenus de la même lumière transmise par une lame mince et un cristal, et 3° ceux connus sous le nom de *dépolarisation* de la lumière polarisée,

§ 4. — DES INTERFÉRENCES ET DIFFRACTIONS DE LA LUMIÈRE POLARISÉE.

Dans les interférences, les atomes $q\varphi$, $q'\varphi$ réfléchis dans les deux miroirs viennent en rencontre; dans les diffractions, l'un des rayons $z''o$ (fig. 37) se propage directement, et l'autre zo est réfléchi en z. Les atomes réfléchis deviennent en partie polarisés suivant les plans de réflexion dans ce même plan sont aussi bien les rencontres et les franges n, n (fig. 36). Il y a donc des franges par la lumière polarisée comme par la lumière naturelle, quand les rencontres s'opèrent sur le plan de polarisation suivant lequel s'opère l'expansion des atomes, comme cela a lieu pour les atomes de la lumière naturelle.

Arago a eu l'idée de faire venir en rencontre les atomes $q\varphi$ et $q'\varphi$ polarisés perpendiculairement, et il a vu qu'il n'y a pas production des franges. Arago et Fresnel obtinrent ce résultat de plusieurs manières. Pour se procurer les atomes polarisés $q\varphi$ et $q'\varphi$, ils employaient deux fragments f, f' pris dans une même lame de tourmaline taillée parallèle à l'axe, lame qui polarise la lumière transmise dans un plan perpendiculaire à l'axe.

Ces deux fragments f, f' couvraient deux fentes et les franges apparaissent comme dans les miroirs quand les axes de ces deux fragments sont parallèles; mais si l'on tourne l'un des fragments f de 90° pour avoir les axes perpendiculaires, les franges disparaissent, et cela à cause des plans de polarisation perpendiculaires. Dans les positions intermédiaires les franges se manifestent, mais sont d'autant plus faibles que les plans de polarisation sont plus près d'être perpendiculaires l'un sur l'autre.

Après avoir prouvé que les franges sont l'effet de la suppression mutuelle de mouvement des atomes $q\varphi$, $q'\varphi$ qui viennent en rencontre, il en résulte que les franges n'existent pas quand il n'y a pas suppression de mouvement, et une pareille suppression n'est possible que quand les directions sont contraires et opposées. Si les directions des mouvements sont perpendiculaires, les atomes se croisent et suivent leurs directions sans éprouver aucun dérangement les uns des autres. Ainsi il n'est ici besoin ni d'hypothèses ni d'explication; car en supprimant la cause des franges, on sait a priori que celles-ci ne paraîtront pas.

Pour Fresnel ce cas n'est pas aussi difficile à expliquer, parce que les effets sont les mêmes quand le mouvement existant est admis suivant le plan de polarisation ou dans les vibrations perpendiculaires à ce plan; il y a un manque de suppression de mouvement quand les plans de polarisation sont perpendiculaires.

Cependant en suivant même la comparaison des cristaux aux grillages, Fresnel devait être conduit à admettre dans la lumière polarisée le mouvement en une direction suivant le plan parallèle aux barreaux du grillage, où ne sont point nécessaires les vibrations transversales, car les effets attribués à ces vibrations sont produits de l'élasticité des atomes propagés suivant le plan de polarisation; ainsi celui-ci ne peut pas être privé de mouvement.

Fresnel cherche la cause des sentiments des sons dans les condensations et les dilatations longitudinales des atomes d'air, et il attribue un peu arbitrairement à notre avis, les sentiments de la lumière aux vibrations transversales, et en même temps il omet de nous dire pourquoi les va-et-vient centrifuges des atomes de lumière émis des corps lumineux n'affectent pas la rétine pour lui faire sentir la direction dans laquelle se trouve l'objet lumineux, et, par la même occasion, les longueurs λ', λ''... λ^{hu} des ondes.

Comme Fresnel n'avait pas pris pour guides les lois physiques, il allait cherchant partout des comparaisons pour les employer comme preuves et comme explications. Les rayons ont été comparés à des verges élastiques mises en oscillations par un frottement longitudinal; ces rayons sont admis comme des files d'atomes d'éther mises en pareilles oscillations, non pas par un frottement, mais par une communication de mouvement émis des corps lumineux.

Ce mouvement d'oscillation longitudinale ne reste pas seul, mais il est toujours accompagné de vibrations transversales. Les nœuds de ces vibrations sont comparés aux longueurs λ des ondes des sept espèces d'atomes chromatiques. Toutefois Fresnel ne trouve nulle part un fait analogue aux deux systèmes de vibrations perpendiculaires admises dans la lumière naturelle, pour en obtenir la lumière polarisée par la suppression des vibrations de l'un des plans ou de l'un des systèmes; ce plan de vibrations supprimé est admis par Fresnel comme plan de *polarisation*.

Cet état des atomes φ est un effet produit par des chocs convergents, mais le mouvement de propagation qui reste à ces atomes de lumière est dans le plan même de polarisation, où se trouve supprimé le mouvement ou l'expansion latérale, ce qui est précisément le contraire de ce qu'admet Fresnel.

Le grand mérite d'Arago et de Fresnel consiste en cela, qu'ils ont, mieux que personne, constaté le mode de propagation de la lumière par des condensations et des dilatations en admettant l'élasticité dans l'éther, car celle-ci n'est que le mouvement exposé dans les calculs comme vitesse.

Les formules trigonométriques introduites d'abord par Malus n'ont pas été obtenues comme celles de l'aérostatique directement par les propriétés analogues entre les atomes des gaz et de lumière, mais simplement des résultats des faits obtenus par les observations. De sorte que, si l'on établit que comparaison entre les résultats des faits et des formules, on ne peut conclure qu'une exposition de ces faits en langue trigonométrique.

Ici tout est différent, car connaissant 1° que les atomes de lumière se séparent des corps lumineux comme les

atomes des gaz se séparent des liquides, et 2° que le mouvement est déposé dans ces atomes mêmes ; les faits observés
s'arrangent spontanément suivant les lois physiques. Ces
lois ne sont pas inconnues des physiciens, mais ils ignoraient que le mouvement ou l'élasticité, déposé également
dans les atomes des gaz et dans ceux de la lumière, fît augmenter indéfiniment leur volume.

Malheureusement Newton, physicien atomiste, n'est pas
parvenu à connaître cette ressemblance entre les atomes de
lumière et ceux des gaz ; ses adversaires même qui admettent l'élasticité dans l'éther comme dans les gaz, ne sont
pas arrivés à constater l'état analogue entre les atomes des
gaz et ceux de lumière qui ont une existence réelle, ainsi
que l'admettait Newton, mais un volume illimité.

II. — DES CRISTAUX PRODUISANT LES COULEURS DE LA LUMIÈRE POLARISÉE

En regardant au travers d'un cristal d'Islande, les objets
paraissent doubles ; si l'on tient au devant de ce cristal une
lame mince l taillée dans le cristal de roche parallèlement à
son axe, les objets paraissent comme précédemment, alors
que manquait cette lame ; mais ils se couvrent de couleurs
si la lumière qu'ils répandent est polarisée.

Si la lame l' est taillée perpendiculairement à l'axe du
cristal, quand elle est tenue au devant d'une tourmaline ou
d'un prisme de Nicol, les objets paraissent simples quand
leur lumière arrive perpendiculairement à cette lame ; mais
si cette lumière arrive obliquement, les objets apparaissent
doubles : ils sont colorés si la lumière qu'ils répandent est
polarisée.

Dans ces deux cas rien n'est plus évident que la liaison
entre l'état de la lumière polarisée et la production des
couleurs, liaison qui a été décrite par Fresnel, dont la description a été considérée à tort comme explication. Les

erreurs de ce physicien sont toujours le résultat de l'état où il admet la lumière polarisée; car le plan de polarisation est considéré comme possédant son mouvement de propagation qui n'est pas linéaire, mais suivant un plan dans lequel Fresnel, contre toute raison, veut que les expansions soient supprimées. Ce n'est pas tout; il prétend encore qu'il existe des vibrations perpendiculaires au plan de polarisation, sans pouvoir trouver nulle part des faits directs pour soutenir cette hypothèse; car les faits de ce genre qu'il rapporte sont produits du mouvement et de l'expansion contenue dans le plan même de polarisation.

Le partage des atomes de lumière polarisée pour pénétrer dans les cristaux ne trouve d'explication nulle part, et cela parce que la cause de la transparence des cristaux était inconnue. Par une espèce d'accord machinal, les physiciens disent que cela s'opère suivant la loi de Malus, comme si ce physicien eût eu le pouvoir de créer des lois particulières suivant lesquelles dût s'opérer dans la suite la production des faits cosmiques.

Le lecteur doit se rappeler que les corps transparents sont imbibés d'atomes de lumière φ' à l'état stationnaire. Ces atomes éprouvant la pression P de leurs homonymes incidents, leur cèdent la place et s'écoulent par la face postérieure. Dans les cristaux, les atomes stationnaires φ' sont contenus dans les intervalles des trois systèmes de couches matérielles et perpendiculaires qui les constituent. L'écoulement des atomes stationnaires φ' s'opère toujours à cause de la pression P, mais celle-ci est exercée suivant la coupe produite du plan de polarisation et de la face de cristal où se présentent les cas suivants :

1° Si la coupe coïncide avec un système de couches, les atomes stationnaires φ' s'écoulent suivant le plan de polarisation, et il n'y a pas partage des atomes incidents $\mu'\varphi$.

2° Si la coupe du plan de polarisation passe obliquement par les couches du cristal, la pression P se partage et se communique aux atomes $qφ'$ stationnaires dans l'un des systèmes s de couches et aux atomes $q'φ'$ de l'autre système s' de couches.

L'éloignement des atomes $qφ'$ et $q'φ'$ est ce qui livre passage aux atomes $μ'φ$ incidents qui se partagent en portions $qφ'$, $q'φ'$ pour céder leur place aux atomes $μ'φ$ et les laisser traverser les intervalles des deux systèmes. Les atomes $μ'φ$ peuvent être admis dans une surface $== 1^9 == \cos^9 α + \cos^9(90 — α)$. Malus basa ses calculs sur des surfaces dans lesquelles étaient admis les atomes $μφ == qφ + q'φ$; c'est aussi sur cette hypothèse que sont basés les calculs qui vont suivre.

Dans les interférences et les diffractions nous avons démontré qu'il y a des positions des plans de polarisation où ne sont pas produites les couleurs, comme cela a lieu quand la lumière n'est pas polarisée; ici le contraire se présente : les cristaux ne produisent pas de couleurs quand la lumière est naturelle, mais seulement quand elle est polarisée.

•

A. Production des couleurs par un cristal et une lame parallèle
à l'axe de son cristal.

En tenant la lame l au devant du cristal, les objets paraissent colorés si la lumière est polarisée; cependant en tournant cette lame, il y a deux positions perpendiculaires où s'évanouissent les couleurs. Celles-ci disparaissent 1° quand la section $S'S$ (fig. 40) est parallèle ou perpendiculaire au plan $P'P$ de polarisation, et 2° quand la même section SS' est parallèle ou perpendiculaire à la section AA' du cristal.

Nous allons prouver ici 1° que la production des couleurs apparentes est l'effet de la suppression des couleurs complémentaires, comme cela a lieu dans les interférences; 2° nous prouverons également pourquoi les couleurs de d'une des moitiés du spectre sont dans l'un des rayons R, et celles de l'autre moitié dans l'autre rayon R' du cristal;

3° il en ressortira spontanément la raison pour laquelle la lumière doit être polarisée pour que les couleurs apparaissent, et pourquoi celles-ci n'apparaissent pas quand la lumière est naturelle.

I. **Partage de la lumière** $\mu'\varphi$ **dans la lame.** Il faut que les atomes φ' stationnaires de la lame s'écoulent pour céder leur place aux atomes $\mu'\varphi$ incidents; cet écoulement est l'effet d'une pression P de la part du corps lumineux. Dans la lumière naturelle, la pression est exercée également en direction centrifuge et en directions transversales;

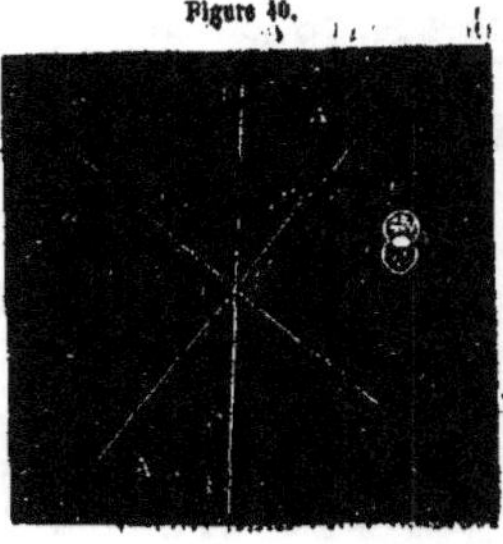

Figure 40.

pour cette raison les atomes $\mu'\varphi$ se partagent toujours en deux moitiés dont l'une $\frac{1}{2}\mu'\varphi$ s'écoule dans la section SS' pour former le rayon r, et l'autre $\frac{1}{2}\mu'\varphi$ s'écoule dans la perpendiculaire ss' pour former le rayon r'. Mais si les atomes $\mu'\varphi$ incidents sont polarisés ou aplatis suivant le plan PP', ces atomes n'exercent sur les atomes φ' stationnaires la pression P que suivant ce plan ou suivant la coupe linéaire PP' du plan avec la face f antérieure de la lame; dans cette coupe les atomes stationnaires φ' des couches c, c, c... sont parallèles à SS', et ceux des couches c', c', c'... parallèles à ss'.

Les atomes $\varphi\varphi$ des couches c, c, c... les moins éloignés de PP éprouvent une pression plus forte que les atomes $\varphi\varphi'$ des couches c', c', c'... les plus éloignées. Ces pressions $\frac{1}{2}P + p$ et $\frac{1}{2}P - p$ sont en raison directe des $\cos^2\alpha$ et $\cos^2(90° - \alpha)$; où est $\alpha = P'cS'$, $\beta = P'cA'$, $A'cS' = \alpha - \beta$ et $\cos^2(90° - \alpha) = \sin^2\alpha$.

Le partage des atomes $\mu'\varphi$ incidents est égal quand la lumière est à l'état naturel; il est proportionnel aux carrés des cosinus quand la lumière est polarisée; ces partages, constatés par les observations, se présentent ici comme un résultat direct de la loi statique. Il a été indiqué déjà pourquoi les sinus et les cosinus expriment les quantités $q\varphi$, $q'\varphi$ d'atomes des rayons r, r' de la lame, et d'où provient l'équation

$$\mu'\varphi = q\varphi + q'\varphi = 1^2 = \cos^2\alpha + \cos^2(90° - \alpha); \quad \cos^2\alpha = q\varphi = O,$$
$$\sin^2\alpha = q'\varphi = E.$$

Fresnel indique 1° par O la quantité $q\varphi$ d'atomes contenus dans le rayon r ordinaire, et 2° par E la quantité $q'\varphi$ d'atomes contenus dans le rayon r' extraordinaire, et il expose les partages des atomes $\mu\varphi$ et des atomes $q\varphi$, $q'\varphi$ suivant la loi de Malus.

Dans la face postérieure f' de la lame les deux points r, r' d'émergence sont séparés par une distance δ. Le plan de polarisation du rayon r est dans la section $S'S$, et celui du rayon r' est dans le plan perpendiculaire ss'. Pour pénétrer du plan PP', 1° les atomes $q\varphi$ dans le plan SS' décrivent l'arc de l'angle $P'cS' = \alpha$, et 2° les atomes $q'\varphi$ décrivent l'arc de l'angle $P'cs'$.

Chacune de sept espèces d'atomes chromatiques χ', χ''... χ^{m} décrit l'arc de l'angle α et de celui 90° — α par un rayon qui est la longueur λ', λ''... λ^{m} de ses ondes, comme cela a été indiqué (page 304), et comme cela est même un résultat direct de l'arrangement dans lequel se trouvent les sept espèces d'atomes chromatiques dans leur propagation indiquée dans la figure 38.

II. **Partage de la lumière** $q\varphi$, $q'\varphi$ **pour former les rayons** R, R'. Ces deux rayons ne sont pas produits, comme ceux r, r' de la lame, chacun d'une portion $q\varphi$, $q'\varphi$ d'atomes, mais dans le rayon R entrent deux portions : 1° l'une $m\varphi$ venant du rayon ou du point r, et 2° l'autre $p\varphi$ venant de l'autre point r'; de même dans le rayon R' entrent les portions $m'\varphi$ venant du point r, et $p'\varphi$ venant du point r'.

Le point r' est entre r et R et le point r est entre r' et R'; cela fait que la portion mp, pour arriver au point R, doit parcourir la distance δ qui sépare les points r, r' et puis l'arc de l'angle $\alpha - \beta$; l'autre portion n'a à parcourir que l'arc de l'angle $90° - (\alpha - \beta)$. De même la portion $m'\varphi$, pour arriver au point R', parcourt l'arc de l'angle $\alpha - \beta$, tandis que l'autre portion $p'\varphi$ doit premièrement traverser la distance δ et puis l'arc de l'angle $90 - (\alpha - \beta)$.

Il a été prouvé que les portions $q\varphi$, $q'\varphi$ de $\mu'\varphi$ sont analogues aux carrés des $\cos^2\alpha$, $\cos^2(90° - \alpha)$; de même, 1° les portions $m\varphi$, $m'\varphi$ de $q\varphi$ sont analogues aux $\cos^2(\alpha - \beta + \delta)$, $\cos^2(90° - \alpha + \beta)$, et 2° les portions $p\varphi$, $p'\varphi$ de $q'\varphi$ sont analogues aux $\cos^2(\alpha - \beta)$ et $\cos^2(90° - \alpha + \beta + \delta)$; on a

$$\cos^2(90° - \alpha + \beta) = \sin^2(\alpha - \beta), \text{ et } \cos^2(90° - \alpha + \beta + \delta) = \sin^2(\alpha - \beta - \delta);$$

par suite, on a

$$R = (m + p)\varphi = \sin^2(\alpha - \beta) + \cos^2(\alpha - \beta + \delta)$$
$$R' = (m' + p')\varphi = \cos^2(\alpha - \beta) + \sin^2(\alpha - \beta - \delta).$$

Pour faire entrer dans ces valeurs le rapport du partage des atomes $\mu\varphi$ en $q\varphi = \cos^2\alpha$, $q'\varphi = \sin^2\alpha$, on en multiplie les valeurs des rayons R, R' qui deviennent

$$R\cos^2\alpha = \cos^2\alpha[\sin^2(\alpha - \beta) + \cos^2(\alpha - \beta + \delta)]$$
$$R'\sin^2\alpha = \sin^2\alpha[\cos^2(\alpha - \beta) + \sin^2(\alpha - \beta - \delta)].$$

La distance δ est un résultat de différence entre les indices n, n' de réfraction des deux rayons r, r' dans la lame; ces indices sont différents pour les ondes de chaque espèce d'atomes chromatiques, mais la différence δ est ici la même pour tous parce qu'elle n'est que la distance entre les points r, r' d'émergence des deux rayons r, r' de la lame.

III. **Suppression des atomes homonymes et apparition des couleurs.** Les deux points R', R d'immergence dans le cristal sont à inégale distance du centre c, car le point R' en est moins éloigné que le point R; cela fait que 1° les atomes $m\varphi$ qui affluent au point R d'un côté, et les atomes $p\varphi$ de l'autre, doivent dévier en direction centrifuge aux points de rencontre; tandis que, 2° les atomes $m'\varphi$ et $p'\varphi$, pour arriver au point R', doivent éprouver une déviation centripète aux points des rencontres.

1° Dans la déviation centrifuge viennent en rencontre les atomes chromatiques χ', χ'', χ''' dont sont grandes les longueurs λ', λ'', λ''' des ondes et des rayons des arcs qu'ils décrivent; les atomes chromatiques qui y restent sont les complémentaires χ^{IV}, χ^{V}, χ^{VI}, χ^{VII} des trois espèces précédentes.

2° Dans la déviation centripète le contraire arrive; car il y a une suppression des atomes chromatiques χ^{IV}, χ^{V}, χ^{VI}, χ^{VII} de la moitié sombre du spectre, et il y reste les atomes χ', χ'', χ''' chromatiques complémentaires des précédents.

Il a été prouvé dans les interférences que les mouvements ne sont pas supprimés dans les condensations des atomes affluents en directions convergentes dans les surfaces des ondes, car les atomes arrivent après avoir employé une somme de mouvement suffisante pour parcourir l'intervalle λ. Une suppression des mouvements n'est donc possible qu'au milieu $\frac{1}{2}\lambda$ de l'intervalle λ qui sépare deux ondes; mais quand ces ondes sont homocentres, un pareil cas est impossible, parce que les condensations sont alors dans les ondes homonymes qui sont séparées par l'intervalle double 2λ.

Il faut donc avoir des surfaces S', S'', S'''; S^n, s', s'', s''', s^n des ondes d'atomes de lumière de la même source, mais *hétérocentres* et non pas *homocentres*; car si les centres sont en s, s' (fig. 37) ou en s'', s (fig. 38), il se trouve des points où sont séparées par l'intervalle λ les surfaces homonymes paires S^{II}, S^{IV}..., S^{2p}, s^{II}, s^{IV}..., s^{2p} ou impaires S', S'''..., S$^{2p\pm1}$, s', s'''...; $s^{2p\pm1}$.

1° Les deux points s, s' sont ici deux centres d'où partent les atomes $m\varphi$, $p\varphi$ pour arriver en R où se trouvent les

ondes homonymes *hétérocentres* et ainsi divisées par l'intervalle λ au milieu duquel s'opèrent les rencontres des atomes
éloignés après la dilation des deux surfaces S^b, s^n et animés
d'un mouvement par la contre-répulsion pour parcourir la
longueur λ.

Une demi-unité de temps $\frac{1}{2}T$ après les dilatations en S^a et
s^a, les atomes $(\mu+\mu')\varphi$, $(\mu+\mu')\varphi$ viennent en rencontre
en $\frac{1}{2}\lambda$ où ils perdent le reste $\frac{1}{2}M$ du mouvement M en exerçant entre eux un choc mutuel. Tous ces atomes $2(\mu+\mu')\varphi$
se trouvent alors réduits à l'état inerte, et ils rendent ainsi
obscur l'espace qu'ils occupent.

2° Il faut donc également deux points r, r' d'émergence
dans la face postérieure f' de la lame, comme sont ceux s,
s' (fig. 37) et ceux z'', z (fig. 38). Dans ces deux cas les rencontres s'opèrent aux points n, n' à la gauche et à la droite
de la ligne Aa du milieu et non pas dans la ligne qui unit
les centres s, s' ou z'', z; de même les rencontres des atomes
$m\varphi$ et $p\varphi$ s'opèrent à la gauche et à la droite de la ligne qui
passe par le milieu de la distance ∂ et par le point R, et
les rencontres des atomes $m'\varphi$, $p'\varphi$ s'opèrent à la gauche et
à la droite de la ligne qui passe par le même milieu de la
distance ∂ et par le point R'. L'absence de couleur entre les
points r, v (fig. 38) est attribuée par les physiciens à une
superposition des deux moitiés du spectre qui n'a pas lieu
ici.

IV. **Cas où manquent les couleurs.** Ces cas sont au
nombre de deux : 1° la coïncidence des deux rayons r, r'
de la lame et par suite la disparition de la distance ∂;
2° la coïncidence des points r, r' et R, R' et la disparition
du partage des $q\varphi$ en $m\varphi$, $m'\varphi$, et des $q'\varphi$ en $p\varphi$, $p'\varphi$.

1° Les rayons r, r' coïncident quand le plan P'P de polarisation passe par la section S'S ou par sa perpendiculaire
ss' de la lame; alors on a $\alpha=0$ ou $\alpha=90°$. 2° Les rayons
r, r' de la lame coïncident avec ceux R, R' du cristal quand
la section SS' ou sa perpendiculaire passe par la section A'A

du cristal, alors on a $\beta = \alpha$. En substituant les valeurs indiquées des α et β aux valeurs des atomes de lumière des deux rayons R, R' du cristal, les résultats des calculs sont les mêmes que ceux de l'observation

1° $\alpha = 0$, $R \cos^2 \alpha = \cos^2 \alpha \cos^2 \beta$, $R' \sin^2 \alpha = 0$.

2° $\alpha = \beta$, $R \cos^2 \alpha = \cos^2 \alpha$, $R' \sin^2 \alpha = \sin^2 \alpha$.

V. Maximum de coloration. Ce cas dépend immédiatement de la quantité des atomes homonymes supprimés, quantité qui dépend à son tour du partage des atomes $\mu' \varphi$ incidents; partage qui est proportionnel aux $\cos^2 \alpha$, $\cos^2 (90° - \alpha)$, où les deux portions ne sont égales que quand on a $\alpha = 45°$. Le deuxième partage dépend de l'angle β qui doit être 0 ou 90° pour que les atomes $q \varphi$, $q' \varphi$ soient partagés en portions égales $m \varphi = m' \varphi$ et $p \varphi = p' \varphi$.

Si les quantités d'atomes affluents en R, R' sont égales entre elles, les suppressions sont complètes et il ne reste aucun excédant d'atomes ni de l'une ni de l'autre part; alors en effet l'éclat des couleurs atteint son maximum. Au contraire, cet éclat diminue quand les excédants augmentent, et les couleurs s'évanouissent tout à fait quand tous les atomes s'écoulent d'un seul côté.

VI. Variation des couleurs avec l'épaisseur de la lame. Si, les angles α et β restant les mêmes, on modifie l'épaisseur de la lame à laquelle ∂ est proportionnel, cette distance ∂ n'est pas la même dans les lames de la même épaisseur e, mais taillées dans des cristaux différents; car elle n'est que l'intervalle entre les deux rayons r, r' dont l'extraordinaire r' a un indice qui diffère dans chaque cristal, et il change même avec l'angle d'incidence.

Si l'épaisseur e devient supérieure, soit $e + e'$, la disposition des couleurs change pour réapparaître dans le même ordre quand l'épaisseur devient $e + \iota$, $e + 2\iota$, $e + 3\iota$... En ces cas le nombre des spectres augmente, et quand ce nombre est considérable, les spectres superposés produisent des mélanges d'atomes chromatiques de chaque moitié du spectre, et ainsi s'évanouissent toutes les couleurs ensemble et apparaît le blanc.

VII. **Variation des couleurs avec l'incidence.** L'indice de réfraction reste le même pour le rayon r ordinaire dans toutes les incidences, et il ne change que pour le rayon r' extraordinaire; ce changement s'étend jusqu'à un certain point en faisant augmenter la distance δ, et puis il se produit une diminution; car δ devient nulle dans le cas où les atomes $\mu\varphi$ arrivent dans la lame suivant la direction de l'axe de son cristal. Ces changements des longueurs de la distance δ entre les deux rayons r, r' émergents produisent donc des déplacements de couleurs qui sont analogues à ceux produits par les changements de l'intervalle ss' ou $z''z$ (fig. 37, 38).

On a donné le nom de *trope* à l'angle Γ d'incidence dans lequel la distance δ atteint son maximum, quand le plan d'incidence est parallèle à l'axe du cristal dans lequel est taillée cette lame.

B. Production des anneaux par une lentille et une lame perpendiculaire à l'axe.

Cette lame l' peut être taillée dans un spath d'Islande; la lentille sert à rendre convergents les atomes $\mu'\varphi$ incidents qui pénètrent par une tourmaline t pour devenir polarisés ou aplatis. Le foyer de la lentille est au milieu $\frac{1}{2}e$ de l'épaisseur e de la lame l'. Ainsi ce point $\frac{1}{2}e$ est le sommet des deux *photocônes* dont l'un a la base dans la lentille et l'autre l'a dans la face f' postérieure de la lame l'.

La lame l' ne produit pas de partage chez les atomes $\mu'\varphi$ perpendiculaire; elle les laisse pénétrer sans même produire aucune déviation du plan de polarisation; mais si les atomes $\mu'\varphi$ incidents tombent obliquement, ils éprouvent un partage dans la lame l'; une portion $q\varphi$ reste dans le plan d'incidence avec son plan de polarisation aussi, et l'autre portion $q'\varphi$ produit le rayon r' extraordinaire.

Le rapport entre les portions $q\varphi$, $q'\varphi$ d'atomes dépend de l'obliquité des atomes $\mu'\varphi$ incidents; le même effet à lieu pour la déviation du plan de polarisation des atomes $q'\varphi$ du rayon r'. Les atomes $\mu'\varphi$ incidents et polarisés contenus dans le photocône sont amenés ici sous toutes les obliquités; il n'y a que les atomes $a\varphi$ écoulés suivant l'axe du photocône qui pénètrent verticalement la lame l' sans y éprouver ni partage ni réfraction. En s'éloignant de cet axe, l'obliquité des atomes augmente jusqu'à ce qu'ils atteignent un maximum dans la périphérie de la base b du photocône incident.

Chaque atome de lumière se partage dans la lame l' pour produire deux rayons r ordinaire et r' extraordinaire; de sorte que la portion $q\varphi$ de la lumière $\mu'\varphi$ incidente se partage pour produire les rayons r, r, r... ordinaires, et l'autre portion $q'\varphi$ se partage pour produire les rayons r', r', r' extraordinaires.

Ainsi donc, au lieu d'un couple des rayons r, r' comme dans la lame l parallèle à l'axe, il y a ici un grand nombre de couples de rayons rr', rr', rr'... provenant de la face postérieure f' de la lame l'. Les atomes $q\varphi$ des rayons ordinaires r, r, r... sont tous polarisés perpendiculairement à l'axe de la tourmaline t, car ils pénètrent dans la lame l sans rien éprouver. Au contraire, les atomes $q'\varphi$ des rayons r', r', r'... extraordinaires éprouvent, dans leur plan de polarisation, des déviations qui augmentent symétriquement du centre c (fig. 41) dans toutes les directions vers la périphérie de la base b' du photocône émergent de la lame l'.

Les atomes $q'\varphi$ de lumière de ces rayons extraordinaires sont la cause des couleurs en B, parce que la tourmaline t' parallèle à la tourmaline t ne livre passage qu'aux atomes qui

ont le plan de polarisation perpendiculaire à son axe $m'n'$.
Ces atomes viennent en rencontre au milieu de l'intervalle λ
qui sépare les surfaces des ondes ayant les unes pour centre
les points r', r', r'... d'un des hémicycles $p'm'q'$, $p'n'q'$ de la
base b' du photocône postérieure, et les autres les points
homonymes des autres hémicycles $m'q'n'$, $m'p'n'$, et cela
quand la tourmaline t' livre passage aux atomes $q\varphi$ des rayons
ordinaires r, r, r... et *vice versâ* en A, c'est-à-dire quand
cette tourmaline t' est perpendiculaire à l'autre t, elle supprime les atomes $q\varphi$ et livre passage à une partie $m\varphi$ des
atomes $q'\varphi'$ qui en éprouvent un partage en $m'\varphi$, $m'\varphi$.

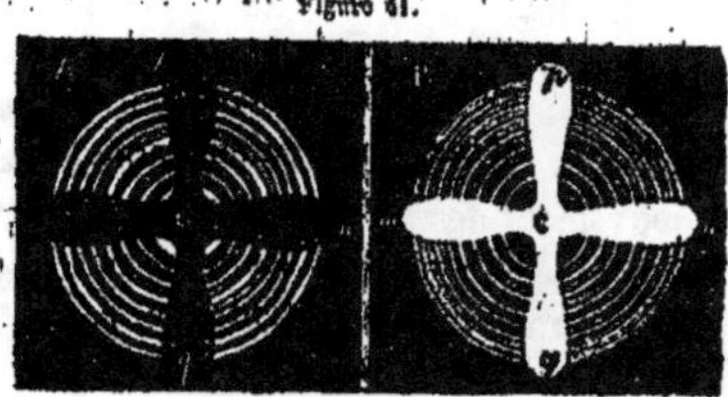
Figure 61.

Comparaison entre les effets des lames l et l'. Il
vient d'être prouvé que, dans les deux cas, les atomes incidents $\mu\varphi$ doivent être polarisés pour produire les couleurs.

1° Ces atomes $\mu\varphi$ se partagent dans la lame l en deux
portions $q\varphi$, $q'\varphi$, après avoir dévié avec leur plan de polarisation en directions divergentes pour décrire les arcs des
angles α et $90° - \alpha$. Dans la lame l' perpendiculaire à l'axe
arrivent obliquement les atomes $\mu'\varphi$, et pour cela ils éprouvent un partage en $q\varphi$ et $q'\varphi$; mais il n'y a que les atomes
$q'\varphi$ dont le plan de polarisation éprouve un déplacement,
pour décrire les arcs des angles qui augmentent avec les
obliquités des atomes φ incidents.

2° Les atomes $q\varphi$, $q'\varphi$ des rayons r, r' de la lame l se
partagent en $(m + m')\varphi$, $(p + p')\varphi$ en provenant des points
r, r' pour arriver $(m + p)\varphi$ au point R du rayon ordinaire

du cristal et $(m + p')\varphi$ au point R′ de son rayon extraordinaire. Les atomes $q\varphi$ s'écoulent par la tourmaline t' quand leur plan de polarisation est perpendiculaire à son axe; alors les atomes $q'\varphi$ éprouvent un partage en $m\varphi$, $m'\varphi$; la portion $m\varphi$ obtient par son plan de polarisation celui des atomes $q\varphi$ avec lesquels ils pénètrent la tourmaline t'; l'autre portion $m'\varphi$ dévie par son plan de polarisation dans la direction de l'axe de la tourmaline t' et elle en est supprimée.

2° Dans les points R, R′ du cristal 1° sont produites les couleurs par la suppression du mouvement des atomes des surfaces sphériques des ondes dont les unes ont le centre en r et les autres en r', éloignés l'un de l'autre par la distance δ; 2° dans la lame l', les atomes $m\varphi$ des rayons extraordinaires viennent en rencontre avec les atomes $q\varphi$ des rayons r, r, r... ordinaires. Les couleurs sont produites par la suppression du mouvement des atomes $m'\varphi$, $q\varphi$ des surfaces sphériques des ondes dont les unes ont le centre en r', r', r'..., et les autres dans les centres r, r, r..., éloignés les uns des autres par la distance δ.

4° Quand l'épaisseur e de ces lames l, l' produit une série de couleurs, la même série est reproduite quand l'épaisseur devient $e + \iota$, $e + 2\iota$, $e + 3\iota$..., sans que cependant les séries précédentes disparaissent. La superposition de plusieurs séries pareilles de spectre finit par produire le blanc; pour cette raison il faut nécessairement une petite épaisseur $e - \iota$, $e - 2\iota$... pour obtenir les couleurs mieux séparées, et par cela même plus brillantes; la superposition des couleurs produit le blanc, et cela n'a lieu que quand l'épaisseur de la lame devient $e + n\iota$, car alors la distance δ augmente également.

I. **Effets des deux tourmalines parallèles.** Les atomes $q\varphi$ des rayons r, r, r... ordinaires pénètrent de la face f' postérieure de la lame l' dans la section de la tourmaline t' sans éprouver aucune déviation dans leur plan de polarisation. Les atomes $q'\varphi$ des rayons extraordinaires r',

r', r'... se partagent en $m\varphi$, $m'\varphi$ dont les $m\varphi$ décrivent avec
leur plan de polarisation l'arc β pour arriver à la section AA'
(fig. 40) de la tourmaline t', et les atomes $m'\varphi$ décrivent l'arc
de l'angle $90° - \beta$ pour prendre la direction de l'axe de la
tourmaline t' dont ils sont supprimés.

1° *Si la lumière $\mu'\varphi$ est homogène*, les atomes $q\varphi$ et $m\varphi$
s'écoulent par la section AA' de la tourmaline qui coïncide
avec le plan P'P de polarisation ; ces atomes font apparaître
dans la section AA' le bras $p'q'$ (fig. 41) d'une croix dont
l'autre bras $m'n'$ est produit également par les atomes qui
pénètrent la tourmaline suivant la section aa' (fig. 40) par
les points également éloignés de l'axe du photocóne.

Entre ces deux bras de la croix B viennent en rencontre les
atomes $m\varphi$ des rayons extraordinaires r', r', r'... avec ceux
$q\varphi$ des rayons ordinaires r, r, r..., et ils font paraître
obscurs les espaces occupés par les atomes $\varphi°$ qui viennent
de perdre leur mouvement et leur faculté d'expansion.

A cause de la distribution symétrique des couples $r\,r'$,
$r\,r'$, $r\,r'$... de rayons dans les intervalles entre les sections
AA' et aa' de la tourmaline t', les points obscurs sont symétriquement disposés autour de l'axe c du photocóne ; les
espaces obscurs forment des arcs d'anneaux séparés par
des arcs clairs des largeurs croissantes vers l'axe c, où les
anneaux obscurs sont larges.

2° *Si la lumière est achromate*, les deux bras de la croix
B sont blancs ou achromates, et les espaces obscurs des anneaux sont occupés par les couleurs qui sont complémentaires de celles dont les atomes ont perdu leur mouvement.
De pareilles suppressions ne s'opèrent pas dans les bras de
la croix posés sur la section A'A de la tourmaline t' et sur
sa perpendiculaire $a'a$, parce qu'il n'y a pas la différence ∂
de route des atomes φ.

II. **Effets des deux tourmalines perpendiculaires.**
La tourmaline t' supprime le passage aux atomes $q\varphi$ qui ont
le plan de polarisation parallèle à son axe. Les atomes $q'\varphi$

des rayons extraordinaires r', r', r'... se partagent, comme précédemment, en $m\varphi$ et $m'\varphi$, dont 1° $m\varphi$ décrivent l'arc de l'angle β pour devenir parallèles à l'axe de la tourmaline, et 2° $m'\varphi$ décrivent l'arc de l'angle 90° — β en direction divergente pour obtenir la section $a'a$ de la tourmaline qui leur livre passage.

Donc, les atomes $m'\varphi$ des rayons extraordinaires r', r', r'... affluent des deux hémicycles symétriquement vers les sections AA′ et aa', où s'opèrent les rencontres des atomes homonymes chromatiques et la suppression de leur mouvement qui fait apparaître leurs complémentaires, lesquels se dispersent et produisent les couleurs observées dans la croix.

Si la lumière est homogène, les deux bras de la croix sont noirs, parce qu'il s'y opère la suppression du mouvement des atomes $\varphi°$ qui y arrivent des deux hémicycles.

III. — DÉPOLARISATION ADMISE PAR FRESNEL.

Ce physicien chercha par plusieurs moyens à constater la nature de la lumière polarisée, dont la dépolarisation apparente est considérée comme une preuve directe par lui et par les autres physiciens qui le suivent, sans qu'ils soient en état de lui faire aucune observation à ce sujet, et cela parce que l'état de la lumière polarisée était inconnu à Fresnel comme aux autres physiciens.

Parallélipipède de Fresnel. Un prisme en verre bd (fig. 42) dont les arêtes font un angle de 54° avec la base bc reçoit par celle-ci normalement le rayon s composé d'atomes $\mu'\varphi$ polarisés ou aplatis dans l'azimut de 45°, qui sortent par s' de la base supérieure ad parallèlement du rayon s incident, après avoir subi deux réflexions totales internes dans les deux faces p et n opposées du parallélipipède.

Les atomes $\mu'\varphi$ paraissent ne pas être polarisés après ces deux réflexions, parce que, étant amenés dans un prisme biréfringent, ils donnent dans tous les sens deux images blanches et d'égale intensité, comme cela est obtenu quand la lumière est à l'état naturel. Cet état, comme il a été dit, est considéré par Fresnel composé d'atomes polarisés perpendiculairement, par exemple, horizontalement et méridionalement. En effet, tel est l'état de la lumière $\mu'\varphi$ émergente du parallélipipède; il correspond donc aux effets obtenus par le prisme biréfringent.

Si les atomes $\frac{1}{2}\mu'\varphi$, $\frac{1}{2}\mu'\varphi'$ perpendiculairement polarisés sont amenés dans un deuxième parallélipipède $a'd$ pour y subir deux autres réflexions totales en p', n', ils sortent par s'' ayant le plan de polarisation dans le même azimut de 45°.

Explication de la dépolarisation apparente. En faisant pénétrer la lumière naturelle par une lame l' perpendiculaire à l'axe, les atomes en émergent polarisés les uns $q\varphi$ dans le plan d'incidence, les autres $q'\varphi$ dans un plan perpendiculaire, comme cela a lieu dans les cristaux pour les atomes qui constituent les deux rayons, quand il y a un partage entre les atomes $\mu'\varphi$ de lumière incidente.

Fresnel, faisant la comparaison entre ces atomes de lumière émergente de la lame l' et ceux émergeant du parallélipipède, les trouva presqu'en même état, parce qu'il obtint les mêmes résultats par le prisme biréfringent. Il ne lui restait donc qu'à conclure que les atomes polarisés ayant été transmis par le parallélipipède éprouvèrent un déplacement du plan de polarisation en deux plans perpendiculaires, comme cela est constaté pour les atomes émergeant des lames l' perpendiculaires à l'axe.

Cet état de lumière correspond exactement à celui admis par ce physicien dans les atomes de la lumière naturelle. Cette erreur a donc été la cause d'une autre plus grande.

Fresnel créa une polarisation *circulaire* et une autre *elliptique* pour expliquer l'état des atomes polarisés 1° perpendiculairement, ou 2° sous un angle $90° \pm \alpha$.

Faisant pénétrer les atomes provenant de la lame l' par un parallélipipède bd ou par deux cd, dd', on n'obtient pas un rayon émergent composé d'atomes polarisés dans un azimut de 45°, comme cela a lieu pour les atomes ainsi polarisés incidents dans le premier parallélipipède bd.

Cette différence entre les résultats a servi à proclamer l'existence d'une différence entre les atomes $\mu'\varphi$ polarisés en azimut de 45° émergeant du parallélipipède et ceux émergeant de la lame l'. Ainsi il a été impossible à Fresnel de constater pourquoi, dans le prisme biréfringent, les atomes de lumière paraissent identiques, et pourquoi, dans la pénétration par le deuxième parallélipipède da', ces mêmes atomes produisent des résultats différents.

Les atomes $\mu'\varphi$ pénètrent par s déjà polarisés dans le premier parallélipipède bd; le mouvement s'opère suivant le plan de polarisation également éloigné du plan d'incidence et de celui de la face p réfléchissante. Le plan de réflexion reste le même que celui d'incidence, mais celui de polarisation passe de l'autre côté du plan de réflexion; ainsi l'azimut reste 45°; mais s'il est à l'est du plan d'incidence, il passe à l'ouest du plan après la réflexion totale.

Dans l'incidence les atomes suivent une direction qui est en équilibre des deux côtés; mais dans la réflexion ils éprouvent une répulsion en sens divergent du plan p de réflexion, et en cet état ils arrivent à la face opposée n du parallélipipède dont la répulsion R et la pression P de l'incidence communiquées au plan des atomes $\mu\varphi$ polarisés les font dévier : les $\frac{1}{2}\mu'\varphi$ dans le plan de la réflexion et les $\frac{1}{2}\mu'\varphi$ dans son plan perpendiculaire.

Si ces atomes doivent pénétrer un deuxième parallélipipède, ils y doivent éprouver deux répulsions pareilles à celle qu'ils ont éprouvée dans le parallélipipède précédent, mais leurs plans de polarisation sont ici perpendiculaires, et ces plans sont maintenus dans leur position par la pression P et les répulsions R, R′ de la part des deux faces opposées p, n du parallélipipède bd. Les deux répulsions nouvelles R″, R‴ dans l'autre parallélipipède $a′d$ détruisent l'effet des répulsions R, R′, et ainsi il ne reste dans les atomes $\mu′\varphi$ que la pression P de l'incidence, et les atomes $\varphi′$ stationnaires dans les deux parallélipipèdes n'obéissent qu'à cette pression P; ils s'éloignent donc sous son influence, et ainsi les atomes émergent sans éprouver aucun déplacement dans leur plan de polarisation.

En soumettant au même passage par les deux parallélipipèdes $p, p′$ les atomes $\mu′\varphi$ provenant de la lame $l′$, leurs plans restent perpendiculaires sans éprouver aucun déplacement; ils n'en éprouvent pas davantage quand ils ne pénètrent que l'un des parallélipipèdes p; mais le même effet a lieu pour les atomes qui y pénètrent ayant le plan de polarisation dans le plan d'incidence ou dans son perpendiculaire, et non pas dans l'azimut de 45°.

Fresnel dit même qu'il faut considérer le plan de polarisation comme une résultante des deux plans de polarisation perpendiculaire; il lui suffit donc de remplacer le plan d'azimut 45° par deux autres perpendiculaires, qui est l'état où se trouvent les atomes $\frac{1}{2}\mu′\varphi$ et $\frac{1}{2}\mu′\varphi$ provenant du parallélipipède p; état qui ne diffère pas de celui des atomes $\frac{1}{2}\mu′\psi$, $\frac{1}{2}\mu′\varphi$ provenant d'une lame $l′$; toutefois les mêmes atomes cessent d'être dans le même état après avoir traversé le deuxième parallélipipède $p′$.

IV. — POLARISATION DANS LA RÉFLEXION MÉTALLIQUE.

Malus trouva que la lumière naturelle $\mu′\varphi$ réfléchie par les métaux est composée d'atomes polarisés dans différents plans. Brewster est allé plus loin et obtint les résultats suivants :

I. Des atomes $\mu'\varphi$ de lumière naturelle étant réfléchis sur les métaux : 1° la quantité supérieure $(\frac{1}{2}\mu'+m)\varphi$ est polarisée dans le plan de réflexion, et le reste $(\frac{1}{2}\mu'-m)\varphi$ dans tout autre plan. 2° La quantité m varie pour chaque métal : la plus petite se rencontre dans l'argent, et la plus grande dans le plomb. 3° La quantité $m\varphi$ d'atomes polarisés augmente avec le nombre n de réflexions. 4° Elle augmente également avec l'angle γ d'incidence.

Sous l'incidence 75° la lumière d'une bougie, placée à une distance de 3 mètres, était entièrement polarisée après trente-six réflexions sur l'argent poli, et après huit réflexions sur l'acier.

II. Un rayon composé d'atomes $\mu'\varphi$, polarisés dans l'un des azimuts principaux, reste polarisé dans cet azimut après la réflexion métallique.

III. Quand les rayons ou leurs atomes $\mu'\varphi$ de lumière sont polarisés dans l'azimut de 45°, il y a un angle Γ d'incidence, variable avec les métaux, pour lequel le rayon, réfléchi un nombre impair de fois, devient composé d'atomes polarisés perpendiculairement qui ne diffèrent pas de ceux produits des mêmes atomes transmis par le parallélipipède pour y éprouver deux réflexions totales. Cet angle Γ est pour les métaux suivants :

Argent.	Or.	Étain.	Cuivre.	Mercure.	Platine.	Zinc.	Acier.	Cobalt.	Plomb.
39°,48′	35°	32°	29°	26°	23°	19°	17°	12°,50′	11°

Quand les incidences sont différentes $\Gamma\pm\alpha$, ou les azimuts de polarisation autres que 45°, le rayon réfléchi est composé d'atomes dont une portion $q\varphi$ est polarisée dans le plan de réflexion et une autre $q'\varphi$ l'est dans tout autre plan. Ces plans non perpendiculaires produisent les faits attribués aux prétendues polarisations elliptiques qui n'existent nulle part, comme il n'existe pas non plus de polarisation circulaire. En effet : 1° les faits attribués à la polarisation circulaire sont produits par deux polarisations perpendiculaires d'un égal nombre d'atomes $q\varphi = q'\varphi$ de lumière; 2° ceux-ci attribués à une polarisation elliptique sont produits également par deux polarisations perpendiculaires; mais, en ce cas, les quantités $q\varphi$, $q'\varphi$ d'atomes sont inégales.

IV. Des atomes polarisés perpendiculairement, $q\varphi$ dans le plan de réflexion et $q'\varphi$ dans le plan perpendiculaire, les derniers éprouvent un déplacement du plan de polarisation qui passe dans le plan de réflexion par un nombre $2n$ pair de réflexions sous le même angle γ d'incidence sur le même métal.

V. Mais si l'angle $\Gamma \pm \alpha$ d'incidence sous lequel s'est fait la première polarisation des atomes $q\varphi$ et $q'\varphi$ n'est pas celui Γ qui rend égales les quantités $q\varphi = q'\varphi$, on trouve que l'angle $\Gamma \pm \alpha$ d'incidence, nécessaire pour ramener le plan de polarisation des atomes $q'\varphi$ au plan de réflexion, change avec l'angle des deux plans de réflexion R, R', et varie comme les diamètres d'une ellipse. Ce cas n'a, avec les atomes $q\varphi$, $q'\varphi$ de polarisation et de quantités différentes, d'autre relation que celle-ci, c'est-à-dire qu'avec le nombre $2n$ de réflexions augmente la quantité $q\varphi$ et diminue l'autre $q'\varphi$, comme cela a lieu pour les axes des ellipses quand leur forme change.

Explication des faits décrits. Dans les corps transparents les atomes $\mu'\varphi$ incidents se partagent; une portion $q\varphi$ est réfléchie et une autre $q'\varphi$ transmise; dans la portion $q\varphi$ réfléchie se trouve la quantité $a\varphi$ d'atomes à l'état polarisé, et dans l'autre $q'\varphi$ il y a aussi une quantité presque égale $b\varphi$ d'atomes polarisés; le reste $(q - a)\varphi$, $(q' - b)\varphi$ d'atomes demeure à l'état naturel. Le plan de polarisation des atomes $a\varphi$ réfléchis est dans le plan de réflexion, et celui des atomes $b\varphi$ transmis est incliné dans le plan de la face f' du corps.

Dans les métaux, les atomes $\mu'\varphi$ incidents éprouvent également un partage en deux portions inégales $q\varphi$, $q'\varphi$

dont $q\varphi$ est réfléchie et $q'\varphi$ réfractée ; celle-ci, au lieu d'être
transmise, éprouve une réflexion totale dans la couche
d'une petite épaisseur e du métal, et en sortant de la face f
du métal, elle éprouve une réfraction dont la déviation
$\gamma-\gamma'$ est la même que celle de la réfraction au moment d'incidence ; de sorte que ces atomes $q'\varphi$ se mêlent avec l'autre
portion $q\varphi$. Les atomes $(\mu'-a-b)\varphi$ qui restent à l'état naturel ne peuvent pas être distingués, mais il est facile de
connaître les atomes $a\varphi$ et les atomes $b\varphi$ polarisés, les uns
$a\varphi$ suivant le plan de réflexion, et $b\varphi$ suivant tout autre plan
incliné sur la face réfléchissante du métal.

Il est possible de déterminer l'indice de réfraction des
métaux par l'équation $n=\dfrac{\sin\gamma}{\sin\gamma'}$, quand l'angle γ est celui
de polarisation ; car alors le rayon r'' réfléchi est perpendi-
culaire au rayon r' réfracté, et à cause de cela l'angle γ' de
réfraction est $90°-p$, en indiquant par p l'angle d'incidence
où $\sin\gamma'=\cos p$. Le maximum de la valeur $a\varphi$ correspond
à l'angle p d'incidence qui est celui de polarisation, et l'indice est $n=\dfrac{\sin p}{\cos p}=\tan g\,p$.

Tous les faits qu'ont observés Malus, Brewster, Jamin et
Cauchy se réduisent au mélange des deux portions $q\varphi$, $q'\varphi$
d'atomes dans le rayon r'' réfléchi, mélange qui n'existe pas
dans les corps transparents. Le rapport entre les portions
$q\varphi : q'\varphi$ dans tous les corps dépend 1° de l'angle γ d'incidence
et 2° de l'indice n de réfraction.

Avec l'angle γ d'incidence augmente la quantité $q\varphi$ des
atomes réfléchis, et en même temps diminue la quantité $q\varphi$
des atomes réfractés. L'indice n est en rapport direct avec
la densité des atomes $\mu''\varphi''$ spécifiques de lumière contenus
dans les éléments matériels.

Une portion $q''\varphi''$ des atomes $q'\varphi$ réfractés dans les métaux
s'arrête dans la couche c superficielle, et le reste $(q'-q'')\varphi$
y éprouve une réflexion totale par la propagation du mouvement au milieu des atomes $\mu''\varphi''$ spécifiques. La densité

supérieure de ces atomes transmet une quantité supérieure d'atomes et de mouvement, ce qui fait augmenter la quantité $(q'-q'')\varphi$ réfléchie et diminuer celle $q''\varphi$ supprimée.

Les métaux à grand indice de réfraction suppriment donc la même quantité $q''\varphi$ moins rapidement que ceux à petit indice. Donc, pour obtenir le déplacement du plan de polarisation des atomes $b\varphi$ polarisés dans un plan incliné au plan de la face réfléchissante, il faut, dans les métaux à grand indice, un nombre α plus grand de réflexions que celui $\alpha-\alpha'$ dans les métaux à indices inférieurs.

Ainsi le nombre α de réflexions est en rapport inverse 1° avec les angles γ d'incidence, et en même temps en rapport direct avec les indices de réfraction des métaux, comme cela est constaté dans les résultats des observations de Brewster ; ces résultats ne servent ici que comme exemples de faits produits suivant les lois physiques.

I. L'excès ou la différence $(a-b)\varphi$ entre les atomes $a\varphi$ polarisés dans le plan de réflexion et ceux $b\varphi$ polarisés dans le second azimut varie 1° avec l'angle γ d'incidence en rapport direct, et 2° avec les indices des métaux en rapport inverse ; il est petit pour l'argent dont l'indice est grand, et il est grand pour le plomb dont l'indice est petit ; 3° il augmente avec le nombre des réflexions, car alors seulement les atomes $b\varphi$ éprouvent un déplacement du plan de polarisation, tandis qu'augmente le nombre des atomes $a\varphi$ par la polarisation des atomes $(\mu'-a-b)\varphi$ de lumière à l'état naturel. Pour déplacer le plan de polarisation des atomes $b\varphi$ polarisés dans le second azimut, il faut sur l'argent poli un plus grand nombre de réflexions que sur l'acier, et cela à cause du grand indice de l'argent.

II. Comme le parallélipipède par la réflexion totale ne déplace pas les plans de polarisation quand ils sont dans les azimuts principaux, le même effet a lieu dans les cas où s'opère dans les métaux la réflexion totale de la portion $q'\varphi$ d'atomes réfractés.

III. Quand les atomes $\mu'\varphi$ incidents sont polarisés dans l'azimut 45°, il y a avec les métaux une incidence variable, pour laquelle les atomes $\mu'\varphi$ réfléchis un nombre impair de fois deviennent composés d'atomes $(q + q')\varphi$ polarisés perpendiculairement, état appelé *polarisation circulaire*, quand les quantités $a\varphi$, $b\varphi$ sont égales.

L'angle γ d'incidence est en rapport direct avec les atomes $a\varphi$ polarisés dans ce plan; l'indice de réfraction est en rapport direct avec les atomes $b\varphi$ polarisés dans le second azimut; donc les angles 39°, 48′, 35°, 32°... 11° sont en rapport direct avec les indices de l'argent, de l'or, de l'étain... du plomb.

Si les portions $a\varphi$, $b\varphi$ d'atomes polarisés ne sont pas égales, il y a un excès $(a - b)\varphi$ qui fait connaître la supériorité des atomes $a\varphi$ sur ceux $b\varphi$; sans que pour cela cessé l'existence de ceux-ci, comme l'excès du grand axe 2A d'une ellipse sur le petit axe 2B, A — B, ne fait pas disparaître ce petit axe : voilà tout ce qu'il y a de commun entre une ellipse et les portions $a\varphi$, $b\varphi$ d'atomes polarisés dans les deux azimuts. De semblables inégalités entre les quantités $a\varphi$, $b\varphi$ sont produites 1° quand les angles indiqués des incidences sont différentes, ou 2° les azimuts de polarisation autres que 45°.

IV. Pour supprimer les atomes $b\varphi$ polarisés perpendiculairement au plan de réflexion, il suffit de les soumettre à un nombre pair de réflexions, puisqu'il a été prouvé que les plans de polarisation inclinés au plan d'incidence y sont réduits après un nombre pair de réflexions; en ce cas, peu importe quel est l'angle des plans de réflexions.

V. Mais si l'angle d'incidence sous lequel se fait la première transformation n'est pas celui de la polarisation perpendiculaire, Brewster trouva alors que l'angle d'incidence nécessaire pour ramener les atomes $(a + b)\varphi$ à un seul et même plan de polarisation, après un nombre pair de réflexions, change avec l'angle des deux plans de réflexion.

Ces angles sont en rapport direct avec les portions $q\varphi$ réfléchie et $q'\varphi$ réfractée.

M. Jamin basa ses observations sur des rayons r'' réfléchis composés des quantités $a\varphi$, $b\varphi$ d'atomes polarisés dans des plans différents; il y trouva ces polarisations, toutefois il n'est pas parvenu à constater que les faits qui en proviennent ne diffèrent point de ceux attribués par Fresnel aux polarisations circulaires et elliptiques qui n'existent nulle part.

Résumé. 1° La *polarisation circulaire* indique un mélange d'égales quantités $a\varphi$, $b\varphi$ d'atomes polarisés perpendiculairement.

2° La *polarisation elliptique* indique 1° un mélange d'inégales quantités $a\varphi$, $b\varphi$ d'atomes polarisés perpendiculairement, 2° un mélange d'atomes d'égale ou d'inégale quantité polarisés, les uns $a\varphi$ dans le plan d'incidence, et les autres $b\varphi$ dans un plan quelconque.

3° La *polarisation rectiligne* est l'état des atomes φ de lumière qui ont perdu le mouvement ou l'expansion en direction latérale et auxquels est resté seulement l'expansion suivant le plan de propagation. Cette suppression latérale d'expansion produite de la manière indiquée était tout à fait inconnue aux physiciens; toutefois dans le système des ondulations on a constaté la suppression du mouvement des atomes chromatiques dans l'apparition de leurs complémentaires.

CHAPITRE III.

EFFETS DES PRISMES GROS OU MINCES D'ANGLE GRAND OU PETIT.

Les atomes φ de la lumière achromate solaire consistent en sept espèces d'atomes chromatiques; ceux-ci n'y sont pas mélangés comme l'oxygène et l'azote le sont dans l'air, mais ils sont symétriquement disposés comme l'oxygène et l'hydrogène dans l'eau. L'hydrogène paraît quand l'oxygène s'éloigne de l'eau, et l'oxygène paraît à son tour lorsque s'éloigne l'hydrogène; de même, dans la lumière solaire, l'apparition d'une espèce d'atomes chromatiques est l'effet de l'éloignement des six autres espèces nommées *complémentaires*.

L'oxygène peut être éloigné de l'eau par l'oxydation d'un métal en contact, l'éloignement des atomes chromatiques χ', χ''... χ^m de la lumière φ achromate n'est possible que par l'éloignement de leur mouvement opéré dans les rencontres des atomes homonymes au milieu $\frac{1}{2}\lambda$ de l'intervalle λ qui sépare les surfaces des ondes hétéronymes; les atomes de lumière φ° sans mouvement deviennent inertes et ne se répandent pas de l'espace qu'ils occupent sans le céder aux autres.

De pareilles rencontres ne sont possibles que dans les cas où sont séparées les surfaces sphériques S', S'', S'''... S^n; s', s'', s'''... s^n des ondes homonymes et de la même source par l'intervalle λ, comme cela a lieu quand les atomes $\mu'\varphi$ deviennent partagés pour se répandre les uns $q'\varphi$ d'un point s' (fig. 37) ou z'' (fig. 38) et les autres $q\varphi$ d'un autre point s ou z.

Il ne suffit pas d'une rencontre simple pour la suppression du mouvement, mais il faut en même temps que chaque atome chromatique se trouve presque en face de son homonyme, et cela précisément au milieu $\frac{1}{2}\lambda$ de l'intervalle, quand une moitié $\frac{1}{2}m$ de leur mouvement est déjà expirée et qu'il s'y trouve encore l'autre moitié $\frac{1}{2}m$ nécessaire pour parcourir le reste $\frac{1}{2}\lambda$ de l'intervalle λ ou de la couche conique.

Les atomes φ°, χ° de lumière, privés de leur mouvement, restent à l'état inerte dans l'espace qu'ils occupent ; ils ne peuvent plus se répandre et communiquer aux atomes ambiants un mouvement pour être distribués de là dans toutes les directions, et arriver jusqu'à l'œil. Ce manque de communication entre les atomes inertes et l'œil rend ces atomes insensibles ; tel est donc l'état des atomes de lumière qui correspond à celui de l'éloignement de l'oxygène de l'eau par un métal.

Il ne disparaît donc rien, car les atomes φ° restent, et il n'y a que leur mouvement qui en soit éloigné et propagé aux atomes homonymes qui suivent les atomes rencontrés. Les atomes chromatiques homonymes viennent en rencontre, parce que leur écoulement n'est pas parallèle aux rayons émis du corps lumineux, mais pour passer des surfaces paires S^{2a} aux surfaces impaires S^{2a+1}, les atomes chromatiques se croisent au milieu $\frac{1}{2}\lambda$ de l'intervalle λ.

Pour bien suivre le mode de la propagation des atomes φ de lumière qui constitue un rayon R, il faut se rappeler les croisements $\times$, $\times$, $\times$... (fig. 39) où arrivent les atomes χ', χ'', χ'''... χ^{vii} de la surface sphérique. En admettant la surface $s' = r^\circ r^\circ$ comme un carré $(\lambda - \alpha)^2$, le croisement $\times$ est le sommet d'une pyramide qui a pour base la surface $(\lambda - \alpha)^2$ et pour hauteur $\frac{1}{2}\lambda$; si la surface s est un cercle de de diamètre $2l$, le croisement $\times$ est le sommet d'un cône dont la base a pour rayon la longueur l et dont la hauteur est $\frac{1}{9}\lambda < \frac{1}{9}\chi^{\text{VII}}$.

Le rayon l de la base du cône partagé en sept parties symétriques $\frac{1}{9}l$, $\frac{1}{36}l$, $\frac{1}{16}l$, $\frac{1}{9}l$, $\frac{1}{36}l$, $\frac{1}{16}l$, $\frac{1}{9}l$ produit sept rayons dont sont obtenus six anneaux homocentres : 1° dans l'anneau α' des rayons $\frac{1}{9}l$ et $\frac{1}{16}l$ sont contenus les atomes χ' du rouge ; 2° dans l'anneau α'' des rayons $\frac{1}{16}l$ et $\frac{1}{16}l$ sont contenus les atomes χ'' de l'orangé, et ainsi de suite jusqu'au cercle central du rayon $\frac{1}{9}l$ dans lequel sont contenus les atomes χ^{VII} du violet. Ce partage sera expliqué plus loin.

À la fin et au commencement de chaque unité τ de temps les atomes φ de la masse totale de lumière se trouvent distribués, non pas également comme on l'admet, mais inégalement dans les surfaces S'', S^{IV}... S^{2n} paires ou dans les surfaces S', S'''... S^{2n+1} impaires ; chaque espèce d'atomes chromatiques occupe alors l'espace annulaire indiqué.

Une demi-unité $\frac{1}{2}\tau$ de temps après, tous les atomes φ de lumière se trouvent aux points $\times$, $\times$, $\times$... de croisements où ils arrivent après avoir parcouru en même temps les couches coniques inégales. De ces points $\times$, $\times$, $\times$... de croisements, les sept espèces d'atomes chromatiques arrivent à la surface hétéronyme et y occupent les mêmes surfaces annulaires après avoir également parcouru des couches coniques égales.

Ce mode de propagation par croisement est ici déduit de l'expansion même des atomes chromatiques ; il y a aussi une série de faits qui y trouvent leur explication ; et conduisent à connaître l'arrangement indiqué entre les atomes chromatiques pendant leur propagation. Les faits pareils ont été simplement indiqués sans que personne s'avisât d'en rechercher la cause ; ces faits sont les suivants.

Newton trouva différents les indices de réfraction des sept espèces d'atomes chromatiques, et comme ces différences ne sont disposées qu'en un ordre qui corresponde à l'arrangement des atomes chromatiques dans le spectre, on attribua à ces indices l'arrangement des couleurs dans le spectre ; de sorte qu'a paru suffisamment prouvée la décomposition du rayon solaire *s* en ses éléments différents entre eux, et pour cela différemment affectés du prisme qui fait que chaque espèce se sépare des autres et prend dans le spectre un espace propre.

Quand Fraunhofer constata l'existence des raies dans le spectre, et de plus leur distribution invariable, le système des ondulations n'avait pas encore fait des progrès bien marqués ; ainsi pour faire concorder ces nouveaux faits avec le système de l'émission, on se contenta de dire que les raies noires du spectre sont les intervalles vides produits par indices différents ; mais alors, dans ce système, restèrent inexpliquées et inexplicables les raies brillantes des flammes et de la lumière électrique.

Cependant Brewster ne pouvait pas se déclarer satisfait de ces explications, car les atomes chromatiques purs de chaque espèce qui ont le même indice se trouvent également partagés dans le spectre par les mêmes raies noires ou brillantes ; ainsi il est prouvé qu'elles ne sont pas l'effet simple de la réfraction et des indices. Ce physicien, au lieu d'exposer l'erreur de Newton et de ses partisans et de se borner à cela comme l'aurait fait Arago, proposa d'admettre trois espèces d'ondes dans la construction du spectre : hypothèse qui a été réfutée par plusieurs physiciens, et surtout par M. Airy.

La question des raies, depuis leur découverte, préoccupe vivement tous les physiciens. Pour résoudre ici cette question il a fallu remonter plus haut et constater deux faits : 1° le mode de la propagation des atomes chromatiques par les croisements ; et 2° la suppression du mouvement des atomes chromatiques opérée à la fois dans les prismes et dans les interférences et diffractions.

Il est ici prouvé que les mêmes effets sont produits : 1° par le prisme simple et par le *polyprisme* ; 2° par les prismes de

verre, d'air ou même par les prismes que forme le vide;
3° par les prismes de quelques centimètres aussi bien que
par ceux dont la ténuité est telle qu'un millimètre en contient
plusieurs centaines; et 4° par les prismes dont l'angle est
presque de 60°, ou de quelques minutes 1', 2'...

Les conditions requises pour bien isoler les atomes chromatiques dans le spectre sont : 1° la déviation doit être à
son minimum; 2° le faisceau des atomes $\mu'\varphi$ de lumière incidents doit être mince; 3° l'écran où est le spectre doit être
loin du prisme, et cela pour les causes suivantes.

I. — PETITE DÉVIATION NÉCESSAIRE A LA PRODUCTION DES COULEURS DU SPECTRE.

Pour obtenir les couleurs pures et nettes, il faut qu'aussitôt après leur production elles soient isolées l'une de l'autre,
ce qui permet de les observer plus à l'aise. Cet éloignement
est obtenu par la distance entre le prisme et l'écran, car les
atomes chromatiques χ', χ''... χ^{vu} en s'éloignant du prisme
augmentent en volume comme les gaz qui s'échappent d'un
vase, avec cette différence que l'expansion de la lumière à
l'état naturel reste comme celle des gaz, tandis que les
atomes $\mu'\varphi$ réfractés dans le prisme dans le sens du plan
d'émergence se dilatent dans la direction de ce plan seulement et non pas transversalement, en s'étalant en forme
d'éventail, comme on l'a représenté dans la figure 31.

Il faut avant tout rechercher le mode de la production
des atomes chromatiques qui doivent déjà se rencontrer
dans les corps transparents après une seule réfraction du
rayon incident, et qui devraient y être mieux produits
surtout par une réfraction du degré supérieur, si les indices
étaient la cause de leur séparation, ainsi que l'admettait
Newton.

C'est justement le contraire que prouvent les observations : 1° les couleurs manquent dans les rayons qui n'ont subi qu'une seule réfraction ; 2° elles sont très-peu isolées quand est grand l'angle z de déviation produit de la rencontre des rayons r, r'' incidents et émergents. On évite la superposition des spectres en conduisant sur le prisme un faisceau de lumière très-mince ; donc, pour être conséquent, il semble qu'on eût dû choisir les grands angles γ' de réfraction, et trouver également les couleurs après une réfraction, comme elles se présentent après deux réfractions et toutes deux opérées dans le même sens.

L'effet des réfractions ne change pas quand elles sont produites 1° dans l'un ou dans l'autre sens ; 2° dans les prismes solides ou liquides ; 3° quand les deux réfractions s'opèrent en sens contraire ou en même sens ; car dans la première réfraction le rayon r' s'approche de la normale qui pénètre dans le prisme par le point i (fig. 43) d'incidence et le rayon r'' ou $i'e$ émergent s'éloigne de la normale $i'n$ du point i' d'émergence.

En admettant le prisme ABC taillé dans l'intérieur du

Figure 42.

verre et la marche de la lumière en sens inverse, de manière que $e'i$ soit le rayon r incident, is sera le rayon émergent ; dans ces prismes d'air ou vides, l'angle A ne peut pas trop augmenter, car les atomes φ de lumière s'écoulent dans les faces par la réflexion totale sans pénétrer dans le prisme pour y éprouver deux réfractions dans le même sens et sous un faible angle de déviation.

Il est donc possible d'obtenir une petite déviation z dans les prismes de tout genre, quand l'angle A est très-petit entre les deux faces f, f' inclinées ; mais quand cet angle est grand, l'existence des spectres des prismes de gaz ou vides n'est pas possible, comme cela a lieu pour les prismes solides et liquides.

Par suite les couleurs peuvent être également obtenues par des prismes très-minces solides, liquides, gazeux ou vides, et par des prismes épais, solides ou liquides; et cela à cause de la petite déviation qui se présente comme absolument nécessaire.

I. Effet des petites déviations dans les prismes à grand angle. Avant de commencer, il faut d'abord indiquer les faits constatés par Charles dans le prisme équilatéral ABC (fig. 44). Le rayon incident si composé d'atomes $\mu'\varphi$ pénètre dans le prisme sous un angle γ d'incidence égal à l'angle $\gamma'' = rac$ d'émergence pour produire le minimum de déviation s qui est ici l'angle d (fig. 43) formé du prolongement des rayons r, r'' incident et émergent. Dans cette observation sont constatés deux faits en apparence de nature différente : 1° une partie des atomes $\mu'\varphi$ émerge du prisme en éprouvant une réfraction dans le même sens que la précédente ou en sens contraire, et le reste $(\mu' - q)\varphi$ éprouve une réflexion totale; 2° dans la portion émergente se trouvent les couleurs si la réfraction est opérée dans le même sens que la précédente.

1° Des atomes $\mu'\varphi$ arrivés en a (fig. 44) une portion $q\varphi$ se sépare dans le rayon ar émergent qui produit un spectre, parce que la réfraction en a est dans le même sens que la précédente en i.

Figure 44.

2° Le reste $(\mu' - q)\varphi$ d'atomes éprouve en a une réflexion totale et arrive en e où se sépare la portion $q'\varphi$ pour former le rayon cb émergent, qui n'est pas coloré parce que sa réfraction en e est en sens contraire de celle en a.

3° Le reste $(\mu' - q - q')$ s'éloigne de c par une réflexion totale et produit en d un rayon en $d'r$ coloré de la portion $q''\varphi$ de lumière, et cela parce que les réfractions en c et d sont dans le même sens.

4° Ainsi ce qui reste $(\mu'-q'-q'')\varphi$, après une réflexion totale en d, arrive en e et laisse s'éloigner la portion $q''\varphi$ pour former le rayon eb', qui est incolore, parce que les deux réfractions en e et d sont en sens contraire.

5° Ce qui reste $(\mu'-q-q'-q''-q''')\varphi$ éprouve en e une réflexion totale et arrive en e', où la portion $q^{iv}\varphi$ se sépare pour produire un rayon $e'r''$ coloré.

6° Enfin le reste $(\mu'-q-q'-q''-q'''-q^{iv})\varphi$, après une réflexion totale en e', arrive en i pour laisser s'éloigner la portion $q^v\varphi$ et produire le rayon incolore ib'', et ce qui reste de la lumière $\mu'\varphi$ se mêle avec celle qui arrive pour faire le même tour dans le prisme.

Les rayons ar, dr', $e'r''$ colorés ont une relation directe avec le sens de la réfraction précédente; cependant les couleurs ne sont produites que dans le point d'émergence, de sorte qu'il devient évident que les indices différents des atomes chromatiques ne sont pas la cause de leur séparation.

La cause de la réfraction est la différence $ac-bd$ (fig. 43) des chemins parcourus par les différents atomes φ contenus dans le faisceau $bdac$, dont une portion $a\varphi$ parcourt dans le corps la distance ab, tandis que la portion $a'\varphi$ parcourt dans le vide la distance supérieure ca. Il n'y a donc aucune cause qui fasse que les atomes chromatiques se séparent l'un de l'autre et deviennent visibles dans le corps.

Figure 43.

Si l'on opère avec lumière homogène, la différence $ac-bd$ entre les chemins sera grande pour les atomes χ^{vii} du violet et petite pour ceux χ' du rouge. Ces atomes chromatiques doivent décrire l'angle $\gamma-\gamma'$, qui est la différence entre l'angle γ d'incidence et celui γ' de réfraction. Cet arc est décrit par le rayon de longueur λ^m pour les atomes χ^m du violet et par le rayon de longueur λ' pour les atomes χ du rouge.

Donc l'arrangement des couleurs dans le spectre a un rapport direct avec l'indice n de chaque espèce d'atomes chromatiques, sans cependant que ces indices soient en même temps la cause de la séparation des atomes dont est composée la lumière solaire.

Après avoir prouvé que les petites déviations s ou d (fig. 43) peuvent être également obtenues dans les lames dont les faces sont peu inclinées, la production des couleurs s'opère de la même manière quand ces petites déviations sont obtenues par une très-petite inclinaison des deux lames ou par une inclinaison de 60°. Les physiciens prouvent que dans les lames minces les couleurs sont produites do la même cause que celles des couleurs des interférences et des diffractions ; ici rien de nouveau ne s'opère ; cette même cause produit les couleurs dans les prismes de petite déviation s, même dans les cas où celle-ci est obtenue par un angle de 60° du prisme.

Prismes minces. Ces prismes sont produits entre les faces f, f' inclinées des corps solides transparents ; ils sont liquides, gazeux ou même vides, parce que les atomes φ' de lumière stationnaire contenus dans le corps ne manquent pas dans le vide ; mais ici ils sont contenus en densité moindre que dans les corps.

Figure 46.

Soient AB, CD (fig. 46) deux lames transparentes de faces parallèles ; si elles sont en contact il n'existe entre elles aucun espace ; celui-ci y apparaît en forme prismatique quand l'une des extrémités de la lame AB est peu élevée et que l'autre DC reste dans sa position par exemple horizontale En cet état on a entre les lames un *aéroprisme* dont on peut faire un *hydatoprisme* quand on introduit une goutte d'eau entre les lames. Dans le vide les mêmes lames forment entre elles un prisme vide.

Au lieu de deux lames planes dont l'une doit être soulevée, le même effet est obtenu d'une lame plane et d'une autre courbe; celle-ci peut être *mcm'* (fig. 47), une lentille plane-convexe ou un cône d'une très-petite hauteur *co* et d'un angle égalant presque 180°. Dans les deux cas il reste entre la face *f* plane et la face *f'* convexe un espace mince qui ne diffère du précédent entre les deux plaques planes que par sa forme annulaire.

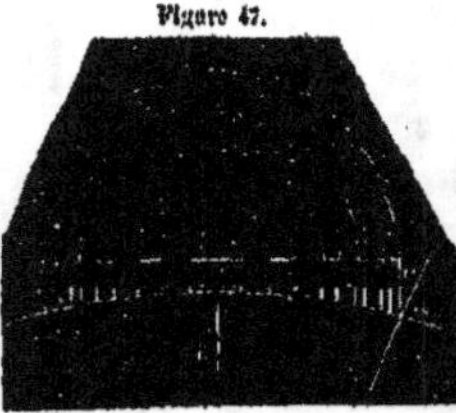

Figure 47.

Ce prisme annulaire peut être de gaz, vide ou liquide, quand on y introduit une goutte d'eau ou d'un autre corps, comme le prisme droit obtenu entre deux plaques. De même, 1° celui-ci produira des spectres dont la longueur est perpendiculaire à ses arêtes, et qui pour cela seront des rectangles parallèles; 2° les prismes annulaires produiront des spectres dont la longueur est également perpendiculaire à leur arête en *o* et qui, pour cela, seront des anneaux ayant cette arête commune *o* comme centre.

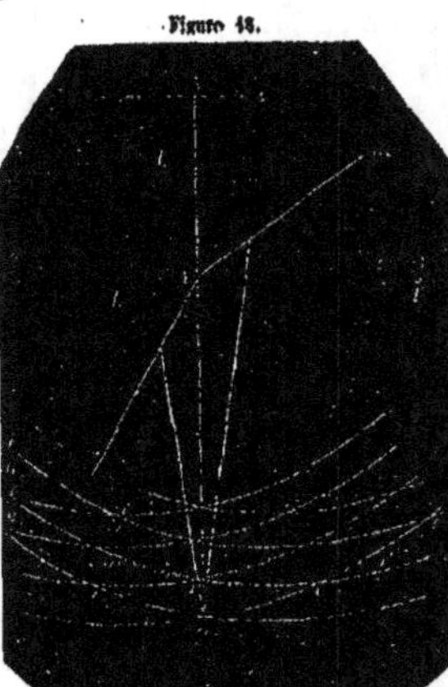

Figure 48.

Dans les interférences il a été démontré que la lumière de la source S (fig 48) est transmise par les miroirs *i'm*, *im'* inclinés sur les deux images s, s' qui sont les centres des deux systèmes de surfaces sphériques S', S"... S", s', s''... s'' des ondes de lumière. Les condensations et dilatations s'opèrent simultanément dans les ondes homonymes paires ou impaires de rayon $2n\lambda$ ou $(2n\pm1)\lambda$. Une demi-unité $\frac{1}{2}\tau$ de temps après les dilatations, les atomes $(\mu+\mu')\varphi$ centrifuges des surfaces S^{2n} et les atomes $(\mu+\mu')\varphi$ centripètes de la surface s^{2n} viennent en rencontre au point $\times$ de croisement quand l'intervalle est λ entre ces surfaces S^{2n}, s^{2n}, et de tels intervalles sont inévitables, parce que ces surfaces sont *hétérocentres*; les unes proviennent du point s et les autres de l'autre point s' qui sont les deux images du corps lumineux S.

Dans les diffractions les ondes du centre f ou s'' (fig. 49) restent dans leur position normale, et le point s devient,

Figure 49.

par la réflexion le centre d'un nouveau système d'ondes dont les surfaces s', s''... s'' se trouvent en certains points dans une distance λ des surfaces S', S'''... S" qui ont pour centre s'' ou f.

Les franges sont les espaces occupés par les atomes φ de lumière qui, dans les rencontres, ont perdu leur mouvement et ont été ainsi ramenés à l'état inerte, sans pouvoir désormais affecter l'œil par leur expansion.

Au lieu d'une réflexion en s vers le point o de rencontre, cette réflexion a lieu dans toutes les directions qui font avec la normale le même angle que le rayon incident; de sorte que les ondes s', s''... s'' du centre s se trouvent également entre s et o et entre z et f, et que leurs atomes viennent en rencontre pour détruire ou supprimer mutuellement leur mouvement et faire apparaître des franges comme en o.

Des atomes $\mu'\varphi$ incidents sur la face ml (fig. 50) d'un corps, une partie $q'\varphi$ pénètre et une autre $q\varphi$ est réfléchie pour passer de l'autre côté de la normale, sans venir en rencontre avec les atomes incidents dans la direction sa, parce que le mouvement de b vers r' n'est pas contraire au mouvement de s vers a.

Figure 44.

Dans la figure 43 il a été constaté que la production des couleurs s'opère quand il y a une réfraction comme en a, d, e' dans le même sens que le précédent, et en même temps une réflexion totale en sens divergent. En élevant des normales sur les faces AC, AB, BC aux points a, d, e', on peut voir que les atomes qui suivent la ligne ponctuée se trouvent entre le rayon coloré émergent et le rayon achromate qui éprouve la réflexion totale. En prolongeant de a vers i' la ligne ponctuée, on aura le chemin des atomes réfractés en i' qui est le point d'incidence.

Les atomes chromatiques émergents de a ne sont pas ceux qui se trouvent dans les atomes $q\varphi$ qui se décomposent pour produire $q(\chi' + \chi'' + \ldots + \chi^{\text{vii}})$ atomes chromatiques, mais ces atomes du rayon ar émergents sont $\frac{1}{7}q(\chi' + \chi'' + \ldots + \chi^{\text{vii}})$ et ils sont produits par la suppression de leurs complémentaires $\frac{6}{7}q(\chi' + \chi'' + \ldots + \chi^{\text{vii}})$, précisément comme cela a lieu pour les interférences et diffractions.

Des atomes $\mu'\varphi$ qui arrivent en a se rencontrent après la réflexion totale, ceux $q\varphi$ avec ceux $\mu'\varphi$ incidents, et ainsi s'opère la suppression de $\frac{6}{7}q(\chi' + \chi'' + \ldots + \chi^{\text{vii}})$ atomes chromatiques, et c'est le reste $\frac{1}{7}q(\chi' + \chi'' + \ldots + \chi^{\text{vii}})$ qui émerge en éprouvant une réfraction dans le même sens que la réfraction précédente. Le même effet a lieu pour les réflexions aux points d et e'.

Dans les corps transparents de faces parallèles f, f', les deux réfractions sont en sens contraire ; il en est de même pour celles produites aux points o, e, i, dont s'écoulent les atomes achromates parce que les atomes réfléchis en ce cas ne viennent pas en rencontre avec leurs homonymes.

Nécessité d'une petite déviation. En admettant l'angle A (fig. 43) de 60°, et l'angle $\gamma = sin'$ d'incidence égal à $\gamma'' = si'n$ d'émergence, l'angle sde de déviation indiqué par s est presque à son minimum. Des atomes $\mu'\varphi$ incidents en i, $q\varphi$ sont réfléchis, et $q'\varphi$ sont réfractés. En cette réfraction change l'arrangement précédent des atomes chromatiques; et cela à cause des longueurs λ^m, λ^n... λ' suivant lesquelles sont décrits les arcs de l'angle $\gamma - \gamma'$; Fresnel attribue les faits de ce changement dans l'arrangement des atomes à un changement de phase de l'onde.

Arrivés à la face postérieure A C, les atomes se réfléchissent vers la normale où se trouvent les atomes homonymes incidents, et cela surtout quand l'angle s de déviation atteint son minimum m; car si cet angle est grand les rencontres entre les atomes réfléchis et les atomes incidents s'opèrent trop obliquement pour supprimer leur mouvement.

L'inégale arrivée à la surface postérieure a pour cause la distance qui est moindre du côté du sommet A du prisme que du côté de la base BC; il y a donc réflexion des atomes arrivés précédemment et rencontre de ces atomes avec leurs homonymes incidents; il y a en même temps suppression de mouvement parce que ces rencontres s'opèrent presque de front : cas diamétralement contraire à celui qui serait exigé si la séparation des atomes chromatiques avait pour cause les indices inégaux de réfraction des atomes chromatiques, comme l'admettait Newton.

II. Effets des petites déviations des prismes à petit angle. Si dans la figure 46 la lame CD est horizontale et l'autre AB en contact avec l'une des extrémités très-peu élevée au-dessus de l'autre, il y aura un intervalle prismatique. Les atomes $\mu'\varphi$ arrivant verticalement pénètrent obliquement la lame AB et en éprouvent une réfraction qui les empêche d'arriver perpendiculairement sur la face horizontale de la lame CD. Pour cette raison, les atomes $q\varphi$ sont réfléchis et viennent presque affronter les atomes $\mu'\varphi$ incidents et cela à cause de la petite déviation qui dépend de l'inclinaison de la lame AB peu élevée à l'une des extrémités.

La suppression des atomes homonymes s'opère ici plus complétement que dans les prismes à grand angle, et cela à cause de la déviation qui peut ici diminuer jusqu'à devenir nulle, cas qu'il est impossible d'obtenir dans les prismes à grand angle.

Au lieu d'un seul spectre, comme dans les prismes à grand angle, il y en a ici plusieurs séries, car après la suppression des atomes chromatiques homonymes d'une ligne de *photocônes*, commence la suppression de ceux des photocônes de la ligne suivante, et cela a lieu pour un nombre n de lignes dont proviennent n séries de spectres. Les séries les plus éloignées du sommet sont moins pures et moins larges à cause de leur superposition, qui finit par les rendre imperceptibles. Cette explication est constatée par les observations et elle est bien exposée dans le système des ondulations.

Brewster est le premier qui observa 15 ou 16 bandes irisées parallèles à l'intersection des lames AB, CD, et qui s'en écartent d'autant plus que l'angle α qu'elles formaient dans l'intersection était plus petit. Avec des lames de 3 millimètres d'épaisseur formant un angle $\alpha = 11'$, la largeur qu'occupent les spectres est de $26'$ à $27'$. Cette largeur diminue quand une petite goutte d'eau est introduite entre les lames pour y obtenir un hydatoprisme ; car en ce cas diminue l'angle de réfraction entre le verre et l'eau. De tels prismes solides ne peuvent pas être directement obtenus ; mais par les couleurs produites sur les métaux légèrement oxydés, on reconnaît que ces oxydes produisent des couches qui n'ont pas partout la même épaisseur ; à cause de cela, ce sont les prismes minces solides qui produisent des spectres comme le font les prismes liquides ou gazeux.

Brewster, dans ses observations, se borne à prouver que $\frac{1}{2}\lambda$ est la différence des chemins entre les atomes $\mu'\varphi$ incidents dans la face f' de la lame inférieure et ceux $\varphi\varphi$ qui en sont réfléchis ; quoique le même fait a lieu dans la production des couleurs par les prismes à grand angle $A = 60°$, le physicien que nous venons de nommer n'est pas parvenu à en donner la même explication ; c'est peut-être parce qu'il n'existe pas d'aéroprismes en grands angles A, car en pareil cas les atomes de lumière éprouvent dans le verre ambiant une réflexion totale.

Prismes annulaires. Nous avons fait voir que ce genre de prismes ne diffère des précédents que par la forme, car la lame CD horizontale des prismes plans de Brewster était remplacée par Newton par une lentille mcn' (fig. 47) à long foyer ou par un cône à un angle peu inférieur à 180°. Le prisme plan de Brewster produit des bandes de spectres parallèles à l'angle α d'intersection ; le prisme annulaire de Newton produit des anneaux de spectres homocentres, parce que ces spectres sont parallèles au point o de contact entre la lame et la lentille.

En opérant avec la lumière simple ou homogène, il se produit des bandes ou des anneaux noirs à la place des spectres ; ces anneaux noirs sont séparés des bandes ou des anneaux brillants, mais tellement disposés que les espaces qui paraissent brillants dans la face supérieure correspondent à ceux qui paraissent noirs dans la face inférieure, et *vice versâ*. Newton représente cet arrangement d'anneaux de la manière suivante :

Soit R le rayon de la surface convexe de la lentille ; $r = od$ le rayon d'un anneau et e l'épaisseur $am = co$ de la couche mince au point considéré de cet anneau. On aura, en abaissant mc perpendiculaire sur la normale oR au point de contact o, $\overline{mo}^2 = 2R \times \overline{co} = 2R \times e$; et comme mo ne diffère pas sensiblement de mc, parce que R est très-grand, on a $\overline{mc}^2 = r^2 = 2R \times e$, d'où $e = \dfrac{r^2}{2R}$. En changeant la valeur de r pour chaque anneau, l'on obtient les valeurs des épaisseurs c', c'', c'''... c^n qui leur correspondent; ces valeurs sont comme la série des nombres impairs 1, 3, 5... pour les anneaux brillants, et comme la série des nombres pairs 2, 4, 6... pour les anneaux noirs vus par la réflexion: c'est l'inverse pour les anneaux vus par transmission. Newton a trouvé ainsi que l'épaisseur, à la périphérie intérieure du premier anneau rouge, est $e = 0^{mm},0001611$ quand le prisme est d'air, et pour le premier anneau violet $e = 0^{mm},0001015$.

On est conduit ici aux mêmes résultats de la manière suivante : les atomes $\mu'\varphi$ parallèles au rayon Ro qui passe par le point o de contact éprouvent sur la surface courbe mom' de la lentille une réflexion divergente, tandis que du point o ne sont pas réfléchis des atomes sensibles; pour cette raison paraît noir l'espace central o de la part de la face oa' supérieure.

Les atomes réfléchis $q\varphi$ de cet espace o en directions divergentes viennent en rencontre avec une égale quantité d'atomes incidents parallèlement à Ro. Le petit angle z des rencontres permet la suppression du mouvement des atomes $2q\varphi'$. Ainsi le cercle central o est occupé par des atomes inertes $2q\varphi'$ qui, n'ayant pas d'expansion, ne peuvent se propager jusqu'à l'œil, et rendent ainsi noir le cercle o qu'ils occupent.

Des atomes $\mu'\varphi$ incidents en o après la réflexion de la portion $q\varphi$, l'autre $(\mu'-q)\varphi$ pénètre la lentille en y éprouvant une réfraction convergente, et dans leur émergence ils éprouvent une deuxième réfraction dans le même sens, et cela à cause de la forme prismatique de la lentille.

Donc le cercle central o est noir vu de dessus et il est brillant vu de dessous; pour obtenir un résultat contraire et rendre le cercle o brillant vu de dessus et noir vu de dessous il ne faut que rendre convergents les atomes $q\varphi$ réfléchis et divergents ceux $(\mu' - q)\varphi$ transmis dans la lentille. Yong y est parvenu de la manière suivante :

L'indice 1,530 de l'huile de sassafras dont est formé le prisme mince liquide est inférieur à celui 1,575 du flint qui constitue la lame aa', et supérieur à celui 1,50 de crown qui forme la lentille mom'. Les atomes $q\varphi$ réfléchis de la lentille d'un indice 1,50 vers l'huile d'un indice supérieur 1,530 prennent la direction convergente et viennent en rencontre, comme dans le cas précédent, avec les atomes $\mu'\varphi$ incidents.

Des atomes des deux parties qui restent sans éprouver de perte de leur mouvement 1° les uns $q'\varphi$ arrivent à la surface de la lame et rendent visible le cercle central o; 2° les autres $q''\varphi$ éprouvent dans la lentille à crown une réfraction divergente, et dans leur émergence une autre en sens contraire, et ainsi la direction sous laquelle ils arrivent à l'œil est en dehors du cercle central o qui paraît noir et est entouré d'un anneau brillant. Le même effet a lieu pour tous les anneaux suivants.

II. — FAISCEAUX MINCES DE LUMIÈRE INCIDENTE.

La largeur de la fente par laquelle pénètre la lumière dans le prisme est habituellement de 1 millimètre, largeur

Figure 54.

suffisante pour produire plusieurs centaines de spectres, qui ne peuvent être séparés l'un de l'autre que quand l'écran vu (fig. 54) où ils se trouvent est éloigné de plusieurs mètres du prisme ABC. Pour éviter cette accumulation des spectres qui dépendent du faisceau dont la largeur de 1 millimètre est trop grande, on emploie des prismes de petites dimensions dont plusieurs centaines occupent 1 millimètre, et chacun d'eux produit un spectre isolé et des couleurs pures.

Dans une lame AA'DD' (fig. 52) peuvent être taillés plusieurs prismes ACB, A'C'B'... La lumière composée d'atomes $\mu'\varphi$ incidents parallèlement pénètre directement l'intervalle

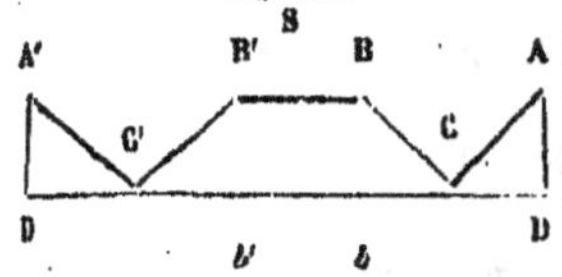

BB' et arrive en bb' pour faire apparaître le corps lumineux S. Les atomes $q\varphi$ de lumière qui arrivent obliquement en AC et A'C' pénètrent, après avoir éprouvé une réfraction, et sortent de la face postérieure DD' en y éprouvant une deuxième réfraction dans le même sens, comme cela a lieu pour deux prismes dont proviennent deux spectres ayant chacun le violet en dedans où est dirigé le sens des réfractions des atomes émergents.

Pour ne pas laisser arriver à chaque prisme une plus grande quantité d'atomes que celle qu'il est nécessaire que produise un spectre, on sait qu'il ne faut que l'espace suf-

fisant pour contenir un nombre de bases β de photocône plus grand que 7β et plus petit que 14β; car dans chaque base $\beta = r''r^{\circ}$ (fig. 53) sont contenus sept anneaux des sept espèces d'atomes chromatiques au moment de condensation, et qui viennent tous de passer par les points $\times$ de croisement; par ces mêmes points vont passer ces atomes après leur dilatation. La longueur entre deux points $\times$, $\times$ de croisement étant λ, la hauteur des photocônes est $\frac{1}{4}\lambda$ et le rayon de leur base β est l qui est la longueur analogue à celle L du spectre éloigné du prisme; ces longueurs l sont contenues au nombre de plusieurs centaines dans 1 millimètre. Ainsi l'on est conduit à la formation des prismes de très-petites dimensions et symétriquement disposés, comme cela est obtenu par le réseau de Fraunhofer.

Spectres des réseaux. Ce physicien traça avec un diamant, sur une lame mince de verre, plusieurs centaines de
stries qui occupent la longueur de 1 millimètre. De chaque
strie sont produits deux prismes dont l'un p' est interne et
l'autre p'' externe; si la lumière incidente tombe verticalement au milieu du réseau, chacun des prismes externes p'
produira un spectre propre dont le violet est en dedans et
dont les couleurs sont pures.

Dans la figure 52 est indiquée la cause qui fait que les
prismes externes p'', p''… produisent les spectres avec le
violet en dedans; quant à la pureté des couleurs elle est un
effet direct des petites surfaces de ces prismes p'', p'', p''…
où n'arrivent des q bases β de photocônes que le nombre nécessaire pour supprimer, dans les 49φ atomes achromates,
les 42χ atomes chromatiques, et ne laisser émerger du
prisme que les atomes χ', χ'', χ'''… χ^m qui arrivent purs à
l'écran où sont étalés les spectres n, n', n'' (fig. 54) des
prismes externes p'', p'', p''…

1° Au milieu f qui est l'intervalle BB' (fig. 52) les atomes
φ incidents pénètrent directement et font apparaître le trait
lumineux S; ainsi le milieu f des spectres est blanc.

Figure 54.

2° Les atomes φ de lumière qui arrivent aux prismes p', p'
internes indiqués par BC, B'C' (fig. 52) sont réfléchis en dehors, et ainsi restent noirs les deux espaces latéraux N, N
(fig. 54) de la bande claire f du milieu.

3° Viennent ensuite les deux spectres S, S produits des
deux prismes externes ACD, A'C'D' (fig. 52); le violet est
du côté indiqué par le sens de réfraction, comme cela a
lieu pour tous les spectres des prismes.

4° La largeur n, n (fig. 54) des espaces noirs est inférieure à celle des espaces N, N précédents, parce qu'une partie en est envahie par le spectre S, S.

5° Les spectres suivants occupent des espaces de plus en plus grands, et pour cela ils empiètent premièrement sur les intervalles noirs, et puis les uns sur les autres. Les couleurs pâlissent à cause de la superposition et finissent par disparaître.

6° Ces mélanges de spectres peuvent être séparés au moyen d'un prisme, et alors on y distingue les couleurs et les raies dans le même ordre.

7° Si l'on opère avec la lumière simple, on obtient des bandes brillantes qui sont les mêmes et également distribuées, comme celles qu'occupe cette espèce d'atomes dans les espaces des spectres.

8° Quand il y a cent raies dans un millimètre, le premier spectre de couleurs pures a la même étendue que celui que fournit un prisme à 60° en flint; et de plus quand existent les mêmes distances entre les prismes et les écrans, les couleurs occupent des espaces sensiblement égaux, de manière à former un spectre normal dont les couleurs sont d'une homogénéité parfaite.

C'est ainsi qu'on arrive à se convaincre de l'identité de la cause par l'identité des effets. Le spectre de Newton d'un prisme à 60° et celui de Fraunhofer d'un prisme pareil, mais très petit, ne diffèrent pas, parce qu'il arrive au petit prisme assez d'atomes de lumière pour la production d'un spectre. L'excédant des atomes ne fait que rendre, dans le spectre de Newton, les couleurs moins pures que celles du spectre de Fraunhofer.

Après avoir ainsi constaté l'identité existant entre les spectres des grands prismes de Newton et des petits prismes de Fraunhofer, il ne nous est pas difficile de prouver que, dans tous les prismes grands ou petits, d'angle grand ou d'angle petit, les couleurs sont produites par la suppression du mouvement des atomes chromatiques complémentaires, et non pas, comme l'admettait Newton, par leur séparation produite des indices différents.

Dans les diffractions chaque frange est la branche d'une hyperbole qui a les deux foyers aux points lumineux s', s' (fig. 48) ou z'', z (fig. 49); mais les bandes brillantes composées également des spectres sont parallèles à l'intersection des lames AB, CD (fig. 46), ou au point o (fig. 47) de contact entre la lame aa' et la lentille mom'. Dans tous ces cas, comme dans les prismes grands ou petits, les couleurs sont produites dans les espaces occupés par leurs complémentaires réduits à l'état inerte par l'éloignement de leur mouvement.

Dans les cas où l'on opère avec la lumière simple, on voit devenir noirs les espaces occupés par les atomes chromatiques inertes, qui perdent leur mouvement de la même manière dans les rencontres avec leurs homonymes, comme cela a lieu quand on opère avec la lumière achromate.

Spectres réfléchis. Si le point t' d'émergence des atomes chromatiques d'un prisme ou d'un réseau est noirci pour produire une réflexion, ces atomes chromatiques arrivés sur l'écran placé au-devant du réseau ou du prisme font apparaître les mêmes spectres; il devient ainsi plus évident que les couleurs ne sont produites ni après l'émergence de la face f' postérieure ni après l'immersion dans la face f antérieure, mais qu'elles sont engendrées dans les rencontres entre les atomes réfléchis dans la face f' postérieure et ceux qui avancent vers cette surface. M. Babinet donna aux spectres des réseaux une explication basée sur la suppression du mouvement des atomes chromatiques ; cependant il cherche ces rencontres non pas dans les prismes mêmes des réseaux, mais en dehors.

Conclusion. Si les différents indices étaient la cause de la séparation des atomes chromatiques 1° ils seraient nécessairement observés après chaque réfraction et d'autant mieux que l'angle d'incidence est plus grand ; 2° l'angle z de déviation n'aurait dû avoir aucun rapport direct avec la production des couleurs, ou ce rapport devrait être diamétralement contraire à celui qui existe à présent.

Couleurs irisées des corps. Ces couleurs sont toujours produites des réseaux dont la face postérieure est opaque, et quand les spectres déjà produits y arrivent, ils en éprouvent une réflexion et font ainsi paraître les corps comme couverts de couleurs irisées. De semblables réseaux sont souvent produits spontanément sur les corps, et, par imitation, on les a fait naître artificiellement sur les métaux.

1° *Réseaux naturels.* La nacre possède des stries très-fines dues à sa structure feuilletée; Brewster a pris l'empreinte de ces stries en appliquant sur la nacre polie du mastic, de la cire noire ou un alliage fusible, et a produit par réflexion les mêmes couleurs, sauf l'intensité, qui dépend du pouvoir réflecteur. Le gypse à structure fibreuse présente aussi des couleurs produites de prismes très-minces et non pas très-petits comme le sont ceux des réseaux. Les plumes de certains oiseaux doivent quelquefois leurs brillantes couleurs à des effets des réseaux produits par les filaments très-fins qui les composent. Les couleurs irisées des insectes mêmes, des bulles de savon, des couches très-fines d'huile ou d'éther sur l'eau sont l'effet de réseaux pareils composés de prismes, et non pas les effets d'interférences ou de diffractions, quoiqu'on attribue même les réseaux aux diffractions.

2° *Réseaux artificiels.* Par les deux directions du plan de polarisation découvertes dans les atomes $q\varphi$, $q\varphi'$ réfléchis dans les métaux, il devient constaté que les atomes $q\varphi$ polarisés suivant le plan de réflexion sont réfléchis sans qu'ils pénètrent dans l'intérieur du métal. Au contraire pénètrent à une profondeur e du métal les atomes $q'\varphi$, et cela est connu par leur plan de polarisation qui est incliné à la surface réfléchissante et presque perpendiculaire au plan de réflexion.

Ainsi un métal couvert d'un réseau acquiert la propriété

de la nacre qui réfléchit les spectres produits dans les petits
prismes après avoir pénétré assez avant pour arriver à la
couche réfléchissante. Un métal à demi poli a des stries
produites par la poudre dure; mais ces stries ne sont pas
régulières, et pour cela l'état irisé est imparfait.

Les boutons Barthon en métal fabriqués en Angleterre
obtiennent les stries de réseaux dues à la compression d'un
coin d'acier finement gravé, il y a même des figures très-
petites et très-régulières. Ces boutons réfléchissent les couleurs les plus brillantes et les plus variées quand ils sont
éclairés par le Soleil ou par les bougies.

III. — DISTANCE NÉCESSAIRE ENTRE LE PRISME ET L'ÉCRAN DU SPECTRE.

Telle est la troisième condition pour obtenir un spectre
des couleurs pures; Newton fait tomber le faisceau d'une
fente rectangulaire sur une lentille à foyer d'une longueur
de plusieurs mètres. De cette lentille le faisceau pénètre immédiatement dans le prisme, et l'on dispose au foyer un
écran blanc, sur lequel chaque couleur produit avec ses
atomes chromatiques un four très-brillant et très-étroit.
M. Foucault plaça un diaphragme entre la lentille et le
prisme avec une fente étroite et il isola mieux ainsi les atomes
chromatiques du spectre.

La distance D entre l'écran et le prisme ne peut pas être
trop petite, parce que les atomes chromatiques χ', $\chi''\dots\chi^{vu}$
n'occupent dans le prisme qu'une longueur qui n'atteint
pas la longueur des 2λ. En s'éloignement du prisme, les
atomes chromatiques χ', $\chi''\dots\chi^{vu}$ augmentent do volume,
mais seulement verticalement aux arêtes du prisme ou dans
le sens des deux réfractions et non pas transversalement;
l'expansion transversale devient supprimée par les bords
de la fente.

Il y a ainsi deux triangles pareils qui ont le sommet

commun A placé $\frac{1}{2}\lambda$ du dedans de la face postérieure f' du prisme, 1° la base b de l'un des triangles est sur la face f' du prisme, sa hauteur est inférieure à λ; 2° la base B de l'autre triangle est la longueur α du spectre et sa hauteur est la distance D de l'écran placé à plusieurs mètres loin du prisme.

Si au contraire est circulaire l'ouverture dans le diaphragme par laquelle pénètre la lumière $\mu'\varphi$ pour arriver au prisme, la forme du spectre n'est ni circulaire ni elliptique, mais celle d'un rectangle terminé à ses deux extrémités par deux demi-cercles. Cette forme est l'effet de l'expansion des volumes des atomes chromatiques, expansion supprimée latéralement par les bords du diaphragme et restée libre seulement dans le sens de la direction des deux réfractions consécutives.

Cette expansion des atomes chromatiques suivant le plan de réfraction et sa suppression transversale ne diffère point de celle constatée dans les atomes de lumière polarisée. L'angle A commun des deux triangles est déterminé par le grand triangle qui a la longueur α du spectre pour base et la distance D pour hauteur, ainsi on a $\frac{1}{2}\alpha = D\sin A$; cet angle A est différent pour chaque espèce d'atomes chromatiques, et il est invariable.

Dans le petit espace du prisme sont produits plusieurs spectres comme cela est constaté directement; ce même nombre de spectres est obtenu d'un espace égal occupé par un réseau. Le nombre des spectres est aussi directement obtenu dans les prismes de petit angle α d'intersection des plaques, comme le sont ceux entre deux plaques inclinées ou entre une plaque et une lentille (fig. 46, 47).

IV. — DES RENCONTRES DES ONDES ET PRODUCTION DES COULEURS.

Après avoir exposé en détail les moyens de la production des couleurs par la lumière polarisée ou naturelle, il en résulte que, dans tous les cas, les atomes chromatiques observés sont les complémentaires de ceux qui ont perdu leur mouvement; ils ont été à cause de cela réduits à l'état inerte, et ne peuvent plus se dilater assez pour affecter l'œil et lui faire percevoir leur existence.

Un état pareil des atomes φ' de lumière était totalement inconnu aux physiciens, et cela parce qu'ils ignorent l'existence du mouvement dans les atomes de lumière, tout en leur attribuant cependant l'élasticité observée dans les atomes des gaz, élasticité dont la manifestation n'est qu'une expansion et augmentation indéfinie de volume.

Il est prouvé ici que les quantités des atomes chromatiques supprimés augmentent dans les rencontres, quand celles-ci s'opèrent sous un angle de quelques minutes; car telle est la seule condition requise, c'est-à-dire une petite déviation, pour la production des couleurs pures qui sont les complémentaires des atomes chromatiques réduits à l'état inerte.

Quand les ondes proviennent d'un seul corps lumineux à la fin de chaque unité paire $2n\tau$ ou impaire $(2n \pm 1)\tau$ de temps, les condensations se trouvent dans les surfaces sphériques paires S'', S^{iv}... S^{2n} ou impaires S', S'''... S^{2n+1}, et sont séparées par l'intervalle 2λ; la longueur λ est parcourue par les atomes $(\mu + 2\mu')\varphi$ centrifuges et l'autre longueur λ est parcourue par les atomes $\mu\varphi$ centripètes, de sorte qu'à la fin de l'unité de temps expire le mouvement m communiqué mutuellement aux atomes par la contre-répulsion qui est la cause de la dilatation; cette espèce de propagation est bien constatée pour les ondes sonores, et est admise dans l'éther pour obtenir le mode de la propagation des ondes de lumière.

Pour que les atomes des ondes viennent en rencontre, il faut que les ondes soient de la même source, mais formées des atomes qui ont parcouru des chemins l, l' dont la différence est $\lambda = l - l'$ ou $(2n \pm 1)\lambda = l - l'$; car c'est seulement dans de pareils cas que sont possibles les rencontres aux points $\times$, $\times$, $\times$... des croisements éloignés de $\frac{1}{2}\lambda$ de chaque surface. Il est ainsi géométriquement prouvé qu'une rencontre de front réduit tous les atomes $2(\mu + \mu')\varphi$ à l'état inerte par la suppression totale de leur mouvement.

Pour éviter cette rencontre de front, il faut commencer par un minimum de déclinaison qui doit être au-dessus d'une minute, et cela à cause de l'espace occupé par les atomes $2(\mu + \mu')\varphi$ en rencontre.

I. Dans les prismes la rencontre est obtenue sous l'angle s de déviation le plus petit possible quand l'angle est de 60°; mais dans les prismes minces l'angle de déviation peut diminuer jusqu'à devenir nul, et l'angle de rencontres aussi. Car l'angle de réfraction étant très-petit, celui de réflexion l'est aussi; il s'ensuit que les rayons r', r'' réfractés et réfléchis ne forment qu'un angle de quelques minutes et que leurs ondes se trouvent composés 1° d'atomes $q''\varphi$ qui ont parcouru le long chemin l, jusqu'à la face f' postérieure du prisme, et 2° d'atomes $q'\varphi$ qui vont vers cette face f' et qui n'ont pas encore parcouru la différence $l - l' = (2n \pm 1)\lambda$. De sorte que les ondes pleines des rayons r', r'' sont séparées par l'intervalle λ : condition absolument nécessaire pour la suppression du mouvement des atomes chromatiques rencontrés aux points $\times$, $\times$, $\times$... des croisements.

II. Dans les interférences et les diffractions, l'inégalité $l - l'$ des chemins parcourus est constatée mathématiquement, et les spectres, en ce cas, prennent la forme des branches des hyperboles; c'est en cette forme seulement qu'est réduite la différence entre les effets obtenus par les prismes et les rayons réfléchis dans les miroirs ou les écrans.

III. **Miroirs ternis.** Dans cet appareil l'inégalité des chemins est obtenue d'une manière différente des précédentes. C'est un miroir en verre $m'm'$, mm (fig. 55) de forme sphérique dont la face postérieure mm est parallèle

à la face antérieure $m'm'$, mais celle-ci est rendue terne par
le souffle de l'haleine ou en y projetant seul de la poussière, en y passant une légère couche de vernis ou d'eau
blanchie avec un peu de lait qu'on
laisse ensuite sécher.

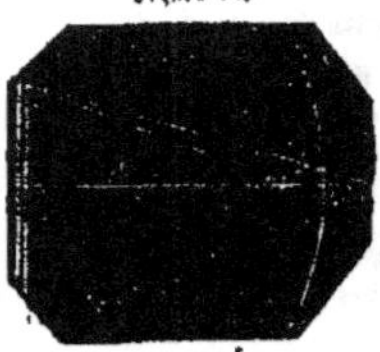
Figure 55.

Le rayon da' conduit les atomes μ'_φ
sur la surface $m'm'$ dont est réfléchie
d'une manière diffuse la quantité q_φ,
et tout le reste $(\mu'-q)\varphi$ pénètre pour
arriver à la face mm dont est réfléchie, mais non plus d'une manière
diffuse, la quantité $q''\varphi$; celle-ci est réfractée diffusément
dans la face $m'm'$ pour venir en rencontre avec les atomes
$q'\varphi$ au devant de l'écran ce.

Les atomes chromatiques perdent toujours leur mouvement dans les points $\times, \times, \times \ldots$ de croisement où ils arrivent
en rencontre une demi-unité $\frac{\tau}{2}$ de temps après leur dilatation dans les surfaces séparées l'une de l'autre par l'intervalle λ.

Il n'est pas indispensable de ternir exprès les miroirs
métalliques qui réfléchissent de leur surface $m'm'$ antérieure
les atomes q_φ et qui laissent pénétrer la différence $(\mu'-q)\varphi$
dans le métal où se réfléchit diffusément dans la face mm
la quantité $q'\varphi$ des atomes qui éprouvent des réfractions
divergentes en sortant de la face $m'm'$ antérieure. Les rencontres s'opèrent comme dans les cas précédents, et les
anneaux apparaissent dans l'écran ec qui peut être indifféremment transparent ou opaque.

Au lieu d'incliner les faces f, f' d'une plaque transparente et de laisser les atomes μ_φ de lumière y tomber parallèlement, M. Babinet donna aux atomes μ_φ une convergence
au moyen d'une lentille et laissa parallèles les faces f, f' de
la plaque. En ce cas, on obtient tous les faits produits du
prisme annulaire ou des miroirs sphériques.

Des atomes $\mu'\varphi$ réfractés dans la lentille, les premiers $q'\varphi$ éprouvent une réflexion dans la face f antérieure de la plaque et viennent en rencontre, comme dans les prismes, avec les atomes $\mu'\varphi$ incidents. Ainsi sont supprimées de ceux-ci des quantités analogues à celle $q'\varphi$ d'atomes chromatiques, et ce sont leurs complémentaires qui pénètrent la plaque pour arriver sur l'écran placé à une distance de celle-ci où apparaissent les spectres annulaires, disposés de manière à avoir la largeur parallèle aux rayons de la lentille.

CHAPITRE V.

DES RAIES DES SPECTRES DES LUMIERES DE SOURCES DIFFERENTES.

La distribution des couleurs du spectre était attribuée par Newton aux réfrangibilités différentes des atomes chromatiques. Cette hypothèse a paru confirmée après la découverte des raies noires transversales, quoiqu'elles soient répandues dans tout l'espace qu'occupent les couleurs et non pas dans les limites des couleurs mêmes. Pour connaître le degré de ténuité extrême de ces raies, il faut se rappeler que leur existence échappa à Newton qui les aurait employées pour prouver directement les effets des indices différents des atomes chromatiques, comme l'ont fait ensuite ses adversaires eux-mêmes ; car ils n'ont pu d'aucune manière en donner une explication différente qui fût admissible.

Fraunhofer ayant obtenu un spectre bien pur y vit une multitude de raies très-fines sombres ou tout à fait noires ; il put en compter cinq cents à six cents, et ce nombre était d'autant plus grand que la lunette grossissait davantage. Ces raies ne tombent pas généralement sur les limites, d'ailleurs très-indécises, des couleurs principales. Pour se mieux reconnaître au milieu de cette confusion, Fraunhofer a remarqué huit raies principales faciles à distinguer par leur position et leur intensité ; il les a désignées par les lettres

A, B, C, D, E, F, G, H (fig. 56) en commençant par l'extrémité rouge du spectre. Les raies contenues dans la figure sont celles seulement qui peuvent être le mieux distinguées, car leur nombre a été porté jusqu'à deux mille par Brewster.

Figure 56.

Avant la découverte des raies toutes les observations optiques se réduisaient aux sentiments des observateurs qui ne sont pas susceptibles d'être exactement évalués, parce qu'ils dépendent même du plus ou moins de perfection de l'organe de vision qui n'est pas le même pour tous les observateurs, de même que les degrés de chaleur ne peuvent pas être rendus par le sentiment aussi exactement que cela est possible au moyen des appareils.

Depuis que Fraunhofer a prouvé l'existence d'une différence réelle entre les raies des spectres de la lumière des corps célestes et celles des flammes des corps terrestres, les physiciens ont trouvé un moyen de distinguer les sources de la lumière par les raies de son spectre; car celles-ci 1° sont sombres ou noires pour la lumière qui a sa source dans le Soleil ou dans les étoiles, et 2° elles sont brillantes pour la lumière qui a sa source dans les flammes produites soit par la combustion soit dans les rencontres des deux électricités.

Ainsi deux genres de sources de lumière ont été constatés; ensuite il a été prouvé que les raies sont les mêmes quand le spectre est obtenu de la lumière solaire ou de celle de Vénus, Mars, Jupiter; tandis qu'elles sont différentes quand les spectres sont obtenus de la lumière de Sirius, de Pollux ou de toute autre étoile.

Il a été en même temps constaté que les raies diffèrent

dans les spectres des flammes que produit la combustion du charbon, de l'alcool, de l'hydrogène, etc. Les raies de la lumière électrique diffèrent également quand les électrohodes ne sont pas les mêmes. De sorte qu'on peut ainsi prouver l'existence, 1° de plusieurs espèces de sources de lumière dans les corps célestes, et 2° de plusieurs espèces de sources de lumière dans les flammes que produit la combustion des corps terrestres et dans la lumière électrique.

Quant à la cause des raies brillantes, les physiciens s'en rapprochèrent davantage en avouant leur ignorance; aussi travaillent-ils avec ardeur pour parvenir à sa découverte; malheureusement ils se trouvent arrêtés par une idée préconçue, c'est-à-dire qu'ils croient connaître la cause des raies noires. Quant à la distribution des raies dans le spectre, personne ne songea à s'en occuper, car cet objet est considéré comme sortant des limites de l'intelligence humaine.

Changement artificiel des raies. Fraunhofer ne connaissait ni la cause des raies ni celle de leurs différences; celles-ci ont été simplement, ou comme faits paradoxaux, attribuées à différentes espèces de lumière des corps célestes, aussi bien que des corps terrestres et des fluides électriques. Mais plus tard Brewster, Müller, Masson et plusieurs autres physiciens ont découvert une foule de faits qui ne permettent pas d'attribuer chaque différence des raies à une espèce particulière de lumière. Les deux faits suivants servent à prouver directement que Fraunhofer s'est trop hâté en déclarant différentes les espèces ou les genres de lumière, quand leurs spectres contiennent des raies différentes.

1° Quand un rayon de lumière solaire produit un spectre normal à raies noires, Brewster laissa passer la vapeur orangée de l'acide hypoazotique au devant de la fente par laquelle ce rayon arrivait au prisme, et il vit apparaître de nouvelles raies noires.

2° Avec la lumière d'une lampe le même physicien obtint un spectre à raies brillantes, mais aussitôt que la vapeur orangée de l'acide hypoazotique arrive dans la fente, on voit les parties violette et bleue du spectre se couvrir de bandes ou raies très-noires, qui s'étalent de plus en plus à mesure que la densité de la vapeur augmente, et qui finissent par se réunir de manière à faire disparaître tous les rayons violets; en même temps les raies se montrent dans le jaune et finissent par s'étendre dans le rouge.

3° Si l'on emploie la vapeur d'iode ou de brome, les raies apparaissent d'abord dans le vert et le jaune, puis dans l'orangé et le commencement du rouge; les unes sont tout à fait noires, les autres forment des bandes obscures.

Rapport entre les raies nouvelles et la couleur de la vapeur. Comme les corps colorés empêchent les atomes hétéronymes et livrent passage aux atomes chromatiques homonymes, le même effet a lieu, 1° pour la vapeur orangée de l'acide hypo-azotique, et 2° pour la vapeur rouge violet de l'iode et du brome. Donc, dans les cas indiqués, il ne pénètre dans le prisme que des atomes chromatiques contenus dans la vapeur, tandis que ceux des autres espèces diminuent.

1° La vapeur orangée de l'acide hypo-azotique fait apparaître des bandes noires dans les espaces e^{vii}, e^v violet et bleu, parce qu'elle supprime le passage des atomes χ^{vii}, χ^v de ces couleurs. Quand est supprimé le passage des atomes χ''', jaunes et χ' rouges, les raies deviennent visibles dans les espaces e''', e'.

2° La vapeur rouge violet de l'iode et du brome livre passage aux atomes chromatiques homonymes et supprime celui des atomes χ^{iv}, χ''', χ'' hétéronymes, comme cela devient évident dans l'apparition des bandes noires dans le vert et le jaune, puis dans l'orangé et le commencement du rouge.

Deux causes de l'apparition des raies. Wollaston en 1802, et quinze ans après Fraunhofer, ont pu remarquer les raies produites sur un excellent prisme en flint-glass; malgré toutes les peines que se donna Fraunhofer, il ne parvint pas à distinguer plus de 500 à 600 raies; plus tard Brewster est parvenu à en distinguer jusqu'à 2,000. Newton trouva vides les espaces que devaient occuper les atomes chromatiques quand ces atomes manquent dans la lumière colorée incidente ; cas qui ne diffère point de celui qu'a obtenu Brewster par la vapeur colorée introduite au devant de la fente où se trouve le prisme.

Donc, pour éviter tout malentendu, il faut comprendre, 1° par le mot *raie noire* ou *raie brillante* de miroir les lignes produites directement de la lumière incolore; 2° par le mot *bandes noires* il faut entendre les mêmes bandes que Newton connaissait; ces bandes sont donc celles observées par Brewster dans le spectre obtenu de la lumière solaire colorée par la vapeur orangée de l'acide hypoazotique, ou par la vapeur rouge violet de l'iode ou du brome.

Cette lumière colorée est celle de *Sirius*, car cette étoile n'est pas incolore comme le Soleil, mais bleuâtre; sa lumière est pareille à celle du Soleil quand elle pénètre au travers d'une vapeur bleue. Donc dans la lumière bleuâtre diminuent les atomes chromatiques des autres espèces et augmentent ceux χ^v du bleu qui arrivent dans l'espace e^v du spectre et rendent les raies mieux visibles, tandis que disparaissent les raies dans les espaces e'', e''' de l'orangé et du jaune, parce qu'il y arrive, en quantités inférieures, les atomes χ'', χ''' de l'orangé et du jaune.

Bandes brillantes des spectres produites des vapeurs des combustibles. Les flammes des corps en combustion ne sont jamais incolores; le même effet a lieu pour la lumière électrique; les couleurs y sont produites des éléments matériels des corps et les bandes brillantes dans le spectre sont l'effet de ces mêmes vapeurs contenues dans les flammes. C'est Masson qui le premier observa l'absence des bandes brillantes dans le spectre produit de la lumière électrique, 1° quand elle est répandue des deux pôles plongés dans l'eau ou dans l'essence de térébenthine, et 2° quand la lumière provient de la partie solide et incandescente des électrodes du charbon ou d'un fil de platine rendu incandescent par un courant.

Cette absence de raies est également obtenue dans les spectres solaires quand on fait diminuer la densité des atomes $\mu'\varphi$ conduits sur le prisme pour leur en donner une pareille à celle de la lumière qui y arrive de l'arc voltaïque plongé dans l'eau ou du fil de platine incandescent.

Identité de la lumière des corps célestes et des corps terrestres. Les différences obtenues dans les spectres de la lumière de sources différentes disparaissent, car elles dépendent, 1° pour les corps célestes de leur couleur, et 2° pour les corps terrestres de leurs éléments matériels contenus dans leur flamme à l'état gazeux.

I. Dans les étoiles il y a à distinguer deux états optiques parfaitement différents l'un de l'autre : 1° Chaque étoile a une couleur propre, et sa clarté ou son éclat atteint en quelques moments un maximum qui ne peut être jamais surpassé. 2° L'autre état optique consiste en changements très-rapides de l'éclat et des couleurs; l'éclat diminue beaucoup, quelquefois l'étoile disparaît même totalement, et les couleurs se succèdent avec une rapidité incalculable.

II. La lumière des flammes et des électricités ne peut être isolée des vapeurs pondérables que dans les liquides, et l'état incandescent produit par les courants. Les bandes lumineuses des spectres sont l'effet des vapeurs; car quand celles-ci disparaissent, les raies sombres auraient dû apparaître, s'il était possible d'obtenir une densité d'atomes de lumière pareille à celle qui est nécessaire pour le produit par la lumière achromate solaire. En effet, il faut faire la comparaison avec les raies du spectre solaire et non pas avec les bandes obtenues des planètes dont aucune n'a une lumière parfaitement incolore pareille à celle du Soleil.

Après avoir ainsi éclairci les faits constatés, il reste à prouver : 1° comment sont produites les couleurs constantes et les couleurs instantanées des étoiles ; 2° comment sont produites les raies noires de la lumière incolore et les bandes brillantes de la lumière terrestre.

I. — DE LA SCINTILLATION, DES COULEURS ET DE LA LUMIÈRE DES ÉTOILES.

Si l'explication de cet objet devait être cherchée dans des hypothèses, il serait impossible d'en trouver d'autres que celles émises par les physiciens anciens et modernes; mais on n'a employé les hypothèses que lorsque les lois physiques étaient inconnues, et aujourd'hui que ces lois sont parfaitement établies, les hypothèses doivent être exclues; car les faits ne peuvent être produits que d'une seule manière.

A. Cause de la scintillation.

La lumière achromate ne peut devenir colorée que par la suppression du mouvement d'une partie des atomes chromatiques qu'elle contient; une telle suppression a lieu toujours quand la lumière achromate pénètre un corps également achromate, mais dont les faces f, f' ne sont pas parallèles.

Donc, chaque fois qu'une lumière colorée sort d'un corps incolore, on peut conclure : 1° que la lumière est colorée et les faces du corps parallèles, ou 2° que la lumière est achromate et que les faces du corps ne sont pas parallèles.

Entre ces deux cas on est conduit à connaître que les faces des corps ne sont pas parallèles et que la lumière est incolore dans toutes les étoiles, comme elle l'est dans le

Soleil. Il faut donc démontrer l'existence des corps incolores dans l'espace, et en outre que ces corps ne doivent pas avoir une forme sphérique ou plate, mais une forme ovoïdale qui approche de la forme prismatique.

Quand un corps lumineux se trouve loin de nous, si son éclat se soutient au même degré, nous connaissons qu'il n'existe pas d'autres corps opaques ou transparents entre ce corps lumineux et nous. Si l'éclat du corps n'augmente jamais, mais de temps à autre diminue dans tous les degrés, il ne reste aucun doute qu'une partie de la lumière est arrêtée par des corps opaques interposés qui peuvent rester invisibles quant ils sont très-loin et petits.

Si avec les changements de l'éclat varient en même temps les couleurs, il devint clair que celles-ci sont produites des mêmes corps qui empêchent une partie de lumière. De sorte que la série se trouve composée des causes et effets liés entre eux suivant la loi physique.

Ce qui est produit dans la terre entre les corps lumineux et les observateurs existe également pour les étoiles dont l'éclat éprouve toutes les diminutions possibles et en même temps des changements rapides de toutes les couleurs. Il ne reste qu'à chercher si les astronomes trouvent en effet quelque trace des petits corps nommés *microsomes* célestes, pareils à ceux qui constituent l'anneau entre Mars et Jupiter.

En effet, le 3 juin dernier, il a été présenté à l'Institut, par M. Leverrier, une série d'observations dont résulte, suivant les lois de pesanteur, l'existence d'un anneau de microsomes entre Mercure et le Soleil; la masse totale de ces microsomes a été trouvée égale à celle de Mercure : entre la Terre et le Soleil on a constaté aussi la présence d'un second anneau dont la masse a été évaluée à 1 dixième de celle de la Terre.

Dans le texte de l'Atlas cosmographique se trouve l'origine de ces anneaux de microsomes; il y a été prouvé que

les étoiles filantes sont les corps de l'anneau entre la Terre
et le Soleil, et que les bolides sont également des microsomes, mais d'un anneau entre la Terre et la Lune.

Ces anneaux de microsomes se trouvent également dans
les orbites de toutes les planètes, dans celle du Soleil, et
par suite dans les orbites des étoiles. Ils passent entre la
Terre et les planètes en quantités moindres qu'entre la Terre
et les étoiles, et cela à cause de la grande distance. Ces
microsomes passent également entre le Soleil et la Terre;
cependant ils ne produisent pas des faits sensibles, parce
que la lumière solaire est très-abondante et que le nombre
des anneaux qui passent entre la Terre et le Soleil est très-
petit. Toutefois il existe des passages historiques où l'on
mentionne des obscurcissements du Soleil, différents de
ceux produits par ses éclipses.

Un fait assez singulier, observé par Arago, va trouver
ici son explication. En partant du foyer où l'on voit nettement dans la lunette le disque d'une étoile et les anneaux,
si l'on enfonce graduellement l'oculaire, le disque devient
sombre au milieu et ensuite clair, comme cela a été expliqué dans les interférences. Mais si l'on arrête l'oculaire
dans un point où le centre du disque est obscur, on voit,
de temps à autre, un point brillant paraître un instant vers
le milieu de la tache noire. Ce phénomène se produit seulement sur les étoiles qui *scintillent*, et jamais sur celles
dont la lumière est tranquille, ou qui ne présentent pas à
l'œil nu ces *changements rapides de couleur et de clarté*
qui constituent la scintillation.

Ce fait conduit directement à connaître les changements
des distances parcourues par les atomes de lumière émis
des étoiles pareilles, changements qu'on peut obtenir dans
la frange en *o* (fig. 88) en déplaçant l'écran *xv*; le fait observé par Arago est également produit par des déplacements pareils des corps opaques qui produisent la scintillation, quand ils passent entre les étoiles et la Terre.

B. COULEURS DES ÉTOILES.

Quelques-uns des atomes chromatiques doivent être supprimés, tandis que restent leurs complémentaires qui font apparaître les corps lumineux colorés. La suppression des atomes chromatiques n'est possible que quand la lumière achromate traverse un corps incolore transparent à faces f, f non parallèles ; telles sont les faces des corps célestes de forme ovoïdale.

La lumière incolore provenant de l'intérieur des corps semblables perd, par la suppression, une partie de ses atomes chromatiques ; ainsi de la face externe il ne se répand que les atomes complémentaires. La forme sphérique du Soleil ne produit pas un effet pareil ; par suite la lumière reste blanche ou incolore dans sa face externe et arrive en cet état à la Terre.

Les petites planètes et les satellites ont une forme ovoïdale très-allongée qui fait changer à la fois la clarté et les couleurs de ces corps. Le sommet de la face antérieure F est soulevé et dirigé vers le corps central : 1° les petites planètes ont le sommet dirigé vers le Soleil ; 2° les satellites l'ont dirigé vers leur planète ; le sommet de la Lune est dirigé vers la Terre.

Les clartés augmentent et les couleurs changent quand les petites planètes et les satellites sont en quadratures. Le même effet a lieu pour les étoiles à clarté périodique ; mais celles-ci ont une lumière propre qui provient en plus grande quantité de la face F antérieure soulevée que de la face F' postérieure aplatie. Quand ces étoiles ont la face F soulevée dirigée vers la Terre, elles apparaissent avec une grande clarté ; celle-ci est à son minimum quand la face F' postérieure et aplatie est dirigée vers la Terre.

Cette forme ovoïdale fait passer, non pas graduellement,

mais immédiatement le maximum de clarté au minimum et du minimum au maximum. Les étoiles pareilles sont colorées quand est inégale l'épaisseur de la croûte glaciale que doit traverser la lumière répandue dans l'espace.

De pareils changements ont également lieu pour les autres étoiles, mais ils s'opèrent lentement; c'est un fait historique que les anciens comparaient la lumière de *Sirius* à celle du charbon qui est rouge, et aujourd'hui cette étoile est bleuâtre. Ce changement de couleur prouve que la forme de cette étoile est ovoïdale; elle supprime, par sa croûte, les atomes chromatiques des faces non parallèles et produit un spectre dont l'écliptique occupait il y a vingt-cinq siècles l'espace e' du rouge; à présent l'écliptique se trouve dans l'espace e^v du bleu, et cela à cause des déplacements qu'ont éprouvés à la fois Sirius et le Soleil.

Donc la lumière des corps célestes est achromate et ses couleurs résultent de la forme ovoïdale dans laquelle la croûte glaciale acquiert des épaisseurs différentes, de manière que les deux faces f, f' interne et externe ne sont pas parfaitement parallèles. Les microsomes de forme ovoïdale produisent également les couleurs de la lumière achromate, comme le font les prismes à grand angle.

C. Résumé.

L'état des corps célestes ne nous devient sensible que, 1° par la lumière et par les changements d'intensité des couleurs; 2° par leurs déplacements, qui sont l'effet de la pesanteur. Les propriétés constatées des couleurs et de leur production par la lumière achromate constituent ici une série dans laquelle entrent les faits isolés jusqu'à présent; tels sont : 1° la scintillation propre de chaque étoile; 2° la scintillation des planètes; 3° l'apparition de points brillants observés par Arago; 4° les changements de clarté et de couleur des étoiles; 5° les changements de clarté et de couleur des petites planètes et des satellites ; 6° les changements de couleur de Sirius, et enfin l'existence des anneaux composée de microsomes célestes constatée par M. Leverrier.

Ce grand astronome n'a pu encore parvenir à se rendre compte des illusions optiques produites dans les observations des étoiles filantes qui constituent l'anneau de l'orbite terrestre. De ces étoiles on distingue seulement celles de la quantité, plus éloignée du Soleil que la Terre, et cela seulement dans les nœuds de leurs orbites où elles se trouvent à une petite distance de la Terre. Les directions observées présentent toutes les anomalies qu'offraient jadis les planètes aux astronomes anciens. Ces anomalies disparaissent dès qu'on en cherche la cause dans les éloignements des orbites de ces étoiles de l'écliptique, en se rappelant en même temps que les étoiles sont visibles quand elles sont tout près des nœuds et en opposition avec le Soleil.

II. — DE LA LUMIÈRE DES CORPS TERRESTRES ET DE SES SPECTRES.

Dans la production des plantes on a vu que le carbone et l'azote sont des combinés d'atomes d'eau et d'hydrogène dont l'oxygène est remplacé par des atomes φ'' de lumière. Cet oxygène disparaît ; car l'atome $\bar{H}$ d'hydrogène y est remplacé par un équivalent $\bar{E}$ positif électrique produit par la décomposition d'un atome $\theta = \bar{E}\bar{E}^2$ de chaleur dont les deux équivalents négatifs $\bar{E}^2$ restent dans l'atome $\bar{H}$ d'hydrogène à la place de l'atome $\bar{O}$ d'oxygène.

De cette manière on trouve, dans les combustibles ou dans leur carbone $C^2 = \overline{HO}^6 \bar{H}^2\bar{E}^6\varphi''^3$, les atomes φ''^3 de lumière spécifique et les équivalents $\bar{E}^6$ d'électricité négative. Dans l'oxygène $O\bar{E}$ sont contenus les équivalents $\bar{E}$ d'électricité positive ; celle-ci sert toujours aux combustions, car en se combinant avec l'électricité négative $\bar{E}$ contenue dans l'hy-

drogène ou le carbone, elle produit la lumière électrique
et la chaleur. En même temps l'hydrogène ou le carbone se
combinent avec l'oxygène $\bar{O}$ pour produire l'acide carbonique, et les atomes φ'' devenus libres se répandent du charbon et de l'oxyde de carbone.

Des combinaisons produites dans la végétation proviennent les substances combustibles et l'oxygène qui entretient
les combustions; de ces combustions ne sont pas produites
les décompositions des combinés produits par le plantes,
mais de ces mêmes combinés il en provient de nouveaux,
et il n'y a que la lumière et la chaleur qui s'en éloignent.
Ces changements chimiques restent encore inconnus aux
physiciens; aussi ne connaissent-ils ni la source de la lumière des corps terrestres ni la nature de la lumière électrique.

M. Matthissen, sans connaître ces trois espèces de sources
de lumière dans les corps terrestres, trouva trois systèmes
de bandes lumineuses dans le spectre de la flamme d'une
bougie; en effet, cette flamme donne naissance à trois spectres, ayant chacun leur système de raies : 1° un spectre est
formé par la lumière que rayonnent les particules de charbon incandescentes; 2° un autre est produit par la lumière
qui résulte de la combinaison de l'hydrogène avec l'oxygène, et 3° le troisième est produit de la lumière de la
combustion de l'oxyde de carbone avec l'oxygène.

Ce mode d'observation a fait paraître de nouvelles différences entre les sources de la lumière; cependant les physiciens ont été convaincus que ces différences des spectres
sont l'effet, non pas d'une lumière d'espèces différentes,
mais des vapeurs au milieu desquelles la lumière se trouve,
et ils sont ainsi arrivés à attribuer à ces vapeurs la cause
des raies ou des bandes qui sont brillantes quand la lumière
est dispersée dans le prisme par des vapeurs pareilles; car
ces bandes brillantes n'existent pas quand les vapeurs manquent dans la lumière électrique.

Donc, par la comparaison entre les raies sombres des spectres solaires et les bandes brillantes des spectres produits de la lumière contenue dans les vapeurs, on connaît que : 1° les raies sont des espaces occupés par les atomes φ^0 de lumière réduits à l'état inerte par la perte de leur mouvement, et 2° que les bandes brillantes sont des espaces où les atomes φ qui n'ont pas perdu leur mouvement sont superposés sur les atomes χ chromatiques. Dans les cas où ces atomes φ achromates sont très-abondants, les bandes paraissent blanches, et elles deviennent colorées quand diminue l'intensité de la lumière.

III. — DE L'ORDRE DES RAIES DANS LE SPECTRE SOLAIRE.

Dans la figure 56 on n'a indiqué que les raies les plus prononcées, car Fraunhofer en a compté jusqu'à 600, et Brewster jusqu'à 2000. La confusion apparente de ces raies se dissipe et fait place à un ordre parfait, car : 1° dans les deux extrémités du spectre les raies sont rares ; 2° dans le demi-spectre clair elles sont moins nombreuses que dans le demi-spectre sombre ; 3° la plus grande densité des raies est au milieu du demi-spectre sombre ; preuve qu'il y a une quantité supérieure d'atomes φ^0 de lumière achromate réduits à l'état inerte, par la rencontre entre les atomes chromatiques opérée au point $\times$ de croisement.

Dans la figure 52 est indiqué l'arrangement d'atomes chromatiques pendant leurs condensations sur les surfaces impaires S', S'''... $S^{2n\pm1}$, ou sur les surfaces paires S'', S^{iv}... S^{2n} des ondes. Pour passer d'une surface S' à une autre S'' hétéronymes, l'écoulement des atomes chromatiques ne s'opère pas parallèlement aux rayons rectilignes centrifuges, comme les physiciens le croient ; mais ces atomes parcourent deux espaces coniques qui ont le sommet commun au point $\times$ de croisement ; la base b du cône c antérieur est sur

28

la surface du côté des corps lumineux, et celle b' du cône c' postérieur est sur la surface hétéronyme de l'autre côté.

La hauteur de chaque cône est $\frac{1}{2}\lambda$, le rayon ρ de sa base est $\sqrt{\chi'^2 - \frac{1}{4}\lambda^2}$, parce que la longueur des atomes χ' du rouge est celle de la couche superficielle du cône que parcourent les atomes χ' qui passent en une unité de temps de r'' à r''', où il est $r'' r''' = \chi'$.

Chaque base b, b' d'un cône est composée de sept anneaux ; la largeur de chaque anneau ou ses deux rayons ont pour valeur

$$\sqrt{\lambda'^2 - \tfrac{1}{4}\lambda^2} - \sqrt{\lambda''^2 - \tfrac{1}{4}\lambda^2},\ \sqrt{\lambda'''^2 - \tfrac{1}{4}\lambda^2} - \sqrt{\lambda'''^2 - \tfrac{1}{4}\lambda^2}\ldots \sqrt{\lambda^{\text{viii}} - \tfrac{1}{4}\lambda^2}.$$

Donc l'intervalle λ est inférieur même à la longueur λ''', quand la lumière est achromate ; mais s'il y a une seule espèce d'atomes, la longueur n'est plus mesurée entre le point $\times$ de croisement et les centres des bases b, b' coniques, mais entre ce point $\times$ et les deux périphéries annulaires de ces bases ; de sorte que les longueurs λ', $\lambda''\ldots\lambda^{\text{vii}}$ sont les distances entre les périphéries π', $\pi''\ldots\pi^{\text{vii}}$ homocentres qui constituent les sept anneaux des bases b, b' des couches coniques qui ont le point $\times$ de croisement pour sommet commun.

De cette disposition des atomes chromatiques dans leur propagation dépendent directement les rencontres, les suppressions du mouvement des atomes homonymes et les raies où ils se trouvent : celles-ci sont occupées par des atomes φ' devenus inertes aux points où s'opère la suppression du mouvement de toutes les espèces d'atomes chromatiques ; 2° les espaces e', $e''\ldots e^{\text{vii}}$ sont occupés chacun par une espèce d'atomes chromatiques, et par les complémentaires qui sont les six autres espèces réduites à l'état inerte.

Le spectre solaire se compose de sept espaces e', $e''\ldots e^{\text{vii}}$ dont chacun ne répand qu'une espèce d'atomes chromatiques, parce que les autres s'y trouvent réduits à l'état inerte. Dans chaque espace se trouvent également des lignes où sont à l'état inerte toutes les sept espèces d'atomes chromatiques, et pour cela restent obscures ou noires ces lignes qui sont les raies.

Avant la découverte de ces raies, il n'existait pas de preuve directe au moyen de laquelle on pût constater que, dans chaque espace e', e''...e^{vII} du spectre, se trouvent à l'état inerte les atomes chromatiques complémentaires. Mais après cette découverte on reconnut simultanément la cause des couleurs pures et celle des raies qui s'y trouvent.

1° La distribution des sept couleurs dans les sept espaces du spectre a fait connaître l'ordre des couches d'atomes chromatiques dans leur propagation par des espaces coniques. 2° La distribution des raies obscures dans les mêmes espaces du spectre a fait connaître les parties des espaces coniques où sont le mieux favorisées les rencontres de front et les suppressions du mouvement de toutes les sept espèces d'atomes chromatiques.

Dans les deux extrémités du spectre, le petit nombre des raies prouve que les rencontres de front sont peu favorisées entre les espèces des atomes chromatiques, ceux χ^{vII} qui s'écoulent tout près de l'axe et ceux des atomes χ' qui s'écoulent par la couche superficielle.

Les raies nombreuses du milieu du demi-spectre sombre étant produites des atomes $\varphi°$ inertes, prouvent que ces atomes ont pris cet état par les rencontres de front opérées dans l'indigo et le bleu dont les couches coniques suivent immédiatement celle du violet.

Les rencontres de front ne peuvent donc pas manquer quand s'opèrent celles qui produisent la suppression des six espèces d'atomes complémentaires, car si celles-ci ne sont pas faites, les couleurs ne peuvent pas être prises dans le spectre, et alors les raies ne sont pas perceptibles.

Donc il y a un rapport direct entre les couleurs pures du spectre et l'apparition des raies, sans que pour cela les unes soient la cause des autres. Leur rapport consiste en suppression du mouvement des six espèces d'atomes chromatiques dans chaque couche conique, mais il se trouve en même temps supprimé une quantité d'atomes de cette même couche. Les lignes apparaissent donc sombres, quand elles ne contiennent que les atomes inertes φ°.

Raies de lumière homogène. Chaque espèce d'atomes chromatiques peut être conduite au prisme : 1° directement de la part d'un spectre ; ou 2° si la lumière solaire y arrive après avoir passé par un verre coloré. Ces atomes chromatiques ne s'accumulent pas dans l'espace e du prisme qui leur correspond, pour le couvrir totalement, mais ils s'y trouvent interceptés par centaines de raies arrangées précisément comme elles le sont quand ces atomes chromatiques sont produits de la lumière incolore solaire.

Les longueurs λ', λ''... λ^{m} de chaque espèce d'atomes chromatiques restent les mêmes quand elles sont observées dans la lumière achromatique solaire, comme quand chaque espèce y arrive séparément. Les physiciens, en admettant une propagation rectiligne pour chaque espèce d'atomes chromatiques, sont amenés à admettre les nombres n^{va} de vibrations par seconde pour les atomes χ^{va} de violet en raison inverse $\frac{1}{\lambda^{va}}$ de sa longueur λ^{m}, et de même, pour admettre les nombres n^{vi}, n^{v}... n' des vibrations pour les six autres espèces d'atomes chromatiques.

Ils sont ainsi conduits à une véritable confusion de vibrations de la lumière solaire, confusion qui ne trouve nulle part sa vérification. Mais quand ils veulent éviter cet inconvénient, ils se trouvent hors d'état de prouver pourquoi après les éclipses n'arrivent pas d'abord les atomes de rouge qui parcourent la route la plus longue λ'. Tous ces faits inexplicables trouvent spontanément leur cause dans la propagation des atomes chromatiques par les couches coniques.

L'arrangement permanent des raies dans chaque espace d'atomes chromatiques du spectre conduit à connaître également l'invariable vitesse et l'invariable chemin de surfaces coniques, quand l'écoulement a lieu pour toutes les sept espèces d'atomes chromatiques, ou quand chaque espèce s'écoule séparément.

Raies brillantes. Il existe un excédant d'atomes χ de lumière répandus de ces raies, et cela parce que ces atomes n'ont pas perdu leur mouvement dans les points de rencontre. Ce résultat différent n'est cependant pas l'effet d'une lumière de nature différente de celle des corps célestes, mais il est l'effet des vapeurs matérielles dans lesquelles sont les atomes de lumière pendant les rencontres; ce sont elles qui empêchent la suppression du mouvement dans la rencontre de ces atomes; aussi ceux-ci, sans devenir inertes, arrivent à la place du spectre solaire comme les atomes homonymes, mais ceux-ci s'y trouvent réduits à l'état inerte.

Par suite les raies se présentent à l'état brillant comme à l'état obscur, à cause des atomes en quantités $2q\varphi$ doubles qui y arrivent; ils ne s'en répandent que quand ils possèdent leurs mouvements.

Les raies noires également ne peuvent être produites que par une quantité $q\varphi$ d'atomes ayant le mouvement m centrifuge et une autre quantité égale $q\varphi$ ayant le mouvement m centripète; qui se suppriment mutuellement.

Donc la cause qui produit dans un cas les raies sombres est la même qui produit les raies brillantes dans les cas où la vapeur empêche la suppression du mouvement de la double quantité $2q\varphi$ d'atomes qui viennent en rencontre aux mêmes points, comme dans les cas où l'on opère avec la lumière solaire.

Absence des raies. M. Masson, après avoir éloigné les vapeurs de la lumière électrique, est parvenu à obtenir un

spectre où manquent les raies, précisément comme cela a
lieu pour le spectre de la lumière achromate solaire, quand
sa densité est analogue à celle obtenue de la lumière électrique sans vapeur.

Si cette lumière électrique passe par des vapeurs colorées, il apparaît des bandes obscures dans les espaces dont
la vapeur supprime les atomes; ces bandes, cependant, ne
doivent pas être considérées comme des raies.

Résumé. I. Les raies sombres et les raies brillantes
occupent dans le spectre les mêmes espaces, parce qu'elles
sont l'effet des rencontres des atomes φ incolores ; 1° ceux-ci
étant libres suppriment mutuellement leur mouvement et
arrivent à l'état inerte aux lignes qui apparaissent sombres ;
2° mais si ces atomes φ se rencontrent étant contenus dans
les vapeurs, leur mouvement n'est pas supprimé, et ils arrivent en cet état au spectre d'où ils se répandent et font
paraître brillantes les lignes qu'ils occupent.

II. Les bandes noires apparaissent dans les espaces d'a-
tomes chromatiques qui manquent à la lumière incidente
sur le prisme.

CHAPITRE VI.

RÈGLES DE NEWTON SUR LES MÉLANGES DES COULEURS.

Le traité des couleurs serait incomplet sans l'explication des résultats conformes obtenus par les expériences et par les calculs indiqués dans une série de règles mystérieuses.

A la suite d'un certain nombre d'expériences que Newton n'a pas publiées et qui vont être exposées plus loin, ce physicien a formulé une règle composée d'une série d'opérations au moyen desquelles on peut trouver approximativement, par une construction géométrique et par certains calculs de la Mécanique, la nuance que doit avoir le corps produit par le mélange de plusieurs corps colorés.

Règles de la construction. I. Divisez la circonférence en sept parties correspondantes aux sept couleurs; ces parties sont $\frac{1}{9}$, $\frac{1}{16}$, $\frac{1}{10}$, $\frac{1}{9}$, $\frac{1}{10}$, $\frac{1}{16}$, $\frac{1}{9}$ qui réduites au même dénominateur et additionnées donnent la somme

$$\frac{80}{720} + \frac{45}{720} + \frac{72}{720} + \frac{80}{720} + \frac{72}{720} + \frac{45}{720} + \frac{80}{720} = \frac{474}{720}.$$

La circonférence divisée en sept parties proportionnelles aux nombres indiqués donnent les arcs correspondants aux sept couleurs :

R rouge.	O orangé.	J jaune.	U vert.	B bleu.	I indigo.	V violet.
60°,45′34″	34°,10′38″	54°,11′1″	60°,45′34″	54°,41′1″	34°,10′38″	60°,15′34′

Ces sept parties de la circonférence sont indiquées par les lettres R, O, J, U, B, I, V (fig. 57) dans la circonférence.

II. Pour trouver la nuance du mélange des deux corps

colorés, par exemple, l'un bleu et l'autre jaune de même
nature et de poids égal : 1° il faut faire la construction géométrique en unissant les milieux des arcs J et B par la ligne
JB ; 2° ensuite il faut trouver, par le calcul de la Mécanique,
le centre m de gravité des deux arcs J, B, et tirer par ce
centre m le rayon cU qui indique les deux résultats suivants :

1° Le rayon cU qui passe par m indique que la nuance
du mélange est verte; et comme la
distance du point U aux deux arcs
voisins J et B est égale, la nuance
verte ne sera ni jaunâtre ni bleuâtre.

2° La distance mU indique combien la nuance du mélange s'éloigne
du vert pur, et la distance mc indique
combien cette nuance s'approche du
blanc.

Figure 57.

III. Pour déterminer la nuance du mélange de trois corps
colorés, par exemple, bleu, jaune et rouge : 1° il faut en
chercher le centre n de gravité qu'on obtient en unissant
le centre m de gravité des arcs B, U avec le milieu R du
rouge, et 2° ensuite il faut trouver, par les calculs de la
Mécanique, le centre n de gravité. Le rayon ca qui passe
par n indique les deux résultats suivants.

1° La nuance est jaune parce que a se trouve dans l'arc J;
la teinte est verdâtre, parce que le point a est moins éloigné
de l'arc U du vert que de celui o de l'orangé.

2° La grande distance na indique que la nuance est lavée,
et la petite distance nc du centre indique qu'elle s'approche
beaucoup du blanc.

IV. Les centres de gravité et de la circonférence ne
coïncident que dans le seul cas où entrent dans le mélange
toutes les sept couleurs pures prises dans les relations symétriques indiquées par les longueurs des arcs ou par les
nombres 80, 45, 72, 80, 72, 45, 80.

Observations sur les règles et les résultats in-

diqués. Newton excita à un très-haut degré la curiosité par les règles indiquées qui paraissent une espèce d'*énigme*; chacun en suivant la voie en quelque sorte mystérieuse indiquée par lui obtint un résultat qui correspond exactement à celui donné par l'expérience. Les physiciens partisans du système des ondulations obtinrent l'avantage sur ceux qui suivent le système de l'émission quand ils parvinrent à expliquer les faits des interférences et des diffractions. Toutefois dans l'explication des couleurs et de leurs mélanges, les faits présentent à chaque pas des difficultés plus grandes dans les explications suivant le système des ondulations que suivant celui de l'émission.

Les physiciens disent simplement que Newton obtint la règle indiquée par une série d'expériences qu'il n'a pas publiées, et ainsi ils avouent leur infériorité, surtout quand on leur dit que Newton obtint les résultats indiqués sans les avoir connus précédemment; tandis qu'eux connaissent déjà ces résultats et même un nombre de faits que Newton ignorait.

Le lecteur sera bien surpris en voyant que Newton a exposé exprès la règle d'une manière qui ne permet aucunement de s'approcher de la voie qu'il a suivie. La construction géométrique et les calculs de la Mécanique rendent les résultats *paradoxaux* et ne servent qu'à cacher la voie simple qui y conduit.

Explication de la construction de Newton. 1° Par un moyen analytique et en partant des faits décrits, on va démontrer la liaison entre les actions et les faits produits. 2° Ensuite par un moyen synthétique on indiquera comment chacun peut, ainsi que Newton, parvenir à la découverte de la règle indiquée.

Moyen analytique de l'explication. I. Prenez 474 grammes d'une poudre blanche, colorez-en 80 en rouge, 45 en orangé, 72 en jaune, 80 en vert, 72 en bleu, 45 en indigo, 80 en violet.

II. Divisez un anneau en sept arcs de 60°,45′34″,

34°,10'38", 54°,44'4", etc. ; couvrez chaque arc avec une
des sept espèces de poudres colorées en suivant l'ordre des
couleurs du spectre; ou au lieu de vous donner la peine de
distribuer la poudre sur l'anneau, colorez simplement les
sept arcs de l'anneau.

III. En mêlant les sept portions de poudres, on obtient
le blanc, comme celui-ci se manifeste aux yeux quand l'anneau coloré est animé d'une rotation rapide.

IV. En opérant avec les poudres, si leur amas est au
centre c de l'anneau, le centre de gravité s'y trouvera aussi,
de même que quand ces sept portions de poudre sont distribuées dans les sept arcs de l'anneau.

En ce cas 1° si dans les arcs R, V de l'anneau manquent
les deux portions de poudre, le centre de gravité des cinq
autres portions s'éloignera du centre c de l'anneau et se
trouvera entre ce centre et le point m; 2° si les poudres
manquent aussi dans les deux autres arcs o et I de l'anneau,
de manière qu'elles ne restent que dans les trois J, U, B, le
centre de gravité se trouvera entre le point m et U; enfin
3° le centre de gravité se trouvera au milieu de l'arc U
quand les six autres sont éloignés.

Moyen synthétique de la même explication. Newton rapporta
très-souvent les expériences qu'il faisait et les résultats
qu'il en obtenait. Les expériences qui ont une relation directe avec le résultat en question sont :

1° Les mélanges des poudres colorées des principales
nuances du spectre en relations convenables; de cette manière, Newton parvenait à obtenir une teinte grise, qui est
celle des corps blancs faiblement éclairés. Pour rendre le
résultat évident, ce physicien éclaira vivement au moyen
des rayons solaires un mélange de poudre d'orpiment, de
pourpre, d'azur et de vert-de-gris; à côté de ce mélange
était placé, mais à l'ombre, une feuille de papier blanc : la
poudre paraissait d'un blanc éclatant tandis que le papier
paraissait gris.

2° La durée des sentiments dans l'œil a suggéré à Newton l'expérience suivante : on divise un disque de carton en sept parties pointes des couleurs du spectre, chacune ayant une étendue déterminée par des tâtonnements, comme le fait chaque physicien, en diminuant l'étendue de la teinte qui prédomine quand ce disque tourne rapidement; souvent l'on fait cette diminution en collant des bandes noires de carton sur le secteur de la teinte apparente, et l'on reconnaît qu'on a atteint les proportions nécessaires des étendues, quand chaque teinte disparaît et que le disque tournant apparaît parfaitement blanc.

Il y a trois moyens d'obtenir les rapports entre les couleurs principales dont l'ensemble produit le blanc : 1° les surfaces s', s'', s'''... s^m des sept secteurs colorés du disque en carton; 2° les angles γ', γ'', γ'''... γ^m de ces secteurs ou leurs arcs R, O, J, U, B, I, V qui constituent en même temps les sept parties de l'anneau; 3° les poids p', p'', p'''... p^m de ces arcs de carton, ou ceux 80, 45, 72, 80, 72, 45, 80 de poudres colorées.

Ces trois méthodes employées pour obtenir les rapports indiqués ont été observées chacune séparément, et les résultats obtenus de l'une ont été respectivement contrôlés ceux obtenus des deux autres méthodes. Telles ont été les expériences que Newton a faites pour obtenir les rapports entre les sept couleurs qui constituent le blanc; les mêmes expériences ont été mille fois répétées après ce physicien; et cependant l'on considérait comme inexplicable la construction indiquée.

Newton rencontra à son tour une difficulté inattendue quand il a vu que le blanc n'est pas produit de mêmes proportions des sept couleurs prises dans les corps ou dans le spectre solaire. Ni ce physicien ni aucun autre n'ont fait mention de ce fait singulier et capital qui sert ici à démontrer l'existence de la lumière sous deux états différents et non pas de lumière de natures différentes.

Application des calculs de la Mécanique à la chromatique. Tout consiste en une série d'expériences pour déterminer les rapports existant entre les surfaces des sept sections du disque et ceux entre les poids 80, 45, 72, 80, 72, 45, 80 des poudres colorées dont le mélange produit le blanc. Car en admettant ces mêmes poudres dans les sept arcs de la circonférence, le mélange est représenté par le centre de gravité, celui-ci ne s'éloigne du centre de la circonférence que dans les cas où manque quelques-unes des couleurs.

Donc, le centre de gravité des sept arcs devient ainsi un moyen qui indique les mêmes résultats que ceux obtenus 1° par l'expérience en mêlant les poudres, ou 2° par les calculs de la Mécanique en déterminant le centre de gravité des poids des poudres employées et distribuées dans les arcs de l'anneau.

Newton, par amour pour la science, a voulu être utile même après sa mort; aussi voulant exciter la curiosité et augmenter l'émulation entre ses successeurs, il exprima la règle susdite d'une manière si mystérieuse qu'elle a, jusqu'à présent, fort occupé les physiciens; l'explication que nous en donnons ici les éclairera et dissipera les préjugés qui, comme un brouillard, obscurcit aujourd'hui leur intelligence.

En recherchant la cause de la construction de Newton, nous sommes arrivés à la recherche de la cause de la production du blanc par le spectre solaire et le spectre symétrique matériel, quoique ces deux spectres soient composés d'étendues différentes des espaces occupés par les couleurs principales.

I. — DE LA DISTRIBUTION DES COULEURS DANS LE SPECTRE SOLAIRE.

L'origine de ce spectre est la surface *s* de rencontre des deux sommets coniques qui constituent les rayons, dont les

axes doivent être inclinés pour former un angle petit de
quelques minutes; par suite la surface s des rencontres des
cônes est une section conique qui ne peut être que celle
d'une ellipse ε. En cette ellipse viennent par un cône c les
atomes $(\mu + \mu')\varphi$ de lumière en direction centrifuge et les
atomes $\mu\varphi$ y viennent par le cône c' en direction centripète.

Ces atomes $\mu\varphi$ et $(\mu + \mu')\varphi$ s'écoulent par sept couches
coniques dans lesquelles sont contenues les sept espèces
d'atomes chromatiques; tout près de l'axe sont les atomes
χ^{vii} du violet et la couche conique superficielle est composée
des atomes χ' du rouge.

Le sommet S de l'ellipse ε est tout près des sommets des
cônes et son autre sommet S' est dans la surface conique;
ainsi entre ces deux sommets S S' de l'ellipse sont tous les
atomes $\mu\varphi$ et $(\mu + \mu')\varphi$ de lumière rencontrés, dont ne s'en
dispersent que ceux χ', χ'', χ'''... χ^{vii} qui n'ont pas perdu
leur mouvement; tous les autres se trouvent dans la surface s
de l'ellipse réduits en état inerte après avoir perdu leur
mouvement.

Du côté du sommet S' superficiel de l'ellipse ε dans l'espace e' sont les atomes χ' du rouge qui ont leur mouvement
et les six autres espèces χ'', χ'''... χ^{vii} de cet espace e' se
trouvent en état inerte. Du côté du sommet S axial de l'el-
lipse dans l'espace e^{vii} sont les atomes χ^{vii} du violet qui ont
leur mouvement et les six autres espèces χ^{vi}, χ^{v}... χ' de cet
espace e^{vii} se trouvent en état inerte; les espèces supprimées
sont les complémentaires de celle qui reste. Donc dans
chacun des sept espaces e', e''... e^{vii} des couleurs du spectre
sont en état inerte les six espèces complémentaires de la
couleur dont les atomes n'ont pas perdu le mouvement.

Le grand axe 2A de l'ellipse ne surpasse pas la longueur
$\frac{1}{2}\lambda$ qui est la hauteur du cône, le petit axe 2B en est inférieur; cependant il y a toujours plusieurs ellipses parallèles
dont le petit axe est le prolongement et c'est leur somme
2nB qui constitue la largeur du spectre solaire; sa longueur

ne change pas par une union pareille de plusieurs grands
axes 2A, mais ce sont les atomes chromatiques χ', χ''... χ^m
d'un seul grand axe 2A qui augmentent en volume suivant
le plan de réfraction du rayon r'' émergeant du prisme. Ainsi
dans le spectre solaire entrent plusieurs ellipses parallèles
dont le petit axe 2B se trouve dans une et la même ligne qui

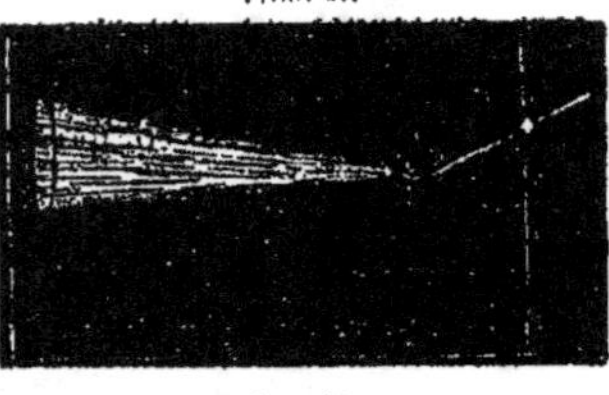

Figure 58.

est la largeur 2nB du
spectre. Il a été constaté
que les atomes chro-
matiques émergeant du
prisme p (fig. 58) s'étalent en éventail et non
pas en forme conique
comme ceux qui péné-
trent par une lentille ou par un trou circulaire.

Arrivés dans l'écran, les atomes chromatiques occupent
chaque espèce un espace e', e''... e^m propre et cela prouve
que ces atomes se trouvèrent ainsi séparés même avant leur
émergence de la face postérieure du prisme où se trouve le
sommet elliptique de l'éventail triangulaire rpv. L'épaisseur
de cet éventail est produite des petits axes 2B d'une centaine d'ellipses, dont les atomes n'augmentent en volume
que suivant le grand axe. Donc les traces de la forme elliptique restent conservées dans les deux extrémités ar-
rondies r v du spectre tandis que ses deux bords sont deux
lignes parallèles.

Figure 59.

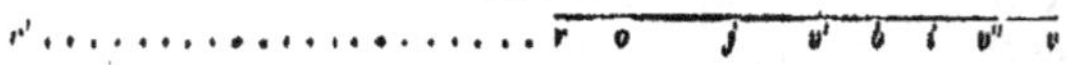

r' .... r o j v' b i v'' v

Soit $r'r=rv$ (fig. 59) la longueur rv (fig. 58) du spectre
dans le prolongement du spectre; les largeurs ro, oj, jv',
$v'b$, bi, iv'', $v''v$ occupées des sept espèces d'atomes chromatiques sont telles pour donner les longueurs $r'r$, $r'o$, $r'j$,
$r'v'$, $r'b$, $r'i$, $r'v''$ des cordes qui donnent les sons de la
gamme. Ces rapports changent dans les deux extrémités
quand le prisme n'est pas de flint, mais de crown-glass;

car le spectre produit de ce dernier renferme plus de rouge et celui de flint plus de violet, mais les rapports internes restent sensiblement les mêmes; de sorte que pour cela ne doivent pas être considérés comme inexacts les rapports entre les longueurs des sept cordes de la gamme et celles occupées des sept couleurs du spectre.

Les longueurs des cordes des sept tons de la gamme sont dans les rapports $1, \frac{9}{8}, \frac{5}{4}, \frac{4}{3}, \frac{3}{2}, \frac{5}{3}, \frac{15}{8}$, où il n'existe aucune symétrie entre les deux moitiés, car le rouge, l'orangé et le jaune occupent la somme $\frac{1}{8} + \frac{1}{8} + \frac{1}{15} = \frac{8}{31}$, tandis que le violet, l'indigo et le bleu occupent la longueur $\frac{1}{8} + \frac{5}{24} + \frac{1}{6} = \frac{11}{24}$; cette inégalité entre les deux moitiés du spectre ne peut jamais disparaître, à cause des prismes des substances différentes. Les plus grandes longueurs sont $\frac{1}{24}$ de l'indigo et $\frac{1}{6}$ du bleu, précisément celles où les raies sont en quantités et densités supérieures.

II. — DIFFÉRENCE ENTRE LE SPECTRE SOLAIRE ET LE SPECTRE MATÉRIEL.

Les sept couleurs occupent le même ordre dans les deux spectres, mais les espaces y sont parfaitement différents; quand il s'agit de produire le blanc de ces deux spectres. Newton constata ces deux faits qu'il est facile de répéter, mais ni lui ni aucun autre physicien n'a pu en expliquer la cause; et cela parce qu'ils ne sont pas encore arrivés à savoir que le volume des atomes de lumière ou d'éther n'est pas limité comme celui des boulets de canon, mais que ces atomes, comme ceux des gaz, augmentent indéfiniment en volume; de sorte que la même quantité d'air peut être comprimée par mille atmosphères et obtenir un petit volume qui devient, par la dilatation, mille fois supérieure, sans qu'il reste nulle part ni *pores*, ni espace vide; on voit se dilater de la même manière les atomes de lumière et de chaleur dont le volume peut augmenter indéfiniment.

Tout change quand les mêmes éléments de l'air, l'oxygène et l'azote, se trouvent comme éléments de l'acide nitrique; alors leur volume se trouve limité, et n'éprouve que des variations très-médiocres. Tels sont les deux états des atomes chromatiques : 1° dans le spectre solaire ils sont libres et leur volume peut augmenter indéfiniment par l'expansion; 2° au contraire le spectre matériel ne répand que les atomes chromatiques déterminés des éléments matériels dont le volume est invariable, et celui-ci ne permet de s'en répandre qu'à un égal nombre d'atomes chromatiques, quand la lumière incidente est la même.

Le blanc n'est pas un état de lumière déterminé par des appareils physiques, mais il est le résultat d'un état physiologique qui peut être obtenu 1° soit d'un seul moyen par le mélange des corps de sept couleurs principales; 2° soit de plusieurs moyens par le mélange de deux ou de plusieurs couleurs prises dans les deux moitiés du spectre solaire. Le sentiment du blanc est l'effet d'une longueur de $0^{mm},000542$ des ondes d'atomes de lumière, longueur qui n'existe dans celles $\lambda', \lambda'', \ldots \lambda'''$ des ondes d'aucune espèce d'atomes chromatiques et qui ne peut être obtenue que par le mélange des atomes dont les ondes ont une longueur $\lambda', \lambda'', \lambda'''$ plus grande avec des atomes dont les ondes ont une longueur $\lambda^{IV}, \lambda^{V}, \lambda^{VI}, \lambda'''$ moins grande que celle du blanc.

Cette longueur $0^{mm},000542$ peut être obtenue par sept corps colorés dont chacun doit contribuer par un nombre déterminé d'atomes, et ce nombre est proportionnel à l'espace occupé des atomes matériels pour lesquels l'expérience a établi les nombres 80, 45, 72, 80, 72, 45, 80. Il faut donc prendre, dans les deux moitiés du spectre, une égale somme $80 + 45 + 72 = 197$ d'atomes et y mêler ceux 80 du vert pour obtenir un mélange analogue ou identique à celui obtenu par le mélange des sept couleurs du spectre solaire.

Ces faits obtenus par les expériences de Newton et de

tout autre physicien conduisent à connaître qu'il doit avoir existé une symétrie des deux côtés dans la production primitive des atomes de lumière et dans celle des éléments de ces sept espèces d'atomes. Aucune expérience ne peut conduire aux actions pareilles dont ne restèrent que les résultats. Mais ces actions doivent correspondre en même temps à ces résultats constatés et aux lois physiques; elles se trouvent donc ainsi reliées de manière à être à la fois l'effet des lois physiques et la cause des sept espèces d'éléments des atomes chromatiques.

III. — DE LA PRODUCTION DES SEPT ESPÈCES D'ÉLÉMENTS PRIMITIFS.

En remontant des faits aux causes nous sommes arrivés à connaître, par la symétrie des deux moitiés du spectre matériel, que la même symétrie a eu lieu dans la production des éléments des atomes chromatiques. Le mot *action* n'a, en physique, d'autre signification que colle de rencontre de deux fluides en expansion, et ces fluides ne peuvent agir l'un sur l'autre que quand ils sont de la même nature et que leur différence ne consiste que dans leur densité.

Le plan MN (fig. 60) sépare en deux moitiés l'espace $\varepsilon\varepsilon'$; en ce plan arrive l'électre des deux électrosphères ε, ε' dont il est émis en ondes pareilles à celles de la lumière. Si la densité $\partial + \partial'$ de l'électre de la sphère ε était égale à celle de l'électre de la sphère ε', il ne serait produit aucun mélange entre les électres ε dans le plan MN de rencontre des ondes. Mais quand la densité ∂ de l'électre de la sphère ε' est inférieure, le mélange est inévitable dans les rencontres périphériques entre les surfaces sphériques des ondes A, B, C, D... de la sphère ε avec les côtés A', B', C', D'... de la sphère ε'.

En avançant à la gauche du plan MN l'onde Aε se rencontre avec les ondes A', B', C', D'... venant de ε'; de même l'onde

A' en avançant à la droite du même plan se rencontre avec les ondes A, B, C, D... venant de ε. Les combinés ou les mélanges qui occupaient les périphéries des rencontres des surfaces sphériques n'étaient composés que d'électre e dense

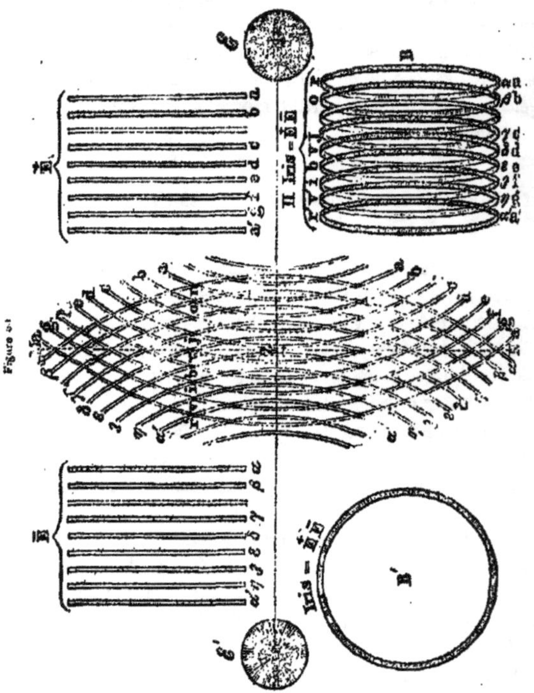

et d'électre ε moins dense, dont l'un pénétra dans l'espace de l'autre pour y rétablir l'équilibre, et c'est en cette pénétration que consiste la combinaison. 1° Sur le plan MN a été produit l'élément du vert; 2° à la droite de ce plan ont été produits les éléments du jaune, de l'orangé, du rouge; 3° à la gauche du plan ont été produits les éléments du bleu, de l'indigo, du violet.

1° Le jaune correspond au bleu, l'orangé à l'indigo, le rouge au violet. Le jaune occupe une péripérie π''' d'égal rayon à celle π^v du bleu; mais dans la périphérie π''' du jaune est entrée la quantité ε''' d'électre ε peu dense de l'onde A' et la quantité e''' d'électre e dense de l'onde B.

2° L'orangé correspond à l'indigo; leurs éléments ont occupé les périphéries π'', π^{vi} d'égal rayon, mais dans la périphérie π'' de l'orangé est entrée la quantité ε'' d'électre ε peu dense de l'onde A' et de la quantité e'' d'électre e dense de l'onde C.

3° Le rouge correspond au violet; leurs éléments ont occupé les périphéries π', π^{vii} d'égal rayon, mais dans la périphérie π' du rouge est entrée la grande quantité e' d'électre e dense de l'onde D et la quantité ε' d'électre ε peu dense de de l'onde A'.

4° Dans le vert π^{iv} produit le premier par la rencontre des deux ondes A, A', est entrée la quantité e^{iv} d'électre e de densité $\delta + \delta'$ et la quantité ε^{iv} du même électre, mais d'une densité δ inférieure; le rapport $(\delta + \delta')$: δ entre ces densités est le même que celui entre celles $(\Delta + \Delta')$: Δ de l'électre des deux sphères ε, ε'.

5° Le bleu dans la périphérie π^v contient moins d'électre que le jaune dans une périphérie égale, et cela à cause des ondes A, B'; car l'électre e en A diminue au delà du plan MN et celui ε de l'onde B' en a une densité inférieure, et pour cela sa quantité ε^v est aussi inférieure.

6° Dans la périphérie π^{vi} d'indigo égale à celle π'' de l'orangé entre une quantité ε^{vi} d'électre peu dense et une quantité e^{vi} d'électre e dense séparé de l'onde A, tandis que l'électre e'' de l'orangé est séparé de l'onde C de la sphère ε et de l'onde A' de la sphère ε'.

7° Dans la phériphérie π^{vii} du violet, égale à celle du rouge, entre une quantité ε^{VII} d'électre peu dense de l'onde D' et une quantité e^{VII} d'électre e dense séparé de l'onde A; tandis que l'électre e' du rouge a été séparé de l'onde D où l'électre e' est dense et de l'onde A' où l'électre ε' est moins dense.

Dans la figure, 1° les courbes $\delta v\delta$, $\delta v\delta$ représentent les surfaces sphériques A A' arrivées les premières des deux sphères ε ε'; 2° les courbes cjc, $\gamma j\gamma$ sont les surfaces sphériques A' B qui y sont arrivées au même instant que 3° les surfaces A B' représentées par les courbes ebe, $\varepsilon b\varepsilon$; 4° les courbes bob, $\beta o\beta$ sont les surfaces sphériques A' C qui y sont arrivées au même instant où 5° les surfaces sphériques A, C' étaient, non pas en i, mais en v' où elles sont indiquées par les courbes $gv'g$, $nv'n$; 6° les courbas $av'a$, $\alpha v'\alpha$ indiquent les surfaces des ondes sphériques A', D; il s'est produit en même temps une rencontre entre le jaune j et l'orangé o, mais le combiné produit a été mis avec celui produit en r; 7° cela est clairement prouvé par les combinés produits en r' et i dont celui de r' est passé en v' et le combiné est resté en i. De cette manière ont été produits les espaces 80 des deux extrémités qui sont grands et égaux à celui du vert.

En $\bar{\text{E}}$ les lignes α, β, γ, δ, ε, ζ, η indiquent les sept périphéries π', π'',.... π^{VII} contenant l'électre ε moins dense; en $\bar{\text{E}}$ les lignes a, b, c, d, e, f, g indiquent les sept périphéries égales coïncidentes avec les précédentes contenant l'électre e dense. De sorte qu'en exprimant par la somme $18 + 45 + 40 + 36 + 32 + 30 + 27 = 258$ la quantité de molécules arrivées de la sphère ε, celle des molécules arrivées de l'autre sphère ε' sont exprimées par $7 \times 24 = 168$.

En superposant ces quatorze périphéries, on obtient les sept π', π',... π^{VII} indiquées en B par les mêmes letttres $a\alpha$, $b\beta$, $c\gamma$, $d\delta$, $e\varepsilon$, $f\zeta$, $g\eta$ où elles sont vues latéralement, tandis qu'en B' les mêmes périphéries sont vues en perspective.

Les molécules ne d'électre contenues dans les sept éléments $a + b + ... + g$ de l'équivalent $\bar{\text{E}}$ constituent l'équivalent électrique positif indiqué par $\bar{E}$; les molécules $n'e$ d'électre contenues dans les éléments $\alpha + \beta + \gamma + \dots + \eta$ de l'équivalent $\bar{E}$ constituent l'équivalent électrique négatif indiqué par $\bar{\bar{E}}$.

Ces deux équivalents forment ensemble un *iris* $= \bar{E}\bar{\bar{E}}$, 1° Le fluide composé d'équivalents électriques positifs $\bar{E}$ est l'*électricité vitrée* ou *positive* $+ E$; 2° le fluide composé d'équivalents électriques négatifs $\bar{\bar{E}}$ est l'*électricité résineuse* ou *négative* $- E$; 4° le fluide composé d'un nombre égal d'équivalents positifs $\bar{E}$ et d'équivalents négatifs $\bar{\bar{E}}$ qui sont les *iris* $\bar{E}\bar{\bar{E}}$, est celui qui correspond à l'état neutre d'électricité admis par les physiciens, état qui n'existe nulle part, car ce sont les rayons solaires qui constituent de tels iris dont sont produites la lumière et la chaleur quand ces rayons $3q\bar{E}\bar{\bar{E}}$ arrivent en contact avec les corps où ils se décompensent $3q\bar{E}\bar{\bar{E}} = q\bar{E}\bar{E}\bar{\bar{E}} + q\,\bar{\bar{E}}\bar{\bar{E}}\bar{E} = q\varphi + q\theta$ en lumière $q\varphi$ et chaleur $q\theta$.

Production de la lumière et de la chaleur. Les iris $\bar{E}\bar{\bar{E}}$ ont été produits par le mélange des équivalents $\bar{E}$ contenant les éléments $e' + e'' + e'''\dots + e^{\text{vii}}$ composés d'électre e dense et des équivalents $\bar{\bar{E}}$ contenant les éléments $\varepsilon' = \varepsilon'' + \dots + \varepsilon^{\text{vii}}$ et composés d'électre ε moins dense.

1° Un *iris* $\bar{E}\bar{\bar{E}}$ combiné avec un équivalent positif $\bar{E}$ est un atome $\varphi = \bar{E}\bar{E}\bar{\bar{E}}$ de lumière; le fluide composé d'atomes pareils est la *lumière* Φ.

2° Un *iris* combiné avec un équivalent négatif $\bar{\bar{E}}$ est un atome $\theta = \bar{\bar{E}}\bar{\bar{E}}\bar{E}$ de de chaleur; le fluide composé d'atomes pareils est la chaleur $= \Theta$.

IV. — DES DEUX ÉTATS DES COULEURS.

Les couleurs des corps sont dans un état tout à fait différent de celui des couleurs du spectre solaire, 1° celui-ci répand les atomes chromatiques qui restent libres après la suppression du mouvement de leurs complémentaires qui s'y trouvent réduits à l'état inerte; 2° les sept corps colorés du spectre matériel répandent également les atomes chromatiques qui restent libres après la suppression du mouvement de leurs complémentaires.

I. Dans le spectre matériel il n'existe pas de raies noires; pour cette raison la quantité d'atomes chromatiques répandus correspond à la surface *s* colorée; donc, pour obtenir le blanc, il faut 80 molécules du rouge, 40 de l'orangé, 72 du jaune, 80 du vert, 72 du bleu, 45 de l'indigo, et 80 du violet. Il n'existe qu'un seul rapport pour obtenir le blanc par les couleurs provenant des corps, et cela parce qu'en mêlant le corps jaune avec le corps indigo, chaque atome matériel dispersera la couleur qui lui appartient, et ainsi il est impossible d'en obtenir le mélange.

II. Les atomes chromatiques du spectre solaire sont indépendants de l'espace de l'écran qu'ils occupent, et leur mélange correspond à celui des gaz libres dont l'un pénètre dans l'espace de l'autre pour produire un fluide homogène où disparaissent totalement les traces des atomes chromatiques élémentaires.

Le mot *photométrie* ne correspond pas à celui de *thermométrie*, car la densité des degrés de chaleur est déterminée par les appareils matériels et non pas par les sentiments; au contraire la densité des degrés de lumière ne peut être déterminée par aucun appareil, mais seulement par les sentiments. Donc on peut seulement faire la comparaison entre deux sentiments qui sont produits des atomes hononymes de lumière émis de deux corps. Il a été démontré comment M. Helmholtz a été induit en erreur quand il a prétendu déterminer par les sentiments les intensités produites des atomes des couleurs différentes. Dans le disque coloré chaque secteur répand une lumière d'une intensité inférieure à celle du blanc; sans rien changer dans l'éclairage, ce disque obtient une clarté bien supérieure quand il est mis en rotation

rapide, pour faire disparaître les couleurs et apparaître le
blanc. Le même effet a lieu quand, dans le mélange du bleu
avec l'orangé, M. Helmholtz produisait le blanc; tandis que
du mélange de la poudre orangée et de celle du bleu est
produite une nuance sombre verdâtre, d'une clarté inférieure à celle de chacune des deux lumières colorées composantes.

V. — ÉTAT DES ATOMES DE LUMIÈRE.

I. **L'état naturel** est celui où les atomes φ incolores et
les atomes χ', χ''… χ''' chromatiques possèdent une expansion comme les atomes des gaz et s'étendent en augmentant
de volume dans toutes les directions.

II. **L'état aplati ou polarisé** est celui où les atomes φ
de lumière ont éprouvé deux coups de chocs convergents
et ont ainsi perdu l'expansion latérale en conservant seulement celle du plan de propagation qui est celui de l'aplatissement ou de polarisation.

III. **L'état inerte** est celui où les atomes φ' de lumière
sont réduits, après l'éloignement de leur mouvement, qui
s'opère dans les rencontres des atomes centrifuges et centripètes aux points des croisements $\times, \times, \times$… ou dans celles
des atomes φ polarisés contre deux homonymes stationnaires φ'.

IV. **L'état spécifique** est celui des atomes φ'' de lumière
solaire combinés dans les plantes avec les équivalents d'hydrogène dont l'oxygène se sépare pendant le jour et où sont
ainsi produits les deux éléments : carbone $C^2 = HO\theta H^3 \bar{E}^0 \varphi''^3$
et azote $Az^2 = \bar{H}\bar{O}9^3 H\ddot{K}^2 \varphi''$; de ces deux éléments et de ceux
de l'eau sont produits tous les autres corps terrestres.

V. **L'état stationnaire** est celui des atomes φ' de lumière qui correspond à l'éther admis dans le système des
ondulations; ces atomes s'écoulent des corps transparents

et cèdent la place à leurs homonymes. Dans les corps incolores les atomes φ sont à l'état stationnaire; dans les corps colorés se trouvent les atomes χ', χ''... χ^m chromatiques; l'écoulement de ceux-ci ne livre passage qu'à leurs homonymes, comme les atomes chromatiques incidents aux corps achromates n'en laissent écouler que leurs homonymes.

VI. **L'état symétrique des espaces des couleurs du spectre matériel** est celui où se trouvent les atomes chromatiques occupant chacun une étendue égale quoique les quantités $e'\epsilon'$, $e''\epsilon''$... $e^m\epsilon^m$ de molécules d'électre y soient inégales; cette symétrie est un fait empirique qui a servi à constater le mode de production des sept espèces d'éléments primitifs.

VII. **L'état harmonique du spectre solaire,** constaté par Newton, est celui qui correspond aux couches coniques suivant lesquelles s'opèrent les propagations des sept espèces d'atomes chromatiques; les raies sombres sont occupées par les atomes $2\varphi°$ devenus inertes en supprimant mutuellement leurs mouvements; les raies brillantes sont occupées par les atomes 2φ accumulés dans les vapeurs matérielles d'où ils arrivent au spectre avec leur mouvement.

APPENDICE.

DES RAPPORTS ENTRE LES COULEURS DES CORPS ET LEURS ÉQUIVALENTS CHIMIQUES.

Les équivalents chimiques entrent dans les combinés colorés suivant des rapports d'un nombre qui ne diffère pas de celui des couleurs principales; ainsi, dans les combinés colorés les équivalents entrent toujours en forme des deux facteurs ou deux composants. L'équivalent colorant est celui qui diffère dans chacun de ces facteurs, où sont contenus les autres équivalents en nombre égal dans les formes suivantes :

1° Rouge. . . . . 2:1, $2AuCl^3 = \overline{AuCl^2}\ \overline{AuCl^4}$, $Cl^4 : Cl^2$;

2° Orangé. . . . . 15:8, $5Az HO^6 + 5Az O^5 + HO = \overline{Az^5H^5O^{20}}\ \overline{Az^5H^5O^{16}}$, $O^{20} : O^{16}$;

3° Jaune. . . . . 5:3, $2AuCl^4H = \overline{AuHCl^5}\ \overline{AuHCl^3}$, $Cl^5 : Cl^3$;

4° Vert. . . . . . 3:2, $2NIOC^2O^4HO = \overline{NiC^3HO^6}\ \overline{NiC^3HO^4}$, $O^6 : O^4$;

5° Bleu. . . . . . 4:3, $2Cu^3O^3C^2O^4 = \overline{Cu^3C^2O^8}\ \overline{Cu^3C^2O^6}$, $O^8 : O^6$;

6° Indigo. . . . . 5:4, $2Cy^9Fe^7 = \overline{Fe^7Cy^{10}}\ \overline{Fe^7Cy^8}$, $Cy^{10} : Cy^8$;

7° Violet. . . . . 9:8, $2AzH^4OCuOHO^8\ AzH^3SO^3HO^5 =$
$\overline{CuOSO^3Az^2O^{10}O^9H^{18}}\ \overline{CuOSO^3Az^2O^{10}O^9H^{16}}$, $H^{18} : H^{16}$.

En raison directe avec ces sept rapports viennent les longueurs λ', λ''.... λ^{vii} des ondes des sept espèces d'atomes chromatiques; car en les multipliant par $0^{mm},000352$, les produits sont les mêmes que les longueurs obtenues par les mesures directes.

En raison inverse viennent les longueurs l, $\frac{9}{8}l$, $\frac{5}{4}l$, $\frac{4}{3}l$, $\frac{3}{2}l$, $\frac{5}{3}l$, $\frac{15}{8}l$, $2l$ des cordes qui donnent les sons de la gamme et qui ont été constatées dans les limites des couleurs du spectre BA (fig. 61); celui-ci étant prolongé du côté du rouge pour avoir $AB = BC = l$, Newton trouva que les longueurs indiquées $\frac{9}{8}l$, $\frac{5}{4}l$.... $2l$ tombent précisément aux limites des couleurs. En employant un prisme en verre ordinaire ou en crown-glass, le rouge occupe relativement plus de place que le spectre formé par un prisme de même angle en flint-glass ou cristal, et le spectre de ce dernier a plus de violet que celui du premier prisme; cela ne prouve autre chose que les déplacements qui ont lieu aux extrémités et non pas dans l'intérieur du spectre.

Figure 61.

Les nombres de vibrations des cordes de la gamme sont en raison inverse avec les longueurs l, $\frac{9}{8}l$... $\frac{15}{8}l$, et par suite elles sont en raison directe avec les longueurs λ', λ''... λ''' des ondes des atomes chromatiques.

Lettres du spectre.	NOMS des couleurs.	NOMS des sons.	Longueur des cordes.	LONGUEURS des ondes des couleurs		RAPPORTS entre les équivalents chimiques colorants.
				observées.	calculées.	
B	Rouge. .	Ut$_3$. .	l	710	704	$AuCl^1\ AuCl^3$
C	Orangé. .	Si. . .	$\frac{9}{8}l$	650	660	$Az^3H^3O^{20}\ Az^3H^3O^{16}$
D	Jaune. . .	La. . .	$\frac{5}{4}l$	589	585	$AuHCl^3\ AuHCl^4$
E	Vert. . .	Sol. . .	$\frac{4}{3}l$	520	528	$NiC^3HO^4\ NiC^6HO^3$
F	Bleu. . .	Fa. . .	$\frac{3}{2}l$	484	468	$Cu^3C^2O^8\ Cu^3C^4O^3$
G	Indigo. .	Mi♭. .	$\frac{8}{5}l$	489	440	$Fe^7Cy^{10}\ Fe^4Cy^3$
H	Violet. . .	Ré. . .	$\frac{15}{8}l$	393	390	$CuOSO^3Az^2O^{12}H^{16}\ CuOSO^3Az^2O^{11}H^{16}$
	Ut. . .	$2l$				

Ces quatre espèces de rapport ne peuvent éprouver aucune modification, car ils existent dans les faits obtenus par les observations directes :

1° Les longueurs l, $\frac{9}{8}l$.... $\frac{15}{8}l$ sont celles des cordes de la gamme.

2° Les longueurs 710, 658, 589, 526, 484, 420, 353, ont été obtenues par des mesures directes, et celles 704, 660, 585, 528, 468, 440, 396, de la multiplication des sept rapports $\frac{1}{1}$, $\frac{15}{6}$, $\frac{6}{7}$, $\frac{6}{8}$, $\frac{6}{8}$, $\frac{6}{9}$, $\frac{8}{6}$ par le nombre $0^{mm},000352$.

3° Les rapports entre les équivalents colorants sont trop évidents pour être méconnus ; ces rapports formeront l'objet du traité de la chimie ; nous allons rapporter ici un nombre d'exemples qui suffiront à prouver que les couleurs des corps colorés sont l'effet de leurs équivalents chimiques.

4° Les nombres de vibrations de sept sons étant en raison inverse avec les longueurs l, $\frac{9}{8}l$... $2\,l$ des cordes sont en raison directe avec les longueurs λ', λ''... λ''' des ondes des atomes χ', χ''.... χ''' chromatiques.

I. Les corps ont rarement une couleur simple ; le plus souvent ils en ont deux ou plusieurs dont le plus grand nombre peut être observé dans la lumière transmise par des couches très-minces ; quand l'épaisseur de ces couches augmente, on voit diminuer le nombre des espèces d'atomes chromatiques transmis, dont il reste toujours une seule espèce, qui disparaît aussi au delà d'une certaine limite d'épaisseur du corps et d'intensité de lumière incidente.

II. Les espèces d'atomes chromatiques dispersés diffèrent souvent de celles des atomes transmis ; ces corps en couches minces présentent une couleur du côté de la lumière incidente et une autre de côté de la lumière émergente ; les feuilles d'or très-minces ne laissent pénétrer que les atomes χ^{iv} du vert.

III. Chaque cause électrique ou thermo-électrique ou matérielle produit sur les corps un changement de couleur quand elle fait un déplacement des équivalents chimiques ; de tels déplacements s'opèrent souvent sans qu'il se manifeste de changement dans la qualité du corps.

IV. Les formules de combinés chimiques colorés ne sont pas constantes, et cela pour deux causes :

1° Les analyses les plus exactes ne conduisent jamais à des résultats mathématiquement les mêmes ; il reste toujours une petite différence qui suffit pour faire admettre également deux ou plusieurs formules en conservant la proportion entre les équivalents.

2° Les équivalents des corps indécomposables ne peuvent être déterminés que par le moyen de la production de ces corps par la décomposition des atomes $C^{24}H^{24}O^{24}$ de substances végétales, comme cela a été prouvé dans l'*Électrostatique*.

V. Les corps de plusieurs couleurs conduisent à des formes d'égal nombre entre les équivalents chimiques, qui sont toujours divisés inégalement dans les facteurs où les autres équivalents sont de nombre égal. L'accord entre les nombres des équivalents colorants et les rapports chromatiques fait donc connaître les véritables facteurs chimiques des corps colorés.

VI. Il est bien constaté que plusieurs corps existent seulement dans les combinés et non pas séparément; nous prouverons plus loin, dans la *Chimie*, que jamais, dans les combinés, les corps ne sont dans le même état que quand ils se trouvent séparés.

I. — DES COULEURS TRANSMISES PAR LES CORPS ET PRODUITES
PAR LEURS ÉQUIVALENTS COLORANTS.

W. Herschell exposa d'une manière graphique les résultats obtenus quand les corps restent les mêmes et que leur épaisseur éprouve des variations différentes. Ainsi 1° *jv* (fig. 62, 63, 64, 65, 66) représente la longueur totale du spectre solaire; 2° les ordonnées élevées au milieu de chaque couleur expriment l'intensité de chacune des couleurs transmises par les corps; les courbes 1, 2, 3... indiquent les épaisseurs e, $e+e'$, $e+e'+e''$... par lesquelles sont transmises les couleurs indiquées; ces courbes, nommées *emblèmes*, trouveront ici leur explication basée sur l'accord existant entre les rapports des équivalents chimiques et ceux des longueurs des ondes des atomes chromatiques.

I. **Verre de pourpre.** Ce corps, nommé *pourpre de Cassius*, est un sel composé d'acide stannique $\overline{SnO^2}$ et d'oxyde d'or $\overline{AuO}$; les chimistes ne sont pas d'accord sur le rapport dans lequel ces éléments sont unis entre eux; voici les quatre proportions le plus généralement adoptées :

$$\overline{SnO^2}\ \overline{Au^2O}\ \overline{HO^4},\quad \overline{SnO^{2^4}}\ \overline{AuO}\ HO^4,\quad AuO^2\ \overline{SnO^2},\quad \overline{SnO^{2^4}}\ \overline{SnO}\ \overline{AuO}.$$

Les emblèmes 1, 2, 3 concordants (fig. 62) montrent que les atomes chromatiques transmis sont : χ' du rouge $= 2 : 1$; χ^{vi} de l'indigo $= 5 : 4$ et χ^{vii} du violet $= 9 : 8$; on voit donc par là qu'il est nécessaire que trois rapports existent dans les équivalents colorants des facteurs du verre de pourpre; en effet trois rapports sont dans le combiné de la forme

$$\overline{SnO^{2^7}}\ \overline{AuO^2} = \overline{SnO^{2^4}}\ \overline{AuO}\ \overline{SnO^{2^3}}\ \overline{AuO^2}.$$

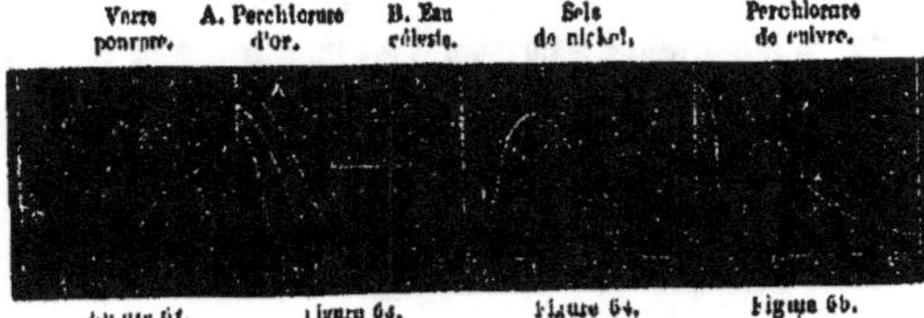

Figure 62.   Figure 63.   Figure 64.   Figure 65.

1° Le rouge indiqué dans l'emblème est produit par l'équivalent colorant $\overline{AuO^3}\ \overline{AuO^2}$.

2° Le violet indiqué dans l'emblème est produit par les facteurs $\overline{Sn^2AuO^9}$, $\overline{Sn^2Au^2O^8}$ ou $\overline{AuSn^4O^9}$, $\overline{Au^2Sn^3O^8}$; l'équivalent colorant est $O^9 : O^8$.

3° L'indigo de l'emblème ne se rencontre pas dans les facteurs du combiné, mais on y trouve le rapport $4 : 3$ du bleu $Sn^4 : Sn^3$. Celui-ci est en effet indiqué dans l'emblème, mais à côté du rouge et du violet, il paraît être indigo.

II. **Perchlorure d'or.** Les équivalents chimiques Au^2Cl^6 de ce corps ne produisent que deux facteurs d'une seule forme qui est celle du rouge

$$\overline{AuCl^3}\ \overline{AuCl^3},\ Cl^3 : Cl$$

indiqué par les emblèmes 1, 2, 3 en A.

III. **Eau céleste.** Ce corps est obtenu en saturant le sulfate de cuivre $CuOSO^3$ avec le carbonate d'ammoniaque $AzH^3\,CO^2$; sa formule chimique donnée par Berzélius est

$\overline{AzH^4OCuO}$ $\overline{HO^5}$ $\overline{AzH^3}$ $\overline{SO^3}$ $\overline{HO^5}$. Un tube de verre d'une douzaine de centimètres de longueur fermé par des glaces et rempli de ce liquide donne une lumière violette assez homogène produite des facteurs

$$2AzN^4OCuOHO^6\ AzH^3HO^5SO^3 = \overline{CuOSO^3Az^2O^{11}H^{14}}\ \overline{CuOSO^3Az^2O^{11}H^{14}}\ H^{14}:H^{14}$$

où les atomes de l'azote prennent la forme d'acide azotique.

IV. **Sels de nickel.** La couleur verte des sels de ce métal fait connaître que les chimistes y admettent un atome HO d'eau de trop, ou qu'il faut considérer cet atome d'eau comme y étant seulement en contact et non pas en combinaison chimique. 1° Donc l'oxalate nickélique est $NiOCO^3HO$ et non pas $NiOCO^3\overline{HO^2}$; de même 2° le sulfate nickélique est $NiOSO^3\overline{HO^6}$ et non pas $NiOSO^3\overline{HO^7}$. Les chimistes attachent du reste peu d'importance à ce que, dans un sel, il y ait un atome d'eau de plus ou de moins, car ils ne possèdent aucun moyen de reconnaître en quel état les atomes d'eau sont contenus dans les sels.

Ici c'est la couleur verte de sels en question qui ne permet d'admettre qu'un atome dans le sel $NiOC^2O^3\overline{HO}$ dont les facteurs sont

$$2NiOC^2O^3HO = \overline{NiHC^2O^4}\ \overline{NiHC^2O^4},\ O^4:O^4,$$

et six atomes dans le sel $NiOSO^3\overline{HO^6}$ dont les facteurs sont

$$2NiOSO^3HO^6 = \overline{3NiH^4O^{13}}\ \overline{3NiH^4O^{13}},\ O^{13}:O^{13}.$$

V. **Perchlorure de cuivre.** Les couleurs rouge et verte indiquées dans l'emblème prouvent un combiné dans lequel entrent deux facteurs colorants : l'un dans le rapport 2 : 1 du rouge, et l'autre dans le rapport 3 : 2 du vert. Donc en remplaçant par des atomes de chlore ceux de l'oxygène dans le trioxyde quinticuprique Cu^5O^3, on obtient le combiné Cu^5Cl^3 dont les facteurs sont

$$2Cu^5Cl^3 = \overline{Cu^6Cl^5}\ \overline{Cu^4Cl^4} = \overline{Cu^5Cl^4}\ \overline{Cu^5Cl^4} = Cu^6Cl^5Cu^4Cl^4,\ 2:1,\ 5:2.$$

Donc, le vert est produit de l'équivalent $Cu^5:Cu^4$, et le rouge de l'équivalent $Cl^2:Cl$.

VI. **Bleu de cobalt.** Dans la figure 65 sont indiquées les courbes des couleurs produites de ce corps. Les nuances indiquées par l'emblème 1 sont observées quand l'épaisseur

de la dissolution est d'un millimètre; les courbes 2, 4, 6
indiquent les couleurs transmises quand l'épaisseur du liquide est de 2, 4 ou 6 millimètres; donc il ne reste que le
rouge quand l'épaisseur atteint 6 millimètres.

Les couleurs de l'oxyde de cobalt n'apparaissent que
dans ses dissolutions où se
produit le peroxyde de cobalt
Co^2O^3, qui donne naissance aux
nuances du violet $9:8$, de l'indigo $5:4$, du bleu $4:3$ et du
rouge $2:1$. Dans l'emblème, le
bleu n'est pas indiqué, et cela
prouve que les atomes chromatiques χ^r sont dispersés du liquide,
et qu'ils n'en sont pas transmis.

Figure 60.

Ces atomes χ^r dispersés indiquent le combiné de forme

$$Co^7O^4 = \overline{Co^4O^4}\ \overline{Co^2O^4}\ Co^4 : Co^4.$$

Les trois couleurs transmises ont pour facteurs

$$\overline{Co^4O^4}\ \overline{Co^4O^4},\ Co^v : Co^8,\ \overline{Co^2O^4}\ \overline{Co^4O^4},\ Co^4 : Co^4,\ \overline{CoO}\ \overline{CoO^x},\ O : O^4.$$

Dans le cas où l'épaisseur du liquide atteint 6 millimètres,
l'oxyde CoO incolore de tous les facteurs ne produit aucune
modification, et le rouge est produit par les facteurs
$\overline{CoO^3}\ \overline{CoO}$ qui sont communs dans tous les combinés après
que s'en est éloigné le facteur incolore CoO.

Les couleurs transmises ont été décomposées par le
prisme, et ainsi elles ont été graphiquement représentées
dans les emblèmes. Les équivalents chimiques de ces corps
colorés ont été déterminés par plusieurs chimistes, de sorte
qu'il est impossible de douter de leur exactitude. L'accord
entre les couleurs et les rapports des équivalents colorants
est un résultat des deux espèces de faits obtenus par les
expériences. Cet accord n'est pas un fait accidentel, mais il
est un effet inévitable produit suivant les lois physiques qui
y ont conduit. On n'a eu, dans aucun cas, besoin de recourir à des hypothèses; c'est pour cela que chaque expérimentateur qui s'attachera rigoureusement aux lois physiques, sera inévitablement conduit aux résultats indiqués.

II. — DES COULEURS DISPERSÉES DES ÉQUIVALENTS COLORANTS DES CORPS

Quelques-uns des corps reçoivent du dehors la lumière incolore et dispersent une ou plusieurs espèces des atomes chromatiques de celle-ci à l'état pur ou ordinairement mêlé avec une partie de lumière incolore. Les corps lumineux produisent par leurs équivalents électriques $\ddot{E}$ négatifs et par ceux $\ddot{E}$ positifs de l'oxygène les atomes $\ddot{E}\ddot{E}\ddot{E}$ de lumière et ceux $\ddot{E}\ddot{E}\ddot{E}$ de chaleur; celle-ci fait se séparer du carbone les atomes φ'' de lumière spécifique qui se mêlent avec les atomes $\ddot{E}\ddot{E}\ddot{E}$ de lumière électrique.

De ces deux sources de lumière il ne se répand que les atomes chromatiques repoussés par les équivalents colorants des combustibles, précisément comme cela a lieu quand ces corps sont éclairés du dehors. Les flammes des corps indécomposables indiquent par leurs couleurs les rapports entre les équivalents colorants qui en peuvent être déterminés dans les métaux qui ne contiennent que carbone et hydrogène.

Production des couleurs par des corps incolores.
I. L'acide azotique absorbe d'autant plus de bioxyde AzO^2 qu'il est plus concentré et plus froid, et il se trouve ainsi réduit en acide hypoazotique AzO^4 et en acide azoteux AzO^3; sa couleur devient au commencement jaune, puis verte et enfin bleue; si l'acide contient dans un atome plus de cinq atomes d'eau, il ne se montre que la couleur bleue par l'introduction du bioxyde; si au contraire il est très-concentré, l'orangé se montre, puis après le jaune; ces couleurs font connaître la production des combinés :

1° jaune. . .   5:3, $Az^5H^3O^{25}$ $Az^5H^3O^{14} = Az^5O^{14}\overline{HO}^6 + 5AzO^5$;
2° orangé . . 15:8, $Az^6H^3O^{30}$ $Az^5HO^{10} = Az^6H^3O^{10}$ $Az^5H^3O^{16} = Az^7H^4O^{40} + Az^4O^4$;
3° vert. . . .   5:2, $Az^6H^3O^{30}$ $Az^6H^3O^{10} = Az^6H^3O^{30}$ $Az^5H^3O^{16} + Az^2O^4$;
4° bleu. . . .   4:3, AzO^4 AzO^3 ou $Az^7H^3O^{32}Az^7H^3O^{28} = Az^6H^3O^{40}Az^6H^3O^{40} + 5AzO^4$.

II. Le combiné orangé $\overline{Az^5H^3O^{30}}$ $\overline{Az^5H^3O^{16}}$ avec une petite quantité d'eau laisse s'éloigner un atome de bioxyde d'azote et devient vert; avec plus d'eau il devient bleu, et il devient incolore avec une plus grande quantité d'eau encore.

Pour faire reparaître les couleurs et par suite les combinaisons chimiques qui les produisent, Gay-Lussac y a introduit l'acide sulfurique concentré en faisant ainsi s'éloigner du mélange incoloro une petite quantité d'eau; le bleu a apparu d'abord; avec plus d'acide est venue la couleur verte; et enfin l'orangé. Ces changements de couleurs résultent des déplacements de l'équivalent colorant qui est ici l'oxygène; ces déplacements sont les suivants :

Du combiné orangé $\overline{Az^5H^9O^{19}}\ \overline{Az^5H^9O^{19}}$ 1° le facteur $Az^5H^9O^{30}$ reste incoloro, et l'autre se décompose en recevant un atome d'eau.

$$Az^9H^9O^{19} + HO = AzO^3 + Az^9H^9O^9Az^9H^9O^4 \quad O^9 : O^4,$$

2° en introduisant plus d'eau on détruit ce combiné vert et le facteur $Az^5H^5O^{30}$ de l'orangé : il se sépare alors un atome $AzHO^6$ d'acide et le combiné bleu se montre.

$$Az^9H^6O^{30} + HO^4 = AzHO^6 + Az^9H^6O^{16}Az^9H^6O^{12}, \quad O^{16} : O^{12}.$$

Production des couleurs des plantes. Le degré inférieur des combinés végétaux est le vert de plantes, nommé chlorophylle, dont les éléments chimiques sont $C^4O^6H^4O^4 = \overline{C^2H^2O^6}\ \overline{C^2H^2O^4}$; le seul rapport O^9O^4 du vert correspond exactement à la couleur homogène du vert des herbes. Donc il faut que des facteurs de la chlorophylle s'éloignent différentes quantités d'oxygène pour qu'il s'en produise les six autres couleurs et le blanc. L'éloignement de l'oxygène ne s'opère qu'en présence de la lumière, car il a été indiqué déjà que chaque atome d'oxygène éloigné doit être remplacé par un atome de lumière incolore.

Connaissant donc les équivalents de la chlorophylle et les couleurs qui en sont produites, il est devenu possible de déterminer le nombre d'équivalents d'oxygène qui doivent avoir été éloignés de la chlorophylle dans la production des couleurs des fleurs.

Les couleurs sont produites du vert dans un ordre qui correspond aux quantités des équivalents d'oxygène éloignés de l'un ou des deux facteurs de la chlorophylle.

$$C^6H^4O^{16}\ C^6H^4O^{12}\ \text{chorophylle.}$$

$$-O^2,\ \text{bleu} = C^6H^4O^{14}\ C^6H^4O^{12} \qquad -O^3,\ \text{rouge} = C^6H^4O^{13}\ C^6H^4O^9$$

$$-O^3,\ \text{indigo} = C^6H^4O^{13}C^6H^4O^{11} \qquad -O^5-O^9,\ \text{jaune} = C^6H^4O^{14}\ C^6H^4O^{10}$$

$$-O^4-O^4,\ \text{violet} = C^6H^4O^4\ C^6H^4O^6 \qquad -O^9-O^4,\ \text{orangé} = C^6H^4O^{14}\ C^6H^4O^8$$

$$-O^4,\ \text{blanc} = C^6H^4O^{12}\ C^6H^4O^{12}$$

$$-O^{10}-O^6,\ \text{blanc clair} = C^6H^4O^4\ C^6H^4O^6.$$

Preuves directes de la liaison entre la couleur et les rapports de l'équivalent colorant. Par les expériences suivantes on a constaté que les couleurs passent, comme les combinaisons chimiques, non pas graduellement mais immédiatement d'une nuance à l'autre.

Comme par l'introduction du bioxyde d'azote dans l'acide azotique, de même par l'introduction du soufre dans l'acide sulfurique on produit une série de couleurs déterminées à *priori* par le nombre des équivalents du soufre qui entrent dans les rapports colorants, et non pas l'oxygène, car S^2O^6 est incolore et cela provient de ce que ce combiné est produit de S^2O^4 avec O^2 et non pas de SO^4 avec SO^2.

En introduisant graduellement le soufre dans l'acide sulfurique, on voit premièrement paraître : 1° une couleur bleu dans la lumière dispersée et dans celle qui est transmise; 2° avec plus de soufre la lumière dispersée reste bleue, et la lumière transmise devient brune; 3° un peu plus de soufre fait augmenter le brun et disparaître le bleu. En cet état apparaît le vert, le vert-indigo et l'indigo; enfin, 4° avec un peu plus de soufre encore, apparaît le rouge. Tous les faits si mystérieux jusqu'à présent ont trouvé leur explication conformément avec les résultats de l'expérience comme avec les liaisons entre les rapports des équivalents chimiques et les longueurs des ondes des atomes chromatiques.

$$\text{1° Bleu} \ldots\ldots S^{22}O^{66} + S^3 = S^{20}O^{44}S^{14}O^{44},\ S^{20}:S^{15};$$
$$\text{2° Bleu brun} \ldots S^{22}O^{66} + S^{10} = \overline{S^{20}O^{44}S^9O^{44}}\ \overline{S^{11}O^{44}}\ \overline{S^7O^{44}},\ S^{13}:S^9,\ S^{11}:S^7;$$
$$\text{3° Brun} \ldots\ldots S^{22}O^{66} + S^{14} = S^{20}O^{44}S^{13}O^{44},\ S^{20}:S^{13};$$
$$\text{Vert} \ldots\ldots\ldots\ldots = S^{20}O^{44}S^{12}O^{44},\ S^{17}:S^{13};$$
$$\text{Vert-indigo.}\ 2(S^{22}O^{66}+S^{16}) = \overline{S^{20}O^{44}S^{16}O^{44}}\ \overline{S^{20}O^{44}S^{20}O^{44}},\ S^{17}:S^{16},\ S^{18}:S^{20};$$
$$\text{Indigo} \ldots\ldots\ldots = S^{20}O^{44}S^{10}O^{44},\ S^{23}:S^{20};$$
$$\text{4° Rouge} \ldots\ldots S^{22}O^{66} + S^{14} = S^{20}O^{44}S^{14}O^{44},\ S^{11}:S^{14}.$$

Ainsi de l'expérience on a obtenu une preuve directe pour démontrer la cause des couleurs des combinés chimiques; nous reviendrons fréquemment sur ces preuves dans la chimie; mais avant d'y arriver nous avons dû nécessairement constater ce nouveau fait destiné à changer la face de la chimie.

Les chimistes pourront utiliser ces rapports chromatiques pour constater les rapports des équivalents chimiques dans les combinés; nous allons montrer ici comment, au moyen des couleurs, de ces rapports et des poids atomiques, il devient possible de déterminer les équivalents des corps indécomposables.

III. — DES ÉQUIVALENTS DES CORPS INDÉCOMPOSABLES DÉTERMINÉS PAR LES COULEURS.

Les éléments primitifs des métaux sont au nombre de deux : le carbone et l'hydrogène; car ils ont été produits des atomes $C^{24}H^{24}O^{24}$ végétaux dont a été séparé l'oxygène avec une partie d'hydrogène et de carbone, ainsi que cela a été indiqué dans l'*Électrostatique*.

Les couleurs des métaux peuvent être observées : 1° quand les corps sont en feuilles assez minces pour laisser pénétrer la lumière; 2° quand ils sont dissous dans l'alcool de la lampe ou quand l'on saupoudre celle-ci avec la poudre des oxydes ou de sels; 3° quand certains cristaux présentent une couleur suivant la direction de l'axe et une autre suivant ses perpendiculaires.

Par le poids atomique on obtient l'équation $P = C^x H^y$; par une ou plusieurs des couleurs du corps indécomposable ou déterminé les rapports entre $6\,x$ et y, comme cela devient clair dans les exemples suivants :

Or. Ce métal disperse les atomes chromatiques χ''' du jaune en feuilles très-minces, tandis qu'il laisse pénétrer les atomes χ^{IV} du vert; son poids atomique $199 = C^{32}H^7$ sert à déterminer les équations qui produisent ces deux couleurs de la manière suivante :

$$\text{Jaune} \ldots \ldots \ldots \quad 2C^{32}H^7 = C^{40}H^7C^{24}H^7$$
$$\text{Bleu} \ldots \ldots \ldots \quad 2C^{32}H^7 = C^{40}H^9C^{24}H^6$$

Le vert transmis par les feuilles de l'or est en effet un combiné ou un mélangé de bleu et de jaune, comme cela a été constaté directement ; le jaune y est même en excédant.

Dans les combinés chimiques les éléments de l'or n'entrent pas en considération ; mais ce métal y entre comme équivalent simple, comme cela devient clair par les exemples suivants :

$$\text{Rouge} \ldots \ldots 2AuO^3 = AuO^4\ AuO^2,\ 2AuCl^3 = AuCl^4\ AuCl^2$$
$$\text{Jaune} \ldots \ldots 2AuCl^3H = AuHCl^3\ AuHCl^3,\ 2AuCl^4K = AuKCl^3\ AuKCl^3.$$

Les chimistes ne sont pas d'accord sur les éléments du protoxyde d'or : les uns le considèrent comme une poudre verte ; selon M. L. Figuier, cet oxyde serait d'un violet très-foncé. De semblables contestations doivent à l'avenir cesser de se produire, car les couleurs incontestables conduisent aux équivalents véritables.

$$\text{Oxyde vert} \ldots \ldots Au^4O^5 = Au^2O^3\ Au^2O^2$$
$$\text{Oxyde violet} \ldots \ldots Au^{16}O^{11} = Au^8O^6\ Au^8O^5.$$

On voit aussi clairement pourquoi M. Figuier déclare inexactes les analyses des chimistes précédents, et, sans réfuter l'existence d'un oxyde vert, il prouve celle d'un autre de couleur violet foncé contenant moins d'oxygène.

Soufre. Comme l'or le soufre est jaune ; cette couleur reste même dans la lumière transmise. La couleur du soufre devient à 110° jaune rouge, et à une température supérieure elle devient rouge ; avec un peu d'hydrogène le soufre devient blanc. Le poids atomique de soufre est 16 : de ces atomes six sont contenus dans un volume des vapeurs de soufre ; ainsi le poids atomique est $S^6 = 96$; cet atome a été produit d'un atome végétal $S^6 = C^{24}H^{24}O^{24} - C^{12}O^{24} = C^{12}H^{24}$.

$$\text{Jaune} \ldots \ldots C^6H^{12}\ C^6H^0$$
$$\text{Rouge} \ldots \ldots C^6H^{16}\ C^6H^0$$
$$\text{Jaune rouge} \ldots C^6H^{12}C^6H^{12}\ C^6H^{12}C^6H^0\ \text{ou}\ C^6H^{12}\ C^6H^0$$
$$\text{Blanc} \ldots \ldots S^6 + H^9 = C^6H^{12}\ C^6H^{12}.$$

Potassium. Ce métal est blanc ; sa vapeur est verte ; son oxydation par l'oxygène produit de l'eau s'opère avec la production d'une lumière incolore, rouge et indigo. Le chlorure de potassium produit des cristaux qui paraissent rouge foncé, suivant la direction de l'axe et d'un beau bleu azuré dans les directions perpendiculaires. La potasse dissoute dans l'alcool de la lampe produit une flamme où le rouge est faible et où prédomine l'indigo. Le poids atomique du potassium est 39, et les couleurs indiquées font connaître ses éléments $K = C^5H^9$.

$$1° \text{ Vapeur verte} \ldots \ldots K^2 = C^{10}H^{10} = C^6H^4\ C^4H^6 ;$$
$$2° \text{ Flamme indigo} \ldots \ldots K^2 = C^6H^{10}\ C^4H^6 ;$$
$$3° \text{ Flamme rouge} \ldots \ldots K^2 = C^6H^{14}\ C^4H^6 .$$

Dans les plantes il ne se produit pas de potassium, mais de la potasse qui est $KOCO^2$ ou $K^2O^2C^2O^4$; ainsi le potassium est un produit artificiel de la potasse. Des atomes de la chlorophylle $C^{24}O^{36}H^{24}O^{24}$ par la séparation de l'oxygène O^{36} remplacé par une égale quantité d'atomes o'^{36} de lumière sont produits les atomes végétaux $C^{24}H^{24}O^{24}$. De trois atomes pareils par la séparation des $24CO^2$ d'acide carbonique sont produits 8 atomes de potasse.

$$3C^{24}H^{24}O^{24} = 3C^{24}O^{24}H^{24}O^{24} - 108O \text{ séparés des plantes pendant le jour;}$$
$$8KOCO^2 = 8C^6H^9OCO^2 = 3C^{24}H^{24}O^{24} - 24CO^2 \text{ séparés des plantes pendant la nuit.}$$

Calcium. Les sels de chaux mis en poudre dans la mèche d'une lampe répandent une lumière rouge de brique; le poids atomique du calcium n'est pas bien connu : Davy a trouvé 24, Berzélius 20,5, Dumas 20, qui conduisent aux éléments doubles $C^6H^6 = 42$, $C^6H^5 = 41$, $C^6H^4 = 40$. La couleur rouge conduit aux éléments $C^6H^5 = C^4H^3C^2H^4$ et $C^6H^4 = C^4H^2C^2H^2$; comme le vert n'apparaît nulle part $C^6H^3C^2H^2$, on ne peut admettre le poids 20,50 de Berzélius.

Natrium. Les sels de ce métal colorent en jaune la flamme de la lampe; sans les sels cette flamme ne diffère presque en rien de celle des bougies : de sorte que la lumière jaune presque homogène de la lampe monochromatique de Brewster n'est produite que du sel dissous dans l'eau qu'on mêle avec l'alcool de la lampe. Pour obtenir une lumière parfaitement homogène, on saupoudre avec le sel gemme la mèche de la lampe. Le natrium brûle dans le chlore avec une lumière rouge très-vive.

D'un atome végétal, après la séparation de 4 atomes d'acide carbonique, il reste 4 atomes de sel gemme.

$$C^{24}H^{24}O^{24} - C^4O^8 = C^{12}H^{24}O^4H^4C^8O^{12} = 4C^3H^6C^2O^3 + 4HO.$$

Du poids atomique 59 du sel gemme et de celui 36 du chlore, et encore de la lumière rouge produite de la combustion de natrium dans le chlore, on déduit les éléments

C^6H^{10} du natrium qui prennent la forme du rouge C^4H^5, C^2H^5.

La couleur jaune du sel gemme a l'oxygène pour équivalent colorant, tandis que c'est le carbone qui produit la même couleur dans le chlore liquide et dans ses vapeurs.

$$\text{Le jaune du chlore } 4Cl = 4C^2O^3 = C^3O^6C^5O^6$$
$$\text{Le jaune du sel gemme } 4NaOClH = 4C^2H^6OC^2O^5H = C^5H^{12}O^{10}C^2H^{12}O^6.$$

Métaux. Comme le soufre, le sel gemme, les carbonates des métaux dont les éléments se trouvent dans les plantes, de même les oxydes des métaux de poids spécifiques supérieurs sont produits des atomes $C^{24}H^{24}O^{24}$ des masses végétales. Si parmi les autres oxydes ceux du fer, le noir Fe^3O^4 et le rouge Fe^2O^3, sont en masses supérieures, cela tient à ce que leur production des atomes $C^{24}H^{24}O^{24}$ végétaux est très-facile ; car il suffit de l'éloignement de 9 atomes d'eau et de 4 atomes d'acide carbonique pour voir apparaître 5 atomes de fer oxydé.

$$Fe^3O^4 + Fe^2O^3 = C^{24}H^{24}O^{24} - 4CO^2 - 9HO = C^{20}H^{15}O^7, \quad Fe^5 = 5 \times 27 = 135.$$

L'oxyde Cr^2O^3 de chrome est produit comme les oxydes de fer, mais des deux atomes végétaux dont se sont également séparés 6 atomes d'acide carbonique, 18 atomes d'eau et encore 3 atomes d'oxygène.

$$Cr^{10}O^{15} = C^{48}H^{48}O^{48} - 6CO^2 - O^3 - 18HO = C^{42}H^{30}O^{15}, \quad Cr^{10} = 10 \times 28,2, \quad Cr = 28,2.$$

Telle est l'origine de tous les métaux avec certaines modifications.

$$Or = 199 = C^{38}H^7 = C^{44}H^{40}O^{16} - C^{16}H^{40}O^{16} - 25HO - O^7.$$

Combinés colorés de fer. 1° Dans l'oxyde noir le fer est l'équivalent colorant dont le poids surpasse celui de l'oxygène ; celui-ci est l'équivalent colorant dans l'oxyde rouge.

$$Fe^2O^3Fe O^3 ; \ FeO^2, FeO; \ \text{rouge noire } Fe^2 : Fe; \ \text{rouge } O^2 : O ;$$

2° Les *pyrites* obtiennent la couleur rouge ou jaune par les rapports des équivalents colorants du soufre.

$$Fe^6S^4 = Fe^6S^4 Fe^6S^2 \ \text{rouge } S^4 : S^2 ;$$
$$2Fe^7S^4 = Fe^7S^{10}Fe^7S^4 \ \text{jaune } S^{10} : S^4 ;$$
$$Fe^6S^5 = Fe^6S^4 Fe^6S^2 \ \text{jaune } S^5 : S^2.$$

• Le *perchlorure de fer* est rouge comme l'oxyde.

$$Fe^2Cl^3 = FeCl^2FeCl \ \text{rouge } Cl^2 : Cl.$$

4° *L'hydrate de sulfate de fer est vert.*

$$2\mathrm{FeOSO^3\overline{HO^6}} = \overline{\mathrm{FeH^3SO^{11}}}\ \overline{\mathrm{FeH^3SO^8}}\ \text{vert } O^{11}:O^8.$$

5° *L'hydrate de l'azotate de fer est vert également.*

$$2\mathrm{FeOAzO^3\overline{HO^6}} = \overline{\mathrm{FeH^3AzO^{11}}}\ \overline{\mathrm{FeH^3AzO^8}}\ \text{vert } O^{11}:O^8.$$

6° *L'hydrate de phosphate de fer* incolore exposé à l'air lui emprunte un équivalent d'oxygène et devient bleu.

$$2(\mathrm{PO^3Fe^3O^3\overline{HO^6}} + O) = \overline{\mathrm{Fe^3H^3PO^{16}}}\ \overline{\mathrm{Fe^3H^3PO^{13}}}\ \text{bleu } O^{16}:O^{13}.$$

7° *La pharmacosidérite est verte.*

$$2\mathrm{Fe^4O^6AsO^5} = \overline{\mathrm{Fe^4AsO^{13}}}\ \overline{\mathrm{Fe^4AsO^8}}\ \text{vert } O^{13}:O^8.$$

Combinés colorés de chrome. 1° L'oxyde de chrome est moins facilement produit que ceux de fer, car des deux atomes $2\mathrm{C^{24}H^{24}O^{28}}$ végétaux doivent s'éloigner non-seulement des atomes d'eau et d'acide carbonique, mais aussi des équivalents d'oxygène.

$$\mathrm{C^{48}H^{48}O^{56}} - 6\mathrm{CO^2} - 18\mathrm{HO} - 3O = \mathrm{C^{48}H^{30}O^{14}} = \mathrm{Cr^{10}O^{15}} = \mathrm{Cr^6O^6Cr^4O^6}\ \text{vert } O^9:O^6:$$
$$\text{l'oxyde chauffé } \mathrm{Cr^{10}O^{15}} = \mathrm{Cr^6O^{10}Cr^4O^6}\ \text{rouge } O^{10}:O^6.$$

2° Les hydrates d'oxyde de chrome produisent des dichroïsmes et des trichroïsmes.

$$\mathrm{Cr^{10}O^{15}\overline{HO^{17}}} = \overline{\mathrm{Cr^6H^{10}O^{11}}}\ \overline{\mathrm{Cr^4H^7O^{16}}},\ \text{vert } Cr^6:Cr^4,\ \text{rouge } H^{10}:H^7,\ \text{bleu } O^{11}:O^{16}.$$

3° *Oxydations de l'oxyde de chrome* avec l'oxygène et l'eau oxygénée.

$$\mathrm{Cr^3O^6} = \mathrm{Cr^2O^2CrO^4} \qquad \text{rouge insoluble } Cr^2:Cr;$$
$$2\mathrm{Cr^3O^6} = \mathrm{Cr^2O^8Cr^3O^4} \qquad \text{rouge soluble } O^8:O^4;$$
$$2\mathrm{Cr\,O^6} = \mathrm{Cr\,O^8Cr\,O^4} \qquad \text{cristaux rouges } O^4:O^8;$$
$$2\mathrm{CrO^4} + \mathrm{HO} + \mathrm{HO^2} = \mathrm{CrHO^8CrHO^4}\ \text{indigo } O^8:O^4.$$

4° *Combinés de chrome et d'oxyde de chrome avec le soufre.*

$$\mathrm{Cr^{10}S^{15}} = \mathrm{Cr^6S^9Cr^4S^6} \qquad\qquad \text{vert } S^9:S^6;$$
$$2\mathrm{Cr^2O^3SO^3} = \mathrm{Cr^3SO^4Cr^3SO^4} \qquad \text{vert } O^9:O^6;$$
$$\overline{\mathrm{Cr^2O^3}}\ \overline{\mathrm{SO^3}} = \overline{\mathrm{Cr^3SO^9}}\ \overline{\mathrm{Cr^3SO^6}} \qquad \text{vert } O^9:O^6;$$
$$2\mathrm{Cr^2O^3}\ \overline{\mathrm{SO^3}} = \overline{\mathrm{Cr^3S^2O^{16}}}\ \overline{\mathrm{Cr^3S^2O^6}}\ \text{rouge } O^{16}:O^6.$$

Du sel $\mathrm{Cr^2O^3}\ \overline{\mathrm{SO^3}}$ HO est dispersée la lumière verte tandis que la rouge est transmise; un prisme vide d'un angle de 5° rempli de cette dissolution laisse pénétrer la lumière rouge et la lumière verte; dans une carafe le liquide est vert avec la lumière du jour et rouge dans la lumière d'une bougie.

$$2Cr^4O^5S^2O^6\overline{HO}^2 = \overline{Cr^4H^4S^2O^4}\ \overline{Cr^4H^4S^2O^6} \qquad \text{vert } O^{12} : O^8$$
$$2Cr^4O^5S^2O^6 = \overline{Cr^4S^2O^6}\ \overline{Cr^4S^2O^5} \qquad \text{rouge } O^{12} : O^9$$
$$2Cr^4S^2O^6\overline{HO}^{11} = \overline{Cr^4H^{11}S^2O^5}\ Cr^4H^{11}S^2O^{24} \qquad \text{bleu } O^{24} : O^{24}$$

Les atomes d'eau sont donc la cause des couleurs dont dépend l'intensité de la lumière incidente.

5° *Combinés du chrome et de ses oxydes avec le chlore.*

$$Cr^2Cl^6 = \overline{Cr^2Cl^5}\ Cr^2Cl \qquad \text{rouge } Cl^5 : Cl$$
$$Cr^2Cl^6Cr^2O^3 = \overline{Cr^2Cl^5O}\ Cr^2Cl^6O^2 \qquad \text{rouge } Cr^4 : Cr^4,\ O^2 : O$$
$$Cr^2Cl^6Cr^4O^6 = Cr^2ClO^5\ Cr^2Cl^6O^5 \qquad \text{rouge } Cr^4 : Cr^4,\ Cl^6 : Cl$$
$$Cr^2O^4CrCl^6 = Cr^2O^3Cl\ CrO^3Cl^2 \qquad \text{rouge } Cr^3 : Cr,\ Cl^2 : Cl$$

6° *Combinés de chrome avec l'azote et ses acides.*

$$Cr^2Az^2 = Cr^2AzCrAz \qquad \text{rouge } Cr^2 : Cr$$
$$4Cr^2O^3Az^2O^5 = \overline{AzCr^2O^{12}}\ \overline{AzCr^2O^5}\ \overline{AzCr^2O^4}\ \overline{AzCrO^4} \qquad \text{rouge } O^{12} : O^4,\ \text{bleu } O^9 : O^6$$
$$2Cr^2O^3Az^2O^5 = CrAzO^{14}\ CrAzO^5 \qquad \text{jaune } O^{19} : O^4$$
$$2CrO^3Az^2O^6HO = \overline{CrHAzO^{12}}\ \overline{CrHAzO^6} \qquad \text{rouge } O^{12} : O^6$$
$$2CrO^3AzH^4O = \overline{AzH^4CrO^5}\ \overline{AzH^4CrO^6} \qquad \text{jaune } O^9 : O^6$$
$$2CrO^3AzH^2 = \overline{AzH^2CrO^3}\ \overline{AzH^2CrO^6} \qquad \text{rouge } O^6 : O^3$$
$$2CrO^3AzH^4\overline{HO}^2 = \overline{AzH^6CrO^6}\ \overline{AzH^4CrO^4} \qquad \text{vert } O^6 : O^6$$
$$2AzH^4OCr^2O^3S^4O^{12}\overline{HO}^{16} = \overline{AzH^{12}Cr^2S^4O^{24}}\ \overline{AzH^{16}Cr^2S^4O^{24}} \qquad \text{violet } O^{24} : O^{22}$$

7° *Chromates*. Ce n'est pas toujours l'oxygène qui est l'équivalent colorant de ces sels : on trouve ici un exemple où c'est l'hydrogène.

$$2KOCrO^3 = \overline{KCrO^4}\ \overline{KCrO^3} \qquad \text{jaune } O^6 : O^3$$
$$2KOSO^2Cr^2O^3S^2O^9 = \overline{KCr^2S^4O^{16}}\ \overline{KCr^2S^4O^{12}} \qquad \text{vert } O^{16} : O^{12}$$
$$2KOCr^2O^3S^4O^{12}\overline{HO}^{18} = \overline{KCr^2H^{18}S^4O^{24}}\ \overline{KCr^2H^{18}S^4O^{24}} \qquad \text{violet } O^{24} : O^{22},\ \text{rouge } H^{18} : H^{18}$$

Les mêmes relations ont été constatées sans exception dans tous les combinés chimiques colorés; les exemples indiqués ici ont été choisis dans toutes les parties de la chimie pour servir comme preuve de la réforme de cette science.

DEUXIÈME PARTIE.

OPTIQUE.

Les physiciens, dans leurs ouvrages, donnent le nom d'*Optique* au traité de la lumière, et cela parce qu'on n'y rencontre que les descriptions d'un certain nombre de faits observés ; en effet, ce qu'ils appellent explication des faits observés n'est qu'une autre espèce de description ou une comparaison ; il serait même absurde de prétendre qu'on connaît l'explication des faits produits de la lumière quand sont restées inconnues la nature et l'origine de cette lumière, ainsi que la nature et l'origine de l'organe de la vision.

Plusieurs espèces de faits sont communes à la lumière, la chaleur et les ondes sonores ou les gaz : telles sont la réflexion et la réfraction ; d'autres espèces de faits sont communes à la lumière et la chaleur, et ils manquent aux gaz : telles sont la polarisation et les couleurs. Enfin il y a une foule de faits qui sont propres à la lumière seule et ceux qui sont propres à la chaleur seule.

Les physiciens ne sont pas même parvenus à connaître 1° la cause qui agit également sur les fluides impondérables et sur les gaz ; 2° la cause qui agit également sur la lumière et sur la chaleur et 3° les causes qui produisent la distinc-

30.

tion entre des gaz, de la chaleur et la lumière. On ne saurait vraiment admettre qu'ils n'ont pas eu quelque intuition de tous ces faits, mais remplis d'idées préconçues et se basant sans cesse sur des hypothèses fausses et chimériques, ils se sont toujours écartés de la voie véritable.

Rien n'est mieux connu que l'*élasticité* des corps et des fluides impondérables ; la compression et l'expansion indéfinie des gaz sont attribuées à leur élasticité ; tout l'air de l'atmosphère comprimé par des millions d'atmosphères occuperait un espace très-petit ; la même masse d'air occuperait un espace des millions de fois plus grand si elle se trouvait, comme une comète, dans l'espace éloigné de la Terre.

Une seule et même quantité d'atomes pondérables ou impondérables ne peut pas remplir des espaces différents, si le volume de chaque atome n'éprouve aucun changement ; cent grains de sable, par exemple, occupent le même volume quand ils sont à l'état libre ou quand ils éprouvent une compression ; tandis que 100 litres d'air peuvent être comprimés de manière à n'occuper que l'espace d'un litre ; ou, introduit dans le vide, cet air peut occuper l'espace de millions de litres sans laisser aucun point vide ou ce qu'on nomme *pores*.

Dans l'atmosphère, le vide n'existe nulle part : tout l'espace est occupé par l'air, et cependant les atomes de lumière venant des étoiles, après avoir éprouvé une dilatation des millions de fois pénètrent sans en être arrêté et sans laisser de vide nulle part.

I. **L'élasticité**, autrement dit l'expansion et l'augmentation de volume, se manifeste dans les atomes de la lumière, la chaleur, les ondes sonores ou les gaz ; elle est donc la cause commune de la *réflexion* et de la *réfraction*. La *polarisation* est une suppression partielle ou latérale de l'élasticité ; de pareilles suppressions peuvent être produites seulement sur les atomes impondérables isolés et non pas sur ces mêmes atomes quand ils sont combinés avec les éléments matériels, comme cela a lieu pour les gaz et les vapeurs.

II. **Les éléments des deux électricités** constituent la lumière et la chaleur; dans un atome φ de lumière entrent deux équivalents $\bar{E}^2$ d'électricité positive et un équivalent d'électricité négative $\bar{E}$; dans un atome θ de chaleur entrent au contraire deux équivalents $\bar{E}^2$ d'électricité négative et un équivalent $\bar{E}$ d'électricité positive. Les physiciens admettent un état neutre pour les combinés $\bar{E} \bar{E}$ d'un équivalent $\bar{E}$ positif avec un équivalent $\bar{E}$ négatif; les combinés de ce genre sont ici nommés *iris*; ainsi dans un atome φ de lumière se trouve un atome d'électricité neutre combiné avec un équivalent $\bar{E}$ positif, et dans un atome θ de chaleur est un atome d'électricité neutre $\bar{E} \bar{E}$ combiné avec un équivalent $\bar{E}$ négatif. Donc les propriétes chimiques de la lumière correspondent à celles des gaz d'oxygène, de chlore, de bioxyde d'azote, etc., et celles de la chaleur correspondent aux propriétés chimiques de l'hydrogène, de l'oxyde de carbone.

I. — DE L'ÉLASTICITÉ DES FLUIDES.

Les objets les plus simples sont souvent mal expliqués; par exemple, que peut-on dire d'une masse de vapeur qui s'échappe d'une cheminée étroite et qui, augmentant de volume par son expansion, occupe instantanément un espace cent ou mille fois plus grand? Tout le monde voit l'expansion et l'accroissement du volume de chaque molécule; toutes les expériences constatent cet accroissement de volume aussi bien dans les gaz que dans les fluides impondérables. Toutefois, malgré tous ces faits de la plus entière évidence, on reste surpris et l'on a quelque peine à comprendre comment Newton persista jusqu'à la fin de sa vie à admettre un état invariable dans le volume des *atomes* de lumière, en attribuant au mot *atome* une propriété correspondant à sa signification *étymologique*, c'est-à-dire d'être *inséparables*.

Dans le système des ondulations les atomes de l'éther sont admis également avec un volume invariable, comme le sont les atomes de lumière dans le système de l'émission; en introduisant l'élasticité dans ces atomes, on y a introduit seulement le mouvement qui se manifeste dans l'expansion des atomes. Au lieu donc de dire qu'un atome φ de lumière augmente rapidement en volume et occupe dans chaque minute un espace des millions de fois supérieur, dans le système des ondulations l'atome est admis sous un volume invariable et s'avance avec une vitesse égale dans toutes les directions, sans que l'on connaisse l'origine de ce mouvement prodigieux des atomes de l'éther qui sont admis en équilibre et à l'état stationnaire.

Donc l'augmentation du volume des atomes resta également inconnue et dans le système des ondulations et dans celui de l'émission; les physiciens modernes ont découvert plusieurs faits qui étaient inconnus à Newton; parmi ces découvertes, la photographie tient sans conteste le premier rang; et c'est elle surtout qui fait le plus ressortir l'ignorance dans laquelle se trouvent les physiciens modernes, qui en sont venus jusqu'à nier l'existence d'un fluide propre nommé *lumière;* en se trouvant donc privés de lumière, ces physiciens ne pouvaient que nier ce qu'ils ignorent. Depuis l'existence du Monde il était réservé à notre siècle de voir surgir des gens qui ont la prétention de nous faire croire que l'éther est également la cause de la lumière, de la chaleur et même de la pesanteur.

Les faits identiques dans la lumière, la chaleur et les ondes sonores ont pour cause commune l'élasticité qui est l'expansion et l'augmentation du volume des atomes φ de lumière, des atomes θ de chaleur et des ondes η des sons.

Ces mêmes fluides produisent aussi des faits qui sont propres à chaque espèce ; les gaz agissent comme les corps et comme les fluides impondérables.

Les atomes de l'eau deviennent gaz en se combinant avec les équivalents électriques, et ils deviennent vapeur en se combinant avec la chaleur ; donc l'élasticité des gaz est un effet des équivalents électriques, et celle de la vapeur est un effet des atomes θ' de chaleur latente combinée avec l'eau.

II. — DES IMAGES ÉLECTRISÉES DANS LES PLAQUES ET LA RÉTINE.

La lumière φ répandue d'un objet est réunie par une lentille pour former sur une plaque l'image i' de l'objet, de même que le cristallin de l'œil réunit en même temps la lumière du même objet dans la rétine et y fait apparaître l'image i qui ne diffère en rien de la précédente. Si la plaque n'est pas préparée de façon à avoir sur sa surface une couche mince d'oxyde non pas d'oxygène mais de chlore ou brome, et si la rétine n'est pas parcourue par un courant où se trouve cette même électricité négative, il ne reste aucune trace de l'image i' sur la plaque et de l'image i dans la rétine, mais tout s'évanouit quand l'écoulement de la lumière de la part de l'objet vient à être interrompu.

Pour obtenir dans la plaque des traces des parties atteintes des atomes φ de lumière, il faut y produire une oxydation superficielle non pas d'oxygène mais d'iode ou de brome qui peuvent être éloignés des parties de la plaque où arrivent les atomes φ de lumière, et c'est ainsi que l'image i' reste dans la plaque par sa désoxydation, comme cela sera exposé plus bas en détail.

Les atomes φ de l'image i dans la rétine se combinent avec les équivalents de l'électricité ε négative du courant, et cette image se trouve ainsi électrisée et transformée en un combiné photoélectrique indiqué par ses éléments $\varphi\varepsilon$.

Un moment auparavant, les atomes φ de lumière étaient dans l'objet et les équivalents ε d'électricité négative étaient dans les courants électriques des nerfs ; la production consiste dans le mélange de ces éléments dont ceux de la lumière pénètrent dans l'espace occupé par ceux de l'électricité négative.

L'image *i* électrisée est un combiné qui possède les propriétés de ses propres éléments : 1° leur élasticité commune se manifeste dans l'expansion du volume ; 2° les dimensions augmentent symétriquement ; aussi la forme de l'image *i* reste-t-elle conservée ; 3° les éléments de ces images électrisées resteront pour toujours inséparables et, perpétuellement engagés dans une augmentation du volume, sans laisser nulle part de point vide.

L'homme vient au Monde avec l'organe de la vision parcouru par le même courant électrique qui maintient l'individu en vie : les objets cosmiques répandent les atomes de lumière dont l'image *i* formée dans la rétine s'électrise et devient un combiné dont les éléments φε augmentent de volume, et ainsi chaque combiné remplit l'univers avec ses éléments, comme les étoiles remplissent l'espace céleste avec les atomes de lumière qu'elles répandent.

Au commencement il n'y avait que la lumière et l'électricité des corps organisés, 1° Les plantes provoquent la combinaison des atomes φ de lumière avec l'hydrogène et l'eau en laissant s'éloigner l'oxygène ; 2° les animaux, dans leurs organes de sensation, provoquent également la combinaison des atomes φ de lumière avec l'électricité négative ε, mais en ce cas celle-ci est à l'état libre et non pas soutenue par l'hydrogène comme cela a lieu pour les plantes.

Nous verrons plus loin que les combinés photoélectriques deviennent *logiques* quand chacun d'eux est accompagné d'un combiné acoustique ; alors les éléments ne sont plus au nombre de deux, mais de trois. Les noms qui accompagnent les combinés photoélectriques sont des combinés *équoélec-*

triques ; de sorte que les combinés logiques consistent en lumière φ, en sons η et en électricité ε; ils sont représentés par φηε.

La différence entre les combinés photoélectriques des hommes et des animaux n'apparaît que dans leur combinaison avec les équoélectres τη qui sont les combinés acoustiques ; c'est ainsi que les combinés photoélectriques obtiennent un degré supérieur et deviennent *logiques,* tandis que, dans leur état primitif, ils sont *alogues :* c'est en cet état qu'ils restent chez les animaux.

III. — ORIGINE DES BEAUX-ARTS.

Les images électrisées des objets cosmiques répandent des atomes de lumière comme le font les objets eux-mêmes ; ainsi l'organe de la vision sert à transférer les objets cosmiques dans l'intelligence par leur image ι formée des atomes φ de lumière combinés dans la rétine avec son électricité. À l'état alogue, ces combinés existent comme quand ils sont logiques ; mais, dans le premier cas, ils ne sont sentis qu'autant que l'objet se trouve présent, car il n'y a que les combinés dont le nom ou quelque autre signe puisse représenter la forme même en l'absence des objets.

L'ensemble des combinés logiques est ce qu'on doit entendre par le mot *intelligence ;* celle-ci manque chez les animaux qui ne possèdent pas le langage nécessaire pour convertir les combinés alogues en combinés logiques, et pour former logiquement une série de faits qui doivent être réalisés par les mouvements des membres du corps. Quelques traces apparentes quoique vagues de langage entre les animaux servent à mieux prouver l'absence d'un langage parfait qui se manifeste dans les produits des artistes, dont il ne se trouve aucune trace chez les animaux.

Pour apprendre, par exemple, à écrire, le même *alphabet*

calligraphié servira à mille élèves, qui tous parviennent à
reproduire les lettres d'une manière lisible, et cependant il
ne se trouve pas deux élèves qui aient exactement la même
écriture. Ce n'est pas tout : le même individu n'est jamais
capable de reproduire deux fois sa propre signature, sans
qu'il y ait quelque différence mathématique entre les deux.

Avant la découverte de la photographie, tout le monde
croyait que les artistes ne cherchent qu'à copier les objets
cosmiques dans leur état naturel ; c'est pourquoi chacun
prédisait que la peinture et la sculpture allaient disparaître
devant la photographie et la stéréoscopie. Il y a plus de
vingt ans aujourd'hui que cette grande découverte est
connue ; elle a même reçu beaucoup de perfectionnements ;
et cependant la peinture et la sculpture sans quelques progrès particuliers sont restées cultivées comme auparavant,
sans avoir rien perdu de leur valeur.

Certains photographes, sans être de grands artistes, ont
attribué l'infériorité de leurs produits aux couleurs, et ils
ont en effet obtenu des portraits plus brillants : toutefois,
malgré toute l'exactitude mathématique et l'emploi du plus
riche coloris, ils restent toujours de simples ouvriers et
ne deviennent pas artistes ; mais ce qu'il y a de plus cu-
rieux, c'est qu'ils sont loin de se douter que c'est précisément cette exactitude mathématique qui est la cause de l'infériorité de leurs œuvres.

Une série d'exemples va servir à prouver qu'on se trompe
en admettant que les artistes n'ont pour but que de représenter les objets mathématiquement tels qu'ils se trouvent à
un certain moment, comme cela a lieu pour les photographies. C'est tout le contraire que les artistes cherchent
à produire ; ils évitent précisément ce qu'on cherche à leur
attribuer ; un objet d'art ne contient rien qui lui soit étranger,
et cependant les détails qui s'y trouvent ensemble ne peuvent se trouver disposés dans un état pareil dans aucun
objet cosmique. Ainsi les objets d'art sont des produits en

quelque sorte poétiques et non pas de pures copies mathématiques; le lecteur se rappellera ici la Fable parée et la
Vérité nue de Florian.

Un *Arbre poétique* est un objet d'art dans lequel il n'entre
aucune particule qui n'appartienne à l'espèce; le photographe pourra cependant parcourir toutes les forêts sans
trouver un exemplaire qui lui offre une copie comparable à
l'arbre de l'artiste.

Un *Cheval poétique* est aussi un objet d'art, on n'y trouvera rien qui n'appartienne aux individus de la même race;
mais l'ensemble des détails ne se trouvera dans aucun des
individus qui existent.

Nulle part les produits des beaux-arts ne se présentent
comme dans les portraits et les statues dans lesquels ne
peuvent entrer que les détails du même individu, détails
qui éprouvent des changements tandis que les parties matérielles restent les mêmes. Les yeux sont deux miroirs où
se réfléchissent les pensées de l'individu vivant; à ces
mêmes pensées correspond la circulation du sang dont la
couleur apparaît au-dessous de l'épiderme blanc. D'après
l'étendue des images photoélectriques dans les muscles on
voit changer l'expression de la physionomie; les lèvres
prennent une attitude qui exprime l'interruption du souffle
entre le mot prononcé et celui qui va commencer.

Les couleurs proprement employées représentent fidèlement la vie, comme cela est très-évident dans les fleurs; ce
sont elles qui animent et font paraître la circulation du sang
et la succession des pensées. Tout consiste à présent à exprimer ces états de la circulation et des pensées qui sont
des changements auxquels ne correspondent que les regards
de l'observateur, regards qui ont toujours les yeux du portrait pour point de départ.

Donc c'est un défaut grave dans les copies photographiques de voir la physionomie arrêtée et comme immo-
bilisée en un seul moment; il y manque les changements

qui ont lieu dans l'individu vivant pendant que les regards
du spectateur parcourent les détails.

Les sculpteurs sont privés des avantages obtenus par les
couleurs, mais ils présentent toutes les faces de l'individu ;
et le spectateur peut prendre toutes les positions sans que
rien lui échappe. Pour exprimer la vie dans la statue, on a
le secours des muscles, de l'attitude et des expressions de la
physionomie qui lui correspondent.

IV. — SIGNIFICATION DES MOTS ζωγράφος ET εἰδωλοποιός.

Après avoir ainsi prouvé que le peintre représente la vie
de l'individu ou qu'il présente l'individu vivant, et que le
sculpteur représente l'ensemble des faces qui constitue également un individu vivant, il est très-naturel que les noms
de ces artistes correspondent à leurs ouvrages. Ζωγράφος
(ζωή, vie, γράφειν, peindre) est le nom qu'on donnait à l'artiste qui cherche à exposer la vie de l'individu dans son
portrait. Εἰδωλοποιός était celui qu'on donnait à l'artiste qui
fait l'εἴδωλον (εἶδος, face ; ὅλος, tout ; ποιεῖν, faire) ou des statues
dans lesquelles l'individu se présente sous toutes ses faces.

Après la disparition des beaux-arts de leur antique ber-
ceau, alors que n'existaient plus ni les *Apelle* ni les *Phidias*,
le nom même de ces grands artistes a perdu chez les
étrangers sa signification ; les hellénistes, en faisant dériver,
contre toutes les règles de la langue, le mot ζωγράφος de
ζῷον, animal, prétendent que tel était l'épithète qui con-
venait à Apelle ; et en tirant le mot εἴδωλον, de εἶδος, espèce,
également contre les règles de la langue, ils veulent indiquer
que Phidias ne représentait pas dans ses ouvrages les individus eux-mêmes, mais seulement l'espèce à laquelle chacun d'eux appartenait.

Espérons qu'on laissera aux ouvriers qui emploient les
couleurs dans leur travail, l'épithète de peintre, et à ceux

qui travaillent la pierre ou le marbre, le nom de sculpteur, et qu'on réservera les noms de ζωγράφος et εἰδωλοποιός aux artistes, pour que les hellénistes comprennent bien que leurs maîtres n'étaient pas de simples peintres d'animaux et que dans leurs ouvrages n'était pas représentée seulement l'espèce à laquelle appartient l'individu. Ces titres serviront à relever la dignité des artistes et feront connaître au Monde en quoi consiste la différence entre eux et les photographes ou stéréoscopistes.

V. — DES OUVRAGES REPRÉSENTANT LES ACTIONS.

Les actions exigent un attribut de l'homme vivant; pour cela elles servent à mieux animer les individus représentés par les peintres ou les sculpteurs. Dans le Musée du Louvre, à Paris, on voit plusieurs bas-reliefs tirés de Ninive où un homme tient dans la main un instrument propre à battre quelqu'un. L'inscription

KHORSABAD

se trouve dans plusieurs de ces bas-reliefs, et manque dans deux presque identiques qui nous montrent un homme tenant sous le bras gauche un lion de taille médiocre en proportion de l'homme, lequel tient dans sa main droite l'extrémité mince d'une corne. L'ensemble du bas-relief représente une action dont l'explication est

Il donne avec corne.

En effet, en langue thrace qui est la langue maternelle de l'auteur et qui est peu connue des archéologues, l'inscription susdite renversée

DABASROHK = DABA S' ROHK

signifie DABA, prononcé DAUA, il donne, S avec, ROHK corne.

Pour ne laisser aucun lecteur croire que cette inscription est un fait accidentel, surtout parce que la langue thrace leur est inconnue, nous indiquerons ici plusieurs mots qui leur sont connus mais dont on ignorait la signification.

DARDAN, DAR = don, DAN = donné.

SARDANAPAL, SARDA ou SRADA = ventre, NAPAL = qui gorge.

PRIAME, recevant, accueillant.

HECUBE, Ἑκάβη, forte.

PARE, vapeur.

HOMER, HO = au, MER = monde.

SAME, soi-même.

CRETA ou TRECA, caché.

SAMOTRECA, caché de soi-même.

THRECS ou SCRET, caché.

THRESKIA, religion, caché, mystère.

ZIVOPISETSE, ZIVO = vie, PISETSE = peintre.

SECTION I.

Ce nom sert à indiquer 1° les modifications que produisent, sur les atomes de lumière, les corps pendant leur écoulement des objets vers l'œil; 2° les modifications produites par les parties de l'œil placées entre la corne et la rétine; 3° les accumulations des atomes de lumière dans le pigmentum et leur écoulement en arrière, et 4° les mélanges des molécules *e* d'électre des atomes φ de lumière avec leurs homonymes contenues en densité inférieure dans l'électricité — E négative du courant électrique des nerfs.

Les produits de la vision sont des combinés *photoélectriques*, car ils ont pour élément les atomes φ de lumière, non pas à l'état amorphe, mais tels qu'ils se trouvent arrangés dans l'image que forme la lumière de l'objet dans la rétine; cette image physiologique de l'objet ne diffère en rien de son image photographique : toutes les deux ne sont que des atomes de lumière arrangés.

Dans la plaque, l'image de l'objet est fixée par la désoxydation que produit l'éloignement du brome ou de l'iode; dans la rétine, l'image du même objet détermine un mélange entre les molécules d'électre communes dans les atomes φ de lumière et dans l'électricité négative — E de la rétine, et ainsi les atomes φ de lumière peuvent augmenter

de volume comme les équivalents E de l'électricité négative; cependant, cette augmentation étant proportionnelle
en chaque direction ne détruit pas la forme de l'image. Ces
combinés photoélectriques sont les *sentiments optiques*, les
idées, qui dirigent la main du peintre ou du sculpteur dans
la reproduction des objets.

Donc 1° l'écoulement des atomes des lumières de l'objet
jusqu'à la rétine précède la formation de l'image; 2° le mélange des molécules *e* d'électre de ces atomes arrangés dans
l'image et de celles homonymes de l'électricité — E de la
rétine est l'action ou l'état de sensation; 3° le combiné photoélectrique qui résulte de ce mélange des molécules d'é-
lectre *e* est l'*idée* de l'objet qui prend naissance au moment
de la sensation.

Une idée engendrée de la manière indiquée obtient une
expansion commune de ses éléments, et elle cède ainsi la
place à la production d'une autre, et ainsi de suite. Cette
espèce d'expansion des *idées* produites et suivies par d'autres qui y prennent également naissance, peut être comparée
aux expansions des gaz produits dans le voltamètre par la
combinaison des deux électricités avec les éléments de
l'eau.

Un moment auparavant il n'y avait eu que de l'électricité
et de l'eau, tandis qu'aussitôt après l'action, les gaz existent : rien n'a disparu pour cela, et cependant aucun élément n'est resté dans l'état où il se trouvait un moment auparavant. Le même effet a lieu pour les atomes φ de lumière
de l'image de l'objet et l'électricité — E de la rétine; après
l'action du mélange qui est la sensation, rien n'est anéanti;
mais rien n'est plus un instant auparavant. Il en est de
même encore pour l'eau et la chaleur qui sont deux fluides
différents; mais aussitôt qu'un atome de chaleur θ a pénétré
dans un atome HO d'eau, il naît un atome HOθ de vapeur,
qui n'est ni la chaleur θ seule, ni l'eau seule. Ces atomes
HOθ de vapeur augmentent de volume comme ceux qui les

suivent. Il n'existe pas ici d'éloignement semblable à celui
des grains de sable dont le volume est limité, mais il y a
une expansion commune des volumes de tous les atomes
$nHO\theta$ de vapeur. Cet exemple sert à fixer les expansions
des idées qui remplissent l'univers par leur volume, et qui,
pour cela, ne disparaissent pas de l'individu où elles ont
été engendrées.

I. Vision composée. C'est le nom que les physiciens
donnent aux sentiments optiques des objets dont les atomes
de lumière éprouvent certaines modifications avant d'arriver
à l'œil; ces modifications sont obtenues à la volonté au
moyen des instruments optiques.

II. Vision simple. C'est le nom qu'on donne à la production naturelle des sentiments de la vue sans l'emploi
d'aucun instrument optique externe; en pareil cas, ce sont
les parties de l'œil qui font que les atomes φ de lumière arrivés de l'objet à la cornée s'unissent dans la rétine et y produisent l'image de l'objet.

III. Vision inverse. Cet objet, tout à fait inconnu aux
physiciens, désigne ici la production de sentiments optiques
des atomes φ de lumière accumulés dans le pigmentum, à
cause de leur affluence trop grande par rapport de l'électricité
— E négative de la rétine. En ce cas si l'on fait diminuer
l'intensité des atomes φ de lumière incidente, les atomes φ'
accumulés commencent à s'écouler en arrière; en cet état
ils pénètrent la rétine et en se combinant avec son électricité produisent des sentiments optiques qui ne diffèrent de
ceux produits par l'écoulement direct des atomes φ que par
la netteté des images et la couleur.

IV. Vision en action. C'est le mélange entre les molécules de l'électre e des atomes φ de lumière et de l'électricité — E de la rétine; ce mélange a une certaine durée,
car, quand on fait changer promptement les objets regardés,
l'un n'est pas encore effacé que déjà un autre commence
à se produire et en provient une superposition.

V. Idées produites de la vision. Ce sont les combinés photoélectriques qu'on nomme *horomas* pour les distinguer des combinés analogues produits dans les autres organes de sensation. Ces combinés ont une existence réelle; ils ne sont pas à l'état inerte, mais chacun a une expansion rapide qui se manifeste par une augmentation de volume sans changement de forme. L'ensemble des idées produites dans tous les six organes de sensations est l'*intelligence*; le même ensemble d'idées est ce qu'on doit entendre par le mot *âme*; celle-ci ne prend naissance que dans les organes de sensation de chaque individu; chacun donc crée son âme; ainsi celle-ci a un commencement sans avoir désormais de fin, parce que la décomposition des idées et la séparation de leurs éléments sont absolument impossibles.

Origine de l'œil. Après avoir indiqué en général les fonctions de l'œil, s'élève la question de son origine; car autrement il est impossible de bien connaître les parties de cet appareil et leur liaison avec les propriétés de la lumière. Les physiciens ne pouvant résoudre cette grande question ont simplement admis, comme les théologiens, un créateur tout-puissant auquel ils attribuent tout ce dont ils ignorent la cause.

Nous pensons que l'intervention du créateur s'est bornée à une seule action, c'est-à-dire à celle qui partagea le fluide primitif en deux parties inégales réduites par compressions inégales en deux volumes égaux; cette action unique mais immense, a suffi pour faire apparaître les fluides impondérables et l'eau dont ont été produits, suivant les lois physiques, les corps célestes et les corps organisés.

Donc pas plus que ces corps, l'organe de la vue n'est produit par un auteur quelconque pour recevoir la lumière et la conduire dans la rétine, mais ce sont les fluides impondérables qui ont produit par leur écoulement les corps organisés; premièrement ont été produites les plantes par l'eau, la chaleur et la lumière, et après ont été produits et les classes inférieures des corps organisés, soit celles qui ont les organes de sensation 1° pour la pesanteur, 2° pour la chaleur, 3° pour l'électricité positive, et 4° pour l'électricité négative.

Ces classes inférieures des animaux ont été produites dans les espaces où pénètrent la chaleur et l'électricité et où manque la lumière. Des débris de ces animaux exposés au Soleil ont été formés les germes dans lesquels les atomes de la lumière ont, en y pénétrant, fait cesser les résistances, ce qui n'est possible que par la combinaison de ces atomes φ avec l'électricité — E négative des substances végétales qui ont produit les parties dont l'appareil de l'œil est formé. Celui-ci devient ainsi un moyen de production de combinés photoélectriques qui n'existaient pas précédemment, et cela à cause du manque de l'appareil.

Les combinés photoélectriques n'opposent plus de résistance aux atomes φ de lumière incidents ; leur existence se révèle par une augmentation de volume, résultat de l'élasticité innée dans la lumière et l'électricité. L'organe de la vue apparut donc chez les insectes produits après les monades et les mollusques. En ce premier état l'œil n'est composé que de la cornée, d'un liquide incolore et de la rétine. La lumière des objets plus éloignés a produit les convexités médiocres de la cornée ; la lumière des objets moins éloignés en a produit au contraire les convexités supérieures. Le nombre des cornées se multiplia donc, et chaque individu en obtint ainsi en partage une quantité suffisante pour recevoir la lumière des objets ambiants et faire qu'elle se combinât avec l'électricité — E négative des nerfs, pour que d'autres masses de lumière y puissent arriver ensuite.

Avant l'apparition des insectes tout était calme dans l'atmosphère, parce que parmi les classes précédentes il n'existait aucune famille qui produisît des ondes sonores : cette absence d'ondes sonores se manifeste dans les insectes dont

Il était impossible que les germes fussent pourvus d'un organe de l'ouïe alors que n'existaient pas les ondes sonores.

Les craquements des membres des insectes et surtout les bourdonnements de leurs ailes ont fait s'animer l'atmosphère par les ondes sonores ; celles-ci étaient d'autant plus intenses que la pression atmosphérique était plus grande. Les restes des insectes produisaient des germes parcourus par les ondes sonores soutenues de l'électricité positive $+E$: ainsi ont été produits les poissons qui ont l'organe de l'ouïe.

Par la rencontre de l'électricité positive $+E$ des ondes sonores avec l'électricité négative $-E$ des nerfs commencèrent à être produits les combinés *équoélectriques* qui n'exercent pas de résistance aux ondes sonores affluentes. Ce nouveau genre de combinés, en se répandant dans les germes, faisait se mettre d'accord avec eux les expansions des combinés photoélectriques et de ceux produits dans les organes de la chaleur, de l'odorat, du goût et de la motilité.

Ainsi les poissons furent doués d'un organe de l'ouïe qui manquait chez les animaux des classes précédentes, et l'organe de la vue reçut par cela même un perfectionnement nouveau qui consista dans la production du cristallin. Les familles, genres et espèces des poissons correspondent aux familles, genres et espèces non-seulement des insectes, mais aussi aux familles et genres des mollusques dont les restes, parcourus par les ondes de la lumière et celles des sons, ont donné naissance à des germes pareils dont les analogues n'existaient pas précédemment. Parmi les poissons, les familles inférieures se rapprochent des mollusques, et les autres, d'une organisation supérieure, se rapprochent des insectes par leur squelette.

Comme les ondes sonores donnèrent naissance à l'organe de l'ouïe, de même cet organe donna naissance à l'organe de la voix ; celle-ci apparut pour la première fois quand les continents commencèrent à apparaître, car c'est alors que

des restes des poissons parcourus par les ondes sonores ont
été produits les germes des amphibies, où a été formé l'organe de la voix, mais dans un état encore très-imparfait,
comme on le voit chez les grenouilles.

Les familles, genres et espèces des amphibies ont été
produites par les germes des restes des familles, genres et
espèces non pas seulement des poissons, mais aussi des insectes et des mollusques. Cette cause donc des restes nombreux et la longue durée entre l'apparition des sommets
des continents et l'abaissement du niveau de la mer ont fait
se multiplier beaucoup les familles et les genres des amphibies.

Quand les pluies apparurent, la Terre, antérieurement
déserte, produisit les plantes dont les restes joints à ceux des
amphibies produisirent les germes des animaux terrestres
herbivores. Des restes de ces animaux et des amphibies ont
été produits les germes des animaux *carnivores*. Les animaux terrestres obtiurent des organes particuliers de translation, une voix moins imparfaite que celle des grenouilles
et un organe de la vue presque semblable à celui des amphibies, c'est-à-dire propre à voir dans l'air et dans l'eau.

Quand parmi les plantes des continents celles qui portent
des graines eurent été produites, les restes de celles-ci et
ceux des animaux terrestres ou des amphibies donnèrent
naissance aux germes dont ont été produits les oiseaux :
ceux-ci furent pourvus en même temps 1° d'un organe de la
voix infiniment supérieur à celui des animaux terrestres et
des amphibies; 2° d'un organe de la vue qui surpasse ceux
de tous les autres animaux précédents, et 3° d'un organe de
translation à la fois par terre et par l'air.

Cet aperçu général aidera le lecteur à s'orienter dans l'arrangement du grand nombre de faits observés, car la même
règle s'applique aux faits de l'histoire naturelle de chacun
de ses trois règnes, de même qu'aux faits qui ont rapport
avec chaque organe de sensation, lesquels forment de lon-

gues séries où chacun est effet des précédents et cause des
suivants, car ils y sont liés entre eux par la loi physique.

Les combinés photoélectriques produits dans la rétine se
dilatent et se mettent en équilibre dans le cerveau avec tous
les autres produits dans les autres organes de sensation;
ainsi le cerveau n'est que l'épanouissement des nerfs des
organes de sensation qui ont tous leur origine dans les extrémités des artères.

Les filaments des nerfs, après avoir produit les deux hémisphères du cerveau, s'échappent par différentes ouvertures du crâne et de la colonne dorsale pour se répandre
vers les globules constituant les filets des muscles et vers
les globules de sang versés des artères. Ces filaments conduisent l'électricité + E positive du cerveau aux muscles et
aux extrémités des veines.

Cet appareil anatomique très-compliqué se simplifie
quand chaque partie se trouve à sa place, telle qu'elle a
été produite et qu'elle fonctionne; il est ainsi devenu possible d'expliquer certains états anormaux et pathologiques
de la vision qui paraissaient défier l'intelligence de l'homme.
On ne pouvait, par exemple, aucunement comprendre le
rapport existant entre les beaux-arts et l'organe de la vue,
quoique chacun sût pourtant qu'il est absolument impossible qu'il y ait de peintre né aveugle.

Quand une fois est constatée et prouvée la nature des
idées *alogues* et des idées logiques qui sont les sentiments
obtenus par la rencontre de la lumière et des ondes sonores
avec l'électricité — E négative dans la rétine et dans le nerf
acoustique, on voit s'ouvrir comme un Monde nouveau, qui
embrasse à la fois le Monde actuel et le monde futur, dont
personne jusqu'à présent ne pouvait se faire une idée claire
et positive.

CHAPITRE PREMIER.

DE L'APPAREIL DE LA VISION SIMPLE ET SON USAGE.

Cet appareil représente un globe logé dans une cavité formée par certains os du crâne et de la face et nommée *orbite* de l'œil. Trois paires de muscles lui impriment différents mouvements sur lui-même et retiennent l'œil dans son orbite avec l'aide d'une membrane nommée *conjonctive* qui se rattache à la partie interne des paupières ; quand celles-ci

Figure 67.

se ferment la conjonctive se replie sur elle-même, et alors elle étend sur la surface antérieure de l'œil un liquide aqueux destiné à l'humecter : ce liquide est sécrété par la *glande lacry-male* située derrière la conjonctive à la partie externe et supérieure du globe de chaque œil. Les sourcils arrêtent la sueur qui découle du front, ils interceptent la lumière qui vient d'en haut; la saillie osseuse de l'arcade sourcilière préserve des chocs le globe qu'elle recouvre. Les cils arrêtent les impuretés qui flottent dans l'air et qui viendraient ternir la surface de la conjonctive.

I. — DESCRIPTION DES PARTIES DU GLOBE DE L'OEIL.

La figure 67 représente une coupe du globe de l'œil par un plan vertical; la partie transparente *s* antérieure est la *cornée*, le reste *sbb'* est la *cornée opaque* ou *sclérotique*. Ces deux parties d'enveloppe de structure différente sont soudées l'une à l'autre par un contour taillé en biseau; on peut les séparer par la macération.

Iris, pupille. Derrière la cornée transparente est tendue verticalement la membrane de l'*iris s'*, diaphragme circulaire, coloré en brun, bleu ou gris et formant la *prunelle*, autour de laquelle on aperçoit une partie de la sclérotique formant le blanc de l'œil. L'iris est composé de fibres rayonnantes transparentes; son opacité et sa couleur parviennent d'une membrane très-mince, l'*uvée*, qui la tapisse en dedans.

La membrane de l'iris est percée d'une ouverture circulaire nommée *pupille*. Cette ouverture est susceptible de s'agrandir jusqu'à un diamètre de 7 millimètres et de se rétrécir par la contraction des fibres circulaires formant un bourrelet sur son contour du côté interne d'un diamètre de 3 millimètres.

Cristallin. Derrière la membrane de l'iris se trouve le cristallin *ee'*, corps lenticulaire transparent, assez mou, et dont la face postérieure est plus convexe que la face antérieure. Il contient de l'albumine et de la gélatine en quantités telles qu'il se coagule entièrement dans l'eau bouillante. Il est formé des couches superposées comme celles de l'oignon. L'indice de réfraction des couches extérieures est 1,377, celui des couches moyennes 1,386 et celui des parties centrales 1,399. Le cristallin est enveloppé dans une membrane mince qui forme la capsule cristalline; il est soutenu sur son contour par une membrane plissée nommée *couronne ciliaire* dont les plis triangulaires sont les *procès ciliaires*. La ligne droite qui passe par le centre de la pupille et par le centre de la figure du cristallin forme l'*axe de l'œil*.

Chambres de l'œil. Le cristallin et la couronne ciliaire divisent l'œil en deux parties inégales nommées *chambre antérieure* et *chambre postérieure*. La chambre antérieure est remplie d'un liquide, l'*humeur aqueuse*, qui n'est que de l'eau contenant de très-petites quantités de gélatine et d'albumine. Son indice de réfraction 1,337 ne dépasse que de 0,004 celui de l'eau. La chambre postérieure est remplie par une substance transparente incolore ayant la consistance d'une gelée tremblante : c'est l'*humeur vitrée* dont l'indice de réfraction est 1,339.

Choroïde et hyaloïde. L'intérieur de la sclérotique est tapissé par la *choroïde*, membrane mince sur laquelle est appliquée l'hyaloïde, et qui est garnie de vaisseaux et de fibres par lesquels elle adhère à la sclérotique ; sa face antérieure est recouverte d'un pigment noir ; les procès ciliaires appartiennent à la choroïde ; ainsi par cette membrane est fixé le contour du cristallin. Elle s'étend en avant sur la partie postérieure de l'iris, où elle constitue l'uvée, qui lui donne sa couleur. Le pigment noir manque chez les Albinos.

Rétine. La partie la plus importante de l'œil, celle où s'opère la rencontre entre la lumière des objets et l'électricité des nerfs, est la *rétine* ou *névroplegme* ; c'est une membrane nerveuse composée de fibrilles dont le diamètre varie de $0^{mm},000500$ à $0^{mm},004500$. Ces fibrilles ne sont pas un épanouissement du nerf optique, comme l'admettent les physiologistes, mais au contraire, c'est dans ces fibrilles que prend naissance le nerf qui pénètre en *o′* la sclérotique et va de la moitié droite de la rétine dans l'hémisphère gauche du cerveau ; et de la moitié gauche de la rétine dans l'hémisphère droit du cerveau ; les fibrilles de la rétine ont leur origine dans les extrémités des artères.

Observation. Sans le grand indice de réfraction 1,399 des parties centrales du cristallin, il serait impossible de voir dans l'eau ; comme cela est constaté sur les individus qui viennent de subir une opération de cataracte; le corps vitré produit une réfraction médiocre et la vision dans l'eau devient pour ces individus très-faible. Plus tard, dans la partie centrale, augmente l'indice de réfraction, comme cela devient évident par une vision plus nette dans l'air et dans l'eau. Les poissons ont le cristallin presque sphérique et la cornée presque plate.

II. — DESCRIPTION DES FAITS PRODUITS DES PARTIES DE L'ŒIL.

Les parties composant l'œil peuvent être considérées comme ayant été produites 1° de l'épiderme qui est la conjonctive et 2° d'une racine d'un poil atteinte par les atomes φ de lumière qui pénètrent l'épiderme et produisent une *destruction d'équilibre* dans l'électricité du nerf qui aboutit de l'artère dans ladite racine.

L'éloignement de cette électricité s'opère par des fibrilles insignifiantes; mais la pénétration continuelle des atomes φ de lumière par l'épiderme occasionnaient au commencement l'affluence de l'électricité et la multiplication des vases qui la conduisent avec les liquides qui y circulent. Le nombre des fibrilles augmentait avec l'affluence de l'électricité et des atomes de lumière; ainsi ont été produits les yeux simples des insectes composés 1° d'une conjonctive qui est l'épiderme; 2° des fibrilles qui sont la rétine et le commencement du nerf optique, et 3° des vases.

Le **Punctum cœcum** est l'espace circulaire *o'* ouvert dans la sclérotique pour donner passage aux fibrilles qui constituent la rétine et qui conduisent vers le cerveau l'électricité arrivée des vases dans les autres parties et dans la rétine. Les atomes φ de lumière produisent une destruction d'équilibre électrique dans chaque partie de la rétine, excepté l'espace circulaire *o'* dont sort l'électricité de la rétine et s'écoule par les nerfs dans le cerveau. Donc les atomes de lumière arrivés au point nommé restent sans se mêler avec l'électricité pour engendrer les combinés photoélectriques qui sont les sentiments.

Points sensibles. On nomme ainsi les parties de l'anneau qui est la limite de l'espace de la rétine dans lequel arrivent les atomes φ de lumière des objets. Cet espace visuel est toujours parcouru par l'électricité qui se combine avec la lumière dans la production des sentiments ; il y a ainsi continuellement un éloignement d'électricité qui produit un certain degré de raréfaction électrique dans cet espace visuel, raréfaction qui n'a pas lieu pour les limites extrêmes dudit espace.

Donc les atomes φ de lumière qui sont trop raréfiés pour produire une destruction d'équilibre dans l'électricité raréfiée de l'espace visuel suffisent pour en produire une aux limites extrêmes de cet espace, et cela fait devenir sensibles certains objets qui restent inaperçus quand ils sont regardés directement comme cela a lieu pour une comète à peine visible, pour une nébuleuse ou une étoile très-faible. Quelques physiciens, en rapportant la sensibilité supérieure de la limite extrême de l'espace visuel, ont essayé d'expliquer le manque de sensibilité au cercle où commence le nerf optique comme un effet d'amoindrissement produit par l'usage ou par la rencontre fréquente avec les atomes de lumière. Cependant cette hypothèse a été réfutée facilement parce que le *punctum cœcum* se trouve du côté interne de l'axe de l'œil.

Rôle du cristallin. Les opinions étaient partagées sur l'usage physique du cristallin jusqu'au moment où furent publiés les résultats obtenus d'observations directes par M. Cramer, en Hollande, et M. Helmholtz, en Allemagne ; chacun de ces savants a montré les changements de courbure qui affectent le cristallin. Voici comment se fait l'observation. On approche une bougie de l'œil d'une personne placée dans une chambre obscure et à laquelle on fait re-

garder un objet éloigné. On voit dans son œil trois images
i, i', i'' : 1° la première i est droite et formée par la cornée;
2° la seconde i' droite aussi placée derrière la première i, se
fait par la réflexion sur la surface f antérieure de cristallin;
3° la troisième i'' plus petite et renversée est produite par
la surface f' postérieure du cristallin agissant comme un
miroir concave.

On observe ces images avec une loupe placée au fond
d'un tube; cette loupe doit être placée successivement à
des distances différentes si l'on veut voir nettement les trois
images. Si l'on fait regarder à la personne en expérience
un objet rapproché, tout à coup on voit l'image i' du
milieu s'avancer vers la première i, qui ne change pas de
position, ce qui indique que la surface f antérieure du
cristallin est devenue plus convexe; car en même temps
cette image i' est devenue plus vive et plus petite. L'image
i'' ne semble pas changer de place, mais comme elle devient
ainsi plus vive et plus petite, on doit en conclure que la
courbure de la face postérieure devient aussi plus prononcée.

Humeur aqueuse. Les changements de convexités des
deux surfaces f, f' du cristallin n'ont aucune influence sur
son volume; ils ne font que déplacer le liquide ambiant de
l'axe de l'œil quand les convexités augmentent dans cette
direction; au contraire, quand elles diminuent, le diamètre
du cristallin augmente et l'humeur aqueuse s'écoule vers
l'axe de l'œil.

Jeu de la pupille. La pupille se rétrécit quand on
cherche à voir bien les objets rapprochés et s'élargit quand
on observe les objets éloignés : les mêmes variations de la
pupille sont produites par les changements de l'intensité
de la lumière; le diamètre de la pupille augmente et atteint
jusqu'à 7 millimètres quand l'objet est loin et l'intensité de
la lumière médiocre; au contraire il diminue jusqu'à 3 millimètres lorsque l'objet est rapproché et éclairé avec une
lumière d'une intensité supérieure.

Tous ces changements de la pupille ont un rapport direct avec la netteté de l'image de l'objet rapproché ou éloigné : 1° dans le cas où est petite la distance D entre l'œil et l'objet, les deux surfaces du cristallin deviennent plus convexes; cependant cela ne suffit pas pour faire arriver en un seul point de la rétine tous les atomes φ de lumière qui arrivent à la face f antérieure du cristallin. Ce sont les atomes $\varphi - \varphi'$ peu éloignés de l'axe de l'œil qui se concentrent tous au milieu de l'épaisseur e de la rétine, et les atomes φ' qui pénètrent par la surface annulaire la plus éloignée de l'axe se concentrent au delà de la rétine et produisent ainsi une confusion de l'image centrale. Donc le rétrécissement de la pupille fait diminuer cette confusion de l'image; celle-ci gagne ainsi en netteté mais non pas en intensité; car pour celle-ci il faut une intensité de lumière supérieure pour mieux éclairer l'objet. 2° Dans le cas où est grande la distance D une grande convexité des surfaces du cristallin n'est pas nécessaire; la netteté de l'image en ce cas ne peut augmenter que comme dans le cas précédent par une intensité supérieure de la lumière et un rétrécissement de la pupille.

Champs de la vision. Ils sont au nombre de deux : 1° l'espace angulaire dans lequel sont compris les objets qui peuvent envoyer des rayons dans l'œil; cet espace est de 120° dans le sens vertical et de 150° dans le sens horizontal; 2° le champ de la vision nette est limité à un angle de 2° à 4°, comme le lecteur peut s'en rendre compte sur cette page même où sa vue ne peut guère distinguer à la fois que les lettres renfermées dans un espace de 10 à 15^{mm} au plus.

Vision nette et vision distincte. Les degrés des vues sont différents dans chaque individu; ils changent même selon l'usage des yeux, l'état pathologique et l'âge des personnes; toutefois il y a une limite à laquelle peuvent atteindre les meilleures vues. Par exemple, on pourra distinguer les détails d'un monument sur une photographie d'assez grande dimension; tandis que les détails ne pourront se voir sur une photographie beaucoup plus petite, quoique ces mêmes détails y sont représentés, comme on peut s'en assurer avec la loupe.

Donc il y a deux espèces de limites de vision : *limite individuelle* et *limite générale*. I. La limite individuelle éprouve un rétrécissement 1° par certaines anomalies des parties intégrantes de l'œil, comme cela a lieu pour le presbyte ou le myope; ou par une diminution de l'électricité dans la rétine, comme cela a lieu dans les individus souffrant du mal de tête ou des parties génitales; 2° elle s'élargit chez les individus qui ont une tendance pour la peinture ou pour l'horlogerie, et encore chez les individus qui ont une densité supérieure d'électricité dans les nerfs.

II. La limite générale de la vision a pour cause la longueur λ des ondes de la lumière, il a été constaté que les sept espèces χ', χ'',... χ^{VII} d'atomes chromatiques s'écoulent par des surfaces coniques; ainsi donc, dans une image photographique il entre la même quantité d'atomes de lumière, qu'elle soit d'une grande dimension ou qu'elle soit très-petite. Dans un cas toute l'étendue de la photographie est comprise dans son image dans la rétine, et dans l'autre cas il n'y en a que la centième partie. Donc il y a une raréfaction entre les formes coniques parcourues par les atomes φ de lumière dans l'image de l'objet produite dans la rétine; nous en parlerons plus bas.

Les limites extrêmes de détail ne paraissent pas avoir pu être atteintes même par les plus grands grossissements, surtout quand il s'agit des membres des animalcules microscopiques; tout prouve que les organes de sensations sont limités dans des espaces qui sont très-médiocres relativement aux espaces constatés par les lois physiques; comme cela a lieu pour les ondes sonores, parmi lesquelles peuvent seulement être perçues celles qui ne sont pas des sons trop graves et celles qui ne sont pas des sons trop aigus.

III. — DE L'APPARITION DROITE DES OBJETS.

On croyait au commencement que les objets devaient paraître renversés comme le sont leurs images dans la rétine; cependant ce cas n'a pas eu lieu même pour l'aveugle de Cheselden qui a pu rendre un compte assez exact de toutes ses impressions personnelles : il crut pendant longtemps que les objets qu'il voyait touchaient ses yeux; cependant ces objets n'apparaissaient pas renversés.

Descartes, Képler, Muschenbroeck, etc., ont attribué les sentiments obtenus dans la rétine, non pas au contact, mais à la pénétration des atomes φ de lumière, et ainsi est déterminée 1° la direction suivant laquelle sont percées les fibrilles de la rétine, et 2° l'arrangement des atomes φ pendant cette pénétration. Donc chaque sentiment optique étant produit d'une pénétration pareille d'atomes φ arrangés ne peut qu'y correspondre; chaque point de l'objet est senti dans la direction suivant laquelle ses atomes de lumière pénètrent les fibrilles de la rétine.

Descartes comparait ces sentiments de direction dans la rétine avec ceux produits par deux bâtons qu'un aveugle tient croisés dans ses mains; si le bâton tenu dans la main droite rencontre un obstacle, l'aveugle sait que cet obstacle n'est pas du côté de la main qui tient le bâton, mais qu'il vient du côté gauche et réciproquement. Il y a moins d'exactitude dans l'explication qu'ont donnée du même fait d'A lembert et Brewster, qui admettent comme loi que nous transportons les impressions reçues des objets par la lumière dans la direction normale à la surface de la rétine, qui est à peu près sphérique, sans prendre en considération la direction déterminée par la pénétration des atomes de lumière arrangés comme ils sont en partant de l'objet.

Les physiciens ne sont pas encore tombés d'accord sur le mode de la production des sentiments par les atomes de lumière, parce que les raisonnements et les hypothèses ci-dessus ne sont pas confirmés par les faits directs de l'expérience; il ne manque pourtant pas de faits de cette nature, mais les physiciens dont nous avons parlé plus haut n'étaient pas en état d'en faire usage. Si l'on veut des expériences positives et claires sur l'apparition droite des objets, il faut se reporter à celles faites pour la première fois par M. Lubinoff; cependant il les a publiées sans en soupçonner lui-même toute l'importance, comme cela est prouvé par l'explication qu'il en donne, sans en pouvoir tirer les résultats qui vont être exposés après la description de ces expériences.

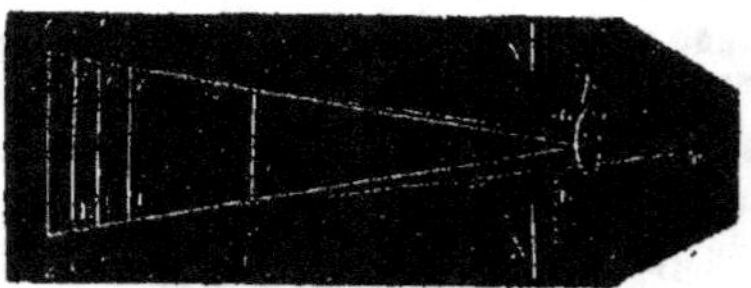

Figure 68.

Description des résultats de l'expérience. Il s'agit de déterminer le champ de la vision 1° quand on regarde par un trou NN (fig. 68) plus grand que la pupille l, et 2° quand on regarde par un trou nn plus petit que la pupille. Les limites de ce champ de la vision sont déterminées 1° par celles de la périphérie P d'un petit disque d qui couvre un autre D plus grand peint, par exemple, en vert sur un fond rouge; 2° ensuite le petit disque est remplacé par une ouverture égale faite sur un écran noir : cette ouverture donne un champ de vision plus grand que la périphérie égale du petit disque, et cela a lieu même quand on regarde par le petit trou nn. Les deux résultats des trous sont obtenus en même temps quand on regarde à travers une fente plus étroite que le diamètre de la pupille.

Pour mieux suivre la description de l'expérience et la production des résultats, il faut que le lecteur se rappelle la répulsion qu'éprouvent les atomes φ de lumière qui touchent un corps; car dans cette expérience les atomes de lumière éprouvent dans la périphérie du petit disque une répulsion en sens contraire de celui de la répulsion qu'éprouvent les atomes de lumière dans la périphérie égale de l'ouverture. M. Lubinoff, au lieu de se rappeler ces répulsions qui ne lui étaient pas inconnues cependant, aima mieux chercher l'explication des faits dans des hypothèses.

L'importance de cette expérience consiste en cela qu'elle prouve le même genre de répulsion de la part du bord de l'iris aux atomes φ de lumière.

1° En regardant le petit disque ab par le grand trou NN, on approche le grand jusqu'au point A″B″, où il est entièrement caché; en ce cas le champ de la vision est agrandi par les atomes φ' de la surface du photocône qui ont touché le bord de l'iris et en ont été repoussés pour venir se croiser en o au devant du milieu e de la rétine où se croisent les autres atomes φ — φ' du photocône. Les atomes φ', en pénétrant la rétine, déterminent une divergence plus grande que celle de la surface déterminée du photocône; le bord de l'iris produit l'élargissement du champ de la vision quand le trou est plus grand que la pupille.

Sans rien changer dans les positions des disques, si l'on diminue le trou pour le faire plus petit nn que la pupille l et empêcher ainsi le contact des atomes φ de lumière avec le bord de l'iris, on parvient à obtenir un champ de vision inférieur bien limité, et cela est constaté par le déplacement du grand disque en zz' pour qu'il soit complétement caché du petit; en ce cas les atomes de lumière n'éprouvent de la part du bord de l'iris aucune répulsion.

2° Le petit disque est remplacé par une ouverture égale faite dans un écran noir, et par ce moyen les atomes φ'' de la surface du photocône qui touchent la circonférence de l'ouverture en éprouvent une répulsion *convergente*, qui n'avait pas lieu dans le cas où la même circonférence était dans le disque, et où il faut en même temps admettre une répulsion *divergente*. En touchant le bord de l'iris les atomes φ' de la surface du photocône en éprouvent une nouvelle répulsion convergente, et ainsi le champ de la vision est élargi en ce cas par les deux convergences des atomes $\varphi'' + \varphi'$ de lumière; donc ce champ de vision surpasse le précédent obtenu par le petit disque, et cela est déterminé par le déplacement du grand disque jusqu'à A'B' pour cacher l'écran rouge sur lequel est peint ce disque.

Si à présent on fait diminuer le trou jusqu'à ce qu'il soit *nn*, c'est-à-dire plus petit que la pupille *l*, et cela pour éviter la répulsion convergente des atomes φ' de la part du bord de l'iris, on ne peut pas éviter de cette manière la convergence des répulsions qu'obtiennent les atomes φ'' de la part du bord de l'écran de l'ouverture; donc en ce cas, en diminuant l'ouverture, le champ de la vision diminue sans cependant atteindre la limite *zs'* qui a été obtenue par le même trou avec le petit disque; pour cette raison le grand disque est entouré par l'ouverture dans la distance A''B'' et limité en AB.

3° Si l'on remplace le petit disque par un anneau mince formé, par exemple, avec un fil de fer noirci, on obtient à la fois les résultats donnés par le petit disque ou par l'ouverture qui le remplace, c'est-à-dire : I, le champ de la vision élargi davantage par la somme des divergences obtenue du bord de l'iris et de la circonférence *c* interne de l'anneau qui fait apparaître du fond rouge une auréole dans l'anneau; II, le champ de la vision moins élargi par le bord seul de l'iris sans l'être par la circonférence C externe de l'anneau fait apparaître un anneau vert du grand disque au delà de l'anneau noir.

En diminuant le trou pour empêcher les atomes φ' de la surface du photocône de venir en contact avec le bord de l'iris, les champs de vision ne deviennent pas égaux, car celui produit par les atomes φ'' de lumière qui touchent la circonférence interne c de l'anneau reste toujours plus grand que l'autre produit des atomes φ''' qui touchent la circonférence C externe de l'anneau dont ils sont repoussés en dehors et dont est produit plutôt un rétrécissement qu'un élargissement du champ de la vision.

4° Si l'on regarde à travers une fente d'une largeur moindre que le diamètre de la pupille, les résultats obtenus suivant la longueur de la fente correspondent à ceux qu'on a obtenus en regardant à travers le grand trou, et les résultats obtenus suivant la largeur de la fente correspondent à ceux qu'on a obtenus en regardant à travers le petit trou.

Résumé. Parmi les atomes de lumière, une partie φ' de ceux qui entrent dans l'œil par un trou plus grand que la pupille touche le bord de l'iris et en éprouve une répulsion convergente qui les fait se croiser en o au devant de la rétine e où se croisent les atomes φ qui ne touchent pas le bord de l'iris; 2° ceux qui entrent dans l'œil par un petit trou se croisent tous dans la rétine; donc le champ de la vision est plus grand quand le trou est plus grand que la pupille, et il est normal quand le trou est plus petit que la pupille. L'irradiation est produite par la même cause.

IV. — VISION BINOCULAIRE.

Des atomes de lumière répandus d'un objet, 1° une partie φ'' pénètre dans les deux yeux, 2° une autre φ pénètre seulement dans l'œil droit, et 3° une autre φ' pénètre seulement dans l'œil gauche. Donc l'objet est vu des deux yeux par le moyen des atomes $\varphi + \varphi''$, $\varphi' + \varphi''$. La quantité φ'' d'atomes diminue quand l'objet s'approche des yeux et devient nulle quand l'objet touche le nez; en ce cas chaque œil reçoit de l'objet des rayons différents, qui ne font pas apparaître double l'objet, mais deux faces f, f' de celui-ci. De même quand on palpe cet objet au moyen des extrémités des doigts des deux mains, on ne sent pas deux corps, mais deux faces f, f' d'un seul corps; car dans l'organe du tact sont unis deux organes de sensation qui produisent deux espèces de sentiments : 1° ceux obtenus de la température, et 2° ceux obtenus par la substance qui est la cause d'une résistance. Les deux mains sentent ainsi une résistance de la part du milieu du même corps, comme les atomes φ, φ' par leur pénétration des fibrilles de la rétine déterminent les deux directions convergentes vers le milieu du même corps par les deux faces f, f'.

Donc les deux yeux servent à voir deux faces du même corps et à en connaître la forme quand la distance n'est pas grande; pour cette raison les peintures observées d'une petite distance ne peuvent produire aucune illusion d'optique. Les borgnes ne peuvent pas distinguer facilement les faces des corps; aussi, pour ôter cet avantage à ceux qui observent une peinture peu éloignée, on les fait regarder à travers un tuyau.

Apparition des déplacements. Avant d'indiquer la cause de la *diplopie*, il faut prouver les déplacements apparents des objets dont le nombre est très-grand; nous rapporterons ici ceux qu'a obtenus M. Lubinoff dans les disques déjà décrits. En couvrant d'un morceau de papier noir la moitié de la pupille, on observe des phénomènes différents, selon que l'on emploie le petit disque ou l'ouverture égale faite dans l'écran noir. On place le petit disque à une certaine distance du grand pour laisser apparaître une auréole verte du grand disque autour du petit; la partie droite de cette auréole disparaît si l'on couvre la moitié droite de la pupille, comme si le petit disque se déplaçait de gauche à droite. Dans le cas où l'on couvre la moitié gauche de la pupille, c'est la partie gauche de l'auréole qui disparaît, comme si l'on déplaçait le petit disque de droite à gauche.

Si le petit disque est écarté et remplacé par l'écran noir

où est une ouverture égale, et qu'on couvre la moitié droite de la pupille, c'est le côté gauche de l'auréole qui disparaît comme si le bord de l'ouverture se déplaçait de gauche à droite. Donc en employant l'ouverture les résultats des déplacements obtenus sont contraires à ceux obtenus par le disque.

En déplaçant l'axe de l'œil à gauche, l'auréole diminue de ce côté et augmente du côté droit, comme si le bord de l'écran allait de gauche à droite. Si après avoir écarté l'écran on place le petit disque et qu'on déplace l'axe à gauche, l'auréole augmente de ce côté et diminue du côté droit, comme si le disque allait de gauche à droite.

Explication. Les atomes φ' supprimés de l'un des côtés ne pénètrent pas dans la rétine, et dans cette direction il ne se produit aucune pénétration des fibrilles : il y a donc manque d'objet; celui-ci se manifeste en ce cas dans la direction déterminée par la pénétration des atomes $\varphi - \varphi'$ dans une des moitiés de la rétine. Le milieu de cette pénétration est toujours plus éloigné de l'axe de l'œil que la direction qui conduit à l'objet. Donc les déplacements apparents de l'objet sont toujours dans un plus grand éloignement de l'axe de l'œil que ne l'est la direction qui conduit à l'objet.

I. En couvrant avec le papier noir la moitié droite de la pupille, les atomes φ' se trouvent arrêtés, et il ne pénètre que les atomes $\varphi - \varphi'$ de la moitié gauche qui déterminent, par leur pénétration dans la rétine, une direction déviant vers la gauche de l'axe; cela a lieu également quand on regarde la circonférence du petit disque ou le bord périphérique de l'écran. 1° En couvrant la moitié droite de la pupille et regardant le disque, celui-ci paraît déplacé de gauche à droite; 2° en regardant le bord de l'écran égal au disque, il paraît déplacé de droite à gauche, parce que la partie devenue invisible ne se couvre que quand le disque va de gauche à droite ou l'écran de droite à gauche.

II. En déplaçant l'axe de l'œil de droite à gauche, on

observe les mêmes faits que quand est couverte la moitié
gauche de la pupille pour recevoir les atomes φ—φ′ par la
moitié droite. Donc si c'est le disque qu'on regarde, il paraîtra déplacé à gauche et l'auréole augmentera à droite; si
c'est l'écran qu'on regarde, c'est lui qui paraîtra déplacé à
gauche. Le disque déplacé à droite couvre l'auréole; l'écran
déplacé également à droite la fait augmenter, et réciproquement.

Diplopie avec l'un ou les deux yeux. Les déplacements apparents qui viennent d'être exprimés sont la cause
de la diplopie de la manière suivante : Quand on regarde
avec les deux yeux l'objet, il peut par un œil apparaître
dans sa place véritable et, regardé par l'autre, il peut paraître déplacé. Quand on regarde un objet avec un seul
œil, en divisant les atomes de lumière en deux moitiés
pour pénétrer par les deux hémicycles de la pupille sans
toucher les bords de l'iris, 1° les atomes φ de lumière qui
entrent par l'hémicycle droit de la pupille pénètrent la rétine en déterminant une direction centrale qui dévie à droite
de la direction qui conduit à l'objet; 2° les atomes φ′ de
lumière qui entrent par l'hémicycle gauche de la pupille
pénètrent la rétine et déterminent une direction centrale
qui dévie à gauche de celle qui conduit à l'objet. Donc en
regardant l'objet par les atomes φ, φ′ de lumière séparés,
l'objet paraîtra en deux directions qui sont d'autant plus
divergentes que la distance est plus petite entre l'objet et
l'œil; quand la distance augmente, la séparation des atomes
φ et φ′ devient impossible.

I. *Diplopie avec les deux yeux.* Elle est produite quand
on arrête avec son doigt le mouvement de l'un des yeux,
le droit, par exemple, en regardant un objet horizontal
sans le faire paraître double; mais si le visage s'élève en
haut, l'objet paraît par l'œil droit comme s'il descendait,
tandis que l'œil gauche le voit à sa place véritable.

Ce déplacement apparent a pour cause le manque d'a-

tomes φ de lumière dans la moitié supérieure de la cornée;
les atomes φ passent par l'hémicycle inférieur de la pupille
et pénètrent la partie supérieure de la rétine en déterminant une direction centrale qui est au-dessous de celle qui
conduit à l'objet de l'œil gauche. La fausse position de
l'objet ne dépend donc que de l'œil droit que l'objet ne
couvre avec sa lumière que dans la moitié inférieure de la
cornée.

Cette apparition double de l'objet correspond exactement à la cause qui la produit; de même que quand on sent
ce corps double en le palpant entre les doigts croisés. Donc
les duplicités pareilles des objets ne doivent pas être comp-
tées parmi les illusions optiques produites par le jugement;
car les sentiments des duplicités correspondent exactement
à la cause qui les produit, tandis que cela n'est plus le cas
pour les déductions et les conclusions obtenues par les jugements.

II. *Diplopie avec un seul œil.* La *belladone* a la propriété
d'élargir la pupille quand on la prend intérieurement ou
quand elle est appliquée comme teinture extérieurement
dans l'œil. Parmi les atomes de lumière d'un objet une
partie φ couvre la moitié droite de la cornée et une autre
φ' en couvre la moitié gauche. Ces atomes pénètrent la rétine en directions divergentes qui ne conduisent pas à un
point de croisement; pour cette raison l'objet paraît dans
chacune des directions divergentes, mais pour cela il faut
des yeux myopes et une petite distance entre l'œil et l'objet.

Pour faire dans les expériences apparaître les objets
doubles, on opère avec lumière faible pour avoir la pupille
dilatée et on fait arriver la lumière à la cornée séparée en
deux portions φ, φ' qui passent par les deux moitiés de la
pupille et, en pénétrant la rétine, déterminent chacune une
direction divergente, dans aucune desquelles n'est l'objet
dont ces atomes φ, φ' de lumière sont répandus.

Soient α, β (fig. 69) deux petits trous d'aiguille dans un

carton noir séparés par un intervalle $\alpha\beta$ moindre que le diamètre dd' de la pupille. Les atomes φ de lumière venant

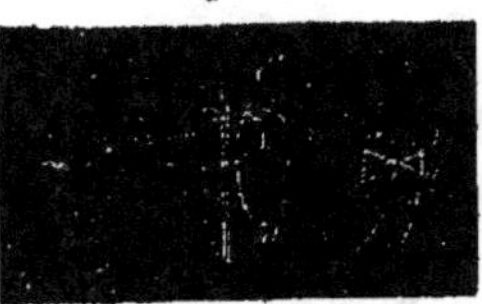

Figura 69.

de l'objet s passent par le trou α et viennent dans la moitié supérieure Ld' du cristallin dont ils vont pénétrer la rétine dans la direction rs' dans laquelle doit apparaître l'objet s. Les atomes φ' de lumière dispersés du même objet s passent par l'autre trou β et arrivent à la moitié inférieure Ld du cristallin d'où ils vont pénétrer la rétine r dans la direction rs''. Ainsi l'objet s a été artificiellement réduit au point d'apparaître double, l'un s' au-dessus et l'autre s'' au-dessous de l'objet s qui répand les atomes φ, φ' de lumière.

Optamètre. Ainsi est nommé l'appareil composé d'une règle horizontale AB (fig. 70) de 1 mètre de longueur sur laquelle est tracée une raie fine oc noire sur fond blanc ou

Figure 70.

blanche sur fond noir; AD est un écran percé de deux fentes étroites verticales dont l'intervalle ee' doit être moindre que le diamètre de la pupille; ces deux fentes e, e' correspondent aux deux petits trous α, β de l'expérience précédente.

On regarde le point o de la raie le moins éloigné à travers les deux fentes en appliquant l'œil tout près de l'écran. 1° Les atomes φ de lumière répandus du point o passent par la fente e et arrivent à la moitié droite de la cornée, passent par le cristallin ct, réunis, pénètrent la rétine du côté gauche en déterminant une direction déviant à droite de celle qui conduit au point o. 2° Les atomes φ' de lumière répandus également du point o passent par la fente e' et arrivent à la moitié gauche de la cornée; ils passent par

le cristallin et concentrés pénètrent la rétine du côté droit
en déterminant une direction qui dévie à gauche de celle
qui conduit au point *o*. Ce point est ainsi artificiellement
manifesté 1° par les atomes φ de la fente droite dans
une direction qui dévie à droite de celle qui conduit à ce
point *o*, et 2° par les atomes φ′ le même point apparaît
dans une direction qui dévie à gauche de celle qui conduit
au point *o*.

Si le point regardé est *n* plus éloigné que *o*, une partie φ″
des atomes de lumière répandus pénètre également par les
deux fentes; ainsi les atomes qui passent par la fente *e*
droite seule sont φ — φ″, et ceux qui passent par la fente *e*
gauche seule sont φ′ — φ″, parce que l'angle *eoe′* est beaucoup plus grand que l'angle *ene′*. La déviation déterminée
par les pénétrations des atomes φ — φ″, φ′ — φ″ par la rétine
est proportionnelle à cet angle *ene′;* pour cette raison les
déplacements apparents diminuent quand augmente la distance et ils deviennent imperceptibles quand c'est le point
a que l'on regarde.

Pour les bonnes vues et les presbytes, la raie paraît
simple à toutes les distances supérieures à celle de *oa;* il
y a des myopes qui en voient une nouvelle séparation;
celle-ci est toujours l'effet des deux directions divergentes
déterminées par les pénétrations des atomes φ′ — φ″, φ — φ″
par les fibrilles de la rétine. Ces atomes φ — φ″, φ′ — φ″ sont,
chez les myopes, séparés par les deux moitiés du cristallin
parce qu'il est solidifié et ne peut pas changer de forme
selon les distances des objets. Donc 1° les atomes φ — φ″ de
lumière de la moitié droite de la cornée passent par la
moitié droite du cristallin et, concentrés, pénètrent le côté
gauche de la rétine, déterminant ainsi une déviation à
droite comme dans le cas où la séparation des atomes φ, φ′
de lumière s'opère dans la cornée; 2° les atomes φ′ — φ″ de
lumière de la moitié gauche font de la même manière apparaître l'objet à la gauche de la direction véritable.

V. — APPARITION DES DISTANCES DES OBJETS.

Les résultats qu'on vient d'exposer, obtenus par des expériences différentes, prouvent suffisamment qu'il n'existe dans l'appareil de la vision aucune partie propre à indiquer la grandeur des objets et leur distance de l'œil. Tout ce qu'on peut obtenir de la vision binoculaire se réduit à la distinction des faces f, f' différentes des corps peu éloignés; cette distinction a cependant un rapport avec la forme du corps et non pas avec sa grandeur ou sa distance.

Les faces f, f' du corps ne sont que deux parties de sa forme dont l'une f est déterminée par la pénétration des atomes $\varphi + \varphi''$ par la rétine de l'œil droit, et l'autre f' des atomes $\varphi' + \varphi''$ qui pénètrent la rétine de l'œil gauche. Ces deux faces f, f' sont plus différentes quand le corps est plus rapproché, et elles s'évanouissent totalement quand le corps s'éloigne. Donc c'est dans cette différence des faces f, f' déterminées des deux yeux que consiste le seul moyen subjectif que nous ayons d'évaluer approximativement les petites distances des corps ou leur grandeur.

Petites distances. L'aveugle de Cheselden qui a pu rendre compte de ses impressions personnelles, crut pendant longtemps que les objets qu'il voyait touchaient ses yeux comme ceux qu'il palpait touchaient ses doigts, et ce ne fut qu'à la longue qu'il arriva à voir les corps dans leur véritable position. Les enfants en venant au monde sont dans un état pareil, comme cela peut être reconnu d'après leurs mouvements : aussi les voit-on tendre les mains pour saisir les objets éloignés et les porter au-delà de ceux qui sont très-rapprochés d'eux. Ce n'est qu'à la suite d'une longue expérience que l'enfant peut rapporter à une cause externe les impressions produites dans l'œil.

L'éducation de l'organe se fait à cet égard par les com-

paraisons fréquemment répétées entre les données formées
par le tact, qui nous permet d'apprécier les distances, et
celles de la vue; le rôle de celle-ci se réduit à la seule observation des deux faces f, f' du corps peu éloigné; sauf
cette différence la vision binoculaire n'a aucune influence
sur l'apparition des distances, comme cela devient évident
quand on ferme un œil. Cependant même en ce cas nous
inclinons la tête à gauche et à droite pour voir une partie
plus grande de chaque face de l'objet, car elles servent
toujours à connaître la distance qui nous en sépare, surtout
dans les cas où l'on connaît la forme véritable de cet objet.

Grandes distances. Dans les grandes distances disparaissent les faces différentes des corps; on peut les voir
avec les deux yeux ou avec un seul même en inclinant la
tête à gauche et à droite. Un édifice apparaît avec une
hauteur médiocre pour celui qui l'observe, mais s'il parvient à distinguer un homme dans le point noir qu'il ne
pouvait pas distinguer au commencement, bientôt la hauteur affecte une autre apparence qui correspond approximativement à l'angle visuel sous lequel est vu un objet dont
la grandeur est connue.

Le même effet a lieu quand sur mer un objet obscur
dans lequel on croit voir une planche peu éloignée paraît
en effet à une distance médiocre; mais dès qu'on peut
distinguer que c'est un navire dont les voiles blanches réfléchissent la lumière solaire de temps à autre, alors la
distance augmente entre nous et l'objet, et cela s'opère
également par la comparaison de l'angle visuel du navire
dont la grandeur est connue et celui de la distance qui nous
en sépare; c'est précisément ce que présentent les règles
géodésiques en cas pareils. De deux lumières vues pendant
la nuit, la plus éloignée vous semblera la plus rapprochée
si, malgré la distance, elle paraît la plus brillante. De même
de deux édifices vus pendant le jour, le plus éloigné nous
paraîtra le plus rapproché s'il est le plus blanc.

VI. — APPARITION DES GRANDEURS DES OBJETS.

Nous avons fait voir déjà comment, dans les petites distances, deviennent visibles les faces des corps qui sont employées à déterminer leur distance; cependant ce moyen est obtenu par l'usage et les observations répétées. L'aveugle de Cheselden ne pouvait d'abord reconnaître les grandeurs relatives des objets; par exemple, il ne concevait pas comment un portrait en miniature pouvait être renfermé tout entier dans une de ses mains, tandis que la tête seule du modèle ne pouvait être contenue dans ses deux mains réunies. Ce ne fut qu'après une longue expérience qu'il put comparer les grandeurs des objets. L'influence de la distance différente du même objet sur sa grandeur le jetait dans des erreurs continuelles, qu'il apprit peu à peu à éviter.

L'angle visuel est ce qui sert à déterminer également et les distances et les grandeurs; cela s'opère par la comparaison entre les angles des objets connus dont l'angle visuel détermine la grandeur inconnue de l'objet observé. La Lune ou le Soleil produisent dans l'horizon presque le même angle visuel que quand ils sont dans le méridien, mais leur angle visuel dans l'horizon embrasse ceux des branches des grands arbres dont la grandeur connue est inférieure à celle du disque de la Lune ou du Soleil qui pour cela apparaissent en ce cas très-grands. Pour faire évanouir cette illusion, il suffit de regarder ces corps célestes à travers un tube, et bientôt leur grandeur devient telle qu'elle est quand ils sont dans le méridien. Ici la clarté du Soleil n'a aucune influence sur sa grandeur apparente, qui reste égale à celle de la Lune, parce que les angles visuels sont presque égaux.

C'est Barrow qui constata pour la première fois la divergence des directions des pénétrations des rayons dans la rétine comme le seul moyen d'évaluer les distances et les grandeurs des objets; ainsi nous voyons notre propre visage petit dans les miroirs convexes et grand dans les miroirs concaves, mais cela n'a lieu que pour les petites distances; un homme no nous semble pas à 8 mètres plus grand qu'à 20, quoique l'angle visuel et son image diminuent beaucoup à la distance de 20 mètres.

Une chambre vide nous paraît plus grande que quand elle est meublée; au contraire une galerie vide paraît moins longue que quand elle est meublée. Dans le premier cas les meubles semblent diminuer la grandeur, et dans le second ils semblent agrandir la distance.

Les édifices gothiques paraissent pour la même raison très-grands parce que les nombreux détails de sculpture qui les décorent produisent les mêmes effets que les meubles d'un appartement. Dans les monuments de l'architecture grecque, les proportions symétriques font disparaître les détails répétés; cet effet correspond à la diminution qu'on observe dans les galeries non meublées. Les églises, par exemple Sainte-Sophie et Saint-Pierre, à Constantinople et à Rome, vues du dehors, semblent construites dans des proportions ordinaires; leurs dimensions colossales ne se révèlent que quand on se trouve dans leur milieu. Parmi ces deux églises les ornements nombreux dont Saint-Pierre est surchargé empêchent en quelque sorte de remarquer ses dimensions gigantesques qui frappent au contraire d'étonnement celui qui se trouve au milieu de Sainte-Sophie dont l'intérieur est beaucoup moins chargé d'ornementation.

Perspective. Nulle part les illusions optiques ne deviennent aussi évidentes que lorsqu'elles sont reproduites artificiellement. Pour y arriver on combine les ombres et les teintes, on diminue les grandeurs des objets qui doivent paraître les plus éloignés, on affaiblit leur éclat pour imiter la raréfaction de la lumière qu'ils répandent.

En observant les règles de ce qu'on nomme la *perspective aérienne*, les peintres arrivent à produire ces illusions chez les individus convenablement éloignés, qui doivent regarder avec un œil seulement à travers un tube qui empêche de paraître les bords du tableau, lesquels ne font pas partie du dessin et qui, pour cela, ne doivent pas être vus ; car l'illusion se perd dès que la comparaison entre les objets hétérogènes devient possible.

Dans les illusions qu'offrent les *panoramas*, la première condition est de regarder à travers un tube noirci à l'intérieur qui cache les bords des tableaux exposés au champ de la vision. Dans le *diorama* la peinture est disposée circulairement autour du spectateur qui en occupe le centre et est placée sur une galerie circulaire dont le plancher fait saillie, de manière à faire empêcher de voir le bord inférieur du tableau, tandis que le bord supérieur est caché par le contour d'un toit conique qui recouvre la galerie.

Grandeur du spectre d'une étoile. Si l'on regarde une étoile à travers un prisme on aperçoit un spectre très-étroit ; si l'une des extrémités de ce spectre est bien fixée avec l'œil, l'autre paraît élargie, parce que cette partie de la rétine reçoit les atomes φ' de lumière qui ont éprouvé la répulsion de la part du bord de l'iris et qui ont ainsi pris une direction qui détermine, par la pénétration des atomes φ' de lumière, une largeur pour cette extrémité du spectre supérieure à celle qui est déterminée par les atomes φ qui, venant de l'extrémité observée, pénètrent par le centre de la pupille sans toucher le bord de l'iris. Ce fait, observé par Arago, était employé comme un chromatisme de l'œil ; ainsi, la cause inconnue d'un fait observé fut cause qu'on s'éloigna de la vérité au lieu de s'en rapprocher.

VII. — APPARITION DES FACE DES CORPS.

Nous avons prouvé que les corps peu éloignés présentent à chaque œil une face différente, et que nous nous accoutumons bientôt à remonter de ces faces à la forme du corps observé. Dans les arts graphiques, on parvient à imiter le relief des corps en donnant aux différentes lignes de la représentation, sur un plan, d'un objet à trois dimensions, les mêmes positions relatives qu'elles ont dans l'image que l'objet réel forme sur la rétine de l'un ou de l'autre œil, de manière que le dessin reproduit dans l'un des yeux cette même image que le corps y produit ; donc, pour obtenir en même temps l'image que le corps produit dans l'autre œil, il faut un autre du même corps, dessin dans lequel est représentée l'image produite d'un autre face du corps.

Par exemple, un cube peu éloigné sera vu comme en A (fig. 71), quand on le regarde avec l'œil gauche, et comme en B quand on le regarde avec l'œil droit, et il sera vu comme en A et B à la fois quand il est regardé avec les deux yeux. Un tronc de cône placé sur une plaque carrée présentant sa petite base à la ligne des yeux sera vu comme en C avec l'œil gauche et comme en D avec l'œil droit (fig. 72) ; il sera donc vu comme en C et D quand il est regardé de deux yeux.

Figure 71.

On y distinguera trois parties : 1° une vue par les atomes φ'' qui arrivent du corps aux deux yeux ; 2° une autre vue par les atomes de lumière $\varphi + \varphi''$, et 3° une autre partie vue par les atomes $\varphi' + \varphi''$. La partie vue par les atomes φ'' diminue quand le corps s'approche des yeux, tandis qu'augmentent les parties vues par les atomes φ, φ'; au contraire, quand le corps s'éloigne, les parties vues par les atomes φ, φ' de lumière diminuent, tandis qu'augmente celle qui est vue par les atomes φ''. Quant à la manière dont les deux faces vues des corps par les deux yeux font la base de la stéréoscopie, nous l'expliquerons plus loin, quand nous traiterons des instruments optiques.

VIII. — IRRADIATION.

La série de faits indiqués par ce moment est obtenue de la manière suivante : quand on regarde d'une certaine distance un corps très-brillant, il semble empiéter sur le fond plus sombre qui l'entoure, de manière à paraître plus grand qu'il n'est réellement. Pour le prouver il suffit de dessiner un disque blanc sur un fond noir et un disque noir de même dimension sur un fond blanc, d'exposer le tout au soleil et de regarder d'une distance de 2 ou 3 mètres; le disque blanc paraîtra plus grand que le noir. Si même ce dernier est très-petit, le fond blanc, empiétant sur lui, le fera totalement disparaître à une certaine distance.

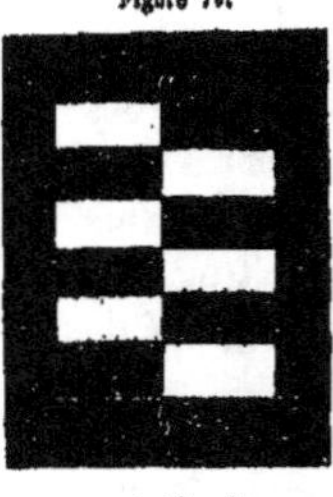

Figure 73.

Si l'on fait l'expérience avec deux séries de bandes blanches et noires séparées par une ligne droite ab (fig. 73) et alternant comme on le voit dans la figure, ab paraîtra composée de parties séparées, chaque bande blanche empiétant sur la bande noire opposée. Si l'on place devant une bougie un écran qui la cache à moitié, le bord de l'écran paraît échancré à l'endroit où il coupe la flamme. Quand la Lune, à son premier quartier, ne montre encore qu'un mince croissant, tout en laissant apercevoir le reste de son disque, au moyen de la lumière cendrée, on remarque que le croissant déborde notablement le disque beaucoup moins éclairé.

M. Plateau a constaté notamment que l'irradiation est d'autant plus étendue que l'éclat de l'objet est plus grand et qu'on le regarde plus longtemps; elle varie suivant les individus et pour le même individu d'un jour à l'autre; les lentilles convergentes la diminuent, et les lentilles divergentes l'augmentent.

Tous ces faits et leurs pareils sont produits par des images multiples dans la rétine, dont l'existence a été mise en évidence pour la première fois par M. Trouessart; elles ont ensuite été observées par Lahire, Mile, Dugué. Les images sont très-distinctes pour les yeux myopes, mais plus difficiles à apercevoir pour les vues ordinaires, et disparaissent à la distance de la vision distincte, ce qui explique pourquoi l'irradiation n'est pas sensible à cette même distance.

Quant à la cause de l'irradiation, M. Plateau admet que l'impression produite sur la rétine ayant pour cause les rayons intenses se propage au delà du contour de l'image formée; cette explication n'est qu'une espèce de description différente des faits observés et qui ne fait aucune mention des images multiples. Les physiciens dont nous venons de parler, qui ont constaté l'existence des images multiples, attribuent avec raison l'irradiation à ces images; mais, chose étonnante, au lieu de suivre les lois optiques pour trouver la cause de ces images multiples, ils ont admis des corpuscules disséminés dans l'humeur aqueuse, le cristallin et les corps vitrés, et citent tous comme témoin à l'appui de leur assertion Leuwenhoeck, qui a eu, dit-on, l'avantage d'observer les corpuscules. M. Trouessart dit simplement que les images multiples peuvent être produites par des points opaques ou transparents distribués sur la cornée.

Sans donner une explication physique de la production

des images multiples, ces physiciens et leurs partisans rapportent les explications données par M. Péclet sur la production des raies par les fentes étroites. Ce savant s'appuie à son tour sur les hypothèses de ces mêmes physiciens, et c'est ainsi qu'ils sont parvenus à masquer leur mutuelle ignorance. Toutefois, ils s'étaient déjà rapprochés quelque peu de la vérité quand ils avaient reconnu que l'irradiation et les raies proviennent d'une cause commune. Il ne nous reste ici qu'à indiquer le mode de l'observation des raies, et puis à démontrer, suivant les lois optiques, la cause véritable de ces raies et de l'irradiation.

Raies dans une fente. Quand on regarde une surface lumineuse à travers une fente étroite placée à une distance de l'œil médiocre on aperçoit un grand nombre de raies obscures parallèles entre elles et aux bords de la fente, dont l'aspect et la position sont indépendants de la couleur et de la grandeur de la surface éclairée; une telle surface n'est pas même nécessaire, parce que les raies apparaissent par la lumière du jour. Les raies ne dépendent que 1° de la distance entre l'œil et la fente; 2° de la largeur de la fente, et 3° de ses bords. Au lieu d'une fente on peut employer une ouverture ronde ou carrée pour obtenir des points clairs et des points obscurs à la place des raies. La lumière peut arriver dans la fente directement ou par une autre fente parallèle sans que, pour cela, les raies éprouvent aucune modification.

I. Les raies deviennent moins nombreuses quand on éloigne la fente de l'œil; quand la distance augmente, elles s'éloignent des bords de la fente, produisent une seule raie au milieu de la fente, et disparaissent à la distance de la vision distincte qui est assez grande chez les presbytes. Si l'on tient une tête d'épingle entre l'œil et la fente, les raies deviennent plus obscures; les myopes ne peuvent pas les distinguer et croient voir une raie obscure; mais les presbytes distinguent le même nombre de raies qui deviennent plus sombres à cause de la tête d'épingle, comme cela est constaté de la manière suivante : on élève un peu cette tête d'épingle jusqu'à ce qu'elle couvre seulement la moitié inférieure de la fente, et ainsi les raies obscures apparaissent au bord supérieur de la fente. Si celle-ci est d'une longueur inférieure à un centimètre, les raies obscures produites par l'épingle occupent toute la fente; mais si celle-ci a une longueur plus grande, le nombre des raies reste le même; elles sont obscurcies seulement au milieu où est l'épingle.

II. Les raies persistent quand la largeur de la fente est au-dessous d'un millimètre; leur nombre croît quand l'ouverture se rétrécit; on y distingue à l'œil plus de trente ou quarante raies, et avec une loupe plus de cent; ces raies ne sont point modifiées quand la lumière arrive dans la fente par une autre parallèle.

III. Si deux fentes se croisent pour former une ouverture carrée ou si l'on fait une ouverture circulaire sur une feuille de papier avec une fine épingle, on obtient un grand nombre de points sombres et de points clairs symétriquement disposés autour d'un point central qui est toujours clair. Dans l'ouverture circulaire sont deux anneaux dont l'externe est composé d'un nombre double de points pareils à ceux de l'anneau interne.

IV. Les rayons ne touchent pas les mêmes lignes des bords de la fente : 1° quand celle-ci reste immobile et qu'on élève la bougie ou qu'on la baisse; 2° quand la bougie ou la lumière du jour restent dans leur position et que l'on incline la fente en faisant approcher ou éloigner de l'œil son bord supérieur; en déplaçant ainsi les lignes, et changeant la largeur de la fente, on déplace les raies qui en sont produites.

Explication des raies. Il n'est pas nécessaire de réfuter les explications basées sur l'existence des corpuscules vus seulement par Leuwenhoeck, parce que ces corpuscules n'existent point. Eussent-ils même eu une existence réelle, que leur effet ne serait autre que celui de l'apparition des points sombres nommés *mouches* dans l'ophthalmologie.

L'irradiation et les raies ont pour cause commune la déviation des rayons produite par la répulsion de la part des bords des corps, comme cela a été démontré dans l'explication des diffractions. On y a distingué des espèces de franges simples et composées.

1° *Franges simples.* Elles sont produites dans les rencontres entre les rayons *fo* (fig. 74) et *x"o*, dont ceux-ci ont éprouvé une répulsion dans l'écran *x"*. Si l'écran *x"* est

Figure 74.

une bande on y verra une ou deux lignes sombres parallèles au bord; de pareilles lignes existent autour de tous les corps et sont nommées *pénombres*; elles ne manquent pas même sur les bords d'une fente d'une argeur de 1 millimètre et au-dessus.

, 2° *Raies multiples.* Elles sont produites par la rencontre des rayons dont sont produites les raies simples, comme on peut s'en convaincre en faisant approcher graduellement les bords de la fente pour en diminuer la largeur. On voit alors la multiplication des raies s'opérer 1° dans la moitié supérieure de la fente horizontale par les rayons repoussés du bord inférieur, et 2° dans la moitié inférieure sur les rayons repoussés du bord supérieur; ces rencontres s'opèrent premièrement au milieu de la fente où apparaît une seule raie, dont les autres se multiplient par le rapprochement des bords et le rétrécissement de la fente.

En opérant avec la tête d'épingle on s'assure de l'existence de ces croisements des rayons parce que 1° l'épingle étant au bord inférieur, les raies s'obscurcissent au bord supérieur; 2° en faisant se rapprocher les bords de la fente, les raies appararaissent premièrement dans son milieu d'où elles s'étendent vers les bords quand ceux-ci se rapprochent davantage, et 3° en inclinant les bords de la fente, ou en déplaçant la direction des rayons incidents, on fait changer les points de contact entre les bords et les rayons; ceux-ci en éprouvent une répulsion dans différentes directions qui font apparaître un déplacement des raies produites dans leur rencontre; il y a en ce cas aussi un déplacement des images multiples observées dans la rétine.

Donc tous les faits observés par M. Péclet et par les autres physiciens s'arrangent comme causes et effets liés entre eux par une loi optique bien connue, et si quelquefois il existe des corpuscules opaques dans les parties transparentes de l'œil, nous les considérerons comme un produit pathologique, et nous laisserons aux ophthalmologistes le soin d'expliquer par leur production l'apparition de ces points obscurs qui ont des mouvements irréguliers et sont pour cela nommés *mouches volantes*.

Explication de l'irradiation Les images multiples ne sont que plusieurs contours parallèles de la même image centrale; celle-ci est dans le milieu de la rétine quand l'objet est à la distance de la vision distincte; si l'objet s'éloigne à une distance de 2 ou 3 mètres, son image n'est plus au milieu de la rétine, mais elle va à son extrémité postérieure. A cette distance apparaît l'irradiation quand l'objet est exposé au Soleil; alors la pupille est petite, et son diamètre ne dépasse pas 3 millimètres.

Des atomes φ de lumière qui pénètrent la pupille φ' touchent le bord de l'iris et en éprouvent une répulsion vers l'axe de l'œil, et le reste $\varphi - \varphi'$ pénètre la pupille sans en éprouver aucune répulsion, et se concentre dans la rétine pour former l'image centrale de l'objet. Les atomes φ' ne sont pas repoussés d'une périphérie mathématique formée des bords de l'iris, mais d'un grand nombre de périphéries pareilles. Par leur croisement au devant de la rétine ces atomes φ' produisent les contours des images multiples qui sont observées et auxquelles les physiciens nommés ci-dessus ont justement attribué l'irradiation.

Comme la répulsion des rayons de la part des corps était connue des physiciens et qu'une telle répulsion s'opère de la part du bord périphérique de l'iris, il est d'une nécessité absolue qu'ait lieu la production des contours multiples de l'image centrale; il faut donc attribuer à un simple oubli l'absence de toute explication sur ce fait dans les ouvrages des physiciens, qui n'ont admis l'existence d'un réseau de corpuscules que comme une hypothèse pour soutenir la série de faits.

Un disque noir très-petit sur un fond blanc-exposé au soleil disparaît quand il est regardé d'une distance de 2 ou 3 mètres, parce que le disque ne renvoie pas des rayons dans la pupille pour éprouver une répulsion de la part du bord de l'iris et produire des images multiples, comme on peut s'en assurer directement quand on examine l'image multiple d'un disque blanc sur fond noir et celle d'un disque noir sur fond blanc; en ce dernier cas ce sont les bandes de fond qui produisent les images multiples et non pas le disque.

Rayonnement. Nous avons montré comment un corps lumineux qui passe rapidement offre l'apparence d'une bande; une bande semblable se montre sur un lac agité par le vent quand on se trouve du côté opposé à la Lune ou au Soleil ou à un feu brûlant au bord du lac. Au lieu de produire ainsi une multiplication d'images par les inégalités de la surface du lac, elle est également produite par telles inégalités de la surface du liquide répandu sur la cornée : cela est parfaitement constaté dans les cas pathologiques où la cornée est couverte d'une matière visqueuse formant une foule de globules aplatis qui sont comme autant de lentilles de toutes convexités et de toutes dimensions. Les rayons réfractés se décomposent et font apparaître les couleurs du spectre autour de la bougie; ces couleurs et le rayonnement disparaissent quand on lave l'œil pour en faire sortir la matière visqueuse qui les produit.

Au lieu d'une matière visqueuse, c'est ordinairement une couche mince d'humidité de la part de la conjonctive qui produit cette inégalité ; en ce cas il n'apparaît pas de couleurs, mais seulement des bandes lumineuses. Pour diviser celles-ci en plusieurs filets brillants, il ne faut qu'interposer les cils entre la cornée et la lumière incidente en inclinant la tête ou en laissant la paupière.

Quant l'objet lumineux est éloigné et l'œil ouvert sans être humide, la flamme apparaît sans rayonnement ; celle-ci commence à paraître quand on fait tomber l'ombre des cils dans la cornée, et cet effet est obtenu quand on incline la tête ou quand on baisse la paupière supérieure. Pour obtenir un rayonnement double partant de l'objet lumineux en bas et en haut, il faut faire croiser les deux lignes de cils au devant de la cornée.

Le rayonnement dans l'œil sain est produit par les liquides sur la surface de la cornée et par les cils dont l'ombre tombe sur la cornée ; quand les cils se croisent, leurs ombres se croisent aussi, et en même temps le rayonnement présente un croisement qui est dans l'objet lumineux : 1° Pour supprimer les rayons supérieurs, il faut en mettre le doigt au-dessous entre l'œil et l'objet. 2° Pour supprimer les rayons inférieurs il faut tenir le doigt au-dessus toujours entre l'œil et l'objet.

La cause que nous venons d'assigner au rayonnement n'est pas exposée ainsi dans les ouvrages des physiciens ; ceux-ci connaissent parfaitement le rapport existant entre les rayons lumineux et le liquide dans la surface de la cornée, mais l'effet produit par les ombres du cil leur a échappé. Si l'on incline en effet la tête pour faire tomber les ombres des cils sur la cornée, le système des rayons en éprouve une modification analogue. Quand on néglige d'attribuer l'effet des ombres des cils à celles-ci, on fait fausse route et l'on va chercher partout ailleurs la vraie cause du phénomène; ainsi les physiciens disent simplement que les traits se forment dans l'œil, et ils cherchent ainsi à les rattacher aux corpuscules imaginaires, comme ils l'ont fait pour l'irradiation et les raies dans les fentes.

Les ombres des cils produisent des faits bornés à un nombre médiocre; mais il n'en est plus de même pour les images multiples qui sont l'effet de la répulsion exercée sur la lumière de la part du bord de l'iris, comme cela a été prouvé dans les résultats des expériences de M. Lubinoff, et ici dans la production de l'irradiation.

IX. — DE L'INTENSITÉ DE LUMIÈRE NÉCESSAIRE POUR LA VISION.

La sensation d'une lueur doit être distinguée de celle de la forme et des couleurs d'un objet, comme cela résulte évidemment des expériences suivantes :

1° Une lueur est perçue chaque fois que l'on reçoit un coup sur l'œil ou qu'on y exerce avec le doigt une pression et un frottement; cette lueur est également aperçue dans l'obscurité sur les phosphores ou quand on fait passer le courant électrique entre les pôles dont l'un est sur la langue et l'autre dans la gencive de la mâchoire supérieure. Cette espèce de sensations est produite par la destruction de l'équilibre entre l'électricité des fibrilles de la rétine, destruction produite par l'électricité du courant; en cas pareils il n'y a ni production d'image ni formation de combinés photoélectriques; c'est simplement d'une sensation amorphe que sont produits des sentiments.

2° La visibilité des objets commence quand ils répandent vers l'œil une quantité d'atomes dont l'ensemble formant l'image de l'objet pénètre les fibrilles de la rétine et produit une destruction d'équilibre qui occasionne l'écoulement des molécules d'électre communes aux atomes φ de lumière et à l'électricité; la *sensation visuelle* n'est autre que cet écoulement des molécules qui commence avec un maximum de précipitation et diminue rapidement pour finir quand l'équilibre sera rétabli et le *sentiment* formé.

Pour obtenir le sentiment ou les combinés photoélectriques des objets, il faut une densité de lumière ni trop petite ni trop grande. 1° Une densité trop petite serait insuffisante pour produire une destruction d'équilibre en degrés suffisants dans l'électricité des fibrilles de la rétine. 2° Une densité trop grande de lumière produit la destruction d'équilibre dans l'électricité de ces fibrilles en un degré tel que cette électricité s'épuise avant d'être remplacée par des masses nouvelles, et l'excédant d'atomes φ de lumière s'accumule dans le pigment en masses très-abondantes. Une série de faits servira à mieux éclaircir ces changements opérés dans la rétine.

La sensation ne dépend pas seulement de la densité de la lumière, mais aussi de celle de l'électricité des fibrilles de la rétine. Dans un endroit sombre on peut bien distinguer les objets et même lire; au moment où l'on en sort, au grand jour, on ne voit pas distinctement, et'il faut attendre quelques *minutes* pour commencer à lire sans être gêné par la lumière. Qu'on rentre maintenant dans le même endroit le livre à la main, on ne peut rien voir; mais après un laps de temps, un peu plus long que dans le cas précédent, on recommence à voir et à lire comme on le faisait avant de sortir.

En ces deux cas les *densités de lumière sont suffisantes* pour produire des sensations, mais pour cela il faut en même temps et nécessairement une densité d'électricité qui doit être d'autant plus grande que la densité de la lumière est moindre; car on peut, de cette manière, obtenir un degré de destruction d'équilibre suffisant pour produire une sensation.

Lavoisier et tant d'autres expérimentateurs sont restés plusieurs jours enfermés dans des appartements au milieu de la plus complète obscurité, pour se préparer à des recherches photométriques ; car chacun sait que l'absence de lumière produit un manque de consommation d'électricité de la rétine et que celle-ci en acquiert alors une sensibilité d'autant plus grande ; cependant il suffit de rester une heure dans l'obscurité pour obtenir le degré nécessaire ; car une fois atteint, l'électricité s'écoule dans le nerf optique sans continuer de s'accumuler. Un tel éloignement de l'excès d'électricité de la rétine, qui dure longtemps, devient la cause d'une diminution de densité de l'électricité et d'un affaiblissement de la vue dans la rétine.

La plus grande raréfaction de lumière sensible est évaluée à $\frac{1}{70000}$ de celle de l'éclat de la Lune ; ainsi le manque de vision dans un endroit obscur n'est pas le signe d'un manque complet de lumière, comme cela est démontré par les expériences suivantes très-faciles à répéter. Dans un appartement d'une obscurité complète, plusieurs observateurs regardent différents phosphores qui y sont introduits après qu'ils ont subi l'insolation ; au bout de quelques minutes, on entend l'un des observateurs déclarer qu'il ne voit plus tel phosphore ; plus tard un autre dit également que le phosphore est aussi devenu invisible pour lui. Mais quand les phosphores répandent une lumière chromatique, il arrive que, pour quelques-uns des observateurs, telle couleur disparaît plus tôt que telle autre.

Quand les phosphores sont ainsi devenus invisibles pour tous les observateurs, ou pour le plus grand nombre si l'on ne veut pas trop attendre, on commence à chauffer les phosphores, et bientôt les personnes qui ont cessé les dernières de les voir recommencent les premières à les voir, et quand la température est suffisamment élevée, les phosphores deviennent de nouveau visibles pour tous les observateurs.

Ce mode d'expérimenter a servi à déterminer la sensibilité de chaque individu, sensibilité qui varie beaucoup et qui n'a pour cause que le degré de la densité de l'électri-

cité dans les fibrilles de la rétine. Les physiciens entendent
en effet, par le mot *sensibilité de la rétine*, un état particu
lier électrique; car ils connaissent l'écoulement de l'électricité par les nerfs; ici cependant on a mis en comparaison
cette sensibilité ou densité d'électricité, pour fixer la signification du mot *sensibilité*.

On dit qu'une vive lumière émousse la sensibilité; cette
phrase exprime à la vérité un fait que chacun peut sentir
par lui-même; quant à ces mots *émousse la sensibilité*, c'est
une expression métaphorique; si l'on veut la remplacer par
une autre qui exprime mieux le fait physique, il faut dire
que dans la lumière vive est contenue une grande quantité
des molécules d'électre qui se mêlent promptement avec
ceux de l'électricité qui arrive par les artères dans la rétine
et qu'il reste un excédant de lumière qui s'accumule dans le
pigmentum. Ainsi la vision s'interrompt également quand la
raréfaction de la lumière devient trop grande et quand sa
densité surpasse un certain degré.

Visibilité des étoiles. On distingue certaines étoiles
en plein jour, quand on est au fond d'un puits suffisamment
profond : Aristote cite ce fait qui est parfaitement connu
des astronomes modernes; Arago tenta d'en donner une
explication, mais il ne fit pas, dans ce but, usage des résultats qu'il avait obtenus de la polarisation de la lumière
par l'air, polarisation qui conduit à connaître les réflexions
de la lumière solaire de la part des colonnes d'air coupées
par le plan qui passe par l'œil de l'observateur, par son
zénith et par le centre du Soleil.

En tirant dans ce plan de l'œil *o* deux lignes *on, os* aux extrémités *s, n* du diamètre *ns* du Soleil, la polarisation prouve
que la lumière arrive à l'œil en éprouvant un grand nombre
de réflexions dans les lignes *on, os*. Dans le cas où l'observateur se trouve au fond d'un puits, la lumière réfléchie des
extrémités inférieures des lignes *on, os* ne peut y parvenir;
tandis que la lumière d'une étoile y pénètre sans éprouver

34

aucune diminution. Ainsi l'équilibre se trouve détruit à un degré moindre de la part de la lumière φ du jour, surtout quand le Soleil est éloigné du méridien, et alors devient sensible la destruction de l'équilibre produite de la lumière φ' de l'étoile. Cette diminution de la lumière du jour peut être facilement observée au fond des mines de sel gemme en Valachie ; car pour extraire le sel, on ouvre des excavations qui descendent verticalement à des profondeurs de plus de 300 mètres.

. Le lecteur doit se rappeler que les points neutres d'Arago, Babinet et Brewster ont trouvé leur explication dans la progression géométrique dont la *raison* est le diamètre D du Soleil ; la longueur apparente de ce diamètre varie avec les saisons. Dans la progression géométrique

$$D : 2D : 2^2D : 2^3D \dots 2^nD$$

se trouvent tous les points neutres mathématiquement déterminés ; les petites variations apparentes du diamètre du Soleil se présentent comme certaines anomalies quand on applique la progression indiquée aux recherches des points neutres.

CHAPITRE II.

DE LA VISION INTERNE ET DE LA DURÉE DES IMPRESSIONS.

Dans le chapitre précédent il a été traité des écoulements des atomes de lumière dont les directions éprouvent différentes déviations par la répulsion qu'exercent sur eux les corps touchés. De semblables déviations sont également imprimées aux atomes de la part des corps externes ainsi que de la part des cils et du bord de l'iris; tous ces faits sont ainsi produits de la lumière et des corps.

Une autre série de faits est produite dans les fibrilles de la rétine chargées d'électricité, car celle-ci vient en contact avec les atomes de lumière φ disposés de manière à former l'image de l'objet dont ils sont répandus. Le contact entre les atomes φ de l'image et l'électricité de la rétine s'opère dans les fibrilles de celle-ci; de ce contact est produite une destruction d'équilibre entre les molécules e d'électre qui sont, dans la lumière, en densité plus grande que dans l'électricité négative des fibrilles.

Ledit contact devient donc la cause physique de l'écoulement de molécules d'électre entre la lumière de l'image et l'électricité des fibrilles; cet écoulement commence avec un maximum d'intensité. Celle-ci diminue rapidement et l'écoulement disparaît par le rétablissement de l'équilibre entre l'électre des atomes φ de l'image et celui de l'électricité ε des fibrilles. Ainsi est produit un combiné photoélectrique $\varphi\varepsilon$ qui vient de prendre naissance dans le mélange des molécules $(q + q')e$ d'électre de l'image avec les molécules homonymes $(q - q')e$ d'électricité des fibrilles. Un moment auparavant les atomes φ de lumière se trouvaient dans l'objet avec l'électre $(q + q')e$, et l'électricité ε dans les fibrilles avec l'électre $(q - q')e$.

Les combinés photoélectriques ainsi produits sont ce qu'on doit entendre par le mot *sentiment* (αἴσθημα); ils sont toujours précédés par une action qui est exprimée par le mot *sensation* (αἴσθησις). Cette action n'est que l'écoulement des molécules qe d'électre pour rétablir l'équilibre, écoulement qui commence toujours avec un maximum d'intensité et dont la durée finit avec la restitution de l'équilibre.

Personne ne doute que le peintre ne reproduise les portraits que des individus qu'il a vus; car l'image de ceux-ci doit premièrement être fixée par l'électricité des fibrilles du peintre; celui-ci obtient ainsi une image qui ne diffère de celle du photographe que par l'élément qui a servi pour la fixer. 1° Dans la plaque l'image est fixée par la désoxydation matérielle dans laquelle les dimensions sont invariables; 2° dans la rétine est fixée l'image par l'électricité ε qui est douée d'élasticité comme les atomes φ de lumière de l'image. Donc cette élasticité commune des deux éléments reste conservée dans les combinés qui sont les sentiments, dans lesquels est ainsi conservée la forme de l'objet, mais non pas sa dimension.

Jusqu'à présent on connaissait les faits, mais on ignorait: 1° l'électricité des fibrilles de la rétine; 2° les molécules e d'électre contenues dans tous les fluides impondérables en densités différentes; 3° l'écoulement de ces molécules occasionné par le contact où se montre une destruction d'équilibre; 4° le rétablissement de l'équilibre dans le combiné où entrent comme éléments la lumière de l'image et l'électricité des fibrilles; 5° l'élasticité commune de ces éléments qui se manifeste dans les combinés ou les sentiments sous forme d'expansion et d'augmentation de volume pour occuper graduellement des espaces toujours plus grands.

Une autre série de faits physiologiques et pathologiques est produite par les changements de la résistance qu'éprouve l'électricité de la rétine dans les nerfs optiques et dans leurs propagations jusqu'aux parties génitales. Ces parties sont en relation avec l'organe de l'odorat chez les animaux terrestres, et avec l'organe de la voix chez les oiseaux et l'homme; cependant c'est l'organe de la vue qui prédomine et qui facilite le rapprochement des individus des deux sexes.

I. — MESURE DE LA DURÉE DE LA PRODUCTION DES SENTIMENTS.

M. Plateau a fait beaucoup d'expériences de ce genre; il a perfectionné celles des physiciens qui l'avaient précédé et il les a beaucoup variées; de sorte que les résultats obtenus ont été ensuite trouvés parfaitement exacts par d'autres expérimentateurs; ces résultats étaient cependant restés dispersés et isolés, comme des sortes de *blocs erratiques*, sans que personne fût en état de les arranger pour en former une série où ils fussent entrés comme causes et effets liés entre eux par les lois physiques. Les résultats obtenus des expériences sont les suivants :

I. Il faut un certain temps pour la production d'un sentiment par la lumière; cette production qui est la sensation n'est pas un état uniforme, mais elle commence avec un maximum et finit en diminuant graduellement. 1° La durée du maximum n'est que d'un instant, car elle a été évaluée moindre que 0",008; 2° la durée totale de la production d'un sentiment est d'environ 0",34.

II. La durée totale augmente en même temps que l'éclat de la lumière, en ce cas la durée du maximum paraît diminuer.

III. La durée totale diminue avec l'intensité de la lumière, la durée du maximum de sensation paraît alors augmenter.

Sensations et sentiments. La sensation ($\alpha i\sigma\theta\eta\sigma\iota\varsigma$) indique l'action qui précède, et le sentiment ($\alpha i\sigma\theta\eta\mu\alpha$) est le résultat ou le produit de cette action. La cause de la sensation est la lumière φ de l'image de l'objet qui vient dans les fibrilles en contact avec l'électricité; ainsi celle-ci se trouve, au moment du contact, en équilibre détruit avec la lumière, et cela à cause des molécules d'électre qui y sont en densités inégales; ces molécules occasionnent un écoulement qui est l'action ou la *sensation*. La durée de celle-ci commence et finit avec l'écoulement des molécules e d'électre; le maximum de l'intensité de cet écoulement est au commencement, et son minimum est à la fin de la durée.

Le résultat de ce rétablissement d'équilibre est le *sentiment* ($\alpha i\sigma\theta\eta\mu\alpha$) dans lequel se trouvent les atomes φ de lumière de l'image et l'électricité ε des fibrilles de la rétine, avec cette seule différence que les molécules $(q+q')\varphi$ de la lumière et celles $(q-q')e$ de l'électricité sont mêlées et non séparées dans le sentiment où elles sont réduites en équilibre. Ces molécules deviennent ainsi un lien entre la lumière φ de l'image et l'électricité ε des fibrilles. Par exemple, l'image d'un objet rond est un disque composé d'atomes φ de lumière qui pénètre dans les fibrilles de la rétine comme un cylindre fluide. La destruction d'équilibre est occasionnée par le contact du disque de lumière avec les fibrilles, et cela par suite des densités inégales des molécules e d'électre contenues dans la lumière φ et l'électricité ε.

Ce contact de la lumière avec l'électricité a lieu au même instant que le maximum d'écoulement des molécules d'électre évalué moindre que 0″,008, tandis que, pour le rétablissement complet de l'équilibre, il fut un grand nombre de va-et-vient de ces molécules dont les amplitudes décroissent pour devenir insensibles, et c'est pour cela qu'on dit alors que *la sensation est terminée et que le sentiment a pris au même moment naissance.*

Nous avons ainsi indiqué en abrégé : 1° comment du contact des atomes φ de lumière de l'image avec l'électricité ε des fibrilles est occasionné une destruction d'équilibre entre les molécules *e* d'électre ; 2° comment se précipitent ces molécules *e* d'électre pour rétablir l'équilibre détruit, et 3° comment le mélange ou le combiné ainsi produit se présente comme un individu, lequel possède la forme de l'objet en un état d'expansion qui augmente indéfiniment.

Il ne nous reste plus maintenant qu'à montrer les expériences qui ont servi à constater la durée des sensations.

Description des expériences. Tous les physiciens sont d'accord qu'il y a une durée entre le contact de la lumière avec la rétine et l'apparition du sentiment; cette durée est celle de la sensation. Donc il ne s'agit pas ici de prouver l'existence d'une durée pareille, mais il faut savoir quelle est sa longueur et encore si elle varie avec les intensités de lumière et si l'état de la sensation est le même depuis son commencement jusqu'à sa fin.

Existence d'une durée des sensations. Si l'on fait passer plusieurs fois de suite et très-rapidement un charbon ardent derrière une petite ouverture pratiquée dans un écran, cette ouverture paraîtra constamment illuminée, quoique le charbon ne s'y trouve qu'un instant à chaque va-et-vient. Au moment où le charbon passe au devant de l'ouverture la lumière φ pénètre, vient en contact avec la rétine, et occasionne ainsi par la destruction de l'équilibre entre les molécules *e* d'électre leur précipitation et leurs va-et-vient pour rétablir l'équilibre. Ces va-et-vient qui sont la sensation durent encore, quand une autre portion φ de lumière pénètre par l'ouverture venant du charbon qui passe au-

devant d'elle, et il y a ainsi une nouvelle destruction d'é-
quilibre avant que le précédent ait été rétabli.

C'est donc ainsi que sont entretenus la destruction d'é-
quilibre et les va-et-vient des écoulements des molécules
d'électre ou l'action qui est la sensation de la lumière du
charbon. En ce cas on fait passer le charbon au devant de
l'ouverture n, $2n$, $3n$... fois par seconde; mais en même
temps l'éclat ne croît pas proportionnellement, parce que les
molécules e en écoulement ne croissent pas quand les portions φ ou $n\varphi$ de lumière pénètrent par seconde l'ouverture
et arrivent à la rétine successivement et non pas à la fois.

Un corps brillant qui tourne avec rapidité produit une
périphérie continue; de même une roue tournante produit
l'effet d'un disque plein. Nous avons déjà fait voir comment
Newton utilisa cette persistance de sensations qui mêlent
les sept couleurs dans la rétine. Un disque de carton convenablement divisé en sept parties a été coloré par les sept
couleurs principales; si ce disque tourne lentement, les sept
couleurs sont visibles; s'il tourne rapidement, il paraît blanc.
Le mélange des sept espèces de lumière chromatique s'opère
en ce cas dans les fibrilles de la rétine; quoique chaque
couleur ait par elle-même une clarté médiocre, leur ensemble est le blanc d'un éclat supérieur.

Un corps sombre, par exemple une balle de fusil, un
boulet de canon qui passe rapidement devant l'œil ne se
distingue pas; ce fait est décrit et constaté, mais non pas
expliqué, et cela parce qu'était inconnue la cause du noir.
Les corps noirs sur un fond blanc vus de loin paraissent
moins grands que quand ces mêmes corps colorés blanc
se trouvent sur fond noir; cette espèce de faits attribués à
l'irradiation sera expliquée plus bas. Il suffit pour le moment de mentionner qu'un petit corps noir placé sur un
fond blanc disparaît quand il est regardé d'une distance de
quelques mètres.

Un boulet en mouvement rapide produit à l'œil le même

effet qu'un petit corps noir éloigné de quelques mètres; ces corps ne sont pas sentis par une lumière qui en arrive à la rétine; mais c'est plutôt cette lumière qui s'écoule de la rétine vers eux : pour cette raison les directions qui déterminent son contour forment de cette manière un angle inférieur à celui produit du même corps coloré blanc et placé sur un fond noir.

Durée du contact entre la lumière et la rétine. Ce contact coïncide avec le maximum de la destruction d'équilibre et avec celui de l'écoulement intense des molécules d'électre qui est le commencement de la sensation. Quand le charbon ardent passe au devant de l'ouverture, l'éclat a une durée qui surpasse de beaucoup celle de l'étincelle électrique; celle-ci répand la lumière sur les corps dont elle arrive dans la rétine, et ainsi tous les objets sont vus par un éclairage instantané. Donc pour la destruction de l'équilibre dans les molécules d'électre de la lumière φ et de l'électricité v, il ne faut qu'un contact entre elles; mais pour le rétablissement de l'équilibre il faut un espace de temps d'environ $0''$,84.

Mesures de la durée de l'équilibre détruit. I. M. d'Arcy a cherché à mesurer cette durée au moyen d'un charbon ardent tournant en cercle, et il prenait pour la durée cherchée le temps d'une révolution quand la périphérie lumineuse ne présentait aucune interruption; ce temps était de $0''$,13 environ. Cette observation conduit à connaître la durée depuis le commencement de l'écoulement des molécules jusqu'au degré d'une certaine diminution de cet écoulement et non pas jusqu'au moment du rétablissement de l'équilibre.

II. Aimé a employé un procédé plus exact : deux disques de carton tournent en sens contraire sur un même axe avec des vitesses égales, car le mouvement leur est communiqué par une même roue à deux gorges sur laquelle passent deux cordons sans fin qui enveloppent des poulies égales fixées au centre des disques; l'un des cordons étant croisé et l'autre ne l'étant pas, les mouvements sont en sens inverse. L'un des disques est percé près de son contour d'ouvertures rectangulaires étroites égales et équidistantes; l'autre ne possède qu'une ouverture semblable. L'appareil étant placé devant une vive lumière et tournant lentement, on aperçoit un rectangle lumineux qui change de place et se montre partout où l'ouverture unique du deuxième disque passe derrière une des ouvertures du premier. Mais si la vitesse de la rotation est assez grande pour que la destruction d'équilibre produite par une des apparences lumineuses persiste quand la suivante se produit, on aperçoit deux rectangles lumineux à la fois. Si la vitesse va encore en accélérant, on en aperçoit trois, puis quatre, etc.

La durée de l'équilibre détruit et de la sensation est alors égale, au moins, au temps que met l'*ouverture unique* à parcourir l'espace occupé par celles qui paraissent illuminées simultanément, temps qui est connu d'après la vitesse de rotation et le nombre d'ouvertures du disque. Les rectangles illuminés peuvent être avec des intensités différentes, ce qui permet de comparer la durée de la sensation en tenant compte de son affaiblissement progressif, ainsi que de son augmentation successive.

III. M. Plateau a obtenu des résultats différents en variant les densités ou les intensités de la lumière : 1° Quand il faisait augmenter l'intensité, la durée totale de la sensation augmentait tandis que diminuait celle du maximum; au contraire, 2° quand il faisait diminuer cette intensité de lumière, la durée du maximum augmentait tandis que diminuait la durée totale. Ces deux résultats sont d'une haute importance parce qu'ils sont d'accord avec la cause indiquée dont ils sont produits.

1° Une grande *intensité* de lumière produit une grande destruction d'équilibre entre les molécules $(q + q')e$ d'électre de cette lumière et leurs homonymes $(q - q')e$ de l'électricité ε de la rétine; cette cause fait s'écouler une grande masse $q'e$ d'électre de la lumière φ vers l'électricité ε; cette précipitation des molécules e se manifeste comme un maximum de sensation ; donc la durée paraît d'autant plus courte que la diminution est plus prompte.

La durée totale de la sensation correspond à celle du nombre n de va-et-vient de la masse $q'e$ d'électre qui doit précéder le rétablissement de l'équilibre. Ce nombre n est d'autant plus grand que la différence $2q'e$ entre les masses $(q+q')e$, $(q-q')e$ d'électre est supérieure, et cette différence en ce cas augmente avec l'intensité de la lumière φ ; donc la durée de sensation totale augmente proportionnellement avec l'intensité de la lumière.

2° Une intensité médiocre de lumière produit, par ses molécules qe médiocres d'électre, une destruction d'équilibre avec leurs homonymes $(q-q')$ e de l'électricité ε de la rétine ; la masse d'électre écoulée au premier instant n'est donc pas très-abondante ; la sensation produite de l'écoulement de cette masse $q'e$ d'électre a une intensité initiale inférieure à celle produite de la masse $2q'e$ dans le cas précédent ; sa durée paraît plus grande parce que la diminution de l'écoulement est *moins prompte*.

Comme dans le cas précédent la durée totale de la sensation correspond au nombre n' des va-et-vient de la masse d'électre qui doivent précéder le rétablissement de l'équilibre. Ce nombre n' est d'autant plus petit qu'est moindre la différence $q'e$ d'électre, qui diminue avec l'intensité de la lumière ; donc la durée totale de la sensation se raccourcit quand diminue l'intensité de la lumière.

IV. **Durée de l'incidence de la lumière.** En prenant pour unité la durée de l'étincelle électrique, la quantité φ de lumière répandue sur les objets environnants en est dispersée et renvoyée vers les yeux pour produire une sensation dont le maximum correspond à l'intensité de la lumière et non pas à sa durée. Ce maximum d'intensité de sensation a été trouvé moindre que $0'',008$, mais la durée de l'étincelle lui est de beaucoup inférieure.

En admettant 0″,008 pour l'intervalle entre les étincelles
et un déplacement des observateurs avec la même vitesse;
les nouveaux observateurs obtiendront continuellement un
maximum de sensation en recevant l'éclat des étincelles. Si
l'écoulement des étincelles est continuel et si les pôles font
une révolution en 0″,008, tous les observateurs qui se
trouvent autour de la périphérie décrite par les électrodes
en seront éclairés.

La lumière φ d'une étincelle continuelle, sans manquer
d'éclairer les objets sur lesquels elle s'écoule continuellement, peut donc éclairer une foule d'autres objets également volumineux, sans qu'il soit besoin que le nombre des
étincelles augmente. Cela n'est pas obtenu par une augmentation de la masse φ de lumière, mais on supprime ainsi la
quantité de lumière qui se consomme sans être utilisée
dans la production des sensations.

Ces résultats ainsi obtenus par les observations ont servi
à la construction de l'appareil *mégalophote* et à connaître
le mode de la manifestation des sentiments qui ne sont que
des combinés photoélectriques.

A. APPAREILS MÉGALOPHOTES.

Pour obtenir une intensité supérieure de lumière, il faut
nécessairement une multiplication des corps lumineux;
mais si l'on voulait obtenir le même éclairage dans une
longue suite d'appartements dont les fenêtres donneraient
sur une cour circulaire, il suffirait d'une seule lanterne qui
passât plusieurs fois par seconde au devant de chaque fenêtre; en effet cette lanterne fait apparaître une périphérie
lumineuse comme le charbon de M. d'Arcy. Quand la lanterne est en repos au devant d'une fenêtre, la personne
qui est dans l'appartement reçoit continuellement les portions φ de lumière d'une densité invariable, mais il y a à

peine un millionième de cette lumière utilisé pour la vision, parce que pendant la durée d'une sensation, on voit se perdre la lumière qui pénètre dans l'œil, dans lequel une nouvelle sensation ne peut commencer avant la fin de la précédente.

L'éloignement de la lanterne ne fait donc pas diminuer la production des sensations; il ne fait pas non plus diminuer l'intensité de la lumière, parce que la lanterne répand toujours la même densité de lumière, comme cela est constaté dans la périphérie lumineuse du charbon tournant; elle a une clarté qui ne diffère point de celle du charbon.

Ici au lieu d'un seul charbon plusieurs sont employés en contact, et ainsi est produite une surface lumineuse ou un disque qui répand de chaque point la même clarté que chaque charbon à part. Pour augmenter l'intensité de lumière on a employé le gaz; mais cette intensité augmente davantage encore par la lumière électrique.

Appareil mégalophote. Le tuyau AB (fig. 75) est un prisme triangulaire qui a le sommet en AR dans l'une des moitiés et en R'B dans l'autre; les becs b, b, b, b... b', b', b', b'... sont dans les côtés opposés des sommets, et cela pour que la flamme ne s'éteigne pas et qu'en même temps ne diminue pas la résistance de la part de l'air pendant la rotation du tuyau AB. Celui-ci est fixé dans l'axe CC' où pénètre le gaz par l'ouverture Q qui entre dans le tuyau qui est le conducteur du gaz. HM est une petite roue attachée à l'axe qui est mise en mouvement par une grande roue NM tournée par la manivelle O.

Augmentation de l'éclairage. Des atomes $n q$ de lumière répandus des becs b, b, b... b', b', b'... en repos, une seule portion q est utilisée pour la production des sensations qui sont l'effet de l'éclairage, et des milliers d'autres portions pareilles s'écoulent et se perdent sans produire d'éclairage. Donc l'éclairage ne subit aucune diminution, si le tuyau répand ailleurs la lumière $(n-1)q$ qui se perd quand il reste immobile.

En imprimant au tuyau un mouvement d'environ cent tours par seconde, il répand les *n* portions *q* de lumière dans *n* espaces qui obtiennent un éclairage égal sans que pour cela diminue l'éclairage obtenu par le tuyau immobile.

Ces mégalophotes alimentés par la lumière électrique et placés horizontalement au-dessus de colonnes très-élevées, peuvent éclairer de grandes surfaces dans les villes. Comme *phares*, les mégalophotes doivent tourner verticalement à l'horizon. Un mécanisme d'horlogerie entretient la rotation du tuyau lumineux.

Pour amener la lumière à se projeter en bas ou horizontalement, un demi-cylindre est fixé dans dans le tuyau AB et tourne avec lui. Cet objet sera traité dans la suite.

Description de l'appareil. Cet appareil consiste en des déplacements rapides des becs obtenus par une rotation qui doit être d'environ 10 à 100 fois par seconde.

Figure 75.

1° AB est le tuyau portant les becs *b*, *b*, *b*... à une distance égale à la moitié de la largeur de la flamme. Le gaz entre dans ce tuyau par l'axe CR où il arrive par l'ouverture Q; les becs *b'*, *b'*, *b'*... sont de l'autre côté.

2° L'axe CQ est soutenu par les deux pieds DC, *ef*; à son extrémité est fixée la roue H'M.

3° Cette roue est mise en mouvement par une autre grande NM tournée par la manivelle *g*O.

4° Les becs *b*, *b*, *b*... *b'*, *b'*, *b'*... sont des deux côtés opposés dans les bras RA et RB qui ne sont pas contre l'air, pour être à l'abri du vent quand le mouvement va de gauche à droite.

5° Si le tuyau fait 10 tours par seconde, il apparaît comme un disque illuminé d'autant de tuyaux qu'il y a de diamètres pareils; si le disque fait 100 tours par seconde, la clarté devient égale à celle produite par la succession des dix disques lumineux l'un après de l'autre.

6° En augmentant la vitesse de rotation de 10 à 100 par seconde, on raccourcit les durées de l'éclairage de chaque objet ambiant et l'on fait augmenter le nombre de passages. De sorte que la lumière 10φ s'écoule continuellement dans un cas, et dans l'autre par 10 interruptions, en conservant son intensité et se répandant d'une surface n fois supérieure à celle de la flamme en repos.

B. Nature des sentiments.

Les sentiments sont des combinés qui consistent en électricité et en fluides répandus des objets cosmiques; les *sentiments optiques* sont des combinés produits de l'électricité ε de la rétine et des atomes φ de lumière de l'image de l'objet. Avant le contact entre ces deux éléments l'une était la lumière φ et l'autre l'électricité ε. Dans leur contact opéré par le passage des atomes φ de lumière de l'image à travers la rétine le long de ses fibrilles chargés d'électricité est produite une destruction d'équilibre entre les molécules $(q+q')e$ d'électre de la lumière φ et celles $(q-q')e$ de l'électricité ε.

L'équilibre ainsi détruit entre les molécules $(q+q')e$ et $(q-q')e$ se trouve rétabli après la distribution des molécules $2qe$ également dans les atomes φ de lumière et dans l'électricité ε. L'équilibre se rétablit par l'écoulement des molécules e d'électre après un nombre de va-et-vient opérés en un espace de temps d'environ $0'',84$; ce temps est évalué par la durée de la *sensation*, car celle-ci n'est qu'écoulement des molécules e d'électre.

Par la sensation il devient donc possible de connaître que l'écoulement de l'électre ne s'opère pas en un seul et même degré, depuis le commencement de la destruction de l'équilibre jusqu'à son rétablissement, mais que cet écoulement commence avec une précipitation instantanée d'une durée moindre que $0''{,}008$, et qu'ensuite cet écoulement perd graduellement en intensité comme cela est constaté dans chaque sensation.

Le *sentiment* n'est pas un mouvement particulier des molécules d'électre entre la lumière φ et l'électricité ε, parce qu'elles y sont en équilibre, sans perdre pour cela leur élasticité commune de la lumière φ et de l'électricité ε. L'expansion des combinés $\varphi\varepsilon$ photoélectriques est donc un effet physique de l'élasticité de la lumière φ et de l'électricité ε, qui restent inséparables à cause des molécules $2\varphi\varepsilon$ d'électre qui s'y trouvent en équilibre, et celui-ci se soutient dans toutes les augmentations de volume du combiné.

Les sentiments engendrés dans chaque individu, sans s'évanouir aucunement, se répandent vera l'espace en restant en communication entre eux par le facteur ε d'électricité qui est commun à tous les sentiments. Par la langue chaque individu rappelle aux organes de sensation les sentiments qui y ont pris naissance. Les peintres et les sculpteurs reproduisent les objets absents, guidés qu'ils sont dans leurs actions par les sentiments qui sont les images de ces objets, sentiments qui ne diffèrent des photographies de ces mêmes objets que par les dimensions qui n'y sont pas arrêtées comme dans les photographies. Il sera traité en détail de cet objet dans la Métaphysique; il suffit pour le moment de connaître comment le contact de la lumière φ de l'image, en pénétrant les fibrilles de la rétine, occasienne une destruction d'équilibre entre les molécules d'électre; l'écoulement de celui-ci est la *sensation*, et le sentiment est engendré par le rétablissement de l'équilibre.

Manifestation cosmique des sentiments. Les faits de ce genre ne peuvent pas être soumis aux expériences physiques; pour cette raison ils ne sont pas contenus dans les ouvrages des physiciens; cependant ces derniers ne devaient pas pour cela aller jusqu'à nier leur existence chaque fois qu'ils peuvent le faire : ils auraient également nié les *rêves* mêmes si cela leur eût été possible, parce qu'ils sont pour eux aussi inexplicables que le sont les oracles et les phénomènes du magnétisme animal.

Il y a deux conditions qui doivent être remplies quand on veut obtenir des individus interrogés des réponses véritables : 1° il faut que ceux-ci parlent sans en avoir conscience, mêlent les cartes, touchent une tablette, etc.; 2° il faut remettre aux mains des individus interrogés une lettre de la part d'une personne absente; mais s'il s'agit d'un individu présent, il doit toucher les cartes ou les graines des *fisoles;* il suffit souvent d'être regardé seulement par l'individu plongé en extase.

1° L'extase est un état où la conscience est absente, où les ondes des sentiments d'individus en question éprouvent le minimum de résistance pour se répandre dans leurs organes de sensation, où l'on est hors de soi-même.

2° Une lettre, une mèche de cheveux ou un morceau de vêtement de l'individu en question répandent des ondes qui pénètrent dans les organes de sensation en même temps qu'y pénètrent avec les ondes cosmiques celles du même individu qui se trouvent à l'*unisson* avec les ondes déterminées par la lettre ou par un autre moyen. Cet *unisson* entre les ondes des sentiments du même individu est semblable à celui obtenu entre un *diapason* et les cordes d'un instrument musical.

Pour plonger en extase un individu, il ne faut que chercher d'attirer à soi ses sentiments, de faire ainsi pénétrer ceux du magnétiseur ou du fascinateur dans les siens. Si l'on veut entrer dans le détail des productions des faits par cette espèce de communication des sentiments, on y trouvera matière à écrire des ouvrages volumineux. Cet objet est ici considéré seulement du côté scientifique. Après avoir prouvé : 1° que les sentiments prennent naissance dans les organes de sensation, 2° que l'élasticité de leurs éléments ne s'anéantit pas, 3° que leur volume doit augmenter indéfiniment, nous avons cherché dans les faits occultes la preuve de l'expansion des sentiments. L'existence de faits pareils est niée par certains auteurs; cependant elle est constatée par une foule d'autres, et chacun pourra s'en convaincre si l'on veut se donner la peine de visiter les magnétiseurs dont le nombre augmente tous les jours dans les grandes villes; mais les grandes variations de faits pareils se trouvent parmi le bas peuple dans tous les villages. Les *Calchas* d'Homère n'ont pas cessé d'exister; et on les rencontrerait partout, si on les cherchait.

Les individus pareils sont sensitifs : cet état est produit par un excédant d'électricité qui peut s'écouler sans produire de sentiment avec les fluides affluents aux organes de sensation des objets ambiants; alors ce sont les ondes des sentiments cosmiques qui envahissent leurs organes de sensation.

Résumé. Les enfants sans langue ne diffèrent pas des animaux qui ont les mêmes organes de sensation que l'homme; mais il leur manque la langue, qui est employée aux déplacements de faits cosmiques pour être différemment arrangés, comme cela se manifeste dans les œuvres des artistes, car c'est en déplacements pareils que consiste l'origine des beaux-arts qui manquent chez les animaux.

Les sentiments d'un individu et leurs combinaisons constituent son intelligence et son âme qui ne diffèrent point, mais sont une seule et même chose. Ces sentiments sont produits suivant les lois physiques dans les organes de sensations : leur existence n'est pas un état inerte, mais une expansion indéfinie; celle-ci ne dépend point de la volonté de l'homme; pour cette raison celui-ci peut être atteint pendant sa vie d'une maladie de cerveau qui lui fera perdre l'usage des organes de sensation : son intelligence antérieure n'éprouve pour cela aucune altération, elle continue son expansion qui est le mode de sa vie perpétuelle.

De même quand la mort vient interrompre la production de nouveaux sentiments, l'existence et l'expansion de sentiments produits pendant la vie n'éprouvent pour cela aucune modification. Donc la mort n'est qu'une interruption de production de sentiments; l'ensemble de ceux qui ont été produits pendant la vie reste éternel, sans éprouver, à cause de la mort, aucun changement dans le mode de sa vie qui est l'expansion des sentiments ou de l'âme.

II. — DE LA SENSIBILITÉ DE LA RÉTINE ET DE SON POINT INSENSIBILE.

Pour mieux connaître l'état normal de la rétine et le mode de production des sentiments, il faut en même temps connaître les causes qui produisent un affaiblissement ou une interruption de cette production. Quand l'œil est dans son état normal et que la production des sentiments s'interrompt, on dit que l'individu est frappé d'*amaurose;* celle-ci est périodique ou complète et presque toujours incurable.

Hémiopsie est le nom de l'état dans lequel l'amaurose n'est pas générale dans les deux rétines, mais en occupe seulement les moitiés homonymes gauches ou droites.

Les *vues faibles* ont des degrés différents : elles se montrent chez les diabétiques, chez les individus affectés de néphrite albumineuse et chez les gens qui mènent une vie irrégulière. M. Cl. Bernard a constaté cette liaison entre l'organe de la vision et l'organe urinaire; en effet, par des expériences physiologiques, ce physicien a prouvé la liaison et la relation entre la présence du sucre dans l'urine et la lésion du quatrième ventricule du cerveau. On est ainsi parvenu à connaître qu'une abondante sécrétion de sucre, d'albumine, de sperme ou des menstrues produit l'affaiblissement de la vue.

Le *punctum cœcum* est l'espace circulaire *o* (fig. 67) de l'extrémité du nerf optique; les rayons qui pénètrent cet espace ne produisent aucune sensation, pas plus qu'ils n'en produisent quand l'individu est affecté d'amaurose ou d'hémiopsie.

Les physiciens sont d'accord sur ce point que la vision est la résultante de deux facteurs : 1° de l'image de l'objet composée de la lumière φ répandue de sa surface, et 2° de l'électricité des fibrilles de la rétine qui doivent être pénétrées par la lumière φ de l'image. Pour rester à l'abri de toute erreur, un grand nombre de physiciens ne spécifient pas cet état électrique de la rétine, et cela parce qu'ils ne peuvent concevoir de quelle manière s'opère la combinaison entre la lumière et l'électricité.

Les physiciens se trouvaient dans une incertitude perpétuelle, parce qu'ils ignoraient la nature de la lumière et celle de l'élasticité; ils ne savent pas que les molécules e d'électre se trouvent dans les fluides impondérables en densités différentes, et quand deux de ces fluides viennent en contact, il y a immédiatement une destruction d'équilibre entre leur électre qui est forcé de s'écouler de l'espace où il est en densité supérieure vers l'espace où il est en densité inférieure, écoulement qui ne cesse qu'après le rétablissement de l'équilibre.

La *sensation* est l'état de l'écoulement de l'électre, et le *sentiment* est l'état d'équilibre de cet électre répandu dans la lumière φ de l'image et dans l'électricité ε des fibrilles. 1° La *sensation* a un commencement, une durée qui est un état décroissant, et une fin qui est l'interruption de l'écoulement et le rétablissement de l'équilibre 2° Le *sentiment* est cet état d'équilibre qui a un commencement, une existence qui se manifeste par une expansion indéfinie de ses éléments; ainsi cette existence est sans fin ou *éternelle*.

Pour qu'il se produise une *sensation*, il faut 1° une certaine densité de lumière de l'image de l'objet, et 2° une certaine densité d'électricité dans la rétine. Les faits de ce genre ont été obtenus par des observations opérées sur des

aveugles de naissance, auxquels on a rendu la vue au
moyen d'opérations chirurgicales. Parmi ces observations,
les plus célèbres sont dues au chirurgien anglais Cheselden ;
elles ont été faites sur un jeune homme fort intelligent, auquel il rendit la vue par la perforation de la membrane de
l'iris. Ce jeune homme possédait l'électricité dans ses nerfs
et dans la rétine, mais la vision manquait, parce que la
lumière répandue des objets ne pouvait y arriver à cause
de l'absence de pupille.

L'*amaurose* est un état où l'électricité s'éloigne rapidement de la rétine à cause du manque de résistance, et la
vision est interrompue parce que la lumière φ de l'image
des objets pénètre les fibrilles de la rétine sans destruction
d'équilibre entre les molécules d'électre qui sont en quantité trop faible pour produire une destruction sensible d'é-
quilibre. Donc la vision est supprimée également par manque
de lumière et par manque d'électricité. Entre ces deux
termes extrêmes se trouvent les différents degrés des vues
affaiblies : 1° les unes à cause des obstacles qui empêchent
la pénétration de la lumière, et 2° les autres à cause du
prompt éloignement de l'électricité de la rétine.

I. **Diminution de la lumière.** Elle peut être produite : 1° par un vice de conformation de l'œil, ou 2° par
une grande raréfaction de la lumière répandue des objets :
on a évalué à $\frac{1}{90000}$ de l'éclat de la Lune la plus faible lumière
perceptible ; 3° Arago employait comme terme de compa-
raison entre les vues la lumière raréfiée des différentes étoiles
du système des *pléiades*.

Par ces trois espèces d'observations sont déterminés trois
états différents : 1° le degré des vices inhérents à l'œil ;
2° le degré de la densité de lumière qui peut affecter les
bonnes vues, et 3° la comparaison entre les vues différentes
qui peuvent éprouver tous les degrés d'affaiblissement par
des vices des différentes parties de l'œil ou par les prompts
éloignements de l'électricité de la rétine.

II. Augmentation de lumière. Elle produit le rétrécissement de la pupille, dont le diamètre varie entre 3 et 7 millimètres, et la surface entre $9n$ et $49n$ de millimètre carré; ce rapport 9:49 obtenu par la diminution de la pupille n'est pas suffisant pour rétablir l'égalité entre les quantités d'atomes de lumière qui pénètrent dans la pupille, et cela parce que la densité de ces atomes peut devenir immensément plus grande sans que la pupille devienne proportionnellement plus petite.

III. Diminution de l'électricité de la rétine. Elle se produit chez les individus bien portants, non pas par une diminution de production d'électricité, mais par une augmentation de sa consommation dans les autres parties du corps qui sont en relation directe avec la vision : telles sont les parties génitales et l'appareil consacré à la production de l'urine. Quand une dérivation pareille de l'électricité n'existe pas, elle diminue par la consommation directe si l'on est exposé au grand jour. En cas pareils on dit que la vive lumière émousse la sensibilité, car la vision est supprimée pour quelques moments quand on passe du grand jour dans un endroit sombre.

IV. Augmentation de la densité d'électricité de la rétine. A l'état normal, cette densité augmente quand on reste en un endroit sombre où la lumière peut être encore suffisante pour lire; si alors on sort au grand jour, la vision est supprimée pour quelques moments, et cela est attribué simplement à une grande sensibilité acquise dans l'endroit où il ne pénètre qu'une petite quantité de lumière. Quelques personnes croient que cette sensibilité augmente davantage quand on reste des journées entières dans l'obscurité; mais cela n'a pas lieu, car l'électricité s'éloigne après avoir atteint un certain degré de densité.

Il a été dit que la meilleure comparaison entre les densités d'électricité de la rétine s'opère au moyen de phosphores introduits, après leur insolation, dans un appartement obscur où se trouvent plusieurs observateurs, dont chacun voit, au commencement, une lueur qui ne disparaît pas pour tous au même instant, comme cela devrait avoir lieu si la densité d'électricité de la rétine était constamment égale : les individus possédant une densité médiocre d'électricité cessent de voir la lueur avant ceux chez lesquels l'électricité de la rétine a une densité supérieure.

Après avoir ainsi constaté les degrés différents de densités des atomes de lumière des images et de l'électricité des fibrilles de la rétine, il ne nous reste plus qu'à rapporter une série d'exemples dont 1° les uns ont leur origine dans l'état normal de l'œil, et qui, pour cela, s'appellent faits physiologiques; 2° les autres sont, au contraire, des faits pathologiques, parce qu'ils sont l'effet d'un état anormal de l'électricité de la rétine. Dans cette série de faits n'entreront pas ceux qui ont pour cause un vice quelconque des parties de l'œil, vice qui produit une modification sur la lumière incidente des objets à la rétine.

A, Faits physiologiques de l'électricité de la rétine.

Ces faits se manifestent : 1° dans le *punctum cœcum* et la surface ambiante de la rétine; 2° dans les changements des intensités de lumière, et 3° dans les rapports entre la vision et les parties génitales.

Figure 76.

Punctum cœcum. C'est Mariotte qui démontra le premier son existence par l'expérience suivante : On trace sur une surface deux points n, n' (fig. 76) situés à une distance de 10 centimètres environ l'un de l'autre; puis fermant un œil, on place l'autre sur la perpendiculaire *na*, de manière que la ligne des deux yeux soit parallèle à *nn'*.

Rapprochant ou éloignant ensuite l'œil peu à peu tout en le maintenant sur la perpendiculaire en *n*, quand on arrive à une distance de 25 à 30 centimètres, on voit le point *n'* disparaître subitement. C'est que l'image *a'* de ce point *n'* se déplace sur le fond de l'œil A en s'écartant de l'image *a* formée par le point *n*, et finit par tomber en *b'* sur l'extrémité du nerf optique, quand l'œil arrive de A en B. Le point *n'* redevient visible quand l'œil se déplace de B en s'approchant ou en s'éloignant sans s'écarter du parallélisme avec la ligne *nn'*.

Mariotte admettait, comme les anatomistes, que la rétine est un épanouissement du nerf optique, et lorsqu'il eut constaté le défaut de sensibilité dans son extrémité, il fut amené à croire que c'est la choroïde qui sert à la production des sensations. De nos jours les physiciens, pour éviter cette hypothèse, croient que les nerfs ne sont très-sensibles que dans les parties où ils sont très-divisés; ils ont été conduits à cette opinion par l'état pareil des nerfs de tous les organes de sensation; c'est pour cela que les nerfs qui affectent un état pareil sont appelés ici *névroplegmes*.

La sensibilité de ces névroplegmes ne dépend pas de leur dimension matérielle, mais de la densité de leur électricité qui n'y arrive pas par les nerfs du cerveau, mais par les extrémités des artères où est l'origine des névroplegmes de tous les organes de sensation. Les fibrilles de la rétine reçoivent l'électricité des artères de l'œil où ils ont leur origine; par leur affluence est produite la couche superficielle du nerf optique : 1° de la moitié droite de la rétine les fibrilles affluent à la partie droite du nerf, et 2° de la moitié gauche ils affluent à la partie gauche du même nerf.

Le manque de fibrilles dans le *punctum cœcum* et en même temps le manque de densité suffisante d'électricité rend cet espace insensible à la lumière. Mariotte n'aurait pas fait le raisonnement indiqué s'il eût su que l'électricité des artères passe aux fibrilles de la rétine et que celle-ci, loin d'être un épanouissement du nerf optique, en est l'origine.

De même les physiciens modernes n'ont pas besoin d'attribuer la sensibilité des nerfs aux petites dimensions des nerfs, car ces fibrilles sont les racines des nerfs et reçoivent leur électricité des artères ; donc la sensibilité y est grande, non pas à cause des dimensions petites, mais à cause de la grande densité d'électricité. Les physiciens ont été conduits, par les observations directes, à reconnaître la sensibilité des nerfs divisés des *névroplegmes*. Ils trouveront ici bien mieux constatés les résultats de leurs observations ; car c'est l'électricité qui fait apparaître la sensibilité, et cette électricité n'arrive pas aux névroplegmes du cerveau par les nerfs, mais des poumons par les artères, pour être conduite au cerveau par les nerfs.

Les fibrilles manquent au *punctum cœcum* ; on ne peut donc y déterminer la pénétration de la lumière φ de l'image du point n' ; cela prouve l'erreur de Brewster, qui a posé comme une loi immuable que nous transportons les impressions reçues dans la direction normale à la surface de la rétine. Les fibrilles électrisées arrêtent l'arrangement des atomes de lumière de l'image ; ainsi ces atomes ne peuvent plus prendre un état amorphe.

Les fibrilles (conules, bâtonnets) ont une épaisseur extrêmement petite ; leur diamètre, d'après M. Kœlliker, varie de $0^{mm},000500$ à $0^{mm},004500$. Toute image d'un diamètre moindre que $0^{mm},000500$ produira la même sensation qu'un point unique, et l'on n'en pourra distinguer les détails.

Changement de l'intensité de lumière. Dans les endroits sombres, il arrive à la rétine, en une unité de temps, une plus grande quantité d'électricité $\varepsilon+\varepsilon'$ que celle ε qui se consomme ; l'excédant sert à charger le nerf jusqu'à saturation, et le superflu s'écoule par le nerf optique dans le cerveau. Si l'on sort subitement au grand jour, les molécules d'électre de la lumière φ et de l'électricité ε'' accumulée se précipitent; ainsi la sensation est d'un degré très-élevé, et cet état, nommé *éblouissement*, dure quelques minutes après lesquelles on commence à mieux distinguer les objets qu'on ne voyait pas auparavant.

Si aussitôt après on rentre dans l'endroit sombre, on n'y distingue rien d'abord, et il faut qu'il se passe un plus grand nombre de minutes pour commencer à distinguer les objets; cet état diffère de l'éblouissement, car il est produit, non pas par le manque de lumière qui est la même que précédemment, mais par l'écoulement en arrière de la lumière accumulée par l'insolation dans le pigment à cause de la diminution de la densité de la lumière incidente; on dit alors que la rétine est *émoussée* par la lumière du grand jour.

Relations physiologiques entre la vision et les parties génitales. Chez les animaux terrestres, des parties sont en rapport direct, non-seulement avec la vision, mais aussi avec l'odorat et avec l'ouïe; chez les oiseaux le rapport avec l'organe de l'odorat est moins prononcé, tandis qu'augmente celui avec l'ouïe et encore plus celui avec la vision; il en est de même chez l'homme.

Chez les individus des deux sexes on ne remarque aucune différence avant l'âge de puberté, d'autant que manquent encore les menstrues. On ne constate pas les symptômes optiques qui accompagnent dans l'âge avancé les états anormaux chez des individus de menstrues copieuses, chez ceux qui mènent une vie de débauche, chez les diabétiques, chez ceux qui souffrent de néphrites albumineuses.

Avec l'âge de puberté la vision commence à devenir utile aux individus des deux sexes pour se reconnaître, et en même temps cette même vision produit une agitation, une émotion qui se propage aux parties génitales, qui jusqu'à l'âge de puberté étaient demeurées inertes et inactives. Il y a également chez l'homme comme chez les oiseaux un rapport entre l'organe de l'ouïe et les parties génitales ; mais ce rapport se manifeste après l'acte sexuel comme cela peut se constater chez les aveugles.

Depuis l'âge de puberté jusqu'à l'âge de sagesse, le rapport entre la vision et les parties génitales se manifeste en toute occasion ; la propagation normale va des yeux par le cerveau aux nerfs centrifuges qui se rendent aux parties génitales ; ensuite ces parties étant extérieurement irritées par suites d'abus répétés, provoquent l'affluence de l'électricité de la part du cerveau ; c'est dans ces cas surtout que s'écoule promptement l'électricité de la rétine, et que se montre l'affaiblissement de la vue.

Ces quatre espèces de faits physiologiques servent à prouver que c'est l'électricité des nerfs qui correspond au mot *sensibilité*; celle-ci manque au *punctum cœcum*, parce qu'il y a là une densité d'électricité trop faible pour produire une sensation.

B. Faits pathologiques de l'électricité de la rétine.

Ces faits sont les *vues faibles*, les *hémiopsies* et l'*amaurose*, où les parties anatomiques de l'œil ne présentent aucune difformité; la lumière des objets forme des images nettes dans la rétine, et cependant la production de sensations n'a pas lieu, et cela à cause du défaut de densité suffisante d'électricité pour produire un écoulement de molécules d'électre qui se manifeste comme sensation.

Vues faibles. Elles sont produites par plusieurs causes, mais elles ne manquent jamais chez les individus débauchés, les diabétiques ou ceux atteints du mal de Bright. M. Landouzy a constaté également la vue faible comme symptôme de la néphrite albumineuse; car sur seize cas de maladies les mieux caractérisés, ce physicien constata treize fois l'affaiblissement de la vue, qui commença, diminua, cessa, ou reparut suivant toutes les phases, croissantes ou décroissantes, de l'albuminerie.

Chez aucun malade il n'a existé de troubles apparents de l'ouïe, de l'odorat, du goût, de la parole ou de l'intelligence; chez aucun non plus on ne constata d'altération appréciable de l'œil ou de ses annexes. En résumé, M. Landouzy affirme que, 1° l'affaiblissement de la vue est un symptôme presque constant dans la néphrite albumineuse; 2° il annonce la maladie comme signe prodromique précédant l'invasion des autres symptômes; 3° il disparaît et revient en même temps que les dépôts albumineux de l'urine; il doit porter à considérer la néphrite comme résultant d'une altération des nerfs ou d'une augmentation de la masse d'électricité qu'ils conduisent aux veines.

Amaurose. L'œil n'éprouve aucune altération apparente; mais des congestions au cerveau ou un épuisement dans les parties génitales précèdent l'affaiblissement de la vue, et celui-ci aboutit graduellement à une amaurose complète.

La production et l'émission fréquemment répétée de la liqueur séminale chez les gens qui se livrent à la débauche, la sécrétion exagérée du sucre chez les diabétiques, de l'albumine chez ceux qui souffrent de néphrite, ainsi que les menstrues trop abondantes, sont entretenues par des masses analogues d'électricité qui arrive à ces parties du cerveau par les nerfs. Cet écoulement d'électricité produit une raréfaction qui se propage par le nerf optique à la rétine; il s'y produit ainsi une diminution de densité d'électricité qui se manifeste par un affaiblissement de la vue; quand cette diminution de densité augmente davantage, alors se déclare l'*amaurose complète*.

Hémiopsie. Cet état pathologique de la vision est plus fréquent qu'on ne pense; les individus qui en sont atteints ne voient qu'une moitié de chaque objet, soit qu'ils regardent avec les deux yeux ou avec un seul séparément. Les observations de cette nature sont très-nombreuses : nous citerons quelques-unes des mieux décrites.

1° W. H. Wollaston, après s'être livré à un exercice assez violent, remarqua qu'il ne distinguait que la moitié droite de chaque objet; quand il regardait par exemple le mot JOHNSON, il ne voyait que ....SON, le commencement du mot restant caché; cet état ne dura qu'un quart d'heure et disparut.

Quinze mois après, sans aucune cause connue, Wollaston remarqua de nouveau les symptômes de l'hémiopsie, mais cette fois c'était la moitié gauche des objets qui était visible, et dans le mot JOHNSON il ne voyait que JOH....., la partie finale du mot étant cachée. Cette affection se dissipa comme la précédente après une durée de vingt minutes.

2° Wollaston observa l'hémiopsie chez un individu où elle se manifesta après une douleur de tête dans la région temporale gauche et vers le derrière de l'œil; sa vue se trouva considérablement affaiblie. D'autres symptômes indiquaient une compression sur le cerveau; l'individu voyait ce qu'il écrivait, la plume aussi, mais la main qui conduisait la plume était cachée pour lui. Cet état s'est maintenu, sans amélioration sensible, pendant un temps assez long pour qu'on puisse affirmer que cet individu ne pourra jamais recouvrer la perception complète des objets situés à sa droite.

3° Arago éprouva trois fois cette hémiopsie; pendant les deux premières il ne voyait pas la moitié droite, et la troisième fois il ne voyait pas la moitié gauche des objets; dans le mot BAROMÈTRE il voyait, les deux premières fois, BAROI....., et la troisième fois, il voyait .....IÈTRE. Quand cette hémiopsie eut cessé, environ vingt minutes après il se manifesta un mal de tête qui avait son siége à droite au-dessus de l'œil.

Arago a connu quatre personnes qui ont eu la même

affection, et toujours l'hémiopsie se manifesta dans les deux yeux en même temps, et une moitié était atteinte dans un œil comme dans l'autre. M. Daguin a également eu l'occasion d'observer l'hémiopsie sur lui-même.

Remarques. 1° Dans les trois cas indiqués de l'apparition de l'hémiopsie, Wollaston n'a senti aucun mal de tête; l'individu qu'il observa a eu le mal de tête avant l'apparition de l'hémiopsie, et Arago l'a eu une vingtaine de minutes après sa disparition. 2° L'individu observé par Wollaston a eu le mal de tête du côté gauche et il voyait la moitié gauche des objets; de même Arago, la troisième fois, voyait la moitié droite des objets et le mal a apparu au-dessus de l'œil droit. 3° Dans tous les cas, l'hémiopsie n'occupa que les moitiés homonymes gauches ou droites et jamais les moitiés supérieures ou inférieures des rétines. 4° Il y a eu presque toujours déplacement de l'hémiopsie avant sa disparition totale.

Explication. Les physiologistes admettent que le cerveau donne naissance aux douze paires de nerfs et à la moelle épinière; les *hémiplégies* trouvent leur explication dans les congestions de l'hémisphère opposé du cerveau, parce que les filets de l'hémisphère droit du cerveau passent à la moitié antérieure gauche de la moelle, et les filets de l'hémisphère gauche du cerveau passent à la moitié droite et antérieure de la moelle. Ce croisement anatomique des filets antérieurs de la moelle, dont se répandent les nerfs de mouvement, explique l'*hémiplégie* ou la paralysie d'une moitié du corps.

Pour avoir une explication analogue de l'hémiopsie, on remarquera que le mal de tête se manifesta, dans les deux cas, du côté visible des objets qui sont sentis dans le côté opposé de la rétine; donc le mal était dans les deux cas du même côté que la moitié insensible de la rétine, et non pas du côté opposé, comme cela a lieu pour les hémiplégies. Toutefois on a trouvé, en faisant la comparaison entre le manque de mouvement et le manque de sensibilité, que les nerfs de sensibilité sont *cérébropètes* et ceux du mouvement *cérébrofuges*.

Le mal d'un point du cerveau se manifeste, non pas dans l'œil du côté opposé, mais dans les deux moitiés homonymes des deux yeux du même côté. Ces faits prouvent directement que les fibrilles de chaque moitié de la rétine forment les filets séparés du nerf optique du côté homonyme, et cet état se soutient jusqu'au croisement de ces nerfs.

Dans le croisement des deux nerfs optiques s'unissent les filets des moitiés homonymes, puis se divisant, ils forment les deux moitiés de la partie supérieure des nerfs qui s'épanouissent dans le crâne en formant mille circonvolutions. Chaque filet des parties supérieures des nerfs est composé des deux autres qui ont leur origine dans les fibrilles des moitiés homonymes des deux rétines.

Pour qu'un défaut de sensibilité se montre dans ces deux moitiés homonymes de la rétine, il faut que l'électricité y diminue, et cela ne peut avoir lieu que quand diminue la résistance de son éloignement de la rétine. Il suffit donc qu'il se présente une lésion quelconque dans un filet double *f* au-dessus du croisement des nerfs optiques pour faire disparaître l'électricité des deux moitiés homonymes des rétines qui perdent pour cela leur sensibilité.

L'électricité éloignée entraîne les masses matérielles au point lésé, qui prend ainsi un état qui empêche le prompt écoulement de l'électricité; celle-ci s'accumule dans les moitiés homonymes des rétines dont la sensibilité reparaît. La sensibilité ne disparaît des deux autres moitiés des rétines que dans le cas où leur électricité s'en éloigne de la même manière, et cela s'opère également par une lésion dans un filet double *f'* qui a son origine dans les fibrilles devenues insensibles de ces moitiés des rétines.

Par les apparitions alternatives de l'hémiopsie dans les moitiés hétéronymes des rétines, on connaît que l'accumulation de la masse nécessaire pour arrêter l'écoulement et l'éloignement de l'électricité devient la cause qui détruit l'état normal du filet voisin *f*, lequel laisse alors s'écouler l'électricité; c'est ainsi que disparaît la sensibilité dans les moitiés hétéronymes des rétines.

L'union des filets des parties inférieures des nerfs optiques dans leur croisement et leur séparation différente dans les parties supéreures manque chez les esturgeons et autres espèces de poissons dont les nerfs optiques se touchent en se croisant sans s'unir; cela prouve que l'organe de la vue est chez les poissons moins parfait que chez les animaux des classes supérieures.

Résumé. Par le mot *vision* il faut entendre une série de faits opérés, dans un appareil propre, sur des matériaux de deux espèces dont l'une, la *lumière*, arrive du dehors, et l'autre, l'*électricité*, est fourni par les artères qui le reçoivent des poumons. La lumière et l'électricité contiennent les molécules *e* d'électre en densités différentes d'où résulte une destruction d'équilibre au moment du contact opéré entre la lumière φ de l'image et l'électricité ε des fibrilles de la rétine.

Les séries de faits physiologiques et de faits pathologiques ont servi à connaître l'état anatomique des nerfs de sensation qui diffèrent de ceux du mouvement, parce qu'ils sont *cérébropètes* et ceux-ci *cérébrofuges*. L'origine des nerfs de sensation est dans les extrémités des artères de l'électricité desquelles ils se chargent. Dans la rétine l'électricité accumulée représente le degré de sa *sensibilité*.

La *sensation* est l'action par laquelle s'opère le mélange d'électre *e* de la lumière φ de l'image avec ceux de l'électricité des fibrilles; ce mélange commence avec un maximum d'intensité et diminue graduellement pour disparaître quand l'équilibre est rétabli.

Le *sentiment* est la lumière φ de l'image et l'électricité ε des fibrilles ayant leur électre réduit par le mélange en une densité égale; un moment auparavant, la lumière φ était dans l'objet avec son électre $(q + q')e$ et l'électricité ε dans les fibrilles avec son électre $(q - q')$. Dans le sentiment sont contenus la lumière φ, l'électricité ε et l'électre $2qe$: rien n'est disparu, et cependant rien ne se trouve plus à l'état primitif, et cela à cause du mélange des masses $(q + q')e$ et $(q - q')e$ d'électre pour se mettre en équilibre.

Les *maladies nerveuses de la vision* proviennent toutes du prompt éloignement de l'électricité de la rétine. Cet éloignement est produit : 1° par une très-grande intensité de lumière qui fait que l'œil n'est en état de rien voir; 2° l'œil est encore amené au même état quand l'électricité est éloignée de la rétine par la diminution de la résistance dans les propagations des filets des nerfs optiques.

La production et la sécrétion souvent répétées du sperme dans les parties génitales, du sang dans les menstrues, du sucre chez les diabétiques et de l'albumine chez les personnes affectées de néphrite, sont entretenues par l'affluence abondante d'électricité qui y arrive par les nerfs cérébrofuges, et ainsi est provoqué l'éloignement de l'électricité des rétines à cause de la diminution de la résistance de la part des parties génitales.

Cet éloignement d'électricité produit une vue faible quand il est médiocre, et une amaurose quand il est abondant; l'hémiopsie a servi a mieux constater le mode de la propagation des filets des nerfs optiques au-dessous et au-dessus de leur croisement.

La *manifestation des sentiments* est l'expansion de deux éléments qui sont la lumière φ de l'image et l'électricité ε des fibrilles; la forme reste ainsi toujours conservée et les dimensions seules changent. Les sentiments ne cessent pas pour cela d'être en communication avec les organes de sensation dont ils ont été produits, sauf dans les cas pathologiques qui sont analogues à ceux qui occasionnent l'amaurose ou l'hémiopsie.

Il suffit, par quelque lésion cérébrale, d'occasionner un

écoulement prompt d'électricité qui réduise celle des nerfs des névroplegmes en un état trop raréfié pour produire les sentiments. Les médecins appellent cet état *maladie de l'âme*, parce qu'ils ignorent également la cause de la maladie et la nature de l'âme.

Quoique les sentiments et les idées doivent être traités plus loin dans la Métaphysique, il n'est pas superflu de connaître dès à présent la nature des sentiments ; car ce sont des combinés photoélectriques produits suivant les lois physiques.

CHAPITRE III.

DE L'INSOLATION DE L'ŒIL ET DE LA PRODUCTION DES COULEURS COMPLÉMENTAIRES PAR LA LUMIÈRE INCOLORE.

Après avoir constaté la production des sentiments par les combinaisons des atomes φ de lumière des images avec l'électricité ε de la rétine, il nous reste à examiner les faits produits par l'introduction d'un excès de lumière dans l'œil dont la rétine reçoit des artères, en chaque unité de temps la même quantité ε d'électricité.

Quand il s'introduit dans l'œil une quantité Φ de lumière trop abondante pour être combinée tout entière avec l'électricité ε, l'excédant Φ' pénètre la rétine par l'espace o de l'image de l'objet lumineux et arrive à l'espace o' du pigment où elle s'accumule; précisément comme cela a lieu pour les *phosphores* qui, exposés au Soleil, reçoivent une couche mince de lumière, qui s'y maintient tant qu'il y a une pression de la part de la lumière incidente.

Toute la surface des phosphores exposée au Soleil acquiert une insolation par la lumière qui la frappe. Si l'on veut limiter cette insolation en un seul point p, il faut couvrir l'autre surface, et laisser ce point p exposé à la lumière; on obtient ainsi une insolation partielle. Le même effet a lieu pour le pigment dont l'espace o' obtient une insolation tandis que le champ O' ambiant reste dans son état naturel; on dit alors que l'insolation est *partielle*, parce qu'elle est limitée dans l'espace o' qui correspond à la forme f de l'objet lumineux. Mais si cet objet est une surface étendue dont les limites n'entrent pas dans l'image qui occupe l'espace O ou le champ de la rétine, l'excédant Φ' de lumière pénètre et occupe le champ O' du pigment ; en ce cas l'insolation est *universelle*.

Pour obtenir dans les phosphores un point p' sans insolation, on le couvre quand l'autre surface reste exposée au Soleil ; on fait de même dans l'insolation universelle du pigment quand un petit disque noir se trouve sur la surface blanche ou colorée, exposée au Soleil. Pour distinguer cet état de l'insolation partielle, on l'a nommé *insolation négative*.

Dans les insolations partielles des phosphores le point p lumineux ne reste pas borné à la dimension du trou par lequel a pénétré la lumière, mais il augmente par l'expansion de la lumière qui y est accumulée ; au contraire, dans les insolations négatives, la dimension du point p' diminue, et cela pour la même cause, parce que la lumière du champ ambiant éprouve une expansion vers le point p'. Le même effet a lieu pour les insolations partielles du pigment où l'espace o' croît si l'insolation y est limitée, tandis qu'il diminue si cet espace est en son état naturel quand l'insolation occupe le champ O' ambiant. Cet espace o' peut, en cas pareils, disparaître entièrement quand il est très-petit.

Pour que l'expansion de la lumière accumulée sur les phosphores ou sur le pigment commence, il est nécessaire que la pression de la part de la lumière incidente s'interrompe, ce qu'on obtient quand les phosphores sont introduits dans un appartement obscur, et quand l'œil est fermé ou simplement dirigé vers une surface moins lumineuse.

Après avoir ainsi constaté l'identité entre l'insolation des phosphores et celle du pigment et l'expansion de la lumière émergente, il reste à déterminer *à priori* les faits qui doivent être produits dans la rétine où s'opère la rencontre de cette lumière émergente du pigment avec celle incidente des objets ambiants quand l'œil est ouvert; mais quand celui-ci est fermé, alors il reste seulement la lumière de l'insolation et la lumière stationnaire de l'œil.

Les faits obtenus par l'insolation du *pigmentum* forment plusieurs séries dont chacune correspond à la cause qui l'a produite. 1° L'insolation du *pigmentum* peut être partielle ou universelle; 2° cette insolation peut être opérée par la lumière colorée ou incolore; 3° après l'insolation la lumière incolore ou colorée peut être introduite, ou elle peut être interrompue.

La cause commune des faits de toutes ces séries est la rencontre de la lumière émergente avec la lumière incidente, rencontre opérée dans la rétine. Il a été prouvé, dans les diffractions, que les longueurs des ondes des atomes homonymes suppriment mutuellement leur mouvement et s'anéantissent; une pareille suppression de mouvement s'opère dans la rétine, et ainsi les faits produits correspondent exactement aux ondes de lumière disparues, comme cela a été constaté par l'apparition des franges sombres des ondes colorées de lumière colorée et des franges irisées des ondes de lumière incolore.

1° Si la lumière émergente et la lumière incidente sont incolores, la suppression mutuelle des longueurs égales de leurs ondes produit le noir; 2° si la lumière émergente ou incidente est colorée et l'autre incolore, celle-ci se décompose, par la lumière colorée, car celle-ci supprime par la longueur $\lambda \pm \alpha$ de ses ondes une longueur égale dans la lumière incolore, et fait ainsi apparaître la lumière colorée complémentaire de la lumière supprimée, parce que la longueur des ondes qui restent produit sentiment d'une couleur qui dépend de la couleur supprimée.

Ainsi d'une lumière colorée émergente ou incidente et d'une lumière incolore est produite la lumière complémentaire; ces lumières complémentaires forment trois paires : 1° le rouge et le vert; 2° l'orangé et le bleu; 3° le jaune et

l'indigo ou le violet. Donc la lumière incolore paraît être
produite de plusieurs manières. Newton obtint cette lumière
par le mélange des sept espèces de couleurs principales;
Hassenfratz décomposa la lumière incolore 1° en jaune et
indigo ou violet, 2° en orangé et bleu, 3° en rouge et vert;
Helmholtz a produit le blanc de plusieurs manières en mêlant différemment les espèces de lumière colorée des deux
moitiés du spectre. C'est ainsi qu'a surgi la question de savoir en quoi consistent les couleurs.

Cette question ne saurait recevoir de réponse exacte et
satisfaisante que si l'on expose clairement les faits de tous
genres qui doivent tous y trouver leur explication. La lumière incolore produite par les mélanges différents des lumières colorées ne se décompose pas en ces mêmes lumières
colorées dont elle a été produite, mais seulement en deux
de ses espèces. Donc il ne faut pas chercher dans la lumière
blanche les éléments chromatiques employés pour sa production, comme on cherche dans un sel l'oxyde et l'acide
dont il a été produit, mais il faut chercher deux espèces de
longueurs l, l', dont $\dfrac{ml + nl'}{m + n}$ est un rapport constant et égal
à la longueur λ des ondes de la lumière incolore.

Arago et Fresnel ont simplement admis la vibration
transversale de l'éther comme cause des couleurs. Plateau
chercha également dans des oscillations pareilles l'explication des faits observés, en évitant, comme les autres physiciens, la production du blanc et sa décomposition en lumières colorées différentes.

Toutes les sept espèces de lumière colorée ont des ondes
de longueurs différentes bien déterminées : d'une grande
longueur il ne peut se produire deux petites; il est presque
impossible d'obtenir, par des mesures directes, l'épaisseur
de la rétine composée de fibrilles dont le diamètre, d'après
Kœlliker, varie de 0^{mm},0005 à 0^{mm},0045; on admet ici que
l'épaisseur de la rétine sert à évaluer la longueur des ondes
de la lumière : ces longueurs mathématiques déterminent

les sentiments qui correspondent aux couleurs ou aux espèces de lumière colorée.

Donc la longueur des ondes lumineuses et les couleurs
physiologiques sont la même chose; le mot *couleur* a différentes significations selon que l'on considère ses propriétés
physiques, chimiques ou physiologiques. Il ne s'agit ici que
de ses propriétés physiologiques, qui sont les longueurs des
ondes de la lumière incolore et des lumières colorées. Donc,
pour obtenir du blanc une lumière colorée, il ne faut que
supprimer des deux longueurs $0^{mm},000542$ du blanc une
longueur $0^{mm},000542 \pm \alpha$; il reste alors $0^{mm},000542 \mp \alpha$,
qui est nécessairement la longueur de lumière colorée.

I. — APPARENCE GÉNÉRALE DES INSOLATIONS DU PIGMENT ET DE SES EFFETS.

L'insolation peut être universelle dans tout le champ O'
du pigment où elle peut être partielle et limitée dans l'espace o' qui sert à conserver l'image ou la forme de l'objet lumineux dont a été produite son insolation. Dans le cas où
l'insolation est universelle, c'est l'image de l'objet regardé
ensuite qui y est déterminée. Donc dans les deux cas il n'y
a de déterminé que la forme de l'objet dont l'image occupe
l'espace o' dans le pigment et l'espace o dans la rétine.

La lumière colorée de l'insolation détermine en reculant
l'apparition de sa couleur complémentaire produite par la
suppression de la lumière homonyme contenue dans la lumière incolore. Cette expression habituelle ne correspond
pas exactement aux faits, car il faut dire que la longueur
des ondes colorées reculantes supprime une longueur égale
dans celle des ondes de la lumière incolore et qu'il reste une
longueur $\lambda \mp \alpha$ qui est la complémentaire de la longueur $\lambda \pm \alpha$.

Cependant il est à remarquer ici qu'il n'entre pas deux
longueurs des ondes colorées $(\lambda + \alpha) + (\lambda - \alpha) = 2\lambda$ pour

produire deux longueurs de lumière incolore. Helmholtz prouva directement qu'il faut prendre des quantités différentes de longueurs des couleurs complémentaires pour obtenir la longueur λ du blanc; les résultats de ces observations correspondent à ceux des calculs, et cela a lieu également pour le résultat de Newton qui obtint le blanc par le mélange de toutes les sept espèces de longueurs

$$\frac{\lambda'+11\lambda^{iv}}{12} = \frac{3\lambda''+5\lambda^{v}}{8} = \frac{7\lambda^{vi}+2\lambda'''}{9} = 0^{mm},000542.$$

Insolation avec lumière incolore et introduction de lumière incolore. La densité de lumière émergente est supérieure à celle de la lumière incidente; les ondes homonymes se suppriment et ainsi paraît noire la forme de l'objet lumineux dont a été produite l'insolation.

Insolation avec lumière colorée et introduction de lumière incolore. La longueur $\lambda \pm \alpha$ des ondes de la lumière colorée émergente supprime, dans la lumière incolore, une longueur égale $\lambda \pm \alpha$, et il reste la longueur $\lambda \mp \alpha$ qui produit la sensation de la couleur complémentaire.

Insolation avec lumière incolore et introduction de la lumière colorée. Ici c'est la longueur $\lambda \pm \alpha$ des ondes de la lumière incidente qui supprime une longueur égale dans les ondes de lumière émergente.

Insolation avec lumière colorée et introduction de lumière colorée. Avec celle-ci il pénètre toujours une partie de lumière incolore dont la longueur $\lambda \pm \alpha$ est supprimée comme dans le cas précédent, tandis qu'apparaît la longueur $\lambda \mp \alpha$ des ondes de la couleur complémentaire. Cette longueur $\lambda \mp \alpha$ se mêle avec celle $\lambda \pm \beta$ des ondes de la lumière incidente, et ainsi l'objet apparaît avec une couleur qui est le mélange de la couleur incidente $\lambda \pm \beta$ avec la couleur complémentaire $\lambda \mp \alpha$.

Insolation avec deux espèces de lumière. Un disque blanc placé sur un fond coloré et vivement éclairé, la longueur $\lambda \pm \alpha$ de la lumière du fond supprime une longueur égale dans la longueur 2λ de la lumière incolore du disque et il reste la longueur $2\lambda - (\lambda \pm \alpha)$ qui produit la sensation correspondante à la lumière de couleur complémentaire; ainsi cette couleur apparaît comme une auréole autour du disque. Le même effet a lieu quand le disque est coloré et le fond blanc, avec la seule différence que l'auréole est ici hors du disque et que, dans le cas précédent, elle est sur le disque même.

Dans tous les cas est déterminée 1° la forme de l'objet par celle de l'espace o qu'occupe son image dans la rétine et par l'espace o' qu'occupe la lumière accumulée dans le pigment; 2° la couleur qui est la longueur $\lambda \pm \alpha$ des ondes de la lumière qui pénètre la rétine. La suppression des longueurs égales des ondes qui viennent en rencontre est un effet de la loi statique et non pas une hypothèse.

Insolation par insolation. Quand l'insolation avec la lumière colorée est produite sur l'espace o' du pigment, et qu'on y introduit ensuite la lumière incolore, celle-ci, perdant la longueur $\lambda \pm \alpha$ de ses ondes, reste avec la longueur $2\lambda - (\lambda \pm \alpha) = \lambda \mp \alpha$, et cette lumière, pénétrant de la rétine dans le pigment, y produit une insolation par insolation ou une *insolation secondaire*. La lumière dont les ondes ont la longueur $\lambda \mp \alpha$ viennent en rencontre dans la rétine avec la lumière incolore dont est supprimée cette longueur, et il reste $2\lambda - (\lambda \mp \alpha) = \lambda \pm \alpha$ qui est la longueur de la lumière de l'insolation primitive.

Couleurs complémentaires par insolation avec lumière incolore. Si l'insolation de l'œil s'opère directement du Soleil, et si l'on regarde ensuite une surface sombre voisine, le milieu du disque apparaît blanc et il est entouré des deux anneaux, l'intérieur jaune et l'extérieur violet; mais si la surface regardée est éloignée comme celle d'un mur ombragé, on y voit un disque noir dont la grandeur diffère peu de celui du Soleil, tandis que la dimension du disque dans la surface voisine n'est que de quelques millimètres.

Il y a ici deux faits nouveaux : 1° l'apparition des couleurs, et 2° la diminution de la dimension du disque solaire. Ces faits n'ont pas pour cause l'insolation, mais seulement la distance D entre l'œil et le mur, et celle *d* entre l'œil et le carton ; l'angle de vision *aob* (fig. 68) dont le sommet est dans la rétine et les deux côtés touchent les deux extrémités du diamètre solaire ; ces mêmes côtés aboutissent au mur éloigné ou au carton rapproché, de sorte que l'œil ne possède aucun appareil propre pour déterminer la dimension véritable de l'objet qui touche avec ses extrémités les deux côtés ; ces objets *z*Z', AB, *ab*... peuvent être infinis et tous différents l'un de l'autre.

Pour se faire une idée de la grandeur d'un objet, son angle *o* de vision ne suffit pas, mais il faut en même temps la distance D ou celle *d*. 1° Dans la grande distance D l'angle *o* indique un objet de grand diamètre *zz*' ; 2° dans la petite distance *d*, le même angle *o* indique un objet de petit diamètre *ab*. Donc après l'insolation du pigment par le Soleil, il reste dans l'espace *o'* l'angle *o* de vision après la direction de l'œil vers le mur ou vers le carton, et il devient ainsi évident que la grandeur de l'objet est déterminée, non par cet angle, mais par les distances D ou *d* et du jugement.

Insolation d'une espèce de lumière et introduction de la même lumière. Si la lumière est incolore, l'objet incolore apparaît noir ; quand on reste au grand jour pour obtenir une insolation parfaite des yeux, et ensuite qu'on entre dans un endroit où arrive aux yeux une lumière faible, celle-ci est supprimée dans la rétine par la lumière homonyme émergente, et c'est ainsi que la vision se trouve supprimée pour un espace de temps qui est celui de la disparition de l'insolation des yeux.

Achromatopsie. Plusieurs individus ne voient les objets que gris, jaunes, bruns ou bleus ; cela prouve que l'épaisseur de leur rétine surpasse la normale par suite d'hypertrophie, ou qu'elle lui est inférieure par suite d'atrophie.

1° Si l'épaisseur est grande, il y entre deux longueurs $2\lambda^{vii}$, $2\lambda^{vi}$, $2\lambda^{v}$, $2\lambda^{iv}$... et pour cela ces longueurs ne peuvent plus y être mesurées; 2° si l'épaisseur est petite, il n'y peut entrer une longueur entière λ', λ'', et alors elle ne peut plus y être mesurée ni distinguée. Ainsi ce défaut de la vue, inexplicable jusqu'à présent, sert ici à mieux constater que les longueurs des ondes mesurées dans l'épaisseur de la rétine déterminent la sensation des couleurs.

II — INSOLATION AVEC UNE ESPÈCE DE LUMIÈRE ET INTRODUCTION D'UNE AUTRE ESPÈCE.

De même que dans tous les cas précédents, l'insolation peut s'étendre dans tous le champ O' du pigment, ou elle peut occuper un espace o' limité qui correspond à la forme de l'objet lumineux dont l'insolation a été produite. Dans le premier cas c'est l'objet regardé ensuite qui fait pénétrer sa forme dans l'espace o' du pigment.

I. Insolation par lumière incolore et introduction de lumière colorée. On regarde un carton blanc et l'on jette les yeux sur un disque coloré dont arrivent dans la rétine les ondes des longueurs $\lambda \pm \alpha$ en même temps qu'y arrivent aussi, en direction opposée, les ondes de la lumière incolore dont la longueur double des ondes est 2λ; de cette longueur est supprimée la longueur $\lambda \pm \alpha$, et il ne s'écoule que les ondes de la longueur $2\lambda - (\lambda \pm \alpha) = \lambda \mp \alpha$ qui détermine une sensation correspondante à la couleur complémentaire à celle renvoyée de la part de l'objet coloré.

Par exemple, 1° si cet objet est rouge, ses ondes $\lambda + \alpha$ suppriment du blanc $12\lambda = (\lambda' + 11\lambda^{iv})$ la longueur λ', et il reste la longueur $11\lambda^{iv}$ qui est celle des ondes du vert; 2° si l'objet est orangé, ses ondes $3\lambda''$ suppriment des ondes $8\lambda = 3\lambda'' + 5\lambda^{v}$ du blanc la longueur égale $3\lambda''$, et il reste la longueur $5\lambda^{v}$ dont la sensation correspond à la couleur bleue; 3° quand l'objet est jaune, ses ondes $7\lambda'''$ suppriment dans 9λ longueurs du blanc la longueur $7\lambda'''$, et il reste la longueur $2\lambda'''$ qui détermine la sensation du violet.

Si l'objet a une de ces couleurs, chacune d'elle supprimera de la manière indiquée une longueur égale des ondes $n\lambda$ *du blanc pour faire apparaître la longueur* $\lambda + \alpha$ *de la* couleur complémentaire. Dans chacun de trois cas le nombre des ondes λ du blanc est différent, ainsi que les nombres des longueurs des ondes complémentaires. Il va se présenter des cas où certains faits sont produits par une paire des couleurs complémentaires plus facilement que par une autre; les faits de ce genre trouvent leur explication dans les différentes combinaisons de longueurs de ces ondes complémentaires pour produire le blanc.

En regardant un carton blanc bien éclairé, 1° si l'on y jette une bande de papier *rouge*, elle paraît *verte*; 2° si la bande est *orangée* elle paraît *bleue*; 3° si elle est *jaune*, elle paraît indigo ou violette; 4° et réciproquement la bande *verte* paraît *rouge*, 5° la *bleue* paraît *orangée* et 6° la *violette* paraît *jaune*.

II. **Insolation avec lumière colorée et introduction de lumière incolore.** L'insolation peut être répandue sur tout le champ O′ du pigment ou sur un espace o′ limité; ce cas a lieu quand on regarde attentivement un disque coloré et bien éclairé sur un fond noir; après une insolation complète de l'espace o′, on jette les yeux sur un carton blanc dont vient la lumière incolore; les longueurs 12λ, 8λ, 9λ de ces ondes éprouvent une suppression de la longueur $n(\lambda + \alpha)$ des ondes émergentes de la part de l'espace o′ du pigment. Cet espace limité détermine la forme du disque employé dans l'insolation, et sa couleur détermine l'apparition de la couleur complémentaire, et cela toujours par la longueur qui reste après la suppression de la longueur $\lambda \pm \alpha$.

1° Si le disque est rouge, il paraîtra vert sur le carton;

2° s'il est orangé, il paraîtra bleu; 3° s'il est jaune, il paraîtra violet; 4° et réciproquement le disque vert paraît rouge sur le carton, 5° le bleu paraît orangé, et 6° le violet paraît jaune.

III. — INSOLATION AVEC LUMIÈRE COLORÉE ET INTRODUCTION DE LUMIÈRE COLORÉE.

Les observations directes de la lumière colorée des corps prouvent qu'il y a toujours une quantité de lumière incolore; le même effet est prouvé ici par une série de faits obtenus par l'insolation du champ O' total du pigment où par celle d'un espace o' limité de ce champ. 1° Dans l'un de ces cas on regarde un carton coloré bien éclairé jusqu'à l'insolation parfaite du champ O' du pigment, et l'on jette ensuite les yeux sur un disque coloré placé sur un fond blanc ou noir. 2° Dans l'autre cas on regarde d'abord le disque coloré sur un fond noir ou blanc bien éclairé, et, après l'insolation parfaite de l'espace o' du pigment où est conservée la forme du disque, on jette les yeux sur un carton coloré.

En tous ces cas la lumière colorée émergente du pigment, après l'insolation, supprime dans la lumière incolore la longueur de ses ondes et fait ainsi, comme dans les cas précédents, apparaître la longueur de la couleur complémentaire; cette longueur, mêlée avec celle de la lumière colorée incidente, fait apparaître le disque avec une couleur qui est toujours le mélange de la couleur complémentaire de celle employée dans l'insolation avec la couleur introduite ensuite. Les exemples suivants rendent évidente cette liaison entre la cause constatée qui est l'insolation et ses effets.

Insolation par disque coloré. Connaissant la couleur de ce disque et celle du carton regardé ensuite, on trouve déterminée *à priori* la couleur sous laquelle apparaîtra le disque sur le carton.

Disque rouge. Après avoir regardé attentivement pendant quelques minutes ce disque bien éclairé sur un fond blanc ou noir, on jette les yeux successivement sur des cartons différemment colorés. 1° Si le carton est violet, la forme du disque y apparaîtra en couleur bleue; 2° si le carton est orangé, la forme du disque y apparaît jaune; 3° si le carton est jaune, le disque apparaît d'un beau vert jaunâtre.

Dans tous ces cas se trouve supprimée la longueur λ' des ondes de la lumière rouge, et cela s'opère avec la suppression de longueur égale dans la lumière incolore incidente dont reste la longueur λ^{iv} des ondes de la lumière verte. Donc, 1° ce vert mêlé avec le violet du carton produit le bleu; 2° le même vert mêlé avec l'orangé produit le jaune; 3° mêlé avec le jaune, il produit le jaune verdâtre; 4° si le carton est bleu le disque paraît bleu verdâtre.

Disque orangé. Après une insolation complète de l'espace σ' du pigment par la lumière orangée, on jette successivement les yeux sur des cartons colorés des couleurs principales. Dans tous les cas la forme ronde du disque apparaît d'une couleur qui est le mélange de la couleur du carton avec celle qui est la complémentaire de l'orangé, cette couleur est le bleu. 1° Si le carton est jaune, l'image du disque est verte, couleur produite du mélange du bleu avec le jaune; 2° si le carton est vert, l'image est bleu verdâtre; 3° si le carton est violet, l'image du disque est indigo.

Disque jaune. La couleur violette complémentaire du jaune fait apparaître rouge le disque quand le carton est orangé; si celui-ci est vert, le disque apparaît bleu qui est le mélange du vert avec le violet ou l'indigo.

Disque vert. Le rouge restitue ce vert et la couleur de la forme ronde du disque sur le carton est le mélange du rouge avec la couleur du carton. 1° Si celui-ci est bleu, le disque paraît d'un beau violet; 2° si le carton est jaune, le disque apparaît orangé; 3° si le carton est orangé, le disque est orangé rougeâtre.

Disque bleu. La couleur orangée complémentaire du bleu se mêle avec celle du carton et fait apparaître la couleur de la forme ronde du disque. 1° Si le carton est vert, celui-ci mêlé avec l'orangé produit le jaune qui est la couleur du disque; 2° si le carton est violet, l'image du disque est rouge.

Disque violet. C'est le jaune complémentaire du violet; il se mêle avec la couleur du carton et fait apparaître la couleur du disque; 1° si le carton est bleu, l'image apparaît verte; 2° si le carton est rouge, l'image du disque apparaît orangée; 3° si le carton est vert, l'image est jaune verdâtre.

Insolation par le carton coloré. En ces cas l'insolation s'étend dans tout le champ O′ du pigment, parce que l'image du carton n'y est pas limitée, comme cela avait lieu pour le disque dans les cas précédents. Pour mieux distinguer le mélange des couleurs, les yeux ne sont pas éloignés du carton après leur insolation, mais on jette un petit ruban sur le carton. La forme du ruban est déterminée par sa propre lumière dans l'espace *o* de la rétine, et sa couleur est, comme dans les cas précédents, le mélange de sa propre couleur avec la couleur complémentaire de celle du carton.

Carton rouge. Après avoir regardé attentivement ce carton éclairé du Soleil, on y jette successivement des rubans de couleurs différentes qui obtiennent ainsi la couleur déjà déterminée. 1° Si le ruban est violet, il apparaît bleu; 2° s'il est orangé, il apparaît jaune; 3° s'il est jaune, il paraîtra jaune verdâtre.

Carton orangé. En ce cas la couleur du ruban est le mélange du bleu avec sa couleur. 1° Si celle-ci est jaune, le ruban paraîtra vert; 2° si le ruban est rouge, il paraîtra violet qui est le mélange du bleu avec le rouge.

Carton jaune. Le violet est la couleur complémentaire du jaune; donc ce violet mêlé avec la couleur réelle du ruban est la couleur apparente de l'image de celui-ci. 1° Si le ruban est orangé, il apparaît rouge, qui est le mélange de l'orangé avec le violet; 2° si le ruban est vert, il apparaîtra bleu, qui est le mélange du vert avec le violet ou l'indigo.

Carton vert. La couleur du ruban est en ce cas le mélange du rouge avec la couleur réelle de ce ruban. Par exemple, 1° si le ruban est jaune, il paraîtra orangé; 2° s'il est bleu, il paraîtra violet; 3° s'il est orangé, il paraît orangé rougeâtre.

Carton bleu. L'orangé est la couleur complémentaire du bleu; donc le ruban paraît avec une couleur qui est le mélange de l'orangé avec sa couleur réelle. Par exemple, 1° si le ruban est violet, il apparaît rouge; 2° s'il est vert, il paraîtra jaune; 3° s'il est jaune, il paraît orangé jaunâtre.

Carton indigo ou violet. La couleur complémentaire est ici le jaune; celui-ci, mêlé avec la couleur réelle du ruban, produit sa couleur apparente. 1° Si, par exemple, le ruban est bleu, il paraît vert; 2° s'il est rouge, il paraît orangé; 3° s'il est vert, il paraîtra jaune verdâtre.

IV. — INSOLATION SIMULTANÉE DE LA PART DE DEUX OBJETS.

Au lieu de regarder d'abord le disque et puis le carton, ou réciproquement, les deux objets sont ici regardés simultanément après avoir été exposés au grand jour; c'est un ruban blanc ou coloré placé sur un carton coloré ou blanc. La couleur apparente du ruban est, comme dans les cas précédents, le mélange de sa couleur réelle avec la couleur complémentaire du carton; mais si le ruban ou le carton est blanc, la couleur apparente est complémentaire de la couleur réelle quand la largeur du ruban est petite.

Carton coloré ou ruban blanc. L'insolation du champ O' du pigment est produite par la couleur du fond; cette lumière colorée, en reculant du pigment, se rencontre avec la lumière incolore de l'image du ruban qui occupe l'espace o dans la rétine. Donc, de la longueur 2λ des ondes de la lumière inco-

lore se trouve supprimée la longueur des ondes de la lumière
colorée, et ainsi apparaît une longueur $\lambda \mp \alpha$ qui produit la
sensation de la couleur complémentaire ; ainsi le ruban blanc
obtient toujours une couleur qui est complémentaire de la
couleur réelle du carton. Par exemple, 1° si celui-ci est
rouge, le ruban apparaît vert ; 2° si le carton est orangé, le
ruban paraît bleu ; 3° un carton jaune fait paraître le ruban
violet ; et réciproquement 4° le carton vert donne au ruban
une couleur rouge ; 5° le ruban obtient une couleur orange
quand le carton est bleu ; 6° si celui-ci est violet, le ruban
apparaît jaune.

Carton blanc et ruban ou disque coloré. On nomme *auréole*
le contour du ruban ou du disque qui a la couleur complémentaire de sa couleur réelle. L'auréole est produite par la
lumière incolore du carton : ainsi, 1° si le disque est rouge,
l'auréole est verte ; 2° le disque orangé a une auréole bleue ;
3° le disque jaune a une auréole violette ; 4° l'auréole du
disque vert est rouge ; 5° elle est orangée quand le disque
est bleu ; 6° le disque violet est entouré d'une auréole jaune.

Si, comme l'a fait Scherffer, on peint un portrait de couleur
verdâtre avec des cheveux blancs, les prunelles blanches et
les dents noires, on le verra avec ses couleurs naturelles
quand, après l'avoir longtemps regardé, on portera la vue
sur un carton blanc. Si au lieu de regarder le carton on ferme
les yeux, on voit les couleurs complémentaires se manifester,
disparaître, puis reparaître plusieurs fois de suite. Cette périodicité va trouver son explication plus bas.

Carton coloré et disque ou dessin coloré. Dans les cas où il
avait un mince ruban blanc, il apparaissait avec la couleur complémentaire de celle du carton ; mais si celui-ci est
remplacé par un papier rouge translucide éclairé par derrière, et si la largeur du ruban est plus grande que la largeur de l'auréole, le petit intervalle qui reste apparaît rougeâtre : c'est la couleur complémentaire du vert qui est la
couleur de l'auréole ; donc la couleur complémentaire elle-

même produit une couleur complémentaire secondaire homonyme avec la couleur réelle. De cette cause provient la périodicité des couleurs apparentes quand on ferme les yeux après l'insolation; la série de faits pareils va être indiquée plus bas.

V. DIFFÉRENCES ENTRE LES PAIRES DE COULEURS COMPLÉMENTAIRES

Il a été directement constaté par Helmholtz que le blanc peut être produit par plusieurs mélanges de quantités différentes de lumières colorées dont l'une doit appartenir à une moitié du spectre, où sont les grandes longueurs $\lambda + a$ des ondes, et l'autre à la seconde moitié où sont les ondes des petites longueurs $\lambda - \beta$; par des calculs approximatifs, on a trouvé que les mélanges des couleurs complémentaires doivent s'opérer en raison de leur longueur. Pour obtenir, par exemple, la longueur λ du blanc, il faut $\lambda' + 11\lambda^{\mathrm{IV}} = 12\lambda$, ou $3\lambda'' + 5\lambda^{\mathrm{V}} = 8\lambda$, ou $7\lambda''' + 2\lambda^{\mathrm{VII}} = 9\lambda$.

Une série de faits servira comme exemples de ces compositions différentes des couleurs complémentaires dans la production du blanc; en ces cas on ne considère, dans les couleurs physiologiques, que la longueur géométrique dé leurs ondes, parce que la rétine ne possède que le moyen de déterminer ces longueurs et la sensation physiologique qui leur correspond.

Wheatson regardant, par hasard, un tapis dont le fond était vert et dont le dessin offrait des cœurs en rouge, a remarqué que, quand ce tapis était exposé au Soleil, les contours des cœurs paraissaient se déplacer sur le fond vert; pour cette raison, cette espèce de phénomènes a été nommée *cœurs agités*. Cette agitation des formes des objets est à peine remarquable quand les cœurs sont peints en orangé sur un fond bleu, peu prononcé quand le fond est violet et les cœurs peints en jaune.

Cette différence est un effet direct de la difficulté de pro-

duire le rapport 1 : 11, rapport nécessaire pour obtenir le
blanc de la longueur λ' du rouge et de 11λ^{iv} du vert. Le
contour des cœurs déterminé par le rouge reste conservé
quand l'œil est dirigé sur le fond ambiant dont la lumière
incolore arrive à l'œil mêlée avec le vert. Il faut les lon-
gueurs 11λ^{iv} de celui-ci et une seule longueur λ' du rouge
pour produire le blanc 12λ; cette grande différence n'existe
pas entre le jaune 7λ''' et le violet 2λ^{vii}, et encore moins entre
l'orangé 3λ^{v} et le bleu 5λ^{v}.

Au contraire, l'orangé avec le bleu se prêtent très-bien
aux expériences où l'effet de la production du blanc dépend
du mélange des couleurs complémentaires, comme le prouve
l'expérience suivante due à Scherffer. On place l'un à côté
de l'autre, sur un fond noir, deux carrés D, G égaux en papier, présentant l'un D qui est à droite la couleur orangée,
et l'autre G qui est à gauche la couleur bleue. On regarde
un certain nombre de fois, en s'arrêtant environ deux secondes sur chacun, un point noir marqué au milieu de
chaque carré. On porte ensuite les yeux sur un fond blanc
et l'on y voit trois carrés dont D de la droite est bleu, G de
la gauche est orangé, et M du milieu est un mélange de ces
deux couleurs qui ne peuvent pas toujours produire le blanc
à cause du défaut de proportion nécessaire pour cela; pour
certaines nuances de l'orangé et pour le bleu on parvient à
obtenir le blanc qui fait disparaître le carré M du milieu.
Mais, en ce cas, si l'on fait l'expérience en fermant les yeux,
on voit trois carrés dont celui du milieu est noir.

Le carré M du milieu se présente, 1° coloré du mélange
des couleurs des deux carrés, quoique ces couleurs sont
complémentaires; 2° il disparaît quand les couleurs complémentaires possèdent des intensités nécessaires pour produire le blanc; 3° il apparaît noir en ce dernier cas, si la
lumière incolore du dehors est interrompue. Les deux derniers cas servent à prouver directement: 1° la disparition du
carré du milieu par l'introduction de la lumière incolore,

et 2° sa réapparition par l'interruption de cette introduction.

La lumière faible incolore produite par les couleurs complémentaires mêlées dans le pigment n'est pas sentie dans
son émergence quand pénètre la lumière incolore du dehors; mais si celle-ci est supprimée, il pénètre dans la rétine une lumière faible qui était à l'état stationnaire, et
celle-ci est supprimée par la lumière incolore produite dans
le pigment par les couleurs complémentaires qui y occupent l'espace carré o'. Donc, 1° la forme est déterminée par
celle de la lumière incolore émergente, et 2° le noir est le
résultat de la suppression de la lumière stationnaire qui
occupe tout le champ O de la rétine; seulement la partie
qui se trouve dans l'espace o parcourt la lumière émergente
du pigment.

On regarde fixement d'un œil un cachet de cire rouge
pendant un temps suffisant pour produire une insolation,
puis sans cesser de regarder le cachet, on approche de l'œil
la flamme d'une bougie, de manière que les rayons du cachet
passent près de la flamme : celui-ci semble alors noir et,
de plus, paraît avoir une lueur verdâtre et comme phosphorescente. Ici le noir est produit de la rencontre des
ondes du rouge émergentes du pigment avec celles qui y
arrivent de la flamme et du cachet; le vert est produit par
la lumière incolore dont est supprimée la longueur des
ondes du rouge.

Après avoir regardé le Soleil, si l'on jette les yeux sur
un mur ombragé on y voit noir le disque solaire, parce
que l'intensité de la lumière incolore émergente est supérieure à celle de la lumière venant de la part du mur. Dans
les cas où la densité de la lumière émergente est moindre
que celle de la lumière incidente, il n'apparaît rien, comme
cela a été indiqué ci-dessus, où la lumière incolore est produite par le mélange des deux couleurs complémentaires
des deux carrés D, G. L'existence de cette lumière incolore
dans l'espace m' du pigment est constatée par l'apparition

du carré noir M, quand on interrompt l'introduction de lumière incolore du dehors.

Donc, 1° dans les cas où il faut obtenir des résultats qui dépendent de la production du blanc par le mélange des deux couleurs complémentaires, les couleurs qui s'y prêtent le mieux sont l'orangé et le bleu, car $3\lambda''' + 5\lambda^{v} = 8\lambda$ prouve la petite différence entre les quantités nécessaires pour obtenir le blanc. 2° Dans les cas, au contraire, où les résultats dépendent des formes et contours des objets, celles qui s'y prêtent mieux sont les couleurs complémentaires rouge et vert; car $\lambda' + 11\lambda^{iv} = 12\lambda$ prouve que la grande différence entre les nombres des longueurs λ' et $11\lambda^{iv}$ favorise peu la production du blanc; pour cette raison, on n'obtient jamais, des carrés rouge et vert, le résultat indiqué pour le carré M du milieu, car il paraît toujours coloré d'un mélange de rouge et de vert, qui ne disparaît pas quand les yeux sont ouverts, et qui ne paraît pas noir quand ils sont fermés.

L'orangé et le bleu, au contraire, ne peuvent jamais produire l'illusion des cœurs agités, parce que le mélange de ces couleurs produit facilement le blanc, et que l'illusion disparaît en même temps que disparaissent les formes.

VI. INSOLATION PAR INSOLATION.

Des phénomènes d'espèces différentes et en apparence bizarres, vont se disposer ici, comme par enchantement, où les séries des causes et effets sont liés entre eux par la loi physique ; car cette loi doit être désormais le seul guide du physicien, et tout savant vraiment digne de ce nom doit renoncer à l'emploi d'hypothèses vaines et de théories creuses : la gloire véritable consiste à se soumettre absolument aux lois physiques qui président aux changements éternels qui s'opèrent dans le Monde.

Nous avons démontré jusqu'ici comment les longueurs

des ondes de la lumière colorée suppriment dans les ondes de la lumière incolore des longueurs égales et y font apparaître de nouvelles longueurs dont la sensation correspond à une autre couleur, nommée pour cela *couleur complémentaire de la couleur réelle*; quelques physiciens appellent cette couleur *accidentelle*, et nomment *couleurs complémentaires* les sept couleurs du spectre, parce qu'on ne savait pas encore que le blanc, obtenu par Newton des sept couleurs du spectre, peut également être obtenu de deux couleurs seules. Les couleurs physiologiques ne sont que des longueurs des ondes; pour cette raison le vert est produit par le mélange du jaune avec le bleu ou par la suppression de la longueur λ' du rouge des 12λ longueurs des ondes de la lumière incolore. L'apparition des couleurs complémentaires produit les mêmes effets que les couleurs primitives; les faits de ce genre sont obtenus les yeux ouverts ou les yeux fermés.

Couleurs complémentaires des couleurs complémentaires. Les observations s'opèrent avec les yeux ouverts, ou ceux-ci restent ouverts autant qu'il est nécessaire pour que le pigment reçoive une insolation parfaite, et alors l'introduction de la lumière extérieure étant interrompue, il ne reste que la lumière stationnaire qui prend son écoulement vers le pigment pour rétablir l'équilibre détruit.

Introduction de lumière colorée et de lumière incolore. On colle au milieu d'une feuille de papier rouge un rectangle de papier gris, dont la longueur égale 6 millimètres, et dont la largeur soit le quart de la longueur. Dans un appartement médiocrement éclairé, on regarde attentivement le rectangle d'une distance de 3 à 4 mètres; il paraît vert: c'est la couleur complémentaire du rouge du fond ambiant. Après avoir obtenu une insolation parfaite de ce vert par un regard suffisamment prolongé, on élève les yeux vers le plafond blanc; et alors s'opèrent les écoulements suivants de lumière de la part du pigment.

Du champ O' de celui-ci s'écoulent les ondes du rouge de la longueur λ', ainsi dans 12 ondes de blanc d'une longueur 12λ une longueur λ' égale se trouve supprimée, et le reste $12\lambda - \lambda' = 11\lambda^{\mathrm{iv}}$ forme 11 longueurs des ondes du vert; donc le plafond apparaît vert. Mais de l'espace o' du pigment s'écoulent les ondes du vert de longueur λ^{iv}; 11 longueurs pareilles suppriment dans les 12 ondes de lumière incolore 11 longueurs égales et le reste $12\lambda - 11\lambda^{\mathrm{iv}} = \lambda'$ est la longueur des ondes du rouge. Donc le vert du plafond est le complémentaire du rouge du papier comme l'est le vert du rectangle; le rouge de la forme du rectangle dans le plafond est également le complémentaire de son vert et non pas un reflet du rouge. Cela prouve directement comment une couleur complémentaire en produit une autre homonyme à celle dont elle a été produite.

Si l'on colle une bande de carton blanc sur un papier rouge translucide éclairé par derrière, la bande obtient deux bords verts qui se touchent et la font apparaître verte si sa largeur est petite; mais si sa largeur a une certaine étendue, il se manifeste en dedans des bords verts deux autres lignes rouges qui font apparaître rougeâtre le milieu de la bande dont les bords sont verts. Comme dans le cas précédent, le rouge est ici la couleur complémentaire du vert et homonyme au rouge du papier dont le vert des bords de la bande est la couleur complémentaire.

Couleurs complémentaires par lumière incolore. Après avoir regardé le disque solaire quelques instants pour en obtenir une insolation parfaite dans l'espace o' du pigment, si l'on ferme les yeux ou si l'on regarde un carton approché des yeux ouverts, on y voit l'image du Soleil, non pas noire comme quand les yeux sont tournés vers un mur éloigné et ombragé, mais sous une petite dimension à cause de la petite distance; son milieu blanc est entouré de jaune et puis de violet. Cet état n'est pas permanent, les changements s'y succèdent constamment : on croit d'abord

que tout cela ne s'opère qu'avec une confusion; mais bientôt
on parvient à saisir la loi suivant laquelle s'opèrent ces
changements.

Des deux couleurs complémentaires est produit le blanc
dont les longueurs λ des ondes suppriment dans la rétine
les longueurs égales du blanc émergent du pigment, et ainsi
apparaît un obscurcissement qui correspond à l'image noire
du carré M du milieu dans l'expérience de Scherffer. Après
une courte durée pendant laquelle s'opère la suppression
du blanc produit par le jaune et le violet, réapparaît de
nouveau le blanc entouré du jaune et du violet; après
quatre à six périodes pareilles, commencent à apparaître le
bleu et l'orangé; les obscurcissements sont à ce moment
moins réguliers, plus fréquents, d'une durée plus longue,
et les couleurs moins vives.

Explication. La production des couleurs dans la rétine a
été constatée par un grand nombre de physiciens dans tous
les cas où sont observées des images multiples ou mieux
des contours multiples des images. Quand on regarde avec
un seul œil un champ blanc sur un fond noir, en fixant
ses regards au delà du plan de ce champ, on le voit bordé
de couleurs parmi lesquelles on distingue principalement
le jaune et le bleu, le bleu en dedans. Le bleu est, au contraire, en dehors quand on s'arrange de manière à voir
nettement les objets les plus rapprochés que le champ.

Il a été démontré que les contours multiples des images
ont leur cause dans le bord de l'iris dont éprouvent une répulsion les atomes φ'' de la surface du photocône; il y a en
effet production des couleurs dans les rencontres entre ces
atomes φ' et ceux φ du milieu du photocône. 1° Quand on fixe
ses regards au delà de l'objet, l'image de celui-ci est dans
l'extrémité postérieure de la rétine; 2° quand on regarde
nettement les objets les plus rapprochés que ce champ, l'image
de celui-ci est au devant de la rétine et au devant du croisement des atomes φ' de lumière repoussés du bord de l'iris.

Le bleu paraît en dehors dans le cas où les croisements des atomes φ' sont au delà de l'image, quoique dans les deux cas il soit toujours produit par les atomes qui ont éprouvé une réfraction supérieure. Du jaune observé dans l'œil est produit par la lumière incolore le violet, et du bleu est également produite sa couleur complémentaire qui est l'orangé. Ces quatre couleurs sont en effet produites dans l'œil par son insolation directe du Soleil; on y observe même que le jaune et le bleu, produits directement, sont en quantité plus grande que le violet et l'orangé qui sont complémentaires des précédents, et pour cela produits par le blanc.

Si l'on ignore cette liaison entre les causes et effets, opérée suivant la loi physique, tout paraîtra confusion de couleurs et d'obscurcissements : on éprouve, au contraire, un vrai charme à faire ces observations faciles, quand on y trouve clairement l'explication de tous les faits de ce genre dont une partie a été annoncée comme exemples, et non pas comme preuves.

Périodes des couleurs produites des couleurs complémentaires. On obtient une insolation parfaite de l'espace o' du pigment; la lumière rouge, par exemple, y est introduit par un tube noirci à l'intérieur pour empêcher la réflexion et ne laisser arriver au fond de l'œil que les atomes φ du photocône qui a la base dans l'ouverture externe du tube et le sommet au fond de l'œil, sans toucher le bord de l'iris et sans donner naissance aux couleurs jaune et bleue et à des contours multiples, parce que, en ce cas, la pupille n'est pas trop rétrécie, comme cela est inévitable quand on regarde le Soleil.

Après avoir ainsi obtenu une insolation parfaite dans l'espace o' du pigment par la lumière rouge, on obtient deux séries de faits : 1° l'une quand on laisse pénétrer dans l'œil une faible lumière incolore, et 2° l'autre quand on interrompt l'introduction de nouvelle lumière.

I. l'œil est dirigé vers un carton dont la lumière incolore arrive sur tout le champ O' du pigment; mais de l'espace o' contenu dans ce champ émerge la lumière rouge dont les ondes ont la longueur λ'. Cette longueur est supprimée des longueurs 12λ des ondes de la lumière incolore, et il reste $11\lambda^{iv}$ qui sont les longueurs des ondes du vert. Ces ondes abondantes pénètrent dans l'espace o' du pigment qui en reçoit une insolation suffisante pour produire l'émergence de ces ondes du vert; ainsi il supprime avec $11\lambda^{iv}$ longueur de ses ondes d'égales longueurs dans les 12 ondes du blanc, dont il reste la longueur λ' du rouge qui commence à s'écouler vers l'espace o' du pigment; donc cet espace reçoit promptement une insolation du rouge, parce qu'il y a un reste de l'insolation primitive. Plateau, qui a fait le premier cette observation, a pu distinguer jusqu'à neuf périodes; ce physicien ne pouvait cependant concevoir pourquoi l'on n'obtient pas les mêmes résultats quand la première insolation est produite avec le vert au lieu de l'être avec le rouge. Plateau eût dû se rappeler à cette occasion les résultats des expériences de Hemholtz : celui-ci constata, en effet, qu'il faut peu de rouge et beaucoup de vert pour obtenir le blanc. Donc avec peu de rouge on obtient du blanc beaucoup de vert, et celui-ci peut être suffisant pour produire une insolation de l'espace o' du pigment; pour cette raison, les périodes sont facilement produites; au contraire il faut beaucoup de vert pour obtenir du blanc, peu de rouge qui n'est pas suffisant pour produire une insolation parfaite dans l'espace o', et ainsi la périodicité ne se manifeste point ou très-peu dans les cas où le carton regardé est vert.

II. Après l'insolation parfaite de l'espace o' du pigment, on interrompt l'introduction de nouvelle lumière, et il n'y reste que la lumière rouge et la lumière incolore stationnaire. Pour cette raison, le rouge et le vert se présentent alternativement, mais le nombre des périodes est inférieur et les couleurs sont moins vives.

VII. — COULEURS PHYSIOLOGIQUES.

Les mots *couleur* et *lumière* ont plusieurs significations qui expriment leurs propriétés physiques, chimiques et physiologiques; ces propriétés se manifestent selon que la lumière est considérée seule ou en contact avec les corps. Par suite de ces contacts 1° le mouvement de la lumière peut éprouver divers changements; 2° elle peut se combiner avec les éléments matériels des corps, ou 3° elle peut se combiner avec l'électricité des corps organisés. En se combinant avec les éléments matériels, la lumière produit les combinés chimiques, et en se combinant avec l'électricité de la rétine, elle produit les sentiments qui sont des combinés physiologiques.

La lumière seule ne possède que l'élasticité, qui est le mouvement indéfini déposé dans l'électre par l'action suprême. 1° Du contact de la lumière avec les corps sont produites sa polarisation, sa séparation en couleurs et les changements de la direction de sa propagation. 2° De la combinaison de la lumière avec l'hydrogène, pour y remplacer son oxygène éloigné, sont produits le carbone et l'azote; de ces deux derniers corps et des éléments de l'eau sont produits tous les autres corps qui sont imbibés de lumière stationnaire, parce qu'ils contiennent la lumière spécifique. 3° L'écoulement de la lumière sur les substances animales a produit, avec l'électricité, certains arrangements des éléments de ces substances propres à exercer le minimum de résistance. Telle est l'origine de la construction de l'œil, dont les parties transparentes servent à concentrer la lumière pour produire la forme de l'objet qui émet cette lumière; celle-ci, sous forme d'image, pénètre les fibrilles qui constituent la rétine chargée d'électricité qui y arrive des artères.

Les molécules d'électre sont l'élément primitif qui ne manque nulle part, mais se trouve partout en densité diffé-

rente ; cet électre est en densité plus forte dans la lumière
que dans l'électricité négative. Donc, au moment du contact entre la lumière q de l'image et l'électricité e des fibrilles
pénétrées par l'image, a lieu une destruction d'équilibre
entre les molécules $(q + q')e$, $(q - q')e$ d'électre qui s'écoulent de la lumière, où sont $(q + q')e$ vers l'électricité, où
sont $(q - q')e$, pour produire un équilibre après avoir fait
plusieurs oscillations.

L'existence de ces oscillations a été reconnue premièrement par Plateau, et puis par les autres physiciens qui disent : « Quand la rétine a été impressionnée par la lumière
de l'image, elle ne revient pas brusquement à l'état de repos,
comme le prouve la persistance de l'impression qui est la
durée de la sensation ; on est ainsi conduit à reconnaître
des espèces d'oscillations d'où résulterait la succession al-
ternative d'impressions opposées de moins en moins intenses,
comme un pendule qui n'arrive à sa position d'équilibre
qu'après avoir accompli un certain nombre d'oscillations. »
Cette explication n'est pas une hypothèse, mais elle est une
description exacte de faits observés, sans que cependant soit
connue leur cause physique, qui consiste 1° dans les quantités $(q + q')e$, $(q - q')e$ différentes d'électre dont le contact
correspond au mot *impression*, parce qu'il s'y montre une
destruction d'équilibre ; 2° l'écoulement de l'électre commence avec une précipitation qui correspond au *maximum
de sensation* ; 3° les amplitudes des oscillations diminuent en
effet, comme celles d'un pendule, et la *sensation* y correspond ; celle-ci terminée indique que l'équilibre est rétabli.

Sentiments. Plateau et les autres physiciens, qui donnèrent seulement la description de faits bien constatés et
non pas l'origine physique de ces faits, s'arrêtèrent après
avoir terminé cette description, tandis qu'ici cela est impossible, car on veut savoir ce que deviennent la lumière q
et l'électricité e après que leurs masses $(q + q')e$, $(q - q')e$
d'électre ont été réduites en équilibre.

Tout le monde sait qu'après la *sensation* reste le *sentiment*; on se demande ici ce que devient le combiné produit par la lumière φ de l'image et par l'électricité ε des fibrilles. L'élasticité est une propriété commune de la lumière et de l'électricité, et pour cela elle ne peut pas manquer du combiné où ces deux fluides entrent comme élément. Leur électre $(q + q')\, \varepsilon$, $(q - q')\, \varepsilon$ n'a éprouvé ni augmentation ni diminution; il a été seulement réduit en équilibre. Donc la forme de l'objet, représentée par son image composée de la lumière φ, reste conservée, mais ses dimensions changent indéfiniment à cause de l'élasticité ou de l'expansion de la lumière et de l'électricité.

Sans chercher à voir dans les sentiments des produits des sensations, on voit se présenter ici les combinés photoélectriques qui auraient dû conduire à admettre l'existence de ces sentiments même quand ils étaient insensibles après les sensations terminées. Si l'on établit la comparaison entre les sentiments isolés observés dans l'aveugle de Cheselden et les combinés photoélectriques, on y trouve un accord parfait. Plus tard les jugements se mêlent pour déterminer les grandeurs par les distances ou celles-ci par les grandeurs.

Couleurs. Les images des objets sont produites dans la rétine, à la fois par la lumière incolore et par la lumière colorée; la distinction de la lumière en espèces différentes est inévitable, car chaque espèce diffère des autres par la longueur de ses ondes, et ce sont ces longueurs qui deviennent mesurées dans la rétine; cela conduit à connaître que la longueur des fibrilles ne peut contenir que la longueur d'une seule onde, surtout parce qu'on sait parfaitement que la plus grande longueur $\lambda' = 0^{mm},000704$ est inférieure au double $2\lambda''' = 0^{mm},000780$ de la plus petite longueur.

Donc, 1° la sensation de la forme de l'objet est produite par la lumière de son image, et 2° la sensation de sa couleur est produite par la longueur des ondes de cette lumière.

L'image peut être produite par chaque espèce de lumière, et la longueur des ondes peut être produite par la moyenne de plusieurs espèces de longueurs ; Newton mêla les sept espèces de longueurs λ', λ''... λ^{vn} et il en obtint pour moyenne la longueur $\lambda = \dfrac{\lambda' + \lambda'' + \lambda''' + \lambda^{iv} + \lambda^v + \lambda^{vu} + \lambda^{vm}}{7} = 0^{mm},000542$ qui est celle des ondes auxquelles est attribuée la sensation du blanc; Helmholtz a pris dans l'une des moitiés du spectre la quantité de lumière dont les ondes ont une longueur $\alpha + \lambda$ et il a mêlé cette lumière avec une partie de l'autre moitié du spectre dont les ondes ont une longueur $\lambda - \beta$; il est ainsi parvenu à obtenir des mélanges $\dfrac{m(\lambda + \alpha) + n(\lambda - \beta)}{m + n} = \lambda$ dont la longueur des ondes ne diffère pas de celle λ des ondes du blanc. On a également constaté la production des couleurs complémentaires par la lumière incolore quand celle-ci pénètre différentes épaisseurs de couches d'eau.

Hassenfratz obtint le premier de la lumière incolore et ainsi successivement 1° le jaune et le violet ou indigo, 2° l'orangé et le bleu, 3° le rouge et le vert quand il faisait augmenter la colonne d'eau. Les rapports $m(\lambda + \alpha)$, $n(\lambda - \beta)$ entre les quantités m, n de lumière ou des longueurs des ondes ont été approximativement déterminées par Helmholtz; ces rapports ont été ensuite déterminés par le calcul $\dfrac{14\lambda^{iv} + \lambda'}{12} = \dfrac{3\lambda'' + 5\lambda^v}{8} = \dfrac{7\lambda''' + 2\lambda^{vi}}{9} = \lambda$. La sensation de la longueur des ondes correspond aux *couleurs physiologiques*; la même longueur λ peut être produite par un grand nombre de longueurs différentes, comme le nombre 542 peut être obtenu par plusieurs nombres différents.

L'achromatopsie est un état où les personnes ne peuvent distinguer la couleur : la plupart leur paraissent grises, brunes ou jaunes. Tantôt cette inaptitude s'étend à toutes les couleurs, tantôt elle n'est relative qu'à quelques couleurs seulement; il a été constaté que toute une famille ne distinguait pas le rouge du vert. J. Herschell cite un individu qui voyait *jaunes* toutes les couleurs de la moitié claire du spectre et *bleues* toutes les couleurs de l'autre moitié. Il paraît que ce défaut est souvent héréditaire; il est plus commun qu'on ne croit, car on a vu des individus arriver à un âge assez avancé sans se douter qu'ils ne voyaient pas comme tout le monde.

Les individus atteints d'achromatopsie voient et distinguent les formes des objets soit voisins, soit éloignés, comme toutes les personnes qui ont une bonne vue; ils jouissent même à la chasse d'un coup d'œil fort juste; il ne leur manque que le moyen de déterminer la longueur des ondes dont la direction est sentie, comme cela est constaté chez les chasseurs. La mesure des longueurs des ondes s'opère, à l'état normal, dans la longueur $\lambda' + \gamma$ des fibrilles; cette longueur est plus grande que λ' et moindre que $2\lambda'^m$. Dans les cas où la longueur des fibrilles augmente et devient $\lambda' + \gamma + \gamma'$ par suite d'hypertrophie, ou diminue et devient $\lambda' - \gamma$ par suite d'atrophie, la rétine n'est plus en état de sentir toutes les longueurs des ondes des couleurs différentes.

L'hypertrophie de la rétine se manifeste par la sensation des couleurs dont la longueur des ondes est grande, le rouge par exemple. *L'atrophie* de la rétine se manifeste par la sensation des couleurs dont la longueur des ondes est petite. *L'anomalie* de la rétine se manifeste par la sensation du jaune dont la longueur λ''' diffère peu de celle λ des ondes incolores. Les physiciens n'ont pas manqué de reconnaître que l'achromatopsie indique un vice dans les fibres nerveuses de la rétine; mais au lieu d'y reconnaître la mesure des longueurs des ondes, ils ont admis pour chaque couleur différentes espèces de fibres.

Modifications mutuelles des couleurs par l'insolation. Les atomes φ' de lumière accumulée dans le pigment par l'insolation ne suivent pas en reculant exactement le même chemin, mais augmentant de volume en vertu de leur élasticité, ils envahissent l'espace ambiant ou ils viennent en rencontre avec d'autres espèces d'atomes dont les ondes ont différentes longueurs, pour produire la suppression des longueurs égales des ondes de la lumière φ' émergente.

Les faits suivants, constatés d'abord par M. Chevreul, vont servir comme exemples à ces suppressions des longueurs des ondes en rencontre. 1° Si l'on justapose deux bandes a, b de couleurs différentes et qu'on place à une certaine distance des bandes A, B de même couleur pour servir de terme de comparaison, on reconnaît que la couleur de chacune des bandes contiguës est modifiée par le voisinage de l'autre. Par exemple, si les bandes a, b sont rouges et jaunes, la première prendra du violet et la seconde du vert; ainsi a été constatée la production, non pas d'un mélange du rouge avec le jaune, mais du vert avec le jaune et du violet avec le rouge. 2° Si les couleurs contiguës sont complémentaires, chacune d'elles paraît plus vive et plus pure, et cela à cause de la couleur accidentelle obtenue du dehors qui est sa propre couleur réelle. 3° Si l'une des couleurs est remplacée par du blanc ou du noir, l'autre est entourée d'une auréole de sa couleur complémentaire; elle paraît plus vive et l'espace occupé par la couleur réelle diminue. Cet espace disparaît tout à fait quand la largeur de la bande est petite, et celle-ci devient ainsi invisible. 4° Le rouge diffère peu de l'orangé et du violet, parce que dans l'un la différence $\lambda' - \lambda''$ est petite et dans l'autre la différence $2\lambda^{vii} - \lambda'$ est également petite; pour l'indigo cette différence est $\lambda^{vi} - \lambda'$.

Résumé. On peut attribuer à un oubli de la part des physiciens l'ignorance de la production des faits 1° par les ombres des cils; 2° par le bord de l'iris, et 3° par l'insolation du pigment, et cela parce qu'ils possèdent tous les moyens pour y parvenir; mais ce qui leur manque entièrement, ce sont les moyens qui conduisent à connaître : 1° l'action qui correspond aux sensations; 2° la nature des sentiments, et 3° le mode de leur manifestation.

SECTION II.

La *vision simple* est celle qui est produite par les atomes de lumière qui se propagent des objets jusqu'à la cornée sans éprouver aucune déviation produite d'une répulsion de la part d'un corps quelconque.

On nomme *vision composée* celle que produisent les atomes de lumière qui n'arrivent à l'œil qu'après avoir éprouvé certaines modifications de la part des corps avec lesquels ils viennent en contact; ces modifications sont : 1° la *réflexion*, où rien ne change, si ce n'est la direction des atomes; 2° la *réfraction*, où la direction change et où de la lumière incolore sont souvent produites les couleurs du spectre; 3° la *polarisation*, où la direction change encore et où se trouve en même temps supprimée l'expansion des atomes de lumière dans le sens dans lequel ils viennent d'éprouver la répulsion.

Les métaux diffèrent des autres corps en ce qu'ils produisent un double effet sur les atomes incidents de lumière Φ; car 1° la partie φ de ces atomes est réfléchie et polarisée suivant le plan de réflexion; 2° la partie φ' réfractée pénètre une couche mince du métal, et éprouve ensuite une réflexion dans la couche immédiatement inférieure;

reculant alors, cette partie φ' éprouve une deuxième réfraction, et s'éloigne du métal, mêlée avec la partie φ réfléchie, dont elle se distingue par le plan de polarisation qui est perpendiculaire à celui de la réflexion ou de l'incidence; 3° une autre partie $\Phi - \varphi - \varphi'$ de la lumière Φ incidente perd son mouvement par la contre-répulsion qu'exercent les atomes φ'' de lumière spécifique contenus dans le carbone qui forme, avec l'hydrogène, les deux éléments constituant tous les métaux purs.

Les couleurs sont produites par la lumière incolore 1° dans les prismes et les gouttes d'eau qui sont aussi considérées comme un assemblage d'un grand nombre de prismes; 2° elles sont également produites par la résistance qu'exercent contre la lumière incolore les colonnes d'eau ou d'air. Dans les prismes les sept couleurs du spectre sont produites à la fois, tandis que, dans les colonnes d'eau ou d'air, on voit se produire successivement les couleurs complémentaires, dont la plus claire avance et la plus sombre recule.

La lumière n'arrive des corps célestes à l'œil qu'après avoir pénétré l'atmosphère dont l'état hygrométrique change; on observe alors une série de faits optiques correspondant chacun à un état hygrométrique particulier. La lumière peut également traverser certains appareils ou certains instruments optiques avant d'arriver à l'œil. On distinguera donc : 1° la *vision composée* obtenue par de tels appareils ou instruments, et 2° *celle* obtenue des états hygrométriques différents de l'atmosphère ou de l'épaisseur invariable de celle-ci.

I. La *vision* est produite de l'état hygrométrique de l'atmosphère indépendamment de la volonté ou du pouvoir de l'homme qui, guidé par cette vision ou par les phénomènes atmosphériques et les lois de l'optique, cherche à déterminer l'état hygrométrique propre à produire ces phénomènes. Il cherche de même à déterminer les cas de la production des couleurs complémentaires par la lumière incolore qui pénètre différentes épaisseurs de l'atmosphère.

II. La *vision* est le *postulat*, c'est-à-dire le but qu'on se propose, dans la construction des appareils et des instruments; elle est obtenue par l'arrangement des parties intégrantes suivant les lois de l'optique; quand celles-ci sont connues, on peut arriver à coup sûr à la vision proposée. Dans le cas où celle-ci ne correspond pas au résultat désiré, il ne reste aucun doute sur l'ignorance où l'on est de la loi optique. Ce n'est que par des tâtonnements répétés et par des soins extrêmes que les opticiens arrivent à obtenir des oculaires ainsi que des objectifs dépourvus de toute aberration de la réfrangibilité qui diffère de celle produite de la sphéricité. Ces faits servent donc ici à prouver qu'on ignore la loi optique suivant laquelle on doit obtenir nécessairement la vision proposée quand les parties intégrantes de l'instrument sont construites suivant les dimensions déterminées par le calcul.

Loi optique inconnue. Nous avons fait voir, page 396, que la production des couleurs dans les prismes s'opère comme dans les interférences et les diffractions, c'est-à-dire par la suppression mutuelle du mouvement entre les atomes chromatiques homonymes s'écoulant en directions opposées. Newton, après avoir constaté que les atomes chromatiques ont des réfrangibilités différentes, n'hésita point à admettre ces atomes comme existant déjà dans la lumière incolore, surtout quand par leur mélange il eut reproduit le blanc qu'il considéra égal à l'incolore.

Depuis les nouvelles observations de Helmholtz et d'Hassenfratz, Brewster reconnut que la production des couleurs ne doit pas être attribuée à la réfraction simple, parce que, en pareil cas, les couleurs ne devaient pas manquer après chaque réfraction et que leur production devait être au contraire plus facile dans les prismes à grande déviation que dans ceux dont la déviation est petite. Enfin, dans le prisme équilatéral ABC (fig. 77), il a été premièrement constaté par Charles que, 1° si des atomes Φ de lumière incidents sous la direction S*i* une partie $q\varphi$ incolore est réfléchie vers *b'* et une autre $q'\varphi$ réfractée arrive en *a*,

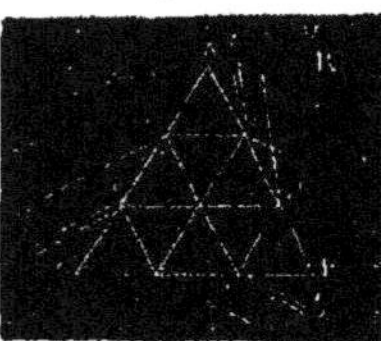

Figure 77.

dont 2° la partie $p\varphi$ incolore est réfléchie et la partie $p'\varphi$ colorée émergente est réfractée; 3° dans le point *e'* de la lumière $p\varphi$ qui arrive est réfléchie la partie $n\varphi$ incolore, et réfractée la partie émergente $n\varphi$ également incolore.

Donc les atomes n'émergent pas colorés après une seule réfraction, et ils n'émergent pas davantage en cet état après 1, 3, 5... $(2n \pm 1)$ réflexions précédentes.

Si Brewster s'était borné à l'exposition de ces faits, il aurait peut-être réussi à réfuter l'hypothèse de Newton, en provoquant les recherches des physiciens qui seraient indubitablement parvenus à connaître la même cause de la production des couleurs dans les prismes et les interférences. Malheureusement ce physicien admet, lui aussi, des hypothèses non moins fausses que celle qu'il prétendait combattre. Brewster admet notamment que :

1° La lumière blanche est composée de trois couleurs seulement : le rouge, le jaune, le bleu, mélangés en certaines proportions ;

2° Le spectre est formé de trois spectres superposés présentant ces trois couleurs dans toute son étendue, mais avec des intensités variant d'un point à l'autre, et présentant leur *maximum* en des points différemment placés;

3° Il y a des rayons de chacune de ces trois couleurs présentant tous les degrés de réfrangibilité compris entre les réfrangibilités des rayons extrêmes du spectre;

4° Toutes les couleurs du spectre sont *composées*, et comme tous les rayons réunis en un même point sont doués de la même réfrangibilité, ces couleurs ne peuvent être décomposées par une nouvelle réfraction, tandis qu'elles peuvent l'être par absorption.

Dans ces hypothèses sont contenus plusieurs faits découverts après Newton, et qui ne permettent pas de considérer les couleurs du spectre comme un effet de simple réfrangibilité des atomes chromatiques contenus comme tels dans la lumière incolore; cependant les faits de cette nature doivent servir à remonter à la cause commune des couleurs des prismes et de celles des interférences. Les partisans de Newton se trouvèrent satisfaits quand ils virent Airy réfuter les hypothèses de Brewster, mais sans se donner la peine de trouver la cause des couleurs prismatiques que ce physicien cherchait.

Postulat des instruments optiques. Le but que les opticiens veulent atteindre est de rendre visibles les objets ainsi que leurs détails restés invisibles à cause de leur petitesse ou de leur éloignement; en ces deux cas l'angle γ de vision est très-petit, et alors la dimension de l'image de l'objet sur la face antérieure de la rétine peut être inférieure à $0^{mm},0005$; pour cette raison il est impossible de distinguer la forme de l'objet et encore moins celle de ses détails. Donc au lieu de produire l'image dans la rétine directement des rayons qui viennent de l'objet, on en produit une image externe qui est des millions de fois moins grande que l'objet; cette image est observée au moyen de l'oculaire, qui n'est qu'un microscope qui produit un agrandissement de cent ou mille fois, et ainsi est obtenue l'image i dans la rétine de l'image j de l'objet, en dimensions supérieures à $0^{mm},0005$.

Un point lumineux ne peut être sensible que quand les atomes φ de lumière qui arrivent de ce point à la rétine ont une densité $\partial + \partial'$ supérieure à celle ∂ de $\frac{1}{90000}$ de la Lune; quand un point lumineux en s'éloignant est devenu invisible à cause de sa densité très-faible $\partial - \partial'$, on parvient à rendre l'objet visible par la concentration en un point des atomes

$q\varphi$ de lumière répandus sur la surface d'une grande lentille ou d'un grand miroir; ensuite ces atomes $q\varphi$ tous ensemble sont conduits dans la rétine où ils suffisent pour produire une sensation.

L'image I artificielle d'objets très-petits peut être claire quand l'intensité de la lumière est grande, et l'on peut l'augmenter autant qu'on veut; l'image I des objets éloignés doit être éclairée de la lumière de l'objet, et c'est pour cela qu'il est nécessaire de concentrer dans cette image la lumière qui arrive de l'objet sur une grande lentille, car l'éclairage des objets éloignés ne dépend pas de nous.

Illusions produites par les appareils optiques. On est habitué à recevoir les rayons directement des objets; ainsi ceux-ci apparaissent en leur état naturel; mais on peut faire arriver aux yeux les rayons non pas directement des objets mais de leur image, et celle-ci, tout en restant semblable, peut augmenter ou diminuer de manière à présenter l'objet sous des dimensions ou fort grandes ou fort petites. Les images des objets peuvent être rapidement agrandies ou diminuées, et alors on croit que cela est un effet du rapprochement ou de l'éloignement de ces objets. Au moyen de dessins plans obtenus comme ils sont sentis quand on regarde un corps, on parvient à produire, avec le stéréoscope, des sensations pareilles à celles obtenues des corps mêmes.

Usage des instruments astronomiques. L'essentiel est d'obtenir un instrument d'un perfectionnement complet; le reste dépend ensuite de la bonne vue de l'observateur et puis de la connaissance des détails de l'objet observé. Il est vrai que l'astronome doit avoir la vue bonne, et en plusieurs cas il fait usage des connaissances des détails des corps observés. Par exemple, les astronomes ignorent que la Terre est ovoïde, et ils lui donnent une forme aplatie, malgré les mesures nouvelles qui prouvent

que la Terre a une forme ovoïde. De même les mesures des
axes de Jupiter et de Saturne prouvent leur grandeur D invariable, tandis que celles des diamètres de leur équateur
varient entre $D + D'$ et $D + 3D'$, d'où les astronomes sont
amenés à connaître la forme ovoïde de ces astres. Toutefois
pour rester conséquents même dans les erreurs, ils attribuent contre toute raison à un manque d'exactitude dans
les mesures micrométriques les grandes différences entre
les résultats obtenus, et ils n'hésitent pas à donner $D + 2D'$
pour le diamètre de l'équateur. Nous exposerons plus tard :
1° la véritable orientation à suivre dans les observations
astronomiques par les détails des corps célestes déduits de
leur état physiologique, et 2° l'origine des illusions optiques
qui font apparaître les anneaux de Saturne, les couleurs
déplacées des halos et de l'arc-en-ciel, etc.

CHAPITRE PREMIER.

APPAREILS ET INSTRUMENTS OPTIQUES.

Les appareils et les instruments de tout genre ont été construits au commencement par des tâtonnements empiriques; on les a ensuite soumis à une foule d'expériences, et l'on est enfin parvenu à saisir la clef qui est la loi physique suivant laquelle on peut produire volontairement les résultats proposés. Ainsi 1° étant donné l'appareil, on peut déterminer le résultat qu'on veut obtenir, et 2° étant proposé le résultat, on peut connaître jusque dans ses moindres détails l'appareil qui doit être employé. C'est ainsi que toujours les *arts* ont été utilisés pour arriver aux *sciences*.

Dans les appareils et les instruments optiques, tout se réduit à obtenir une image I nette de l'objet et ensuite a faire arriver les rayons de cette image à la rétine pour y produire l'image *i'* de l'image I externe qui représente fidèlement la forme de l'objet en dimensions proportionnelles soit augmentées, soit diminuées. Ces images I des objets ne peuvent être obtenues que par les *lentilles* qui sont l'élément cardinal de toutes les espèces d'appareils d'instruments optiques.

Les miroirs, comme les lentilles, produisent également l'image I de l'objet, avec la différence qu'en ce cas, ce sont les rayons réfléchis qui produisent l'image, tandis que ce sont les rayons réfractés qui produisent les images obtenues par les lentilles.

L'image d'un objet projetée sur un écran produit à l'œil une image semblable à celle d'un objet pareil placé à la même distance; quand les rayons ne sont pas ainsi projetés, mais qu'ils viennent directement dans l'œil, ils conservent leur direction propre, laquelle a éprouvé un changement dans la lentille.

I. — ESPÈCES DE MIROIRS ET DE LENTILLES.

La surface concave des miroirs réfléchit les rayons incidents en directions convergentes; les deux surfaces convexes des lentilles impriment aux rayons transmis deux réfractions dans le même sens pour les faire se concentrer en un point f nommé *foyer*.

Miroirs. Habituellement les miroirs sont construits en métal parce qu'on peut leur donner des dimensions considérables, et sous une forme parabolique qui est nécessaire pour la réflexion des atomes de lumière en un point quand les rayons incidents sont parallèles à l'axe du miroir. Cependant les métaux, 1° réfléchissent la quantité φ d'atomes de lumière incidents; 2° ils réfractent et réfléchissent la quantité φ' d'atomes, et 3° ils suppriment le mouvement de la quantité φ'' d'atomes. C'est la raison qui a fait abandonner les miroirs et introduire les lentilles dans la construction *des* télescopes.

Lentilles. Celles qui font converger les rayons émergents sont nommées *lentilles convergentes*, et celles qui font diverger les rayons émergents sont nommées *lentilles divergentes*.

I. *Lentilles convergentes.* Elles sont de trois espèces (fig. 78): 1° A est la *lentille biconvexe* qui a les deux surfaces a, a' convexes; les centres o, o' de ces surfaces sont du côté opposé; 2° B est la lentille *plan-convexe*, dont une surface est plane et l'autre convexe; le centre *o* de celle-ci est du côté opposé; 3° C est le *ménisque convergent* qui a une surface concave et l'autre convexe; le rayon *o'a'* de la surface concave est plus grand que celui *ao* de la surface convexe, de manière que l'épaisseur du milieu est toujours plus grande que le bord qui est tranchant.

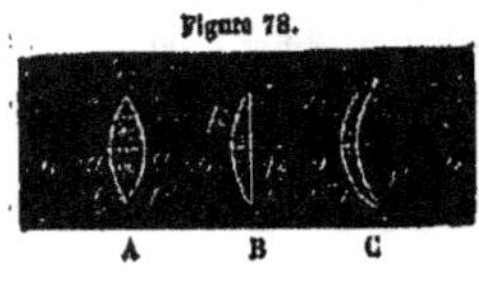

Figure 78.

II. *Lentilles divergentes.* Elles sont également de trois espèces (fig. 79) : 1° D est la *lentille bi-concave;* elle a les centres *c, c'* du côté de la surface qui leur correspond; 2° E est la lentille *plan-concave* qui a le centre *c* du côté de la surface qui lui correspond; 3° F est le *ménisque divergent;* il a le rayon *n'c'* de la surface concave moindre que celui *nc* de la surface convexe : de cette manière la lentille est plus mince au milieu *n'n* que sur les bords *c, c'*.

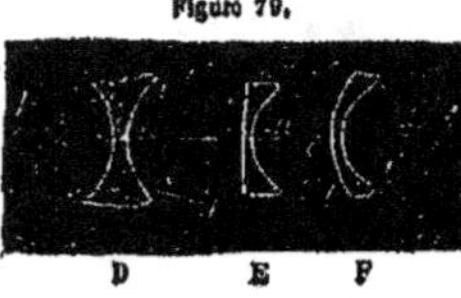

Figure 79.

Propriétés des lentilles. Ces six espèces de lentilles sont un assemblage de prismes très-nombreux : 1° Les lentilles A, B, C (fig. 78) sont un assemblage de prismes dont la base commune *aa'* est dans l'axe de la lentille; ensuite se succèdent les troncs de prismes annulaires, et les prismes du dernier anneau ont le sommet dans la périphérie de la lentille. En admettant les points *e, e'* de la lentille sur les tangentes *be, be'*, ces points doivent faire partie du prisme qui a *b* pour angle, et ses côtés sont les tangentes *be, be'*. Ainsi le rayon incident *pe'* émergera du point *e* pour aller couper en *f* l'axe *ao'*, sans dévier du plan de l'incidence *pe'b*.

Dans les cas où les lentilles sont minces au milieu et ont leur bord renflé, elles sont également un assemblage d'une infinité de prismes ; mais en ce cas les anneaux des troncs des prismes ont le sommet du côté du centre et la base du côté de la périphérie. De cette sorte les rayons incidents pr (fig. 79) émergent en directions divergentes lr dirigés vers la base du prisme; ils s'éloignent de l'axe $n'c'$; mais ces rayons lr émergents prolongés en arrière vont couper en g l'axe cc'; ce point g est le *foyer virtuel* de la lentille bi-concave D.

Aberration de sphéricité et caustiques. Si les rayons oe', ol (fig. 78 A) partent d'un point o lumineux situé sur l'axe oo' de la lentille, le rayon ba émergeant près du bord éprouve une grande déviation Γ et il va couper en a l'axe où arrivent en même temps tous les rayons R qui passent par la périphérie qui a pour rayon la distance $d'l'$. Le rayon oe' et tous les autres qui passent par la périphérie dont $d'e'$ est le rayon convergent après avoir éprouvé la déviation inférieure $\Gamma - \Gamma'$ et vont couper l'axe au point i plus éloigné de la lentille que le point a. Au point o' l'axe est coupé par les rayons qui incident entre les points e' et d' de la face antérieure de la lentille.

Soit π', π'', π'''... π^n les périphéries dont le rayon est 1, 2, 3... n; les atomes φ', φ'', φ'''... φ^n de lumière incident en chacune de ces périphéries, et, après deux réfractions dans le même sens, ces atomes se rencontrent aux foyers f', f'', f'''... f^n, dont f^n est le plus approché de la lentille, et f' est le plus éloigné. La plus grande quantité φ^n d'atomes de lumière arrive de la grande périphérie π^n en f^n, et la plus petite φ' arrive de la périphérie π' en f'.

L'intervalle entre f', f^n de l'axe contient les croisements des atomes φ', φ'', φ'''... φ^n de lumière en partant du foyer f^n le moins éloigné de la lentille où est le maximum des atomes φ^n de lumière, diminue la densité des atomes φ''', φ'', φ' qui se croisent aux foyers éloignés f''', f'', f'. Herschel observa ces densités des atomes φ^n... φ''', φ'', φ' de la manière suivante.

On recouvre la lentille d'une feuille de papier dans laquelle sont ménagés de petits trous également espacés et contenus dans les périphéries π', π'', π'''... π^n, et on l'expose au Soleil dont les atomes φ de lumière tombent parallèlement à l'axe de la lentille. Plaçant un écran tout près de celle-ci, on voit les atomes φ de lumière qui traversent les trous des périphéries π', π'', π'''... π^n former des taches lumineuses τ', τ'', τ'''... τ^n également espacées mais inégalement éclairées.

Pour arriver avec l'écran de la lentille au foyer f^n le moins éloigné, on éloigne peu à peu l'écran de la lentille et l'on y voit les taches τ^n, τ^n, τ^n provenant des trous de la périphérie π^n se resserrer plus que les autres τ''', τ'', τ''... τ'', τ'', τ''... provenant des trous des périphéries π''', π'', π'. Arrivé avec l'écran au foyer f^n, on voit se croiser les atomes φ^n, φ^n, φ^n de lumière et toutes les taches τ^n, τ^n, τ^n coïncident.

En continuant d'éloigner l'écran, on voit réapparaître les taches τ^n, τ^n, τ^n... qui s'éloignent à présent du centre où affluent successivement les taches τ''', τ''', τ'''... τ'', τ'', τ''... pour s'en écarter après le croisement, quand l'écran continue d'être éloigné. En joignant par une ligne les points τ^n... τ''', τ'', τ' des taches au delà du foyer f^n... f''', f''..., on obtient vers l'axe une courbe concave qu'on nomme *caustique*, quoique les foyers ne s'y trouvent pas; car le véritable caustique est l'intervalle f^n, f' entre les foyers extrêmes où s'opèrent les croisements des atomes φ', φ'', φ'''... φ^n de lumière.

· Le défaut de concours au même point des rayons émergents constitue l'*aberration de sphéricité* de la lentille; car les atomes φ^n de lumière de la grande périphérie π^n de la lentille se croisent en f^n qui est le foyer le moins éloigné; en partant de ce point viennent successivement les autres f''', f'', f' où se croisent les atomes φ''', φ'', φ'... de lumière venant des périphéries inférieures π''', π'', π'.

Les atomes φ', φ'', φ'''... φ^n de lumière peuvent être recueillis dans les foyers f', f'', f'''... f^n qui sont sur l'axe, et alors on a l'*aberration f', f^n en longueur*; en recueillant les atomes φ', φ'', φ'''... φ^n de lumière sur un écran, on a l'*aberration en largeur*.

L'aberration est un effet direct des angles γ', γ'', γ'''... γ^n formés des rayons r', r'', r'''... r^n incidents et de surface courbe des lentilles. 1° Si les rayons r', r'', r'''... r^n émergent des points placés tout près du bord de la lentille, les angles γ', γ'', γ'''... γ^n sont petits, et ils deviennent encore plus petits si les rayons ao, $a'o'$ (fig. 78) des surfaces de la lentille A diminuent; en pareils cas, les angles Γ', Γ'', Γ'''... Γ^n d'incidence augmentent, et par suite les angles de réfraction qui font augmenter l'aberration en longueur et en largeur. 2° Si les rayons r', r'', r'''... r^n incident parallèlement avec l'axe de la lentille comme cela a lieu pour les objets éloignés les angles Γ', Γ'', Γ'''... Γ^n d'incidence diminuent, et d'autant plus si les rayons oa, $o'a'$ des surfaces de la lentille augmentent; on voit ainsi diminuer les angles de réfraction qui vont couper l'axe de la lentille loin d'elle aux points f', f'', f'''... f^n qui sont les foyers où est petite l'aberration en largeur quand même celle en longueur ne diminue pas.

L'angle γ est nul pour le rayon r qui coïncide avec l'axe; il est de 90° pour les rayons r^n parallèles à l'axe quand la lentille est hémisphérique, ou pour les rayons r''' venant d'un objet tout près de la lentille et de son axe. Donc pour obtenir de petits angles d'incidence et par suite de médiocres aberrations, il faut que l'ouverture de la lentille ne dépasse pas 10° à 12°.

Les instruments optiques servent à observer les objets très-petits ou les objets très-éloignés; en ce dernier cas il faut recueillir une grande quantité d'atomes φ de lumière venant de l'objet pour les faire composer par leur croisement l'image de l'objet qui devient d'autant plus nette et claire qu'est plus grande la quantité d'atomes Φ de lumière incidents dans la lentille ou dans le miroir. Cette condition n'est pas nécessaire pour les petits objets microscopiques, car il est possible d'augmenter la densité D des atomes Φ de lumière incidents. Ainsi la clarté des images des objets éloignés est obtenue par les grandeurs des lentilles, et celle des petits objets voisins est obtenue par un éclairage direct.

Pour les rayons parallèles des objets éloignés, le calcul montre qu'une lentille en verre ayant pour indice de réfraction 1,5 donne la plus faible aberration possible quand le rayon ao' de la courbure de la surface eal (fig. 78 A) est six fois plus grand que celui $a'o'$ de l'autre surface $e'a'l'$ d'incidence. Mais si l'indice est égal à 1,686, comme cela a lieu à peu près pour le cristal ou flint-glass, l'aberration est très-faible quand la surface el (fig. 78 B) est plane; on emploie fréquemment cette espèce de lentilles dans les instruments optiques; les physiciens et les opticiens savent bien que les rayons parallèles qui incident sur la face plane de cette espèce de lentilles émergent et convergent après avoir éprouvé une seule réfraction, et qu'ils sont pour cela incolores comme tous les rayons qui ont éprouvé une seule réfraction; cependant ils n'introduisent pas ce cas dans leurs calculs, mais ils y admettent la production des couleurs, et c'est pour cela que les résultats des calculs ne correspondent pas aux faits.

En suivant les calculs on trouve un système de lentilles assez convergent sans aberration sensible et ayant une ouverture assez grande. Ordinairement on réunit deux lentilles plan-convexes, dont on tourne la face courbe vers l'image de l'objet. L'expérience montre qu'alors l'aberration est beaucoup plus faible que lorsqu'on emploie une seule lentille de même diamètre et de même foyer que le système. Le calcul prouve qu'on peut toujours, avec deux lentilles convergentes de courbures convenables et placées à une distance déterminée, obtenir un foyer exact pour les rayons partant d'un point placé sur l'axe à une distance déterminée.

Si l'on veut, dans les cas des deux lentilles, construire les axes secondaires qui passent par les deux extrémités de l'objet sur lesquels se forment les images de ces extrémités, on construit d'abord l'image réelle ou virtuelle qui serait formée par la première lentille seule ; puis on joindra les extrémités de cette image au centre optique de la seconde.

Lentilles aplanétiques. On nomme ainsi les lentilles concaves-convexes ou les ménisques convergents (fig. 78 C) complétement dépourvues d'aberration de sphéricité. On forme une lentille aplanétique en prenant pour face convexe d'immergence *ael* la surface de révolution que donne un foyer *o'* d'une ellipse et pour face concave *a'* d'émergence une surface sphérique *e'a'l'* décrite de ce foyer *o'* comme centre avec un rayon assez grand pour que cette surface *l'a'e'* coupe la première *lae*. Le foyer *o'* sera le point de croisement de tous les rayons parallèles *re*, *si* qui incident sur la surface elliptique *eal* pour obtenir la direction *e'o'*, *l'o'* vers le foyer *o'*, et qui émergent pour cela de la surface sphérique *e'a'l'* sans en éprouver aucune déviation.

Cette lentille aplanétique est en même temps *achromatique* parce que les rayons parallèles éprouvent une seule réfraction dans leur immergence ; dans les lentilles plan-convexes il n'y a également qu'une seule réfraction éprouvée par les rayons parallèles immergents par la face plane et non pas par la face convexe, et pour cela elles sont en ce cas achromatiques ; mais l'aberration de sphéricité ne leur manque pas.

Champ de la vision. On appelle ainsi l'espace angulaire dans lequel sont contenus tous les axes secondaires sur lesquels il se forme des images nettes. Les ménisques convergents, dont la face concave est tournée du côté de l'objet, ont un champ beaucoup plus grand que toute autre lentille de même diamètre et de même foyer ; *Cauchois* a trouvé que le rapport le plus favorable entre les rayons *oα, o'α'* (fig. 78 C) des deux surfaces *eαl, e'α'l'* doit être de 8 à 5.

Clarté des images. Quand l'objet voisin est invisible à cause d'un manque de lumière, celle-ci peut être augmentée par le Soleil, par l'électricité ou par les lampes. Si l'objet est éloigné, *il est nécessaire de recevoir les rayons sur une grande surface courbe d'une lentille ou d'un miroir et de les faire se croiser aux points qui correspondent à ceux de l'objet dont le milieu se trouve sur l'axe de la lentille et dont les extrémités sont à des distances différentes de l'axe.* Les atomes φ de lumière émis de chaque point de la surface de l'objet se croisent séparément pour se répandre de ces points de croisement, précisément comme ils se répandent des points correspondants de l'objet.

L'image *i* obtenue dans la rétine est produite d'atomes φ *de lumière répandus des différents points de la surface de l'objet;* ces atomes φ de lumière n'arrivent pas à la cornée en se propageant en directions rectilignes; cela n'a lieu que pour les atomes $\varphi°$ qui partent du milieu de l'objet, pénètrent l'axe de la lentille sans en éprouver la moindre déviation, et arrivent au centre de la cornée. Les atomes φ', φ'', φ'''... φ^n de lumière qui arrivent de chaque point de l'objet aux périphéries π', π'', π'''... π^n de la lentille se croisent aux points placés à gauche et à droite de l'axe dont ils se répandent et arrivent à l'œil, comme cela a lieu quand ces atomes φ', φ'', φ'''... φ^n se répandent de ces mêmes points composant la surface d'un objet qui s'y trouve. Les quantités de lumière φ', φ'', φ'''... φ^n sont en rapport direct avec les périphéries π', π'', π'''... π^n; ainsi la clarté augmente dans les points de croisement proportionnellement avec la surface de la lentille ou du miroir.

Grossissement de l'image *i* dans la rétine. L'image *i* des objets dans la rétine doit avoir des dimensions plus grandes que $0^{mm},0005$, pour qu'on puisse percevoir les dimensions des objets dont elle est produite. Cette image est toujours petite quand l'objet est très-petit ; lorsque l'objet n'est pas petit, elle est grande : 1° si l'objet est peu éloigné, mais 2° si celui-ci s'éloigne, elle devient petite. Dans les deux cas, les objets ne deviennent visibles que 1° quand l'image i dans la surface de la rétine acquiert une dimension plus grande que $0^{mm},0005$, et 2° quand les atomes φ de lumière sont d'une densité plus grande que celle de $\frac{1}{100000}$ de la clarté de la Lune indiquée par δ.

Les dimensions de l'image i dans la rétine augmentent quand sont grands les angles Γ produits de l'axe optique et des rayons qui le coupent venant des extrémités de l'objet ; si ces rayons viennent dans l'œil directement de l'objet, lesdits angles restent petits ; mais si les rayons de chaque point de l'objet pénètrent d'abord par une lentille, ils en émergent en directions convergentes et se croisent autour de l'axe aux points qui correspondent à ceux de l'objet dont ils sont émis. Donc en se répandant, de ces points de croisement, les rayons coupent l'axe optique en formant de grands angles Γ, et arrivés à la surface de la rétine produisent une image i dont les dimensions sont plus grandes que $0^{mm},0005$, et ainsi devient visible l'objet qui antérieurement produisait déjà dans la rétine une image, mais d'une dimension inférieure à $0^{mm},0005$.

Chromatisme. La réfraction des rayons qui pénètrent les lentilles est inévitable. Newton ignorait qu'une seule réfraction ne produit pas les couleurs, ou mieux il admettait cette production malgré tous les résultats contraires que fournissaient les observations, et cela pour défendre la fausse et insoutenable hypothèse de la production des couleurs par les réfractions. En dirigeant la surface convexe d'une lentille plan-convexe vers le Soleil, on obtient les couleurs prismatiques ; en tournant la face plane de la même lentille vers le Soleil, on n'obtient aucune couleur. Dans le premier cas les rayons sont réfractés dans la.

surface convexe, et, arrivés obliquement dans la face plane, ils y éprouvent une deuxième réfraction dans le même sens, précisément comme dans les prismes. Dans le cas où les rayons parallèles arrivent verticalement sur la surface plane, ils pénètrent sans éprouver de réfraction et ils n'éprouvent qu'une seule réfraction dans leur émergence.

Achromatisme. Il était impossible d'obtenir par les calculs des résultats concordants avec ceux obtenus par les observations; les opticiens ne parviennent que par des tâtonnements et des soins multipliés à obtenir des oculaires comme des objectifs, suffisamment dépourvus de couleurs. Ils peuvent éviter exactement l'aberration de la sphéricité, mais ils ignorent le moyen d'éviter les couleurs, et tout cela est le résultat direct de l'hypothèse fausse de la production des couleurs admise dans la réfraction, tandis qu'elle ne diffère point de celle obtenue par les interférences et les diffractions.

II. — APPAREILS OPTIQUES.

La construction de ces appareils est simple, parce que le but qu'on se propose d'en obtenir est 1° de faire tomber l'image 1 des objets sur la surface de la rétine quand le cristallin la fait tomber au devant ou en arrière de cette surface; 2° autrefois les croisements des rayons sont projetés sur un écran dont ils arrivent aux yeux pour produire des sensations pareilles à celles produites des objets mêmes; ainsi sont produites plusieurs espèces d'illusions optiques artificielles qui vont servir aux astronomes à connaître que plusieurs objets auxquels ils attribuent une existence réelle ne sont que l'effet d'une illusion optique.

A. Besicles.

Cet appareil si simple est à l'usage également des *presbytes* qui ont la vue longue et des *myopes* qui ont la vue courte. L'image i des objets est produite au delà de la surface de la rétine, et pour l'y faire arriver il faut tenir l'objet à une grande distance $d + d'$. Dans les yeux des myopes l'image i de l'objet se produit au devant de la rétine, et pour la faire venir précisément sur la surface de la rétine il faut diminuer la distance d de l'objet et la réduire à $d - d'$.

Le *presbytisme* est l'effet d'une diminution de l'épaisseur du cristallin ou d'un aplatissement du fond de l'œil qui fait que la rétine se rapproche du cristallin. La myopie est rarement héréditaire; ce défaut se manifeste par suite d'une habitude continuelle d'approcher trop les objets de l'œil pour en obtenir plus de lumière. Dans quelques cas rares la cornée est très-convexe et presque conique; alors on ne voit qu'à une seule distance $d - d'$ fort courte. Ainsi la myopie, en général, n'est qu'un effet produit sur une vue mal gouvernée et dont on a abusé, comme cela résulte de l'observation suivante : Ware a trouvé 32 myopes parmi 127 étudiants, tandis qu'il n'en a trouvé que 3 parmi 1,300 enfants. La myopie est très-rare dans les campagnes; on ne la rencontre ni chez les peuples nomades ni chez les sauvages.

Quand un objet s (fig. 80) se trouve à la distance de la vision distincte, son image i ne tombe pas chez les presbytes dans la rétine, mais au delà de celle-ci; pour qu'elle y tombe il faut éloigner l'objet jusqu'en s à une distance $d + d'$. La dimension de l'image diminue proportionnellement avec l'augmentation de la distance, parce que si l'on veut

Figure 80.

que l'angle visuel $\gamma = aob$ (fig. 81) reste le même, il faut faire augmenter l'objet ab jusqu'à ce qu'il devienne zz' quand il est porté plus loin; mais si l'objet ab en s'éloignant reste de la même dimension, son angle visuel γ' diminue et fait diminuer la dimension de l'image qui devient pour cela trop petite pour être perçue. Il devient ainsi impossible aux presbytes de distinguer les petits objets qui sont visibles pour les autres individus ; donc les besicles sont indispensables aux presbytes quand il s'agit de rendre visibles les objets de dimensions médiocres placés à la distance *d*.

Figure 81.

Les rayons qui partent de l'objet *s* placé à la distance *d* arrivent à la lentille *d* bi-convexe (fig. 80) où ils éprouvent deux réfractions dans le même sens. De chaque point de l'objet les rayons se croisent en un point correspondant de l'image *i* de cet objet produite dans la rétine, comme si l'objet agrandi avait été porté de *ab* en *zz'* (fig. 81), pour ne pas changer son angle visuel *aob* = *zoz'*. Donc la lentille bi-convexe (fig. 80) produit à l'œil des presbytes le même effet que celui qui serait obtenu par une augmentation de l'objet analogue à la distance *d* + *d'*.

Besicles des myopes. Les myopes de bonne vue peuvent se passer de besicles quand il s'agit de regarder les objets qui peuvent être rapprochés des yeux ; mais pour les objets médiocrement éloignés les besicles sont indispensables. Ceux-ci doivent faire apparaître

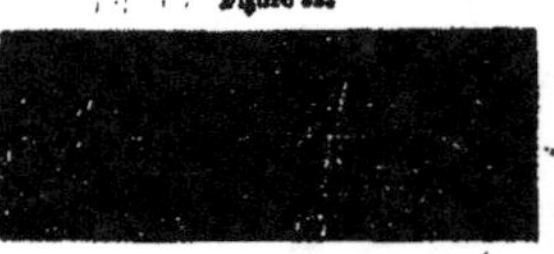

Figure 82.

les objets éloignés *zz'*, AB, A″B″... (fig. 81) à une petite distance *d* — *d'* au point *s* (fig. 82), sans pour cela changer l'angle visuel Γ. Un déplacement pareil est obtenu par la lentille bi-concave, car les rayons qui y arrivent d'un objet

, placé à la distance *d* éprouvent dans cette lentille deux réfractions dans le même sens, mais ils divergent beaucoup, comme s'ils venaient du même objet réduit à des dimensions moindres et transféré à la petite distance *d — d*. De sorte que la grandeur de l'image *i* de l'objet reste la même, mais elle se trouve transférée dans la rétine et ne tombe plus au devant de celle-ci.

B. Phares optiques et phares mégalophotes.

Pour projeter la lumière des côtes et des ports au loin dans la mer, on se servait autrefois de miroirs paraboliques en métal ou en verre. Les miroirs en métal peuvent prendre de grandes dimensions, mais ils arrêtent presque la moitié de la lumière que produit la lampe; les miroirs en verre ne peuvent dépasser certaines dimensions. Fresnel évita cet inconvénient en remplaçant les miroirs par des lentilles polyzonales. La courbure de la section de chacun des anneaux de verre qui composent cette sorte de lentille est établie de manière qu'il n'y ait pas d'aberration de sphéricité, c'est-à-dire que les surfaces des anneaux n'appartiennent pas à des sphères concentriques.

Phares mégalophotes. Ce simple appareil consiste en une série de lampes dont la flamme n'est pas plus grande que celle de la lampe d'un phare de moyenne grandeur. Un demi-tuyau parabolique de dimension médiocre attaché à AB (fig. 83) porte les lampes dont il sert à projeter la lumière vers la mer, comme le font les miroirs. Cet appareil en repos produit un éclairage qui le rend visible à une distance médiocre, et cela à cause de la quantité médiocre de lumière projetée et à cause des volumes médiocres des flammes. Si le volume de celle-ci augmente et devient cent fois ou mille fois plus grand, sans que la clarté de chaque lampe diminue, on obtiendra au loin un effet analogue à celui qui se produit quand on regarde de loin la flamme d'un phare avec un télescope d'un grand objectif.

Le tuyau AB porte une série de lampes; si ce tuyau est

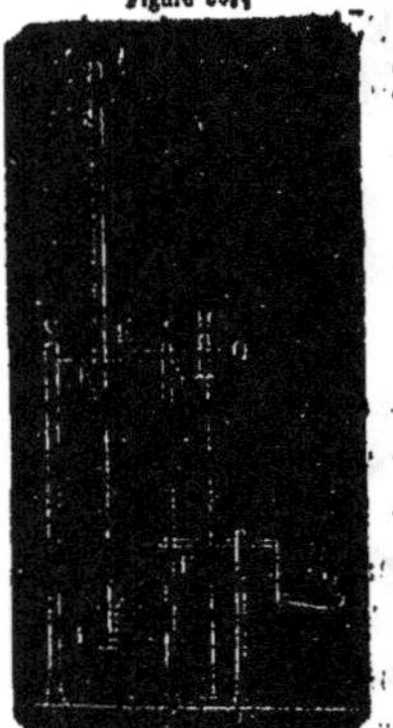

mis en rotation rapide par un appareil d'horloge, il fera apparaître un disque dont la surface est couverte de la même flamme que celle de la série des lampes. Le demi-tuyau qui sert à réfléchir la lumière vers la mer est placé de manière à empêcher en même temps le courant d'air produit de la rotation du tuyau AB.

Un observateur ne reçoit actuellement la lumière des phares que de la surface qu'occupe la flamme de la lampe qui produit un angle visuel Γ qui a également lieu pour la lumière répandue des lampes $b, b, b... b', b', b'...$ quand le tuyau AB est en repos; mais si ce tuyau est en rotation pour faire apparaître un disque de la même flamme, l'angle visuel Γ s'agrandit dans toutes ses dimensions; et c'est ainsi qu'il devient possible que la clarté se manifeste, même quand l'atmosphère est obscurcie par les nuages, car les tempêtes se présentent rarement sous un ciel serein quand les phares actuels éclairent la mer.

Cette augmentation d'éclairage sera utilisée également dans les villes; car de la lumière qui se consomme actuellement une très-petite partie seulement est utilisée, et la plus grande quantité se perd. Il a été prouvé qu'un sentiment ne peut être produit que dans un espace de temps de $0''{,}84$; donc il ne faut que faire passer la flamme quelquefois par seconde pour un instant, et cela suffira pour qu'il se répande des objets assez de lumière vers l'œil pour occuper la sensation pendant tout le temps de l'éloignement de la flamme dont l'absence ne peut pas même être sentie.

C. Appareils d'illusions optiques.

Le nombre des appareils de ce genre est infini, comme le nombre des illusions ; ces dernières restent toutefois limitées à certaines propriétés de sensations. Nous avons déjà indiqué qu'il est possible de changer les dimensions et les positions de l'image *i* que produisent les objets de la rétine ; ainsi, 1° les objets éloignés peuvent apparaître petits et à des distances médiocres, ou 2° les objets placés à des distances médiocres peuvent apparaître éloignés et grands, en position directe ou renversée ; mais la couleur des objets ne peut changer que quand on fait passer la lumière à travers des verres colorés. D'autres appareils, tels que le suivant, ont la propriété de faire apparaître les dessins plans comme des corps à trois dimensions.

Stéréoscope. Le lecteur a vu (page 547) que chaque œil reçoit des corps peu éloignés des atomes propres φ, φ'

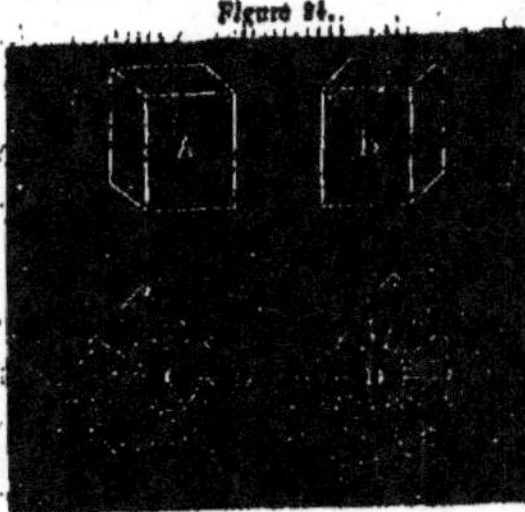

de lumière, et d'autres communs φ''. Prenons, par exemple, un cube : l'œil droit en reçoit les atomes de lumière $\varphi + \varphi''$ et on voit la face B (fig. 84) ; l'œil gauche en reçoit les atomes $\varphi' + \varphi''$ de lumière et on voit la face A. Prenons maintenant un tronc de cône : les atomes $\varphi + \varphi''$ de lumière arrivent à l'œil droit et en font apparaître la face D (fig. 85) ; l'œil gauche en reçoit les atomes $\varphi' + \varphi''$ de lumière et en voit la face C.

Ces dessins ainsi regardés ne produisent aucune illusion qui fasse croire que AB est un cube et CD un tronc de

cône, comme cela a lieu quand on regarde ces deux corps
en réalité. La cause en est que les faces A, B ou C, D des
dessins produisent deux directions séparées, tandis que les
mêmes faces dans le cube ou dans le tronc de cône produisent des directions convergentes vers le milieu M des corps;
donc on se propose ici d'obtenir, au moyen d'un appareil,
une convergence pour les deux faces A, B ou C, D vers un
milieu M, car c'est alors qu'il n'aura plus aucune différence
entre la vision produite par les corps mêmes et celle produite par les dessins de ses deux faces A, C ou C, D vues
de chaque œil; on y parvient par l'appareil suivant nommé
stéréoscope.

Le dessin B ou D qui présente la face vue de l'œil droit
est placé en $a'b'$ (fig. 86), et l'autre A ou C, qui est la face
vue de l'œil gauche, est placé en ab; les yeux sont placés

Figure 86.

en oo, et les miroirs m, m' y
projettent les images des deux
dessins en directions convergentes vers le milieu M. Donc
l'œil droit recevra les atomes
$\varphi + \varphi''$ de lumière venant de
la face B ou D, et l'œil gauche les atomes $\varphi' + \varphi''$ de lumière
venant des faces A ou B en directions convergentes vers le
milieu M; précisément comme cela a lieu quand on regarde
les corps eux-mêmes.

Il reste cependant encore à rendre l'angle visuel des
images du dessin égal à celui produit des objets dont la
grandeur habituelle est déterminée, comme l'est celle de
l'homme, des maisons, des arbres, etc. Pour cette raison,
deux lentilles égales bi-convexes sont placées devant les
yeux en o, o, ou mieux les deux moitiés μ, μ' d'une seule
lentille; ainsi l'illusion devient si frappante qu'on croit voir
un objet réel à trois dimensions.

On fait subir plusieurs modifications à l'illusion indiquée;
par exemple, au lieu des deux lentilles on met au devant

des yeux deux tubes où sont placées les lentilles, et au lieu de dessins d'une seule attitude on en fait d'attitudes différentes du même objet qui se succèdent et se correspondent. Supposons qu'on les fasse passer rapidement devant les tubes, on verra l'objet se présenter sous ces attitudes, et il paraîtra ainsi en mouvement comme s'il était vivant. D'autres fois on déplace les dessins pour faire voir à l'œil gauche la face du corps destinée pour l'œil droit, et *vice versâ;* ainsi on voit en creux ce qui est en relief dans les corps.

Chambre noire. Cet appareil simple consiste en une lentille *l* (fig. 87) plan-convexe fixée dans l'extrémité d'un tube *d* qui entre dans un autre *r* dans lequel il peut s'enfoncer. Ce tube *r* est attaché comme une espèce de fenêtre

Figure 87.

dans une des parois *pp* d'une caisse fermée de tous côtés. Cet appareil est employé pour projeter l'image d'un objet éclairé sur un écran *cc* placé en un endroit obscur; 1° il est nommé *chambre noire* parce que la caisse est noircie à l'intérieur, et *chambre obscure* parce qu'il y a un écran blanc *cc* sur lequel se projette l'image d'un objet AB éclairé; 2° on le nomme *lanterne magique* quand l'appartement C est obscur et qu'une lampe se trouve placée dans la caisse pour éclairer l'objet dont l'image se projette sur l'écran *ss*; 3° le même appareil est nommé *fantasmagorie* quand la caisse disposée comme une lanterne magique est placée sur quatre roues, de manière à être mise en mouvement et à s'approcher ou s'éloigner rapidement de l'écran *ss* où changent les dimensions des images. Ainsi les spectateurs qui se trouvent dans l'appartement C pour regarder les images sur l'écran croient que ce sont des objets mêmes en mouvement analogues à ceux observés dans leurs images ou dans leur ombre.

En fermant le tube *d*, si l'on y fait un trou *o* très-petit pour faire croiser les rayons qui y arrivent des deux extrémités A, B de l'objet, les rayons *r* de l'extrémité A vont se projeter en A″ sur l'écran blanc *cc*, et les rayons *r′* de l'extrémité B se projettent en B″; ainsi est obtenue l'image A″B″ de l'objet AB, sans qu'il soit nécessaire d'employer la lentille *l*; cependant une image pareille n'est pas très-bien éclairée, parce qu'elle n'est produite que de la petite quantité de lumière qui pénètre par le petit trou *o*.

Au lieu d'une image produite des atomes *φ* de lumière de l'objet même, on peut obtenir l'ombre de celui-ci quand il est placé dans le trou *o*, pour ne laisser pénétrer que 1° les rayons divergents qui touchent son contour, et 2° les rayons pénétrant par ses parties transparentes. Ainsi les images observées sur les écrans *cc* ou *ss* peuvent être produites 1° des atomes *φ* de lumière venant des parties correspondantes de l'objet, ou 2° des atomes *φ′* de lumière qui passent par le contour de l'objet et par ses parties moins opaques; il est alors possible d'agrandir l'ombre des petits objets et d'en rendre visibles les détails.

I. **Chambre noire.** L'objet AB éclairé de la lumière du jour renvoie les rayons sur une lentille *l* plan-convexe ayant la face plane vers l'objet AB d'où les rayons *r*, *r′* viennent de ses extrémités A, B presque parallèlement, de sorte qu'ils n'éprouvent qu'une seule réfraction convergente dans leur émergence, et de cette manière ils restent achromatiques. L'image A″B″ est renversée dans l'écran *cc*; mais si l'on place le miroir *m*, elle est réfléchie et devient couchée comme elle paraît en *ab*.

II. **Lanterne magique.** Ici est éclairée la caisse dont les atomes *φ* de lumière pénètrent par le tube *d* dans l'appartement obscur; le dessin est placé en *o* au-devant de la lentille *l*, et c'est son ombre qui se projette agrandie sur l'écran *ee*. Les rayons qui passent par le contour de l'objet ou par ses parties moins opaques se répandent de l'écran vers les yeux. Ainsi on peut dire que les images dans la chambre noire sont *positives*, parce qu'elles répandent les atomes de lumière qui arrivent des objets mêmes, tandis que celle de la lanterne magique sont *négatives*, parce qu'elles sont obtenues par l'ombre de l'objet et par les atomes de lumière qui ne viennent pas de sa surface, mais des contours de ses parties opaques.

III. Microscope solaire ou électrique. Les petits objets dont les détails sont invisibles à l'œil nu sont placés au devant de face convexe ou sur cette même face de la lentille *l* qui est pénétrée par les atomes *o* de lumière, tandis que vont être projetés sur l'écran *ss* ceux *o'* qui n'ont pas été empêchés par les parties opaques de l'objet. Ces parties invisibles produisent chacune une ombre très-agrandie qui devient pour cela visible. La lumière qui pénètre par la lentille peut être celle du Soleil ou celle d'une lampe ou de l'électricité; dans tous ces cas les images sont obtenues sur un écran blanc *ss* placé dans un appartement obscur; selon la lumière employée dans l'éclairage, on nomme ces microscopes solaires, électriques ou monochromatiques.

IV. Fantasmagorie. La chambre noire ou la lanterne magique est mise en mouvement de manière à s'approcher ou s'éloigner rapidement de l'écran *ss* quand les spectateurs se trouvent derrière lui dans l'appartement obscur C, pour voir les ombres des objets sur l'écran demi-transparent. Ces ombres grandissent quand la caisse s'éloigne, et elles diminuent quand la caisse s'approche de l'écran. Les spectateurs qui ne voient pas comment ces faits se produisent attribuent aux objets mêmes les faits observés dans leurs ombres; quand les ombres augmentent on croit que les objets se précipitent les uns vers les autres, et quand les ombres diminuent, les objets paraissent s'éloigner l'un de l'autre; tous ces mouvements s'opèrent avec une rapidité qui correspond aux vitesses des mouvements de la caisse.

III. — INSTRUMENTS OPTIQUES.

Quand les objets sont invisibles à l'œil nu à cause de leur trop petite image i produite par les atomes φ de lumière venant de leur surface ou de leur contour, les opticiens parviennent : 1° au moyen des *microscopes*, à rendre aux atomes φ de lumière une divergence suffisante pour produire dans la rétine une image i d'une dimension plus grande que $0^{mm},0005$, et 2° au moyen des *télescopes*, les opticiens font également prendre aux atomes φ de lumière une divergence suffisante pour produire dans la rétine une image i de dimensions plus grandes que $0^{mm},0005$.

Les atomes φ de lumière qui constituent l'image i sont insuffisants pour produire une sensation quand leur densité $\delta - \delta'$ est inférieure à celle δ de $\frac{1}{50000}$ de la clarté de la Lune ; en pareils cas, la densité des atomes φ de lumière de l'image i devient $\delta + \delta'$ par la multiplication des atomes φ ; et on y parvient en augmentant l'éclairage des objets prochains ou en recevant des objets éloignés une grande quantité d'atomes φ de lumière de chaque point de leur surface pour les réunir au point de l'image qui correspond à celui de l'objet. Une grande quantité d'atomes φ de lumière de chaque point p de l'objet ne peut être recueillie que par de grands miroirs ou lentilles qui sont indispensables aux télescopes, et ne sont pas nécessaires aux microscopes dont l'éclairage s'opère par des atomes φ de lumière d'une grande densité.

Au premier abord rien ne paraît plus simple que le moyen de rendre aux images i des objets dans la rétine des dimensions plus grandes que $0^{mm},0005$ et des atomes φ de lumière d'une densité $\delta + \delta'$ supérieure que celle δ de $\frac{1}{50000}$ de la clarté de la Lune, et cela parce qu'on est en état d'augmenter les surfaces des miroirs et les convexités des lentilles dont il est possible d'éviter l'aberration de sphéricité, mais cela n'est pas le cas pour celle de la réfrangibilité dont sont produites les couleurs.

Preuve de l'ignorance des physiciens relativement aux lois optiques. Tous les instruments construits par les opticiens avec la plus grande exactitude suivant les dimensions prescrites par les physiciens sont *imparfaits*; et ce n'est que par des tâtonnements et des soins multipliés que l'ouvrier arrive à obtenir des oculaires et des objectifs achromatiques. Donc cet ouvrier opérant de cette manière s'éloigne des règles prescrites par les physiciens, et cela se fait à l'avantage du résultat désiré. Toutefois en prouvant ainsi la fausseté des règles prescrites par les physiciens, les ouvriers en tâtonnant ne savent comment ils doivent opérer, et n'obtiennent jamais la certitude d'être parvenus à produire l'instrument dans ses dernières limites de perfectionnement.

Lentilles achromatiques et achromatismes. La production des couleurs a été admise par Newton dans les réfrangibilités différentes des atomes χ', χ''… χ^{vii} chromatiques de lumière incolore; Brewster a connu que les faits observés ne correspondent pas à une cause pareille de la production des couleurs; cependant il n'est pas parvenu à en découvrir la véritable cause. De leur côté les physiciens ont été convaincus par les opticiens que les règles prescrites pour la construction des instruments ne paraissent pas être les véritables, sans que personne soupçonnât en quoi consiste ce désaccord.

Tous les résultats que les ouvriers ont obtenus par tâtonnements vont être ici utilisés pour démontrer que les couleurs ne peuvent être produites dans les lentilles plan-convexes quand les rayons n'y éprouvent qu'une réfraction, comme cela a lieu également pour les lentilles concave-convexes aplanétiques, quand les rayons incidents sont parallèles à l'axe.

Système achromatique. Par une seule lentille plan-convexe d'une grandeur médiocre, on ne peut obtenir à la fois une grande quantité d'atomes φ de lumière et une grande convergence de ces atomes; celle-ci est nécessaire pour faire augmenter l'image i de l'objet, et les atomes φ de lumière font augmenter la densité $\theta + \delta'$; aussi il a été prouvé que l'aberration de sphéricité augmente avec la convexité des lentilles. Pour cette raison, il est nécessaire d'avoir un système abc, $a'b'c'$, $a''b''c''$... $a^4b^4c^4$ de lentilles plan-convexes (fig. 88) dont la plus grande $a^4c^4b^4$ a la face plane $a^4d^4b^4$ vers l'objet, tandis que toutes les autres l'ont tournée vers l'œil o. Dans chaque lentille les rayons n'éprouvent qu'une seule réfraction, et pour cela ils en émergent en directions convergentes et en même temps achromatiques; on a ainsi un microscope achromatique.

1° Les rayons R parallèles à l'axe d^4o tombent perpendiculairement à la face a^4b^4 de la lentille $a^4c^4b^4$ sans éprouver

Figure 88.

de déviation, mais en émergeant de la face courbe les rayons en éprouvent des réfractions dirigées vers la caustique qui occupent la longueur f^4f'; on sait que les atomes φ^4 de lumière les plus abondants passent par le point f^4 de la caustique le moins éloigné de la lentille bi-convexe A (fig. 78).

2° Pour que les atomes φ émergents achromatiques du système des lentilles pénètrent la lentille $a'''c'''b'''$ et y éprouvent une seule réfraction, il faut que cette lentille ait pour rayon la longueur a^4f^4 et soit placée du point f^4 dans la distance f^4b^4. De sorte que les rayons émergent de la lentille $a^4c^4b^4$ en directions convergentes perpendiculaires à la surface sphérique de la lentille $a'''b'''b'''$ dans laquelle ils pénètrent sans éprouver de réfractions sensibles; mais émergeant obliquement de la face plane, les rayons éprouvent une deuxième réfraction convergente vers l'axe.

3° Une autre lentille $a''b''c''$ plan-convexe beaucoup plus petite sert à recevoir perpendiculairement les rayons émergents de la lentille précédente où ils éprouvent une réfraction; de sorte que ces rayons n'éprouvent qu'une seule réfraction convergente dans leur émergence de la face plane de chaque lentille, et ainsi ils arrivent à l'œil o convergents et achromatiques.

Ainsi les atomes φ de lumière répandus des points $p, p, p...$ de la surface de l'objet se croisent aux points $o, o, o...$ autour de l'axe de l'œil, d'où ils arrivent à la rétine, et y produisent une image i de l'objet comme s'il était d'une grandeur mille fois supérieure.

A. Microscopes.

Ces instruments servent à rendre visibles les objets et leurs détails qui restent invisibles à l'œil nu, et cela à cause de la trop petite dimension de l'image i de l'objet. Le but des microscopes n'est donc que de faire augmenter les dimensions de l'image de l'objet même ou celles de son ombre. Les *microscopes négatifs* sont les instruments qui produisent l'image de l'ombre des objets par les atomes φ de lumière qui passent par le contour de l'objet et par ses parties moins opaques.

Les instruments reconnus comme les meilleurs sont obtenus par tâtonnements et sans s'astreindre à observer les règles établies par les physiciens; ces instruments seront trouvés très-conformes aux règles qui sont indiquées ici, règles infaillibles parce qu'elles sont le résultat de lois optiques inconnues aux physiciens.

Microscope Stanhope. Rien n'est plus simple que ce petit instrument qui n'est qu'une lentille plan-convexe (fig. 78 A); seulement, au lieu d'être tranchant, le bord en est cylindrique et d'une longueur de 1 à 2 centimètres *cp* (fig. 89 A). Un petit objet *p* attaché à sa face plane est regardé par la face convexe; le grossissement va jusqu'à quatre-vingts fois tout en conservant à l'image beaucoup de clarté et de netteté; et avec un champ plus grand que les autres genres de microscopes simples. L'ombre de l'objet *p* est obtenue par les rayons *oa*, *ob* qui pénètrent dans la rétine *a'b'*, comme si l'objet *p* dont ils viennent avait la dimension *ab*.

Figure 89.

A

Personne ne mettra en doute que ces résultats si frappants ne soient l'effet de l'achromatisme, obtenu par la seule réfraction des rayons; il est absolument impossible, avec une seule lentille, d'obtenir la même netteté par tout autre moyen, pas même avec la lentille plan-convexe quand l'objet est placé du côté de la face convexe.

Microscopes composés. *Les* opticiens sont arrivés à reconnaître que le système le plus avantageux consiste en un assemblage de lentilles plan-convexes dont l'objectif a le plus grand diamètre; celui-ci diminue rapidement aux lentilles suivantes dont la dernière a le diamètre si petit qu'il faut une loupe pour l'observer. Elles sont vissées les unes à la suite des autres, et le système entier ne fait que remplacer une seule lentille achromatique d'un foyer le plus court possible. Pour faciliter l'exécution de semblables lentilles, on a aussi eu recours à des substances très-réfringentes et n'exigeant pas, par conséquent, des courbures aussi prononcées. On a fait des lentilles de différentes sortes de verres, avec des pierres précieuses et même en diamant.

Il devient ainsi évident qu'à force de tâtonnements les opticiens sont parvenus à se rapprocher beaucoup du but qu'ils se proposaient. Cependant c'est toujours à la science qu'il est réservé d'atteindre ce but, car c'est elle qui fournit le moyen d'obtenir le plus parfait achromatisme en modifiant la courbure des lentilles plan-convexes.

Microscopes catadioptriques. L'ombre de l'objet *a* (fig. 90) tombe sur un prisme *nn* placé au foyer d'un miroir sphérique *m* pour en être réfléchie ; les atomes *φ* de lumière qui passent par le contour de l'objet et par ses détails moins opaques se croisent au centre O de la surface du miroir en y produisant le même contour de l'objet ; de ce contour décrit par les croisements des atomes *φ* de lumière, ceux-ci vont ensuite produire dans la rétine l'image du contour comme si l'objet se trouvait en O au milieu des croisements. Cette image *i* est beaucoup plus grande que celle qui est produite directement de l'ombre de l'objet, et cela à cause de la direction divergente des atomes *φ* qui se propagent des points de croisement vers la rétine, car ils y arrivent après avoir pénétré par deux lentilles plan-convexes qui ont la face plane tournée vers l'œil pour la raison déjà indiquée.

Il ne se produit aucune couleur par la réflexion de la lumière dans le prisme ou dans le miroir ; les rayons convergents vers les points des croisements pénètrent presque perpendiculairement la face courbe de la lentille plan-convexe sans éprouver de réfraction sensible ; ils émergent obliquement de la face plane où ils éprouvent une réfraction convergente, et arrivent ainsi presque achromatiques à la rétine.

Dans ces microscopes il est possible d'éclairer la face de l'objet tournée vers le miroir pour en obtenir de chaque point *p, p, p...* les atomes *φ* de lumière qui se croisent séparément aux points *o, o, o...*, et arrivent en directions plus convergentes dans la rétine.

B. TÉLESCOPES ET LUNETTES.

Les objets célestes deviennent visibles au moyen des télescopes, et pour les objets terrestres éloignés on se sert des lunettes ; ces instruments sont composés 1° d'un objectif où arrivent les rayons répandus des objets, et 2° d'un oculaire dont les rayons vont à l'œil. L'objectif peut être 1° une lentille qui fait éprouver aux rayons incidents une réfraction vers son axe, ou 2° un miroir où les rayons incidents sont réfléchis vers son axe. Quant à l'oculaire il est le même pour les télescopes, et il diffère pour les lunettes, et cela afin de faire paraître les objets terrestres dans leur position normale et non renversés comme le font les télescopes.

Télescopes à réflexion. Les rayons incident parallèlement à l'axe d'un tube qui a pour fond un miroir concave parabolique pour réfléchir les rayons sans aberration de sphéricité au foyer f de la parabole. Jusqu'ici nous ne voyons d'autre différence que celle des métaux et des alliages dont sont construits les miroirs. Pour faire parvenir à l'œil l'image ou les rayons qui la produisent par leur croisement, on emploie plusieurs espèces d'appareils suivant lesquels ces télescopes sont distingués.

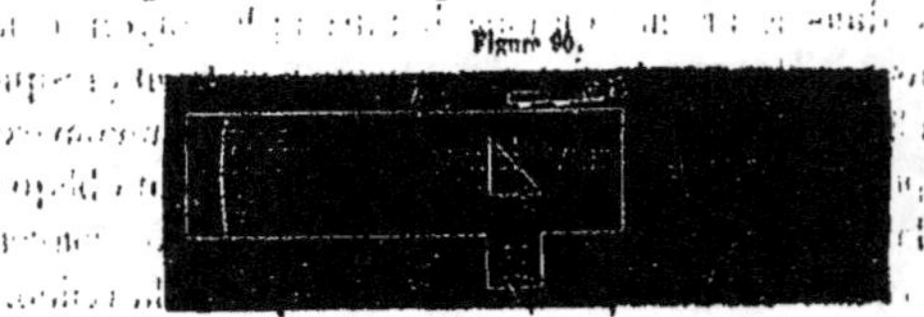

Figure 90.

Télescope de Newton. Cet instrument se compose d'un miroir sphérique-concave mr (fig. 90) dont le centre est en O ; les rayons parallèles à l'axe oe du tube incident au miroir mr, et après en avoir été réfléchis, vont former par leur croisement en $a'b'$ l'image de l'objet situé un peu au delà de son foyer f principal. Pour faire arriver ces rayons à l'œil on emploie un petit miroir plan nn incliné à 45° sur l'axe qui réfléchit l'image $a'b'$ en a. L'oculaire ϱ est une lentille plan-convexe qui sert à faire converger les rayons avant d'arriver à l'œil pour y produire une image i de di-

mensions analogues à celle qui serait produite à l'œil nu
par un objet semblable de la grandeur AB placé à la distance où. Le miroir *mn* est remplacé par la face hypoténuse
d'un prisme rectangulaire pour faire éprouver une réflexion
qui n'est pas totale, et cela, parce qu'il est impossible de
faire tomber les rayons convergents perpendiculairement
sur la face de l'angle 90° du prisme; il en est de même
pour les rayons réfléchis émergeant du prisme par l'autre
face de l'angle 90°.

Télescope de L. Foucault. Le miroir parabolique *mr* est
de verre argenté par un procédé chimique; son oculaire
n'est pas une lentille plan-convexe comme celle *o*, mais un
microscope. Avec un miroir de 33 centimètres de diamètre
et de 2m,25 de foyer, on a pu dédoubler l'étoile bleue qui
accompagne γ d'Andromède; résultat qui ne pouvait s'obtenir qu'avec les plus grands réfracteurs.

Télescope de Grégori. Le miroir *mr* est percé au milieu
en *e*; dans l'ouverture est ajusté le tube oculaire où arrivent les rayons réfléchis par un miroir sphérique-concave
placé au delà de l'image *a'b'*.

Télescope de Cassegrain. Il ne diffère du précédent que
par le petit miroir qui est convexe et placé entre le miroir
mr et l'image *a'b'*.

Télescope d'Herschell. Il diffère des précédents par l'éloignement de la deuxième réflexion, car il
fait diminuer la force pénétrante, comme
disait cet astronome, qui évaluait la
perte de 64 à 75. Ici le miroir *m* (fig. 91)
est un peu incliné à l'axe *sm* du tube
pour faire tomber l'image de l'objet
où les croisements des rayons au bord
du tube, dans lequel est ajusté l'oculaire.

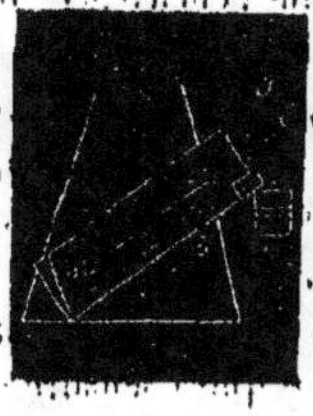

Le dernier miroir d'Herschell, le plus grand, avait 1m,47
de diamètre; il rassemblait tant de lumière que la nébuleuse

d'Orion produisait le même éclat que l'atmosphère en plein midi ; et qu'on put porter le grossissement à 6652 fois le diamètre. La supériorité des télescopes d'Herschell est démontrée par le grand nombre des découvertes des objets célestes auxquels n'ont pu atteindre les autres instruments.

Télescopes à réfraction. L'objectif est composé de deux ou trois lentilles, une biconvexe en crown-glass, les autres concave-convexes ; les rayons incidents y éprouvent dans la première deux réfractions convergentes ; dans les autres, deux réfractions contraires ; ils vont se croiser au foyer f qui est à la distance considérable D, parce que, pour éviter l'aberration de sphéricité, la lentille ne doit pas avoir plus de 10° à 12°. Son oculaire diffère peu des précédents, car souvent, au lieu d'une lentille, il en a deux plans-convexes L, L' (fig. 92).

Figure 92.

Lunettes terrestres. L'objectif est une lentille biconvexe souvent achromatisée par une autre, comme dans les télescopes ; l'oculaire est composé de deux lentilles plan-convexes comme cela a lieu pour l'oculaire des télescopes, mais il contient encore deux lentilles o,

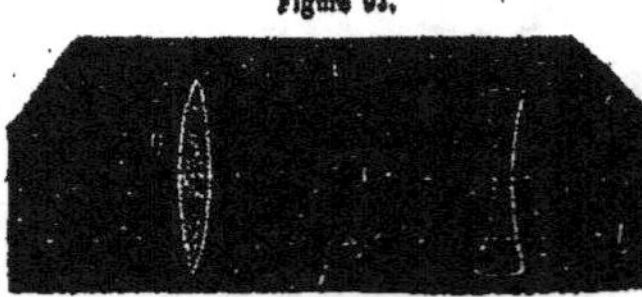

Figure 93.

o' (fig. 92) biconvexes, qui sont introduites pour rendre droite $a'c'$ l'image ac renversée de l'objet.

Lunette de Galilée. Les objets sont vus droits au moyen de deux seules lentilles O, o (fig. 93) parce que l'oculaire o est une lentille biconcave placée entre l'objectif O et l'image ab de l'objet. De cette lentille provient une diminution du grossissement; pour cette raison il est augmenté par une lentille en flint superposée sur celle O en crown; par l'ajustement des courbures de ces deux lentilles de l'objectif, on cherche à faire diminuer le chromatisme.

C. État imparfait des instruments optiques.

Il y a à distinguer ces instruments 1° à leur état primitif où les lentilles et les intervalles correspondent aux règles prescrites par les physiciens, règles obtenues comme résultats des calculs mathématiques; 2° à l'état dans lequel ils sortent de la main de l'opticien; celui-ci change également les courbures des lentilles et leur intervalle, non pas suivant certaines lois, mais par des tâtonnements; ce n'est qué par des soins multipliés qu'on arrive à obtenir des oculaires comme des objectifs d'une efficacité satisfaisante.

Il faut même remarquer que, par rapport de l'aberration de sphéricité, les résultats correspondent exactement aux règles prescrites par les physiciens, et ce que les opticiens n'obtiennent pas au moyen de ces règles se réduit au chromatisme. Ainsi on est parvenu à démontrer par les faits mêmes que les couleurs sont produites dans les lentilles d'une manière parfaitement différente que celle admise par Newton et ses successeurs, qui ont pensé qu'une seule réfraction suffisait pour produire les couleurs, car les atomes chromatiques sont supposés exister tels dans la lumière incolore, et ils se séparent par chaque réfraction à cause de la réfrangibilité différente de chaque espèce d'atomes,

Cette hypothèse a été déjà combattue par Brewster; plusieurs faits en ont été déjà rapportés, et ici servent les résultats de toutes les espèces d'instruments optiques qui ont fait connaître aux physiciens, que les opticiens n'obtiennent par leurs tâtonnements qu'une certaine diminution du chromatisme dont la cause resta inconnue aux uns et aux

autres. Sans avoir recours aux hypothèses, en partant du
fait constaté *que la lumière émerge toujours incolore des
corps où elle a éprouvé une seule réfraction*, on peut très-
facilement mettre au jour les défauts de chacun des instruments décrits. Cependant il faut d'abord rappeler les effets
optiques produits par la polarisation de la lumière dont les
physiciens ne font aucune mention.

Polarisation de la lumière et ses effets optiques.
1° La lumière réfractée dans la lentille de l'objectif en
émerge polarisée en grande partie dans le plan perpendiculaire à celui de réfraction. 2° La lumière réfléchie des miroirs métalliques est polarisée en partie $q\varphi$ dans le plan
de réflexion et en partie inférieure $q'\varphi$ dans chaque autre
plan. La différence $(q - q')\varphi$ entre ces quantités n'est pas
la même pour tous les métaux; le plomb donne la plus
grande et l'argent la plus petite; après celui-ci vient l'or,
l'étain, le cuivre, précisément les métaux qui entrent dans
les alliages dont ont été construits les miroirs des télescopes
de Newton, Grégori, Herschell.....

Malus prouva qu'un rayon tel que m (fig. 90) qui se
réfléchit en n dans l'intérieur d'un milieu transparent se
polarise dans le plan d'incidence; il ne reste donc aucun
doute que des atomes $q\varphi$ de lumière polarisés par la réflexion dans le miroir mr une partie $q''\varphi$ devient supprimée
dans la deuxième réflexion en nn; et qu'il n'en est réfléchi
que la différence $(q + q' - q'')\varphi$. La quantité $q''\varphi$ d'atomes
de lumière supprimés est proportionnelle à la quantité $q\varphi$,
qui est grande pour le plomb et moins grande pour l'argent. Par ce rapport il existe une différence optique entre
les résultats obtenus par les miroirs des alliages indiqués
et ceux de verre argenté.

Défauts des objectifs. Les rayons incolores, après
deux réfractions en même sens dans une lentille biconvexe,
émergent toujours colorés en parties différentes, et par réfractions opposées il est absolument impossible d'éloigner

ces atomes colorés, comme cela est démontré par le résultat optique de l'instrument, dont deux égaux ne font pas paraître l'objet également net; la cause en est dans les tâtonnements opérés dans chaque instrument surtout quand les mêmes ouvriers n'y sont pas employés. Cette production de couleurs manque parfaitement dans la réflexion de la lumière par les miroirs métalliques; donc les croisements des rayons, ou l'image, sont achromatiques dans les miroirs et il y a toujours des atomes chromatiques dans l'image obtenue par une lentille bi-convexe en clown-grass, malgré la lentille concave-convexe en flint.

Défauts des oculaires. Dans tous les instruments optiques, excepté le microscope Stanhope, les couleurs sont produites dans l'oculaire; par suite, la netteté de l'image se perd dans la rétine, et cela est prouvé par le manque des résultats correspondants aux grossissements. Les rayons incolores dans les images des miroirs présentent l'inconvénient qui résulte de leur plan de polarisation qui fait se perdre la lumière q''_φ dans la deuxième réflexion, et ensuite ce plan doit tourner et prendre la direction verticale en pénétrant l'oculaire; c'est en ce que les télescopes à réfraction surpassaient les télescopes à réflexion.

Habituellement les oculaires consistent en lentilles plan-convexes introduites par les opticiens et non pas prescrites des physiciens. En exposant la face courbe *rd* (fig. 89) d'une telle lentille L' aux rayons qui viennent d'obtenir une convergence par une autre précédente L, ces rayons n'éprouvent presque aucune réfraction dans leur incidence; quant à l'intervalle L*d*, c'est en tâtonnant que l'ouvrier la trouve au même temps que la convexité des lentilles; quand l'objet est vu dans sa plus grande netteté possible. Cet ouvrier sait bien qu'il faut obtenir, au moyen de la lentille L', des rayons émergents achromatiques; mais cet ouvrier pas plus que le physicien ne savent qu'ils doivent faire incider ces rayons verticalement pour qu'ils n'éprouvent qu'une seule réfraction convergente dans leur émergence par la face plane.

D. Visibilité des objets petits ou éloignés.

Un objet lumineux ou éclairé, visible à la distance médiocre D, apparaît sans dimensions et sans détails, comme un point à une distance supérieure $D + D'$; si cette distance augmente davantage et devient $D + D' + D''$, l'objet disparaît. Le même effet a lieu quand l'image photographiée d'un objet a la grandeur g, on y voit ses détails et ses dimensions; si la même image obtient une grandeur inférieure $g - g'$ ses détails et ses dimensions disparaissent; elle se présente comme un point; enfin si la grandeur de l'image diminue et devient $g - g' - g''$, elle est alors entièrement invisible.

Explication. Les objets répandent la lumière qu'ils possèdent ou celle qu'ils reçoivent du dehors; cette lumière est composée d'atomes φ dont la densité peut indéfiniment augmenter ou diminuer; pour en obtenir une sensation, il faut nécessairement une densité d'atomes φ supérieure à celle $\delta = \frac{1}{90000}$ de la Lune; donc il suffit qu'il arrive à la rétine un rayon d'atomes φ de lumière d'une densité $\delta + \delta'$ et il y sera produit la sensation de l'existence d'un point ou d'un corps dont il y a une dispersion de lumière.

Les rayons α, β, γ... dispersés des extrémités a, b, c... de l'objet couvrent la cornée, et après avoir éprouvé des réfractions convergentes dans cette cornée et le cristallin, ils se croisent dans la rétine aux points a', b', c'... qui correspondent à ceux a, b, c... de l'objet; dans les cas où l'intervalle λ entre ces points a', b', c'... des croisements qui est la dimension de l'image i, est plus grand que $0^{mm},0005$, la dimension l qui sépare les points a, b, c... de l'objet, dont on distingue la forme et les détails, devient alors sensible.

Effets optiques des télescopes. Un objet à la distance $D + D' + D''$ est invisible parce que les atomes $q\varphi$ de lumière qui couvrent la cornée venant de sa surface produisent dans la rétine une densité $\partial - \partial'$ trop petite pour engendrer une destruction d'équilibre et une sensation. Dans la surface d'une lentille ou d'un miroir arrivent du même objet les atomes $(q + q')\varphi$ de lumière qui vont se croiser au foyer f et y produire une densité $\partial + \partial'$, qui est reproduite par les mêmes atomes $(q + q')\varphi$ quand du croisement en f ils vont se croiser dans la rétine, et ainsi est obtenue une destruction d'équilibre et des oscillations de l'électre qui sont la sensation, dont l'existence d'un corps devient connue par la direction des rayons incidents α, β, γ...

Pour que la dimension de l'objet et ses détails soient sentis, il faut que dans la rétine se produise l'image i de l'objet en dimensions supérieures à $0^{mm},0005$; pour cette raison il faut donner aux rayons α, β, γ... des directions convergentes pour augmenter l'angle Γ de leur croisement dans la rétine, comme cela a lieu quand les objets ambiants sont vus à œil nu, cas où leur image i a des dimensions considérables.

L'angle Γ des croisements des rayons α, β, γ... croît quand ces rayons sont soumis aux réfractions convergentes produites par les miroirs concaves ou par les lentilles convergentes. Une seule lentille pareille nommée *loupe* placée entre l'objet et l'œil ne produit qu'une augmentation de l'angle Γ de croisements des rayons α, β, γ... venant des points a, b, c... de l'objet, et cela sert à faire augmenter les dimensions de l'image i de cet objet dont elle est produite. Mais en même temps que l'angle Γ des croisements s'agrandit, augmente aussi la densité $\partial + \partial'$, parce que du même objet arrivent à la cornée les atomes $q\varphi$ de lumière et à la loupe arrivent les atomes $(q + q')\varphi$ plus abondants.

Effets des microscopes. Les atomes $q\varphi$ des rayons α, β, γ... répandus des points a, b, c... de l'objet augmentent et deviennent $(q+q')\varphi$, $(q+q'+q'')\varphi$... par l'augmentation de l'éclairage; pour cette raison il ne s'agit ici que de rendre à l'image i une grandeur où les détails de l'objet doivent être séparés par des intervalles plus grands que $0^{mm},0005$. Il ne faut donc qu'un agrandissement de l'angle Γ qui est obtenu par les lentilles convergentes.

Les loupes sont à la fois microscopes et télescopes; le microscope Stanhope n'est pas une loupe quoiqu'il n'ait qu'une lentille plan-convexe, et cela parce que ce ne sont pas les rayons α, β, γ... dispersés des points de sa surface qui arrivent à l'œil, mais ceux α', β', γ'... qui pénètrent par les contours des parties opaques de l'objet.

Images claires et images nettes dans la rétine. Pour être claire l'image i a besoin d'une densité $\delta+\delta''$ d'atomes φ de lumière supérieure à celle $\delta=\frac{1}{10000}$ de la Lune; pour être nette, il lui faut des intervalles λ entre les points des croisements qui soient plus grands que $0^{mm},0005$; si dans ces intervalles se trouvent de pareils croisements a'', b'', c''..., l'image n'est pas nette, et elle ne peut pas reproduire distinctement les dimensions et encore moins les détails de l'objet.

De fausses rencontres des rayons aux intervalles l, l, l... entre les points des croisements de l'image I externe sont produites : 1° à cause de l'aberration de sphéricité, et 2° à cause des atomes chromatiques χ', χ''... χ^{vii} de réfrangibilités différentes produits dans les lentilles; et 3° des atomes φ de lumière polarisés dans le plan de réflexion par les miroirs.

1° L'aberration de sphéricité peut être évitée par les courbures des lentilles. 2° Les couleurs une fois produites ne peuvent plus être éloignées, et il est ainsi absolument impossible d'obtenir dans la rétine une image parfaitement nette autrement que par un seul moyen, c'est-à-dire en évitant totalement la production des couleurs. 3° Les effets de la lumière polarisée ne sont pas demeurés inaperçus, car Herschell prouva la grande différence qui existe entre les télescopes à une et ceux à deux réflexions, mais ni lui ni les autres physiciens n'ont remarqué que la lumière polarisée en est la cause.

E. Instruments optiques sans production de couleurs.

Jusqu'aujourd'hui les physiciens ont laissé et favorisé même, à un certain point, la production des couleurs qu'ils ont cherché ensuite à supprimer par des réfractions en sens opposé, qui produisent seulement la perte du grossissement sans faire disparaître les couleurs. L'impossibilité de la suppression des couleurs produites a été constatée par Brewster au moyen de la lumière jaune de sa lampe presque monochromatique. Ce physicien obtint dans ses observations microscopiques des résultats surprenants par cette lumière jaune avec laquelle les objets étaient éclairés.

Les couleurs n'ont pu être constatées dans la lumière incolore après qu'elle a éprouvé une seule réfraction. Quelques physiciens sectateurs de Newton, les admettent même dans les cas où elles ne sont pas perceptibles; toutes ces discussions disparaîtront quand on sera d'accord pour admettre la production insignifiante des couleurs par une seule réfraction, tandis que leur production par deux réfractions dans le même sens est employée dans la production du spectre.

D'une autre part, les physiciens, de même que les opticiens les plus fidèles partisans de Newton, ne peuvent s'empêcher d'avouer que les lentilles plan-convexes de la chambre noire et de la lanterne magique ne produisent qu'une seule réfraction quand la lumière incide sur leur face plane; le même effet a lieu pour le microscope Stanhope, et l'on a prouvé que les résultats ne sont plus les mêmes quand la lumière tombe sur la face convexe, car elle éprouve alors deux réfractions.

Règles générales de la construction des instruments optiques sans production de couleurs. Les rayons incidents sont : 1° parallèles, 2° convergents, ou 3° divergents ; selon ces trois directions des rayons, trois espèces des surfaces des lentilles peuvent être employées pour recevoir perpendiculairement les rayons incidents, et cela est d'une nécessité absolue, puisque c'est en cette direction seule que les rayons peuvent pénétrer dans un corps sans en éprouver de réfraction. Quand une fois les rayons sont ainsi introduits, ils peuvent dans leur émergence éprouver une réfraction convergente sans production de couleurs.

I. *Rayons parallèles.* On est déjà parvenu à connaître qu'ils doivent être reçus sur la face plane d'une lentille plan-convexe, dont ils émergent convergents et incolores après la seule réfraction dans la face convexe. On peut aussi bien, et même avec plus de succès encore, employer en ce cas la lentille ou un ménisque aplanétique bien construit; et cela à cause de manque d'aberration de sphéricité et la distance D moins grande du foyer f.

II. *Rayons convergents.* En ce cas il faut une lentille plan-convexe dont la face convexe qui reçoit les rayons a pour centre le foyer f vers lequel ces rayons sont dirigés; ainsi ceux-ci pénètrent verticalement la face convexe sans y éprouver aucune déviation; mais en émergeant obliquement de la face plane, ils en éprouvent une réfraction convergente vers un autre foyer f' moins éloigné que le précédent f. Si la face plane de cette lentille est une face convexe, les rayons doivent éprouver une réfraction supérieure pour aller se croiser au foyer f'' moins éloigné que le précédent f'; on peut aussi employer une lentille bi-convexe ou plan-convexe.

III. *Rayons divergents.* Pour arriver verticalement, ces rayons doivent être reçus dans la face concave d'un ménisque convergent dont le centre est dans le foyer f, d'où les rayons croisés se répandent et pénètrent dans la face concave perpendiculairement sans éprouver de réfraction, pour arriver à la face convexe du ménisque dont ils émergent après avoir éprouvé une réfraction convergente; dans le cas où le ménisque est aplanétique, les rayons émergent parallèles à l'axe; alors ils doivent être conduits sur la face plane d'une lentille plan-convexe.

1° *Microscopes dépourvus de couleurs.*

Les instruments sont ici construits suivant les règles indiquées; pour cette raison il n'y a aucune trace de couleurs, parce que la production en est empêchée. Parmi des objets microscopiques : 1° Ceux qui sont opaques sont observés par les rayons α, β, γ... dispersés des parties a, b, c... tournées vers l'œil; 2° les objets demi-opaques, composés de parties A, B, C... d'opacités différentes séparées par des intervalles l transparents et translucides sont éclairés par derrière; de sorte qu'il n'arrive à l'œil que les rayons α', β', γ'... que n'ont pas arrêtés les parties opaques. Donc la forme de celles-ci est sentie par celle de leur ombre projetée dans la rétine; ainsi les microscopes sont nommés *positifs* quand l'éclairage est antérieur, et *négatif* quand les objets sont éclairés par derrière.

Microscope négatif. Quand un grossissement de 80 fois est suffisant, le microscope Stanhope est alors l'instrument parfait par excellence; de même quand il s'agit d'obtenir l'ombre des objets par la lanterne magique, on ne peut rien employer de plus avantageux que la lentille plan-convexe en laissant tomber les rayons sur sa face plane.

Le *microscope négatif composé* est obtenu par deux ou plusieurs lentilles (fig. 94) b, b', b''... b^4 dont : 1° la première a la face plane f^4 tournée vers l'objet placé entre cette face et la lampe, pour laisser pénétrer parallèlement les rayons s, s, s, s... qui n'éprouvent qu'une seule réfraction convergente dans leur émergence de la face convexe b pour aller se croiser au foyer f^2. 2° La lentille $a'c'''b'''$ plan-convexe reçoit les rayons a, β, γ... convergents vers le foyer f^2 où doit être le centre de la surface convexe $a'''b'''c'''$, pour cette raison les rayons y pénètrent verticalement sans éprouver aucune déviation; mais ils en éprouvent une convergente dans leur émergence de la face plane $a'''c''$, et ils vont ainsi se croiser au foyer f''' moins éloigné que le précédent f^2. Ainsi selon la densité des atomes φ de lumière et le grossissement demandé, le nombre des lentilles augmente; ce nombre peut diminuer sans que le résultat change, quand la face plane ac''', ac''... est remplacée par une face convexe; mais on voit alors augmenter l'aberration de sphéricité, si elle n'est pas éloignée par les moyens déjà en usage; cela prouve pourquoi les opticiens emploient les lentilles plan-convexes dans les oculaires qui ne sont que des microscopes positifs.

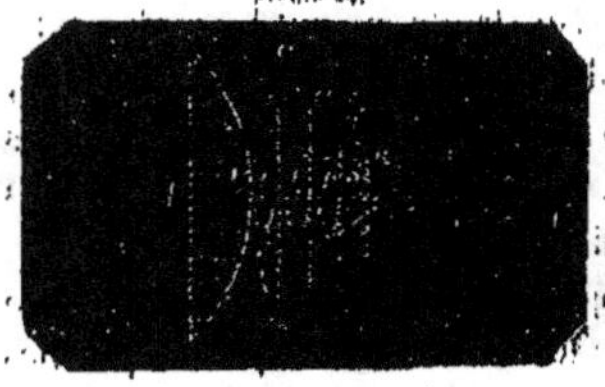

Microscope positif. Aucun des instruments en usage ne peut être conservé; car les rayons divergents doivent être conduits sur une surface concave-sphérique dont l'objet microscopique occupe le centre. Une pareille surface n'existe que dans le ménisque convergent C (fig. 78), car les rayons a, β, γ... répandus de l'objet placé en o' pénètrent la face concave $e'l$ sans éprouver aucune déviation, mais dans leur émergence de la face convexe $e'l$ ils éprouvent une réfraction convergente pour aller se croiser au foyer f; si le ménisque est aplanétique, les rayons émergent parallèles.

Microscope positif composé. Pour augmenter le grossissement on emploie une ou plusieurs lentilles plan-convexes $a\,o''$, $a\,o'$, $a\,o'$... (fig. 94), comme dans le microscope négatif composé.

Donc la différence entre les microscopes négatifs et les microscopes positifs composés se réduit à la première lentille nommée improprement *objectif*, car il va être prouvé que les microscopes positifs ne sont que des oculaires composés des télescopes qui sont employés pour observer l'image I de l'objet ainsi que les objets microscopiques.

2° Télescopes et lunettes dépourvus de couleurs.

Les objets télescopiques envoient toujours les rayons α, β, γ... de leurs parties parallèlement à l'axe; pour cette raison ils sont reçus sur la face plane d'une lentille plan-convexe; donc l'objectif qui était jusqu'à présent une lentille bi-convexe de 10 à 12r, sera abandonné désormais et remplacé par une lentille plan-convexe MN (fig. 95) dans les télescopes aussi bien que dans les lunettes (fig 92).

Fig. 95.

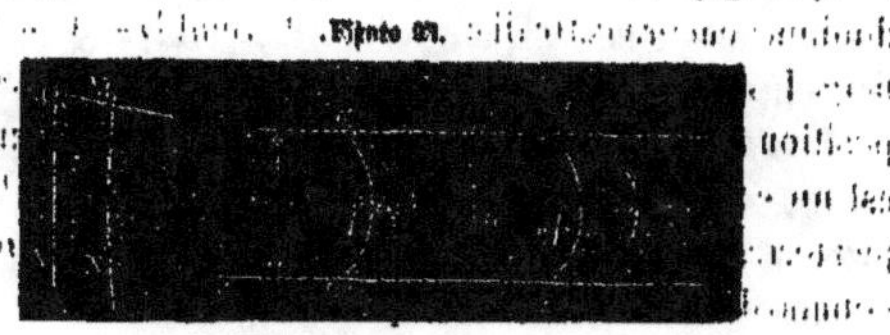

Lunettes terrestres. Pour les objets peu éloignés l'objectif peut être simple ainsi que l'oculaire; alors pour éviter l'apparition des objets renversés, on introduit un ménisque entre l'oculaire et l'image I de l'objet produite de l'objectif; dans les lunettes actuelles sont employées deux lentilles bi-convexes $o\,o'$ comme *renverseur* de l'image $a\,b$, ici le même but est atteint par un ménisque $m\,n$ (fig. 95) dont le centre de la face concave coïncide avec le foyer f de l'objectif. Après le croisement des rayons $\alpha\,\beta\,\gamma$... dans ce foyer, ils arrivent perpendiculairement à la face concave et pénètrent dans le ménisque *p* sans aucune déviation. Mais ils éprouvent une réfraction convergente dans leur émergence de la face convexe du ménisque *p* et vont se croiser aux points *a' a'* dans la distance D+D' de l'objectif, où est produite l'image l' droite de l'objet dont la grandeur ne diffère pas de celle de l'image *ac* renversée qui est dans la distance D de l'objectif. Les dimensions de ces images sont si petites qu'elles peuvent être considérées au centre du ménisque *q* ou *p*.

Télescopes et lunettes composés. Des objets célestes éloignés arrivent les atomes φ de lumière en un état trop raréfié pour produire dans la rétine des sensations ou images d'une dimension plus grande que $0^{mm},0005$. Pour diminuer la distance D entre l'objectif M N et son foyer *f*, on introduit une lentille bi-convexe M' N' dont la face d'incidence a le centre au foyer *f*, cette face ainsi est pénétrée verticalement par les rayons α, β, γ... dirigés vers le foyer *f*. Dans leur émergence ces rayons α, β, γ... éprouvent une réfraction convergente vers le foyer *f* dans la distance D— D' de l'objectif M N. Une troisième lentille M" N" bi-convexe doit faire diminuer encore cette distance qui devient D—D'—D" où l'image I est renversée de l'objet; elle peut être observée en telle position avec un microscope positif composé quand l'objet est un corps céleste; pour les images renversées I des objets terrestres, il faut un *renverseur* qui est un ménisque comme dans les lunettes simples.

Oculaire ou microscope positif. L'image I renversée ou l' droite de l'objet n'est composée que des points *a, b, c...* des croisements des rayons α, β, γ...; ceux-ci se répandent en directions divergentes après les croisements, précisément comme cela a lieu pour les rayons α', β', γ'... répandus en directions divergentes des points A, B, C... d'un objet microscopique. Donc l'oculaire n'est qu'un microscope positif qui est simple pour les images des objets peu éloignés et composé pour les images des objets éloignés.

Cet oculaire ou microscope positif est composé du ménisque q et de la lentille bi-convexe nn'. Le centre de la face concave du ménisque est au foyer o' où est l'image I', de sorte que les rayons α, β, γ... entrent dans le ménisque sans éprouver de déviation. Dans leur émergence ils éprouvent une réfraction convergente vers le foyer f'' dans la distance $D-D'+D''$ de l'objectif.

La face d'incidence de la lentille bi-convexe nn' a le centre au foyer f'' vers lequel convergent les rayons α, β, γ... émergeant du ménisque p; ainsi ils pénètrent perpendiculairement dans la lentille nn' sans éprouver aucune déviation; dans leur émergence ils éprouvent une deuxième réfraction convergente pour aller se croiser au foyer f''' ou est placé l'œil.

Oculaire ou microscope positif des télescopes à réflexion. Cet oculaire ne diffère pas du précédent, qu'il y ait deux réflexions ou qu'il n'y en ait qu'une seule.

Il est à remarquer que le grand télescope d'Herschell à une seule réflexion produit des résultats supérieurs à ceux obtenus du même miroir quand il y a deux réflexions; mais relativement aux réfracteurs actuels dont le diamètre est 4 fois et la surface presque 16 fois inférieure, et qui ne supportent qu'un grossissement 6 à 7 fois plus petit, les résultats obtenus par ces réfracteurs, s'ils ne sont pas supérieurs, ne peuvent pas cependant être regardés comme inférieurs à ceux qu'a obtenus Herschell; et cela quand dans les réfracteurs la production des couleurs est inévitable, tandis que cette production des couleurs manque en grande partie dans les miroirs, surtout quand on y a évité la deuxième réflexion.

On est conduit ainsi à croire qu'avec le même oculaire on doit obtenir des réfracteurs des résultats beaucoup inférieurs à ceux des miroirs, et cependant, comme il vient d'être indiqué, cette différence n'existe pas; on constate même souvent une supériorité des grands réfracteurs sur les télescopes d'Herschel. Les rayons α, β, γ... réfléchis dans les miroirs ne diffèrent de ceux réfractés dans les lentilles que par les plans de leur polarisation ; celui des réfracteurs reste le même dans l'oculaire et arrive en cet état à l'œil ; tandis que ce plan des rayons réfléchis éprouve dans l'oculaire un renversement qui produit les couleurs en même temps qu'une perte de lumière qui se manifeste dans les résultats inférieurs obtenus par les télescopes à réflexion.

Réfracteur gigantesque à construire. La surface des réfracteurs est restée jusqu'à présent très-limitée relativement à celle des miroirs, et cela à cause de l'impossibilité d'obtenir une masse homogène de verre suffisamment grande ; telle est la cause pour laquelle on a recommencé à faire des essais avec les miroirs. Cet obstacle disparaît, ici, où l'objectif n'est pas une lentille bi-convexe, mais plan-convexe ; les rayons éprouvent dans la précédente deux réfractions, tandis qu'ils pénètrent dans la face plane sans que la direction change ; cette direction est donc également conservée quand la lentille est d'une pièce et quand elle est composée de n pièces égales à $\dfrac{300°}{n}$ ayant les faces latérales parallèles entre elles et aux rayons incidents. Les rayons α, β, γ,.. pénètrent la lentille aussi bien quand elle est ainsi composée que quand elle ne consiste qu'en une seule pièce, car la réfraction ne s'opère que dans leur émergence.

Pour faciliter la construction, quand le rayon R doit être par exemple, de 1 mètre, on éloigne la partie centrale de 80 centimètres et ainsi le réfracteur est un anneau d'une largeur de 70 centimètres et sa face convexe de 15° environ ayant le foyer f dans la distance D. Pour diminuer cette distance et la longueur de l'instrument on se sert de la lentille bi-convexe M' N' (fig. 95) comme cela vient d'être indiqué. L'oculaire est également composé de deux ou même de trois pièces suivant le grossissement que permet la densité $\delta + \delta' + \delta''$ des atomes γ de lumière.

Un réfracteur pareil rendra visibles les détails des corps du système planétaire; le nombre des étoiles sera en quelque sorte multiplié; elles paraîtront presque comme Neptune; *Alcyon* sera le Soleil des étoiles; les *nébuleuses* paraîtront comme des *voies lactées* autour des *astres* dont un grand nombre deviendra visible.

Toutefois on sera loin d'atteindre les limites de l'espace énrastre; pour obtenir une idée de cet espace et de ses dimensions où circule Alcyon avec les astres autour de leur Soleil central, on doit admettre qu'il faudrait un réfracteur d'une dimension comparable à celle de la Lune.

Résumé. Ce que les physiciens ignoraient et ce que les ouvriers cherchaient à atteindre par d'aveugles tâtonnements, la science l'obtient ici directement, car en évitant les deux réfractions dans la même lentille on empêche la production des couleurs. Comme terme de comparaison de toutes les espèces d'instruments optiques on peut prendre l'instrument figure 95.

I. *L'objectif* MN, M″ N″ composé d'une lentille MN plan-convexe et d'une M′ N′ bi-convexe, à une dimension qui est en raison inverse avec les densités $\delta - \delta'$, $\delta - \delta' - \delta''...$ des atomes φ de lumière contenus dans les rayons α, β, γ... incidents.

II. *L'oculaire* p, nn′ est composé d'un ménisque p convergent et d'une lentille nn′ bi-convexe; cet oculaire n'est qu'un microscope positif composé.

III. *Renverseur.* On nomme ainsi le ménisque q placé entre l'image ac et l'oculaire, qui n'entre que dans les lunettes terrestres pour donner à l'image ac la position a′c′ droite, car telle est celle de l'objet même. Les images ac, a′c′ doivent être considérées comme des objets microscopiques de dimensions indéfiniment petites placés sur l'axe des lentilles aux points o ou o′, et non pas comme elles sont indiquées dans la figure.

CHAPITRE II.

DE L'ATMOSPHÈRE ET DE SES PHÉNOMÈNES OPTIQUES.

Ces phénomènes sont produits par l'épaisseur de l'air ou par l'état hygrométrique de l'atmosphère : 1° ceux qui proviennent de l'épaisseur de l'atmosphère sont les couleurs du crépuscule et celle du ciel qui sont permanentes, parce que ladite épaisseur n'éprouve aucun changement; 2° les phénomènes provenant de l'état hygrométrique de l'atmosphère sont toutes les nuances des nuages, les halos et l'arc-en-ciel. Tous ces phénomènes optiques sont inconstants, parce que l'état hygrométrique de l'atmosphère est inconstant lui-même : l'eau qui produit cet état peut affecter des formes très-différentes, et alors les faits optiques ne dépendent plus directement de l'eau même, mais plutôt de la forme sous laquelle elle se trouve.

État normal de l'atmosphère. Dans 100 volumes d'air sont contenus 21 volumes d'oxygène et 79 d'azote; quant à l'acide carbonique il ne dépasse pas 0,5 en volume avec les vapeurs d'eau; cependant les trois éléments ci-dessus n'éprouvent pas de variations sensibles, tandis que l'état hygrométrique de l'atmosphère change fréquemment, et cela s'opère suivant une série invariable de faits bien constatés qui peuvent être observés, mais ne peuvent pas être reproduits à la volonté de l'homme.

État de l'eau dans l'atmosphère. Au milieu d'un ciel clair il se produit un nuage épais et obscur dont se précipite une masse d'eau, et puis le nuage s'évanouit et le ciel reprend son aspect bleu normal; il est même après l'averse plus pur qu'auparavant; le plus souvent les nuages disparaissent sans qu'il se manifeste d'averse nulle part.

Brouillards et nuages ; leurs apparitions et leurs disparitions. L'eau se soutient dans l'air seulement à l'état de vésicules vides au milieu, d'un diamètre qui peut augmenter en hiver jusqu'à 0^{mm},035 et qui diminue en été jusqu'à 0^{mm},015. L'enveloppe qui constitue ces vésicules est de l'eau, comme l'est celle des bulles de savon. Les vésicules se soutiennent dans l'atmosphère parce que leur poids spécifique se trouve en équilibre avec la densité de l'air ambiant.

Brouillards. Les vésicules à grand poids spécifique, lequel dépend de l'épaisseur de leur enveloppe, ne peuvent pas se soutenir à une grande élévation dans l'atmosphère, mais s'abaissent dans la couche inférieure qui touche le sol où la densité de l'air atteint son maximum. Les rayons de lumière sont réfractés en pénétrant la face externe de l'enveloppe transparente des vésicules, ensuite ils éprouvent dans la face interne une réflexion et émergent de la face externe incolores après une deuxième réfraction. Les objets peu éloignés deviennent invisibles à cause de cette dispersion de leurs rayons par les vésicules, qui occupent l'espace autour de l'observateur.

Nuages. Les vésicules d'un poids spécifique inférieur peuvent se soutenir à une élévation supérieure de l'atmosphère; en ce cas elles ne suppriment pas les rayons qui arrivent à l'œil des objets terrestres, mais seulement ceux qui viennent des corps célestes. L'espace occupé par les vésicules devient d'autant plus obscurci que ces vésicules sont plus abondantes et d'une densité plus grande.

A une température au-dessus de 100°, l'eau se trouve dans un état qui ne diffère pas de celui de l'air; elle est transparente dans toutes les densités comme l'est l'air; car les vésicules ne sont produites qu'à une température au-dessous de 100°; leur enveloppe est liquide quand la température ambiante est au-dessus de zéro, et à une température inférieure elles gèlent et deviennent alors de petits ballons qui flottent dans l'atmosphère comme les vésicules.

Disparitions des vésicules des brouillards et des nuages. 1° Un brouillard ne produit une pluie fine que quand il est accompagné d'un nuage supérieur; autrement ses vésicules venant en contact avec le sol crèvent et leur enveloppe s'y dépose; de sorte qu'en quelques heures disparaissent les amas des vésicules qui couvrent les plaines et souvent les fleuves et les rivières quand la température de leur eau est supérieure à celle de l'air, comme cela a lieu au printemps et habituellement en automne, surtout le matin quand l'air froid descend des sommets des montagnes voisines et vient refroidir l'air ambiant des rivières dont les vésicules acquièrent une enveloppe plus épaisse et dispersent ainsi une plus grande partie des rayons de lumière. 2° Les nuages disparaissent habituellement par une averse quand leur accumulation s'opère avec une grande rapidité dans un espace circonscrit de l'atmosphère. Dans les cas où les nuages ne sont ni très-épais ni circonscrits, les vésicules portées par les vents crèvent en venant en contact avec les versants ou avec la surface des continents et des mers. Quand la densité des vésicules est grande elles crèvent par le contact entre elles et de leurs enveloppes sont produites les gouttes des pluies qui se précipitent sur la terre par leur poids spécifique.

Si la température ambiante est inférieure et au-dessous de zéro, les vésicules ne crèvent pas en venant en contact; ce sont alors les vésicules non encore gelées qui crèvent et servent à souder les vésicules à enveloppes solides. Les cristaux que produit l'arrangement de ces vésicules se soutiennent dans l'atmosphère par leur poids spécifique qui diffère peu de celui des vésicules, et cela a lieu même entre les tropiques dans les couches supérieures de l'atmosphère où la température est au-dessous de zéro.

Pluies orageuses et pluies fines. Ces deux espèces de pluies ont été parfaitement distinguées par les anciens qui les appelaient ὄμβρος et ὑετός; elles ont en effet une formation et des propriétés différentes quoiqu'elles soient toutes produites des enveloppes liquides des vésicules qui forment les nuages; les gouttes sont grosses dans les pluies orageuses et petites dans les pluies fines; l'arc-en-ciel apparaît seulement après une pluie orageuse.

1° *Pluies orageuses.* Pendant chaque averse on recueille dans deux vases égaux U, U' la même quantité d'eau, l'un de ces vases étant placé dans la cour et l'autre sur une terrasse élevée; on est ainsi très-certain que dans chaque vase il tombe le même nombre de gouttes qui ont le même volume sur la terrasse et dans la cour.

2° *Pluies fines.* En ce cas l'eau recueillie dans le vase U de la terrasse est en quantité moindre que celle recueillie dans la cour; la différence est d'autant plus grande que la terrasse est plus élevée; celle qui sert d'expérience à York a une élévation de 66 mètres au-dessus de la cour; l'eau qui y est recueillie étant 100, celle de la cour est 172; à Londres, l'élévation de la terrasse est de 23 mètres, et l'eau qui y est recueillie étant 100, celle de la cour est 129. En Italie ce sont les pluies orageuses qui dominent; pour cette raison la masse d'eau recueillie à Pavie sur une terrasse d'une élévation de 17,6 mètres étant 100, celle recueillie dans la cour n'est que 101.

La différence entre les quantités d'eau indiquées ne doit pas être attribuée à un nombre moindre de gouttes tombées sur la terrasse; car elle a sa cause dans les volumes des gouttes, qui reçoivent sur leur surface les vésicules ambian-

tes dont les enveloppes crèvent et s'attachent à la surface
des gouttes dont le volume continue ainsi d'augmenter jusqu'au sol, à cause des vésicules du brouillard qui existe
toujours pendant les pluies pareilles. Les pluies orageuses
sont produites des nuages élevés, et comme dans la couche
inférieure de l'atmosphère il n'existe alors ni vésicules
abondantes ni brouillard, il ne se produit pour cette raison
aucune augmentation dans le volume des gouttes.

Trois genres de faits optiques dans l'atmosphère.
Ces faits optiques ne peuvent être produits que suivant les
lois optiques 1° des épaisseurs des couches d'air ou des
vésicules; 2° des cristaux produits des mêmes vésicules à
une température au-dessous de zéro, ou 3° des gouttes des
pluies. Les faits optiques nous serviront ici à constater tous
les états hygrométriques de l'atmosphère dont ils sont produits; ces objets constituent trois séries de faits : 1° le crépuscule; 2° l'arc-en-ciel, et 3° les halos.

I. *Crépuscule.* Il y a à distinguer dans ce phénomène
1° les couleurs qui l'accompagnent; 2° le bleu du ciel, et
3° la durée du crépuscule dans les latitudes et les climats
différents de la Terre.

II. *Arc-en-ciel.* 1° Cet arc ne se montre pas dès le commencement d'une averse, et encore moins avant qu'elle ait
commencé; 2° l'arc supérieur n'apparaît pas simultanément
avec l'arc inférieur et encore moins avant lui; 3° il n'y a
plus que deux arcs principaux.

III. *Halos.* 1° Les rayons des périphéries des halos sont
au nombre de deux : le grand dépasse du double le rayon
du petit; 2° ils apparaissent sous toutes les latitudes, mais
sont très-rares sous les latitudes inférieures et très-fré-
quentes dans les régions polaires; 3° la température de la
couche d'air est toujours au-dessous de zéro dans les régions où les halos sont produits.

1. — CRÉPUSCULE ET COULEUR BLEUE DE L'ATMOSPHÈRE.

L'air est incolore et cependant l'atmosphère est bleue ; de même l'eau est incolore et cependant une colonne d'eau dont la hauteur est h est jaune ; si la hauteur est plus grande $h + h'$, elle devient orangée, et si elle est encore plus grande $h + h' + h''$, elle présente la couleur rouge. En interposant, comme l'a fait Hassenfratz, des diaphragmes à la hauteur h de la colonne, ces diaphragmes apparaissent indigo ou violet ; à la hauteur supérieure $h + h'$ de la colonne, ils apparaissent bleus ; enfin ces diaphragmes deviennent verts à la plus grande hauteur $h + h' + h'$ de la colonne d'eau.

En un mot, à ces trois hauteurs différentes de la colonne d'eau, la lumière incolore se décompose en trois paires de couleurs complémentaires dont celles de la moitié claire du spectre pénètrent toujours, et celles de la moitié sombre reculent. En opérant sur trois colonnes d'air ou d'eau dont les hauteurs sont h, $h + h'$, $h + h' + h''$, on obtient les couleurs des deux moitiés du spectre : 1° le mélange des couleurs émergentes produit l'orangé, parce que le rouge avec le jaune diffère peu de l'orangé ; 2° le mélange des couleurs qui reculent produit le bleu, parce que le vert avec l'indigo ou le violet diffère peu du bleu.

Les mêmes effets chromatiques qui ont produit les épaisseurs différentes des colonnes ou des couches d'eau, produisent également les épaisseurs différentes ou les couches des corps incolores solides, liquides ou gazeux ; soit T (fig. 96) la Terre, p, q, s, trois épaisseurs ou trois colonnes d'air que pénètrent les rayons incolores du Soleil en se décomposant en couleurs complémentaires : 1° le rouge r émerge de la couche inférieure p, et le vert v recule ; 2° de la couche q émerge l'orangé o et recule le bleu b, et 3° de la couche s émerge le jaune j et recule l'indigo i.

De cette décomposition de la lumière incolore sont produites plusieurs séries de faits qui restaient isolés et inexplicables, car on on ignorait la cause : 1° l'origine des couleurs rouge, orangé et jaune du crépuscule; 2° le bleu de l'atmosphère; 3° le vert qui est un mélange de ce bleu avec le jaune; 4° la couleur purpurine qui est un mélange de l'orangé avec l'indigo, et 5° la couleur rouge de la Lune éclipsée.

Figure 96.

Couleur rouge de la Lune éclipsée. W. Herschell prouva que si les rayons solaires réfractés dans l'atmosphère produisaient un spectre dans l'espace autour de l'ombre noire de la Terre, cette ombre serait en contact avec le violet, et le rouge en dehors en contact avec l'espace. Quand la Lune L est dans l'ombre noire de la Terre, elle en est obscurcie, et quand elle est hors de cette ombre en L', elle ne pouvait pas être dans le rouge r, mais dans le violet v du spectre; et encore pour être éclipsée, elle devrait pénétrer successivement dans toutes les couleurs du spectre, qu'elle aurait dû parcourir en ordre inverse en sortant de l'ombre; de sorte qu'il est tout à fait absurde d'attribuer le rouge à un spectre produit dans l'espace par la Terre ou par l'atmosphère. Herschell au lieu de se borner à ces faits bien constatés, a admis que la lumière rouge provient de la Lune même, et cela non pas par une espèce d'insolation, mais d'une manière semblable à celle dont la lumière incolore provient du Soleil. Ces productions de lumière, Herschell les admettait également pour les planètes, et cela parce que leur clarté observée ne correspond pas à celle trouvée par les calculs, mais que partout il s'en trouve un excédant, surtout dans les satellites; Herschell arrivait à ce résultat en admettant, comme Newton, la loi que *la densité de la lumière est en*

raison *inverse du carré des distances* ; cette hypothèse fausse conduit à des résultats qui ne se réalisent pas par les observations.

Arago prouve que la Lune n'a pas une lumière propre, pas même une lumière par insolation, parce que, en cas pareil, elle aurait dû être rouge dans toutes les éclipses ; tandis que en L, quand elle moins éloignée, alors la Lune éclipsée devient entièrement invisible. Arago, qui ignorait l'origine du rouge, s'arrêta à ce fait sans persister à soutenir la production d'un spectre par l'atmosphère, car il voyait bien qu'Herschell avait raison quand il réfutait l'hypothèse de l'existence d'un spectre pareil. Les autres astronomes s'occupèrent également de cet objet, surtout Babinet ; cependant les faits restèrent inexplicables, et ils ont été bornés aux descriptions très-exactes, il est vrai, de ces auteurs. Pour cette raison, l'explication du crépuscule est ici très-facile, aussi bien que la couleur rouge de la Lune L' éclipsée.

Le rouge de la Lune éclipsée manque : 1° dans les cas où est inférieure la distance TL entre la Terre et la Lune, ou 2° dans les états nuageux de l'atmosphère quand elle est en L'. Ces faits forment une série liée suivant les lois optiques avec la décomposition de la lumière incolore par les épaisseurs différentes de l'atmosphère. 1° Immédiatement autour de l'ombre noire vient le rouge *r* qui pénètre la plus grande épaisseur *p* de l'atmosphère, et, en émergeant, éprouve une réfraction vers l'ombre de la Terre dont TL' est l'axe.

2° L'orangé émerge d'une couche *g* moins épaisse et plus éloignée de l'axe TL' de l'ombre, mais il éprouve dans son émergence de l'atmosphère une réfraction plus forte que le rouge ; la moitié externe de celui-ci se mêle avec la moitié interne des rayons de l'orangé.

3° Le jaune *j* émerge de la couche *s* la plus éloignée de la Terre, qui est aussi la moins épaisse ; ces rayons éprouvent une plus grande réfraction que ceux de l'orangé ; pour cette

raison, ils se mêlent avec les rayons de l'orangé et avec ceux
du rouge. C'est ainsi qu'autour de l'ombre noire, les trois
couleurs rouge, orangé, jaune, ne se succèdent pas séparément, mais se mêlent dans la partie externe du rouge, de
sorte que le rouge de la Lune se montre moins foncé au
bord de la Lune qui se couvre le dernier et à celui qui
émerge le premier.

La Lune ne reçoit point de lumière dans les cas où elle
se trouve en L dans l'ombre noire; alors le rouge se manifeste seulement au bord qui se couvre le dernier et à celui
qui émerge le premier de cette ombre noire. L'intervalle
entre l'apparition du rouge et celle de la clarté normale sert
à connaître 1° l'épaisseur de la couche conique des couleurs
dont la base est l'anneau composé de la couche p de l'atmosphère et dont le sommet se trouve dans le prolongement
de l'axe TL' de l'ombre, et 2° les distances supérieures TL' où
la Lune éclipsée est rouge. Au delà du sommet du *chroma-
tocône* se répandent les mêmes couleurs rouge, orangé,
jaune mêlées et non pas séparées; pour cette raison, la Lune
éclipsée ne peut jamais apparaître sous une autre teinte que
le rouge.

Aurore et crépuscule du soir. Habituellement on
nomme *aurore* le crépuscule du matin dont les couleurs ne diffèrent pas de celles du crépuscule du soir; elles se succèdent
seulement en ordre inverse, et si le matin, elles sont plus claires, par contre, le crépuscule est d'une durée plus longue le
soir. Voici le résumé de la succession des couleurs obtenue
par les observations directes sous toutes les latitudes.

1° L'horizon paraît le matin au commencement de l'aurore bordé d'une bande rouge ou rouge orangé très-mince;
2° la zone orange s'étend en s'élevant et se borde de jaune;
3° au bord de celui-ci apparaît le vert qui s'étend vers le
zénith; 4° autour du vert apparaît une zone purpurine qui
disparaît bientôt; 5° l'horizon oriental jaunit, le vert devient
plus marqué et s'étend depuis 3° jusqu'à 18°. L'arc crépus-

culaire se trouve alors à 3° de l'horizon occidental et est
entouré d'une zone purpurine de 12° de largeur; le Soleil
s'élevant ensuite, l'horizon occidental est bordé d'une bande
rougeâtre surmontée de jaune, que vient envelopper plus
tard une légère teinte verdâtre. L'orangé ou le rouge disparaît à l'Orient et est remplacé par du jaune surmonté par
le vert, qui persiste encore quand le jaune est disparu et
que le Soleil est 2 à 4° au-dessus de l'horizon.

Les physiciens, admettant les couleurs comme un effet
prismatique produit par la réfraction de la lumière incolore,
n'ont pas réussi à disposer les faits observés de manière à
en obtenir une série où ces faits fussent liés entre eux par
les lois optiques comme causes et effets. Babinet voit dans
ces différentes couleurs des effets de diffraction, et prouve
par cela même qu'il ignore que les couleurs prismatiques
sont également un effet de la diffraction. Ainsi est restée tout
à fait inconnue l'origine des couleurs du crépuscule qui est
la même que celle de la couleur rouge de la Lune éclipsée,
et qui a été, en effet, attribuée avec raison par quelques astronomes à une décomposition de la lumière incolore produite par la résistance de l'atmosphère.

Production des couleurs du crépuscule. Quand le Soleil S est
au-dessous de l'horizon HH', ses rayons incolores incidents
se décomposent des couches différentes de l'atmosphère
1° en rouge r, orange o, jaune j, qui se propagent et
émergent de l'atmosphère, et 2° en vert v, bleu b, indigo
ou violet i qui sont réfléchis en arrière.

Les rayons r du rouge les moins éloignés de la surface de
la Terre éprouvent, dans la couche inférieure de l'atmosphère, une réfraction vers l'axe TL' de l'ombre noire; de
semblables réfractions, mais à un degré supérieur, sont
éprouvées par les rayons o, j, orangés et jaunes, de sorte
qu'il y a production d'un mélange du rouge avec l'orangé
et de celui-ci avec le jaune; mais la partie extérieure de
celui-ci reste sans se mêler avec les deux couleurs précé-

dentes. Tout ce qui a été exposé dans la description de la succession des couleurs du crépuscule se trouve ainsi arrangé d'une manière qui ne laisse pas le moindre doute sur l'origine de ces couleurs qui ne diffère point de celle du rouge observée dans la Lune éclipsée.

1° Le rouge ou rouge orangé est la première couleur qui est en contact avec la limite de l'ombre noire de la Terre; ce rouge est ce qui paraît immédiatement après cette ombre dans le crépuscule comme dans les éclipses opérées dans les distances TL ou TL' de la Terre. 2° Après l'orangé vient le mélange de celui-ci avec le jaune et puis le jaune pur. 3° Celui-ci mêlé avec le bleu du ciel produit le vert; 4° mais il pénètre aussi une partie d'orangé et de rouge qui produisent pour un moment la bande purpurine, 5° le jaune augmente par l'élévation de la couche f sur l'horizon, et en même temps augmente le vert ambiant qui est le mélange de ce jaune avec le bleu du ciel. 6° Avant le lever du Soleil, il se montre à l'occident une zone purpurine de 12° de largeur produite, comme la précédente, du mélange du bleu du ciel avec le rouge et l'orangé de la limite de l'ombre noire de la Terre. 7° Au lever du Soleil, le rouge de la limite de l'ombre noire est en Occident après lui, puis l'orangé, et au-dessus se trouve le jaune; une partie de celui-ci mêlée avec le bleu du ciel produit le vert. 8° Le rouge disparaît de l'Orient quand l'ombre noire de la Terre passe au-dessous de l'horizon, et il ne reste que le jaune qui se trouve entouré du vert; celui-ci persiste un peu après la disparition du jaune, et alors le Soleil se trouve à 2 ou 4° au-dessus de l'horizon, et par suite à une distance égale au-dessous de celui-ci se trouve la limite de l'ombre de la Terre.

Durée du crépuscule. Dans nos climats, le crépuscule du soir finit moyennement quand le Soleil est à 17 ou 18° au-dessous de l'horizon; l'aurore commence quand il est moins bas, de sorte que 1° la durée du crépuscule est le matin d'une heure et quart environ, et le soir presque d'une heure et demie; 2° dans les régions polaires la durée du crépuscule est beaucoup plus longue; 3° entre les tropiques, au contraire, elle est beaucoup plus courte; 4° le crépuscule se prolonge pendant l'hiver dans nos climats quand le Soleil est beaucoup plus au-dessous de l'horizon que pendant l'été.

Proportionnellement à la durée totale du crépuscule ont lieu les durées de chacune des couleurs indiquées ci-dessus, dont l'ordre n'éprouve aucun changement à cause des durées différentes; et cela parce que les couleurs sont produites par l'épaisseur de l'atmosphère qui est égale partout; tandis que la durée de ces couleurs ou leurs apparitions sur l'horizon quand le Soleil est au-dessous, est un effet de la quantité des vésicules suspendues dans l'atmosphère, qui change en chaque pays et chaque saison.

Rapport entre les durées du crépuscule et les quantités des vésicules contenues dans l'air. L'atmosphère contient le soir une plus grande quantité de vésicules que le matin, comme cela est constaté par l'hygromètre pour les jours sereins d'été et d'hiver. Il y a l'hiver une quantité de vésicules semblables dans l'atmosphère plus grande qu'en été, ou en admettant même des quantités égales de vésicules, l'espace qu'elles occupent est plus grand, parce qu'elles ont l'hiver un diamètre beaucoup plus étendu que l'été. De même dans les régions polaires les vésicules occupent dans l'atmosphère une espace beaucoup plus grand que dans nos climats; au contraire, elles occupent sous les tropiques des espaces très-médiocres dans l'atmosphère, comme cela est constaté également par les observations hygrométriques.

Réflexion des rayons par les vésicules. Ici une telle réflexion est déduite par les durées différentes; mais Arago démontra directement que la lumière arrive du Soleil après avoir éprouvé des réflexions suivant le plan qui passe 1° par l'œil de l'observateur, 2° par son zénith, et

3° par le centre du Soleil, car c'est dans ce plan que se trouve le plan de polarisation. Donc les rayons solaires ne s'élèvent pas au-dessus de l'horizon par une réfraction produite de l'épaisseur de l'atmosphère, car cela aurait dû avoir lieu également pour tous les climats, et le plan de polarisation serait perpendiculaire à celui qui passe par l'œil, le zénith et le Soleil. L'élévation observée des rayons au-dessus de l'horizon est donc un effet direct de la réflexion qu'éprouvent ces rayons dans les vésicules contenues en quantités supérieures dans les régions polaires, et en quantités inférieures dans les régions tropicales.

Dans les régions polaires, le crépuscule dure plusieurs heures ; dans nos climats il dépasse une heure ; au Chili il est d'un quart d'heure, et dure seulement quelques minutes à Cumana et sur la côte occidentale de l'Afrique, Bruce a vu, dans le Sennaar, la nuit succéder presque immédiatement au coucher du Soleil ; mais aussi il y avait si peu de vésicules dans l'air qu'il pouvait facilement distinguer la planète *Vénus* en plein jour.

Les physiciens ne pouvaient pas se rendre compte de la cause des deux faits suivants : 1° le crépuscule est distingué sous toutes les latitudes par les mêmes couleurs qui se succèdent toujours suivant le même ordre ; mais 2° sa durée diffère pour chaque région, et dans le même pays, elle est l'hiver plus longue que l'été. Ici, ces faits trouvent leur explication dans la cause des couleurs et celle des durées qui sont différentes.

1° *Les couleurs* rouge, orangé, jaune sont un effet de l'épaisseur de l'atmosphère qui est la même pour tous les pays ; ces couleurs correspondent aux épaisseurs différentes p, q, s (fig. 96) de l'atmosphère, de sorte que le rouge est toujours le moins éloigné et apparaît en conséquence le premier, puis l'orangé ; celui-ci éprouve une réfraction plus forte que le rouge et se mêle ainsi avec lui ; le jaune se mêle pour la même raison avec l'orangé, mais sa moitié externe reste jaune pur; ainsi, l'ordre des couleurs du crépuscule est soumis à la même cause que les couleurs mêmes.

2° *La durée du crépuscule* est un effet de l'état hygrométrique de l'atmosphère; les vésicules des couches différentes produisent une dispersion des rayons par leur réflexion, et ces rayons n'y éprouvent aucune réfraction; plus la couche d'air dans laquelle flottent les vésicules est élevée et saturée de celles-ci, plus longue est la durée du crépuscule et plus grande est la clarté, ainsi, cette durée est un fait climatologique propre à chaque pays; tandis que les couleurs et l'ordre de leur succession est un fait photostatique; chacun de ces deux faits différents est produit suivant une loi optique propre.

Couleur bleue de l'atmosphère. Ce sujet n'a pu, jusqu'à présent, recevoir des physiciens aucune explication satisfaisante, et cela, parce que ce bleu de l'atmosphère provient de la même cause que les couleurs du crépuscule; les couleurs rouge, orangé, jaune, en se séparant de leur complémentaire vert, bleu, indigo ou violet, émergent de l'atmosphère, tandis que le vert, le bleu, l'indigo ou le violet reculent, et n'arrivent à la Terre qu'à cause de la réflexion, prouvée par le plan de polarisation, qu'elles éprouvent dans les vésicules contenues dans l'atmosphère. Du vert, mêlé avec l'indigo et le violet, est produit le bleu; celui-ci, mêlé avec le bleu complémentaire de l'orangé, produit le bleu du ciel, de sorte que ce bleu est le mélange des couleurs reculantes vert, bleu, indigo ou violet, qui n'arrivent à la Terre que par une réflexion exercée de la part des vésicules. Cela prouve qu'il n'y a jamais manque total de vésicules dans l'atmosphère, mais que leur densité peut éprouver plusieurs degrés et produire les durées différentes du crépuscule.

Le plus haut degré de densité de vésicules se présente comme un nuage noir, et ensuite succèdent différentes gradations de nuances; entre ces nuages et le bleu pur est le pâle de l'atmosphère; après ce pâle vient le bleu habituel, mais le bleu le plus pur ne se rencontre qu'entre les tropiques, où il devient possible de voir en plein jour la planète Vénus.

Il est possible de prouver même directement que le bleu est réfléchi de la part des vésicules contenues dans l'atmosphère. Quand les neiges des montagnes sont éclairées des rayons solaires, elles paraissent blanches ou d'une teinte rosé orangé suivant la grande ou petite hautour du Soleil, tandis qu'elles présentent souvent une couleur et une teinte bleuâtre du côté opposé au Soleil, car elles ne reçoivent en ce cas que les rayons réfléchis des vésicules de l'atmosphère. Nous avons déjà indiqué comment Arago a constaté par les plans de polarisation la réflexion des rayons opérée dans le plan qui passe par l'œil de l'observateur, par son zénith et par le centre du Soleil.

II. — ARC-EN-CIEL.

La production de ce phénomène est en rapport direct, 1° avec l'état hygrométrique de l'atmosphère, et 2° avec la position du Soleil entre le zénith et l'horizon. 1° Quant à l'état hygrométrique de l'atmosphère, il faut en distinguer celui qui donne naissance aux couleurs de l'arc; car celui-ci n'apparaît ni avant la pluie ni dès son commencement; jamais les deux arcs n'apparaissent à la fois, mais toujours c'est l'intérieur qui paraît le premier. Outre ces conditions, il faut encore une pluie orageuse, car les pluies fines d'hiver ne donnent pas naissance à l'arc-en-ciel. 2° Le Soleil se trouve toujours à une distance déterminée de chacun des deux arcs; cette distance est $45° - \alpha$ pour l'angle g formé dans l'arc intérieur par les rayons solaires R incolores, et par les rayons colorés qui viennent de l'arc à l'œil; l'angle $g' = 45° + \beta$ est produit du rayon solaire R et des rayons colorés qui arrivent de l'arc extérieur à l'œil.

Avant de donner l'explication de la production de chaque arc, il est nécessaire de prouver l'existence d'une illusion optique qui est restée inaperçue jusqu'à présent. On voit ainsi, dès l'abord, que toute explication était radicalement impossible tant que cette illusion ne serait pas dissipée. Cette illusion est produite de la manière suivante.

Soit p (fig. 97) un prisme dont le spectre rv est projeté sur un écran blanc AB, où l'on voit le rouge r en bas et le

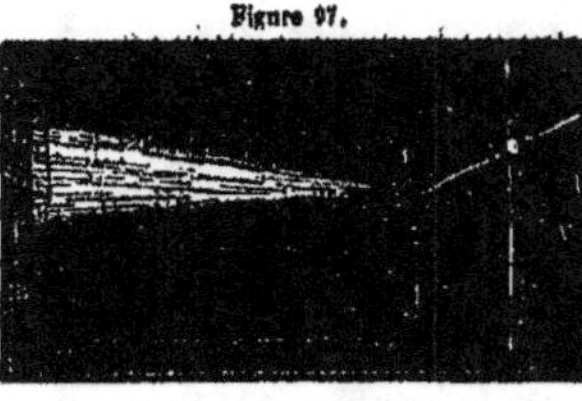

Figure 97.

violet v en haut au-dessus du rouge. Mais si l'on reçoit le spectre rv dans l'œil directement du prisme p, on verra le rouge dans la direction rp en R au-dessus du violet, qui paraîtra dans la direction vp au-dessous du rouge en V.

Ce renversement de la position des couleurs du spectre s'opère toujours, qu'ils soient produits d'un prisme ou qu'ils soient engendrés d'une goutte d'eau, comme cela a lieu pour les spectres qui constituent l'arc-en-ciel. Donc, comme en

Fig. 98.

recevant le spectre rv du prisme p, celui-ci est entre les couleurs apparentes en RV et l'œil, il en est de même pour les spectres qui arrivent à l'œil des gouttes, où celles-ci sont entre l'œil et la projection des spectres. Ainsi, tout change après l'éloignement de cette illusion, et les faits s'arrangent d'une manière simple comme causes et effets liés entre eux par la loi optique.

Soit $ac'ap$ (fig. 98) la coupe d'une goutte de pluie dont le Soleil S éclaire l'hémisphère apa', plus une zone d'une largeur de 30', et cela à cause du diamètre angulaire du

Soleil, qui diffère peu de 30' et qui n'est pas le même pour toutes les saisons. Le rayon S*pp'* est le seul qui tombe verticalement et pénètre la goutte sans éprouver de déviation. Ceux qui tombent dans la moitié supérieure *pa* éprouvent une réfraction de haut en bas, et ceux qui tombent dans la moitié inférieure *pa'* éprouvent une réfraction de bas en haut.

Les rayons R de la moitié supérieure *pa* réfractés prennent des directions dont la moyenne conduit en *b* qui est le milieu de l'arc *ac*; une partie de lumière colorée sort après avoir été réfractée dans la direction *bb'*, le reste réfléchi arrive en *c*, d'où émerge une partie de lumière incolore dans la direction *cc'*; le reste réfléchi arrive en *d*, d'où émerge une partie colorée, après avoir éprouvé une réfraction qui lui fait prendre la direction *nr* pour la lumière rouge, et *nv* pour le violet. Cette lumière colorée arrive à l'œil du spectateur qui est en *x* entre la goutte *c* et le Soleil.

Le même effet a lieu pour les rayons R' réfractés de la moitié inférieure *p'a* obliquement de bas en haut dans leur pénétration dans la goutte; la moyenne des directions conduit à *d* qui est le milieu de l'arc *a'c*; une partie de lumière colorée réfractée émerge dans la direction *dd*, le reste réfléchi arrive en *c*, d'où émerge la lumière incolore, et le reste arrive en *b*, d'où émerge la lumière colorée; le reste réfléchi arrive en *a*, d'où émerge la lumière incolore, et le reste réfléchi arrive en *m*, d'ou émerge la lumière colorée qui y éprouve pour le rouge la réfraction *mr* et pour le violet la réfraction supérieure *mv*. 1° De cette marche des rayons de la lumière depuis leur immergence dans les gouttes jusqu'à leur émergeence, et 2° de l'arrangement des couleurs, proviennent les séries de faits suivantes :

1° *Apparition des deux arcs colorés*, dont l'intérieur est vu par les rayons *nr*, *nv* et l'extérieur par les rayons *mr*, *mv*. Ces rayons en pénétrant la rétine ne déterminent que l'angle A produit des rayons *nr*, *mr* et l'angle A + A' produit des rayons nv, mv. Les spectres sont projetés au delà des gouttes en r' v', r' v', de sorte que des deux arcs apparaît le rouge du dedans de l'intervalle et le violet du dehors.

2° *Convergences entre les rayons des spectres des deux arcs.* Les rayons R, R′ incident de la part du Soleil parallèlement, mais les rayons nr, mr et nv, mv émergent en directions convergentes; ils se rencontrent et produisent dans l'œil les angles A entre nr et mr, et A + A′ entre nv et mv.

3° *Disposition des couleurs dans les deux arcs.* Les rayons colorés nr, mr et nv, mv paraissent comme s'ils venaient des arcs placés en r' v', r' v' au delà de la goutte; l'angle A des rayons nr, mr fait paraître le rouge r', r' au dedans de l'intervalle entre les deux arcs, et l'angle supérieur A + A′ des rayons nv, mv fait paraître le violet v' v' en dehors des deux arcs.

4° *Intervalle entre les deux arcs.* Les rayons R incidents en pa, après avoir éprouvé deux réflexions en b et c, laissent émerger les rayons colorés nr, nv non pas parallèles à cx, mais en formant avec elle un angle $g = 45° - 6s$; s est 30′ ou le diamètre angulaire du Soleil; et cela à cause de l'avancement : 1° en a de la zone de largeur 30′ $= s$; 2° en b où s'opère la réflexion par un renversement des atomes φ de lumière qui produit le double avancement $2s$; 3° le même effet a lieu en c; 4° la lumière n'arrive pas en d à cause des avancements $s + 2s + 2s$, mais elle va en n en y éprouvant l'avancement s et une réfraction de la lumière colorée nr, nv émergente. Ainsi la lumière émerge de n inclinée vers la ligne cx pour former avec Sa' l'angle $g = 45° - 6s$, et cela à cause des avancements indiqués des rayons.

Il en est de même pour les rayons R′ qui pénètrent par la moitié inférieure pa' de la goutte; la lumière colorée émerge du point m en direction mr, mv après avoir éprouvé quatre réflexions d, c, b, a, dans lesquelles elle obtient l'avancement de $8s$. En a' est l'avancement de la zone de largeur s et en m aussi de s; donc la lumière qui émerge colorée de ce point

m est avancée de $10s$: pour cela les rayons mr forment avec la ligne Sa un angle $g' = 45° + 10s$ et avec les rayons nr l'angle $6s + 10s = 16s$ ou 16 fois le diamètre s solaire ; les rayons nv, mv forment un angle supérieur $16 (s + a)$, parce que l'indice n de réfraction est $\frac{108}{81} = \frac{4}{3}$ pour la lumière rouge nr, mr, et $\frac{100}{81}$ pour le violet nv, mv.

Donc l'intervalle r' r'_r ou l'angle que produisent dans l'œil les rayons mr, nr, est toujours $16s$, et celui que produisent les rayons nv, mv est toujours $16 (s + a)$; la valeur de s est plus grande l'hiver que l'été, parce que la distance entre la Terre et le Soleil est plus petite en hiver qu'en été.

L'intervalle entre les arcs déterminé par le calcul. La longueur de la marche des rayons R est $3 \times 45° + 3\alpha$ et celle des rayons R' est $5 \times 45° + 5\alpha$. 1° Les rayons R éprouvent m réflexions et parcourent $m + 1$ fois l'arc $p = \gamma - \gamma'$ qui est la déclinaison des rayons quand ils pénètrent de l'air dans l'eau pour prendre la direction réfractée. 2° Les rayons R éprouvent m' réflexions en parcourant $m' + 1$ fois l'arc $\gamma - \gamma'$. Les rayons R parcourent le chemin $3 \times 45° + 3°$ en $m + 1$ pas de longueur égale à $\gamma - \gamma'$, et les rayons R' parcourent le chemin $5 \times 45° + 5°$ en $m' + 1$ pas de la même longueur $\gamma - \gamma' = p$; donc

$$(m + 1) p = 3 \times 45° + 3° \text{ et } (m' + 1) p = 5 \times 45° + 5°,$$

$$p = \frac{3 \times 45 + 3}{m + 1} = \frac{5 \times 45 + 5}{m' + 1} \text{ et } \frac{3}{m + 1} = \frac{5}{m' + 1}, m' = \frac{5m + 2}{3}.$$

On obtient de cette équation la seule valeur de m', car elle doit remplir deux conditions : 1° elle ne peut pas être un nombre fractionnaire ; 2° il faut prendre parmi les valeurs indéfinies celle qui correspond au maximum :

$$m = 2 \qquad m' = 4$$
$$m = 5 \qquad m' = 9$$
$$m = 8 \qquad m' = 19$$

Des rapports $4 : 2$, $9 : 5$, $19 : 11$ entre les valeurs $m' ; m$ le maximum est obtenu quand $m = 2$ et $m' = 4$; ainsi les nombres de réflexions sont 2 et 4, comme cela vient d'être indiqué.

Pour que la lumière émerge à l'état coloré, il est absolument nécessaire qu'elle éprouve un nombre pair de réflexions comme cela a été démontré dans le prisme équilatéral A B C (fig. 77) ; en effet, après un nombre impair de réflexions la lumière émerge incolore ; de sorte que parmi les valeurs possibles de m et m', celles $m = 2$, $m' = 4$ correspondent aussi aux rayons nr, nv, mr, mv colorés; donc $\frac{m}{2}$, $\frac{m'}{2}$ indiquent les nombres de réflexions dont sont produites les rayons colorés.

Époque de l'apparition de chaque arc. La production des rayons colorés dirigés vers la Terre dépend des gouttes d'eau et non pas des vésicules, car celles-ci réfléchissent les rayons de leur surface et les dispersent, tandis que les gouttes laissent pénétrer les rayons incidents en leur faisant éprouver une réfraction. Les gouttes trop volumineuses ne sont pas susceptibles de produire plusieurs paires de réflexions $\frac{m}{2}$, $\frac{m'}{2}$ qui sont nécessaires dans la production de lumière colorée dirigée vers la Terre. Mais de même les gouttes d'une trop petite dimension, et par suite très-raréfiées, ne produisent pas le nombre suffisant de réflexions pour qu'une lumière colorée parvienne à l'observateur ; de ces causes proviennent les époques de l'apparition des arcs principaux et les époques de leur évanouissement.

1° Avant la pluie la masse d'eau qui va se précipiter est soutenue dans l'atmosphère sous la forme d'enveloppes liquides des vésicules vides au milieu, qui constituent les nuages ; pour cette raison la lumière du Soleil est dispersée de ces vésicules et l'espace qu'elles occupent apparaît obscur et noir.

2° Dans les pluies fines les vésicules s'abaissent jusqu'à la couche ambiante du sol, comme cela a été prouvé par la quantité d'eau des pluies recueillie et qui est plus grande

dans les cours que sur les terrasses. Ces vésicules dispersent les rayons solaires et les empêchent de pénétrer dans
les gouttes pour en émerger en état coloré et faire apparaître un arc-en-ciel.

3° Dans les pluies orageuses les vésicules occupent une
couche supérieure de l'atmosphère et n'empêchent pas les
rayons de pénétrer dans les gouttes; mais celles-ci sont au
commencement de l'averse très-volumineuses, et après deux
réflexions très-peu d'atomes q arrivent au point n d'émergence. C'est pour cela que l'arc nférieur m'apparaît pas au
commencement de l'averse, quand les gouttes sont grosses
et les vésicules abondantes dans l'atmosphère.

4° L'arc intérieur apparaît toujours le premier, et ensuite
l'extérieur, et cela à cause du volume des gouttes qui devient moins grand, ce qui fait que la lumière colorée peut
ainsi être répandue vers la Terre après avoir éprouvé
quatre réflexions.

Nombre des arcs. Il s'agit de savoir s'il y a des rayons
colorés qui en sortant des gouttes se dirigent en d'autres directions vers la Terre ou vers l'espace. Nous avons vu
que l'observateur placé entre le Soleil et les gouttes ne peut
recevoir que les rayons colorés émergeant des points n et
m; mais si les gouttes se trouvent entre l'observateur et le
Soleil, la lumière des rayons R qui incident dans la partie
inférieure pa' de la goutte ne peut arriver à j, parce qu'en
émergeant elle éprouve une réfraction de bas en haut.

Ceux des rayons R′ qui émergent colorés de b dans la direction $b\,b'$ correspondent à ceux qui émergent de l'autre
hémisphère du point m; celui-ci est éloigné de a par l'arc
$ae + 10s$, tandis que le point b en est éloigné par l'arc
$ab + 2s$; par suite l'angle Sam est plus grand que $S'ab$,
donc les rayons colorés n'arrivent pas à l'observateur placé
en j. Du point c émerge vers la lumière, mais elle est incolore.

Arcs surnuméraires ou secondaires. Quand il y a
peu de vésicules dans l'atmosphère, l'arc-en-ciel est très-

brillant; alors deviennent visibles plusieurs arcs moins brillants parallèles aux précédents produits des rayons *no*, *ns*, et *mo*, *ms* qui ont fait les avancements supérieurs $s(6+\beta)$, $s(10+\beta')$. Ces rayons projetés au delà de la goutte apparaissent en dehors des deux arcs principaux à cause de l'angle $16s + \beta + \beta'$ qui est supérieur à celui $16s$.

Les physiciens rencontraient en chaque nouveau fait de nouvelles difficultés, parce qu'il ne se présentait aucune liaison entre les hypothèses admises et les faits inconnus lorsque les hypothèses ont été créées; Young, Arago et Babinet attribuèrent les couleurs des arcs secondaires aux diffractions, prouvant par là qu'ils approchaient de la vérité, et qu'ils étaient près de reconnaître que même les couleurs des deux arcs principaux, ainsi que celles des prismes, sont le résultat des diffractions, comme cela a été constaté.

Comme l'arc supérieur apparaît après l'inférieur, quand le volume des gouttes a diminué, il en est de même pour les arcs secondaires qui apparaissent toujours après les précédents et plus facilement, parallèlement de l'arc intérieur que de l'arc extérieur. Les avancements *ro*, *vz* des rayons des arcs secondaires sont aussi un effet de la diminution du volume des gouttes.

Discussion de l'explication de l'arc-en-ciel par Newton. Il est d'une haute importance pour la science de prouver pourquoi les physiciens n'ont jamais pu se rendre compte de la production de faits cosmiques, même dans les cas où les résultats obtenus par les calculs sont d'accord avec ceux obtenus par les observations directes, comme cela a lieu à un certain degré dans les résultats de l'arc-en-ciel qu'obtint Newton, tant du calcul que de l'observation. L'explication de l'arc-en-ciel donnée ici est entièrement différente de celle donnée par Newton, et comme elle ne peut paraître fausse ici, puisqu'elle est basée sur les lois physiques, nous sommes donc dans l'obligation de prouver comment les résultats des calculs de Newton peuvent se trouver jusqu'à un certain point d'accord avec ceux que fournit l'observation.

Habituellement les faits sont connus quand les physiciens cherchent les relations entre eux et leurs semblables; ces relations, représentées par des formules mathématiques, deviennent soumises à toutes les combinaisons dont les calculs ou les opérations mathématiques sont susceptibles, et tout cela pour obtenir un résultat conforme à celui obtenu déjà par les observations directes. Les données de Newton étaient : 1° l'angle g formé dans l'arc intérieur des rayons R incolores incidents et des rayons nr, nv colorés émergents; 2° l'angle g' formé dans l'arc extérieur des rayons R' incolores incidents et des rayons mr, mv colorés émergents; 3° la disposition des couleurs dans l'arc intérieur en sens inverse par rapport à celles de l'arc extérieur; 4° l'état hygrométrique de l'atmosphère, et 5° l'intervalle constant de 8° et quelques minutes entre le rouge des deux arcs.

Fig. 99.

Sans aller aussi loin que Newton, Barry discuta directement l'équation $\sin\gamma = n\sin\gamma'$ qui est la relation constante entre le $\sin\gamma$ du rayon incident si (fig. 99) et le $\sin\gamma'$ du rayon réfracté ii' dans l'eau; il se proposa de déterminer l'angle γ d'incidence qui donne le maximum de l'angle γ' de réfraction, et il opéra de la manière suivante. Soient d et d' les accroissements correspondants donnés aux angles γ et γ', qui sont liées par la relation

$$(1)\qquad \sin(\gamma + d) = n\sin(\gamma' + d').$$

Or la trigonométrie donne

$$\frac{\sin(\gamma + d) - \sin\gamma}{d} = \frac{\sin\tfrac{1}{2}d}{\tfrac{1}{2}d}\cos(\gamma + \tfrac{1}{2}d).$$

La limite du premier facteur du second membre, quand d diminue, est égale à 1, et celle du second facteur est égale à $\cos \gamma$. A mesure que d diminue, on approche donc de l'égalité $\dfrac{\sin(\gamma+d)-\sin\gamma}{d}=\cos\gamma$ qui revient à $\sin(\gamma+d)=\sin\gamma+d\cos\gamma$. De même quand d' décroît de plus en plus on a à la limite $\sin(\gamma'+d')=\sin\gamma'+d'\cos\gamma'$. Quand d et d' diminuent simultanément, l'équation (1) s'approche donc de la forme

$$\sin\gamma+d\cos\gamma=n(\sin\gamma'+d'\cos\gamma')$$

qui revient à $d\cos\gamma=d'\cos\gamma'$, et $\dfrac{d}{d'}=n\dfrac{\cos\gamma'}{\cos\gamma}$.

Newton est arrivé à la formule finale $\dfrac{\delta}{\delta'}=m+1$, en discutant les quantités angulaires $A=ap'n$ et $A'=a'p'm$, et en y cherchant par le même calcul différentiel les limites de la valeur $A=p+mp$, qui est $A=p+mp+\delta$, $A'=p+\delta'+m(p+\delta')$ dont la différence zéro donne $A-A'=\delta-\delta'-m\delta'=0$; d'où

$$(2) \qquad \frac{\delta}{\delta'}=m+1.$$

En substituant cette valeur $m+1$ aux $\dfrac{d}{d'}=\dfrac{n\cos\gamma'}{\cos\gamma}$ déduit de $\sin\gamma=n\sin\gamma'$, elle est

$$(3) \qquad (m+1)\cos\gamma=n\cos\gamma';$$

et divisée par $\sin\gamma=n\sin\gamma'$, elle devient enfin

$$(4) \qquad \frac{\sin\gamma\cos\gamma'}{\sin\gamma'\cos\gamma}=\frac{d}{d'}=\frac{\delta}{\delta'}=m+1=\frac{u'}{u}=\frac{q'\varphi}{q\varphi}.$$

Quoique ce rapport (4) ait été déjà discuté p. 292, il se présente ici une occasion où il est de très-grande importance, parce qu'il a été obtenu par des voies différentes de celles de Barry et de Newton dont ont été tirés des résultats conformes à ceux obtenus des observations directes; par suite le rapport (4) est en relation directe avec la production des couleurs des arcs. Mais ni Barry ni Newton ne connaissaient l'illusion optique, et cela rendait les résultats du calcul différents de ceux observés, comme cela va être prouvé plus loin, après qu'aura été d'abord discutée l'égalité des rapports $\sin\gamma\cos\gamma' : \sin\gamma\cos\gamma = m+1 = q'\varphi : q\varphi = il' : ie$ provenant des triangles

ice, ici', $in'l'$, $in'i'$, où l'on a $ic = ie\sin\gamma = ii'\sin\gamma'$; $in' = il'\cos\gamma = ii'\cos\gamma'$.

Donc

$$ii = \frac{ie\sin\gamma}{\sin\gamma'} = \frac{il'\cos\gamma}{\cos\gamma'} \quad\text{et}\quad \frac{\sin\gamma\cos\gamma'}{\sin\gamma'\cos\gamma} = \frac{il'}{ie} = \frac{\delta}{\delta} = 1 + m.$$

Barry est arrivé à ce même rapport en introduisant, comme Newton, la condition d'obtenir le maximum de la valeur de la quantité de la lumière réfractée $q'\varphi$ qui dépend de l'angle γ d'incidence. Mais, dans le calcul dont on s'est servi pour déterminer ci-dessus le rapport $\dfrac{m'}{m}$ entre les quantités m', m qui indiquent le nombre des réflexions, est entrée également la condition de prendre entre tous les rapports le plus grand, qui est $m' = 4$, $m = 2$, $4:2 = 2:1$. En effet, il y a, dans les rayons R, deux réflexions en b et c, et pour les rayons R', il y en a quatre en d, c, b, a; mais quant aux réflexions de lumière colorée dont il s'agit ici, il n'y en a pour les rayons R qu'une en b, et pour les rayons R deux, l'une en d et l'autre en b. Telle est donc la cause pour laquelle des égalités $\dfrac{\sin\gamma\cos\gamma'}{\sin\gamma'\cos\gamma} = m+1$, $\sin\gamma = n\sin\gamma'$, $1 = \sin^2\gamma + \cos^2\gamma$, $1 = \sin^2\gamma' + \cos^2\gamma'$, on obtient les valeurs de $\cos\gamma$, $\cos\gamma'$, qui correspondent aux résultats fournis par les observations, et qui en même temps servent ici à démontrer l'illusion optique

$$\cos\gamma = \sqrt{\frac{n^2-1}{(m+1)-1}}, \qquad \cos\gamma' = \frac{m+1}{n}\sqrt{\frac{(m+1)^2-1}{n^2-1}}$$

L'angle γ est déterminé : 1° par la valeur de n qui est $\frac{108}{81} = \frac{4}{3}$ pour les rayons de rouge, et $\frac{109}{81}$ pour les rayons du violet, et

2° d'après la valeur de m qui ne peut pas être nulle, parce que $\sin\gamma\cos\gamma' = \sin\gamma'\cos\gamma$ conduit à $\gamma + \gamma' = 90°$, cas qui ne produit pas de lumière colorée; les valeurs $m = 1$, $m = 2$ donnent pour les rayons rouges les angles

$$g_r = 42° 1' 40'',\ g'_r = 50° 58' 50'';\ g'_r - g_r = 185 = 8° 7'$$

et pour les rayons violets

$$g_v = 40° 17,\ g'_v = 54° 9' 20'';\ g'_v - g_v = 185 + \varphi + \varphi' = 13° 52' 20''.$$

III. — DES HALOS ET DES PARHÉLIES.

Ces phénomènes optiques sont produits par de petites aiguilles de cristaux et des lamelles de glace qui se soutiennent comme les vésicules dans les couches différentes de l'atmosphère par leur poids spécifique. La forme des lamelles est, 1° triangulaire quand elles sont produites de trois vésicules qui se touchent, ou 2° hexagonale quand autour d'une vésicule centrale six autres sont attachées. 1° Des lamelles triangulaires superposées sont produits les cristaux ou les aiguilles prismatiques à bases triangulaires; 2° des lamelles hexagonales superposées sont produites les aiguilles à bases hexagonales.

Les *lamelles* triangulaires ou hexagonales sont *minces* quand leur épaisseur est inférieure à la dimension de la base; en cet état elles se soutiennent dans les couches de l'atmosphère avec les bases vers la Terre et le Ciel; mais quand la longueur des cristaux surpasse la dimension de la base, les cristaux sont couchés horizontalement ayant toujours une des arêtes vers la Terre. Ainsi les cristaux triangulaires ont l'une des trois faces horizontales tournée vers le Ciel, tandis que les cristaux hexagonaux ayant une arête vers la Terre ont nécessairement aussi vers le Ciel l'arête diamétralement opposée.

Dans les pays chauds et en été les lamelles de glaces ne peuvent se produire et se soutenir qu'à de grandes élévations, tandis que dans les pays froids et en hiver elles peuvent être produites à toutes les élévations quand la température est au-dessous de zéro.

Tous ces détails des dimensions des cristaux, de leurs formes, de leurs positions, de leurs élévations, produisent des faits optiques qui leur correspondent. Quand il y a dans l'atmosphère un courant d'air allant de l'est à l'ouest ou du nord au sud, les lamelles n'en éprouvent aucun changement dans leur position; mais cela n'est plus le cas pour les aiguilles dont la longueur prend la direction du vent et se placent ainsi parallèlement entre elles.

Les rayons solaires incolores sont réfractés ou réfléchis, ou en même temps réfractés et réfléchis des cristaux, et ils arrivent ainsi colorés jusqu'à l'œil, où ils produisent le blanc quand les spectres coïncident; d'autres fois ils font augmenter la clarté dans la direction d'où arrive une quantité supérieure de rayons réfléchis. Pour rendre l'explication plus facile et plus simple, on va exposer séparément les faits produits de la lumière colorée et ceux produits de la clarté incolore.

A. Phénomènes colorés et leur explication.

Toutes les bandes colorées ne sont pas rectilignes, mais elles ont une direction périphérique ou courbe; elles sont en rapport direct et symétrique avec le Soleil. 1° Les bandes périphériques autour du Soleil sont nommées *halos*; 2° les bandes courbes non périphériques forment des arcs tangents aux halos; 3° les points de contact qui sont d'une clarté supérieure sont nommées *parhélies*.

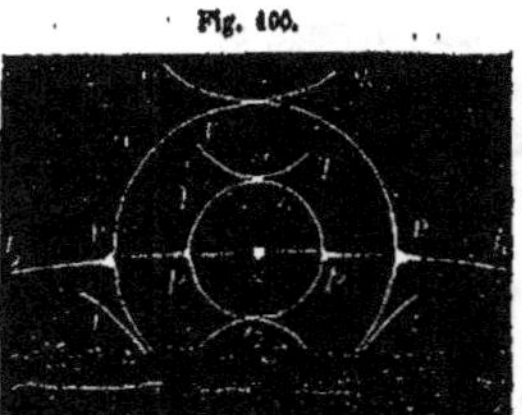

Fig. 100.

1° **Halos.** Il se montre deux périphéries concentriques *h*, H (fig. 100) ayant le Soleil S comme centre; elles sont d'un rouge pâle en dedans et blanches ou bleuâtres en dehors. Le rayon angulaire de chacun des deux halos est constant : 1° celui du petit halo h est de 22 à 23°, 2° et celui du grand H est de 46°.

2° **Parhélies.** Aux extrémités p, p du diamètre horizontal du petit halo se montrent deux images diffuses du Soleil. Ces images sont colorées en rouge du côté du Soleil, puis viennent les autres couleurs du spectre, mais le violet reste imperceptible; il est remplacé par une espèce de queue blanche horizontale de 10 à 20° de longueur. Il se forme aussi des parhélies P, P aux extrémités du diamètre horizontal du grand halo.

3° **Arcs tangents.** On voit souvent des arcs tangents aux extrémités a, a du diamètre vertical du petit halo. Ils sont bordés de rouge en dedans; leur courbure n'est pas celle d'une périphérie. Quelquefois ces arcs ne sont visibles que dans les parties voisines des points a, a en contact avec le halo; ils constituent alors les parhélies a et a' verticales.

De semblables arcs tangents apparaissent aussi au grand halo; les uns e, e' sont tangents aux extrémités du diamètre vertical; ils sont horizontaux et ont pour pôle le zénith de l'observateur; les autres arcs l, l, sont tangents en des points du grand halo situés entre les extrémités des diamètres verticaux et horizontaux.

Production des halos. Les rayons angulaires de 22° et 46° des halos amènent à connaître qu'ils sont produits des prismes à angle de 60° pour le petit halo, et à angle de 90° pour le grand; car le minimum de déviation d est: 1° dans un cas $= 2\gamma - 60°$, et l'angle de réfraction est $\gamma' = \frac{1}{2}a = 30°$; 2° dans l'autre cas le minimum de déviation est $d = 2\gamma - 90°$ et l'angle de réfraction $\gamma' = 45°$. Ces valeurs introduites dans l'égalité $\sin \gamma = n \sin \gamma'$ donnent

(1) $\sin \frac{1}{2}(d + a) = n \sin \frac{1}{2}a$, $n = 1,34$, donne

$d = 21° 51' 2''$ pour rayon du petit halo,

et $d' = 45° 44'$ pour rayon du grand halo.

Bravais, après avoir obtenu cette liaison entre les angles 60°, 90° des prismes et les rayons angulaires de chaque halo, a pu constater que pour les prismes triangulaires ayant une arête (fig. 101) vers la Terre

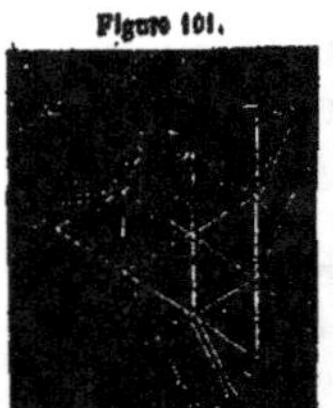

Figure 101.

et la face AB vers le Ciel, il faut que le rayon Si incolore incident émerge coloré dans la direction ar, av formant l'angle $d = 21°5',2$ avec la ligne rS qui va de l'œil en r au Soleil en S. Il ne restait donc plus à Bravais qu'à prouver pourquoi le rouge ar qui est le plus éloigné du Soleil n'est pas en dehors du halo.

Ce fait se présente ici spontanément et n'exige aucune explication, car en recevant le spectre r dans l'œil, le rouge paraîtra en R du côté du Soleil et le violet en V du côté externe. Il faut encore prouver pourquoi la valeur $d = 21° 51', 2$ est inférieure au rayon SR angulaire du halo, surtout quand il est ici démontré que ce rayon diminue quand le rouge projeté en R vient du côté du Soleil. Comme dans les gouttes de pluie, le diamètre angulaire 30' du Soleil fait éprouver aux rayons l'avancement de 30' dans chaque réfraction et celui de $2 \times 30'$ dans chaque réflexion; le même effet a lieu ici, et pour cela il faut prendre le rayon coloré émergent l'angle $d + 2 \times 30' = 22° 51', 2$.

L'angle 90° se trouve dans les arêtes produites des bases des prismes et de leurs faces; ces arêtes d'angle 90°, en position horizontale, ne peuvent exister que dans les prismes triangulaires et non pas dans les prismes hexagonaux. Les couleurs sont produites de la même manière que celles du petit halo et se présentent dans le même ordre.

La lumière des deux halos est polarisée dans un plan perpendiculaire à celui qui passe par l'œil, le zénith et le Soleil, ce qui prouve évidemment que cette lumière colorée éprouve deux réfractions suivant le plan qui passe par l'œil, le zénith et le Soleil.

Production des parhélies. Dans le cas où une grande partie des cristaux est entraînée dans la direction du vent de l'est à l'ouest, ou de l'ouest à l'est, des rayons solaires, ceux R' qui tombent perpendiculairement sur la longueur des prismes sont mieux réfractés vers l'œil; ces rayons ne se trouvent qu'aux extrémités *pp* du diamètre du halo qui est aussi perpendiculaire aux directions des prismes et à celles du courant d'air.

Si le vent est du nord au sud ou du sud au nord, les aiguilles prennent une direction suivant le méridien, pour recevoir perpendiculairement les rayons R' qui passent par les extrémités *aa* (fig. 100) du diamètre vertical du halo. Dans ces deux positions se présentent claires les couleurs dans les extrémités du diamètre vertical ou du diamètre horizontal.

Productions des arcs tangents. Aux extrémités *p, p* du diamètre horizontal après les parhélies colorées viennent les queues blanches, tandis qu'après les parhélies des extrémités *a, a* du diamètre vertical apparaissent deux arcs colorés; ceux-ci sont, comme les queues blanches, produits des parhélies *p, p*, mais le plan des arcs qui touche les parhélies *p, p*, est vertical à l'horizon, et pour cela au lieu d'arcs apparaissent des queues, qui ne sont pas colorées, parce que les spectres de la partie supérieure de l'arc coïncident avec ceux de la partie inférieure; mais la longueur des queues de 10 à 20° correspond exactement à celle qui serait produite par la projection des arcs *ar, az*, sur un plan perpendiculaire au méridien.

Les arcs et les queues sont produits des lamelles triangulaires qui flottent horizontalement sans cesser de réfracter les rayons avec leur angle de 60° quand les faces sont horizontales, et d'en produire des spectres dont ceux des parhélies *p, p* deviennent superposés, tandis que ceux des parhélies *a, a* du diamètre vertical sont projetés à sa gauche *ar* et à sa droite *az*. Les spectres produits des arêtes verticales à l'horizon sont projetés par l'œil au delà du halo, et leur ensemble produit l'apparition d'une courbe qui n'est pas périphérique; le rouge des spectres projeté se trouve dans l'intérieur *ras* des arcs. Les autres couleurs disparaissent à cause de la superposition des spectres successifs.

Figure 102.

Ces superpositions des spectres et cette production du blanc provenant par les aiguilles minces ne diffèrent point de celles des spectres *afa* (fig. 102) qui sont produits d'un réseau de Fraunhofer dont les traits peuvent être comparés aux aiguilles microscopiques composées des lamelles d'une dimension beaucoup inférieure à 1 millimètre. Dans les spectres des réseaux, le violet est visible parce qu'il n'est pas du côté du spectre suivant; pour la même raison le rouge est visible dans les halos, les parhélies et les arcs tangents.

B. PRODUCTION DES PHÉNOMÈNES INCOLORES.

Comme on l'a vu pour les phénomènes colorés, de même les incolores sont des bandes ou points d'une clarté supérieure et ont un rapport avec le Soleil. L'absence de couleurs n'indique pas qu'ils sont produits par réflexion simple, comme cela a lieu en pareils cas; mais ces rayons incolores sont produits par deux réflexions et deux réfractions en sens opposés. Il serait permis d'admettre pour cela : 1° une seule réflexion simple ou, 2° une réflexion accompagnée de deux réfractions, si l'on ne connaissait pas le plan de polarisation qui indique que la lumière éprouve des réfractions et non pas des réflexions. Les plus fréquents phénomènes incolores sont les suivants :

1° *Périphérie parhélique.* C'est une circonférence blanche horizontale *bSb* (fig. 100) ayant son pôle au zénith et pour rayon angulaire la distance entre le zénith et le Soleil ; elle coupe les halos aux points opposés P, P, *p*, *p*, et passe par le Soleil S.

2° *Anthélie.* C'est une image diffuse du Soleil ou un point clair situé sur la périphérie parhélique à l'opposé du Soleil et de la même couleur que lui, quand il se trouve près de l'horizon. Quelquefois deux arcs blancs se croisent sur l'anthélie et s'étendent en divergeant. L'anthélie peut être accompagnée de plusieurs autres plus faibles et diffuses situées symétriquement de part et d'autre sur la même périphérie ; on les nomme *paranthélies ;* celles-ci n'apparaissent que dans l'espace compris entre 90° et 135° du Soleil.

3° *Colonnes verticales.* Ce sont des traînées lumineuses blanches qui accompagnent parfois le Soleil dans les régions polaires ; elles s'étendent verticalement à l'horizon, souvent à 23° au-dessus et au-dessous du Soleil, et se voient quelquefois avant son lever. Ces colonnes forment avec la partie de la périphérie parhélique qui passe par le Soleil une croix à bras inégaux tantôt seule, tantôt entourée par le petit halo.

4° *Faux soleils.* Ce sont des images blanches du Soleil à contour assez net et situées l'une au-dessus et l'autre au-dessous du Soleil qu'elles semblent toucher ; ces images ne se montrent que lorsque le Soleil est près de l'horizon.

Comparaison entre les formes des bandes colorées et incolores. Les périphéries des halos affectent la forme de colonnes quand elles sont produites dans le plan qui passe par l'œil, le Soleil et le point voisin de l'horizon. Les queues blanches deviennent une périphérie parhélique quand elles sont prolongées de manière à se rencontrer au point opposé au Soleil où est l'anthélie. Les faits de cette nature conduisent à connaître que les phénomènes incolores ont pour cause les lamelles minces qui se soutiennent dans l'air, ayant les bases vers la Terre et le Ciel ; tandis que dans les prismes couchés horizontalement les bases sont verticales à l'horizon. Guidé par les phénomènes et les lois optiques, il est facile de déterminer la seule position des lamelles capable de faire apparaître les faits observés.

Production de la périphérie parhélique. Elle est produite des lamelles *hexagonales* de la manière suivante : Les rayons s solaires Si (fig. 103 M) tombent sur la base AB, et, réfractés dans la direction ta, arrivent en a d'où émerge une partie φ colorée dans la direction aa' qui n'arrive pas à l'œil ; le reste $\varphi - \varphi'$ réfléchi arrive à la base inférieure CD en b. De ce point émerge la lumière φ'' incolore dans la direction bo, pour arriver à l'œil. De cette direction bo le prolongement va à S'. Ce point S' est autant éloigné de l'horizon ou du zénith que le Soleil même S ; comme cela est déduit des angles égaux $iaB = baC$ de réflexion et $dia = dba$ de réfraction ; parce que les bases des lamelles sont parallèles.

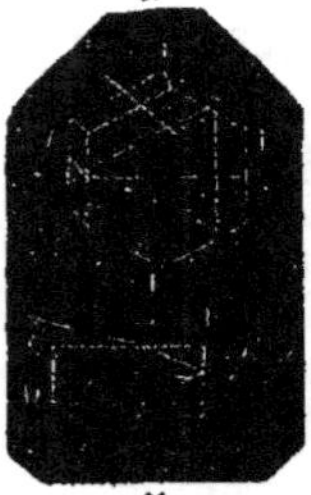

Figure 103.

Les lames hexagonales A E B C F D (fig. 103 N) étant horizontales présentent au Soleil des six côtés les six arêtes à 90°. Des rayons R solaires qui les pénètrent et se réfléchissent de la face voisine, il n'arrive à l'œil que ceux R' qui sont à distance égale de l'horizon ou du zénith que le Soleil. Les rayons pareils font ainsi paraître une clarté dans les directions également éloignées du zénith et le Soleil.

Production des anthélies. Les lamelles triangulaires ace (fig. 103 N) répandent la lumière solaire comme le font les lamelles hexagonales, avec la différence que des rayons v émergeant de la base inférieure, il ne peut arriver à l'œil que ceux v' qui sont parallèles à la perpendiculaire qui passe par le sommet a et par le milieu de la base ce. Ces rayons font partie de la périphérie parhélique dans laquelle le point opposé au Soleil acquiert une clarté supérieure par les deux réfractions et la réflexion de la lumière qui reste incolore ou colorée telle qu'elle y arrive du Soleil.

Comme les faces des lamelles triangulaires opposées au Soleil produisent la réflexion indiquée, celle-ci est également produite par une des faces des lamelles hexagonales opposées au Soleil.

Production des paranthélies. Quand les lamelles hexagonales ont une de leurs diagonales qui passe par deux arêtes opposées et par le centre du Soleil, il n'arrive à l'œil aucun atome de lumière du point où est l'anthélie, par lequel passe l'arête; il n'y en a pas non plus du côté opposé de la même lamelle, le rayon est en ce cas parallèle aux deux faces de la lamelle, donc il ne peut éprouver de réflexion que de la part des quatre autres faces dont sont produites les images dans un espace entre 90° et 90° + 45° du Soleil. Les lamelles triangulaires n'affluent point dans la production des paranthélies; pour cette raison celles-ci sont plus faibles que les anthélies.

Production des colonnes blanches. Ces colonnes sont des périphéries vues suivant leur plan; une périphérie parhélique ou un halo se présentent sous l'aspect de bandes ou de colonnes, quand les positions horizontales des cristaux prennent la direction verticale ou inclinée à l'horizon, comme cela est produit par les courants d'air des directions inclinées à l'horizon.

La position des colonnes et leur longueur de 23° de chaque côté du Soleil correspondent au diamètre angulaire du petit halo quand son plan passe par le Soleil, l'œil et le point voisin de l'horizon. Les colonnes de la longueur presque double sont produites de la même manière, de la position indiquée du plan du grand halo.

Le Soleil et l'observateur se trouvant dans la même position et immobiles, les faits optiques ne dépendent que des cristaux prismatiques et des lamelles. 1° Si les faces de ces

cristaux sont horizontales, leur plan est vertical à la ligne
qui unit l'œil avec le centre du Soleil, et alors apparaissent
les halos. 2° Si ces cristaux sont entraînés par un courant
d'air ascendant ou descendant, les faces sont en un plan
incliné à l'horizon, alors les halos sont produits tout à fait
comme dans le cas précédent, mais dans un plan incliné à
l'horizon qui passe toujours par le centre du Soleil.

Dans les cas d'un courant d'air faible ou d'un courant
d'une étendue médiocre, une partie des cristaux reste avec
la face horizontale et produit un petit halo, en même temps
qu'il en a d'autres dont les plans, verticaux entre eux,
passent par l'œil et font paraître une croix entourée du petit
halo.

Production des faux soleils. Quand les cristaux sont
entraînés par le vent et prennent une position parallèle au
méridien, si le Soleil est tout près de l'horizon, ses rayons
tombent très-obliquement aux faces latérales des cristaux
dont ils sont réfléchis vers l'œil, et font ainsi apparaître
deux images du Soleil tout près de son disque, l'une au-
dessous du côté de l'horizon, et l'autre au-dessus.

IV. — ÉTATS HYGROMÉTRIQUES ET ÉTATS OPTIQUES DE L'ATMOSPHÈRE.

Nous venons de constater : 1° la relation entre les durées
du crépuscule et les climats; 2° celle entre les pluies orageuses et l'apparition de l'arc-en-ciel, et 3° celle entre les
cristaux de l'atmosphère et la production des halos, des
parhélies et des anthélies. Il reste à constater la liaison entre
ces trois états hygrométriques suivant les lois physiques.

État hygrométrique constaté par le crépuscule.
La durée du crépuscule est plus longue, 1° le soir que le matin; 2° l'hiver que l'été; 3° dans les régions polaires que
dans les régions tropicales. De même le bleu du ciel est pur
et sombre entre les tropiques, et il est pâle aux régions

polaires. Ce bleu pur et sombre entre les tropiques, la
courte durée du crépuscule et la visibilité de la planète
Vénus en plein midi ne permettent pas de douter de la petite
quantité v des vésicules contenues en suspension dans une
couche c de l'atmosphère d'une épaisseur e proportionnelle
à la durée T du crépuscule.

Dans nos climats, la durée supérieure $T + T'$ du crépuscule fait connaître qu'une quantité supérieure $v + v'$ de vésicules est contenue dans une couche c' de l'atmosphère
dont l'épaisseur analogue est $e + e'$. Dans les régions polaires, la longue durée $T + T' + T''$ du crépuscule est produite d'une quantité supérieure $v + v' + v''$ de vésicules
contenues dans la couche c'' dont l'épaisseur est $e + e' + e''$.

La durée plus longue du crépuscule le soir que le matin,
l'hiver que l'été, prouve directement que les vésicules sont
plus abondantes le soir que le matin, l'hiver que l'été; d'où
il résulte évidemment que la quantité supérieure $v + v'$ des
vésicules le soir et l'hiver n'est pas en rapport avec la température qui est le soir supérieure à celle du matin, et l'hiver inférieure à celle de l'été.

État hygrométrique constaté par l'arc-en-ciel.
Les vésicules dispersent la lumière et ce ne sont que les
gouttes des pluies orageuses qui produisent les couleurs.
Les nuages ne sont qu'un amas des vésicules dont sont dispersés les rayons incidents, et le manque de rayons de cet
espace vers l'œil y fait apparaître une obscurité qui est attribuée aux nuages. La densité des vésicules et l'obscurité
qui en est le résultat ne peuvent pas trop augmenter, parce
que les vésicules, repoussées mutuellement, font crever leur
enveloppe, et ainsi change la forme de l'eau qui devient
une gouttelette à l'instant où elle cesse d'être une enveloppe.

Ces gouttelettes, microscopiques d'abord, croissent en
se combinant par le contact entre elles ou avec les enveloppes des vésicules qui crèvent. La quantité de l'eau reste
la même, mais par suite du changement de la forme, on

voit diminuer la quantité V + V' + V" de vésicules qui devient V + V', et en même temps que se produit la quantité
G de gouttes où est contenue l'eau A des vésicules V" qui
viennent de disparaître. L'espace occupé dans l'atmosphère
par les vésicules V" est 800 fois plus grand que celui qu'occupe la même quantité A d'eau contenue dans les gouttes G.

Quand les vésicules diminuent pour devenir V + V', le
nombre des gouttes diminue en même temps, ou si le
nombre reste le même, c'est alors leur volume qui diminue,
et c'est de ces gouttes qu'est produit l'*arc-en-ciel*, qui ne
paraît jamais au commencement de l'averse, mais toujours
quand les gouttes commencent à diminuer de volume.

Les vésicules V + V' + V" portées par les vents contre le
sol, surtout contre les versants des montagnes, crèvent en
y déposant leur enveloppe aquatique; ainsi sont produites
les masses d'eau des puits artésiens, et celles qui font souvent déborder les fleuves sans qu'il y ait des averses analogues sur les montagnes. En cas pareils, les nuages disparaissent sans avoir produit nulle part ni pluie ni *arc-en-
ciel*; on dit alors que c'est *le vent qui a dispersé les nuages*,
sans savoir ce qu'ils sont devenus.

État hygrométrique constaté par les halos. Les
enveloppes ne crèvent de la manière indiquée que quand
elles sont à l'état liquide; mais si la température est au-
dessous de zéro, elles gèlent et deviennent solides; ainsi,
lorsqu'elles viennent en contact, elles se soudent entre elles
avec une sorte de symétrie, en conservant en même temps
leur forme et leur poids spécifique, et sans être sollicitées
vers la terre comme le sont les gouttes. De semblables productions de cristaux sont fréquentes aux régions polaires et
rares aux régions tropicales.

Les gouttes produites de la manière indiquée ne gèlent
que quand le courant ascendant est suffisamment fort pour
les faire remonter dans la couche de l'atmosphère dont la
température est au-dessous de zéro. Pour cette raison, il ne

grêle jamais quand la température est au-dessous de zéro,
car en pareil cas, la production des gouttes par les vésicules
gelées est impossible.

Relation entre les trois états hygrométriques de l'atmosphère. Les flocons de neige, les gouttes de pluie
ou les grêlons ne se présentent jamais spontanément dans
l'atmosphère. L'eau n'apparaît que sous forme d'enveloppes
qui constituent les vésicules vides au milieu, et pour cela
d'un poids spécifique égal à celui de l'air ambiant. La
couche c *normale* de l'atmosphère contenant ces vésicules
est d'une épaisseur, 1° e aux régions tropicales, 2° $e + e'$
dans nos climats, et 3° $e + e' + e''$ aux régions polaires. De
nouvelles productions de vésicules accumulées donnent
naissance aux nuages qui, sans produire de pluies, s'évanouissent le plus souvent de la manière que nous avons indiquée, ou disparaissent en produisant des neiges, des
pluies ou de la grêle.

Après avoir ainsi exposé au lecteur la consommation des
nouvelles vésicules accumulées, il attend sans doute que
nous allons lui faire connaître le mode de production, en
quelques heures, d'amas énormes de vésicules, alors qu'on
même temps le baromètre baisse, et qu'après l'averse le baromètre monte, et que le calme renaît dans l'atmosphère,
qui est toujours très-agitée pendant la production des
nuages : le maximum de cette agitation a lieu un instant
avant le commencement de l'averse. Le lecteur trouvera ces
faits expliqués dans tous leurs détails dans le texte de l'*Atlas
météorologique*.

APPENDICE.

PRODUCTION DES ANNEAUX DE SATURNE PAR SUITE D'UNE ILLUSION OPTIQUE.

Après avoir expliqué les faits atmosphériques produits par illusions optiques, et les vésicules, gouttes d'eau et cristaux, il ne sera pas superflu d'indiquer ici comment, par suite d'illusions pareilles et de la forme étrange qu'affecte Saturne, est produite l'apparition de deux anneaux qui semblent l'entourer et qui pourtant n'ont aucune existence réelle. Cette explication n'est qu'une série des faits connus arrangés comme causes et effets liés entre eux par une loi optique déjà bien déterminée.

Comme les halos, les anthélies, les parhélies, etc., ont trouvé leur production et leur explication dans les cristaux et dans leurs formes, de même les anneaux de Saturne trouvent, suivant les lois optiques, leur production, tous leurs changements, leurs dimensions et leur séparation dans la forme singulière de Saturne et ses dimensions.

Dimensions de Saturne. W. Herschell trouva, par mesures micrométriques, les trois dimensions ou la relation entre les trois dimensions de cette planète : l'axe hh' (fig. 104) étant D, le diamètre équatorial aa' est $D+d$, et celui $c'b$ ou cb' qui passe par les tropiques est le plus grand $D+d+d'$. Par les mesures micrométriques la longueur hh' de l'axe est trouvée toujours la même, mais la longueur aa' du diamètre équatorial est trouvée quelquefois $D+d+\delta$; et d'autres fois $D + d - \delta$. En admettant ces valeurs véritables comme celle D de l'axe, on est conduit à connaître que la planète n'est pas une sphère aplatie, mais qu'elle a la forme ovoïde; les nouvelles mesures faites sur différentes parties de la Terre ont servi à constater mathématiquement que la Terre même est ovoïde; son sommet est entre la Nubie et l'Abyssinie et sa base dans l'archipel Pomotou, au milieu du Grand Océan.

La relation $D + d : D + d + d'$ entre le diamètre équatorial $D + d$ et celui $D + d + d'$ qui passe par les tropiques, conduit à connaître l'existence d'un sillon équatorial très-large divisant la surface de la planète en deux calottes.

Figure 104. Figure 105.  Figure 106.

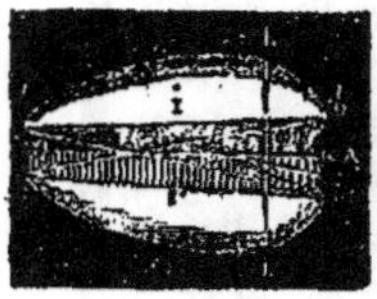

Globe artificiel de Saturne. Les dimensions obtenues par les mesures micrométriques ont servi à la construction d'un globe dont la forme est représentée dans les figures 104, 105, 106, sous des faces différentes correspondantes à des mesures particulières : ce globe est mis en rotation par un appareil d'horloge pour imiter celle de la planète; il n'y manque que l'éclairage qui est obtenu au moyen d'une lampe dans un appartement obscur.

La lampe est promenée successivement du prolongement du plan d'un des versants $b\,o\,a'\,b'$ du sillon jusqu'à celui du plan du versant opposé du même sillon. Les spectateurs se trouvent sur le plan équatorial de la planète, ou à gauche et à droite de ce plan. Tant que le globe est en repos les spectateurs voient une des faces figures 104, 105, 106, dont la partie visible n'est pas toujours également éclairée, et cela à cause du sillon dont les versants ne sont également exposés à la lampe que dans le seul cas où celle-ci se trouve dans le plan équatorial.

Dès que le globe est mis en rotation rapide sa forme ovale s'évanouit, son aspect dépend de la position de la lampe et des spectateurs. Nous allons décrire ces divers aspects : 1° celui produit quand les spectateurs et la lampe sont dans le plan équatorial ; 2° celui qui se présente quand les spectateurs et la lampe sont dans le prolongement du plan de l'un des versants, et 3° celui où les spectateurs restent à leur place et où la lampe est transférée dans le prolongement du plan du versant opposé.

Éclairage suivant le plan de l'équateur. Les pectateurs étant placés entre la lampe et le globe en repos, celui-ci paraît ovale ou rond suivant la position naturelle (fig. 104 ou fig. 105); mais il ne présente que la forme ronde quand il est en rotation autour de l'axe *sn*, alors il apparaît comme on le voit dans les figures 105 et 106. Sa clarté est égale partout, sauf une ligne équatoriale *aa'* (fig. 106) dont la clarté est supérieure.

Éclairage suivant le plan de l'un des versants où sont les spectateurs. Si le globe est en repos on le voit éclairé à quatre degrés différents : la calotte *n'* (fig. 106) est plus éclairée que le versant *is* en contact ; ensuite vient le versant opposé *si'* dont la clarté surpasse celle de la calotte *ni* et encore plus celle du versant *is* et de la calotte *i's*.

Dès que le globe est mis en rotation autour de l'axe *n's* sa forme apparente devient ronde comme celles des figures 105 et 106, mais les parties éclairées *a'c'*, *ao* (fig. 104) se présentent comme une surface d'une clarté supérieure au globe composé : 1° de la calotte *n* en très-grande partie, d'une bande claire qui est celle *si'*, et 2° d'une petite partie de la calotte *s*.

Éclairage du côté opposé des spectateurs. Le globe en repos présente différents degrés de clartés; le versant *i's*, d'abord le plus éclairé, est en ce cas le plus sombre;

les calottes *si* et *in* sont éclairées presque comme précédemment. Le globe mis en rotation se présente au milieu comme un globe sphérique, entouré d'une bande sombre de la même grandeur que la bande claire du cas précédent.

Comparaison entre les faits produits soit du globe, soit de Saturne. Les deux corps, de forme semblable et en rotation, étant éclairés dans la même direction et observés de la même position, produisent la même illusion. Tous les faits observés dans la planète trouvent ici leur explication, et il n'est *aucun* de ces faits qu'on puisse considérer comme l'effet d'un corps opaque, mince, qui se tiendrait dans le plan équatorial en tournant autour de l'axe de la planète.

Preuves contre l'existence des anneaux. Une série de détails, liés entre eux comme causes et effets des lois optiques, reste parfaitement inexplicable quand on admet l'existence des anneaux opaques; tous les astronomes connaissent ces faits, mais ils ignorent l'illusion qui les produit suivant les lois optiques qui ne leur sont pas pourtant inconnues. Ils seront donc satisfaits de trouver ici un arrangement nouveau des faits connus, mais restés isolés jusqu'à présent; tels sont: 1° la ligne claire équatoriale; 2° les clartés différentes du disque, du petit anneau et du grand anneau; 3° les limites des anneaux bien tracées du côté de la planète et incertaines du côté de l'espace; 4° les largeurs des anneaux; 5° les plans des anneaux; 6° leur nombre, et 7° la longueur de leur ombre.

Ligne claire équatoriale. Quand le plan de l'équateur de Saturne passe par la Terre et le Soleil, une clarté supérieure apparaît dans son équateur. Cette clarté ne peut pas être produite de la périphérie de l'anneau extérieur, car il ne concentre pas la lumière solaire, mais la disperse, et ainsi, si un tel anneau existait, une diminution de clarté aurait dû paraître, et cela même au delà des limites du disque dans le prolongement du plan équatorial.

Explication. Au lieu d'être entouré par des anneaux élovés, c'est par un sillon large qu'est entourée la partie équatoriale de la planète ; la clarté observée est donc produite de la lumière réfléchie des deux versants du sillon vers son fond.

Clartés du petit, du grand anneau et du disque. La lumière solaire se répand en densité égale sur les surfaces projetées sur un même plan ; l'augmentation de surface par les anneaux ne peut aucunement produire une augmentation de clarté : au contraire, si la clarté des anneaux était moindre, elle serait attribuée à l'augmentation de la surface. Encore moins peut-on admettre des clartés différentes dans l'un et dans l'autre plan des deux anneaux.

Explication. Quand le Soleil et la Terre sont au nord ou au sud du plan équatorial de Saturne, celui-ci ne présente

Figure 107.

pas une surface également éclairée, et cela à cause de son sillon équatorial aa (fig. 104). Si la Terre et le Soleil sont au nord du plan équatorial, la clarté des deux calottes $b'nb$, $c'sc$ est presque égale ; mais elle est plus grande sur le versant sud $caa'c'$ du sillon. La planète étant en rotation autour de l'axe $n's$, aurait dû se montrer successivement comme elle est indiquée dans les figures 105, 106, si la vitesse eût été très-petite ; mais cette vitesse étant grande, elle apparaît comme elle est représentée dans la figure 107.

Clarté du petit anneau plus grande que celle du grand. La largeur ac (fig. 104) inférieure du sillon dans le sommet A de l'ovoïde, reste continuellement visible dans la présence de chaque partie du versant $ac_ia'c'$ éclairé, et de cette largeur est produit le petit anneau qui possède le maximum de clarté entre celle du disque et celle du grand anneau.

Le sillon a sa grande largeur $a'c'$ du côté A' de la base

de l'ovoïde ; de cette largeur la partie supérieure *e'* n'est pas continuellement exposée à l'œil comme l'est la largeur *de = ac.* Quand le télescope est dirigé vers cette partie *ee'* de largeur, il en reçoit la lumière qui en est dispersée ; mais quand cette partie *ee'* est éloignée, il ne reste au devant du télescope qu'une largeur inférieure dont le minimum est celle *ac* du versant au sommet A.

Ainsi, quand ce versant *ac* du sommet est au devant du télescope, il devient possible à la lumière des étoiles de pénétrer dans le télescope sans que cesse encore tout à fait la sensation de la lumière venant de la partie éloignée du versant sud.

Limites des anneaux. La limite de chaque anneau est nette du côté de la planète et diffuse du côté extérieur ; cette différence n'eût pas eu lieu si les anneaux eussent été composés d'une masse opaque qui est admise comme ayant une épaisseur très-petite.

Explication du petit anneau. La largeur *ca* du sillon du côté A du sommet donne naissance au petit anneau ; cette largeur, regardée obliquement de la Terre, paraît être séparée de la surface de la planète par un espace *ro* qui est projeté vers le ciel au travers du sillon, et par cet intervalle pénètre la lumière des étoiles. Dans la limite de cet espace va se trouver d'une part la partie inférieure du sillon qui est une limite tranchée *o*, et de l'autre part est le versant sud *a* qui est aussi bien limité.

La limite extérieure est déterminée par l'extrémité de la largeur *ac* du versant dans le sommet A ; cependant cette largeur ne reste pas limitée, car elle croît graduellement vers la base pour y atteindre un maximum ; cette augmentation graduelle fait paraître incertaine la limite externe du petit anneau.

Explication du grand anneau. La limite intérieure du grand anneau se trouve en *e* où est projeté *q* qui est l'extrémité de la calotte *bb'n* ; dans cette direction il reste un espace entre la calotte g et le versant ce'; par cet espace peut pénétrer la lumière des étoiles. Immédiatement après cet espace commencent à arriver à l'œil les rayons de o' du versant large, et ainsi le grand anneau obtient une limite intérieure nette et séparée par un espace entre lui et l'extrémité supérieure du petit anneau.

La limite extérieure est déterminée par l'extrémité de la largeur $ec' = a'e' - ac$; cependant ce maximum de largeur n'est que dans le versant du côté de la base A' de l'ovoïde; de ce maximum la largeur diminue, et en même temps diminue la quantité de lumière qui rend incertaine la limite extérieure du grand anneau.

Production des dimensions des anneaux et des intervalles. Les faits de ce genre sont admis par les astronomes comme des données fournies par les observations, de même que la dimension de la planète: mais ici est démontré le mode de leur production, par la dimension du sillon; de sorte que les dimensions des anneaux et celles des intervalles deviennent un effet de la forme de la planète et de l'illusion optique inconnues aux astronomes. La liaison entre les dimensions obtenues par les observations micrométriques et les lois optiques ne permet pas de douter de cette illusion optique, comme cela est mathématiquement prouvé dans l'arrangement suivant :

	kilomètres.
Rayon Te' extérieur de l'anneau extérieur.	138,505
Rayon Te intérieur de l'anneau extérieur.	121,954
Largeur de l'anneau extérieur $Te' - Te$.	16,007
Rayon Tc extérieur de l'anneau intérieur.	119,140
Rayon Ta intérieur de l'anneau intérieur.	94,157
Largeur $Tc - Ta$ de l'anneau intérieur.	26,983
Intervalle des deux anneaux $Te - Tc$.	2,817
Rayon du globe de Saturne Tn.	62,170
Intervalle compris entre le globe et l'anneau intérieur.	29,086

Les astronomes déduisent l'existence réelle des anneaux, leur solidité et leur opacité, de leur forme constante observée à la fois quand ils sont éclairés du Soleil et quand leur face ombragée est tournée vers la Terre. Ces faits vont servir

Ici à démontrer le mode de leur production par une illusion optique produite par le sillon des régions tropicales. Les astronomes admettent les dimensions des anneaux d'une origine pareille à celle de la planète ; mais ils ne seront pas peu étonnés quand ils verront que ces dimensions existent dans les versants du sillon, dont la partie ae' du côté de la base A' est plus large que la partie ac du côté du sommet A (fig. 104).

Production du rayon Te' de l'anneau extérieur. En prenant le milieu T de l'axe aa' comme centre, la distance Ts ou Tn paraîtra comme un rayon de la planète dont l'axe est ns ; la distance Te' paraît comme un rayon extérieur de l'anneau extérieur ; le rapport entre ces rayons est

$$Te' : Tn = 138565 : 62170.$$

Production du rayon Te intérieur de l'anneau extérieur. Ce rayon est la distance inférieure Te entre le centre T et le point e du versant du sillon où se termine l'espace ι qui sépare ce point e de celui q' de la projection du point q de la calotte n. La différence $Te' - Te$ est la largeur apparente de l'anneau extérieur.

Production du rayon Tc extérieur de l'anneau intérieur. Ce rayon Tc est la distance entre le centre T et l'extrémité c du versant du côté du sommet A. La différence $Te - Tc$ est l'espace ι qui est l'intervalle apparent entre les deux anneaux.

Production du rayon Ta intérieur de l'anneau intérieur. Ce rayon est la distance Ta qui est plus de la moitié du diamètre ao équatorial ; ainsi la différence $Tc - Ta$ est la largeur de l'anneau intérieur, et la différence $Ta - Tp$ est l'espace ι qui sépare le globe de l'anneau intérieur.

Observation des dimensions indiquées. 1° La distance maximum Te' entre le centre T et l'extrémité e' du versant a' e' large de la face A' surpasse le double du rayon Tn du globe ; cette distance sert à connaître l'obliquité du ver-

sant *c′ a′*. 2° En prenant la distance T*c* entre le centre T et
l'extrémité *c* du même versant, mais du côté du sommet A,
on trouve cette distance moindre que le double du rayon T*n*.
3° Le rapport T*a* : T*n* = 184313 : 124340 environ 3 : 2 diffère
de celui *o*T : *n*T entre les deux dimensions de l'oïvode ; et
cela parce que le point *a* du commencement de l'anneau
intérieur n'est pas au fond *o* du sillon, mais au point *a* du
versant où est projetée l'extrémité *r* du versant *bo* du côté
du spectateur. L'espace *t′* sépare ce point *o* du fond du sillon, et il laisse pénétrer les rayons qui viennent des étoiles.

Nombre des anneaux. L'anneau intérieur est produit
de la distance *ac* du versant du sillon au sommet A ; il ne laisse
pas pénétrer les rayons de la part des étoiles ; cela n'est pas
le cas pour la distance *ee′* de la largeur de l'anneau extérieur qui n'est pas toujours présente au devant du télescope ;
mais les rayons des étoiles pénètrent quand le sommet A est
au devant du télescope, et cela ne se reproduit pas aux
mêmes distances du centre. Pour cette raison on est d'accord pour la subdivision de l'anneau extérieur, mais les intervalles sont inconstants.

Plans des anneaux. Il est prouvé ici que c'est le plan
du versant visible qui fait paraître l'anneau extérieur ainsi
que l'anneau inférieur ; cette obliquité des anneaux relativement au plan équatorial est constatée par les espaces *t*, *t′*
qui séparent les anneaux entre eux et de la planète ; car ces
espaces sont dans la direction équatoriale et paraissent être
entre les plans différents des deux anneaux.

Ombre des anneaux et leur largeur sur la planète.
En admettant le plan des anneaux coïncidant avec celui de
l'équateur, la largeur du grand anneau en T*i* sur la planète n'est qu'à peu près la moitié de celle *d′ e′* prise au dehors du disque apparent. Ce manque de largeur en T*i* de
l'anneau se présente à la fois et dans sa face claire, et dans
sa face ombragée.

Explication. La largeur en question est la partie T*i* ou T*i′*

du milieu du versant du sillon visible : 1° cette partie se présente claire quand la Terre et le Soleil sont du même côté du plan de l'équateur; 2° elle paraît sombre quand la Terre est d'un côté du plan de l'équateur et le Soleil de l'autre.

Résumé. Si dès l'origine de la découverte des anneaux de Saturne, on eût donné cette explication des faits produits de l'illusion optique qui provient de la forme de la planète entourée, non pas des anneaux soulevés, mais d'un large sillon, il ne se serait certainement trouvé personne qui eût essayé de donner une explication pareille à celle d'aujourd'hui, basée sur de pures hypothèses incapables d'expliquer les faits observés.

Mais les hypothèses ont été admises dès le commencement, les faits produits de l'illusion optique ont été considérés comme réels, et ils ont servi à établir des systèmes qui ont fait l'objet de volumineux ouvrages; les auteurs de ces ouvrages existent, et ils ne verraient pas volontiers s'écrouler leurs systèmes basés sur des faits produits, non par une existence réelle des objets, mais par une illusion optique.

Les lecteurs, qui ne sont pas encore devenus des astronomes renommés par leurs ouvrages, ne doivent pas s'étonner quand ils voient ceux qui professent l'Astronomie garder le silence et ne rien trouver à dire contre une vérité aussi éclatante, et cependant ces personnes hésitent encore à rejeter les préjugés et les fausses hypothèses. Dans l'avenir il n'y aura plus d'*auteurs*, car ce nom adopté pour indiquer les compositeurs des systèmes, ne convient pas aux personnes qui n'ont d'autre occupation que l'arrangement de faits observés pour en obtenir des séries où ces faits sont liés entre eux par la loi physique comme causes et comme effets.

Les personnes qui font augmenter le nombre de faits sont nommés *expérimentateurs*, et ceux qui arrangent ces faits de la manière indiquée ne sont que des *interprétateurs* ou des *exégètes*.

La seule loi physique qui préside à l'arrangement des

faits cosmiques a été découverte dans la liaison de ces mêmes faits entre eux comme causes et effets, et cette loi ne permet aucun autre arrangement, d'où il suit que chaque expérimentateur, suivant la même voie, aboutit au même résultat; de même les interprétateurs, ou ceux qui arrangent ces faits en séries, ne peuvent suivre qu'un seul ordre, c'est-à-dire descendre continuellement de la cause aux effets toujours liés entre eux par une loi physique invariable.

REMARQUE

SUR LA DIMINUTION DE L'ABERRATION DE SPHÉRICITÉ.

L'aberration en longueur augmente beaucoup par les rayons voisins de l'axe; ici ces rayons sont supprimés par un petit cercle autour du centre de la lentille ronde opaque et cela seulement 1° à l'objectif des télescopes qui est toujours une lentille plan-convexe, et 2° à celui des microscopes positifs qui est un ménisque convergent.

TROISIÈME PARTIE.

PHOTOCHIMIE, PHOTOGRAPHIE ET CHROMATOCHIMIE.

———◆———

NOTIONS PRÉLIMINAIRES SUR LES CORPS ODORANTS OU OZONÉS.

Les faits produits de l'électricité ont dû se multiplier beaucoup avant que pût devenir sensible la nécessité de leur séparation qui donna naissance à l'*électrochimie*. Depuis la découverte de la photographie, les faits chimiques produits par la lumière se sont multipliés très-rapidement, et c'est ainsi qu'est devenue sensible la nécessité de leur séparation dont est provenue la *photochimie*. On a ensuite séparé les faits chimiques produits de la chaleur qui ont donné naissance à la *thermochimie*.

Les *faits chimiques* de toutes espèces ne sont que des déplacements des éléments matériels des corps qui n'apparaissent pas spontanément parce que ces éléments se trouvent en équilibre entre eux et avec les éléments impondérables : donc pour qu'un déplacement des éléments matériels commence, il faut d'abord que l'équilibre soit détruit. Cette destruction est toujours occasionnée par les éléments impondérables qui sont l'électricité, la chaleur ou la lumière ; pour cette raison, les faits chimiques sont distingués suivant ces trois espèces de fluides, dont l'écoulement donne nais-

44

sance à la destruction de l'équilibre et au déplacement des équivalents matériels.

Ces écoulements d'électricité, de lumière et de chaleur ne peuvent, nous l'avons dit, apparaître spontanément ; car une destruction d'équilibre est nécessaire pour eux comme pour ceux des fluides pondérables. Les corps solides et les corps liquides ne peuvent occuper qu'un espace *e* limité, et pour en occuper un autre, ils doivent manquer du précédent qui reste vide. Les gaz et les fluides impondérables, au contraire, sans cesser d'occuper le premier espace *e'*, se dilatent et augmentent de volume : le même nombre *n* d'atomes occupe un espace *ne'* indéfiniment plus grand ; et cette expansion du volume des atomes n'est occasionnée que par la diminution de la résistance.

Cette augmentation du volume des atomes des gaz, de lumière et de chaleur est attribuée à une cause nommée *élasticité* ; ainsi celle-ci n'est que le mouvement indéfini qui se trouve supprimé quand il y a une résistance, et pour son apparition, une cause motrice n'est pas nécessaire, comme pour les liquides et les solides, mais il suffit d'une diminution de la résistance R qui ne produit l'équilibre apparent que par une interruption et un empêchement de l'augmentation du volume des atomes des gaz ou des fluides impondérables.

Différence entre les corps solides, liquides et gazeux. Les atomes des corps ne diffèrent de ceux des fluides impondérables que par les éléments β de barogène, qui manquent dans les fluides impondérables. Le même barogène B composé des mêmes éléments β de barogène contenu dans les corps, afflue de la part de l'espace *céleste* vers l'espace *pénètre*, et ainsi sont produits les deux états différents des corps en rapport des volumes.

1. Dans les corps solides et liquides le barogène β des éléments matériels éprouve de la part du son homonyme B affluant une pression *p* supérieure à la répulsion *r* exercée

sur le même barogène β de la part des équivalents électriques $\bar{E}$, $\bar{E}$ contenus dans les mêmes atomes matériels. Ainsi ces atomes sont maintenus en état d'équilibre dans un espace limité : qui ne peut 1° ni augmenter sans un accroissement de la répulsion $r + r'$ ou une diminution de la pression $p - p'$; 2° ni diminuer sans une diminution de la répulsion $r - r'$ ou une augmentation de la pression $p + p'$.

II. Au contraire, dans les atomes matériels des gaz, le barogène β éprouve de la part de son homonyme B affluant une pression p inférieure à la répulsion r exercée sur le même barogène β de la part des équivalents électriques $\bar{E}$, $\bar{E}$ contenus dans les mêmes atomes matériels. Ce sont ces équivalents électriques qui constituent les atomes de lumière $\varphi = \bar{E}^2\bar{E}$ et de chaleur $\theta = \bar{E}\bar{E}^2$; pour cette raison, en même temps que l'élévation de la température, augmente dans les atomes des gaz la répulsion r contre leur barogène β, tandis que la pression p reste la même, et c'est ainsi qu'augmente le volume.

Les deux électricités, la lumière et la chaleur produisent trois espèces de destruction d'équilibre chez les éléments matériels dont proviennent les faits *électrochimiques*, *photochimiques*, *thermochimiques*. Chacun des fluides a produit un organe de sensation qui lui correspond, de sorte que les mêmes espèces de fluides s'écoulent dans la production des faits chimiques et dans la production des sensations qui sont les faits *physiologiques*, et c'est ainsi qu'il y a un rapport réel entre celles-ci et les faits chimiques observés.

I. — RAPPORTS ENTRE LES ORGANES DE SENSATION ET LES FLUIDES.

Les trois organes de sensation sont doubles : l'organe de l'ouïe, celui de la vision et celui de l'odorat ; l'organe du goût est limité dans la langue ; celui de la température est répandu à la surface du corps, et celui de la pesanteur est dans les filaments des muscles.

Les trois organes doubles ont été produits des ondes émanées d'un point où se trouva un corps sonore, un corps lumineux ou un corps odorant. L'organe du goût a été produit de l'écoulement de l'électricité du contact, écoulement toujours déterminé des équivalents électriques positifs $\breve{E}$ qui prédominent dans les atomes $\varphi = \breve{E}^2\bar{E}$ de lumière. L'organe de la température n'est pas le même que celui du tact, car il est possible de sentir la température sans avoir besoin du tact. La confusion provient de ce que nous ne pouvons pas sentir le tact sans sentir en même temps la température.

L'organe de l'odorat produit par les ondes d'équivalents négatifs $\bar{E}$, a un rapport avec les atomes de chaleur $\theta = \bar{E}\breve{E}^2$ dans lesquels prédominent les mêmes équivalents.

Les ondes sonores consistent en vibrations communiquées des cordes à l'air ambiant, si les cordes vibrent dans le vide, il n'y a pas production d'ondes sonores; celles-ci sont encore à peine sensibles quand l'air ambiant est très-raréfié, de sorte que l'intensité des sons croît à proportion de la densité de l'air ambiant. Mais un courant d'air fort en direction opposée à celle de la propagation des ondes sonores est en état de supprimer cette propagation et d'étouffer les sons comme le fait le vide.

La même série de faits a lieu dans la propagation des ondes des équivalents négatifs $\bar{E}$ de la part des corps odorants. Ces corps ont un excédant d'équivalents négatifs $\breve{E}$ qui, en se repoussant mutuellement, produisent entre eux des vibrations qui se communiquent à leurs homonymes contenus dans les atomes ambiants $\theta = \breve{E}\bar{E}^2$ de chaleur; et propagées arrivent à l'organe de l'odorat pour y produire une sensation correspondante aux longueurs l', l'',...l''' des intervalles qui séparent les ondes de chaque odeur, précisément comme les sensations de l'ouïe correspondent aux longueurs L', L'',... L''' des intervalles des ondes sonores, et les longueurs λ', λ''... λ^{vn} des intervalles des ondes des atomes chromatiques χ', χ''... χ^{vn} correspondant aux couleurs des corps dont sont produites les sensations.

En faisant diminuer la densité des atomes θ de chaleur, il se produit une diminution de l'intensité des ondes d'équivalents négatifs, et c'est ainsi que les sensations s'affaiblissent et disparaissent à une basse température. Mais la disparition des odeurs se manifeste également à une température élevée, même dans les cas où les corps odorants n'éprouvent aucune destruction chimique. En ce cas se sont les atomes θ de chaleur qui suppriment la propagation des ondes des équivalents négatifs $\bar{E}$, car ils s'écoulent en direction opposée, précisément comme le courant opposé d'air empêche la propagation des ondes sonores.

Les physiciens partisans du système des ondulations liront avec satisfaction cette découverte, car elle correspond exactement à l'hypothèse de l'existence d'un fluide imaginaire nommé *éther*; ce fluide est ici la chaleur, qui est le milieu pour la propagation des ondes des odeurs, précisément comme l'air l'est pour les ondes sonores ; comme c'est de celles-ci qu'est déterminé l'état du corps vibrant au moyen de l'organe de l'ouïe, de même, au moyen de l'organe de l'odorat, sont déterminés les états différents des corps qui contiennent en excédant les équivalents $\bar{E}$ électriques négatifs. Plusieurs séries de faits vont servir à mettre mieux cette découverte en lumière.

II. — OZONISATION ET DÉSOZONISATION DE L'OXYGÈNE ET DU PHOSPHORE.

Quand pour la première fois l'odeur a été remarquée dans l'atmosphère parcourue par de longues étincelles électriques, Schoenbein a admis un changement matériel dans les atomes de l'azote, et la substance ainsi produite a été appelée *ozone* (ὄζον, participe de ὄζω, signifie chose odorante). Il a été ensuite prouvé qu'une substance pareille n'existe pas, mais que c'est un fluide électrique qui produit l'odeur, et ainsi le mot *ozone* resta pour indiquer ce fluide. Il est constaté ici que ce fluide n'est ni plus ni moins que l'électricité négative ou résineuse en excès dans les corps; donc, le mot *ozone* indique, non pas simplement l'électricité négative ou les équivalents Ē dont elle consiste, mais des équivalents *en excès* dans les corps.

L'*ozonisation* est analogue à l'oxydation, et à la désoxydation correspond la *désozonisation*. L'oxydation est une augmentation des équivalents Ē positifs dans les éléments des corps, et l'*ozonisation* est également une augmentation des équivalents négatifs Ē dans les éléments primitifs des corps. Au contraire, l'éloignement des équivalents positifs Ē des éléments des corps est la désoxydation; et la *désozonisation* est l'éloignement des équivalents négatifs Ē. On savait que par l'oxydation les corps prennent une saveur aigre; mais on ignorait que par l'ozonisation les corps deviennent odorants.

Ozonisation de l'oxygène par le phosphore. L'oxygène ŌĒ à l'état naturel est un combiné *somatoélectrique*, parce qu'il consiste en un élément matériel négatif Ō et en un élément électrique positif Ē. Cet état neutre change et l'oxygène acquiert une odeur quand il vient en contact avec le phosphore humide. Pendant cette ozonisation de l'oxygène, il apparaît une lueur autour du phosphore humide. L'ozonisation de l'oxygène et la lueur sont deux faits constants et inséparables liés entre eux comme cause et effet ou comme deux effets de la même cause; en même temps il ne se manifeste pas le moindre changement dans le poids ou la qualité du phosphore. Celui-ci ne sert qu'à repousser par ses équivalents Ē⁸ leurs homonymes de la chaleur ambiante et à les faire se combiner avec l'oxygène de la manière suivante :

$$4\Phi + 6O = 4\bar{E}\bar{E}^2 + 6\bar{O}\bar{E} = 2\hat{E}^8\bar{E} + 6\bar{O}\bar{E}\bar{E} = 2\varphi + \text{oxygène ozoné.}$$

La lumière $\varphi^2 = 2\bar{E}^2\bar{E}$ se répand et l'oxygène ozoné ÖÊÊ repousse par ses équivalents négatifs Ê leurs homonymes des atomes ÊÊ² de chaleur. 1° De cette répulsion arrivée à l'organe de l'odorat est produite la sensation d'une odeur piquante analogue à celle obtenue du chlore, de l'iode, du brome, car ces corps consistent également en un équivalent positif Ê et en deux équivalents négatifs, mais de ceux-ci sont tous les deux matériels et pour cela inséparables. 2° Les propriétés chimiques de ces trois métalloïdes ne diffèrent pas de celles de l'oxygène ozoné. 3° Pour enlever l'odeur de l'oxygène il ne faut que le désozoner en éloignant l'équivalent négatif, ce qui s'opère par le contact avec le charbon, l'acide azoteux, ou à une température élevée, etc. Cet objet a été expliqué en détail dans l'*Électrostatique*, page 373.

Désozonisation du phosphore par la lumière. Quand le phosphore perd ses équivalents négatifs contenus en excès, son odeur disparaît, alors il n'est plus en état de communiquer une ozonisation à l'oxygène ni de produire une lueur ; son poids cependant n'éprouve en même temps aucun changement. De chaque atome de phosphore se séparent trois équivalents Ê³ négatifs, et cela au moyen d'un atome $\varphi = \bar{E}^2\bar{E}$ de lumière dans le vide ou dans les gaz, surtout dans l'acide carbonique qui favorise seulement la séparation des équivalents négatifs Ê sans éprouver en même temps d'altération, car d'un atome Ê²Ê de lumière et des trois équivalents négatifs Ê³ sont produits exactement deux atomes de chaleur

$$\bar{E}^2\bar{E} + \bar{E}^3 = 2\bar{E}\bar{E}^2 = 2\vartheta.$$

Le phosphore désozoné, devenu parfaitement différent du phosphore naturel, était considéré dans le principe comme un oxyde Ph^2O, mais par des expériences très-exactes on a pu se convaincre que le phosphore désozoné contient les mêmes éléments matériels que le phosphore naturel ; il acquiert même cet état naturel à une température de 230° environ ; mais alors, pour éviter l'inflammation, il faut qu'il soit chauffé dans le vide ou dans un gaz inerte.

Les propriétés du phosphore naturel diffèrent de celle du phosphore ozoné, dont une partie sont les suivantes :

Phosphore naturel.	Phosphore désozoné.
1° Incolore.	Rouge écarlate.
2° Cristallisable.	Amorphe.
3° Densité de 1,82 à 1,84.	Densité = 2.
4° Chaleur spécifique = 0,1887.	Chaleur spécifique = 0,1658.
5° Très-soluble dans le sulfure de carbone, dans les huiles grasses et volatiles.	Insoluble dans le sulfure de carbone, les huiles essentielles et les huiles grasses.
6° Phosphorescent.	Non phosphorescent.
7° Inflammable vers 60°.	Inflammable au-dessus de 250°.
8° Bout à 290°.	Chauffé vers 240° dans le vide ou dans le gaz inerte, repasse à l'état de phosphore naturel.
9° Se combine avec le soufre vers la température de fusion de ce corps avec explosion.	Se combine avec le soufre à 230°.
10° Odeur particulière.	Inodore.
11° Très-délétère.	Non délétère.

Explication. Rien n'est plus instructif que la production d'un si grand nombre de propriétés contraires produites chez les mêmes éléments matériels par le seul éloignement d'un nombre médiocre d'équivalents électriques négatifs. Toutes ces propriétés sont produites suivant une loi physique invariable ; donc en connaissant cette loi et la séparation des équivalents négatifs, toutes ces espèces de changements deviennent déjà déterminés *à priori*. Ainsi il ne reste qu'à contrôler les résultats déduits 1° de la séparation des équivalents $\bar{E}$, et 2° de la loi physique en les comparant à ceux qui ont été obtenus des observations directes; ainsi nulle part ne se présente le besoin d'hypothèses, de raisonnements ou de théories.

1° La couleur rouge qui apparaît avec l'état amorphe après la désozonisation du phosphore, correspond au déplacement des éléments matériels de l'atome double de phosphore $Ph^3 = C^9H^{15}$. Ces éléments, disposés en cet état avec les équivalents négatifs $\bar{E}^3$, produisent des cristaux incolores. L'éloignement des équivalents négatifs occasionne entre les mêmes éléments un arrangement différent qui est $C^9H^{10}C^4H^5$, où est détruite la construction cristalline et où est produit l'arrangement chromatique $2:1 =$ rouge.

2° La cristallisation du phosphore ayant été produite dans la présence des équivalents négatifs $\bar{E}^3$, quand ceux-ci sont éloignés elle ne peut plus se maintenir.

3° Les éléments matériels se trouvent à l'état d'équilibre entre la répulsion r qu'ils éprouvent de la part des éléments impondérables du corps, et la pression p invariable qu'ils éprouvent en même temps de la part du barogène affluant. Donc la répulsion r devient inférieure $r - r'$ après l'éloignement des équivalents négatifs $\bar{E}^3$, tandis que la pression p reste la même, et c'est ainsi qu'il se produit une augmentation de densité.

4° Pour élever la température d'un corps jusqu'à un certain degré, il faut que la chaleur introduite surmonte la résistance R qu'exercent les atomes de chaleur et les éléments négatifs $\bar{E}^3$ contenus dans les corps à l'état spécifique. Cette répulsion R est grande de la part du phosphore naturel, et pour qu'elle soit surmontée par les atomes θ de chaleur introduits, il faut une pression P obtenue d'une densité D de ces atomes. Après l'éloignement des équivalents négatifs $\bar{E}^3$, la résistance diminue et devient $R - R'$, et ainsi, pour être surmontée, il faut une pression inférieure $P - P'$ obtenue d'une densité inférieure $D - D'$ d'atomes θ de chaleur. Ainsi les équivalents négatifs $\bar{E}$ éloignés font en même temps augmenter la densité et diminuer la chaleur spécifique du phosphore désozoné.

5° La dissolution d'un corps dans un autre a pour cause la pénétration des éléments impondérables de l'un dans ceux de l'autre, et cela n'a lieu qu'entre les éléments homonymes qui produisent ainsi un équilibre entre eux.

L'odeur pénétrante du sulfure de carbone C^2S^4 sert à constater l'existence des équivalents négatifs, comme cela a lieu pour le phosphore. Donc ce sont ces équivalents qui se mêlent et produisent un équilibre entre eux.

Dans le phosphore désozoné, une pénétration pareille ne peut pas avoir lieu, parce qu'il ne possède pas des équivalents négatifs en excès. Le même effet a lieu pour les huiles essentielles et les huiles grasses qui contiennent des équivalents négatifs $\bar{E}$, et pour cela se mêlent avec le phosphore naturel, dans lequel sont contenus les mêmes équivalents; tandis que ces équivalents éloignés laissent les éléments matériels dans un état qui ne leur permet plus de se mêler.

6° L'oxygène $O\bar{E}$ reste en contact avec le phosphore désozoné sans produire de lueur et sans en acquérir d'ozonisation, et cela a toujours lieu, à cause de l'absence d'équivalents négatifs $\bar{E}$ qui occasionnent la *décomposition* des atomes ambiants de chaleur ϑ; pour cette raison la lueur et l'ozonisation de l'oxygène augmentent avec l'élévation de la température et disparaissent à une température très-basse.

7° L'inflammation commence quand commence la combinaison des équivalents positifs $\check{E}$ de l'oxygène ambiant avec les équivalents négatifs $\bar{E}$ séparés du phosphore, inflammation qui a lieu à une température de 60°; mais le phosphore désozoné doit d'abord reprendre ses équivalents négatifs $\bar{E}$ pour être ramené à son état naturel.

8° Pour reprendre son état naturel, le phosphore désozoné doit reprendre ses équivalents négatifs $\bar{E}^3$, et cela n'est possible qu'à une température de 260°; mais alors, pour éviter la combustion, il faut que le phosphore désozoné se trouve dans le vide ou dans un gaz inerte. En ce cas, il se décompose deux atomes de chaleur $2\check{E}\bar{E}^3$ dont il est produit un atome de lumière $\varphi = \bar{E}^2\check{E}$ qui s'éloigne et dont les trois équivalents négatifs $\bar{E}^3$ se combinent avec les

éléments matériels d'un atome Ph de phosphore qui acquiert ainsi l'état ozoné.

9° La combinaison du soufre avec le phosphore s'opère
par la pénétration simple des équivalents négatifs de l'un
des corps dans l'espace occupé par l'autre pour rétablir
l'équilibre; nous prouverons plus bas pourquoi une combustion se manifeste quand un métal brûlant est introduit
dans les vapeurs du soufre.

10° L'odeur des corps n'est que le résultat des répulsions
opérées parmi les équivalents négatifs en excès dans les
corps et propagées dans toutes les directions par leurs homonymes contenus dans les atomes $\bar{E}\bar{E}^2$ de chaleur ambiants,
précisément comme sont propagées par l'air les ondes sonores des corps vibrants; comme ces ondes s'interrompent
avec la vibration des corps, de même les odeurs disparaissent des corps avec l'éloignement de l'excédant de leurs
équivalents négatifs.

11° Le phosphore désozoné ne livre passage à la température ordinaire ni au soufre ni au sulfure de carbone,
et cela à cause de l'absence d'excédant dans ses équivalents négatifs $\bar{E}$; car ceux-ci doivent en même temps
pénétrer dans le corps en contact. Il en est de même quand
le corps en contact est, par exemple, la paroi de l'estomac
ou une partie de son acide gastrique qui contiennent,
comme le soufre et le sulfure de carbone, des équivalents négatifs suffisants pour livrer passage à leurs homonymes $\bar{E}$
contenus dans le phosphore. L'effet délétère qui se produit
n'est qu'un fait chimique occasionné par les équivalents
négatifs $\bar{E}$ contenus dans le phosphore naturel. Ce fait chimique n'a pas lieu dans les cas où ces équivalents négatifs
$\bar{E}$ ont été préalablement éloignés du phosphore; ainsi le
phosphore désozoné reste en contact avec les parois de
l'estomac sans produire de fait chimique, comme cela a lieu
quand il est en contact avec le soufre.

Ce grand nombre de résultats obtenus de la seule séparation des équivalents négatifs $\bar{E}$ du phosphore va servir à mettre le lecteur en état de poursuivre les liaisons physiques entre les qualités des corps et leurs éléments électriques, alors que les éléments matériels n'éprouvent ni augmentation ni diminution.

Le phosphore, très-délétère, doit perdre ses équivalents négatifs $\bar{E}$ pour perdre cette propriété; au contraire, le soufre et le carbone, corps inactifs tous deux, doivent perdre une quantité de chaleur et de lumière pour produire le sulfure de carbone, corps très-délétère et ozoné comme le phosphore. Les faits suivants vont servir d'exemples au moyen desquels le lecteur pourra suivre l'arrangement de leurs éléments dans tous les cas sous quelque forme qu'ils se présentent. En même temps ressortira avec évidence l'impossibilité d'isoler une science de l'autre; ainsi les personnes qui s'occupent des expériences sont toujours et avant tout des *inventeurs ;* ils sont aussi des *savants,* parce qu'ils savent un nombre N de faits; ce nombre N diffère peu chez chacun en particulier, mais cela n'a pas lieu pour les espèces de faits connus des chimistes, physiciens, physiologistes, médecins, astronomes, etc. Ici, c'est de la production de chaque espèce de faits qu'on apprend la loi physique toujours invariable.

III. — FERMENTATION, SA CAUSE ET SES PRODUITS.

Cet objet a continuellement occupé tous les chimistes, parce que les faits observés sont très-clairs sans être cependant susceptibles d'aucune explication basée sur les hypothèses adoptées généralement. En effet, le même corps venant en simple contact avec des corps différents, acquiert des propriétés très-différentes, et cela souvent sans éprouver aucun changement dans ses éléments matériels.

Ces faits, ainsi qu'une foule d'autres, ont conduit les chimistes à ne plus considérer les atomes ou les éléments matériels comme des molécules inertes et inactives; mais on y admet un état électrique, une chaleur latente et même un pouvoir réfringent pour les rayons de la lumière. Toutefois on n'a jusqu'à présent ni déterminé ni constaté l'état de ces éléments impondérables. Les anciens avaient prononcé le mot *vent* et entendaient par là quelque chose qui produit une foule de faits bien connus : c'est ce que font encore aujourd'hui les chimistes et les physiciens avec les mots d'*électricité*, de *chaleur*, de *lumière*. En effet, ils entendent par là des fluides qui produisent des faits positifs, mais ils ne sont pas en état de prouver quels sont les éléments de ces fluides, en quoi ils diffèrent et comment ils agissent sur les corps: de même que les anciens ne savaient pas en quoi consiste la différence entre les gaz, et comment ils agissent sur les corps solides ou liquides.

La fermentation va être traitée en détail dans la Chimie, mais comme les faits produits de la lumière sont également du ressort de cette science, il est nécessaire de connaître cette action singulière qui se manifeste, dans toutes les substances organisées, de manières très-différentes. Par exemple, le jus du raisin ou le sirop du sucre nommé *glucose* sont constitués des mêmes éléments matériels; et cependant si ce même glucose, divisé en trois parties égales, est mis séparément en contact : 1° la première *a* avec l'air, 2° la seconde *b* avec la caséine fraîche, et 3° la troisième *c* avec la même caséine, mais arrivée à l'état de putréfaction, chacune de ces parties développe une fermentation propre dont les produits sont respectivement, 1° l'alcool, 2° l'acide lactique, 3° l'acide butyrique. Ces fermentations sont engendrées suivant la loi physique de la manière suivante.

Chaque produit végétal est composé d'éléments pondérables et impondérables disposés de manière à produire entre eux un équilibre qui se manifeste par un état de repos. Ce n'est pas par une poussée de la part des éléments matériels que l'équilibre matériel est détruit : cette destruction résulte des écoulements d'électricité ou de chaleur qui ne font jamais défaut dans les substances végétales et animales.

Dès que deux corps C et C' comme le glucose et la levûre, viennent en contact au point *p*, ce point, commun aux deux corps, ne peut pas avoir comme ces corps deux états électriques différents ; il est nécessairement moins positif que le corps C et moins négatif que le corps C', et il a moins de chaleur que le corps C' et plus de chaleur latente ou spécifique que le corps C. Donc il y a une destruction d'équilibre entre le point *p* de contact et les éléments ambiants de la levûre comme du glucose ; ces éléments impondérables éprouvent ainsi un déplacement qui provoque entre les éléments plus éloignés une destruction d'équilibre, laquelle se propage jusqu'aux extrémités de la masse totale du glucose.

1° Pour que soit possible cette propagation de la destruction d'équilibre opérée par les équivalents électriques négatifs et les éléments matériels, il faut nécessairement une température de quelques degrés au-dessus de zéro, et en même temps un état liquide ou demi-liquide du corps en fermentation. Une température au-dessous de zéro rend immobiles les éléments matériels et très-faible la propagation de la destruction de l'équilibre entre les équivalents négatifs $\bar{E}$. Une température élevée produit, chez le corps, écoulement d'atomes de chaleur qui empêchent les éléments matériels d'obéir désormais aux écoulements des équivalents négatifs entretenus par la destruction de l'équilibre ou la fermentation ; alors celle-ci se trouve arrêtée, comme cela a lieu à une basse température. Le lait peut être protégé contre la fermentation s'il est porté chaque jour pendant quelques moments à une température de 100°.

2° Comme l'écoulement des atomes θ de chaleur par le milieu de la masse en interrompt la fermentation, de tels écoulements d'équivalents électriques $\bar{E}$ positifs ou $\bar{E}$ négatifs en densité supérieure produisent le même effet. Pour cela il suffit de

mettre la masse en fermentation en contact avec un corps
d'équivalents électriques denses positifs Ē, comme ils sont
dans les acides, tels que l'acide oxalique, l'acide sulfurique, l'acide arsénieux.... ou négatifs Ē, comme ils sont
dans les alcalis et les alcaloïdes, tels que la quinine, la ni-
cotine, la strychnine, etc. Les corps pareils introduits dans
l'estomac produisent des effets analogues quand ils viennent
en contact avec ses parois ou avec l'acide gastrique, et
cela toujours par leurs équivalents denses positifs Ē ou
négatifs Ē, comme cela a été démontré pour le phosphore ;
de sorte que les mêmes corps qui arrêtent la fermentation
sont toxiques. Au lieu de reconnaître dans les empoison-
nements un état de suppression de fermentation normale,
certains chimistes ont cru qu'il faut admettre dans la fermentation une production très-rapide d'individus organisés
invisibles, même aux plus grands grossissements microscopiques ; ces individus doivent être empoisonnés pour obtenir une interruption de la fermentation ; mais de telles
hypothèses ne prouvent pas la cause des changements chimiques que produit sur les corps la fermentation.

3° La levûre qui a produit la destruction d'équilibre
n'éprouve pas de changements ; ainsi elle ne produit plus
de nouvelles espèces de destruction d'équilibre ; pour cette
raison la fermentation a toujours une durée limitée, parce
que les éléments pondérables et impondérables, après avoir
obéi aux écoulements des équivalents électriques, se trouvent enfin ramenés à l'état d'équilibre ; c'est ainsi que finit
la fermentation et que le calme paraît dans toute la masse
qui n'est plus le glucose.

Substances végétales et glucose. Avant d'exposer
les séries des causes et effets qui ont lieu dans les fermentations des substances végétales et animales, il faut remonter à l'origine de ces substances qui se trouve dans les
atomes primitifs végétaux dont les éléments pondérables
et impondérables sont dans le rapport suivant :

$$C^{24}H^{24}O^{24} = C^{24}\bar{E}^{72}\varphi^{36}\overline{HO9}^{24} = \text{atome végétal.}$$

Un atome pareil avant son apparition se trouve à l'état de *chlorophylle*, qui est le *vert* des plantes et de leurs feuilles; dans ce vert n'existent pas les atomes φ de lumière, mais à leur place sont les atomes $O\bar{E}$ d'oxygène.

$$C^{24}\bar{E}^{72}\overline{O\bar{E}}^{36}\overline{HO9}^{24} = \text{chlorophylle.}$$

Les atomes de chlorophylle sont composés des éléments de l'eau qui est dans le sol, d'où elle est transférée par les courants électriques qui montent, pendant le jour, du sol froid par les racines vers la surface des plantes chauffée par le soleil et l'air. Il faut 72 atomes d'eau pour la formation d'un atome de chlorophylle.

$$72\,HO9 = \overline{HO9}^{18}H^{36}\bar{E}^{72}O^{24}\bar{E}^{36}\overline{HO9}^{24} = C^{24}\bar{E}^{72}O^{36}\bar{E}^{36}\overline{HO9}^{24} =$$
$$\text{chlorophylle.}$$

Le glucose, comme toutes les substances végétales à l'état primitif, est composée d'atomes végétaux dont les élément sont $C^{24}\bar{E}^{72}\varphi^{36}\overline{HO9}^{24}$; habituellement les calculs des chimistes sont opérés sur les demi-atomes $C^{12}\bar{E}^{36}\varphi^{18}\overline{HO9}^{12}$; pour rester d'accord avec eux et pour opérer sur des nombres moitié plus grands, on admet également ici, pour le glucose, l'atome composé d'éléments moitié aussi abondants

$$C^{12}\bar{E}^{36}\varphi^{18}\overline{HO9}^{12} = \text{glucose.}$$

Sans nous écarter de la loi physique, et partant de cet élément végétal, nous poursuivrons graduellement la production des corps opérée toujours par des séparations des éléments pondérables et des éléments impondérables. De sorte que tous les nouveaux corps sont des *restes* et non pas des combinés; pour cette raison il est impossible d'y trouver tous les éléments $C^{12}\bar{E}^{36}\varphi^{18}\overline{HO9}^{12}$ de l'atome végétal ou ceux du glucose.

I. Fermentation d'acide lactique. Le glucose et la caséine fraîche contiennent les équivalents électriques négatifs $\bar{E}$ en densités $d + d'$ et d différentes ; ces équivalents sont en équilibre dans chacun de ces deux corps tant qu'il n'existe entre eux aucun point p de contact ; mais cet état change dès que ces deux corps viennent en contact, de même que cela a lieu pour deux gaz g, g' qui restent invariables étant séparés, et arrivent en un équilibre détruit quand ils sont mis en communication ; les déplacements ne se terminent qu'après le rétablissement de l'équilibre entre les éléments de ces gaz.

La destruction de l'équilibre entre les éléments électriques de la levûre et le glucose provoque leur écoulement durant lequel sont entraînés les éléments pondérables. Deux des équivalents $\bar{E}$ négatifs en excès se combinent avec un équivalent positif $\bar{E}$ et produisent les atomes de chaleur $\bar{E}\bar{E}^2$ qui se séparent. De cette séparation d'une quantité supérieure d'équivalents négatifs $\bar{E}$ est produite une diminution de l'état électronégatif du glucose et une augmentation de son état électropositif. Donc sans qu'il s'opère aucun changement dans les éléments pondérables, leur état prend la nature d'un acide, et cela à cause d'une quantité $2q\bar{E}$ double d'équivalents négatifs et d'une quantité $q\bar{E}$ d'équivalents positifs. Quand cet éloignement des équivalents négatifs $2q\bar{E}$ et positifs $q\bar{E}$ a été opéré dans toute la masse du glucose, il se montre un calme qui est le résultat d'un équilibre entre les éléments pondérables, lesquels n'ont éprouvé ni diminution ni augmentation, et les éléments impondérables électriques dont les négatifs ont éprouvé une diminution deux fois plus grande que les positifs

$$C^{13}\bar{E}^{36}\varphi^{18}\overline{HO9}^{18} - 8\bar{E}\bar{E}^2 = C^6\bar{E}^{24}\varphi^{18}C^4\varphi^2\overline{HO9}^{18} = \text{acide lactique.}$$

Les éléments $8\bar{E}$ et $16\bar{E}$ des 8 atomes de chaleur ont été séparés des 4 atomes de carbone $C^4\varphi^6\ddot{E}^{12} = C^4\varphi^2 + 4\ddot{E}^2\ddot{E} + \ddot{E}^{12} = C^4\varphi^2$ qui restent et $8\ddot{E}\ddot{E}^2$ qui s'éloignent.

II. Fermentation d'acde butyrique. Pour occasionner cette espèce de fermentation, il ne faut que réduire la caséine à l'état ozoné, qui est obtenu spontanément par la putréfaction. Le glucose est le même que dans la fermentation précédente; mais en ce cas les équivalents négatifs $\ddot{E}$ sont en plus grand excès dans la caséine, de sorte que le degré de destruction d'équilibre est plus grand ; pour cette raison les écoulements des équivalents négatifs sont de densité supérieure et produisent non-seulement une séparation de chaleur, mais en même temps un éloignement d'acide carbonique et d'hydrogène : ce qui reste est de l'acide butyrique

$$C^{12}H^{12}O^{12} - 4CO^2 - 4H - 8\vartheta = C^{12}\ddot{E}^{30}\varphi^{18}\overline{HO\vartheta}^{12} - C^2\varphi O^4\ddot{E} -$$
$$4H\ddot{E} - 8\overset{+}{E}\overline{\ddot{E}}^2 = C^8\ddot{E}^{24}\varphi^{12}H\vartheta^6\overset{+}{H}^2\overset{+}{E}^4\overset{--}{OE\ddot{E}}.$$

I. Des quatre atomes d'eau $4HO\vartheta$ s'éloignent les quatre atomes d'hydrogène, tandis que restent quatre atomes d'oxygène ozoné $4HO\vartheta - 4H\ddot{E} = 4OE\ddot{E}$. II. Des huit autres atomes d'eau s'éloignent les huit atomes d'oxygène : 1° à l'état matériel les six $6\bar{O}$, et 2° les deux autres combinés avec deux équivalents positifs $2\bar{O}\ddot{E}$: $8HO\vartheta - 6\bar{O} - 2\bar{O}\ddot{E} = \overline{H\vartheta}^6 + H^2\ddot{E}^4$. III. Des quatre atomes de carbone se séparent les quatre atomes de lumière $\varphi^4 = 4\ddot{E}^2\ddot{E}$; ceux-ci avec les équivalents négatifs $12\ddot{E}$ se combinent et produisent huit atomes de chaleur $C^4\varphi^6\ddot{E}^{12} = C^4\varphi^2 + 4\ddot{E}^2\ddot{E} + 12\ddot{E} = C^4\varphi^2 + 8\ddot{E}\ddot{E}^2$.

L'état électropositif de l'acide butyrique est un résultat de l'éloignement des huit atomes de chaleur, comme cela a lieu pour l'acide lactique ; mais l'odeur propre et désagréable de ce corps est le résultat de ses deux espèces d'atomes ozonés qui sont les deux atomes d'hydrogène $2H\ddot{E}^2$ et les quatre atomes d'oxygène $4O\ddot{E}\ddot{E}$.

III. Fermentation alcoolique. Le jus de raisin, le sirop et beaucoup d'autres substances végétales composées

des mêmes éléments matériels $C^{12}H^{12}O^{12}$ sont appelées
glucose, quoiqu'elles aient entre elles des différences provenant de leurs éléments électriques qui, cependant, ne
sont pas capables de modifier la fermentation. Il suffit du
contact avec l'air pour occasionner une destruction d'équilibre dans les éléments du glucose. L'écoulement des
équivalents électriques négatifs $\bar{E}$ fait que de chaque atome
de glucose il se sépare 4 atomes d'acide carbonique
et 8 atomes de chaleur, sans aucune séparation d'hydrogène, comme dans la fermentation précédente ; le produit
de la fermentation alcoolique est l'alcool

$$C^{12}H^{12}O^{12} - C^4O^8 - \varphi^8 = C^{12}\bar{E}^{36}\varphi^{18}\overline{HO}\vartheta^{12} - C^4_{\varphi}\vartheta^3 O^8 \dot{\bar{E}}^3 - 8\ddot{\bar{E}}\bar{E}^2 =$$
$$C^8\bar{E}^{34}\varphi^{18}\overline{H}\vartheta^6 H^2\dot{\bar{E}}^4 HO\vartheta^2 = \text{alcool}.$$

1° Des 12 atomes de carbone $C^{12}\bar{E}^{36}\varphi^{18}$ s'éloignent les 4
$C^4_{\varphi}{}^6\bar{E}^{12} = C^4\varphi^2 + \varphi^4 + \bar{E}^{12}$ dont les équivalents négatifs $12\bar{E}$
se combinent avec ceux des 4 atomes de lumière et pro-
duisent 8 atomes de chaleur $\varphi^4 + 12\bar{E} = 4\ddot{\bar{E}}^2\bar{E} + 12\bar{E} = 8\ddot{\bar{E}}\bar{E}^2$.
2° Des 8 atomes d'eau se séparent 6 atomes d'oxygène
matériel $6\bar{O}$ et 2 autres combinés avec 2 équivalents po-
sitifs $2\ddot{E}$, $8HO\vartheta - 6\bar{O} - 2O\ddot{\bar{E}} = 6H\vartheta + 2H\ddot{\bar{E}}^2 = \overline{H}\vartheta^6 + H^2\bar{E}^4$;
ainsi la construction électrochimique de l'alcool est repré-
sentée par la formule

$$\text{alcool} = C^8\ddot{\overline{HO}}{}^6 H^2\bar{E}^4\overline{HO\vartheta}^4, \quad C^8 = C^8\bar{E}^{34}\varphi^{10}.$$

Jusqu'à présent cette formule était restée inconnue, ce
qui fait que les chimistes étaient hors d'état de suivre
l'ordre des changements opérés dans les éléments matériels
et pouvaient encore moins se rendre compte de l'origine de
la chaleur et de la cause des nouvelles propriétés qui apparaissent aux mêmes éléments matériels, dont a été produite
une quantité de chaleur qui peut même y rester, mais alors
son état diffère, car c'est une chaleur libre et non pas des
éléments électriques $12\bar{E}$ et des atomes de lumière $4\ddot{\bar{E}}^2\bar{E}$.

La série suivante contient les corps produits des éléments

de l'alcool dont quelques-uns restent séparés, tandis que les autres sont remplacés par leurs homonymes.

I. Substance végétale composée des atomes $C^{24}\overline{E}^{79}{}_{\varphi}{}^{36}\overline{HO9}^{24}$.

II. Glucose composé des atomes $C^{12}\overline{E}^{36}{}_{\varphi}{}^{18}\overline{HO9}^{12}$.

III. Atome d'alcool $C^{8}\overline{H9}^{6}H^{2}\overline{E}^{4}\overline{HO9}^{4} = C^{12}\overline{E}^{36}{}_{\varphi}{}^{18}\overline{HO9}^{12} - C^{4}{}_{\varphi}{}^{2}O^{8}\dot{E}^{2} - 8\dot{\overline{E}}\overline{E}^{2}$.

IV. Éther $C^{8}\overline{H9}^{6}H^{2}\overline{E}^{4}\overline{HO9}^{2} = C^{8}\overline{H9}^{6}H^{2}\overline{E}^{4}\overline{HO9}^{4} - \overline{HO9}^{2}$.

V. Gaz oléfiant $C^{8}\overline{H9}^{6}H^{2}\overline{E}^{4} = C^{8}\overline{H9}^{6}H^{2}\overline{E}^{4}\overline{HO9}^{4} - \overline{HO9}^{4}$.

VI. Aldéhyde $C^{8}\overline{H9}^{2}\overline{H9}O\dot{E}^{4}H^{2}\overline{E}^{4} = C^{8}\overline{H9}^{6}H^{2}\overline{E}\overline{HO9}^{4} + 4O\dot{E} - 4HO9$.

VII. Acide acétique $C^{8}\overline{H9O}\dot{E}^{6}H^{2}\overline{E}^{4}O^{2}\dot{E}^{2} = C^{8}\overline{H9}^{6}H^{2}\overline{E}^{4}\overline{HO9}^{4} + 8O\dot{E} - 4HO$.

VIII. Huile de gaz oléfiant $C^{8}\overline{H9}^{6}H^{2}Cl^{2}Cl^{2}\dot{E}^{2} = C^{8}\overline{H9}^{6}H^{2}\overline{E}^{4} + 4Cl\dot{E} - 2\dot{\overline{E}}\overline{E}^{2}$.

IX. Perchlorure de carbone $C^{8}\overline{Cl}\dot{E}^{6}Cl^{4}\dot{E}^{2} = C^{8}\overline{H9}^{6}H\overline{Cl}^{4}\overline{Cl}\dot{E}^{2} + 16Cl\dot{E} - 8HCl$.

Les éléments impondérables de chacun de ces combinés correspondent à leur qualité; leur odeur est constamment produite par l'excès des équivalents négatifs qui sont sous forme d'hydrogène ou d'oxygène ozoné $H\dot{E}^{2}$, $O\dot{\overline{E}}\overline{E}$; 1° dans le perchlorure de carbone, cet excédant d'atomes négatifs est dans l'atome $Cl^{4}\dot{E}^{2}$ où manque l'équivalent positif $\dot{E}^{2}$, et 2° dans $2\dot{H} + 2\dot{E}$ se trouvent 4 atomes positifs et 8 atomes négatifs $^{-4}Cl^{4}$.

Cet aperçu général sur les fermentations nous paraît, quant à présent, suffire pour que le lecteur puisse comprendre que les éléments pondérables et impondérables indiqués dans chaque corps ont une réalité positive, car ils ont été obtenus suivant la loi de la production de chaque corps et non pas suivant certaines hypothèses ou théories.

Si l'on ne connaît pas les éléments impondérables de

chaque corps, il est absolument impossible de concevoir le mode de la production de faits chimiques par la lumière; car celle-ci, en certains cas, se combine avec les métaux ou avec le carbone, et d'autres fois les atomes φ de lumière se décomposent et leurs équivalents positifs $\bar{E}$ servent à se combiner avec les équivalents négatifs $\bar{E}$ pour produire des atomes de chaleur qui s'éloignent.

Les produits obtenus de la carbonisation par distillation des substances végétales seront expliqués quand nous traiterons de la Chimie.

SECTION I.

PHOTOCHIMIE APPLIQUÉE A LA PRODUCTION DES MINERAIS PAR LA FERMENTATION
DES SUBSTANCES VÉGÉTALES.

Les éléments pondérables et impondérables sont, dans les substances végétales, disposés de manière à se trouver en équilibre. Le contact simple d'une substance végétale avec un corps suffit pour produire une destruction d'équilibre entre les éléments impondérables qui reçoivent par suite un écoulement qui amène le déplacement des éléments matériels; toute la masse devient ainsi agitée, et le calme ne reparaît qu'après le rétablissement entre les éléments pondérables et impondérables, d'un équilibre qui n'est possible qu'après la séparation de quelques éléments. Ceux qui restent forment alors un corps nouveau, parce que son atome réduit en équilibre contient un nombre inférieur d'éléments. Ce corps peut également subir, dans ses éléments, une nouvelle destruction d'équilibre par le contact d'un corps différent; et après avoir subi également une nouvelle fermentation, il donne naissance à un nouveau corps.

Le mode de la destruction d'équilibre de chaque substance végétale dépend du corps extérieur qui vient en contact, et comme le nombre de ces corps est très-grand, il devient possible d'obtenir une foule de corps différents de la même substance végétale.

Les substances végétales qui restent sur la surface des continents ou dans les lacs en contact avec l'air et l'humidité, soumises aux changements de températures diurnes et annuelles, éprouvent une fermentation séculaire. L'équilibre s'établit après l'éloignement d'éléments pondérables et impondérables; les corps ainsi produits sont les *minerais*. Ceux-ci diffèrent entre eux, non pas à cause de leur origine qui est pourtant l'équivalent végétal $C^{94}\bar{E}^{79}\varphi^{30}\overline{HO9}^{24}$, mais à cause des fermentations différentes qu'ont éprouvées ces atomes.

Parmi les corps obtenus ainsi de la fermentation des substances végétales, il n'en reste que très-peu qui conservent la forme des troncs et des branches ou des racines des arbres; en effet, exposés comme ils le sont à l'action des eaux pluviales ou fluviales : 1° les uns, brisés et pulvérisés, produisent le sable qui se dépose au fond des lacs et se condensent ensuite en masses amorphes qui forment les *grès*; 2° les autres sont dissous dans l'eau, et quand cette dissolution éprouve une vaporisation lente, les corps dissous se séparent par la cristallisation; celle-ci s'opère également dans les grandes masses d'eau quand il y a au fond de la mer un endroit échauffé par quelque volcan; car les courants thermoélectriques entraînent vers les endroits semblables les minerais dissous dans l'eau et les font se déposer à l'état cristallin, à la manière des dépôts galvanoplastiques.

Quand les dépôts de cette espèce acquièrent une certaine épaisseur, l'éloignement de la chaleur diminue, et la masse minérale, échauffée par les vapeurs et repoussée en même temps, se brise et laisse s'échapper les vapeurs et pénétrer l'eau dans le foyer par les mille crevasses. Les courants thermoélectriques, devenus ainsi plus forts, entraînent de nouvelles masses minérales vers le foyer, et ainsi les intervalles sont formés par des masses cristallisées d'une manière autre que les premières; les dépôts acquièrent ainsi une épaisseur considérable.

La diminution de l'éloignement de la chaleur, à cause de la grande épaisseur des dépôts cristallins, fait s'élever beaucoup la température dans le foyer; ainsi, 1° la couche minérale c inférieure se fond et devient liquide; 2° la couche c' du milieu devient demi-liquide, tandis que 3° la couche supérieure c'' n'éprouve qu'un commencement de fusion.

Quand s'est ainsi affaiblie la résistance de la part de la couche minérale solide c'' composée des cristaux, elle se brise et livre passage à la masse demi-liquide de la couche c' et à la masse liquide de la couche c'' qui éprouvent la répulsion immédiate des vapeurs brûlantes. Les fragments solides de la couche c'' se trouvent renversés autour de la crevasse, repoussés qu'ils sont de la masse demi-liquide qui devient à son tour solide quand elle arrive en contact avec l'eau. Alors elle éprouve également une foule de brisures qui livrent passage à la masse liquide de la couche inférieure c. Cette masse repoussée des vapeurs arrive à la plus haute élévation, en s'éloignant du foyer et s'approchant de la surface de la mer.

Ainsi des trois couches des masses cristallines déposées suivant la loi galvanoplastique autour d'un foyer composé de substances végétales, il se produit, au moyen de la chaleur, des *lithopyramides* dont, 1° la partie la plus élevée est formée par la masse de la couche inférieure c réduite en fusion complète; 2° la *zone* du milieu est formée par la masse de la couche c' du milieu qui a éprouvé une demi-fusion; 3° la zone qui entoure la partie inférieure de la lithopyramide est composée des gros fragments résultant de la brisure de la couche supérieure c'' qui s'est maintenue solide jusqu'au moment l'éruption.

Ainsi les atomes $C^{24}\overline{E}^{72}\varphi^{36}\overline{HO_2}^{24}$ de la substance végétale

ont été transformés 1° par la fermentation en silice amorphe;
2° celle-ci a été dissoute dans l'eau pluviale et dans l'eau
fluviale et est arrivée aux lacs ou aux mers; 3° puis entraînée par les courants thermoélectriques dirigés de l'eau
froide vers les parties chaudes volcaniques, comme cela a
lieu dans les dépôts galvanoplastiques, cette silice a produit
des couches c, c', c'' superposées, mais disposées sous forme
cristalline; 4° la masse cristalline de la couche inférieure c
réduite à l'état de fusion complète est arrivée ainsi à la
plus haute élévation et se trouve actuellement aux sommets des lithopyramides; elle s'appelle *basalte*; la masse
également cristalline de la couche c' du milieu éprouve
une demi-fusion; elle forme la zone qu'on voit autour de
chaque lithopyramide; cette masse minérale est appelée
granite, et *porphyre* est le nom qu'on donne aux fragments
renversés autour de la base de chaque lithopyramide.

Les *stalactites* sont produites habituellement par les carbonates de chaux dissous dans l'eau; celle-ci, s'écoulant
en couches très-minces, se vaporise et le sel cristallisé reste
déposé sur les couches produites de la même manière que
précédemment. Les dépôts de ce genre n'augmentent que
dans les cas ou de telles dissolutions sont amenées pendant
plusieurs siècles au-dessus des couches primitives. Les accumulations cristallines du sel gemme ont eu lieu dans
l'eau.

I. — ORIGINE DE LA CHALEUR TERRESTRE.

Toutes les observations faites dans les puits artésiens ont
servi à prouver que l'élévation de température n'est pas
égale avec les profondeurs; en plusieurs endroits la surface
de la Terre a une température de 30° à 40° et même davantage, tandis que l'eau du puits de Passy, à Paris,
n'accuse qu'une température de 20° quoiqu'elle arrive
d'une profondeur égale à celle dont provient l'eau du puits

de Grenelle dont la température est de 32° : telles sont les preuves qui indiquent que la chaleur terrestre n'est pas le résultat d'un dépôt de chaleur au milieu de la Terre, comme cela a lieu pour la lumière et la chaleur dont sont imbibées les vapeurs brûlantes contenues dans une enveloppe glaciale qui constitue la surface du Soleil.

Les astronomes, de leur côté, prouvent que si la chaleur consumée par la Terre produisait chez elle un abaissement de température, il aurait dû se manifester aussi, et nécessairement, une diminution dans le volume de cette planète, et par suite une augmentation de vitesse dans sa rotation ; et cependant on n'en a pas remarqué depuis vingt siècles. Il est ainsi prouvé que la chaleur terrestre n'est que l'effet d'une cause purement locale, et qui prend sa source dans les substances végétales, la chaleur consumée étant restituée par une autre égale produite par la fermentation d'une nouvelle masse végétale.

II. — GÉNÉALOGIE DES CORPS TERRESTRES PRODUITS DE L'EAU ET DE LA LUMIÈRE

Si des éléments de l'eau dont la Terre était composée au commencement et des éléments des rayons qui arrivent du Soleil sont produits les corps terrestres, il faut qu'il existe entre ceux-ci une liaison comme causes et effets suivant la loi physique ; de sorte qu'il est ainsi possible, en partant de l'état actuel de la Terre, de remonter jusqu'à son état primitif.

I. De l'eau $\overline{4HO^2}$ **et de la lumière** $\varphi = \overline{E}^2\overline{E}$, il se produit, à la surface des mers, la séparation d'un atome d'oxygène $O\overline{E}$ qui est remplacé dans le reste par un atome de lumière $\overline{4HO^2} - O\overline{E} + \varphi = \overline{\overline{HO^2}}^3\,\overline{HE^2}\varphi$. Ce reste est un atome double d'azote qui, mêlé avec l'atome d'oxygène $O\overline{E}$, est *l'air.*

II. **De l'eau** $72HO$ et **de la lumière**, φ^{36} il se produit, à la surface des plantes, la séparation des 36 atomes d'oxygène qui deviennent remplacés par 36 atomes de lumière, et on obtient de la sorte un reste qui est l'atome végétal $= 72HO9 - 36O\ddot{E} + 86\varphi = \overline{HO9H}^{3\,12}\ddot{E}^{12}\varphi^{72}\overline{HO9}^{24} = C^{24}\ddot{E}^{72}\varphi^{36}\overline{HO9}^{24}$; c'est de tels atomes que sont composées les substances végétales.

III. **Fermentations et leurs produits.** La première fermentation des substances végétales a été occasionnée par le contact avec l'air et l'eau, et la première espèce des corps minéraux c s'est ainsi produite : cette espèce de minerais c se trouve alors en contact avec la substance végétale produite plus tard, et une fermentation f' s'est ainsi produite en partie comme la précédente et en partie différente de celle-ci : donc il provint une nouvelle espèce de minerais c' ; ce corps c' avec le précédent c se trouvèrent réunis en certains endroits, séparés dans certains autres, quand ils produisirent la fermentation f'' chez les masses végétales postérieures ; ainsi ont été formés des nouveaux minerais différents des précédents, comme cela se trouve exposé en détail dans le texte de l'*Atlas cosmobiographique*. Les minerais suivants vont ici nous servir d'exemples.

Silice. Ce corps entre à la fois 1° dans la composition du basalte, du granit, du porphyre, considérés par les géologues comme constituant le squelette de la Terre, et 2° dans la masse d'alluvion produite dans les siècles les plus récents ; 3° on rencontre encore ce même corps dans les couches ou stratifications des terrains comprises entre les masses ignées et l'alluvion. On reconnaît ainsi qu'à toutes les époques la silice a été produite par la substance végétale, et cela à cause de la fermentation occasionnée par le contact de l'air et de l'eau qui n'ont jamais manqué. Au commencement même il n'y avait que ces deux corps qui se trouvassent en contact avec la substance végétale : aussi ne pouvait-il guère se produire d'autre corps que la silice qui constitue les masses ignées

$$C^{24}H^{24}O^{24} + 8O\ddot{E} - 8CO^2 = C^{16}H^{24}O^{16} = 8C^2H^2O^2 = 8SiO^2 = \text{silice.}$$

Chaque atome d'acide carbonique éloigné se trouve remplacé par un atome d'oxygène de l'air ambiant.

Sel gemme. Quand les masses végétales sont superposées de manière à former une couche épaisse pendant leur fermentation, l'air n'y pénètre pas, et alors n'a pas lieu la pénétration de l'oxygène de l'air dans la masse en fermentation; ainsi ne se séparent que quatre atomes d'acide carbonique; le reste obtenu en ce cas est le sel gemme :

$$C^{24}H^{24}O^{24} - 4CO^2 = C^{20}H^{24}O^{16} = 4C^5H^6OHC^2O^2 = 4NaOHCl = \text{sel gemme.}$$

Les montagnes où l'on rencontre ce minerai étaient primitivement d'immenses amas de troncs d'arbres dont quelques parties se conservèrent sans subir de fermentation; ces restes prouvent directement l'état primitif de ces montagnes de sel gemme.

Carbonate de chaux. Ce sel a été produit, comme la silice, à la suite d'une fermentation où la substance végétale était en contact avec l'air, mais où les dépôts des couches superposées s'opèrent par l'éloignement d'une moitié des atomes d'eau, chaque atome double de celle-ci étant remplacé par 1 atome d'oxygène de l'air :

$$C^{24}H^{24}O^{14} + 6O - 12HO = C^{24}H^{12}O^{16} = 6C^3H^2OCO^2 = 6CaCO^2 = \text{carbonate de chaux.}$$

Houillères. Les troncs d'arbres charriés par les courants d'eaux et accumulés descendaient au fond par suite de la pression qu'exerçaient ceux qui arrivaient ensuite et qui s'ajoutaient à la masse. Ces substances végétales, séparées ainsi de l'air et n'étant pas en contact avec l'eau, n'éprouvèrent aucune fermentation ; mais les atomes d'eau se séparèrent et s'éloignèrent, tandis qu'il ne resta que les atomes de charbon bien comprimés pour composer une masse homogène comme l'est celle des minerais

$$C^{24}H^{24}O^{24} - 24HO = C^{24} = \text{charbon de terre.}$$

Chaleur terrestre. Du contact des charbons avec l'eau ou des substances végétales résulte une action chimique qui se manifeste par une production de chaleur d'acide carbonique et de gaz des marais

$$C^4\varphi^8\bar{E}^{12} + 4HO\vartheta = C^2\varphi O^4\bar{E} + C^9\varphi^8\bar{E}^6H^4\bar{E}^6 + \bar{E}^3 + \bar{E}^6 + \vartheta^3 =$$
$$C^2O^4 + C^8H^4 + 6\vartheta.$$

L'acide carbonique et le gaz des marais sont dans les eaux minérales et dans les asphaltes ou le soufre des houilles ; la chaleur 6ϑ se répand dans les régions ambiantes comme chaleur terrestre.

Les lithopyramides ont leur cause physique dans les substances végétales déposées au milieu de la Terre pour occuper son centre et former ainsi le fond primitif de la mer ; on a pu voir dans le Texte de l'*Atlas cosmobiographique* comment l'épaisse couche végétale de la surface de la Terre a été déchirée et submergée pour aller occuper son centre.

III. — DIMINUTION DE L'EAU DANS LA TERRE ET AUGMENTATION DE LA MASSE SOLIDE.

L'épaisseur de la couche de l'alluvion est nulle sur les rochers des sommets des montagnes où n'existe naturellement aucune végétation ; elle se montre à la limite où celle-ci commence et croît vers les vallées et vers leur embouchure qui se termine toujours par un grand exhaussement du fond de la mer, qui a fait surgir des plaines de plusieurs lieues entre les côtes actuelles de la mer et les embouchures des vallées. Le fond de celles-ci est formé d'alluvion d'une épaisseur qui atteint une centaine de mètres et même davantage, surtout au devant des embouchures des vallées des grands fleuves.

L'alluvion est amenée par les eaux pluviales et fluviales qui l'enlèvent de la surface des continents et des roches souterraines d'où provient l'eau des sources. Les eaux troubles des fleuves charrient des masses considérables d'alluvion; mais ces particules minérales se rencontrent également dans l'eau même la plus claire; car dans les dix mille parties d'une eau fluviale très-claire, il y a encore en dissolution au moins trois parties de substances minérales qui restent au fond de la mer, parce que l'eau pluviale est pure et ne reporte pas en arrière les minerais arrivés à la mer avec l'eau fluviale.

Sur plusieurs côtes on voit des courants sous-marins miner les continents et précipiter dans la mer des masses considérables de terrains, comme cela s'opère, par exemple, sur les côtes de Norwége, du Pérou et ailleurs. Toutefois on ne remarque nulle part d'élévation du niveau, quoique l'exhaussement du fond s'opère continuellement. Donc un niveau invariable et un exhaussement du fond ne peuvent coexister que par une diminution de la profondeur ou de l'épaisseur de la couche d'eau dans toutes les mers. Dans la mer Caspienne on a pu constater non-seulement l'exhaussement du fond, mais aussi l'abaissement de niveau qui est cependant très-médiocre.

Après avoir ainsi constaté la diminution de l'épaisseur de la couche d'eau, se présente la question de savoir ce que deviennent les masses d'eau qui disparaissent et ce que sont devenues celles qui ont disparu dans les siècles précédents: ont-elles disparu de la Terre ou ont-elles servi à produire les minerais?

Dans le traité du *Déluge*, nous avons prouvé la cause physique de la séparation de l'atmosphère et d'une partie de l'eau avec elle; mais ensuite le poids de la Terre resta invariable, comme cela résulte évidemment des calculs astronomiques. Les géologues, de leur côté, prouvent également que la couche d'alluvion n'avait pas, il y a quarante ou cinquante siècles, une épaisseur égale comme aujourd'hui; on peut s'en convaincre en examinant les fondations des monuments archéologiques en Asie, en Afrique et en Europe.

Donc la diminution de l'épaisseur de la couche aquatique dans les mers correspond à l'augmentation de l'épaisseur de la couche d'alluvion des continents et du fond des mers. Il ne reste plus qu'à prouver comment se fait cette diminution d'eau et cette augmentation de la masse minérale dont se constitue l'alluvion : et cela par une combinaison de l'eau et de la lumière.

Parmi les corps solides, c'est, 1° la glace qui possède le plus faible indice de réfraction de lumière; 2° parmi les liquides, c'est l'eau, et 3° parmi les vapeurs, c'est encore celle de l'eau; ces propriétés, différentes entre les éléments de l'eau sous ses trois formes et tous les autres corps, conduisent à connaître l'existence d'une lumière spécifique dans tous les corps, excepté dans l'eau. Ainsi l'on reste convaincu que, dans les siècles précédents, quand les éléments de l'eau se trouvaient à l'état liquide, manquait la masse des atomes de lumière qui se trouvaient alors dans l'intérieur du Soleil.

La combinaison entre les éléments de l'eau et les atomes de lumière s'opère à la surface des plantes, où de chaque atome de chlorophylle $C^2\bar{E}^6\,\dot{O}^3\bar{E}^3\,\overline{HO?}^{2}$ s'éloignent pendant le jour les trois atomes d'oxygène $3O\bar{E}$ que remplacent trois atomes de lumière γ; des douze atomes pareils de chlorophylle est produit l'atome végétal $C^{24}\bar{E}^{72}\gamma^{36}\overline{HO?}^{24}$ qui constitue les substances végétales. A la suite d'une ou de plusieurs fermentations séculaires de ces substances, se sont produits les minerais, dont les moins anciens constituent la partie supérieure de la couche de l'alluvion.

En partant des substances végétales produites de l'eau et de la lumière, nous sommes arrivés aux minerais produits par la fermentation séculaire; de même, en partant des faits géologiques qui constatent une diminution de l'épaisseur de la couche d'eau dans les mers et une augmentation de l'épaisseur de la couche d'alluvion, nous sommes conduits à connaître dans les minerais une quantité d'atomes de lumière qui n'existent pas dans l'eau; par suite, quand les éléments des minerais étaient sous la forme de l'eau, les atomes de lumière étaient alors dans le Soleil.

IV. — ORIGINE DES CORPS INDÉCOMPOSABLES.

Mathématiquement parlant, il n'existe pas dans la Terre deux minerais composés exactement d'une manière identique, et cela à cause d'une foule d'anomalies qui se sont produites dans la fermentation des substances végétales dont ces corps ont été produits par le rétablissement de l'équilibre entre des éléments pondérables et impondérables qui n'éprouvent plus aucune destruction de la part de l'air ou des autres minerais.

Mais si les minerais ainsi produits viennent en contact, 1° avec des corps contenant en grande densité les équivalents électriques positifs $\bar{E}$ tels que les acides, ou 2° avec des corps dans lesquels se trouvent en densité supérieure les équivalents électriques négatifs $\bar{E}$, tels que les alcalis, le contact avec de pareils corps peut, dis-je, produire chez plusieurs minerais une destruction d'équilibre et une fermentation dont est obtenu un nouveau corps.

Les fermentations séculaires s'opèrent toutes à une température au-dessus de zéro, qui est celle dans laquelle végètent les plantes; ainsi les minerais n'éprouvent aucun changement à des températures pareilles, mais s'ils se trouvent à une température élevée, l'équilibre ne peut plus se conserver entre leurs éléments, car ceux-ci se trouvent repoussés des atomes de chaleur, et ainsi commence une nouvelle fermentation entretenue par les atomes denses de chaleur. Comme dans chaque fermentation, de même dans celle opérée à une température élevée, quelques éléments se séparent des minerais et le produit est un corps qui n'est plus susceptible d'aucune autre fermentation du même genre. Cette fermentation, opérée à des températures élevées, prit le nom de *pyrozymose* ($\pi\tilde{\upsilon}\rho$, feu; $\zeta\acute{\upsilon}\mu\omega\sigma\iota$, fermentation).

Le nombre des corps obtenus des minerais terrestres par la *pyrozymose* dépasse soixante. Nous ne possédons pas jusqu'à présent le moyen de soumettre ces corps aux autres espèces de fermentation pour en séparer une partie de leurs éléments. Cependant en mettant le fer en pyrozymose dans l'acide nitrique, on obtient une masse de carbure d'hydrogène, qui fait connaître que les acides, à des températures très-élevées, peuvent produire chez les métaux certaines fermentations dont les produits sont des carbures hydrogénés. Les chimistes admettent que le carbone se trouve combiné avec le fer; cependant il reste toujours quelque chose d'inexplicable, c'est la production du carbure d'hydrogène de la manière indiquée ci-dessus; ainsi est constaté par l'expérience l'existence de l'hydrogène dans les métaux.

CHAPITRE PREMIER

LES ÉLÉMENTS DE L'EAU CONSTATÉS PAR L'EXPÉRIENCE DANS L'AZOTE ET LE CARBONE.

Les résultats obtenus par les expériences suivantes prouvent directement que les éléments de l'eau sont communs à l'azote et au carbone, car de l'air il peut se produire de l'eau aussi bien que de l'acide carbonique, et de ce dernier peuvent être obtenus l'azote et l'oxygène. Th. de Saussure a fait autrefois plusieurs expériences de ce genre qui l'ont conduit à des résultats pareils. Deluc, par des observations météorologiques, a été conduit à des résultats qui prouvent que les éléments de l'eau sont contenus dans l'azote, mais ce météorologiste ne connaissait pas suffisamment la chimie pour démontrer par l'expérience les changements de l'air en eau et en acide carbonique, et le changement de celui-ci en azote et en oxygène.

Quant à la question de savoir lequel, parmi les chimistes et les physiciens, a été le premier qui, au moyen d'expériences semblables aux suivantes, a obtenu les mêmes résultats, c'est ce que nous laissons aux autres à discuter.

1. — TRANSFORMATION DE L'AIR EN EAU ET EN ACIDE CARBONIQUE.

Nous avons déjà prouvé que les éléments matériels de l'atome double d'azote sont représentés par la formule

$\overline{HO^3H} = Az^2$, et les éléments matériels de l'atome double de carbone par $\overline{HOH^3} = C^2$. Si, au moyen des expériences, on obtient, par les éléments de l'air, l'eau et l'acide carbonique, il ne reste qu'à indiquer comment les éléments matériels éprouvent ces déplacements par l'écoulemen des éléments impondérables, dont la présence est indispensable à la production des changements indiqués. Ces changements dans les éléments de l'eau sont produits de plusieurs manières dont nous rapporterons ici les deux plus faciles à exécuter et à comprendre.

Opérant sur une masse $m + m' + m''$ d'air, débarrassé de son humidité et de son acide carbonique, on en emploie, 1° une partie m à brûler dans un eudiomètre une quantité d'hydrogène; 2° l'autre partie m' est conduite dans un tuyau de porcelaine brûlant où se trouve l'oxyde de cuivre, et 3° la partie m'' est conduite dans un tube de platine brûlant qui contient une spire de fil de platine très-mince.

Résultats. 1° L'air μ, qui reste dans l'eudiomètre après la combustion de l'hydrogène, contient l'acide carbonique en quantité plus grande que l'air atmosphérique. 2° L'air μ' qui a passé par le tuyau brûlant et est venu en contact avec l'oxyde de cuivre contient également de l'acide carbonique et une quantité d'eau. 3° L'air μ'' qui a passé par le tube de platine a diminué en produisant une quantité proportionnelle d'eau.

Les masses μ, μ', μ'' d'air ont été de nouveau soumises aux mêmes expériences : 1° Dans l'eudiomètre on a introduit l'air μ avec 1 volume d'oxygène et 2 volumes d'hydrogène qui ont été condensés par l'étincelle électrique et ont laissé un reste M qui contenait une plus grande quantité d'acide carbonique que l'air μ. 2° L'air μ' retournant chaud par le tuyau brûlant n'éprouve qu'une diminution insignifiante; mais s'il a été refroidi d'abord, il y éprouve une diminution analogue à la précédente, et il reste la masse M' contenant l'acide carbonique en quantité plus grande que la masse μ'. 3° De même la masse μ'' d'air repassée chaude par le tube n'éprouve presque aucune diminution; mais quand elle est froide, elle diminue en proportion égale à la masse m'' et reste la masse M''.

Observations. Pour prévenir toute objection de la part de ceux qui, connaissant peu l'exactitude des expériences, pourraient penser : 1° qu'il y a dans l'air du gaz des marais qui ne peut pas être exactement éliminé, et 2° que l'air s'attache au tube et au fil de platine dont il ne se détache plus qu'à une température de 100°, pour prévenir, disons-nous, une telle objection, il a été introduit dans le tube de platine du chlorure de calcium qui absorbe l'eau, et ainsi en chauffant la masse μ'' d'air au-dessus de 100°, on ne voit plus se présenter la pression qui aurait pu être attribuée à une quantité d'air restant attaché au platine à une température au-dessous de 100°.

Dans les masses μ et μ' d'air, on a introduit le gaz des marais en petite quantité, $\frac{1}{20}$ environ; après la combustion indiquée de l'hydrogène et après la translation de l'air μ' par le tuyau l'acide carbonique ni l'eau n'augmentent, car le gaz de marais ne se décompose pas quand il est mêlé avec l'air en quantité très-médiocre.

Explication. Les résultats obtenus dans les expériences précédentes sont la production de l'acide carbonique par l'azote et l'oxygène, et la production de l'eau par les mêmes éléments de l'air.

Production de l'eau par l'azote et l'oxygène. L'air venant en contact avec le platine brûlant en reçoit une quantité de chaleur qui se propage aux molécules ambiantes et en provoque de leur part un écoulement d'électricité positive vers le platine. Cette électricité repousse l'oxygène et en même temps l'atome q de lumière de l'azote vers le platine très-chaud qui n'offre pas de résistance à la lumière qui s'y écoule de l'azote et cède sa place à l'atome d'oxygène.

$$\text{Az}^2{}_\varphi\text{H}\bar{\text{E}}^2 + \text{O}\ddot{\text{E}} = \overline{\text{HO}}\varphi{}^3{}_\varphi\text{H}\ddot{\text{E}}^2 + \text{O}\ddot{\text{E}} = {}_\varphi + \overline{\text{HO}}\varphi{}^3 + \text{HO}\varphi.$$

Production d'acide carbonique par l'azote et l'oxygène. Il y a ici également un courant thermoélectrique,' mais l'atome double d'azote ne perd pas son atome de lumière comme dans le cas précédent. En ce cas, c'est la chaleur de l'hydrogène brûlé ou de l'oxyde de cuivre qui fait s'éloigner les deux équivalents négatifs $\bar{\text{E}}^2$ de l'atome double d'azote $= \overline{\text{HO}}\varphi{}^3{}_\varphi\text{H}\bar{\text{E}}^2$ et à leur place viennent 2 atomes d'oxygène 2OÉ. Des 2 équivalents négatifs $\bar{\text{E}}^2$ et de 1 équivalent de l'un des atomes d'oxygène 2OÉ, il se produit 1 atome de chaleur, et il reste ainsi l'un des équivalents positifs $\ddot{\text{E}}$ et deux atomes d'oxygène $2\bar{\text{O}}$

$$\overline{\text{HO}}\varphi{}^3{}_\varphi\text{H}\bar{\text{E}}^2 + \text{O}^2\ddot{\text{E}}^2 = \overline{\text{HO}}\varphi\text{H}^2{}_\varphi\text{O}^2\varphi^2\bar{\text{E}}^2 + \text{O}^2\ddot{\text{E}} = \text{HO}\varphi\text{H}^2{}_\varphi\text{O}^2\text{O}\ddot{\text{E}} +$$
$$\varphi^2 = \text{C}^2{}_\varphi\text{O}^4\ddot{\text{E}} + \varphi^2.$$

Après ces résultats obtenus chaque fois des expériences indiquées et après les explications correspondantes, nous ne voyons pas ce qu'on pourrait demander encore pour rester convaincu que les éléments de l'eau constituent les éléments de l'azote. Toutefois il ne sera pas superflu de rapporter les expériences qui ont pour résultat la transformation de l'acide carbonique en azote et oxygène.

II. — TRANSFORMATION DE L'ACIDE CARBONIQUE EN AZOTE ET EN OXYGÈNE.

Dans une cloche un peu moins d'à moitié remplie d'eau et où trempent quelques brins d'herbe, il reste de l'air, et dans l'eau on introduit l'acide carbonique jusqu'à saturation. Dans l'obscurité, cet acide carbonique n'éprouve aucun changement, mais exposé au Soleil dans une cloche incolore ou bleue, il disparaît en peu de jours, et l'on ne trouve plus l'acide carbonique : on trouve à sa place, pour chaque atome double d'acide, 1 atome double d'azote et

2 atomes d'oxygène. Ce changement de l'acide carbonique n'a pas lieu dans les cloches de couleur rouge ou orangée.

Donc, l'acide carbonique $C^2O^4\overset{\doteq}{E}$ et le protoxyde d'azote Az^2O^2 sont composés des mêmes éléments pondérables : de l'atome double d'azote $Az^2 = \overline{HO\theta}^3{}_\varphi H\overset{=}{E}{}^2$ et des deux atomes d'oxygène $O^2\overset{\doteq}{E}{}^2$; la différence entre ces deux gaz ne consiste qu'en ce que leurs éléments impondérables ne sont pas les mêmes : en effet, l'atome double d'acide carbonique est $C^2O^4 = \overline{\overline{HO\theta}H}^3{}_\varphi O^2O\overset{\doteq}{E}$, et l'atome double du protoxyde d'azote est $Az^2O^2 = \overline{HO\theta}^3{}_\varphi H\overset{=}{E}{}^2O^2\overset{\doteq}{E}{}^2$.

Après avoir prouvé 1° que la chaleur provoque la combinaison des deux équivalents négatifs $\overset{=}{E}{}^2$ de l'azote avec l'équivalent positif $\overset{=}{E}$ de l'oxygène, et 2° que ces deux équivalents négatifs $\overset{=}{E}{}^2$ sont remplacés par deux atomes d'oxygène après l'éloignement des trois atomes de chaleur, nous ferons voir maintenant que les rayons solaires séparent de l'acide carbonique les deux atomes d'oxygène par la décomposition d'un atome de chaleur $\overset{=}{E}E^2$ dont les 2 équivalents négatifs $\overset{=}{E}{}^2$ remplacent les deux atomes d'oxygène, et deux autres atomes de chaleur θ font se combiner les deux autres atomes d'oxygène avec les deux atomes d'hydrogène du carbone pour faire transformer ce carbone en azote

$$C^2O^4\overset{\doteq}{E}+3\theta = \overline{HO\theta}H^3{}_\varphi O^2O\overset{\doteq}{E}+3\overset{=}{E}\overset{=}{E}{}^2 = \overline{HO\theta}\,\overline{HO\theta}^3{}_\varphi H\overset{=}{E}{}^2+2O\overset{\doteq}{E} = Az^2 + 2O.$$

Th. de Saussure qui, le premier, a fait cette observation sous des cloches incolores, ne remarqua pas que dans les cloches colorées les résultats ne sont pas les mêmes pour chaque couleur. Jusqu'à présent tous les faits pareils restaient isolés, car ils ne dépendent pas des éléments pondérables des corps, mais de leurs éléments impondérables dont étaient connus seulement ceux des deux électricités, des atomes de lumière et de chaleur ; mais on ignorait que ces atomes mêmes sont constitués par les mêmes équivalents

que les deux fluides électriques, et encore moins connais-
sait-on la stœchiométrie électrique des atomes des corps,
de la lumière et de la chaleur.

III. — FAITS PHOTOCHIMIQUES CONSTATÉS DANS LES QUATRE ESPÈCES D'AIR.

Les éléments de l'air, c'est-à-dire l'azote et l'oxygène,
ne sont pas obtenus dans le même rapport entre eux quand
on opère, 1° sur l'air recueilli sur les continents ou sur les
mers où se trouve l'air nommé *atmosphérique*, dont 100 volumes contiennent 21 volumes d'oxygène et 79 volumes
d'azote; 2° sur l'air recueilli aux régions chaudes tout près
de la surface de la mer entre midi et une heure : sur 100 volumes, il y en a 20,7 d'oxygène et 79,3 d'azote; cet air est
nommé *air maritime*; 3° sur l'air recueilli après les averses
fortes et de longue durée : sur 100 volumes, il contient
21,01 ou 21,02 volumes d'oxygène et 78,99 ou 78,98 volumes d'azote; cet air est nommé *air pluvial*; 4° la masse
d'air *m''* dont a été produite l'eau dans le tube de platine
perd, dans 100 volumes, 20 volumes d'oxygène et 80 volumes d'azote; cet air est nommé *air aquatique*.

I. **Production de l'air aquatique.** La surface des
mers qu'échauffe le Soleil acquiert une température supérieure, sans qu'en même temps il se produise une élévation
analogue de température dans les couches aquatiques inférieures; cette augmentation dans l'inégalité de température, nommée *anisothermie*, provoque un courant électrique
ascendant qui exerce une répulsion contre les atomes
d'oxygène OË contenus dans l'eau. En même temps les
rayons solaires sollicitent les atomes φ de lumière à pénétrer dans l'hydrogène HË² qui reste à l'état ozoné après la
séparation de l'atome d'oxygène. Il se sépare ainsi des
4 atomes d'eau 1 atome d'oxygène qui est remplacé par
1 atome φ de lumière, et le reste ainsi obtenu est l'atome

double d'azote qui, mêlé avec l'atome d'oxygène, est l'air aquatique

$$\overline{4\text{HO}^9} + \varphi = \overline{\text{HO}^9}\,{}^2\overline{\text{HE}}^2\varphi + \text{O}\overline{\text{E}} = \text{Az}^2 + \text{O} = \text{air aquatique.}$$

Cet air est composé exactement de 1 volume d'oxygène et de 4 volumes d'azote.

II. **Production de l'air atmosphérique.** Les plantes produisent tous les jours une quantité d'oxygène qui reste dans l'atmosphère composée précédemment de l'air aquatique. L'excès de l'oxygène obtenu ainsi de cet air par les plantes se trouve en effet dans l'air atmosphérique, où 100 volumes contiennent 21 volumes d'oxygène; 20 volumes de ce dernier sont ceux de l'air aquatique, et l'autre volume d'oxygène dans les 100 volumes d'air est produit par les plantes.

Quoique les plantes ne cessent pas de fournir de l'oxygène à l'atmosphère, son volume n'augmente pas en proportion de celui de l'azote ou, au moins, ces changements dans l'air atmosphérique n'ont pas été observés jusqu'à présent pendant un espace de temps d'un demi-siècle. L'oxygène de l'atmosphère se consomme dans la respiration animale, dans les combustions et dans les fermentations où il se combine avec le carbone et produit l'acide carbonique.

Donc, si l'excès d'oxygène dans l'atmosphère dont il forme le centième est considéré à l'état condensé dans l'atmosphère dont toute l'épaisseur produit une couche d'eau de 10 mètres, sur cette épaisseur, 10 centimètres seront composés d'oxygène qui est suffisant pour brûler toutes les substances végétales et animales de la surface de la Terre. Après une telle combustion de ces substances, il ne restera dans l'atmosphère que l'air aquatique composé de 20 volumes d'oxygène et 80 volumes d'azote.

III. **Production de l'air maritime.** Cet air manque tous les jours depuis le soir jusqu'au matin, car, durant cet espace de temps, l'air contient 21 volumes d'oxygène.

Celui-ci diminue sur la surface de la mer avec l'élévation du Soleil au-dessus de l'horizon, et atteint un minimum de 20,6 volumes entre midi et une heure ; ensuite le volume de l'oxygène commence à augmenter pour atteindre le soir son maximum, soit 21 volumes.

Cette périodicité diurne de la diminution de l'oxygène est un effet direct du mélange de l'air atmosphérique constant avec l'air aquatique qui ne se produit que sous l'influence directe des rayons solaires, dont le maximum de densité correspond au maximum de l'air aquatique indiqué par le minimum de l'oxygène contenu dans 100 volumes d'air.

Donc l'air maritime ne jouit pas d'un état constant comme l'air atmosphérique, et cela à cause de la quantité inégale d'air aquatique qui augmente à chaque heure, depuis le matin jusqu'à midi, et diminue depuis une heure après midi jusqu'au soir.

IV. **Air pluvial.** L'oxygène diminue, comme on sait, dans l'air atmosphérique par l'introduction de l'air aquatique ; le contraire a lieu quand cet air aquatique est éloigné de l'air atmosphérique. Cet éloignement d'air aquatique a lieu pendant chaque averse, quand d'un atome double d'azote se sépare l'atome φ de lumière pour être remplacé par 1 atome d'oxygène dont sont produits 4 atomes d'eau

$$Az^2\varphi + O = \ddot{H}\ddot{O}\vartheta^2\ddot{H}\ddot{E}^2\varphi + O\ddot{E} = \ddot{H}\ddot{O}\vartheta^2 HO\vartheta + \varphi.$$

Les atomes d'eau ainsi produits sont à l'état d'enveloppes minces des vésicules vides au milieu qui ont le même poids spécifique que l'air ambiant, et sans changement dans l'espace ε qu'ils occupent, ils ne perdent que la répulsion r contre l'air ambiant ; ainsi celui-ci pénètre dans l'espace ε sans en faire éloigner les vésicules.

Donc l'espace ε raréfié provoque l'affluence de l'air ambiant pour y rétablir l'équilibre : de la couche supérieure descend l'air froid et de la couche inférieure monte l'air

chaud; leur contact donne naissance à un courant thermoélectrique suffisamment fort pour séparer l'atome φ de lumière de l'atome double d'azote et envoyer l'atome d'oxygène restituer cet atome φ de lumière éloigné pour produire
quatre atomes d'eau de la manière indiquée.

Ce changement de l'air en eau, appelé *exhydatose de l'air*,
devient la cause d'une longue série de faits dont un, entre
autres, est l'apparition de l'air pluvial qui se distingue des
trois espèces précédentes par un excédant d'oxygène; car
100 volumes de cet air contiennent 21,02 volumes d'oxygène.

Un des faits qui accompagnent, 1° l'*exhydatose* de l'air
dans l'atmosphère pour faire apparaître l'air pluvial, et
2° l'*exaérose* de l'eau ou son changement en air sur la surface des mers, se manifeste dans la *ventilation de l'atmosphère* qui s'opère par pression et par aspiration à la fois.

IV. — PHOTOCHIMIE APPLIQUÉE A LA VENTILATION DE L'ATMOSPHÈRE.

Après avoir constaté la production de l'air maritime par
l'eau et la lumière, la réduction de l'air en eau par l'éloignement de la lumière de l'atome double d'azote, et son
remplacement par l'oxygène dont est produite l'eau, tandis
qu'il reste l'air pluvial, il se montre une destruction d'é-
quilibre aérostatique : 1° il y a une pression atmosphérique
au milieu des mers produite d'une couche d'air d'épaisseur supérieure qui exerce une pression divergente dans
toutes les directions; 2° il y a également, au milieu des
continents, un déficit de pression atmosphérique produit
d'une couche d'air d'une épaisseur inférieure qui exerce
une faible pression et provoque ainsi l'affluence de l'air des
régions ambiantes.

L'air maritime se présente périodiquement tous les jours :
la quantité de son oxygène est en raison inverse avec son

écoulement vers les côtes. Cette périodicité de la production de l'air et de son écoulement par les côtes est constante, dans toutes les mers, pour les jours chauds et sereins.

L'apparition de l'air pluvial ne suit aucune périodicité; il en est de même quant à l'affluence de l'air vers les continents; ses mouvements obéissent toujours à la loi aérostatique qui se manifeste également par la destruction de l'équilibre de l'augmentation de la pression et par celle de la diminution de la pression occasionnée toujours par les averses, qui font diminuer les masses d'air en proportion des masses d'eau produites.

Pour qu'il se produise un calme dans l'atmosphère, il n'est pas nécessaire, comme on croit, qu'il y ait un manque de pression; ces calmes sont le résultat de l'équilibre obtenu par une résistance égale de toutes les régions ambiantes de l'atmosphère. Partout où un calme se présente, le baromètre constate un maximum de pression, qui diminue graduellement dans toutes les distances en directions divergentes, quand dominent les vents, suivant ces directions. Les régions des calmes sont donc les points de séparation des vents maritimes qui y ont les sources comparables à celles des fleuves provenant des montagnes en prenant des directions divergentes qui conduisent aux côtes.

Pour qu'une affluence d'air ait lieu vers un espace ε de l'atmosphère, une pression poussée de tous les côtés n'est pas indispensable; car ces affluences sont le résultat d'une destruction d'équilibre occasionnée par la combinaison d'un atome d'oxygène $O\ddot{E}$ avec un atome double d'azote $Az^2\ddot{E}^2\varphi$ dont s'éloigne l'atome φ de lumière. Les enveloppes aquatiques des vésicules ainsi produites n'opposent pas de résistance à l'air ambiant, ainsi est détruit l'équilibre et l'air afflue de tous les côtés vers l'espace raréfié; les faits de cette espèce sont très-fréquents et bien connus, surtout quand on observe les mouvements des nuages vers l'approche d'un orage.

L'abaissement du baromètre en cette occasion n'indique pas une diminution de la masse d'air, parce que l'équilibre détruit est immédiatement rétabli par les masses d'air affluent; les masses d'air s'élèvent alors de la surface du sol et forment un courant ascendant qui soulève la poussière; ce courant est donc la cause de la diminution de la pression indiquée par le baromètre.

V. — PHOTOCHIMIE APPLIQUÉE A LA PRODUCTION DE L'OXYGÈNE
PAR LES PLANTES.

Pour la production des substances végétales, l'eau et la lumière sont nécessaires, comme pour la production des substances animales sont nécessaires l'eau et les substances végétales. Mais la vie des animaux et celle des plantes ne consistent pas dans les éléments qui leur servent de nourriture; par ce mot *vie* on entend, dans les plantes comme dans les animaux, une destruction d'équilibre produite, 1° dans les plantes par les variations périodiques de température diurne et annuelle, et 2° dans les animaux par le contact périodique de l'air avec le sang dans les poumons.

L'équilibre ne peut être rétabli ni dans les plantes ni dans les animaux, parce qu'il y pénètre des aliments qui obéissent aux écoulements électriques engendrés de l'inégalité de température, 1° dans les plantes entre la surface de celles-ci et leurs racines ou l'intérieur de leur tige, et 2° dans les animaux entre le sang et l'air irtroduits dans les poumons.

Si l'on soustrait l'eau aux plantes, elles sèchent aussitôt, parce que les courants électriques, après avoir fait se consumer toute la masse d'eau, sont arrêtés par la substance végétale sèche; quand ensuite les racines froides sont mises en contact avec l'eau, celle-ci ne peut plus être amenée à la surface de la plante, et cela à cause de l'absence d'humidité intérieure qui facilite l'écoulement des équivalents $\bar{E}$ et $\bar{E}$ d'électricité.

Chaque destruction d'équilibre dans les fermentations aboutit à un calme, après la séparation d'une ou plusieurs espèces d'éléments ; un calme semblable ne se produit pas dans les plantes ni dans les animaux, car ils reçoivent continuellement du dehors une nouvelle destruction d'équilibre, et en même temps de nouvelles quantités d'aliments.

L'eau transportée du sol par les racines à la surface des plantes éprouve une décomposition de ses atomes de chaleur latente, et ses éléments prennent un arrangement qui fait apparaître les six atomes d'eau comme un atome de vert des plantes nommé *chlorophylle*

$$6H O \theta = \overline{HO9}H^3\bar{E}^6O^3\dot{\bar{E}}^3\overline{HO\theta}^2 = C^3\bar{E}^6O^3\dot{\bar{E}}^3\overline{HO\theta}^3 = \text{chlorophylle.}$$

Pendant le jour la surface des plantes est chaude, et ainsi se trouve favorisé le transport de l'eau vers cette surface et la production de la chlorophylle. En même temps que l'oxygène O$\bar{E}$ éprouve une répulsion de la part du courant électrique, les atomes φ de lumière éprouvent un manque de résistance dans les deux équivalents négatifs des atomes $3H\bar{E}^3$ de l'hydrogène ozoné. Telle est la cause qui fait s'éloigner de la chlorophylle les trois atomes d'oxygène $3O\bar{E}$, et ceux-ci sont remplacés par trois atomes de lumière ; ainsi de douze atomes de chlorophylle est produit un atome végétal

$$12C^3\bar{E}^6O^3\dot{\bar{E}}^3\overline{HO\theta}^2 + 12\varphi^3 - 12O^3\bar{E}^3 = C^{34}\bar{E}^{73}\varphi^{36}\overline{HO\theta}^{24}.$$

Quand arrive la nuit, la surface des plantes devient froide, tandis que leur intérieur est moins froid ; alors chaque atome végétal est entraîné de la surface de la plante vers son intérieur et il s'arrête aux points qui présentent le maximum de résistance ; c'est dans ces divers arrangements des atomes que consiste l'accroissement des plantes, et c'est de ces séparations des atomes d'oxygène $3\bar{O}\bar{E}$ de la chlorophylle qu'est produit l'excédant d'oxygène qui change l'air aquatique en air atmosphérique.

CHAPITRE II.

FAITS CHIMIQUES PRODUITS DE LA LUMIÈRE INCOLORE.

On nomme ordinairement *faits chimiques* les déplacements des éléments matériels des corps qui ne sont que des séparations des quelques-uns de leurs éléments ou le remplacement des atomes éloignés par d'autres toujours matériels, mais d'une autre espèce. Les *faits physiques* sont la production et l'apparition de la lumière et de la chaleur ou l'absorption de celle-ci. Les *faits électriques* sont les apparitions d'écoulements d'équivalents électriques positifs E ou négatifs $\bar{E}$.

La production de chaleur qui caractérise les faits physiques a été discutée dans l'*Electrostatique*; la lumière provient des trois sources d'où elle reçoit des noms différents : *lumière électrique, lumière insolée*, dans laquelle on comprend aussi la *phosphorescence*, et *lumière spécifique* dont l'origine était inconnue. Chacune de ces espèces de lumière est un fluide composé d'atomes φ dont les éléments sont deux équivalents électriques positifs $2\bar{E}$ et un équivalent électrique négatif $\bar{E}$, ou $\varphi = 2\bar{E} + \bar{E} = \bar{E}^2\bar{E}$; ainsi les équivalents des deux espèces de fluides électriques sont les éléments des atomes dont est constituée la lumière; la même chose a été prouvée pour les éléments des atomes qui constituent la chaleur $\theta = \bar{E}\bar{E}^2$; les faits physiques ont donc pour éléments les équivalents électriques $\bar{E}$ et $\bar{\bar{E}}$ dont les fluides électriques sont formés.

Lumière électrique. Les équivalents électriques $\bar{E}$ et $\bar{\bar{E}}$ dont cette lumière est produite viennent en rencontre par deux conducteurs : C, qui conduit les équivalents positifs $\bar{E}$, et C', qui conduit les équivalents négatifs $\bar{\bar{E}}$. Des quantités égales de ces équivalents $3q\bar{E} + 3q\bar{\bar{E}}$, combinés de deux manières pour produire un seul atome des trois équivalents, proviennent q atomes de chaque espèce

$$3q\bar{E} + 3q\,\bar{\bar{E}} = q\bar{E}^2\bar{\bar{E}} + q\bar{E}\bar{\bar{E}}^2 = q\varphi + q\vartheta = \text{rayon solaire.}$$

Dans les cas où il y a un excédant d'équivalents positifs $\bar{E}$ comme dans le conducteur C, il se produit plus de lumière que de chaleur ; de même il se produit plus de chaleur que de lumière quand il y a un excédant d'équivalents négatifs, comme cela a lieu dans l'extrémité du conducteur C'

$$(q + q')\,\bar{E}^2\bar{\bar{E}} + q\bar{E}\bar{\bar{E}}^2 = 3q\bar{E} + 2q'\bar{E} + 3q\bar{\bar{E}} + q'\bar{\bar{E}} =$$
$$3q\,(\bar{E} + \bar{\bar{E}}) + q'\,(2\bar{E} + \bar{\bar{E}})$$
$$q\bar{E}^2\bar{\bar{E}} + (q + q')\,\bar{E}\bar{\bar{E}}^2 = 3q\bar{E} + q'\bar{E} + 3q\bar{\bar{E}} + 2q'\bar{\bar{E}} =$$
$$3q\,(\bar{E} + \bar{\bar{E}}) + q'\,(2\bar{\bar{E}} + \bar{E}).$$

Les équivalents électriques, au lieu d'être libres et en écoulement comme cela a ordinairement lieu dans les conducteurs C et C', se trouvent attachés aux atomes matériels : 1° les positifs $\bar{E}$, aux atomes O d'oxygène, Cl de chlore, Br de brome, I d'iode et F de fluor, et 2° les négatifs $\bar{\bar{E}}$ aux atomes H d'hydrogène, $C\bar{\bar{E}}^3$ de carbone, et $M\bar{\bar{E}}^2$ des métaux et métalloïdes. De même que cela a eu lieu pour les conducteurs, ainsi les équivalents électriques se séparent des atomes matériels ; quand ceux-ci se combinent pour produire un combiné chimique, les équivalents électriques se combinent en même temps pour produire les combinés physiques : lumière et chaleur.

Lumière par insolation ou stationnaire. De même que la chaleur, la lumière pénètre dans les corps et elle s'en éloigne dans l'obscurité, mais graduellement et sans jamais s'en écouler tout entière. Si la densité $\delta + \delta'$ des atomes φ de lumière dispersés est supérieure à $\frac{1}{30000}$ de la clarté de la Lune, ces atomes sont alors sensibles aux yeux et l'on dit que le corps insolé est un *phosphore* ou *transporteur de lumière*. Dans les cas où la densité δ des atomes φ est inférieure, ceux-ci ne suffisent pas pour produire une sensation.

Lumière spécifique des corps. Cette lumière, tout à fait inconnue aux physiciens, correspond à la *chaleur spécifique;* son origine est dans les rayons solaires dont les atomes φ pénètrent dans les éléments de l'eau pour remplacer dans la chlorophylle l'oxygène $O\ddot{E}$ qui s'en sépare.

Dans chaque atome double de carbone ou métal sont contenus trois atomes 3φ de lumière et 6 équivalents négatifs $6\ddot{E}$. Leurs séparations s'opèrent différemment suivant qu'ils viennent en contact avec l'oxygène $O\ddot{E}$ où sont les équivalents positifs $\ddot{E}$, ou avec l'eau $HO\vartheta$ où sont les atomes $\theta = \ddot{E}\ddot{E}^2$ de chaleur qui contiennent un excès d'équivalents négatifs $\ddot{E}$.

Dans la production d'acide carbonique $C^2O^4\ddot{E}$ et de gaz des marais C^2H^4 par le carbone et l'eau, il n'apparaît aucune lumière, mais seulement de la chaleur, comme cela a lieu dans l'intérieur de la terre où sont en contact l'eau et le carbone et où manque l'oxygène $O\ddot{E}$.

Si l'acide carbonique est produit de carbone et d'oxygène $4O\ddot{E}$, il y a produit physique non-seulement de chaleur, mais aussi de lumière. Cette lumière se trouve à l'état spécifique dans le carbone dont l'atome double à pour éléments $C^2 = \overline{HO\vartheta}\,H^3\ddot{E}^6\varphi^3 = C^2\ddot{E}^6\varphi^3$; formule où sont représentés par C^2 les éléments $\overline{HO\vartheta}\,H^3$ dans lesquels les atomes d'oxygène $3O\ddot{E}$ appartenant aux trois atomes d'hydrogène sont remplacés par trois atomes de lumière. Dans la combustion, s'éloignent les deux atomes φ^2 de lumière et trois atomes de chaleur

$$C^2\ddot{E}^6\varphi^3 + 4O\ddot{E} = C^2\varphi O^4\ddot{E} + \varphi^2 + 3\theta.$$

Dans la carbonisation du bois par distillation, il n'y a pas production de lumière : ses atomes $\bar{E}^2\bar{E}$ se décomposent en équivalents électriques $\bar{E}$ et $2\bar{E}$, dont les positifs se combinent avec les produits qui sont des acides combustibles en très-grande partie, quoique le bois soit une substance neutre.

La lumière spécifique manque dans l'eau ; elle est contenue dans les métaux et les métalloïdes en densités proportionnelles à leur indice de réfraction. Le faible indice de la glace relativement à ceux des corps solides provient des équivalents électriques qui y sont contenus et encore de sa lumière stationnaire.

Production de lumière sans oxygène. Nous avons fait voir comment le phosphore décompose les atomes θ de chaleur, 1° en lumière qui se répand et 2° en équivalents négatifs $\bar{E}$ qui pénètrent dans les atomes ambiants d'oxygène pour le rendre ozoné $\bar{O}\bar{E}\bar{E}$. Il y a également production de lumière par les combustions des métaux dans les vapeurs du soufre, quoique celui-ci soit un corps combustible aussi bien que les métaux et le carbone ; cette propriété singulière du soufre provient de ses éléments pondérables et impondérables, qui sont obtenus de l'équivalent $C^{24}H^{24}O^{24}$ des substances végétales souterraines dont l'origine a été indiquée dans le texte de l'*Atlas cosmobigraphique*. Ces substances viennent en fermentation du côté par où elles arrivent en contact avec l'eau et se décomposent ainsi en acide carbonique $C^3\varphi O^4\bar{E}$ et en soufre $= C^3\varphi^3\bar{E}^6H^3H\bar{E}^3$, en donnant naissance à une grande quantité de chaleur

$$C^{24}\varphi^{36}\bar{E}^{72}\overline{HO\theta}^{24} = C^{12}\varphi^{6}O^{24}\bar{E}^{6} + C^{12}\varphi^{48}\bar{E}^{36}H^{18}H^{6}\bar{E}^{12} + 18\theta + 24\theta$$

La chaleur 18θ est la chaleur latente de l'eau $24HO\theta$, dont les six atomes se trouvent décomposés en $6\bar{E}$ qui sont dans l'acide et $12\bar{E}$ qui sont dans le soufre. Les 24θ atomes de chaleur sont produits des 12φ atomes de lumière et des

36Ë équivalents négatifs séparés des douze atomes de carbone $12\ddot{E}\ddot{E} + 36\ddot{E} = 24\ddot{E}^2$.

Soufre et gaz des marais. Les mêmes éléments matériels constituent l'atome S du soufre et l'atome C^2H^4 du gaz des marais; leur différence ne résulte que des deux équivalents négatifs électriques 2Ë qui manquent dans l'atome du soufre et qui se trouvent dans l'atome du gaz des marais; et même la disposition de ces équivalents n'est pas semblable :

$$\text{soufre} = C^2\varphi^3\ddot{E}^6H^3H\bar{E}^2, \quad \text{gaz des marais} = C^2\varphi^3\ddot{E}^6H^4\bar{E}^4.$$

Le gaz des marais est également produit d'une fermentation des substances végétales, comme le soufre; mais celui-ci provient d'une fermentation où la substance végétale n'est pas en contact avec l'oxygène, tandis que le gaz des marais est produit dans la surface de la terre et dans les souterrains où il y a contact entre l'oxygène et la substance végétale. Quand celle-ci se sépare de son eau pendant sa fermentation, il en résulte du soufre qui, mêlé avec la masse carbonisée, constitue la houille.

D'un équivalent végétal $C^{24}\varphi^{36}\ddot{E}^{22}\overline{HO9}^{24}$ en fermentation sans contact d'oxygène est produit : 1° l'acide carbonique $C^{12}\varphi^0O^{24}\ddot{E}^0$, le soufre $6S = C^{12}\varphi^{48}\ddot{E}^{30}H^{18}H^0\ddot{E}^{12}$ et la chaleur 428. D'un équivalent végétal en fermentation quand l'oxygène est en contact, il se sépare 8 atomes d'eau et il y pénètre 16 atomes d'oxygène qui occasionnent la production de 16 atomes d'acide carbonique et de 8 atomes de gaz des marais :

$$C^{24}\varphi^{36}\ddot{E}^{22}\overline{HO9}^{24} + 16O\ddot{E} = C^{16}\varphi^8O^{32}\ddot{E}^8 + 8OH9 +$$
$$C^8\varphi^{12}\bar{E}^{24}H^{16}\bar{E}^{16} + \varphi^{16} + \bar{E}^{48} + 89.$$

Des atomes de lumière $16\ddot{E}^2\ddot{E}$ et des équivalents négatifs 48Ë sont produits 32 atomes de chaleur qui sont inférieurs à 428 produits dans la fermentation dont est formé le soufre.

Combinés du soufre. L'atome du soufre contient un grand nombre d'éléments pondérables et impondérables qui éprouvent différentes modifications dans leur combinaison avec le carbone, les métalloïdes et les métaux. Nous ferons remarquer ici la haute importance de ses combinaisons avec les métaux qui opèrent avec inflammation, et les sulfures ainsi produits s'enflamment ensuite de nouveau et brûlent avec l'oxygène.

Carbure de soufre. Le carbone brûlant se mêle avec la vapeur du soufre, et cela parce que les équivalents négatifs sont dans le carbone en quantité moindre que dans le soufre : $C^2\varphi^9\bar{E}^6 + S^4\varphi^{12}\bar{E}^{24}\bar{E}^8 = C^6S^4$. Du mélange donc des équivalents négatifs $\bar{E}^6 + \bar{E}^{32} = 38\bar{E}$ est produit un état ozoné qui se manifeste dans le carbure de soufre et qui rend ce corps très-délétère, quoique le soufre et le carbone séparément soient des corps neutres. Dans le mélange de ces deux corps il ne se montre aucun fait physique ou électrique; pour cette raison le carbure de soufre ne doit pas être considéré comme un combiné chimique, car ceux-ci s'opèrent par des remplacements des éléments homogènes pondérables ou impondérables.

Lumière de sulfures métalliques. Le soufre se mêle avec le natrium et le cuivre pulvérisé par le frottement simple ; dans ses vapeurs brûlent plusieurs métaux comme dans l'oxygène, mais si la lumière paraît égale, la chaleur produite avec le soufre est inférieure à celle produite par la combustion des métaux dans l'oxygène.

Les atomes de lumière sont produits des métaux qui sont un atome de carbone combiné avec un nombre de carbures d'hydrogène, l'atome double métallique est $C^2\varphi^3\bar{E}^6 + C^2H^2 = \mu^2C^6\varphi^3\bar{E}^6 = 2M$. Par la combustion dans l'oxygène se dégagent deux atomes de lumière φ^2 d'un atome double de métal, et il y reste le troisième φ ; les deux équivalents négatifs se combinent avec deux équivalents électriques positifs de l'oxygène, et ainsi de trois atomes doubles métalliques et de six atomes de lumière sont produits deux atomes de lumière et deux atomes de chaleur

$$6M + 6O = 3\mu^2 C^2 \varphi^2 \bar{E}^6 + 6O\bar{E} = 3\mu^2 C^2 \varphi \bar{E}^4 O^2 + \varphi^6 + 2\varphi + 2O.$$

Les six atomes 6φ sont la lumière spécifique séparée de six atomes métalliques, et les deux atomes φ^2 sont la lumière électrique produite avec les deux atomes de chaleur par les équivalents électriques positifs $6\bar{E}$ de l'oxygène $6O\bar{E}$ et négatifs du métal $6M\bar{E}^3$ dont l'oxyde est $6MO\bar{E}^2$; car l'oxygène $\bar{O}$ remplace un équivalent négatif $\bar{E}$.

Ces exemples, ainsi que les suivants, servent à prouver que les faits photochimiques, électrochimiques et thermochimiques trouvent leur explication dans les calculs de la stœchiométrie des éléments impondérables, tout comme les faits chimiques sont expliqués suivant les calculs basés sur la stœchiométrie des éléments et les atomes pondérables.

I. — COMBINAISONS CHIMIQUES PRODUITES DES ATOMES DE LUMIÈRE.

Dans les faits chimiques on distingue les analyses, les combinaisons et les remplacements : 1° les atomes d'eau HO se laissent décomposer en oxygène O et hydrogène H ; 2° les deux gaz suivants, l'oxygène composé d'atomes O, et l'hydrogène composé d'atomes H, peuvent être combinés pour produire les atomes d'eau HO; 3° dans l'atome d'eau l'oxygène peut être éloigné pour être remplacé par le chlore.

I. Les chimistes savent que l'atome pondérable d'oxygène est électronégatif $\bar{O}$ et l'atome pondérable d'hydrogène est électropositif; ils savent encore que le gaz d'oxygène est composé d'atomes d'oxygène $\bar{O}$ qui soutiennent l'électricité positive, et que le gaz d'hydrogène est composé d'atomes d'hydrogène $\ddot{H}$ qui soutiennent l'électricité négative; mais ils ignorent que dans l'oxygène $\bar{O}$ l'atome $\ddot{H}$ d'hydrogène est remplacé par un équivalent $\bar{E}$ électrique positif, et que dans l'hydrogène $\overset{\cdot\cdot}{H}$ l'atome $\dot{O}$ d'oxygène est remplacé par un équivalent $\bar{E}$ négatif

$$\overset{\cdot\cdot}{H}\tilde{O} + \bar{E}\bar{E} = \overset{\cdot\cdot}{H}\bar{E} + \bar{O}\bar{E} \text{ ou } 3\overset{\cdot\cdot}{H}\tilde{O} + \varphi + \theta = 3\bar{O}\bar{E} + 3\overset{\cdot\cdot}{H}\bar{E}.$$

Ainsi l'analyse ou la décomposition chimique n'est autre que le remplacement des atomes pondérables par des éléments impondérables et la production des combinés *électrosomatiques* par les combinés *holosomatiques*.

II. Les combinaisons physiques sont toujours accompagnées des produits physiques, parce que, en cas pareil, se décomposent les combinés *électrosomatiques* : 1° de leurs éléments pondérables sont produits les combinés ou les *faits chimiques*, et 2° de leurs éléments impondérables sont produits les *faits physiques*, lumière et chaleur.

III. Les remplacements des éléments pondérables sont toujours accompagnés d'éléments impondérables, sans avoir nécessairement l'aspect de produits physiques.

IV. Dans les atomes de chaleur un équivalent positif $\bar{E}$ contient deux équivalents négatifs $\bar{E}^2$; de même pour les combinés électrosomatiques qui, par cet excédant d'éléments négatifs, voient se développer une *odeur* ; celle-ci n'est qu'une sensation des ondulations des équivalents négatifs de la chaleur qui prennent naissance dans les vibrations que produit dans les corps odorants l'excédant de leurs éléments négatifs ; ces corps sont notamment le chlore, le brome, l'iode, le fluor, l'oxygène et l'hydrogène ozonés :

$$-^2Cl\bar{E},\ -^2Br\bar{E},\ -^2\bar{I}\bar{E},\ -^2F\bar{E},\ \bar{O}\bar{E}\bar{E},\ \overset{\cdot\cdot}{H}\bar{E}^2\ldots$$

Dans l'hydrogène ozoné $\overset{\cdot\cdot}{H}\bar{E}^2$ sont négatif les deux équivalents électriques ; dans le chlore, le brome, l'iode et le fluor, l'élément pondérable est un atome négatif double ; dans l'oxygène ozoné, l'élément pondérable est négatif ; des deux éléments impondérables, l'un est positif et l'autre négatif.

Une série d'exemples va servir à faire connaître le mode

de la production des décompositions des corps par la lumière; celle-ci occasionne les remplacements des éléments pondérables par les éléments impondérables.

Chlore non insolé et hydrogène. Le chlore naturel exposé au soleil arrête une quantité $q\varphi$ d'atomes de lumière et devient le *chlore insolé*. La différence entre ces deux espèces de chlore ne consiste qu'en la quantité $q\varphi$ d'atomes de lumière; celle-ci produit le fait suivant photochimique.

Le chlore $Cl\bar{E}$ mêlé avec l'hydrogène $H\bar{E}$ ne peut produire l'acide chlorhydrique $HCl\bar{E}$ sans l'éloignement préalable des équivalents négatifs $\bar{E}$ de l'hydrogène; il faut donc pour trois équivalents négatifs $3\bar{E}$ un atome de lumière $\bar{E}^a\bar{E}$, et cela pour produire deux atomes de chaleur : il se manifeste alors un fait physique

$$3H\bar{E} + 3Cl\bar{E} + \bar{E}^2\bar{E} = 3HCl\bar{E} + 2\bar{E}\bar{E}^2.$$

Chlore insolé et hydrogène. Si dans trois atomes de chlore se trouve arrêté un atome φ de lumière par son exposition au soleil, il n'est plus besoin d'exposer de nouveau son mélange avec l'hydrogène pour provoquer leur combinaison de la manière indiquée ci-dessus. En ce cas, les deux corps se combinent en produisant la même quantité de chaleur, sans qu'il soit besoin de lumière.

Favre et Silbermann, qui observèrent les premiers cette insolation du chlore, ont fait la comparaison suivante entre les deux espèces de chlore. Une quantité de dissolution concentrée de potasse a été divisée en deux moitiés m et m' dans lesquelles ont été introduites d'égales quantités de chlore naturel et de chlore insolé : les unités de chaleur obtenues étaient différentes

$$(q+q')\theta = 478,85 \text{ avec le chlore insolé.}$$
$$q\theta = 439,70 \text{ avec le chlore non insolé.}$$

Les physiciens que nous venons de citer n'étaient pas en état de connaître la cause de cet excédant de 39,15 unités de chaleur, car ils ne pouvaient concevoir comment la quantité d'atomes de lumière arrêtée dans le chlore peut servir à la production de cette chaleur. Ici cette production de chaleur n'exige aucune explication ; elle est même déterminée à *priori*, car la potasse KOĒ² contient deux équivalents négatifs, tandis que le chlorure de potassium n'en contient qu'un KClĒ : il faut donc éloigner de chaque atome de potasse un équivalent négatif, précisément comme cela se fait pour chaque atome d'hydrogène

$$3KO\bar{E}^2 + 3Cl\bar{E} + \bar{E}^2E = 3KCl\bar{E} + 3O\bar{E} + 2\bar{E}\bar{E}^2.$$

Chlore et oxyde de carbone. L'hydrogène HĒ du cas précédent est ici remplacé par l'oxyde de carbone COĒ dont les équivalents négatifs Ē sont également éloignés au moyen des atomes de lumière

$$3CO\bar{E} + 3Cl\bar{E} + \bar{E}^2\bar{E} = 3COCl\bar{E} + 2\bar{E}\bar{E}^2.$$

Ce gaz chloroxycarbonique se distingue de celui d'acide carbonique en cela que, pour chaque atome double C² de carbone, il n'est contenu dans l'acide carbonique C²O⁴Ē qu'un équivalent positif Ē qui condense un volume d'ammoniaque : tandis que l'atome double de gaz chloroxycarbonique C²O²Cl²Ē² condense deux volumes d'ammoniaque à cause de ses deux équivalents positifs Ē².

Ce gaz étant mis en contact avec le potassium lui cède son chlore et son oxygène pour le transformer en potasse KOĒ² et chlorure de potassium KClĒ, sans l'apparition de chaleur ni de lumière, comme cela a lieu quand le même potassium est en contact avec l'oxygène OĒ ou le chlore ClĒ qui contiennent, dans chaque atome pondérable, Ō ou ⁻²Cl, un équivalent positif Ē, tandis que, pour le gaz chloroxycarbonique, un seul équivalent Ē positif est contenu dans l'atome COClĒ

$$2K^2\varphi^3\bar{E}^6 + \varphi^4 + C^4O^2Cl^2\bar{E}^4 = K^2\varphi^2O^2\bar{E}^4 + K^2\varphi^2Cl^2\bar{E}^4 +$$
$$C^4\varphi^2\bar{E}^{12} + \varphi^2.$$

Les équivalents négatifs $12\bar{E}$ des $2K^9\varphi^3\bar{E}^6$ passent au carbone qui reçoit également les quatre atomes φ de lumière; les deux autres φ^2 produits de la chaleur se dispersent. Cette oxydation du potassium sans apparition des faits physiques est en parfait accord avec la réduction du carbone C^2 qui reçoit les éléments impondérables φ^4 et $\bar{E}^{12}$ de potassium.

Iode et gaz oléfiant. La construction élémentaire de ce gaz est $C^8\overline{\overline{H9}}^6 H^2\bar{E}^4$, car il est obtenu de l'éloignement des quatre atomes d'eau de l'alcool $= C^8\overline{\overline{H9}}^6 H^2\bar{E}^4 \overline{HO9}^4$; l'odeur du gaz est produite des deux atomes $H^2\bar{E}^4$ d'hydrogène ozoné; et ce sont ces quatre équivalents négatifs $4\bar{E}$ des deux atomes d'hydrogène qui se combinent avec les deux équivalents positifs $2\bar{E}$ des deux atomes de l'iode $2I\bar{E}$ et qui sont remplacés par les deux atomes matériels de l'iode dont chacun est négatif et double

$$C^8\overline{\overline{H9}}^6 H^2\bar{E}^4 + 2I\bar{E} = C^8\overline{\overline{H9}}^6 H^2I^2 + 2\bar{E}\bar{E}^2.$$

Toutes ces combinaisons chimiques sont accompagnées de combinaisons d'équivalents électriques qui ont été toujours remarquées et connues sous le nom de *faits physiques*; mais ni les chimistes ni les physiciens n'en connaissaient l'origine.

II. — DÉCOMPOSITION DES CORPS PRODUITE PAR LA LUMIÈRE.

La séparation entre les éléments pondérables s'opère par leur combinaison avec les éléments inpondérables, obtenus par la décomposition des atomes de lumière ou de chaleur; pour cette raison on constate fréquemment la disparition d'une quantité de chaleur, tandis que celle de la lumière reste imperceptible.

Eau de sels. Dans la formation des cristaux, les éléments pondérables des corps s'arrangent de manière à exercer entre eux une répulsion r suffisante pour se mettre en équilibre avec la pression p qu'ils reçoivent du dehors de la part du fluide nommé *barogène* qui afflue de l'espace *céleste* vers l'espace *énastre*. Les rayons solaires en faisant pénétrer la chaleur dans l'eau, pour l'éloigner ou la transformer en vapeur, détruisent cet équilibre des cristaux, et les sels prennent ainsi un état amorphe. Ici la séparation de l'eau n'est qu'un effet de sa combinaison avec la chaleur, et cette combinaison est favorisée par les atomes de lumière.

Acide azotique. Dans cet acide, comme dans ceux du chlore, du brome, de l'iode, l'oxygène entre avec son équivalent positif comme $\bar{O}\ddot{E}$, parce que l'oxydation ne s'opère pas par une combustion, comme cela a lieu dans la production des acides sulfurique, carbonique, phosphorique, etc. Exposés au soleil, les atomes $\ddot{E}^2\bar{E}$ de lumière produisent la séparation d'un atome d'oxygène $\bar{O}\ddot{E}$ par la décomposition d'un atome de chaleur $\ddot{E}\ddot{E}^2$, dont les deux équivalents $2\ddot{E}$ restent à l'atome d'oxygène $\bar{O}$ de l'acide azoteux $AzO^4 = AzO^2O^2\ddot{E}^4\ddot{E}^2$ qui est odorant et ozoné.

Oxydes des métaux. Parmi les oxydes des métaux, il n'y a que les oxydes d'argent et d'or qui se décomposent sous l'influence de la lumière ; l'oxyde de mercure se désoxyde aussi, mais il faut plusieurs mois. L'oxydation des métaux s'opère, comme celle du carbone, par la combustion avec l'oxygène, le brome, etc., ou par le contact avec l'eau ; dans le premier cas il y a production de lumière et de chaleur ; dans l'autre, c'est la chaleur seule qui est produite, mais en quantité supérieure.

Dans chaque atome double des métaux sont contenus trois atomes φ^3 de lumière et six équivalents négatifs qui sont représentés par $M^2\varphi^3\bar{\bar{E}}^6$; de sorte que le carbone même ne diffère pas en cela des métaux. Dans l'oxydation par combustion avec le chlore $Cl\ddot{E}$, il se sépare de l'atome double métallique quatre équivalents électriques négatifs $4\bar{E}$, qui y sont remplacés par deux atomes de chlore dont les équivalent positifs $2\ddot{E}$ se combinent avec les équivalents négatifs

$4\bar{E}$ pour produire deux atomes de chaleur $2\bar{E}\bar{E}^2$; en même temps s'éloignent les deux atomes de lumière sous forme de flamme et de lumière

$$M^2\varphi^2\bar{E}^6 + 2Cl\bar{E} = M^2\varphi Cl^2\bar{E}^2 + 2\bar{E}\bar{E}^2 + 2\varphi.$$

La combustion des métaux dans l'oxygène ne diffère pas de celle de l'hydrogène, parce que le nombre des deux espèces d'équivalents est le même et qu'ainsi ils se combinent pour produire un égal nombre d'atomes de lumière et d'atomes de chaleur :

$$3M^2\varphi^2\bar{E}^0 + 3O^2\bar{E}^2 = 3M^2\varphi O^2\bar{E}^4 + 6\varphi + 2\varphi + 2\theta.$$

Oxyde d'argent ou carbonate d'argent. Les atomes de lumière pénètrent dans l'argent dont ils éliminent l'oxygène matériel qui est remplacé par un équivalent négatif $\bar{E}$ et qui obtient un équivalent positif. Donc pour chaque atome d'oxyde il faut : 1° un atome de lumière φ, 2° un équivalent positif $\bar{E}$ qui passe à l'oxygène, et 3° un équivalent négatif $\bar{E}$ qui reste à la place de l'oxygène

$$3Az^2\varphi O^2\bar{E}^4 + \varphi^4 + \theta = 3Az^2\varphi^3\bar{E}^0 + 3\bar{O}^2\bar{E}^2.$$

Dans la réduction de l'argent de son sel son également nécessaires les mêmes quantités d'atomes de chaleur et lumière qui en ont été éloignées pendant la production de ce sel $Az^2O^2\bar{E}^4 + C^4O^4\bar{E} = Az^2O^3C^4O^2\bar{E}^2 + \bar{E}\bar{E}^2$; il faut donc d'abord un atome de chaleur $\bar{E}\bar{E}^2$ pour la décomposition du sel en oxyde d'argent et acide carbonique, et ensuite la décomposition de l'oxyde s'opère de la manière indiquée.

C'est de la même manière que l'oxyde d'or se décompose par la lumière et la chaleur en or métallique et oxygène

$$3AuO\bar{E}^2 + \varphi^4 + \theta = 3Au_2\bar{E}^2 + 3O\bar{E}.$$

III. — REMPLACEMENTS DES ATOMES PONDÉRABLES PAR D'AUTRES ÉGALEMENT PONDÉRABLES.

Ces faits chimiques sont plus évidents parce que les éléments impondérables pénètrent dans les atomes qui se séparent et qu'ils s'éloignent des atomes qui entrent en combinaison.

Eau et chlore. Dans la lumière, l'oxygène $O\bar{E}$ de l'atome d'eau $HO\theta$ se sépare, et il reste le chlore $Cl\bar{E}$ en contact avec l'hydrogène ozoné $H\bar{E}^3$. Donc, pour éloigner ces équivalents négatifs de trois atomes d'hydrogène $3H\bar{E}^3$, il faut deux atomes de lumière

$$3Cl\bar{E} + 3HO\theta + 2\bar{E}^2\bar{E} = 3HCl\bar{E} + 3O\bar{E} + 4\bar{E}\bar{E}^2.$$

En ce cas la même quantité de chlore produit une quantité de chaleur 4θ double de celle 2θ qui est produite quand il est en contact avec l'hydrogène ; mais il y a aussi consommation d'une quantité double d'atomes de lumière ; la combinaison s'opère lentement, et ainsi se consomme en même temps la chaleur produite.

Eau, chlorure de platine et chaux. Les atomes de lumières pénètrent dans le platine et en éliminent le chlore qui est sollicité vers la chaux $CaO\bar{E}^2$ pour en faire partir les deux équivalents électriques négatifs $\bar{E}^2$ et venir au platine pour remplacer l'atome de chlore éloigné

$$PtCl\bar{E} + CaO\bar{E}^2 + \varphi = Pt\varphi\bar{E}^3 + CaOCl.$$

Eau, chlore et gaz des marais. Le gaz de marais $C^2\varphi^3\bar{E}^6H^4\bar{E}^4$ se décompose, 1° en carbone C^2 qui se combine avec l'oxygène séparé des atomes d'eau $4HO\theta$ et, 2° en hydrogène $H^4\bar{E}^4$ qui se combine avec le chlore comme ceux H^4 de l'eau ; ainsi sont produits l'acide carbonique $C^2O^4\bar{E}$ et l'acide chlorhydrique $8HCl\bar{E}$

$$C^2\varphi^3\bar{\bar{E}}^6H^4\bar{E}^4 + 4HO^9 + 8Cl\ddot{E} + 2\bar{E}^9\bar{E} = 8HCl\ddot{E} + C^2\varphi O^4\ddot{E} + 8\ddot{E}\bar{E}^{16} + 3\vartheta.$$

Il y a ici production d'une grande quantité de chaleur, parce que les équivalents négatifs $\bar{E}^6 + \bar{E}^4 + \bar{E}^2 = \bar{E}^{12}$ se combinent avec les éléments des deux atomes de lumière φ^2 du carbone $C^2\varphi^3\bar{E}^6$ et avec deux autres qui viennent du soleil. Les deux équivalents négatifs $\bar{E}^2$ sont le reste d'un atome de chaleur $\ddot{E}\bar{E}^2$ dont l'équivalent positif $\ddot{E}$ se trouve dans l'atome double d'acide carbonique.

Chlore et huile de gaz oléfiant. Cette huile se forme par le contact entre le gaz oléfiant et le chlore sans l'intervention de la lumière; il s'en dégage une quantite de chaleur $C^8H^4 + Cl^4 = C^8\overline{H\vartheta}^6H^2\bar{E}^4 + 4Cl\ddot{E} = C^8\overline{H\vartheta}^6H^9Cl^3Cl^2\ddot{E}^2 + 2\ddot{E}\bar{E}^4$. Cette huile avec un excès de chlore n'éprouve dans l'obscurité aucun changement, mais exposée au soleil, son hydrogène se sépare pour se combiner avec le chlore et produire l'acide chlorhydrique; en même temps ces huit atomes d'hydrogène y sont remplacés par un nombre égal d'atomes de chlore.

Dans le carbone C^8 se trouvent ses éléments impondérables qui sont $C^8\varphi^{12}\bar{E}^{24}$; pour l'éloignement de $20\ddot{E}$ équivalents servent dix équivalents positifs des atomes de chlore $8Cl\ddot{E}$ et des deux atomes $2Cl\ddot{E}$ contenus déjà dans l'huile; mais pour l'éloignement des quatre autres, il faut des atomes analogues de lumière qui doivent venir du dehors, quoique en même temps les atomes 8φ de lumière s'éloignent du carbone

$$3C^8\varphi^{12}\bar{E}^{24}\overline{H\vartheta}^6\overline{HCl}^2\overline{HCl\ddot{E}}^2 + 3\times 16Cl\ddot{E} + 3\varphi^4 = 3C^8\varphi^4Cl^{12} + 3\times 8HCl\ddot{E} + 24\varphi + 56\vartheta.$$

Le perchlorure de carbone $C^8\varphi^4Cl^{12}$ contient dans les atomes pondérables du chlore, qui sont négatifs, un excédant dont est produite son odeur.

Eau et huile de gaz oléfiant. Cette huile, couverte

d'eau et exposée au soleil, se décompose en acide chlorhydrique et en éther acétique

$$C^4\overline{H\theta}^6H^2Cl^2Cl^2\overline{E}^2 + 4HO\theta = C^6\overline{H\theta}^6\overline{H}^2\ddot{O}^4 + 4HCl\overline{E} + \theta^2 + \overline{E}^4;$$
$$3C^6\overline{H\theta}^6H^2Cl^2Cl^2\overline{E}^2 + 3 \times 4HO\theta + 4\overline{E}^2\overline{E} = 3C^6\overline{H\theta}^6H^2O^4$$
$$+ 12HCl\overline{E} + \theta^6 + 8\theta.$$

La différence entre l'éther acétique $C^6\overline{H\theta}^6H^2O^4$ et le gaz oléfiant ne consiste qu'en $\ddot{O}^4$ et $\overline{E}^4$ équivalents homonymes, mais pondérables dans l'éther et impondérables dans le gaz. L'éther sulfurique $C^8\overline{H\theta}^6H^2\overline{E}^4HO\theta^2$ diffère du gaz oléfiant par ses deux atomes d'eau, et de l'éther acétique par les mêmes atomes d'eau et de plus par les quatre éléments négatifs qui sont pondérables $\ddot{O}^4$ dans l'éther acétique et impondérables $\overline{E}^4$ dans l'éther sulfurique.

Chlore et acide hydrocyanique. La lumière, combinée avec le cyanogène, fait se séparer l'hydrogène qui se combine avec le chlore; le Soleil ne fait que détruire l'équilibre dans les atomes de lumière φ^3 contenus dans le cyanogène $= C^2\varphi^3\overline{E}^6N\overline{E}$. L'acide cyanhydrique $CyH = C^2\varphi^3\overline{E}^6N\overline{E}H$ est obtenu par l'atome pondérable positif d'hydrogène, comme cela a lieu également pour l'acide chlorhydrique

$$Cl + CyH = Cl\overline{E} + C^2\varphi^3\overline{E}^6N\overline{E}H = \overline{H}Cl\overline{E} + C^2\varphi^3\overline{E}^6N\overline{E}.$$

Iode, gaz acide sulfureux et alcool. L'acide sulfureux S^2O^4 est obtenu de la combustion du soufre dans l'air. L'atome S du soufre est composé de mêmes éléments pondérables que celui C^2H^4 de gaz de marais; leur différence provient des éléments impondérables. Un atome de glucose ou un demi-atome végétal $C^{12}\varphi^{18}\overline{E}^{30}\overline{HO\theta}^{12}$ se décompose dans la fermentation souterraine en acide carbonique et soufre, en produisant une grande quantité de chaleur 1° par les atomes de lumière $6\overline{E}^2\overline{E}$ et les équivalents $12\overline{E}$ séparés du carbone de l'acide carbonique

$$C^{12}\varphi^{18}\overline{E}^{30}\overline{HO\theta}^{12} = C^6\varphi^3O^{12}\overline{E}^2 + C^6\varphi^9\overline{E}^{12}H^9H^2\overline{E}^6 + 18\overline{E} +$$
$$6\varphi + 9\theta.$$

Dans l'acide carbonique $C^9\varphi^3O^{12}\ddot{E}^3 = 3C^3O^4\ddot{E}$ restent trois atomes de lumière 3φ et trois équivalents positifs $3\ddot{E}$. Dans le soufre $C^6\varphi^9\ddot{E}^{18}H^9H^3\ddot{E}^6$ restent 9 atomes de lumière 9φ, $18\ddot{E}$ équivalents négatifs, neuf atomes d'hydrogène $9H$, et trois atomes d'hydrogène ozoné $3H\ddot{E}^3$; il se produit en même temps vingt et un atomes de chaleur volcanique ou terrestre par les éléments impondérables

$$18\ddot{E} + 6\ddot{E}^3\ddot{E} + 9\theta = 12\theta + 9\theta = 21\theta.$$

Par la combustion dans l'oxgyène $4O\ddot{E}$ d'un atome double $S^3\ddot{E}^9$ du soufre, est produit un atome de chaleur $\ddot{E}\ddot{E}^9$; les trois autres atomes d'oxygène $3O\ddot{E}$ pénètrent dans le combiné $S^9\bar{O}$ pour remplacer par un atome $\bar{O}$ l'équivalent $\ddot{E}$ négatif éloigné, et il reste les deux autres atomes avec trois équivalents positifs $O^3\ddot{E}^3$. En même temps s'éloignent de l'atome double du soufre quatre atomes de lumière

$$S^4 + O^4 = C^4\varphi^6\ddot{E}^{12}H^6H^9\ddot{E}^4 + 4O\ddot{E} = C^4\varphi^9\ddot{E}^{12}H^4O^4\ddot{E}^3 + \varphi^4 +$$
$$\theta = S^9O^4\ddot{E}^3 = \text{gaz acide sulfureux.}$$

Pour être réduit, l'atome double du soufre de cet acide exige quatre atomes de lumière et un atome de chaleur. L'atome double d'iode $2I\ddot{E}$ remplace dans l'alcool l'atome double $S^9O^4\ddot{E}^3$ d'acide

$$S^3\varphi^9O^4\ddot{E}^3 + C^8\overline{H\theta}^4\overline{HO\theta}^4H^9\ddot{E}^4 + 2I\ddot{E} + \theta + \varphi^4 = S^9\varphi^9\ddot{E}^9 + 4O\ddot{E} +$$
$$C^8\overline{H\theta}^6\overline{HO\theta}^4H^3I^3 + 2\ddot{E}\ddot{E}^9.$$

Les deux équivalents électriques $\ddot{E}^n$ d'iode $2I\ddot{E}$ se combinent avec les quatre équivalents négatifs $4\ddot{E}$ de l'hydrogène ozoné $2H\ddot{E}^3$ pour produire deux atomes de chaleur; comme cela a lieu également dans la combinaison du gaz acide sulfurique.

Désoxydation. L'oxydation des métaux opérée par une combustion dans l'oxygène et le chlore, se manifeste avec production de lumière et de chaleur; les produits sont habituellement un oxyde et rarement un acide; il en est de même pour le carbone ; de sorte que chaque atome métallique n'est qu'un atome de carbone combiné avec différents atomes de carbure d'hydrogène C^2H, car les métaux comme les minerais consistent dans les mêmes éléments que l'atome végétal.

Ainsi donc la lumière et la chaleur répandues pendant l'oxydation d'un métal doivent y pénétrer pendant l'éloignement de son oxygène ou du chlore ; pour cette raison, les corps pareils doivent être exposés au Soleil et en contact avec l'hydrogène ozoné $2H\bar{E}^2$ de l'alcool ou de l'éther, parce qu'il s'en éloigne un équivalent négatif $\bar{E}$ qui passe à l'oxyde $MO\bar{E}^2$ pour y remplacer l'oxygène, et celui-ci va à l'hydrogène ozoné qui devient $2H\bar{E}O$

$$M^2_\varphi O^3\bar{E}^4 + C^8\overline{HO\vartheta}^6 H^2\bar{E}^4\overline{HO\vartheta}^4 + \varphi^2 = M^2_\varphi{}^3\bar{E}^6 +$$
$$C^8\overline{HO\vartheta}^6 H^2\bar{E}^2\bar{O}^2\overline{HO\vartheta}^4.$$

Peroxyde d'uranium, acide chlorhydrique et éther. Cette dissolution jaune indique que les atomes matériels se trouvent arrangés dans le rapport 5:3 qui est obtenu de $8U^2O^3\bar{E}^3 = U^6O^{15}\bar{E}^9U^8O^9\bar{E}^{15}$. L'atome double d'uranium $U^2_\varphi{}^3\bar{E}^6$ contient 3 atomes φ^3 de lumière dont deux s'éloignent avec les trois équivalents négatifs $3\bar{E}$ dans son oxydation pour produire le peroxyde $U^2_\varphi O^3\bar{E}^3$. Après l'exposition au soleil en contact avec l'éther et l'acide chlorhydrique, une partie de l'oxygène s'éloigne, et il reste l'oxyde d'uranium avec une couleur verte qui indique un arrangement dans le rapport $3:2 = 9:6$; qui est obtenu par l'éloignement des neuf atomes d'oxygène dont un est remplacé dans l'atome $U^2_\varphi{}^3\bar{E}^6$ d'uranium par un atome de lumière et un équivalent négatif $\bar{E}$, tandis que les huit autres $8\bar{O}$ ne sont remplacés que par 8 équivalents négatifs $8\bar{E}$

$$U^6O^{15}\bar{E}^9U^8O^9\bar{E}^{15} + 4\varphi + 3\vartheta = U^8_\varphi O^6\bar{E}^{15}U^8O^9\bar{E}^{15} + 9O\bar{E}.$$

Perchlorure de fer et éther. La couleur rouge de la dissolution est produite de l'arrangement $2Fe^2Cl^3 =$.

$Fe^2Cl^4\bar{E}^2Fe^2Cl^2\bar{E}^2$ des éléments matériels. La lumière pénètre dans les deux atomes de fer $Fe^2Cl^2\bar{E}^2$ dont se séparent les deux atomes de chlore Cl^2 pour aller remplacer les quatre équivalents négatifs de l'hydrogène ozoné $2H\bar{E}^2$, car ces équivalents passent aux deux atomes de fer qui se combinent comme tels avec les autres atomes $Fe^2Cl^4\bar{E}^2$

$$Fe^2Cl^4\bar{E}^2Fe^2Cl^2\bar{E}^2 + C^6\overline{H9}\,\overline{HO9}^2H^2\bar{E}^4 + \varphi^2 = Fe^2Cl^4\bar{E}^2Fe^2\varphi^2\bar{E}^6 +$$
$$C^6\overline{H9}^6\overline{HO9}^2H^2Cl^2.$$

Protochlorure de cuivre dissous dans l'éther ou l'alcool. La couleur verte conduit à connaître, des éléments $Cu^6Cl^6\bar{E}^6\overline{HO9}^{10}$ l'arrangement $Cu^2Cl^2\bar{E}^3H^5\bar{E}^{10}O^6\dot{E}^6Cu^2Cl^3\bar{E}^3H^5\bar{E}^{10}O^4\dot{E}^4$. La dissolution dans l'éther ou l'alcool $3C^6\overline{H9}^6\overline{HO9}^4H^2\bar{E}^4$ n'est qu'un remplacement des équivalents électriques négatifs $\bar{E}^4$ de l'hydrogène ozoné $2H\bar{E}^2$ par deux atomes de chlore $2Cl$. Cette dissolution exposée au Soleil se décompose, 1° en chlore $3Cl\dot{E}$ qui s'éloigne, 2° en eau $10HO9$ qui reste dans l'alcool, et 3° en chlorure de cuivre $Cu^2\varphi^2Cl\bar{E}^7Cu^2\varphi Cl^2\bar{E}^2$; il lui faut donc trois atomes de chaleur et trois atomes de lumière qui sont obtenus des rayons solaires

$$Cu^2Cl^2\bar{E}^2H^2\bar{E}^{10}O^6\dot{E}^6Cu^2Cl^2\bar{E}^2H^5\bar{E}^{10}O^4\dot{E}^4 + \varphi^3 + \theta^3 = 3Cl\dot{E} +$$
$$10HO9 + Cu^2\varphi^2Cl\bar{E}^7Cu^2\varphi Cl^2\bar{E}^2.$$

La couleur rouge du chlorure de cuivre est un effet de l'arrangement des atomes de chlore $Cl^2 : Cl = 2 : 1$, tandis que la couleur verte du protochlorure est produite de l'arrangement des atomes de l'oxygène.

Protochlorure de mercure dissous dans l'éther. La couleur rouge de ce corps rend évident l'arrangement de ses éléments pondérables, qui est dans le rapport de $2 : 1$, $6HgCl\bar{E} = Hg^2Cl^4\bar{E}Hg^2Cl^2\bar{E}^2$. Le double atome de chlore remplace dans l'éther les quatre équivalents négatifs des deux atomes d'hydrogène ozoné $2H\bar{E}^2$, et ces équivalents passent aux atomes de cuivre, et c'est dans ces remplacements que consiste la dissolution du chlorure dans l'éther $= C^6\overline{H9}^6\overline{HO9}^2$

$H^3\bar{E}^4$. Pour l'éloignement des trois atomes de chlore $3Cl\bar{E}$ et pour leur remplacement par des équivalents négatifs doubles, il faut trois atomes de chaleur $3\bar{E}\bar{E}^2$; il faut en même temps trois atomes de lumière 3φ pour les trois atomes de cuivre qui restent sans chlore

$$6HgCl\bar{E} + 3C^8\overline{H^9}\overline{HO^7}^2H^9\bar{E}^4 =$$
$$C^{12}\overline{H^9}\overline{HO^9}^3H^8Hg^8Cl^4\bar{E}^7C^{13}\overline{H^9}\overline{HO^9}^9H^8Hg^8Cl^9\bar{E}^8 + \varphi^3 + \theta^3 =$$
$$Hg^3\varphi^2\bar{E}^9Hg^8Cl^3\bar{E}^3 + 3C^8\overline{H^9}\overline{HO^9}^2H^9\bar{E}^4 + 3Cl\bar{E}.$$

Cet arrangement $Hg^3\varphi^2\bar{E}^9Hg^8Cl^3\bar{E}^3$ du chlorure de mercure est déduit de son etat incolore.

Sesquichlorure d'or dissous dans l'éther. La couleur jaune de ce corps fait connaître que les atomes matériels se trouvent sous la disposition suivante :

$$4Au^2Cl^3 = Au^8Cl^6\bar{E}^3Au^2Cl^6\bar{E}^3.$$

Sa dissolution dans l'éther $3C^8\overline{H^9}^6\overline{HO^7}^2H^2\bar{E}^4$ consiste dans le remplacement de quatre équivalents électriques $\bar{E}^4$ par deux atomes de chlore, comme dans le cas précédent. Pour la réduction d'un atome double du combiné Au^2Cl^3 il faut deux atomes de lumière et trois atomes de chaleur qui sont fournis par les rayons solaires

$$Au^2Cl^3 + \varphi^2 + \theta^3 = Au^2\varphi^2\bar{E}^6 + 3Cl\bar{E}.$$

Bichlorure de platine dissous dans l'éther. De la couleur rouge de ce corps on peut conclure l'arrangement $6PtCl^2\bar{E} = Pt^3Cl^2\bar{E}^7Pt^3Cl^4\bar{E}^6$ de ses éléments. La dissolution dans l'éther est opérée par le chlore et l'hydrogène ozoné comme dans les cas précédents. Cette dissolution perd beaucoup de sa couleur au Soleil, ce qui rend évidente la réduction d'une partie du platine.

Oxalate de peroxyde de manganèse et eau. La couleur rouge est produite par l'arrangement suivant des atomes $Mn^2O^3C^4O^6 = MnC^2O^6MnC^2O^3$. Cette dissolution, en

recevant du Soleil pour chaque atome triple un atome de
lumière et un atome de chaleur, se décompose pour produire l'acide carbonique et l'oxalate de protoxyde de manganèse

$$3Mn^2C^4O^{12}Mn^2C^4O^6 + \varphi + \theta = 3C^2O^4\bar{E} + 3Mn^4O^4\bar{E}C^6O^{10}.$$

Le même effet a lieu pour l'oxalate de peroxyde de fer.

Chlorure d'or ou de platine et acide oxalique. Des
dissolutions de cette nature, exposées au Soleil, se décomposent : 1° les métaux se combinent avec les atomes de lumière et avec les équivalents négatifs $\bar{E}^2$ des atomes de chaleur pour être réduits ; 2° les atomes de chlore reçoivent
l'équivalent positif $\bar{E}$ de l'atome de chaleur et produisent
l'acide chlorhydrique HClĒ ; 3° en même temps l'atome
double de carbone reçoit quatre atomes d'oxygène et un
équivalent positif pour produire l'acide carbonique $C^2O^4\bar{E}$

$$PtCl^2\bar{E} + C^4H^2O^8 + \varphi^2 + \theta = Pt\varphi\bar{E}^3 + 2HCl\bar{E} + 2C^2O^4\bar{E}.$$

Oxydes des métaux et huiles. La réduction des métaux au Soleil s'opère également par les atomes de lumière
et de chaleur

$$3MO\bar{E}^2 + \varphi^4\theta = 3M\varphi\bar{E}^2 + 3O\bar{E}.$$

SECTION II.

Les *faits chimiques* ne sont que les résultats des déplacements des éléments des corps ; les *actions chimiques* sont ces déplacements mêmes des éléments et les *causes de ces actions* sont les destructions de l'équilibre entre les éléments pondérables et impondérables des corps. De pareilles destructions ne peuvent être engendrées spontanément dans les éléments pondérables, mais elles ont leur origine, 1° dans l'électricité, 2° dans la chaleur ou 3° dans la lumière.

C'est à cause de ces trois espèces de fluides qui produisent les destructions d'équilibre entre les éléments des corps que l'on distingue les faits chimiques en trois classes, sans que pourtant pour cela les résultats diffèrent en rien : en effet, les éléments matériels, composés de barogène β et des fluides impondérables, sont maintenus, sous un volume limité, à l'état liquide ou solide, et cela à cause, 1° de la pression P exercée sur leur barogène β de la part du barogène affluant de tous les côtés ; et 2° de la répulsion R qu'exercent mutuellement les éléments impondérables par leur élasticité, répulsion qui se communique au barogène β des éléments pondérables.

L'équilibre entre la pression P et la résistance ou la ré-

pulsion R est exprimé par la différence P—R qui indique
le degré de cohésion entre les éléments pondérables. Par
suite de l'élévation de température, la densité des atomes
de chaleur augmente, et en même temps la répulsion R
devient supérieure à la pression P; alors le volume n'est plus
limité par la pression P, et il peut prendre une étendue indéfinie, car, en pareils cas, les atomes pondérables n'o-
béissent qu'à la répulsion de la chaleur.

Le même effet a lieu pour les volumes des gaz, avec cette
différence qu'ils consistent en éléments matériels combinés
avec des équivalents électriques et non pas avec des atomes
de chaleur comme cela a lieu pour les vapeurs. Nous allons
traiter ici: 1° des atomes de lumière incolores ou chromatiques contenus dans les éléments des corps en équilibre,
et 2° des atomes de lumière incidents qui font apparaître les
faits chimiques, précisément comme le font l'électricité et la
chaleur. Néanmoins, en opérant avec la lumière, on rencontre des détails particuliers, parce que chacune des sept
espèces d'atomes chromatiques produit des faits chimiques
qui correspondent à la pression p.

Il a été démontré, page 457, que chaque corps coloré
consiste dans les quantités q, q' d'équivalents dont l'arrangement produit un ou deux des sept rapports chromatiques
2:1, 15:8, 5:3, 3:2, 4:3, 5:4, 9:8. Mais il ne suit pas
de là que, nécessairement, ces rapports des équivalents
rendent toujours les corps colorés; car un très-grand nombre
des corps sont incolores ou blancs, quoiqu'ils consistent en
éléments matériels dont peuvent être produits des arrangements de rapports chromatiques.

Les faits chromatochimiques sont en relation directe non-
seulement avec les couleurs existantes des corps, mais aussi
avec celles qui peuvent être produites des arrangements
propres des éléments matériels. Il est ainsi devenu possible
de constater partout une augmentation de la pression p de
la part des atomes de lumière, augmentation suffisante pour

détruire l'équilibre des éléments des corps et leur faire prendre un autre arrangement qui se présente comme fait chimique ayant pour cause la lumière colorée et simple.

Dans tous les cas où une espèce d'atomes chromatiques produit un fait chimique, le même fait est également ou plus promptement produit de la lumière incolore, sans que le contraire puisse avoir lieu. Outre cela, une grande partie des faits chimiques produits de la lumière peuvent également et même plus promptement être produits par les courants électriques ou par la chaleur; la végétation et certains cas où il s'opère une décomposition des atomes de lumière, sont produits exclusivement des atomes de lumière.

I. — ESPÈCES D'ATOMES DE LUMIÈRE STATIONNAIRES DANS LES CORPS.

Pour répandre une lumière, les corps non lumineux doivent être éclairés : sous ce point de vue on distingue les corps en quatre classes : 1° incolores, 2° blancs, 3° colorés et 4° noirs; ces quatre états sont produits des éléments dont les corps consistent, parce que la lumière incidente est admise comme incolore.

I. Corps incolores. Pour être incolore, un corps doit être transparent, comme l'eau, l'air, le verre, etc.; qui livrent passage à toutes les espèces d'atomes chromatiques, et cela parce que les mêmes espèces d'atomes se trouvent à l'état stationnaire dans les corps pareils. Les atomes φ de lumière exercent entre eux une répulsion mutuelle qui se présente comme une pression P opérée sur les atomes φ' stationnaires dans les corps qui y sont soutenus de la part des éléments du corps. Chaque couche de ces éléments, l'épaisseur étant 1, produit la résistance r; les n couches pareilles produisent une résistance nr.

La couche d'une épaisseur n livre passage aux atomes φ de lumière incidente quand la pression p est plus grande que la résistance nr. Les atomes q ne peuvent pas pénétrer 1° quand l'épaisseur de la couche augmente et que la résistance $(n+n')r$ devient plus grande que la pression p; 2° quand, à cause d'un affaiblissement de la lumière incidente, la pression p diminue et devient $p - p'$, c'est-à-dire inférieure à la résistance nr.

Si la lumière incidente est constituée par une ou plusieurs espèces d'atomes chromatiques, leur pression P n'est communiquée qu'à leurs homonymes stationnaires qui s'écoulent en formant des ondes dont les surfaces sont séparées par les intervalles λ', λ''... λ^{vii} déterminées des ondes des atomes chromatiques incidents.

Cela a lieu pour les atomes chromatiques transmis par toute l'épaisseur du corps incolore, et également pour les atomes qui ne pénètrent qu'une partie de l'épaisseur et en sont dispersés de la face antérieure du corps.

II. **Corps blancs.** Si la surface des corps incolores devient tout à fait inégale, comme cela a lieu quand on pulvérise le verre ou la glace, et quand l'eau est réduite en écume, les atomes de lumière sont dispersés dans toutes les directions sans pénétrer dans la couche liquide ou solide. Les sept espèces d'atomes chromatiques produisent toutes des ondes dont le départ commun est la surface inégale du corps incolore. Au lieu donc que chaque espèce d'atomes chromatiques conserve la propagation de ses ondes, comme cela a lieu dans les corps incolores, cette propagation doit en ce cas commencer de la surface du corps, de sorte que les sept longueurs ou intervalles des ondes des atomes chromatiques produisent en ce cas une longueur λ qui est la moyenne des sept autres, ou $\lambda = \dfrac{\lambda' + \lambda'' + \lambda''' + \lambda'''' + \lambda^{v} + \lambda^{vi} + \lambda^{vii}}{7}$.

Donc, 1° la sensation de l'ensemble de l'existence des sept espèces d'ondes est celle des corps incolores, et 2° la sensation produite des ondes dont λ représente la longueur ou l'intervalle qui les sépare, est celle des corps blancs. La neige, le sucre, le verre pilé, etc., sont blancs, et ils deviennent incolores quand ils sont à l'état liquide.

III. Corps colorés. Les corps incolores ou blancs reçoivent leur couleur de la lumière, quand ils sont éclairés d'une lumière simple, et cela parce qu'ils contiennent la lumière incolore à l'état stationnaire. Mais si la lumière stationnaire est colorée, et qu'ils soient éclairés d'une lumière incolore, la propagation de celle-ci ne peut être communiquée qu'aux atomes chromatiques contenus dans le corps. Pour cette raison, tous les corps sont visibles dans leur couleur naturelle, quand ils sont éclairés de la lumière incolore formée des sept espèces d'atomes chromatiques.

Il a été prouvé que la propagation des atomes de lumière n'a pas lieu par un écoulement continu, comme pour l'eau ou le sable, mais qu'elle s'opère par systoles et diastoles, ou contractions et dilatations successives, ainsi que l'ont bien constaté Arago et Fresnel. Durant ces systoles et diastoles, les ondes de la lumière incolore arrivent aux corps colorés, dans lesquels ne peut se continuer que la propagation des atomes stationnaires χ. Les six autres espèces $\varphi - \chi$ d'atomes chromatiques restent arrêtés à la surface des corps colorés.

Si la pression p est supérieure à la résistance r, les atomes chromatiques χ s'écoulent de la face postérieure, et le corps est *transparent;* mais il est *opaque* quand la résistance est supérieure à la pression p; les atomes stationnaires se dispersent alors de la face antérieure comme dans les corps blancs, et cèdent leur place à leurs homonymes.

IV. Corps noirs. Le noir, pas plus que le blanc, n'est produit d'une espèce particulière d'atomes; la sensation du blanc résulte de la pénétration de l'ensemble de sept espèces d'atomes chromatiques par la rétine; le noir, au contraire, est la sensation qui résulte d'un manque total d'atomes de lumière de la part de l'espace e noir, tandis que ce manque n'existe pas de la part du contour extérieur de cet espace e.

Donc le manque de lumière de la part de l'espace *e* est déterminé de la sensation produite de la lumière de la part du contour de cet espace; la sensation du noir correspond ainsi à celle du froid.

Comme les corps colorés laissent disperser seulement leurs atomes chromatiques χ et que les six autres espèces $\varphi - \chi$ restent arrêtés, pour les corps noirs il faut considérer toutes les sept espèces d'atomes chromatiques dans un état pareil, et cela à cause du manque d'atomes qui puissent céder leur place sous la pression *p* qu'ils reçoivent des atomes φ incidents.

V. Corps terrestres lumineux. La lumière répandue a deux origines différentes : 1° ses atomes φ sont contenus à l'état spécifique, comme l'est la chaleur spécifique; ou 2° les éléments électriques $\overset{+}{E}$ et $\bar{E}$ des atomes $\overset{+}{E}{}^2\bar{E}$ de lumière sont contenus : les négatifs $\bar{E}$ dans les combustibles, et les positifs $\overset{+}{E}$ dans l'oxygène, le chlore, le brome et l'iode.

La couleur des corps lumineux est un résultat de l'arrangement de leurs éléments pondérables; cet arrangement ne paraît pas dans les atomes chromatiques stationnaires : par exemple, le charbon, à une température élevée, répand ses atomes de lumière sous une couleur rouge produite de l'arrangement de ses éléments dans le rapport 2:1

$$C^4 + 8O\bar{E} = \overline{HO9}^2 H^6 \bar{E}^{12} \varphi^6 + 8O\bar{E} = C^2O^4C^2O^3 + 2O\bar{E} =$$
$$C^4\varphi^2O^8\bar{E}^3 + \varphi^4 + \theta^6.$$

La lumière jaune de la lampe monochromatique de Brewster est un résultat de l'arrangement des éléments pondérables du chlore $= 4Cl = C^8O^{12} = C^5O^6C^3O^6$, car la lumière du carbone et de l'hydrogène est différemment colorée, quand elle naît de la combustion de l'alcool.

II.— FAITS ÉLECTROCHIMIQUES PRODUITS DES ATOMES DE LUMIÈRE COLORÉE.

Dans chaque combinaison ou décomposition chimique des éléments des corps, il est absolument nécessaire qu'il s'opère un déplacement de ces éléments, lequel doit provenir d'une destruction d'équilibre occasionnée par un fluide impondérable qui doit exercer une pression p sur les éléments afin d'en détruire l'équilibre.

Si la destruction de l'équilibre s'opère de la part des équivalents électriques $\bar{E}$ et $\bar{E}$ contenus dans les atomes de chaleur $\bar{E}\bar{E}^2$ et repoussés inégalement de la part de leurs homonymes contenus dans deux lames métalliques, il faut, pour que cet écoulement des équivalents $\bar{E}$ et $\bar{E}$ se continue, qu'ait lieu leur éloignement qui s'opère par leur combinaison et la production d'atomes de chaleur $\bar{E}\bar{E}^2$ et de lumière $\bar{E}^2\bar{E}$, comme cela a lieu dans les *electrolyses.*

Dans les *photolyses* ou les *thermolyses*, ce sont les atomes de lumière ou de chaleur qui produisent la destruction d'équilibre, et pour que celle-ci soit entretenue, il ne faut pas d'interruption dans l'écoulement des atomes de chaleur ou de lumière, qui est en ce cas entretenu par l'éloignement des équivalents électriques $\bar{E}$ et $\bar{E}$ d'où provient un courant électrique, comme dans les électrolyses.

Les faits chimiques résultent donc des déplacements des éléments des corps qu'occasionne l'écoulement de l'électricité, de la lumière ou de la chaleur, et ces écoulements sont entretenus, comme les ventilations, simultanément par une poussée et une aspiration. I. Les équivalents électriques $\bar{E}$ et $\bar{E}$ contenus dans les atomes de chaleur éprouvent la poussée en directions opposées, détruisent l'équilibre des éléments des corps et disparaissent en se combinant entre eux ou avec les éléments de ces corps : 1° S'ils se combinent entre eux et avec les équivalents électriques des corps, il se produit des combinaisons chimiques, ainsi que des

atomes de chaleur $\bar{E}\bar{E}^2$ et de lumière $\bar{E}^2\bar{E}$, 2° Si au contraire
les équivalents électriques $\bar{E}$ et $\bar{E}$ se combinent avec les éléments pondérables des corps, il y a consommation des
atomes de chaleur et de lumière et décomposition chimique
des corps. II. Les atomes de chaleur et de lumière éprouvent une poussée de la part du Soleil ou d'un corps en
combustion, ils détruisent l'équilibre des éléments des corps
qui ne leur livrent pas passage, et leur écoulement n'est
entretenu que par la décomposition de leurs atomes en
équivalents électriques, 1° qui se combinent avec leurs hétéronymes des corps quand les éléments matériels, se séparant de leurs équivalents électriques, se combinent entre
eux; ou 2° ils se combinent avec les éléments matériels des
corps pour les faire se décomposer, et en ce cas disparaissent les atomes de chaleur et lumière et apparaissent séparément les éléments pondérables des corps qui occasionnent un écoulement d'équivalents électriques $\bar{E}$ dirigé vers
les éléments qui apparaissent, en état électropositif.

La quantité d'équivalents électriques combinés avec les
éléments pondérables et ainsi éloignés, ne diffère pas de
celle des équivalents qui remplacent ceux qui s'éloignent;
les faits chimiques observés dans les éléments matériels sont
ainsi en proportion directe avec les déviations de l'aiguille
magnétique du rhéomètre qui indique la poussée exercée
de la part des équivalents électriques qui s'écoulent pour
aller occuper la place de ceux qui s'éloignent.

Si l'arrangement entre les éléments pondérables était le
même dans tous les corps, il n'existerait aucune différence
entre les faits chimiques produits des atomes chromatiques;
mais les différences entre les corps sont précisément le résultat de ces arrangements propres de chaque corps; par
suite, quand ils sont d'accord avec le rapport chromatique
d'une ou de deux espèces d'atomes chromatiques, ils diffèrent des six ou des cinq autres auxquels le corps ne livre
pas passage.

I. Dans les cas où le même rapport chromatique existe entre l'arrangement des éléments pondérables des corps et les atomes de la lumière colorée incidente, il ne se produit aucune destruction d'équilibre dans les éléments du corps, parce qu'ils livrent passage aux atomes chromatiques.

II. Dans les cas où les éléments pondérables du corps affectent deux arrangements tels, par exemple, que rouge $2 : 1$ et jaune $5 : 3 : 1°$ il y a une résistance médiocre aux atomes χ^I rouges de la part de l'arrangement jaune $5 : 3$; de même $2°$ il y a une résistance médiocre aux atomes jaunes χ^{III} de la part de l'arrangement rouge $2 : 1$; $3°$ il n'existe aucune résistance aux atomes orangés χ^{II} qui sont le mélange du rouge avec le jaune.

III. Si l'arrangement des éléments matériels des corps n'offre qu'un cas unique, ce qui est très-rare, par exemple, rouge $2 : 1$, comme l'est celui du charbon brûlant, les atomes verts χ^{IV} complémentaires du rouge éprouvent le maximum de résistance.

IV. Si l'arrangement des éléments matériels devient double au lieu de rester simple, le même corps produit alors les faits photochimiques, non plus des atomes chromatiques complémentaires de la seule espèce d'atomes stationnaires, mais les atomes actifs sont en ce cas complémentaires du mélange des deux espèces d'atomes stationnaires; ces cas sont très-fréquents et bien observés dans les combinés de chlore, de brome et d'iode.

Chlore. Les éléments du chlore sont $4Cl = 4C^2O^3 = C^8O^{12}$; à l'état gazeux, leur arrangement, suivant le carbone, est $C^5O^6C^3O^6$ qui a la couleur jaune indiquée par le rapport $5 : 3$. En tel état, les atomes de la lumière jaune ne produisent aucun effet, et le maximum de faits est produit des atomes de la lumière violette complémentaire de la lumière jaune; en ce cas l'action du bleu et du vert est faible, et celle de l'orangé et du rouge insignifiante ou même nulle.

Mais quand l'arrangement du rouge entre aussi dans les

éléments du chlore par son oxygène, celui du jaune ne disparaît pas, mais ils restent tous les deux, et alors leur mélange est l'orangé qui a le bleu pour complémentaire

$$4Cl = C^8O^{12} = C^5O^8C^5O^4 = \text{jaune} + \text{rouge} = \text{orangé}.$$

Brome. L'atome double du brome $2Br = 2C^5O^6 = C^{10}O^{12}$ est rouge dans l'arrangement $C^5O^8C^5O^4$, et il affecte toujours cet arrangement quand il est isolé; mais à l'état vaporeux ou dissous dans une grande quantité d'eau, il laisse apparaître l'arrangement du vert sans que celui du rouge disparaisse, et de leur mélange est produit le jaune

$$2Br = C^{10}O^{12} = C^6O^8C^4O^4 = \text{rouge} + \text{vert} = \text{jaune}.$$

Le violet est la couleur qui produit le plus grand fait chimique; alors le jaune est entièrement inactif.

Iode. L'atome double d'iode est $2I = C^{14}O^{21}$; sa couleur rouge est le résultat de l'arrangement suivant ses éléments d'oxygène $C^7O^{14}C^7O^7$. Mêlé avec l'amidon $C^{12}\overline{HO}^{10}$, l'iode affecte dans ses éléments un arrangement qui résulte également et de son carbone et de son oxygène $2I = C^{14}O^{21}$ $= C^7O^{12}C^7O^9$. La couleur violette de la vapeur est le résultat du mélange du rouge avec le bleu

$$2I = C^{14}O^{21} = C^8O^{14}C^6O^7 = \text{bleu} + \text{rouge} = \text{violet}.$$

En ce cas le violet est entièrement inactif, et c'est son complémentaire, c'est-à-dire le jaune, qui produit l'oxydation de l'iode dans sa dissolution avec l'amidon, tandis que la lumière violette ne produit aucun changement.

III. — CORPS SUSCEPTIBLES DE FAITS CHROMATOCHIMIQUES.

Les faits chimiques produits par l'électricité ou par la chaleur sont très-nombreux, car il y a peu de corps qui n'éprouvent quelque changement dans les forts courants électriques et à une température élevée. Le nombre restreint

des corps qui éprouvent quelques changements chimiques
de la lumière prouve combien est faible la pression qu'exercent les atomes de lumière contre les éléments des corps.

Ces corps se rencontrent parmi les métaux, tels que l'or
et surtout l'argent, et parmi les métalloïdes, tels que le
chlore, le brome et l'iode; parmi les autres corps, il y a
quelques peroxydes qui au Soleil se séparent d'un atome
d'oxygène. Les trois métalloïdes nommés ci-dessus se distinguent des autres par leur état positif et en même temps
ozoné; l'or et l'argent se distinguent des autres métaux par
la petite quantité d'atomes de lumière réfléchie qui ont le
plan de polarisation dans celui de réflexion.

Avant d'établir ici comment s'opère la désoxydation de l'or
et de l'argent par la lumière, il est nécessaire d'indiquer
comment est produite leur oxydation avec l'oxygène naturel, l'oxygène ozoné et l'oxygène de l'eau

$$3Ag\bar{E}^3 + 3O\bar{E} = 3AgO\bar{E}^3 + \bar{E}^3\bar{E} + \bar{E}\bar{E}^3,$$
$$3Ag\bar{E}^3 + 3O\bar{E}\bar{E} = 3AgO\bar{E}^3 + 3\bar{E}\bar{E}^3,$$
$$3Ag\bar{E}^3 + 3HO\vartheta = 3AgO\bar{E}^3 + 3H\bar{E} + 3\vartheta,$$
$$3Ag\bar{E}^3 + 3Az\overline{HO\vartheta}O^5\bar{E}^2 = 3AgOAzO^3 + 3H\bar{E} + 5\vartheta + 5\varphi.$$

De ces quatre espèces d'oxydation de l'argent s'opèrent
facilement celle de l'oxygène ozoné et celle de l'acide azo-
·tique, quoique l'oxyde AgO d'argent soit le même, et cela
devient évident par sa désoxydation.

Outre les équivalents négatifs $\bar{E}$ qui s'éloignent dans
l'oxydation de l'argent, il y a en même temps éloignement
d'atomes de lumière, qui restent imperceptibles quand leur
densité est petite, et apparaissent au contraire quand l'argent
est brûlé dans l'oxygène pour obtenir une oxydation très-
prompte.

Les combinaisons de l'argent avec le chlore, le brome et
l'iode s'opèrent, comme son oxydation, avec l'oxygène

ozone; de chaque atome est produit un atome de chaleur et la séparation d'un atome de lumière

$$Ag_\varphi \bar{E}^3 + Cl\bar{E} = AgECl + \bar{E}\bar{E}^2 + \varphi.$$

Polarisation métallique de la lumière réfléchie. Si l'incidence d'un rayon sur le verre s'opère sous l'angle de polarisation γ, tous les atomes q_φ de lumière réfléchie sont polarisés dans le plan de réflexion; si l'angle d'incidence $\gamma \pm d$ est différent, il y a une quantité p_φ d'atomes polarisés dans le plan de réflexion, et une autre $p'\varphi$ non polarisée, ou polarisée dans un autre plan.

Si la surface de réflexion n'est pas un verre, mais un métal, on trouve que la quantité $p'\varphi$, qui n'est pas polarisée dans le plan de réflexion, l'est dans le second azimut; cette quantité $p'\varphi$ d'atomes diffère pour chaque métal par rapport à celle p_φ polarisée dans le plan de réflexion. Brewster, qui observa le premier ces différences et détermina approximativement les atomes $p'\varphi$ pour chaque métal, en admettait $p + p' = 100$. Dans l'argent il trouva pour p' la plus grande valeur $= 39,5$, et dans le plomb il trouva $p' = 11$ la plus petite valeur.

Argent.	Or.	Étain.	Cuivre.	Mercure.	Platine.	Zinc.	Acier.	Cobalt.	Plomb.
39,5	55	53	26	26	22	19	17	12,5	11

Ces résultats conduisent à connaître que, dans le plomb, les atomes $(100 - 11)\varphi$ éprouvent une réflexion superficielle, et dans l'argent ce sont les atomes $(100 - 39,5)\varphi$ qui éprouvent une telle réflexion et par suite une polarisation dans le plan de réflexion. Les autres atomes $p'\varphi$ de lumière éprouvent 1° : une réfraction pour pénétrer une couche très-mince c du métal et pour arriver à la surface s' de la couche inférieure c'; 2° dans cette surface s' ils éprouvent une réflexion et pénètrent la couche c; 3° en sortant de cette couche c, ils éprouvent dans sa surface s une réfraction dont résulte une polarisation dans le deuxième azimut. Il est

ainsi constaté que la lumière est moins repoussée de la part
de l'argent et de l'or que des autres métaux.

Chlorure, bromure, iodure d'argent ou d'or.
Nous avons fait ressortir la différence entre le chlore insolé
et le chlore non insolé; ces différences se présentent dans
leurs combinés insolés ou non insolés; pour cette raison, les
vapeurs des métalloïdes viennent en contact avec l'argent
dans un espace d'une obscurité complète. Les deux équivalents négatifs $\bar{E}^2$ de l'argent se combinent avec l'équivalent
positif $\bar{E}$ du métalloïde, et celui-ci se combine avec l'argent,
les combinés ainsi produits sont indiqués par $AgBr\bar{E}$, $AgCl\bar{E}$,
$AgI\bar{E}$.

Chacun de ces corps présente neuf états différents quand
une lame de chacun est coupée en neuf parties ou en neuf
lames l', l''... l^{vu}. La lame l^o reste non insolée et les autres
l', l'', l^{vu} sont insolées chacune d'une espèce d'atomes chromatiques χ', χ'', χ^{vu}, et la lame l est insolée dans la lumière
incolore du Soleil. Mais en ces cas il ne faut pas oublier
de tenir compte de l'espace de temps que dure l'insolation.

Les faits obtenus de ces insolations ne se présentent pas
immédiatement; pour les observer, il faut attendre plusieurs
jours, car les atomes de lumière introduits doivent se mettre
en équilibre avec les éléments du corps, et un tel équilibre
n'est rétabli que très-lentement.

CHAPITRE PREMIER.

CHROMATOCHIMIE.

On nomme ainsi la partie de la chimie où il est traité des faits produits non pas des atomes de lumière incolore φ, mais des atomes χ', χ''... χ^{vn} de lumière colorée du spectre. Les faits ainsi obtenus permettent de poursuivre les arrangements des éléments des corps jusque dans leurs derniers détails, parce que chaque espèce d'atomes chromatiques produit 1° des sensations physiologiques qui leur sont propres, 2° des faits chimiques et des courants électriques d'intensité correspondantes à ces faits. Il est donc nécessaire d'exposer séparément les faits de chaque genre et de montrer ensuite la liaison qu'établit entre eux la loi physique.

I. — FAITS CHIMIQUES PRODUITS DE LA LUMIÈRE COLORÉE.

L'état permanent des corps est le résultat d'un équilibre entre les éléments pondérables qui éprouvent dans leur *barogène* β une répulsion r de la part des éléments impondérables et une pression p de la part du même *barogène* se trouvant, non pas à l'état d'équilibre, comme on l'admettait pour l'éther, mais affluant de tous les côtés et se propageant après avoir exercé une pression p et éprouvé une résistance de la part du barogène β contenu dans les éléments pondérables, qui ne diffèrent des impondérables qu'en ce qu'ils sont composés, 1° de ces mêmes éléments impondérables, et 2° du barogène indiqué par β.

Les corps affectent l'état *cristallin* quand les atomes pondérables se trouvent disposés de façon à prendre un état d'équilibre rectiligne, 1° par rapport aux directions des pressions P reçues du dehors de la part du barogène, pressions qui sont *isodynames*, et 2° par rapport aux directions divergentes de répulsions r', r'', r'''... r'' reçues de la part des éléments impondérables qui ne sont pas isodynames, mais diffèrent en chaque direction et déterminent ainsi la forme cristalline des corps. Sauf l'eau et ses éléments, tous les autres corps possèdent des atomes de lumière à l'état *spécifique*; mais la lumière se trouve à l'état *stationnaire* aussi bien dans l'eau que dans tous les corps : c'est donc de l'absence de lumière spécifique dans la glace que provient la grande différence $1,436 - 1,31 = 0,126$ entre l'indice $1,31$ de l'eau et celui du spath fluor, qui est, sous ce rapport, inférieur à tous les autres corps.

Donc ces atomes φ spécifiques de lumière ou leurs éléments chromatiques exercent les répulsions r', r'', r'''... r'' contre le barogène des éléments pondérables, et ceux-ci obtiennent ainsi un arrangement chromatique qui peut être en même temps cristallin ou *amorphe*. Cet arrangement des atomes se manifeste dans leur couleur, qui est simple ou composée, selon que les éléments ont un arrangement simple ou double.

Les corps colorés éclairés par la lumière incolore ne livrent passage qu'aux espèces d'atomes chromatiques homonymes, car toujours les atomes stationnaires doivent s'éloigner pour pénétrer leurs homonymes contenus dans la lumière incolore incidente. Les autres espèces d'atomes qui ne trouvent pas passage s'accumulent, exercent entre eux une répulsion r qui se propage dans les éléments du corps comme pression p; si celle-ci est suffisante pour produire un déplacement des éléments matériels, il y a apparition de faits chimiques.

Ainsi, parmi les atomes de lumière φ incolore, il n'y a que les espèces chromatiques arrêtées qui produisent les faits chimiques observés; de sorte que ces mêmes faits deviennent produits dans le cas où la lumière incidente est incolore ou composée d'éléments chromatiques auxquels le corps ne livre pas passage. Donc la chromatochimie est la partie de la chimie où les faits ont pour cause les espèces d'atomes chromatiques arrêtés et accumulés ainsi ils exercent une pression p suffisante pour déplacer les éléments matériels du corps; mais cette pression p a son origine dans la répulsion r mutuelle entre les atomes chromatiques.

Phosphore et lumière bleue. Ce corps cristallisé, incolore et odorant, devient amorphe, rouge et inodoré quand il reste quelques jours exposé au Soleil sous une lame de verre incolore ou bleue; sous une lame rouge ou jaune, les faits indiqués se produisent plus lentement, et leur production n'apparaît pas sous les lames orangées, vertes ou violettes; et cela parce que le phosphore livre passage à ces espèces d'atomes chromatiques tandis qu'il arrête la lumière bleue, complémentaire de l'orangée; celle-ci est le mélange de la lumière rouge et jaune auxquelles livrent passage les deux espèces d'arrangements des éléments matériels du phosphore.

Pour connaître les éléments matériels de ce corps, il faut remonter à son origine, qui est le soufre, car c'est de celui-ci que le phosphore se forme, quand les éléments $C^{12}H^{24}$ du soufre obtiennent un arrangement qui livre passage aux atomes χ' de la lumière rouge, comme cela est indiqué dans les formules suivantes, représentant toutes les transformations de l'atome végétal $= C^{24}H^{24}O^{24}$:

$S^9 = C^{24}H^{24}O^{24} - C^{12}O^{24} = C^{12}H^{24} = C^6H^{15}C^6H^9 =$ soufre
jaune.

$S^6 = C^6H^{15}C^4H^9 =$ soufre jaune et rouge $=$ soufre orangé.

$S^9 = C^6H^{15}C^4H^6C^2H^9 = C^6H^{15} + C^6H^6C^4H^3 =$ phosphore et
soufre rouge.

$Ph^2 = C^6H^{18}\bar{E}^9 =$ phosphore incolore odorant.

$Ph^2 = C^4H^{10}C^4H^5 =$ phosphore rouge inodore.

$Ph^9 = C^8H^{19}C^4H^4 =$ phosphore rouge et jaune $=$ orangé
opposé au bleu.

Donc le phosphore est formé des éléments C^6H^{15} dont l'arrangement double livre passage à l'orangé, lequel est le
mélange du rouge avec le jaune, tandis qu'il ne livre pas
passage à la lumière bleue complémentaire de l'orangé. Par
suite, ce sont les atomes χ^v du bleu qui, accumulés, exercent
entre eux une répulsion r dont provient une pression p
exercée sur les éléments matériels du phosphore. Cette
pression p est suffisante pour séparer de chaque atome de
phosphore trois équivalents négatifs électriques $\bar{E}^9$ qui se
combinent avec les éléments d'un atome $\bar{E}^9\bar{E}$ de lumière, et
produisent deux atomes de chaleur $\bar{E}^3 + \bar{E}^9\bar{E} = 2\bar{E}\bar{E}^2$.

Chlore non insolé, hydrogène et lumière bleue.
Nous avons indiqué la combinaison de l'hydrogène, 1° dans
l'obscurité avec le chlore insolé, et 2° en présence du Soleil avec le chlore non insolé; ici l'on fera voir que c'est la
lumière bleue à laquelle le chlore ne livre pas passage, et
ainsi que c'est elle qui, accumulée, détruit l'équilibre entre
les éléments du chlore et de l'hydrogène, et occasionne leur
combinaison, qui n'est possible qu'au moyen des atomes $\bar{E}^9\bar{E}$
de lumière, dont chacun se combine avec trois équivalents
négatifs $3\bar{E}$ séparés des trois atomes de chaleur, pour produire deux atomes de chaleur, comme cela a lieu dans la
métamorphose du phosphore par la lumière.

D'un atome végétal $C^{24}H^{24}O^{24}$ sont produits quatre atomes
de sel gemme, et le chlore est obtenu de ce sel comme le

phosphore du soufre ; la différence entre les corps n'est qu'un effet direct des éléments séparés. Dans la production du soufre, se séparent 12 atomes d'acide carbonique et dans celle du sel gemme, il s'en sépare seulement 4 :

$$\text{Sel gemme} = C^{24}H^{24}O^{24} - C^4O^8\ddot{E}^2 = C^{20}\overline{HO\theta}^{12}\overline{H\theta}^6H^2\ddot{E}^4\overline{HO\theta}^4 =$$
$$2C^{10}\overline{HO\theta}^6\overline{H\theta}^3H\ddot{E}^2 + 4HO\theta = 4NaCl + 4HO\theta.$$

L'odeur particulière du sel gemme résulte de l'hydrogène ozoné $\ddot{H}\ddot{E}^2$ contenu dans l'atome double de ce sel ; les éléments du chlore sont $4Cl = 4C^2O^3\ddot{E} = C^8O^{12}\ddot{E}^4$, c'est-à-dire les mêmes que ceux de l'acide oxalique anhydre. Les éléments matériels $C^2\bar{O}^8$ du chlore constituent un élément double négatif matériel qui, combiné avec l'équivalent positif électrique $\ddot{E}$, produit un atome ozoné dont provient l'odeur de ce corps. Les éléments matériels du chlore sont susceptibles des deux arrangements chromatiques ; sa couleur jaune est le résultat de l'arrangement suivant les éléments de carbone $C^5O^8C^1O^6$; suivant les éléments de l'oxygène provient le rouge $C^4O^5C^4O^4$, et c'est l'orangé qui résulte de leur mélange

$$C^5O^8C^8O^0 = \text{jaune et rouge} = \text{orangé opposé au bleu.}$$

Le chlore mêlé avec l'hydrogène a les éléments matériels en un arrangement double jaune et rouge dont le mélange est l'orangé qui ne livre pas passage à la lumière bleue ; les atomes χ^v du bleu arrêtés et accumulés exercent entre eux la répulsion r, qui se communique comme pression p aux éléments du chlore et de l'hydrogène, et c'est cette pression qui produit leur déplacement qui se manifeste : 1° comme fait *chimique* dans la formation de l'acide chlorhydrique, et 2° comme fait physique dans l'apparition de chaleur.

Le chlore isolé est jaune, et cette couleur conduit à connaître l'arrangement de ses éléments qui est $C^2O^8C^2O^4$; quand le chlore est combiné avec l'argent, il ne produit aucune couleur, ce qui prouve l'absence de tout arrangement chromatique, mais cet état ne se conserve que dans l'obscurité ou dans la lumière jaune et rouge, parce qu'il se détruit dans la lumière bleue et surtout dans la lumière violette, complémentaire de la lumière jaune.

Iode, amidon, lumière jaune et verte. L'iode avec l'amidon, dissous dans l'eau, produisent une couleur bleue qui se conserve dans l'obscurité, et sous les cloches des couleurs indigo violet ou rouge; sous les cloches incolores, jaunes ou vertes, l'iode se combine avec l'hydrogène de l'eau et forme l'acide iodhydrique avec la disparition de la couleur bleue. Si, après avoir concentré, au moyen d'une lentille, les deux couleurs jaune et vert du spectre, on les fait ensuite tomber sur la dissolution bleue, celle-ci se décolore en peu de minutes. La lumière bleue ou rouge séparément agissent lentement, mais le violet, qui paraît être un mélange du rouge et du bleu, ne produit aucun effet.

Ces faits, observés pour la première fois par Grotthus, ont prouvé aux physiciens qu'il ne faut pas considérer les faits chimiques comme le résultat simple d'une espèce d'atomes d'un nouveau fluide produisant des *rayons chimiques*, mais que ces faits sont produits directement des espèces d'atomes de lumière auxquels les corps ne livrent pas passage; et cela à cause de l'arrangement des éléments matériels, qui sont de même espèce dans le chlore, l'iode et le brome, cependant en proportions chromatiques différentes.

L'atome double d'iode consiste en éléments susceptibles des deux arrangements en rapports chromatiques : l'un $2:1$ rouge, et l'autre $4:3$ bleu; le violet en est produit quand les atomes d'iode sont ensemble, arrangés en ces deux rapports, comme cela apparaît dans la vapeur :

$$2I = C^{14}O^{21} = C^7O^{14}C^7O^7 = C^8O^{14}C^6O^7 = \text{bleu et rouge} =$$
$$\text{violet opposé du jaune.}$$

L'orangé résulte des éléments C^9O^{12} du chlore arrangés en rapports rouge $2:1$ et jaune $5:3$, et il a été prouvé que la lumière orangée est inactive : le fait chimique est promptement produit dans le cas précédent de son complémentaire, c'est-à-dire le bleu. Ici c'est le violet qui résulte de l'arrangement double des éléments $C^{14}O^{21}$ de l'iode qui donnent les rapports 2 : 1 rouge et 4 : 3 bleu. Donc la dissolution bleue livre passage aux atomes χ^{vm} de la lumière violette et intercepte les atomes χ^{m} de la lumière jaune ; le rouge qui prédomine intercepte les atomes χ^{iv} de la lumière verte ; ces espèces d'atomes accumulés exercent entre eux une répulsion r qui agit comme pression p sur les éléments de la dissolution bleue : les éléments sont ainsi forcés de se déplacer pour prendre un autre arrangement qui se manifeste comme un fait chimique.

Comme dans le cas précédent, le rouge ou le jaune agissent séparément avec lenteur ; de même ici le rouge et le bleu séparément agissent lentement aussi, et cela parce que les éléments d'une espèce arrêtent ceux de l'autre, tandis que cela n'a pas lieu dans les cas où la lumière incidente est un mélange des deux espèces d'atomes stationnaires.

Vert des plantes et lumière rouge. Une infusion de chlorophylle dans l'alcool livre passage aux atomes χ^{iv} du vert et à ceux χ^{m} du jaune, pendant qu'elle intercepte les atomes χ' du rouge : sous les cloches vertes ou jaunes, cette infusion se maintient longtemps au Soleil, et sous les cloches rouges elle se décompose très-promptement, de même que sous les cloches violettes.

Végétation, eau et lumière violette. La végétation n'est qu'une production d'atomes végétaux opérée par la séparation de trois atomes d'oxygène de l'atome $C^3O^3H^2O^2$ de chlorophylle, et leur remplacement par trois atomes de lumière. C'est donc celle-ci qui fait que les atomes $O^3\ddot{E}^3$ d'oxygène se séparent de la chlorophylle où ils se trouvent en un arrangement du vert et jaune 3 : 2 et 5 : 3, dont le mélange a pour complémentaire l'extrême violet.

Dans l'obscurité, la végétation est également interrompue

ainsi que dans la lumière jaune, tandis qu'elle continue dans la lumière violette comme dans la lumière incolore, et cela parce que, dans les deux cas, les atomes stationnaires χ''' et χ'' jaunes et verts livrent passage à leurs homonymes et arrêtent leurs complémentaires χ''' du violet. Ceux-ci, accumulés, exercent entre eux une répulsion qui se propage aux éléments de la chlorophylle : ceux-ci se décomposent alors et laissent s'éloigner de chaque atome trois atomes d'oxygène, dont la place est aussitôt occupée par trois atomes de lumière.

Ainsi de six atomes d'eau, il se produit, dans la surface des plantes, par le déplacement des éléments, un atome de chlorophylle; et des 12 atomes de chlorophylle se forme un atome végétal par la séparation des 36 atomes d'oxygène et leur remplacement par un nombre égal d'atomes de lumière. Il faut donc, pour la formation d'un atome végétal, 72 atomes d'eau dont 36 doivent premièrement se décomposer avec leur chaleur latente, et ensuite les 36 atomes d'oxygène doivent s'éloigner, pour être remplacés par un nombre égal d'atomes de lumière

$$72\,HO9 = \overline{HO9}^{12}\,H^{86}\,\overline{E}^{72}\,O^{46}\,\overline{E}^{30}\,\overline{HO9}^{24} = 12\,C^2\,\overline{E}^{40}\,O^3\,\overline{E}^3\,\overline{HO9}^2 =$$
$$\text{chlorophylle.}$$
$$12\,C^2\,\overline{E}^6\,O^3\,\overline{E}^3\,\overline{HO9}^2 - 360\,\overline{E} + 36\,\varphi = C^{24}\,\overline{E}^{72}\,\varphi^6\,\overline{HO9}^{34} =$$
$$\text{atome végétal.}$$

Acide azotique et lumière bleue. Cet acide concentré laisse se séparer un atome d'oxygène avec quatre atomes d'eau quand il est exposé à la lumière incolore ou à la lumière bleue, et il se transforme en acide azoteux. L'acide azotique contenu dans des vases de couleur orangée n'éprouve aucun changement. Quoique l'acide azotique soit incolore, le changement qu'il éprouve dans la lumière bleue prouve qu'il ne livre pas passage aux atomes χ^v de cette couleur, complémentaire de l'orangé, et que celle-ci, loin d'exister comme telle dans l'acide azotique, n'est que le

résultat d'un mélange de la lumière jaune avec le rouge;
car ces deux espèces de rapports sont les seuls qui peuvent
être obtenus de l'atome double d'acide dont l'atome est in-
séparable des quatre atomes d'eau

$$\mathrm{Az\overline{HO}^4 O^2 O^3 \ddot{E}^3 + \theta - O\ddot{E} = AzO^2\overline{O\ddot{E}\ddot{E}}^3 + 4HO\theta.}$$

L'oxygène $O\ddot{E}$ s'éloigne par la décomposition d'un atome
de chaleur $\ddot{E}\ddot{E}^3$ dont il reçoit l'équivalent positif $\ddot{E}$, tandis
que les deux autres $\ddot{E}^3$ négatifs restent unis aux deux atomes
d'oxygène $2O\ddot{E}$ qui deviennent ozonés; et ainsi l'acide azoteux acquiert des propriétés chimiques particulières et une
odeur propre qui ne permettent pas de considérer cet acide
comme un mélange de l'acide azotique avec l'acide hypo-
azotique.

Les arrangements chromatiques jaune et rouge 5 : 3 et
2 : 1 des éléments de l'acide azotique sont obtenus de la
manière suivante :

$$\mathrm{2AzO^5\overline{HO}^4 = AzH^5O^{12} AzH^3O^6 = jaune\ et\ rouge = orangé.}$$

Lumière bleue et oxydes ou sels. L'oxyde rouge
d'or se décompose dans la lumière bleue complémentaire de
l'orangée ; celle-ci est en ce cas un mélange du rouge qui
est dans l'oxyde et du jaune qui est dans l'or. Cette décomposition de l'oxyde d'or s'opère plus facilement quand ce
métal est dissous dans l'éther qui contient l'acide chlorhydrique; le même effet a lieu pour le peroxyde de fer qui est
réduit en protoxyde.

L'eau contenue dans les cristaux de quelques sels s'en
sépare quand ceux-ci sont exposés à la lumière bleue ; en
pareil cas l'état cristallin disparaît, et les sels prennent l'état
amorphe. Les faits chimiques, comme les précédents, sont
le résultat des arrangements des éléments des sels pour livrer passage à la lumière orangée composée de jaune et
rouge, et pour arrêter la lumière bleue qui est la complémentaire de l'orangé.

Lumière violette et chlorure d'argent non insolé. Ce chlorure incolore est produit du sel gemme mêlé avec l'azotate d'argent, ou par le dépôt galvanoplastique du chlore de l'acide chlorhydrique sur une plaque d'argent. Le chlore, séparément, est jaune comme l'or; donc ses éléments livrent passage à la lumière jaune et arrêtent la lumière violette dont les atomes χ''' accumulés produisent un déplacement des atomes du chlore en se combinant avec eux après les avoir détachés des atomes d'argent. En cet état le chlore insolé ne livre plus passage aux atomes χ''' du jaune, à cause des atomes χ''' arrêtés; le résultat de cet arrêt des atomes de lumière incidents est l'apparition du noir observé sur les atomes du chlore insolé. Nous aurons plusieurs fois occasion de revenir sur ce genre de faits dans les chapitres suivants, et encore dans l'explication de l'état insolé du chlore, du brome, de l'iode, etc.

Lumière verte et oxalates des peroxydes. Les oxalates de peroxyde de manganèse ou de fer, dissous dans l'eau et exposés à la lumière verte, éprouvent la séparation d'un atome d'acide carbonique opérée par la réduction du peroxyde en oxyde. Les oxalates ci-dessus nommés livrent passage à la lumière rouge et arrêtent la verte qui est son complémentaire. Ainsi provient une accumulation d'atomes χ^{iv} dont la répulsion r mutuelle agit comme pression p sur les éléments du sel, qui éprouvent une destruction d'équilibre et sont forcés de subir le déplacement inévitable qui apparaît comme fait chimique.

Les lumières bleue et violette complémentaires de l'orangé et du jaune, agissant séparément, produisent, mais lentement, des faits chimiques pareils, tandis que les couleurs de la moitié claire du spectre sont entièrement inactives, et cela parce qu'elles sont arrêtées en quantités trop médiocres pour obtenir une accumulation et une répulsion r mutuelle suffisante pour déplacer, par la pression p, les éléments matériels

$$2Fe^2O^3C^4O^9 + \theta = Fe^2C^2O^{13}Fe^2C^2O^6 + \theta =$$
$$Fe^2O^2C^2O^{10}Fe^2\ddot{E}^2C^2O^4 + C^2O^4\ddot{E}.$$

Il en est de même pour l'oxalate de manganèse et les autres sels de même nature.

Lumière violette et gaïac jaune. Le gaïac perd sa couleur jaune également à une température élevée et quand il est exposé à la lumière violette en contact avec l'air; ses éléments se mêlent avec les atomes χ^{vii} du violet sans que le jaune soit détruit totalement. Ces deux espèces de couleurs font, 1° paraître le gaïac bleu s'il est bien saturé des atomes χ^{vii} du violet; 2° si cela n'est pas, il paraît vert; ces deux couleurs résultent du mélange du jaune avec différentes quantités de violet.

Lumière verte et bichromate de potasse. La couleur rouge de ce sel est due à l'acide chromique $2CrO^3 = CrO^4CrO^2$; ce sel, qui livre passage à la lumière rouge, arrête la lumière verte, dont les atomes χ^{iv} s'accumulent et produisent : 1° la séparation d'un atome d'acide, et 2° sa décomposition en oxyde de chrome qui est vert, cela s'opère par la séparation de l'oxygène.

II. — FAITS CHIMIQUES PRODUITS SUR LES CORPS INSOLÉS.

Les atomes pondérables produisent des combinés *photosomatiques* en se combinant avec les atomes de lumière et les maintenant, non pas à l'état stationnaire indiqué par φ', mais à l'état spécifique indiqué par φ'', état où sont les atomes de lumière contenus dans le carbone $C^3\ddot{E}^6\varphi^3$, et dans l'azote $Az^2\ddot{E}^2\varphi$, qui se manifestent dans les indices. Les faits deviennent très-évidents en ces cas, parce qu'on est en état de produire l'insolation avec les couleurs différentes dont chacune produit des combinés propres.

Chlorure d'argent insolé et lumière jaune. Le chlorure d'argent est produit d'un atome de chlore $Cl\ddot{E}$ et d'un atome d'argent $Ag_2\ddot{E}^3$ par la séparation d'un atome de chaleur et d'un atome de lumière :

$$Cl\ddot{E} + Ag\ddot{E}^3\varphi = AgCl\ddot{E} + \varphi + \theta.$$

La lumière jaune n'est pas arrêtée par le chlore, et pour cela elle ne produit aucun effet chimique; cette lumière jaune arrête la lumière complémentaire violette, qui se combine avec l'argent et avec le chlore, et les fait ainsi se détacher, sans que pour cela ils soient dans un état pareil à celui où ils étaient avant leur combinaison, état où le chlore est $Cl\ddot{E}$ et l'argent $Ag_2\ddot{E}^3$.

Si, dans un verre d'eau distillée, on introduit quelques gouttes de nitrate d'argent, et ensuite quelques gouttes d'une dissolution de sel gemme, il se montre un précipité blanc de chlorure d'argent. Ce corps noircit à la lumière, dont les atomes φ ne se combinent pas seulement avec l'argent pour le ramener à son état primitif, mais ils se combinent aussi avec le chlore qui prend la forme $Cl\varphi'' = Cl\ddot{E}^2\ddot{E}$, différente de sa forme normale $Cl\ddot{E}$. En cet état le chlore arrête les atomes de lumière incidents, comme le fait le charbon pour ses atomes $\varphi^{3''}$ de lumière spécifique; de cette manière résulte le noir du chlore $Cl\varphi''$, comme celui du charbon.

En introduisant une petite quantité d'hyposulfite de soude, tout le chlore se sépare de l'argent; de ce chlore, une quantité qCl non insolée passe au natrium, et la quantité q'Clφ insolée reste à l'état noir dans la dissolution.

Le même effet est produit quand le chlorure d'argent est exposé à la lumière violette, parce que, même dans les cas où ce corps est exposé à la lumière incolore, le fait chimique indiqué est le résultat des atomes $\chi^{''''}$ du violet qui y sont contenus, comme cela devient prouvé de deux manières différentes : 1° les couleurs rouge, orangée, jaune et verte ne produisent aucun fait; 2° le chlorure blanc ne noircit pas directement, mais devient d'abord violet; on connaît par là la combinaison avec les atomes χ^{vn} de cette couleur opérée également dans la lumière incolore et dans la lumière violette.

Tout autre est la nature du chlorure d'argent insolé des atomes $\chi^{\prime\prime\prime}$ du jaune, quand ces atomes $\chi^{\prime\prime\prime}$ restent à l'état spécifique combinés avec le chlore; celui-ci, dans le cas précédent, est $Cl\chi^{\text{vn}}$, et insolé dans le cas présent, il est $Cl\chi^{\prime\prime\prime}$; par suite les atomes $\chi^{\prime\prime\prime}$, devenus non pas stationnaires, mais spécifiques, interceptent leurs homonymes $\chi^{\prime\prime\prime}$ incidents, qui s'accumulent comme le faisaient précédemment les atomes χ^{vn} du violet : c'est ainsi que les atomes $\chi^{\prime\prime\prime}, \chi^{\prime\prime}, \chi^{\prime}$, jaunes, orangés et rouges commencent à produire des faits chimiques sur le chlorure d'argent, comme les atomes des autres couleurs en produisent quand il n'est pas insolé.

Gaïac insolé et lumière jaune. Le gaïac bleuit par l'insolation dans la lumière incolore ou dans l'extrême violet, et cet état résulte des atomes χ^{vn} du violet qui ne deviennent pas *spécifiques* ou combinés avec les éléments matériels; mai ils y sont à l'état stationnaire, comme cela a lieu dans les insolations simples. Cet état des atomes chromatiques devient évident d'après leur densité, car s'ils sont moins denses, le gaïac est vert, tandis qu'il devient bleu quand il reçoit son insolation dans l'extrême violet d'un spectre très-clair et en un espace de temps suffisamment long.

Iodure d'argent insolé. Si, en nous tenant à l'abri de la lumière, nous versons dans deux verres V, V' un peu de la dissolution d'azotate d'argent, puis quelques gouttes d'une dissolution d'iodure de potassium, en laissant un excès d'azotate d'argent, il se produit un précipité jaune d'iodure d'argent; si le verre V reste exposé à la lumière pendant quelques secondes, il n'éprouve aucun changement appréciable, et il peut rester en cet état comme l'autre verre V' dans l'obscurité. Mais quand on verse dans chacun des deux verres quelques gouttes d'acide gallique, le contenu du verre V noircit rapidement, tandis que l'autre reste jaune.

Comme dans le cas précédent avec le chlorure d'argent, l'hyposulfite sépare le chlore insolé et le chlore non insolé, de même ici c'est l'acide gallique qui éloigne l'iode insolé devenu ainsi combiné avec les atomes de lumière réduits à l'état spécifique comme dans le charbon, qui arrête les autres atomes de lumière et prend ainsi l'aspect noir.

Dans tous les cas pareils il faut un excédant d'azotate d'argent, parce qu'il agit aussi sur la séparation de l'iode ou du chlore insolé qui restent insolubles, et l'argent reste à l'état métallique. L'hyposulfite de soude ne dissout pas l'iode ou le chlore insolé, mais seulement leurs atomes qui n'ont pas éprouvé d'insolation; il dissout le chlore $= \mathrm{Cl}\bar{\mathrm{E}}$ et l'iode $= \mathrm{I}\bar{\mathrm{E}}$, et non pas le chlore insolé $= \mathrm{Cl}\varphi''$ ou l'iode insolé $= \mathrm{I}\varphi''$.

III. — CHROMATOMÉTRIE PHYSIOLOGIQUE.

Jusqu'ici, nous avons exposé les faits chimiques produits sur les corps par la lumière incolore ou colorée, sans avoir aucun moyen de comparaison entre les degrés des actions qui ont lieu dans leur production; et il n'en pouvait pas être autrement, car on ignorait de quelle manière les sensations correspondent aux couleurs, et de quelle manière sont produits les faits chimiques en général, et particulièrement par la lumière et par chacune de ses couleurs.

Il a été expliqué déjà, page 332, comment les sensations des sept couleurs sont déterminées par les sept intervalles ou longueurs λ', λ'', λ'''... λ^{vu} qui séparent les sept espèces d'ondes produites des atomes chromatiques χ', χ''.... χ^{vu}, dont chaque couleur est constituée. Le blanc n'est pas une espèce propre d'atomes chromatiques, car il n'est produit que de l'ensemble des sept espèces $\chi' + \chi'' + ... + \chi^{\mathrm{vu}}$ d'atomes chromatiques; par suite, l'intervalle ou longueur des ondes de cet ensemble d'atomes chromatiques est la moyenne des sept longueurs

$$\lambda = \frac{\lambda' + \lambda'' + \lambda''' + \lambda'' + \lambda' + \lambda'' + \lambda'''}{7}$$

ou

$$\lambda = \frac{710 + 656 + 589 + 526 + 484 + 429 + 393}{7} = 541.$$

Donc la clarté du blanc n'est pas le résultat d'une densité supérieure d'atomes de lumière, mais d'une exacte et facile détermination de cette longueur λ qui, ayant son milieu au milieu de l'épaisseur ε de la rétine, ne permet aucune confusion avec les longueurs courtes 393, 425... ou avec les grandes longueurs 710, 656... Les résultats qu'a obtenus Fraunhofer par l'expérience correspondent exactement aux longueurs des ondes et non pas aux densités des atomes de lumière.

Une lunette OS (fig. 108) est dirigée vers un spectre fixe et placée de manière à pouvoir incliner avec la règle ν'ℓ'

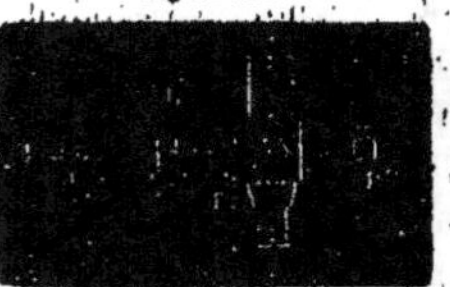

Figure 108.

pour laisser pénétrer successivement à l'œil chaque couleur séparément, suivant l'axe SO de la lunette. L'œil peut en même temps recevoir la lumière d'une lampe Lℓℓ' par une petite ouverture pratiquée en T dans le tube de la lunette. La lumière qui pénètre tombe sur un petit miroir n incliné à 45° sur l'axe de la lunette pour être réfléchie suivant cet axe vers l'œil, qui reçoit en même temps les espèces de lumière colorée; ainsi devient-il possible à la sensation de comparer les clartés, *non pas les densités*; car on admet qu'il y a égalité quand le bord intérieur du miroir n n'est plus distinct, malgré la différence de couleur du spectre et de la flamme de la lampe. Pour ramener à un état pareil ledit bord du miroir, on approche ou éloigne la lampe, et l'on marque la distance fT qui atteint un minimum d dans le cas où l'œil reçoit du spectre la lumière du maximum de clarté qui est admis pour unité, et qui arrive du milieu de la moitié du jaune qui est du côté du vert. En appelant ce milieu *centre* ou *foyer du spectre*, la clarté diminue quand on s'en éloigne vers l'une ou l'autre extrémité du spectre.

Fraunhofer, après avoir ainsi déterminé la distance d qui correspond au foyer du spectre, a fait augmenter cette distance pour obtenir l'équivalent $d + d'$ de distance qui correspond à la clarté c obtenue du milieu du jaune. Pour obtenir la valeur numérique de cette clarté c, il a pris les carrés des distances en raison inverse $1 : d^2 = (d + d')^2$. $\frac{1}{d^2 (d + d')^2} = 0{,}6400$. De cette manière ont été trouvées les valeurs suivantes pour la clarté de chaque couleur :

Rouge.	Orangé.	Jaune.	Foyer.	Vert.	Bleu.	Indigo.	Violet.
0,0320	0,0940	0,6400	1	0,4800	0,1700	0,0310	0,0056

Observation. Le maximum de clarté où le foyer obtenu ainsi par l'observation physiologique se trouve exactement au point du spectre d'où se répandent les atomes chromatiques dont les ondes ont la longueur $\lambda = 541$ du blanc; car la différence $589 - 526 = 63$ entre la longueur λ''' du jaune et la longueur λ^{iv} du vert divisée par quatre donne $15\frac{3}{4}$ qui doit être additionné avec la longueur 526 du vert pour donner la somme qui correspond à la longueur λ du maximum de clarté : en effet, $526 + 15\frac{3}{4} = 541\frac{3}{4}$ est presque la longueur 541 des ondes du blanc.

Les valeurs numériques des clartés des couleurs obtenues par le calcul indiqué ne correspondent pas aux résultats que donnent des observations directes, et les erreurs deviennent d'autant plus évidentes que l'éloignement du foyer f est plus grand. Ainsi ces résultats des calculs servent ici à prouver que les densités de lumière ne sont pas en raison inverse avec les carrés des distances. Cette hypothèse a été admise par Newton, qui donnait aux atomes de lumière un volume limité, tel que, par exemple, celui des grains de sable; nous avons prouvé ici que les atomes de la lumière doivent être comparés, comme ceux de la chaleur, avec les atomes de gaz dont le volume n'est pas limité, mais qui augmente indéfiniment quand il n'existe pas de résistance.

La chromatométrie physiologique, opérée par Fraunhofer, conduit à connaître que les sensations ne correspondent aux densités des atomes chromatiques que dans les cas où les atomes sont homonymes. Pour cette raison, dans les cas où la distance δ entre l'œil o et le spectro s devient double 2δ, les clartés des couleurs diminuent : cependant elles ne se bornent pas à atteindre le quart de la clarté précédente, mais arrivent presque à la moitié.

IV. — CHROMATOMÉTRIE ÉLECTRIQUE.

Dans la production de tous les faits chimiques il existe des courants électriques, et il importe peu que la cause de ces faits soit ou non l'électricité, la chaleur ou la lumière. E. Becquerel a fait, comme Fraunhofer, une série d'observations sur les couleurs du spectre, en prenant comme terme de comparaison la déviation de l'aiguille du rhéomètre qui correspond à la quantité d'équivalents électriques écoulés en une unité de temps. Mais ces équivalents ne sont maintenus en écoulement que par leur éloignement, car ils se combinent avec les éléments matériels du corps qui se séparent, comme cela a lieu dans l'électrolyse de l'eau.

Donc il n'existe aucun doute sur le rapport direct : 1° entre les quantités $q\bar{E}$ d'équivalents électriques écoulés en une unité de temps t, et 2° les quantités qM d'atomes métalliques et qCl d'atomes de chlore qui se séparent; c'est cette décomposition qui se présente comme fait chimique. Un tel rapport cependant n'a pas lieu exclusivement pour les faits chimiques qui ont pour cause une couleur de spectre, car ce rapport existe également entre les courants électriques et les faits chimiques que produisent la chaleur ou l'électricité.

Dans les cas où le fait chimique est produit d'une lumière colorée ou incolore venant d'une distance d, le même fait et le courant électrique qui l'accompagne ne sont pas réduits à un quart quand la distance devient $2d$, comme cela a été indiqué dans les résultats obtenus par les observations physiologiques; mais Fraunhofer ne pouvait pas déterminer, au moyen de sensations, les rapports entre les clartés des couleurs, comme cela s'opère ici au moyen de l'appareil suivant inventé par E. Becquerel et appelé *actinomètre*.

Dans une petite cuve ab (fig. 109), contenant l'eau acidulée, plongent deux lames égales d'argent l, l' recouvertes, par le procédé de Daguerre, d'une mince pellicule de chlorure, de bromure ou d'iodure d'argent. Ces lames l, l' communiquent entre elles d'une part au moyen de la couche

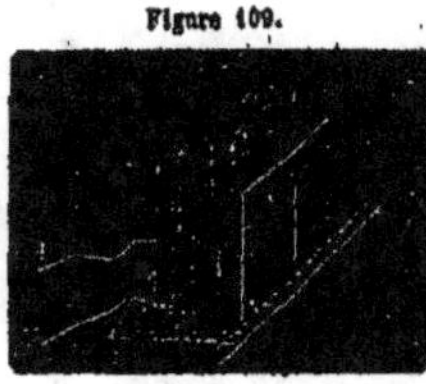

Figure 109.

d'eau et de l'autre au moyen d'un fil mince qui fait trois mille tours au moins pour former un rhéomètre. La cuve en verre est placée dans un vase opaque qui laisse, par une fente oe, pénétrer la lumière dans la face sensible de l'une ou l'autre lame. Un écran blanc e glisse entre la fente oe et la cuve pour empêcher l'espèce de lumière de pénétrer dans la cuve : cette lumière colorée est celle d'un spectre formé par un prisme vertical.

L'aiguille du rhéomètre est au zéro, car il n'y a nulle part d'action chimique, tout est en équilibre parfait. Dès que l'écran e est enlevé, l'aiguille du rhéomètre reste immobile ou éprouve une déviation Γ qui n'est pas la même pour

chaque couleur; cependant la direction du courant ne
change pas tant que les lames restent les mêmes.

Cet appareil sert à déterminer plusieurs séries de faits :

I. La cuve est poussée pour laisser pénétrer successivement chaque couleur du spectre séparément sur la lame l
ou l'; et l'on marque la déviation Γ de l'aiguille qui correspond à chaque couleur. En représentant ces déviations Γ
par les ordonnées qui sont élevées au milieu des couleurs
du spectre représenté en $A'P'$ (fig. 110), on obtient la
courbe Pno quand on opère avec les couleurs violette, indigo, bleue ou verte sur les couches de chlorure d'argent;
si ces couches viennent à être remplacées par celles de chlorure d'or, les mêmes couleurs produisent les mêmes effets
chimiques, mais durant un espace de temps plus long, et
par suite avec des déviations électriques inférieures, mais
d'une durée plus longue.

II. Dans la figure 110 sont indiqués les corps sensibles :
1° le chlorure d'argent dans la bande Ar, 2° le chlorure d'or
dans la bande Or, 3° le bichromate de potasse dans la
bande Ch, 4° le gaïac jaune dans la bande Ga, et le gaïac
bleu dans la bande GB.

La partie sombre de chaque bande correspond à l'espèce
de couleur indiquée qui produit le fait chimique sur la substance de cette bande. Il devient ainsi clair que ces faits
chimiques ne dépendent pas seulement de la couleur, mais
en même temps de la substance sensible.

III. En opérant sur la même substance avec la même couleur, dans la distance d entre le prisme et la plaque, on obtient dans l'aiguille du rhéomètre la même déviation Γ, qui
se maintient un certain espace de temps; si la distance devient double $2d$, la déviation δ de l'aiguille diminue, sans
indiquer cependant que l'action chimique a été réduite au
quart de l'action précédente.

De même donc que les résultats physiologiques de la
chromatométrie, ainsi les résultats chimiques et électriques

prouvent que les densités des atomes de lumière ne sont pas
en raison inverse des carrés des distances.

IV. Le gaïac jaune bleuit au delà de l'extrême violet où
la lumière n'est pas perceptible. Le gaïac qui est déjà bleui
par la lumière, ayant été exposé à l'action de chacune des
couleurs séparément, reprend sa couleur quand il est exposé
à la lumière jaune.

Figure 110.

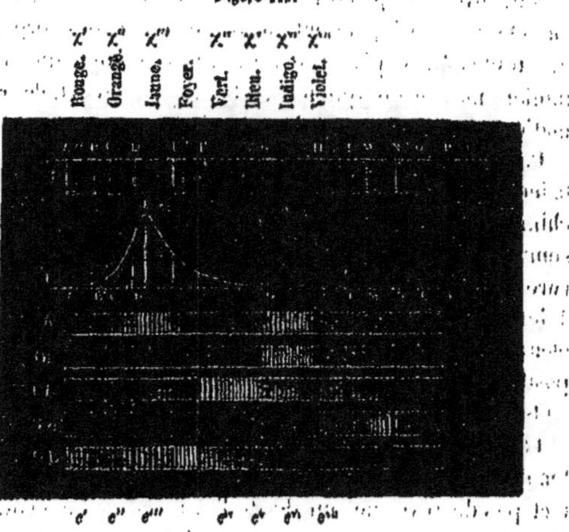

V. Le chlorure d'argent blanc exposé pendant un court
espace de temps à la lumière jaune, n'éprouve aucun changement perceptible; mais après quelques minutes, exposé
de nouveau à la même lumière jaune, il commence à noircir, de même qu'il noircit quand il est exposé à la lumière
violette.

Explications. Tous les faits photochimiques sont le résultat, 1° de l'espèce d'atomes chromatiques contenus dans
les corps, et 2° de l'espèce d'atomes chromatiques contenus
dans la lumière colorée incidente. Ces cas ne se présentent

pas dans les faits électrochimiques, parce que les équivalents positifs $\dot{E}$ qui détruisent l'équilibre sont d'une seule espèce. Les faits *thermochimiques* sont le résultat des couleurs *thermochromatiques* contenues dans les corps et dans la chaleur incidente ; mais par l'organe du tact nous ne sommes pas en état de distinguer les couleurs thermochromatiques, pour cette raison les faits de ce genre doivent être comparés à ceux qui sont produits de la lumière incolore ; en effet, alors les faits ne dépendent que des éléments des corps, parce que toutes les espèces de lumière sont contenues dans la lumière incolore et que toutes les espèces de chaleur chromatique sont contenues dans la chaleur incolore.

Pour ne pas se laisser égarer par des mots vides de sens, le lecteur devra toujours se rappeler que les décompositions chimiques s'opèrent par la production des combinés électrosomatiques ; par exemple, du combiné somatique de chlorure d'argent sont produits des combinés *électrosomatiques* : 1° le chlore $Cl\dot{E}$ et 2° l'argent $Ag\dot{E}^s$. Cette production des deux éléments n'est possible que par l'affluence d'un équivalent positif $\dot{E}$ vers chaque atome de chlore, et de deux équivalents négatifs $\dot{E}^s$ vers chaque atome d'argent.

La déviation Γ de l'aiguille du rhéomètre, en se maintenant tant que dure la décomposition du chlorure, ne permet pas de révoquer en doute l'existence d'un écoulement d'équivalents positifs $\dot{E}$ vers le chlore, parce que ce sont ces équivalents qui déterminent la déviation dont le sens de direction est le même que celui de l'aiguille. Comme chaque atome de chlore reçoit un équivalent électrique $\dot{E}$ en se séparant de l'argent, on voit clairement le rapport direct entre la déviation Γ de l'aiguille et la quantité $qCl\dot{E}$ d'atomes de chlore séparés en une unité de temps.

Mais cette séparation du chlore ne se maintient que tant que les atomes χ^{vu} du violet arrivent au chlorure d'argent. La densité d de cette lumière augmente quand diminue la distance D qui sépare le chlorure du prisme ; alors augmente

la production d'atomes de chlore et la déviation Γ de l'aiguille; donc la distance D et la déviation Γ sont dans un
rapport inverse qui n'est pas comme les carrés de distances D.
Jusqu'à présent, ce rapport n'est pas bien déterminé, et cela
parce que E. Becquerel croyait être dans l'erreur quand les
résultats obtenus par lui n'étaient pas d'accord avec l'hypothèse fausse de Newton.

Il ne reste qu'à prouver l'origine, 1° des $q\bar{E}$ équivalents
positifs qui passent par le rhéomètre en une unité de temps
pour arriver aux q atomes de chlore, et 2° des $q\bar{E}^2$ équivalents négatifs qui passent en même temps par le rhéomètre
en directions opposées pour arriver aux q atomes d'argent.
Ces écoulements électriques ont pour cause une destruction
d'équilibre des éléments électriques de la chaleur en contact
avec le chlore et l'argent.

L'atome de lumière qui déplace le chlore de l'argent occa-
sionne le déplacement des éléments $\bar{E}$ et $\bar{E}^2$ de l'atome θ de
chaleur du chlore et de l'atome θ de chaleur d'argent, 1° les
équivalents négatifs $\bar{E}^2$ restant libres au chlore exercent entre
eux une répulsion qui se propage par le fil et le rhéomètre
jusqu'à l'atome Ag d'argent séparé; 2° de celui-ci, les équivalents positifs $\bar{E}$ qui restent libres exercent une répulsion
qui se propage dans ses homonymes contenus dans la chaleur du fil, et ils passent ainsi par le rhéomètre pour arriver
au chlore.

1° Dans la combinaison du chlore avec l'argent, il y a
production de chaleur, parce que de chaque atome de chlore
$Cl\bar{E}$ se sépare un équivalent positif, et de chaque atome
d'argent $Ag\bar{E}^2$ se séparent deux équivalents négatif; 2° dans
la décomposition du chlorure, il y a consommation de chaleur opérée de la manière indiquée, qui donne naissance
aux courants électriques.

Les atomes de lumière pénètrent dans la couche superficielle des corps, de même que les atomes de chaleur pénètrent dans l'intérieur de ces même corps. Pour que tous
les atomes de lumière s'éloignent d'une couche de papier,
il leur faut plusieurs semaines; aussi ne peut-il être utilisé
en photographie qu'après avoir été d'abord tenu dans un
lieu obscur au moins durant une semaine, car autrement
les épreuves obtenues ne sont pas nettes. Il n'existait autrefois aucun moyen de connaître cette longue adhérence
ou cette lente dispersion des atomes de lumière, et de
prouver l'existence des rayonnements de lumière dans les
appartements renfermés après qu'ils ont reçu pendant un
seul moment la lumière du soleil ou celle des nues.

E. Becquerel est arrivé au même résultat en employant
les atomes chromatiques du spectre pour insoler une couche
de chlorure d'argent obtenue par la voie galvanoplastique
dans un bain d'acide chlorhydrique. Ce physicien y plongea
deux lames égales : 1° l'une p' de platine unie avec le fil
négatif, et 2° l'autre p d'argent unie avec le fil positif d'une
pile de deux couples de Bunsen. Le chlore de l'acide
étendu se dépose sur la lame p d'argent et l'hydrogène se
développe dans la lame p' de platine.

Après la formation d'une couche blanche, qui est du
chlorure d'argent, commencent à paraître la couche d'atomes
de chlore dont chaque épaisseur e, $e + e'$, $e + e' + e''$...
donne une couleur différente qui se répète périodiquement,
comme dans les anneaux colorés : on arrête le dépôt de
chlore quand, pour la seconde fois, apparaît le violet rose,
qui est observé à la faveur d'une faible lumière.

La plaque ainsi préparée est exposée à un spectre vif
pour que chaque partie s', s''... s^{m} de sa surface absorbe

une espèce d'atomes χ', χ''... χ^{vn} de lumière chromatique
qui y arrivent; ainsi on obtient dans chaque partie e', e''...
(fig. 110) de la surface une espèce d'atomes chromatiques
accumulés, d'où ils se dispersent ensuite, et l'on voit dans
chacune des parties e', e''... e^{vn} l'espèce de couleur du spectre
après son éloignement; mais cela ne dure que quelques
minutes. En prolongeant la durée de l'insolation, on obtient une accumulation supérieure d'atomes χ^v bleus, χ^{vi}
indigos et χ^{vn} violets, qui produisent une clarté plus intense; les autres espèces d'atomes χ', χ'', χ''', χ^{iv} produisent
sur les atomes du chlore, par leur accumulation, un dé-
rangement d'où provient un assombrissement.

Si la plaque est recuite dans l'obscurité pendant quelques
minutes à une température de 80 à 100°; elle prend une
couleur jaunâtre comme celle du bois. Cette plaque, re-
froidie et exposée au spectre, fait absorber à ses parties
e', e''... e^{vn} de plus grandes quantités d'atomes chromatiques χ', χ'',... χ^{vn}, ce que rend évident : 1° la clarté supérieure des couleurs, et 2° leur durée plus longue. De plus,
la lumière blanche ou incolore s'imprime en blanc, tandis
qu'elle produit le noir sur la plaque non recuite. Au delà
du rouge la surface $e + e'$ prend une couleur puce et finit
par noircir; au delà du violet la surface $e^{vn} + e$ devient
grise.

Pour obtenir du rouge une insolation supérieure, il ne
faut pas une exposition très-prolongée, mais la couche de
chlore doit recevoir une épaisseur plus grande; en cet état
la partie e' de la plaque ne s'assombrit pas quand elle reste
exposée plus longtemps, mais elle se charge mieux d'atomes
χ' de couleur rouge, qui se répandent ensuite et produisent
une sensation assez vive.

Explication de l'effet de la chaleur. Nous avons
fait voir, page 126, comment la chaleur rend lucides les
phosphores en apparence éteints, en les ramenant ainsi à
un état tel qu'ils possèdent moins d'atomes φ de lumière

que précédemment. Le même fait est produit sur la plaque recuite, qui perd une quantité considérable des atomes de lumière qui y ont pénétré quand la plaque d'argent et l'acide chlorhydrique se trouvaient encore en contact avec la lumière. La couleur jaunâtre de la plaque est produite de son chlore après l'éloignement des atomes de lumière qui produisaient dans la couche mince de chlore le violet rose.

La plaque recuite se trouve débarrassée presque entièrement des atomes de lumière, et en cet état, elle laisse pénétrer du spectre une quantité supérieure d'atomes de lumière qui se répand ensuite et produit des sensations vives. Les sept espèces d'atomes chromatiques du spectre, amenés séparément sur les parties e', e''... e^{vii} de la plaque, s'on séparent et se répandent pour faire paraître chacune d'elles colorée du spectre. Si toutes les sept espèces arrivent à un seul point, elles s'y accumulent, et ensuite elles se dispersent de ce point en produisant la sensation du blanc. Mais dans le cas où la plaque n'est pas recuite, les sept espèces d'atomes chromatiques ou les atomes φ incolores se combinent avec l'atome Cl de chlore et produisent le *photochlore* Clφ, qui arrête la lumière, et ainsi apparaît noir l'espace qu'il occupe; sous ce rapport, il ne diffère pas du charbon $C^3\varphi^3$ qui est un combiné de carbone matériel C^3 et de lumière spécifique, et pour cela ce charbon est un *photanthrax* (φῶς, lumière, ἄνθραξ, charbon).

Les atomes φ de lumière incolore à l'état spécifique arrêtent toutes les espèces d'atomes chromatiques; les atomes chromatiques à l'état *spécifique* n'arrêtent que leurs homonymes; tandis que les mêmes atomes à l'état *stationnaire* livrent passage à leurs homonymes et interceptent leurs complémentaires. Cette différence entre l'état spécifique de la lumière et son état stationnaire se manifeste dans les faits suivants.

La bande Ar (fig. 110) indique la surface d'une couche de chlorure d'argent dont les parties qui correspondent à

e', e''... e^{vii} reçoivent du spectre les atomes χ' de rouge, χ'' d'orangé... χ^{vii} de violet. 1° L'espace sombre e^{vi}, e^{vii} indique le noircissement de cette partie par les atomes χ^{vii} de violet. 2° L'espace sombre qui correspond à e''' indique un noircissement pareil produit des atomes χ''' de la lumière jaune; mais le noircissement en e^{vii} est produit quand les atomes χ^{vii} de la lumière violette arrivent pour la première fois, tandis que les atomes χ''' de la lumière jaune ne produisent pour la première fois aucune trace de noircissement, et que celui-ci apparaît quand, quelques minutes après, les atomes χ''' de la lumière jaune sont de nouveau conduits sur la partie de la bande qui correspond à l'espace e'''.

On a vu que le gaïac jaune bleuit dans la lumière incolore et même jusqu'au delà de l'extrême violet indiqué dans la bande Ga (fig. 110); exposé, alors qu'il est bleu, dans l'espace e''', aux atomes χ''' de la lumière jaune, il devient jaune. Ces faits ne sont pas d'accord avec ceux observés dans le chlorure d'argent, et cela parce que les atomes χ^{vii} de lumière violette restent à l'état stationnaire; pour cette raison, le jaune du gaïac ne passe pas immédiatement au bleu, mais devient vert quand la quantité q des atomes χ^{vii} de violet est médiocre; et ce n'est que quand cette quantité augmente jusqu'à devenir $(q + q')\chi^{vii}$, que le mélange des atomes χ''' du jaune avec ceux χ^{vii} du violet produit le bleu. Exposé en cet état aux atomes χ''' du jaune, le gaïac apparaît de nouveau vert et puis jaune par la multiplication de ces atomes χ'''. La bande Ga indique encore que le gaïac bleuit davantage au delà de l'extrême violet où les atomes χ^{vii} de cette couleur sont le plus denses quoique invisibles.

Tout se passe différemment avec le chlorure d'argent qui livre passage aux atomes χ' de rouge et χ''' de jaune, et à leur mélange qui est l'orangé; celui-ci arrête les atomes χ^{vii} de violet qui est son complémentaire, et comme

tels les atomes χ^{vii} produisent un déplacement des atomes
du chlore. Quand le même chlorure d'argent reçoit dans
l'espace e''' les atomes χ''' de jaune, le chlore se combine
avec eux en les réduisant à l'état spécifique $Cl\chi'''$, et est
ramené à cet état que ces atomes χ''' de jaune commencent
à arrêter leurs homonymes, et ceux-ci, en s'accumulant
dans l'espace e''' comme dans l'espace e^{vii}, produisent le
déplacement des atomes matériels qui se manifeste comme
faits chimiques.

Le violet qui agit sur le chlorure d'argent résulte du
jaune du chlore; pour cette raison il ne dépasse pas l'extrême limite du chlorure d'argent noirci, mais cette action
chimique s'opère dans le milieu de l'espace e^{vii} du violet.
De même le chlore, insolé par les atomes χ''' du jaune,
noircit au milieu de l'espace e''' de cette couleur.

CHAPITRE II.

PHOTOGRAPHIE ET EXPLICATION DE FAITS PHOTOCHIMIQUES.

Les traités de Photographie, comme ceux de Physique et de Chimie, ne contiennent de vrai que la description des faits observés ou découverts par les expériences. Tous ces faits sont produits suivant la loi physique invariable, et la preuve évidente s'en trouve dans la production continuelle des faits mêmes.

Au commencement, pour remonter des faits observés aux causes et à leur origine commune, il a été nécessaire d'admettre provisoirement certaines hypothèses, dont une longue série a formé ce qu'on nomme une *théorie*, qu'on abandonnait aussitôt qu'on voyait qu'elle n'était plus applicable aux nouveaux faits découverts. Mais quand les faits sont devenus trop multipliés pour que l'intelligence humaine pût en embrasser l'ensemble, on les a subdivisés et ils ont donné naissance aux sciences dont chacune ne contient qu'un amas de faits pour ainsi dire à l'état amorphe, parce que leur existence est positive, mais que leur production est attribuée aux *forces*.

C'est notamment à ces forces qu'on attribuait les faits produits du vent et des gaz avant la découverte de la nature de cette espèce de fluides pondérables mais invisibles. Depuis la découverte de la loi de Mariotte qui est la base de l'aérostatique, le nombre des forces diminua, parce que tous les faits produits par l'écoulement des gaz trouvèrent leur explication dans la loi aérostatique.

A cette période, les *forces* disparurent totalement, parce qu'il est démontré que les faits qu'on leur attribuait sont produits suivant la loi statique des fluides impondérables; tels que les électricités, la lumière, la chaleur, les ondes sonores et le barogène.

Comme les atomes des gaz, de même ceux des fluides ci-dessus nommés sont élastiques, c'est-à-dire ont la propriété de se dilater et d'augmenter ainsi de volume indéfiniment tant qu'ils ne rencontrent aucune résistance. On sait bien qu'un minime volume d'air contenu dans un vase *v* étant introduit dans un espace E vide dont la capacité sera mille et mille fois plus grande, se dilate et remplit tout cet espace E sans manquer entièrement au vase *v* où la quantité qui reste, se trouve en équilibre avec celle qui est répandue dans l'espace E.

Newton n'est pas parvenu à saisir cette comparaison entre les atomes des gaz et des fluides impondérables; il a admis comme invariable le volume des atomes de lumière, comme l'est, par exemple, celui des grains de sable. Cette hypothèse laisse sans explication mille faits, parmi lesquels on a remarqué ceux des interférences ou des diffractions; il en est résulté la conviction que l'hypothèse de Newton est fausse. Alors au lieu de remonter à l'origine de l'erreur de Newton qui ne consiste que dans la limitation qu'il a cru devoir imposer au volume des atomes de lumière, les physiciens français, en suivant la loi de Mariotte, seraient parvenus à l'une des découvertes les plus importantes de la Physique; au contraire, ces physiciens, cherchant à expliquer les faits des interférences, s'avancèrent dans la voie de l'erreur plus loin que Newton, et en vinrent à nier l'existence d'un fluide propre nommé *lumière*. Ils disent qu'il existe des atomes propres constituant chaque espèce de gaz, mais qu'un fluide nommé *lumière* n'existe pas, et comme preuves, ils ont allégué les sons qui proviennent des vibrations des corps d'où prennent naissance les ondulations de l'air.

L'air a été ainsi remplacé par un fluide nommé *éther* admis par eux en équilibre dans tout l'espace et mis en ondulations par les vibrations des éléments des corps lumineux; ils n'ont pas été chercher plus loin l'origine de ces vibrations, et encore moins se sont-ils préoccupés des faits chimiques dont le nombre était médiocre à l'époque où ont été formulées les hypothèses du système des ondulations.

Il y a plus de vingt ans écoulés depuis la découverte de Daguerre; les photographes de toutes les nations, à force de tâtonnements et d'expériences, ont obtenu de la lumière des faits chimiques si multipliés, que l'erreur de Newton comme celle des physiciens français en est ressortie plus évidente encore. Les faits de la photographie ne permettent plus de douter que les atomes de lumière possèdent des propriétés qui ne diffèrent pas de celles du gaz, quoique ceux-ci aient en même temps une pondérabilité qui manque aux atomes de la lumière.

Comme les gaz, la lumière, la chaleur et l'électricité se présentent sous trois états différents : 1° à l'état *libre* quand leur volume augmente à cause de leur *élasticité;* 2° à l'état *stationnaire* dans les corps solides et liquides dont ils peuvent s'éloigner sans que change l'état chimique des corps, et 3° à l'état *spécifique* dans les éléments des corps dont ils ne peuvent pas s'éloigner sans un changement chimique des corps.

De même que les corps ou leurs parties solides ou liquides deviennent déplacés par le vent ou par les écoulements des atomes des gaz, les éléments de ces corps éprouvent des déplacements par les écoulements des atomes de lumière, de chaleur, d'électricité. Ainsi partout la production de

faits aussi bien mécaniques que chimiques s'opère suivant
une loi physique générale ; l'homme ne peut que suivre
l'arrangement de cette production de faits ; et s'il a quelquefois employé les hypothèses et les théories, ce n'a été
que comme moyens provisoires pour parvenir à la découverte de cette loi physique.

Les faits découverts sont décrits de la même manière par
tous les auteurs, parce qu'ils sont produits suivant cette loi
invariable, qui depuis sa découverte, ne permet plus l'ad-
mission ni des hypothèses ni des théories. Chaque auteur
arrangera les mêmes faits dans le même ordre, et la seule
différence qui distinguera leurs ouvrages sera le nombre
plus ou moins grand des faits : ceux-ci ne serviront que
comme exemples des actions opérées suivant les lois physiques, précisément comme dans les ouvrages des mathéma-
ticiens sont contenues les mêmes règles, tandis que les
exemples diffèrent, parce que leur choix dépend de l'intelligence et du libre arbitre de l'auteur.

La photographie est composée de faits obtenus : 1° par
l'organe de la vision, 2° par les instruments optiques, et
3° par les actions chimiques. Les explications physiologiques, optiques et chimiques qu'on a données de ces faits
ne sont pas d'accord avec les nouveaux faits, et cela, parce
que les théories et les hypothèses ont été formulées alors
que ces faits photographiques étaient inconnus.

Les photographes ne peuvent pas nier l'existence d'un
fluide propre dont les atomes produisent les faits chimiques
opérés d'une manière analogue à celle de la production des
faits mécaniques par les gaz ; ainsi ils ne peuvent suivre le
système des ondulations.

Les photographes ne peuvent considérer les atomes de
lumière comme ayant un volume limité tel que celui
des grains de sable qui ne peuvent pas produire une continuité, comme l'exigent les faits observés, et comme ces
continuités sont toujours obtenues également par les rayons

et par les gaz, donc les photographes ne peuvent suivre non plus le système de l'émission.

Les photographes ont, de leur côté, un grand nombre de faits dont l'existence ne peut pas être contestée. Les physiciens français ont admis le système des ondulations après avoir formulé une série d'hypothèses; Newton et ses successeurs ont admis que le volume des atomes de lumière n'augmente pas comme celui des gaz, mais reste limité comme celui des grains de sable.

Si les photographes nouveaux se trouvent ainsi en dehors de l'un et de l'autre système admis par les physiciens, et cela au moyen d'un grand nombre de faits incontestables, ce n'est pas à eux qu'en est la faute, mais aux physiciens qui se sont égarés. Emettons donc comme axiome : *le système de l'émission est faux, et le système des ondulations n'est pas plus vrai.*

I. — OBJECTIFS SIMPLES, COMPOSÉS, MICROSCOPIQUES ET LIPOCHROMATIQUES.

L'objectif employé dans la daguerréoptypie était dès l'origine une lentille unique, plan-convexe, dont on était obligé de masquer le bord au moyen d'un diaphragme pour diminuer l'aberration de sphéricité, et il fallait une exposition de quinze minutes pour impressionner une plaque. Ch. Chevalier, en composant l'objectif des deux lentilles, a pu lui donner une grande ouverture tout en conservant l'image très-nette et réduire ainsi l'exposition à trois minutes.

Dans la pratique de tels objectifs sont obtenus en employant une lentille biconvexe en crown et une lentille plan-concave en flint; on achromatise en supprimant les rayons bleus et oranges qui sont complémentaires. Ainsi, d'un côté du bleu restent les rayons verts et jaunes, séparés par un intervalle d' des rayons indigo et violets qui sont de l'autre côté du bleu.

En achromatisant de la manière indiquée, il ne s'ensuit pas nécessairement que toutes les espèces de couleurs sont supprimées, il reste les atomes χ''' et χ'' dont les rayons jaunes et verts se croisent à la distance d de l'objectif, tandis que les rayons indigo et violets se croisent à la distance moindre $d - d'$. Il y a ainsi 1° une image i à la distance d qui est *claire*, parce qu'elle est composée des croisements, des rayons jaunes, et 2° une autre i' à la distance moindre $d - d'$ qui est *sombre* parce qu'elle est produite par les croisements des rayons violets.

Une séparation semblable n'a pas lieu entre les rayons quant l'objectif est une seule lentille, mais à cause de l'abberration de sphéricité, il y a une continuité d'images qui occupent toute la longueur d'. Ainsi la plaque sensible doit rester longtemps exposée, surtout quand il faut employer le diaphragme pour faire diminuer l'aberration, car alors la quantité de lumière diminue beaucoup.

En opérant avec un objectif composé de la manière indiquée pour séparer les rayons et produire deux images, l'une i claire et l'autre i' sombre, séparées par l'intervalle d', on observe l'image i claire dans la surface antérieure dépolie d'une lame de verre, et l'on expose la plaque sensible dans la distance inférieure $d - d'$ où l'image sombre est par cela même imperceptible. L'impression s'opère par les rayons indigo et violets; le fait chimique est produit en un espace de temps plus court, parce qu'en ce cas les rayons indigo et violet, sont plus denses, et cela : 1° à cause de la surface supérieure de l'objectif, et 2° à cause de la séparation des rayons clairs et des rayons sombres.

Diminution de l'aberration de sphéricité. Il a été prouvé, page 603, que l'aberration en longueur, 1° augmente peu par les croisements des rayons qui pénètrent la surface de l'anneau qui a pour largeur la moitié externe

du rayon de l'objectif; au contraire, 2° elle croît rapidement et devient très-grande par les croisements des rayons
qui pénètrent par le cercle central de l'objectif qui a pour
rayon la moitié de celui de l'objectif.

Les opticiens employaient jusqu'à présent les diaphragmes en supprimant beaucoup de lumière tout en gagnant
fort peu sous le rapport du raccourcissement d'aberration
de sphéricité; aussi ont-ils été surpris du grand avantage
qu'on retire d'un petit anneau dépoli autour de l'axe,
parce que avec la même lentille ainsi préparée on obtient
une image dont on ne peut pas méconnaître la supériorité
sur celle qui est produite des rayons qui passent par toute
la surface de la lentille.

Objectifs lipochromatiques. On nomme ainsi (λείπειν,
manquer; χρῶμα, couleur) les objectifs dans lesquels n'est
produite aucune couleur, et pour cela ils se distinguent de
tous ceux que les opticiens appellent achromatiques; on
ne doit pas admettre une destruction ou suppression totale de toutes les couleurs, qui est une chose impossible;
mais, comme il a été indiqué, on achromatise le bleu avec
l'orangé et l'on produit une diminution et non pas une suppression totale des couleurs; car les faits photographiques
ne permettent pas de méconnaître l'existence des images
sombres produites des rayons qui servent à faire apparaître
cette même image sur la substance dont consiste la couche
sensible.

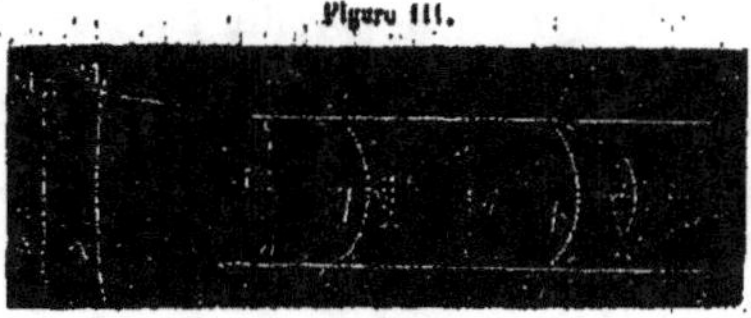

Figure 111.

Les objectifs nouveaux sans production des couleurs, ou
lipochromatiques, sont composés des deux lentilles MN, M'N'
(fig. 111), dont l'antérieure MN est plan-convexe, ayant le

foyer f à la distance d ; l'autre lentille M'N' est biconvexe ayant le centre de la face antérieure au foyer f de la lentille MN ; la convexité de la face postérieure dépend du degré de convergence qu'on veut en obtenir.

Pour diminuer l'aberration de sphéricité et en rendre l'effet presque insensible, on dépolit le cercle central de la lentille MN, dout le rayon peut en même temps augmenter pour ne rien perdre de la quantité de lumière en gagnant en netteté de l'image.

Tout cet arrangement des lentilles est basé sur la production d'une seule réfraction convergente dans chaque lentille, qui s'opère toujours à l'émergence des rayons. Il est facile de se convaincre du manque en couleur par l'introduction de ces rayons dans une chambre noire sur un écran blanc, ou on les décomposant par un prisme. Enfin on fait éprouver aux rayons solaires des réfractions égales dans une seule lentille biconvexe pour en obtenir, à la même distance, deux images égales, et l'on constate ainsi le manque de couleur et d'aberration dans l'image nette obtenue par les lentilles lipochromatiques ; une netteté pareille ne saurait être obtenue au moyen des objectifs achromatiques qui sont actuellement en usage.

Objectifs microscopiques. Ce nouveau système d'objectifs qui n'est pas encore appliqué à la photographie, 1° est composé de deux lentilles quand il est indifférent que l'image soit droite ou renversée, et 2° il est composé de trois lentilles si l'image doit être droite. L'oculaire est toujours une lentille biconvexe et l'objectif est un ménisque convergent simple pour les images renversées et double pour les images droites.

La lentille nn' (fig. 111) est l'oculaire biconvexe et lpl' est le ménisque simple qui est l'objectif. L'objet est placé au centre o de la face concave l'pl du ménisque ; les rayons répandus de la surface de l'objet arrivent perpendiculairement et pénètrent cette face sans éprouver aucune déviation; en sortant de la face convexe, les rayons éprouvent une réfraction convergente. Si le ménisque est aplanétique les rayons émergent en direction parallèle à l'axe, et alors la lentille *nn'* est plan-convexe; mais si la face convexe du ménisque est sphérique, les rayons émergeant éprouvent une réfraction pour aller se croiser au foyer *s'* placé sur l'axe à la distance D.

La face antérieure de la lentille *nn'* a son centre dans ce foyer *s'*; pour cette raison les rayons pénètrent dans cette face sans éprouver de déviation et vont à la face postérieure où ils éprouvent une réfraction convergente; ainsi ils vont au foyer *s* moins éloigné que l'autre *s'*; ils s'y croisent pour produire l'image *a* du point A de l'objet dont ils sont émis.

L'ensemble des croisements pareils *a*, *b*, *c*... de rayons *α*, *β*, *γ*... émis des points A, B, C... de l'objet constitue l'image aérienne de celui-ci; pour rendre visible cette image, il faut faire tomber les points *a*, *b*, *c*... des croisements sur un écran formé de la face dépolie d'une lame de verre. Cette image est nette parce que les rayons sont incolores, et parce que l'aberration de sphéricité est réduite à son minimum par le cercle dépoli qui est autour du centre du ménisque.

L'objectif *(lipochromatique)* qui ne produit par les couleurs de la lumière incolore, ne détruit pas celles qui existent dans l'objet et dans ses rayons *α*, *β*... Ainsi un bouquet de fleurs produit autant d'images aux distances différentes qu'il y a d'espèce de couleurs.

Les couleurs du visage sont généralement le rouge et le blanc, si la lumière incidente est incolore 1° les parties rouges A', B', C'... produisent une image dans la distance *d*+*d'* de l'objectif, et 2° les parties blanches A, B, C... se trouvent dans une image d'une distance *d*; 3° les objectifs actuellement en usage où sont produites les couleurs dont ne sont supprimées que l'orangé et le bleu des rayons *α*, *β*, *γ*...

des parties A, B, C... A', B'. C'... du visage, sont produites deux images : une *claire i* dans la distance *d* et une *sombre i'* dans la distance *d—d'*.

Après avoir prouvé que les couleurs sombres produisent les faits chimiques qui sont la décomposition des sels d'argent et d'iode, chlore, brome, il s'ensuit que les mêmes couleurs de l'image sombre produiront les mêmes faits chimiques aux mêmes sels. Donc, l'hypothèse de l'existence d'un fluide dont les rayons sont appelés *chimiques* ne peut plus être soutenue, mais alors les physiciens français sont forcés d'abandonner en même temps l'hypothèse des *ondulations* sans pouvoir adopter cependant le système de l'*émission* suivi par les physiciens anglais. Ces deux systèmes ont pu se soutenir jusqu'à présent parce qu'ils sont faux tous les deux.

II. — PRODUCTION DE L'IMAGE CHIMIQUE PAR LES RAYONS DE L'OBJET.

La lumière solaire arrive sur la surface de l'objet dont elle est dispersée; une partie pénètre l'objectif pour aller se croiser aux points disposés autour de son axe, d'une manière analogue à la disposition des points correspondants de l'objet. Une couche de substances chimiques est impressionnée des croisements des rayons, et les traces de cette impression sont l'image photographique.

Les faits en cet état brut sont connus également des photographes et des physiciens, opticiens et chimistes; il ne leur manquait qu'un arrangement pour en former une série des causes et effets liés entre eux par la loi physique, sans avoir besoin d'hypothèses ni de théories, dont les photographes ne font aucun usage parce qu'ils n'y trouvent aucun avantage.

Partage de la lumière dans l'objet. La quantité φ d'atomes de lumière qui va éclairer un visage, se trouve d'abord répandue sur une surface S d'un contour égal à celui du visage dont les inégalités produisent une surface S+S′ supérieure à la surface S, occupée des atomes Φ de lumière distribués en densité égale. Si le visage est éclairé en profil, la quantité $\Phi-\Phi'$ des atomes de lumière est contenue dans une surface S—S′ limitée d'un contour égal à celui du visage vu de profil.

Dans l'éclairage en face, comme dans celui en profil, les atomes de lumières Φ ou $\Phi-\Phi'$ obtiennent d'inégales densités 1° aux parties élevées A, B, C... comme le sommet du nez et le milieu du front, du menton, des joues; 2° aux parties A′, B′, C′... peu inclinées; 3° aux parties plus inclinées A″, B″, C″... et ainsi de suite; les parties ombragées A·, B·, C·... n'obtiennent point d'atomes de lumière. C'est dans ces inégales distributions des atomes Φ ou $\Phi-\Phi'$ de lumière sur les parties du visage, que se résume la cause de la production des images photographiques sur les couches des substances sensibles.

Les atomes de lumière dispersés des parties A, B, C... des plus éclairées produisent les rayons α, β, γ...; de même des parties A′, B′, C′... proviennent les rayons α', β', γ'...; des parties A″, B″, C″... proviennent les rayons α'', β'', γ''... Les rayons répandus de chaque point du visage couvrent la surface de l'objectif et vont se croiser aux points a, b, c...; a', b', c'..., a'', b'', c''... autour de l'axe de l'objectif, pour y produire une image.

Si cette image est dans un écran ou dans la surface dépolie d'une lame de verre, il se répand des points a, b, c les rayons α, β, γ... contenant les mêmes atomes de lumière qu'ils contiennent en se répandant des points A, B, C... du visage; le même effet a lieu pour les rayons α', β', γ'... α'', β'', γ''... qui se répandent des parties a', b', c'..., a'', b'', c''... de l'image qui correspondent aux rayons α', β', γ'... α'', β'', γ''... répandus des parties A′, B′, C′..., A″, B″, C″... du visage.

En remplaçant la surface dépolie de la lame de verre par

une couche des substances chimiques décomposables par la lumière, ses parties $a, b, c..., a', b', c'..., a'', b'', c''...$ recevront les rayons $\alpha, \beta, \gamma..., \alpha', \beta', \gamma'..., \alpha'', \beta'', \gamma''...$ composés d'atomes de lumière en densités $\delta+\delta'+\delta''..., \delta+\delta', \delta$. Les faits chimiques ou la décomposition de tous les atomes des sels vont se terminer aux parties $a, b, c...,$ en un nombre nt d'unités de temps; pour les parties $a', b', c'...$ il faut $(n+n')\, t$ unités de temps pour décomposer tous les atomes des sels qui s'y trouvent; il faudrait aussi $(n+n'+n'')t$ unités de temps pour faire terminer les mêmes faits chimiques aux parties $a'', b'', c''...$ qui reçoivent les rayons $\alpha'', \beta'', \gamma''...$ les moins denses.

§ III. — RAPPORTS ENTRE LA PHOTOGRAPHIE ET LES FAITS OPTIQUES, CHIMIQUES ET ÉLECTRIQUES.

Les couches sensibles consistent en sels d'argent combiné avec le chlore, l'iode ou le brome; la décomposition de ces sels a, 1° pour cause les rayons $\alpha, \beta, \gamma..., \alpha', \beta', \gamma'..., \alpha'', \beta'', \gamma''...,$ et 2° pour effet l'éloignement des éléments matériels du chlore, de l'iode, du brome qui entraînent les équivalents positifs $\bar{E}$ électriques et font ainsi apparaître l'écoulement de leurs homonymes qui forment un courant indiqué par la déviation Γ de l'aiguille rhéomètre figure 408.

La déviation Γ de l'aiguille indique qu'en chaque unité de temps il s'écoule une quantité $n\bar{E}$ d'équivalents électriques; la déviation $\Gamma+\Gamma'$ correspond à une somme $(n+n')\,\bar{E}$ d'équivalents, et la déviation $\Gamma+\Gamma'+\Gamma''$ correspond à une somme $(n+n'+n'')\,\bar{E}$ d'équivalents écoulés en une unité de temps t.

Mais les quantités $n\bar{E}$, $(n+n')\,\bar{E}$, $(n+n'+n'')\,\bar{E}...$ d'équivalents électriques ne passent par le rhéomètre que parce que des quantités égales d'équivalents s'éloignent en chaque unité de temps avec les éléments de ces métalloïdes, qui se

séparant des atomes d'argent, et c'est ainsi qu'est déterminée la quantité nAg d'atomes d'argent réduits en une
unité de temps quand la déviation est Γ; mais si celle-ci
est $\Gamma+\Gamma'+\Gamma''$, la quantité des atomes d'argent réduits en
une unité de temps est représentée par $(n+n'+n'')\,Ag$.

Cette décomposition des sels d'argent ne commence
qu'avec le contact des atomes de lumière et de ceux des
sels; si les atomes φ de lumière ont une grande densité
$\delta+\delta'+\delta''$, il se décompose une quantité $n+n'+n''$ d'atomes
de sel en une unité de temps, il se sépare $(n+n'+n'')\,Ag$
d'atomes d'argent, et il s'éloigne avec les métalloïdes
$(n+n'+n'')\,\acute{E}$ équivalents électriques qui sont remplacés
par une quantité égale, écoulée par le fil du rhéomètre dont
l'aiguille en est repoussée à la déviation $\Gamma+\Gamma'+\Gamma''$.

Après la décomposition de tous les atomes de sel d'argent
qui constitue la couche sensible, les rayons α, β, γ... de
lumière peuvent continuer d'y arriver, mais une décompo-
sition de sel n'y peut plus avoir lieu. Ainsi s'interrompt
l'éloignement des éléments des métalloïdes et des équivalents électriques; on voit s'interrompre en même temps
l'écoulement de ces équivalents dans le fil du rhéomètre;
alors l'aiguille se trouve en repos au zéro.

En cet état de repos l'aiguille qui a été agitée au commencement par l'incidence de la lumière sur la couche
sensible n'indique pas que la lumière n'arrive plus à la
même couche, mais elle indique simplement qu'il n'y a pas
écoulement d'équivalents électriques dans le fil; l'interruption de cet écoulement n'a pas sa cause dans le manque
de lumière, qui continue d'arriver, mais dans le manque
d'atomes de sel pour être décomposés, et entraîner avec
leurs éléments une quantité d'équivalents électriques.

Soient, par exemple, deux couches sensibles égales mais
dont la surface est S pour l'une et 4S pour l'autre, et que
la surface S soit couverte de la même quantité φ d'atomes
de lumière qui se trouve dans la distance D de l'objet lu-

mineux, comme la surface $4S$ qui se trouve dans la distance $2D$ du même objet. Quoique la quantité d'atomes Φ de lumière ne diffère point dans la grande surface $4S$, il s'opère en une unité de temps, une décomposition d'un plus grand nombre d'atomes de sel que dans la petite surface S, comme cela est rendu évident par la déviation de l'aiguille qui est $\Gamma' + \Gamma + \Gamma''$ pour la grande surface $4S$, et $\Gamma + \Gamma'$ pour la petite S.

En nt unités de temps, toute la quantité q d'atomes de sel est détruite dans la surface S, et alors l'aiguille vient au zéro, tandis que, pour la décomposition de la quantité $4q$ d'atomes de sel dans la surface $4S$, il faut $(n + n')\,t$ unités de temps, et cela à cause de la densité inférieure des atomes Φ de lumière répandus sur cette surface $4S$.

Nous avons jusqu'ici constaté que les faits chimiques produits des atomes Φ dans l'un quart de la surface $4S$ en une unité de temps ne sont pas le quart de ceux produits de la quantité Φ d'atomes de lumière répandus sur la surface S, et cela sert comme preuve que les densités d'atomes de lumière ne sont pas en raison inverse des carrés des distances, comme les physiciens l'admettent.

Rapports entre les faits photographiques et les densités des rayons. Si l'on expose la couche sensible en tenant la plaque plongée dans un bain, comme l'est celui de l'actinomètre (fig. 109), la déviation initiale de l'aiguille après son impulsion est $\Gamma + \Gamma' + \Gamma''$; après nt unités de temps elle devient $\Gamma + \Gamma'$; après un nouvel écoulement de $n't$ unités de temps, la déviation reste Γ, et l'aiguille est ramenée au zéro après $n''t$ unités de temps. Cette position et le repos de l'aiguille indiquent qu'il n'y a plus d'action chimique dans la couche sensible.

Les parties a, b, c... de la couche sensible reçoivent les rayons α, β, γ... émis des parties A, B, C... les plus éclairées du visage ; pour cette raison $\delta + \delta' + \delta''$ est la densité des atomes φ de lumière dans les rayons α, β, γ... Les parties

a', b', c'..., a'', b'', c''... de la couche sensible reçoivent les rayons α', β', γ'..., α'', β'', γ''... émis des parties A', B', C'... A'', B'', C''... du visage les moins éclairées. Mais les parties $a°$, $b°$, $c°$... de la couche sensible restent inaltérables parce qu'elles ne reçoivent pas des rayons des parties A°, B°, C°... du visage qui sont dans l'ombre.

Par une exposition indéfiniment prolongée on obtient toujours une déviation nulle et un repos de l'aiguille quand, dans la surface de la couche, il ne reste d'atomes de sel que dans les parties $a°$, $b°$, $c°$... qui n'ont point reçu de rayons. La grande déviation $\Gamma + \Gamma' + \Gamma''$ initiale de l'aiguille indique la somme $(n + n' + n'')$ Aq d'atomes d'argent qui se séparent des atomes Cl, I, Br des métalloïdes avec lesquels s'éloignent les équivalents $\bar{E}$ électriques en $(n + n' + n'')$ $\bar{E}$ quantité par unité de temps.

La déviation ne diminue pour devenir $\Gamma + \Gamma'$ qu'après Nt unité de temps, quand sont déjà décomposés tous les atomes de sel des parties a, b, c... qui se trouvent exposées aux rayons α, β, γ... les plus denses. Ces rayons continuent d'y arriver, mais ils ne produisent plus aucune action chimique, dont le manque est indiqué par la diminution de la déviation devenue $\Gamma + \Gamma'$. Après l'écoulement d'un autre quantité Nt d'unités de temps, la déviation diminue encore et devient Γ; pour indiquer que les atomes de sel contenus dans les parties a', b', c'... de la couche sensible ont presque tous été décomposés, et les rayons α', β', γ'... continuent d'y arriver sans cependant produire davantage des faits chimiques.

IV. — PHOTOMÈTRE ÉLECTRIQUE.

Cet appareil ne diffère pas de l'actinomètre d'E. Becquerel, (fig. 109), p. 789. Sur la lame l avec la couche de substance sensible arrive la lumière d'une lampe $d'l'$ (fig. 108) fixée dans une règle $l'T$ pour pouvoir s'approcher ou s'éloigner de la lame l qui remplace le miroir n. Dans la distance d entre la lampe et la lame s'opère la décomposition du sel plus promptement que quand la lampe est dans la distance supérieure $d + d'$. Ainsi à la distance d correspond une déviation $\Gamma + \Gamma' + \Gamma''$ de l'aiguille; cette déviation diminue et devient $\Gamma + \Gamma'$ quand la distance de la lampe est $d + d'$; et si celle-ci augmente davantage pour devenir $d + d' + d''$, la déviation est réduite en Γ.

En opérant de la même manière sur une couche de chlorure d'argent ou d'or, on obtient les mêmes résultats dans les déviations de l'aiguille relativement aux densités d'atomes de lumière violette ou incolore, car les couches des sels nommés plus haut sont insensibles pour les autres couleurs.

Dans la lumière augmentent et diminuent les densités de chaque espèce d'atomes chromatiques quand augmente ou diminue la densité des atomes q de lumière incolore; ainsi chaque couche sensible des substances différentes peut servir comme photomètre, parce que la décomposition des sels produite d'une ou de plusieurs espèces d'atomes chromatiques est toujours indiquée par la déviation Γ de l'aiguille du rhéomètre.

Dans le thermomètre de Melloni la destruction de l'équilibre est produite par les inégales densités des atomes de chaleur dont ceux $(q + q')\,\theta$ de densité $\delta + \delta'$ supérieure pénètrent dans l'espace $e + e'$ occupé par les atomes $q\theta$ de densité δ inférieure. Dans ce déplacement d'une quantité $q'\theta$ d'atomes de chaleur se décompose une partie de ces atomes en équivalents négatifs $q'\mathrm{E}$ qui avancent dans l'espace $e + e'$ et en équivalents positifs $q'\mathrm{E}$ qui reculent.

Dans le photomètre indiqué la destruction d'équilibre est produite par les atomes de lumière qui, arrivant sur les atomes des sels, exercent la pression p sur leurs éléments et les forcent à se séparer. Ainsi les atomes $q\mathrm{Ag}$ d'argent restent en place en recevant de la chaleur les équivalents négatifs $q\bar{E}$, et les métalloïdes s'en éloignent en recevant également de la chaleur les équivalents positifs $q\bar{E}$.

Autour de l'argent restent en excès les équivalents positifs $q\bar{E}$ qui repoussent leurs homonymes contenus dans les atomes de chaleur du fil du rhéomètre et les font se déplacer vers les éléments des métalloïdes pour s'éloigner avec eux. En même temps, autour de ceux-ci restent en excès les équivalents négatifs $q\bar{E}$ qui repoussent aussi leurs homonymes et les font se déplacer en sens opposés pour passer vers les éléments de l'argent avec lesquels ils s'éloignent, comme les équivalents négatifs $q\bar{E}$.

Dans le thermomètre comme dans le photomètre la déviation de l'aiguille du rhéomètre est le résultat d'une répulsion r exercée sur elle de la part des équivalents électriques $\bar{E}$; comme la girouette indique la direction de l'écoulement de l'air, de même l'aiguille indique la direction de l'écoulement des équivalents $\bar{E}$.

L'origine des équivalents électriques indiqués dans la déviation de l'aiguille est dans les atomes de chaleur qui se décomposent dans l'un cas par leur déplacement, et dans l'autre par le déplacement des éléments des sels sollicité par la pression p exercée de la part des atomes φ de lumière incidents. De cette manière il y a un rapport direct entre, 1° la pression p, 2° la quantité $q\bar{E}$ d'équivalents positifs écoulés en une unité de temps, et 3° la déviation r de l'aiguille qui éprouve la répulsion r de la part des équivalents $\bar{E}$ électriques en écoulement.

V. — CHRONOMÈTRE PHOTOGRAPHIQUE.

On nomme ainsi l'appareil destiné à indiquer au photographe le moment précis où il doit interrompre l'exposition. Après avoir pris toutes les précautions possibles, le photographe n'a encore aucune sûreté pour le résultat qu'il va obtenir. Tout dépend de la durée exacte de l'exposition, et cette durée varie avec les positions du Soleil pendant les jours sereins et avec l'état atmosphérique pendant les jours couverts.

Durée de l'exposition. Le résultat que le photographe veut obtenir sert ici à connaître quelle est la durée précise de l'exposition en chaque état de l'atmosphère et en chaque position du Soleil. Le portrait le plus net qui ne puisse être surpassé par aucun autre dans les mêmes conditions, doit être produit de la manière suivante :

1° Les atomes des sels des parties a, b, c..., doivent être *tous* détruits et décomposés par les rayons α, β, γ... : cette durée de l'exposition est indiquée par T. 2° Une exposition plus longue $T + \tau$ fait disparaître les atomes des sels des parties a', b', c'..., et ainsi celles-ci deviennent égales aux parties a, b, c.... 3° Une exposition plus courte $T - \tau$ fait rester une quantité d'atomes des sels indécomposés aux parties a, b, c....

Portrait parfait. La juste durée T de l'exposition rend aux parties a, b, c... le maximum de clarté parce qu'elles reçoivent des parties A, B, C... de l'objet les rayons α, β, γ... contenant les atomes φ de lumière en densité supérieure. Les parties a°, b°, c°... qui n'ont point reçu de rayons correspondent aux parties ombragées A°, B°, C°... de l'objet. Donc le plus grand contraste n'est pas obtenu des parties sombres a°, b°, c°... qui restent invariables, mais des parties claires a, b, c... qui doivent perdre tous les atomes de sel pour acquérir le maximum de clarté ; celle-ci ne doit pas s'étendre aux parties a', b', c'..., parce que le contraste diminue également et que disparaissent les nuances qui expriment les détails de l'objet. Si la durée est $T - \tau$ les parties a, b, c... restent sombres, et le contraste diminue entre elles et les parties a°, b°, c°... ; celles-ci se confondent en pareil cas avec les parties a'', b'', c''...

Chronométrie photographique. Le dessin photo-

graphique s'opère simultanément dans toutes les parties
a, b, c..., a', b', c'... de la couche sensible, mais avec des
intensités proportionnelles aux densités des atomes φ con-
tenus dans les rayons α, β, γ..., α', β', γ'.... Ces rayons font
se décomposer les atomes des sels et s'éloigner avec leurs
éléments les équivalents électriques; ainsi l'aiguille du
rhéomètre éprouvant la répulsion r de la part des équiva-
lents électriques, on obtient la déviation initiale $\Gamma + \Gamma' + \Gamma''$,
dont la durée dépend à la fois des sels de la couche sen-
sible et de l'état de la lumière Φ qui éclaire l'objet et qui ne
peut être déterminée qu'au moyen du photomètre. Ainsi,
quand la couche sensible reste la même, l'exposition a une
durée T qui est en raison inverse de la densité D des
atomes Φ de lumière.

Au lieu d'avoir séparément la couche sensible et le photomètre, cette même couche a été introduite à la place de
la lame l du photomètre dont on a élargi la fente ce
(fig. 109), et la plaque préparée a été plongée dans le bain
d'eau acidulée et unie avec le fil du rhéomètre quand la
seconde lame l' de platine a été unie avec l'autre extrémité f'
du même fil. Tant que l'écran e est baissé, l'aiguille du rhéomètre reste au zéro et en équilibre.

Dès que l'écran e est enlevé, les rayons α, β, γ...,
α', β', γ'..., α'', β'', γ''... pénètrent dans la couche sensible
de la plaque et décomposent les atomes des sels avec
une intensité i qui est indiquée dans la grande déviation
$\Gamma + \Gamma' + \Gamma''$ de l'aiguille; cette déviation augmente et
devient $\Gamma + \Gamma' + \Gamma'' + s$ quand l'objet est exposé au Soleil;
au contraire, elle diminue et devient $\Gamma + \Gamma' + \Gamma'' - s$, si
l'objet est éclairé de la lumière diffuse.

Dans tous les cas, la déviation initiale $\Gamma + \Gamma' + \Gamma''$ diminue et devient $\Gamma + \Gamma'$ après un espace de temps T dont la
durée ne peut jamais être prévue d'avance. Au moment de
la diminution remarquée dans la déviation de l'aiguille,
l'exposition est terminée, et l'on est sûr que le dessin ob-

tenu est parfait ; en effet, les atomes des sels ont été décomposés aux parties a, b, c… par les rayons denses α, β, γ…; pour cette raison a diminué l'action chimique qui est indiquée par la déviation inférieure $\Gamma + \Gamma^{\nu}$.

Résumé. La partie optique de la photographie dépend, 1° de l'objectif qui produit l'image optique, et 2° de la durée de l'exposition qui produit l'image chimique. Ces deux branches éprouvent ici leur maximum de perfectionnement, car il est impossible d'obtenir des objectifs meilleurs que les objectifs lipochromatiques, et il n'y a aucun doute qu'on doit interrompre l'exposition au moment de la destruction totale des atomes des sels qui occupent les parties a, b, c….

Les objectifs microscopiques vont servir aux observations physiologiques ; on parviendra même, au moyen de ménisques objectifs de dimensions supérieures, à obtenir des images chimiques de toutes les grandeurs, parce que par la manière indiquée, on peut indéfiniment diminuer l'aberration de sphéricité sans rien perdre de la netteté de l'image et de sa clarté.

CHAPITRE III.

DU MÉCANISME DE LA PRODUCTION DES FAITS PHOTOCHIMIQUES ET DE FAITS ÉLECTROCHIMIQUES.

Dans la décomposition des sels d'argent au moyen de la lumière, sont produits des courants électriques constatés dans le rhéomètre formé d'un fil qui joint une lame de platine l plongée dans l'eau acidulée avec une lame l' couverte d'une couche sensible. Cette production des courants électriques est admise par les chimistes dans toutes les actions chimiques, mais sans qu'ils sachent de quelle manière prennent naissance ces courants, d'où ils reçoivent les équivalents électriques $\bar{E}$ et où ils conduisent ces équivalents.

Les faits chimiques sont produits de la lumière incidente parce qu'elle exerce sur les éléments des sels une pression p qui les force à se séparer ; mais ces éléments ne peuvent recouvrer leur état normal qu'en se combinant avec les équivalents électriques qu'ils possédaient avant leur combinaison, et qui se sont séparés au moment de cette combinaison pour produire les faits physiques.

Il faut, pour chaque élément des métalloïdes, un équivalent positif électrique $\bar{E}$, et pour chaque élément d'argent il faut deux équivalents négatifs $\bar{E}^2$ et un atome φ de lumière pour passer à l'état spécifique. Ces équivalents électriques ne se trouvent pas en un état neutre inactif, imperceptible et par suite imaginaire, mais ils sont les éléments des atomes de chaleur $\theta = \bar{E}\bar{E}^2$.

Les atomes Cl, Br, I, des métalloïdes reçoivent l'équivalent positif $\bar{E}$ de l'atome de chaleur en se séparant de l'atome Ag d'argent qui reçoit les deux équivalents négatifs $\bar{E}^2$. Il reste en excès autour des atomes des metalloïdes, les équivalents négatifs $\bar{E}$, et autour des atomes d'argent, il reste toujours, les équivalents positifs $\bar{E}$. Par le fil dont est formé le rhéomètre et qui est chargé d'atomes $\bar{E}\bar{E}^2$ de chaleur, ces atomes sont repoussés des deux extrémités du fil, de telle manière qu'ils permettent à leurs éléments de se déplacer : c'est ainsi que Grotthuss admettait un déplacement pareil pour les éléments de l'eau pendant l'électrolyse.

Dans l'actinomètre (fig. 109), l'aiguille du rhéomètre revient chaque fois au zéro quand l'écran e interrompt la pénétration de la lumière dans la lame l soutenant la couche sensible ; et la déviation de l'aiguille apparaît au moment du soulèvement de l'écran. Cette même déviation Γ apparaît aussi dans l'absence de lumière, si la lame l de platine reste la même et si l'on remplace la lame l' par une lame égale de zinc.

Il y a ici décomposition des atomes d'eau, occasionnée par son contact avec le zinc et le platine, et cela parce que l'élément négatif de l'eau, qui est l'oxygène $\bar{O}$, éprouve de la part du zinc une répulsion moindre que de la part du platine. De cette inégalité de répulsion $r—r'$ résulte une pression $p = r—r'$ exercée de la part du platine qui produit une destruction d'équilibre dans les atomes d'eau, précisément comme les atomes φ de lumière agissant sur les éléments des atomes des sels d'argent.

Avec l'atome négatif matériel $\bar{O}$ est également repoussé vers le zinc l'élément négatif $\bar{E}^2$ de la chaleur latente $\bar{E}\bar{E}^2$ l'atome d'eau $= \bar{H}\bar{O}\bar{E}\bar{E}^2$. La même cause qui donne naissance à la pression $p = r—r'$ de la part du platine vers le zinc pour les éléments négatifs $\bar{O}$ et $\bar{E}$, produit en même temps sur les éléments positifs $\bar{H}$ et $\bar{E}$ une pression p' qui est le résultat des répulsions inégales R, R', que ces éléments éprouvent de la part des deux lames l et l'. Ainsi la destruction de l'équilibre des éléments pondérables et impondérables des atomes d'eau $= \bar{H}\bar{O}\bar{E}^2$, est le résultat de la somme $p + p'$ des pressions exercées en sens opposés.

Les déplacements des éléments pondérables et impondérables sont produits suivant la loi statique, comme cela est constaté dans tous les détails de faits observés, qui n'ont pas besoin d'explication, mais qu'il suffit d'arranger de manière que les faits forment une série où chacun est lié avec sa cause par la loi physique. Quand cette loi et les faits sont connus, il ne peut avoir lieu qu'à un seul mode d'arrangement, qui est le suivant :

I. Les éléments négatifs $\bar{O}$ et $\bar{E}^2$ laissent dans la lame l de platine leurs éléments positifs $\bar{H}$ et $\bar{E}$; de même les éléments positifs $\bar{H}$ et $\bar{E}$ laissent dans la lame l' de zinc leurs éléments négatifs $\bar{O}$ et $\bar{E}^2$. Le fil du rhéomètre a 1° son extrémité f en contact avec la lame l de platine où sont les éléments positifs $\bar{H}$ et $\bar{E}$, et 2° son autre extrémité f' en contact avec la lame l' de zinc où sont les éléments négatifs $\bar{O}$ et $\bar{E}^2$.

Le fil étant chargé d'atomes de chaleur $\bar{E}\bar{E}^2$, les éléments $\bar{E}$ et $\bar{E}$ de ces atomes subissent une destruction d'équilibre : les positifs $\bar{E}$, repoussés de la part du platine, vont à la lame de zinc, et cet écoulement ou ce mode de déplacement d'équivalents positifs est indiqué par l'aiguille, parce qu'elle est entraînée par les équivalents positifs $\bar{E}$ qui se déplacent dans le fil du rhéomètre.

II. L'origine des équivalents électriques se trouve dans les atomes de la chaleur dont l'existence est même nécessaire dans les productions des écoulements électriques ; et ainsi il est superflu, nous dirons même absurde d'admettre un état neutre de l'électricité. Il ne reste qu'à indiquer ce que deviennent : 1° les équivalents électriques positifs $\bar{E}$ qui, de l'extrémité *f* du fil arrivent au zinc, et 2° les équivalents négatifs E qui, de l'extrémité *f* du fil, arrivent au platine.

A. Dans le zinc se combine l'équivalent positif E avec deux équivalents négatifs E' pour produire un atome de chaleur; de ces deux équivalents négatifs l'un se dépose d'un atome du zinc où il est remplacé par un atome d'oxygène O; parce que l'autre équivalent négatif E de la chaleur décomposée pénètre dans le fil.

B. Dans le platine, l'équivalent négatif E qui arrive se combine avec l'atome d'hydrogène H et produit le gaz HE. Donc chacun des courants a son embouchure : 1° le positif dans l'extrémité *f* du fil où se sont produits les atomes EE' de chaleur ; 2° le négatif dans l'extrémité *f* du fil où se sont produits les atomes HE d'hydrogène (voir l'*Électrostatique*, page 83).

Cet objet a été traité en détail dans l'*Électrostatique ;* mais il est nécessaire de faire la comparaison entre la production de faits chimiques par des pressions exercées sur les éléments des corps, 1° de la part d'atomes de lumière, ou 2° de la part d'équivalents électriques contenus dans les métaux en densités différentes.

Quand la loi physique et les faits sont connus, le mode de leur production est alors déterminé ; si celle-ci et la loi sont connues, on détermine les faits qui vont être produits. Les physiciens et les philosophes anciens et modernes ont prévu que l'homme ne peut connaître les faits cosmiques qu'au moyen de la loi de leur production ; pour cette raison, depuis Aristote, les physiciens expérimentent en cherchant cette loi qui a été découverte et qui n'est que la *loi statique*.

Il est difficile et même superflu d'exposer en détail les moyens employés pour cette recherche ; cela a été fait en abrégé dans le traité de l'*Origine des sciences*, et dans l'introduction de cet ouvrage.

I. — MODE DE L'AUGMENTATION DE L'ACTION PHOTOCHIMIQUE PAR LE MÉLANGE DES SELS.

Parmi un très-grand nombre des faits, on a choisi ici, comme exemple de l'application de la loi, les cas en apparence très-difficiles, et cela à cause des détails extrêmement délicats qui peuvent y être observés et qui rendent d'autant plus évidente l'application de la loi statique.

Les couches des substances sensibles pour la lumière sont composées d'un ou de plusieurs sels. A l'origine de sa découverte, Daguerre opéra sur une couche simple d'iodure d'argent; on trouva ensuite que le même effet chimique pouvait être obtenu par une exposition très-courte, si la plaque d'argent était couverte des trois couches, dont deux d'iodure d'argent et celle du milieu de bromure d'argent. En ce dernier cas, la grande déviation $r + r' + r''$ de l'aiguille indique qu'il y a une production rapide de faits chimiques qui cause les déplacements des équivalents électriques.

La plaque p d'argent exposée à la vapeur d'iode prend successivement les colorations jaune clair, jaune foncé, rougeâtre, rouge cuivré, violet, bleu, vert. Chacune de ces couleurs est le résultat de la lumière incolore, contenue dans l'argent, et mêlée avec les atomes chromatiques de rouge χ' et de bleu χ'' de l'iode, dont les densités différentes font apparaître les nuances indiquées.

Une plaque p', recouverte comme la précédente d'iodure d'argent, est exposée à la vapeur de brome jusqu'à ce qu'elle devienne d'un rouge légèrement violacé; ensuite la plaque est de nouveau exposée à la vapeur d'iode pour en obtenir une couche qui a pour épaisseur environ le tiers de celle de la couche inférieure, ce qu'on évalue d'après la durée de l'exposition sur la vapeur.

Les rayons de lumière émis d'un objet impressionnent

l'image sur la couche d'iodure d'argent simple de la plaque *p* en quelques minutes, et ils s'impressionnent en quelques secondes seulement sur la couche triple de la plaque *p'*. Cet accroissement d'action est attribué par les chimistes aux *forces* dont la réalité ne consiste qu'en écoulement d'atomes des fluides impondérables, sans qu'on puisse cependant concevoir comment l'action chimique augmente avec le nombre des couches des sels différents. Les chimistes ignorent comment s'opèrent les déplacements des éléments matériels par l'incidence des atomes de lumière, et cela a lieu à la fois pour les cas où la couche sensible est simple, et pour ceux où elle est composée.

Si l'explication donnée pour la destruction des faits chimiques sur les corps d'une espèce est véritable, il est impossible qu'il fasse défaut dans les cas où il y a deux ou plusieurs espèces de sels en couches superposées ou mêlée précédemment et étendus ensuite sur une plaque ou sur une glace; il ne faut que se rappeler que, dans tous les cas, les faits chimiques résultent des déplacements des éléments des corps à cause de la pression *p* que ces éléments éprouvent de la part des atomes φ de lumière incidents.

Dans les cas où la couche sensible est composée d'atomes AgI͞E d'iodure d'argent, les atomes d'iode ne livrent pas passage aux atomes χ''' de lumière jaune; ceux-ci, s'accumulant, exercent entre eux une répulsion *r* qui est communiquée comme pression P aux éléments Ag et I du sel.

Si entre les deux couches d'iodure d'argent se trouve une couche de bromure d'argent, le brome de ce sel ne livre pas passage aux atomes χ^{vn} de violet, lesquels, pour cela, s'accumulent et exercent entre eux la répulsion *r* qui se communique comme pression P' aux éléments Ag et Br du sel AgBr.

Quand les deux sels ci-dessus nommés forment trois couches superposées comme cela a lieu pour la plaque *p''*, ce sont les espèces d'atomes chromatiques χ''' et χ^{vn} de la lumière

jaune et violette auxquels les sels ne livrent pas passage.
Leur accumulation donne naissance à une pression qui est
la somme $P' + 2P$ des pressions exercées séparément. Ainsi
dans la plaque p' cette grande pression est éprouvée par
les éléments Ag d'argent qui se trouvent dans le bromure et
l'iodure.

Des éléments d'argent une quantité qAg s'éloigne en une
unité de temps de la plaque p où est exercée la pression P;
et la quantité supérieure $(q + 2q')$ Ag des mêmes éléments
s'éloigne aussi en une unité de temps de la plaque p' où
est exercée sur les éléments Ag d'argent la pression $2P + P'$.
La déviation de l'aiguille du rhéomètre est Γ quand la lumière est conduite à la plaque p, et elle devient $\Gamma + \Gamma' + \Gamma''$
quand la même lumière est conduite à la plaque p'.

Au lieu d'avoir les deux sels en trois couches superposées, ils peuvent avoir été mêlés précédemment, et
appliqués ensuite sous forme d'une seule couche composée de ces sels. Une plaque p'' couverte d'une couche pareille obtient, de la part des atomes de lumière une impression aussi prompte que celle de la plaque p' où les
sels sont séparés.

Il a été indiqué déjà comment on est parvenu à diminuer
la durée de l'exposition au moyen des trois couches composées de deux espèces de sel; ce fait a conduit au suivant
où la couche est composée du mélange des trois espèces de
sel, iodure, bromure et azotate d'argent. Pour obtenir ces
sels on emploie l'iodure et le bromure dont la base est le
potassium, l'ammonium et le cadmium, parce que venant
en contact avec l'azotate d'argent, ces sels se décomposent,
et leur base, c'est-à-dire le potassium, l'ammonium, et le
cadmium, reçoit de l'argent l'oxygène et l'acide azotique

nécessaire pour former des sels solubles dans l'eau et qui
puissent s'éloigner; en même temps l'iode et le brome se
combinent avec l'argent; ainsi le bromure et l'iodure d'argent produits restent mêlés avec l'azotate d'argent, dont il
doit toujours exister un excès; ces trois sels sont insolubles
dans l'eau et constituent la couche sensible.

Les sels iodure et bromure sont mêlés avec le collodion
ou l'albumine pour que les couches puissent être étendues
sur la glace ou le papier, qui arrivent en cet état dans un
bain d'azotate d'argent. Ce moyen d'éviter les plaques métalliques a été adopté par tous les photographes; les lames
de glace ne se prêtent pas directement à l'application du
chronomètre photographique; toutefois cela n'exclut pas
totalement la possibilité d'en obtenir un régulateur en observant sur le chronomètre décrit la déviation de l'aiguille,
après avoir appliqué à la plaque p la même couche sensible que celle qui est appliquée à la glace ou au papier.

III.—EXPOSITION A LA LUMIÈRE ET FAITS PHOTOCHIMIQUES ET ÉLECTRIQUES.

Nous avons fait voir le mécanisme de la production des
déplacements des éléments matériels des sels d'argent et des
métalloïdes; déplacements qui donnent naissance au départ
des équivalents négatifs $\bar{E}$ avec les atomes Ag d'argent et
de ses équivalents positifs $\bar{E}$ avec les atomes I et Br d'iode
et de brome. L'aiguille du rhéomètre dévie dans le sens de
l'écoulement des équivalents positifs, qui ne vont pas toujours directement par le fil à la plaque p' de la couche sensible, parce qu'en plusieurs cas les équivalents négatifs vont
directement par le fil sur les atomes d'argent, et alors les
équivalents positifs vont à la plaque de platine p, pour pénétrer le bain et arriver aux atomes d'iode et de brome qui
se détachent seulement de l'argent, mais ne s'en éloignent
pas comme cela a lieu pour le chlore; les équivalents positifs

vont alors directement par le fil à la couche formée de chlorure d'argent.

Une quantité d'atomes de lumière reste à l'état stationnaire
sur l'argent et une autre passe à l'état spécifique à l'argent,
au brome et à l'iode; cela devient tout à fait clair: 1° par le
noircissement des métalloïdes détachés de l'argent, et 2° par
l'accumulation de cinq ou plusieurs atomes d'argent non
insolés sur un atome d'argent insolé quand il y est introduit un excédant d'azotate d'argent avec un acide orga-
nique qui peut être soit l'acide acétique, gallique ou pyrogallique, comme cela va être constaté dans tous les détails.

Cette action de la lumière est la même 1° quand le sel
d'argent forme seul la couche sensible ; 2° quand ce sont
deux sels qui forment trois couches; ou 3° quand la couche
sensible est composée de trois sels, bromure, iodure et azotate d'argent. En ce dernier cas, il se décompose une partie
de l'azotate d'argent, dont l'acide s'éloigne et l'argent δqAg
s'accumule aux atomes d'argent qAg séparés de l'iodure et
du bromure et chargés en même temps d'atomes $\delta q\varphi$ de
lumière stationnaires, qui sont nécessaires pour les atomes
δqAg d'argent, séparés de l'azotate décomposé par les
mêmes acides ou par le sulfate de protoxyde de fer.

IV. — DÉVELOPPEMENT OPÉRÉ PAR DÉPÔTS MÉTALLIQUES SUR L'ARGENT.

I. Dans le procédé de Daguerre, après l'exposition de la
plaque à la lumière, cette plaque est exposée à la vapeur
de mercure à 60 et 70° pendant une ou deux minutes; pour
connaître quand cette exposition doit se terminer, on pro-
cède à une série de tâtonnements. Si la plaque n'est pas
assez couverte de mercure, les parties a, b, c... qui doivent
être blanches sont encore bleues; si, au contraire, elle on a
trop reçu, ces parties chargées de trop de mercure perdent
de leur blancheur, et se montrent les parties a', b', c'... qui

devraient rester moins claires que les précédentes et qui, en ce cas, deviennent les plus claires.

La durée de cette exposition a la vapeur de mercure est en rapport direct avec celle de l'exposition aux vapeurs d'iode et de brome. Dans ce cas, l'exposition à la lumière est également plus longue. On parvient ainsi à obtenir un dessin de l'objet en relief de mercure sur la plaque d'argent, car avec le microscope on voit aisément ce dessin qui consiste en gouttelettes de mercure; les parties a^0, b^0, c^0... qui n'ont pas été atteintes par la lumière, restent en leur état primitif.

II. Comme dans les couches composées de bromure et d'iodure d'argent superposées, la lumière se combine avec leurs éléments. Le même effet a lieu quand ces mêmes sels sont mêlés avec l'azotate d'argent; l'opération est ici différente, parce que le relief est obtenu en atomes d'argent, qui sont sollicités vers les parties a, b, c..., a', b', c'..., a'', b'', c''... différemment insolées, non pas en vertu d'une attraction qui, nous l'avons cent fois prouvé, n'existe pas, mais par un minimum de résistance, et cela à cause des atomes de lumière $\delta q\varphi$ qui restent aux atomes d'argent qAg insolés, tandis qu'ils manquent aux atomes δqAg d'argent qui se trouvent dans l'azotate d'argent.

En éloignant l'acide azotique par le sulfate de protoxyde de fer ou par l'acide gallique, l'argent ainsi produit est privé de sa lumière spécifique éloignée au moment de son oxydation, et comme il se trouve une quantité $\delta q\varphi$ d'atomes de lumière à l'état stationnaire dans les qAg atomes d'argent séparés de l'iode et du brome, δqAg atomes d'argent de l'azotate sont sollicités à s'y déposer après leur séparation de l'acide.

Si l'on trace sur une carte deux lignes parallèles avec une lame d'argent, et que sur cette même carte on trace une périphérie dans l'obscurité, ces lignes se développent dans un bain d'acide gallique ou de sulfate de protoxyde de fer additionné d'azotate d'argent; mais la clarté des parallèles qui ont vu la lumière, est supérieure à celle de la périphérie. Si la carte portée dans l'obscurité est d'abord chauffée et puis imprimée par la ligne périphérique, cette ligne n'éprouve dans le bain aucun changement.

Cette expérience conduit à connaître, 1° qu'il y a des atomes de lumière stationnaires sur la surface de la carte, et 2° que ce sont les atomes $5qq$ de lumière stationnaires dans l'argent séparé de l'iode et du brome qui sollicitent le dépôt des autres atomes qAg d'argent; 3° par la chaleur on fait s'éloigner la plus grande partie des atomes de lumière stationnaire, comme cela a été constaté dans les phosphores éteints, qui deviennent lucides quand ils sont chauffés.

Même après le fixage d'une épreuve trop uniforme, on peut la renforcer : 1° en la passant à l'azotate d'argent, puis au sulfate de protoxyde de fer; ou 2° en la couvrant d'acide gallique et d'azotate d'argent. Dans les deux cas les atomes d'argent se déposent sur les parties a, b, c... et a', b', c'... les plus insolées.

Les photographes ne connaissant pas l'état stationnaire des atomes de lumière et encore moins son état spécifique, ne sont pas en état d'obtenir un arrangement de faits observés. 1° Il a été prouvé que le chlorure d'argent ne noircit que dans les atomes χ^{vii} de lumière indigo; mais après avoir été combiné avec les atomes χ''' de lumière jaune, il commence à noircir également dans cette lumière. 2° La dissolution bleue de l'iode dans l'amidon produit, dans la lumière jaune, l'acide iodhydrique, tandis que reste inactive la lumière violette qui est le mélange de rouge avec le bleu, deux couleurs obtenues de l'arrangement chromatique des éléments de l'iode. Une glace couverte d'iodure d'argent jaune n'éprouve aucun changement de la lumière jaune et elle noircit dans la lumière violette. 3° Une couche de bromure d'argent est impressionnée par la lumière verte et ensuite par la lumière rouge, orangée et jaune.

Ces contrastes des résultats photographiques sur les sels

d'iode et de brome ont leur cause dans leurs éléments, dont l'arrangement produit dans l'iode le rouge et le bleu, et dans le brome le rouge et le vert ; de ces couleurs proviennent les mélanges qui sont: 1° le violet pour le rouge et le bleu, et 2° le jaune orangé pour le rouge et le vert.

$2I = C^4O^{44} = C^6O^{14}C^6O^4 =$ rouge et bleu $=$ violet complémentaire du jaune ; 2:1,4:8.

$2Br = C^{10}O^{14} = L^6U^6C^6O =$ rouge et vert $=$ jaune complémentaire du violet ; 2:1,5:2.

$4Cl = C^6O^{12} = C^6U^6 \, C^6O^4 =$ rouge et jaune $=$ orangé complémentaire du bleu ; 2:1,5:3.

Les rapports entre les couleurs des corps et les quantités de leurs éléments chimiques qui entrent dans chaque atome, ont été constatés page 457.

V. — ÉLOIGNEMENT DES MÉTALLOÏDES OU FIXAGE.

Les atomes des sels qui n'ont subi aucune décomposition dans l'exposition à la lumière, restent, après cette exposition, dans le même état où ils étaient précédemment. Ces mêmes atomes de sels n'éprouvent aucun changement des acides acétique, pyrogallique, du sulfate, le protoxyde de fer ou de l'azotate d'argent employés dans le développement indiqué.

Il faut de ces sels éloigner l'iode et le brome qui ne doivent pas être séparés par la lumière, comme cela a lieu pour les atomes qui se sont trouvés dans les parties a, b, c..., a', b', c'..., a'', b'', c''... Le meilleur réactif pour arriver à ce but est le cyanure de potassium KCy, parce que l'iode et le brome passent au potassium et que le cyanogène s'éloigne sous forme de vapeur. On obtient ainsi sur la surface plane un dessin en relief de mercure ou d'argent. 1° Les parties les plus élevées a, b, c... correspondent aux parties A, B, C..., de l'objet qui ont émis les rayons α, β, γ... composés des atomes les plus denses. 2° Les parties a', b', c'... parfaitement planes de la plaque correspondent aux parties ombrées A', B', C'... de l'objet.

A cause de la propriété délétère de la vapeur de cyanogène, les photographes sont forcés d'employer l'hyposulfite

de soude $= NaOS^2O^2\overline{HO}^5$. Ce sel venant en contact avec
l'iodure et le bromure d'argent se décompose : 1° le sodium
se combine avec l'iode et le brome, comme fait le potassium dans le cas précédent, et 2° il reste l'oxygène de la
soude et l'acide hyposulfureux, qui se combinent pour produire l'acide sulfureux qui s'éloigne en vapeur; alors se
réduit une partie du soufre qui se dépose sur l'argent, suivant la formule suivante :

$$2NaOS^2O^2 + 2AgBr = 2NaBr + 2SO^2 + Ag + AgS.$$
$$2KaCy + 2AgBr = 2KBr + 2Cy + 2Ag.$$

La quantité de soufre qui reste dans l'argent est quelquefois nuisible à cause de l'oxydation que le soufre peut
éprouver de l'humidité et de l'oxygène; son existence est
même constatée par les analyses directes.

VI. — VERNIS.

Après avoir obtenu, sur une surface bien unie, le dessin de l'objet produit en relief des atomes d'argent ou de
mercure superposés en épaisseurs différentes, pour éviter la
destruction de ce dessin très-délicat, on répand une couche
de vernis composé de chlorure d'or qui s'attache à l'argent
et protége le dessin contre les frottements légers. Il y a plusieurs corps qui peuvent être appliqués comme vernis, entre
autres l'hyposulfite double d'or et de soude.

La formation de ce sel de perchlorure double d'or Au^2Cl^3
et d'hyposulfite de soude $NaOS^2O^2$ s'opère suivant la
même loi chimique que l'élimination de l'iode et de brome
des sels d'argent par l'hyposulfite de soude. Dans le sel
d'or la différence ne consiste que dans l'absence de cette
élimination, car c'est l'atome d'eau de l'hyposulfite qui est
ici remplacé par l'oxyde d'or Au^2O. Les formules des deux
actions chimiques sont :

$$2NaOS^2O^2 + 2AgBr = 2NaBr + 2SO^2 + Ag + AgS.$$
$$Au^2Cl^3 + 6NaOS^2O^2 = 3NaCl + 3SO^2 + S + Au^2OS^2O^2\overline{NaOS^2O^2}.$$

Résumé. Les photographes, ceux du moins qui ne sont pas de simples ouvriers, doivent connaître le mode de la production des faits opérés toujours suivant la loi statique qui est la même pour les gaz et pour les fluides impondérables. L'application de cette loi à la production des faits par chaque espèce de fluide embrasse, 1° tout ce ce qui existe à l'état matériel et dont traitent les sciences physiques et naturelles, et 2° tout ce qui existe à l'état immatériel et dont traitent les sciences métaphysiques et morales.

Ceux qui connaissent cette loi sont en état : 1° quand ils observent un fait, d'en connaître la force ou l'action qui ne sont que l'écoulement d'un fluide qui a eu lieu lorsque le fait a pris naissance, et 2° quand ils observent l'écoulement d'un fluide, qui est l'action de connaître quel sera le fait qui va être produit.

On dit que l'homme est savant et non pas instruit, quand il recèle dans son intelligence un certain nombre de faits dont les noms sont arrangés comme dans un vocabulaire; mais il devient instruit quand il connaît les corps, les gaz, les fluides impondérables et la loi statique qui règle leur écoulement: 1° pour prévoir les faits qui vont apparaître quand est connue l'action ou l'écoulement de l'espèce du fluide, et 2° pour constater l'action qui a lieu lorsque les faits observés ont pris naissance.

La série de l'ouvrage actuel contient l'application de la loi statique aux objets dont traitent les sciences physiques et naturelles et les sciences métaphysiques et morales. Tous ces objets peuvent être facilement embrassés par l'intelligence de l'homme au moyen de la loi statique et du petit nombre des corps et d'espèce de fluides pondérables et impondérables.

FIN.

TABLE DES MATIÈRES.

TABLE DES MATIÈRES.

VII

Réforme de la physique par la découverte de la photochimie, de la chromatochimie et de la chromatographie

Paris.—Imprimé par E. THUNOT ET Cie, rue Racine, 26.

DEUXIÈME ANNÉE.

RÉFORME FONDAMENTALE

DES

SCIENCES PHYSIQUES

PRODUITE

PAR LA DÉCOUVERTE DE L'ORIGINE DES FAITS COSMIQUES.

PANÉPISTÈME

CONTENANT

L'ORIGINE DES FAITS COSMIQUES, DES QUATRE SYSTÈMES DES PHYSICIENS,
DES QUATRE RELIGIONS FONDAMENTALES ET DE LA PESANTEUR.

PAR

PIERRE BÉRON.

CET OUVRAGE PARAÎT CHAQUE MOIS PAR LIVRAISON DE 3 A 5 FEUILLES.
Prix de l'abonnement par an pour la France : 15 fr.
Chaque livraison se vend séparément 2 fr.

JANVIER 1861.

PARIS.

MALLET-BACHELIER, GENDRE ET SUCCESSEUR DE BACHELIER,
IMPRIMEUR-LIBRAIRE DU BUREAU DES LONGITUDES ET DE L'ÉCOLE IMPÉRIALE POLYTECHNIQUE.
Quai des Augustins, 55.